KB068962

제5판

도·시·의·이·해
UNDERSTANDING THE CITY

권용우 | 김세용 | 박지희 외 공저

박영사

제5판 서 문

　도시는 용광로(melting pot)이다. 사람과 재화가 집중하고 각종 도시 활동이 펼쳐져 사람·재화·활동이 혼합 융해되면 도시는 예전과 전혀 다른 새로운 생명체로 바뀐다. 생명력이 왕성하면 도시는 크게 번성한다. 생명력이 쇠락하면 도시는 힘을 잃고 종국에는 사라진다.

　18세기 산업혁명으로 산업화를 선도한 서구의 여러 나라는 지난 2백여 년간 각종 주요산업을 일으킨다. 오늘날 앞서 나가는 선진나라들에 의해 자동차(automobile), 조선(shipbuilding), 전자(electronics), 건설(construction), 석유(oil), 기계(mechanics), 의료(medicine), 방위산업(defense weapons), 교육(education), 관광(tourism) 등의 분야를 비롯하여 정보통신(information communication technology), 생명산업(bio-industry), 물류(logistics), 금융(finance), 창조(creation) 영역에 이르는 주요 핵심 산업들이 일궈져 있다. 세계의 많은 도시들을 답사하는 과정에서 잘사는 나라들은 이들 핵심 산업의 대부분 내지 상당 부분에서 세계 상위권에 들어 있음이 확인된다. 잘살지 못하는 나라들은 이들 핵심 산업을 가지고 있지 않거나 상위권에 있지 않음이 관찰된다.

　민주화가 제대로 작동하면 도시는 큰 활력을 갖게 된다. 민주화로 사람과 재화가 거침없이 도시에 유입될 수 있기 때문이다. 소수의 사람이나 집단이 권력을 지배하는 곳에서는 사람과 재화의 유동성이 현저히 저하되어 제대로 된 경제 활동이 이루어지지 않는다. 유동성이 떨어지는 곳에서는 도시의 생명력이 크게 위축되고 핵심 산업도 일어나지 못한다.

산업화·민주화는 종국에 도시화로 이어진다. 이러한 현상은 산업화·민주화가 작동한 18세기 이후 유럽을 위시한 서구사회에서 입증된 바 있다. 도시화가 순방향으로 진행되면 도시는 살고 싶은 시민들의 삶의 터전이 된다. 그러나 도시환경을 무너뜨리는 역방향으로 도시화가 치달으면 도시는 삶의 질을 망가뜨리는 나쁜 곳이 된다.

도시화는 촌락에서 도시로 인구가 집중하기 때문에 일어난다. 18세기 이후 도시인구의 성장은 총인구의 성장에 비해 훨씬 빠른 속도로 진행되었다. 세계인구 중 10만 명 이상의 도시인구비율은 1800년에 2% 전후에 불과했다. 그 후 도시인구는 서서히 늘어나다가 1950년대를 전환점으로 급속히 증가된다. 유엔은 2015년 세계의 도시화율을 54%로 집계하고 있다. 세계인구의 절반 이상이 도시에 살고 있다는 의미다. 유엔은 2050년에 이르러선 세계인구의 약 7할이 도시에 살게 될 것이라고 예측한다.

우리나라는 서구에서 2백여 년간 이룩한 산업화와 민주화를 해방 후 70여년 만에 달성해 내는 놀라운 추진력을 발휘한다. 특히 우리나라 도시화 양상에서는 흥미로운 점이 관찰된다. 우리나라는 1960년 전후까지 도시화율 30%대로 도시화곡선(urbanization curve)의 초기단계(initial stage)에 머무른다. 그 후 약 30년간 도시화는 급격히 가속화되면서 1990년 전후에 도시화율이 80% 가까이 다다랐다. 1990년 이후 도시화율은 80%대에서 조금씩 증가하는 종착 양상(terminal stage)을 보이고 있다. 도시화율 80%대는 산업화·민주화가 거의 완성된 서구 일부 나라에서 나타나는 현상으로 수치상 우리나라도 이에 해당한다는 추정이 가능하다. 급격한 변화다.

도시에 인구가 급격히 집중하면 일자리·주택·생활환경 등을 합리적으로 디자인해 사람들의 생활수준을 향상시킬 필요성이 크게 대두된다. 더욱이 급격한 도시화를 순방향으로 연착륙시키기 위해서는 그에 따른 도시의 하부구조(infrastructure)가 충실하게 받쳐줘야 한다. 이를 통해 도시가 지속가능하게 발전하는 것이다. 청명한 하늘아래 맑은 공기로 숨 쉬고 깨끗한 물을 마시며 풍요롭게 사는 친환경의 도시는 모든 사람의 로망이다. 도시에 살든 비도시에 살든 평범한 보통시민이 행복하게 함께 어울려 살려면 서로 균형 발전하자는 형평성(equity)의 마음이 요구된다. 이런 논리적 패러다임에 기초한다면 우리나라를 비롯한 현대 도시의 관리는 이제 본격적으로 선진화 모드로 전환할 시점이 되었다고 판단한다.

선진화된 도시는 기본적으로 어느 특정한 학문 분야의 관점에서 도시를 해석하고 이해하는 것이 가능하지 않다. 선진화된 도시는 그 도시의 역사와 지리, 도시민의 종교와 관습 등의 생활양식을 밑바탕으로 하여, 정치·경제·사회·문화의 여러 내용이 녹아 융합된 결정체이기 때문이다. 따라서 21세기의 도시를 이해하기 위해선 다학문적 접근(multidisciplinary approach)이 필요하다.

이런 관점에서 『도시의 이해』 5판에서는 여러 학문분야가 골고루 참여하여 도시를 이해하고 해석해 보고자 기획했다. 도시를 주요하게 연구하는 도시지리학, 도시계획학, 건축학, 도시행정학, 사회학, 경제학, 경영학 등 분야의 전문가들이 저작에 참여했다. 본서에서는 구체적으로 도시의 함의(권용우 성신여대 명예교수), 도시와 사회이론(전상인 서울대 교수), 도시문화와 도시브랜드(김세용 고려대 교수), 도시규모와 중심지이론(권용우 교수, 전경숙 전남대 교수), 도시내부구조와 도시기능(김대영 인하공업전문대 교수, 정수열 상명대 교수), 대도시지역과 그린벨트(김광익 국토연구원 연구위원, 박지희 성신여대 강사), 도시와 재정(우명동 성신여대 교수), 도시와 경영(오세열 성신여대 교수), 도시와 교통 혼잡(황기연 홍익대 교수), 정보도시와 정보통신산업(이상호 한밭대 교수), 창조도시와 창조경제(손정렬 서울대 교수), 도시계획과 도시재생(이재준 수원시 부시장, 최석환 수원시정연구원 연구위원), 도시와 도시행정(서순탁 서울시립대 교수), 건강도시와 건강도시 만들기(김태환 국토연구원 선임연구위원), 재해 발생과 도시방재(강양석 홍익대 초빙교수), 도시관리와 GIS(최봉문 목원대 교수) 등의 내용을 다루면서 도시의 다학문적 이해를 도모하고 있다.

본서의 저작과정에서 권용우 교수, 김세용 교수, 박지희 박사 등께서 헌신적으로 편집을 진행해 주었다. 편집위원들께 감사의 뜻을 전한다. 그리고 성균관대 어학원의 남선애 강사와 수원 마을 르네상스 센터 박예진 연구원이 원고의 교정을 맡아 주었다. 고마움을 표한다. 특히 본서의 출간을 흔쾌히 맡아주신 박영사 안종만 회장님과 정교하게 편집과 교열을 진행해 준 배근하 선생님에게 깊이 감사드린다.

2016년 2월
저자대표 권용우

머 리 말

　바야흐로 세계는 국경이 없는 하나의 생활권으로 변모되고 있다. 뉴욕 맨해튼의 증권가에서 한국의 신용등급을 낮추어 한파를 불러일으키면 서울의 금융가는 대번에 독감으로 시달린다. 파리의 '프레타 포르테' 패션쇼에서 최첨단의 유행이 선보이면 며칠 내로 서울의 멋쟁이들은 이것이 파리패션이라고 뽐내며 '로데오 거리'를 활보한다. 이탈리아의 조그만 소도시에서 생산되는 질좋은 가죽제품은 런던, 프랑크푸르트, 도쿄 등 세계의 대도시는 물론이고, 우리나라의 소도시에서도 즐겨 입는 선호 제품이 되고 있다. 그런데 이러한 현상은 어디에서 일어나는가. 두말할 나위 없이 도시에서 일어난다. 도시는 활화산이자 용광로와 같다. 도시는 다양한 문화를 창출하고 이질적인 삶의 양식을 녹여 낸다.

　근래에 이르러 도시는 물리적 환경보다 인간중심의 계획도시를 강조한다. 이러한 계획도시의 원형은 영국인 하워드의 전원도시에서 찾을 수 있다. 전원도시는 도시생활의 편리함과 전원생활의 신선함을 함께 추구한다. 전원도시의 시가지 패턴, 공공시설, 산업시설은 철저하게 도시민을 위한 하부구조로 설계되어 쾌적함을 도시의 중심테마로 설정한다. 프랑스의 신도시 라데팡스는 현대 도시가 지향해야 할 방향을 제시한다. 사람들이 다니기 편리하도록 모든 교통체계는 지하화되고, 도시의 개성과 문화가 돋보이는 건축물과 상징물이 첨단산업기능과 절묘하게 어우러져 있다. 터키의 이스탄불은 2천 년의 고도(古都)로서 문화유적과 역사를 고스란히 간직함으로써 오히려 세계적 도시로서의 명성을 유지한다. 동부유럽의 프라하, 비엔나, 부다페스트 등의 도시도 역사와 문화를 간직하여 세계적 경쟁력을 갖춘 도시가 되고 있다.

도시에서는 매양 좋은 일만 일어나는 것은 아니다. 아니 오히려 좋은 일보다 힘든 일이 더 많이 생긴다. 특히 성장드라이브 정책을 구사하는 나라에서는 다양한 도시문제가 발생한다. 성장제일주의를 앞세운 무차별적인 개발논리는 국토를 파괴하고 도시환경을 훼손시켜 곧잘 삶의 건강성이 무너진다. 환경파괴가 가속화되면 맑은 하늘과 푸른 녹지는 사라진다. 보통시민이 쉴 수 있는 도시의 쉼터와 문화공간은 찾아보기 힘들어진다. 물은 심하게 더러워져 수돗물마저 외면당한다. 장애인들을 위한 편의시설이 없어 사회적으로 허약한 사람들은 소외되어 버린다. 님비주의와 핌피주의의 횡행으로 도시의 하부구조는 부실해진다.

어째서 이러한 도시파괴 현상이 발생하는가. 그것은 성장제일주의가 삶의 질을 앞질렀기 때문이다. 그것은 보통시민이 문화적 향기로움을 누리며 쾌적함을 맛볼 수 있는 도시를 상정하지 않은 연유이다.

그렇다고 도시문제가 방치될 수는 없다. 도시문제에 대한 해결의 움직임은 실천적 측면에서 나타난다. 1996년 6월 터키의 이스탄불에서 개최된 유엔 도시정상회의에서는 세계 180여 개국 2만여 명의 도시전문가들이 모여 도시문제를 진지하게 논의하였다. 도시정상회의는 지난 반 세기 동안 파행적으로 진행되어 온 도시화과정에 대한 비판적 성찰을 통해 지속가능한 도시를 위해서는 현재의 도시가 보다 건강한 도시로 변화되어야 한다고 선언하였다. 우리나라에서도 살맛나는 도시를 만들자는 도시운동이 전개되고 있다. 경제정의 실천시민연합에서는 1996년 10월에 삶의 질이 보장되는 도시를 건설하자는 취지에서 도시개혁센터를 창립하여 본격적인 도시운동을 전개하고 있다.

도시문제에 관한 이론적 탐구 또한 활발하다. 1996년 8월 네덜란드의 헤이그에서 열린 세계지리학대회 도시분과 학술회의에서는 금세기 말에 이슈화되는 제반 도시현상에 대하여 도시지리학자들이 여하히 진단하고 분석하며 이론화할 수 있는가를 심도 있게 논의하였다. 1997년 8월 런던대학에서 개최된 아시아 도시학회에서는 아시아가 직면한 도시문제를 진지하게 논의하였다. 우리나라의 경우 국토·도시계획학회를 비롯하여 수많은 도시관련학회와 연구단체에서 도시문제 해결을 위한 대안을 제시하고 있다. 또한 1997년 6월에는 도시지리학회가 창립되어 도시의 공간적 연구활동을 시작하였다.

도시를 접근하는 학문분야는 다양하다. 도시지리학, 도시계획학, 건축학, 지역개발학, 도시사회학, 도시행정학, 도시경제학 등 도시와 관련되지 않은 분야가 거의 없을 정도이다. 그런데 이런 여러 분야 가운데 '하나의 생활권으로 급격히 변모하고 있는 국내외 도시'를 이해하기 위해서는 도시의 공간적 이해, 곧 도시지리적 이해가 선행되는 것이 바람직하다. 그것은 도시지리학의 연구대상과 연구흐름을 살펴보면 이내 그 이유를 찾을 수 있다.

도시지리학의 연구분야는 두 개의 영역으로 나뉜다. 첫째는 도시를 점으로 취급하는 도시체계(urban system)에 관한 연구이다. 이때의 자료는 경험적으로 수집되고 추론적 통계에 의해, 실제 관찰된 도시패턴과 이론으로 도출된 모형과의 유사성이 검증된다. 도시체계의 연구에서는 도시체계의 발달, 중심지의 계층성 등 도시간의 공간체계에 관한 거의 모든 문제를 다룬다. 둘째는 도시를 면으로 취급하는 도시구조(urban structure)에 관한 연구이다. 이때에도 도시체계 연구에서처럼 실증주의적 접근, 경험주의적 관찰, 각종 통계치 등이 활용된다. 도시구조의 연구에서는 인간생태학, 사회지구분석, 요인생태학 등의 논리를 비롯하여 면으로 표현되는 도시의 공간현상 일체를 취급한다.

이와 같이 도시지리학은 도시의 공간적 측면 모두를 연구하는 분야이다. 도시의 공간적 요소 일체를 분석하는 도시지리학의 특성은 도시지리학 연구의 흐름에서 보다 선명하게 드러난다.

환경결정론이 지배하던 1920년대에는 도시입지와 성장의 결정요소로 절대적·상대적 위치 등 자연적 배경이 강조된다. 1930–1940년대 지역지리학이 풍미했을 때 도시지리학은 도시간의 지역적 관계나 도시지역의 형태학적 연구에 집중된다. 2차대전 이후 도시화가 본격적으로 진행되면서 도시지리 분야가 사회적·학문적으로 주목을 받는다. 1950–1960년대에는 새로운 도시지리 세대들이 입지론에 입각한 도시연구를 진행한다. 이들은 실증주의 지리철학과 계량화의 방법론을 구사하면서 도시지역에 대한 경험적 연구를 새롭게 재구성한다. 1960년대 중반에 이르러 행태주의적 접근이 도시지리학의 중요한 접근방법으로 등장한다. 사회심리학에 뿌리를 둔 행태주의적 접근은 이론전개를 위해 귀납적 방법을 추구하면서 통근·이주·구매 등 공간행태의 일반적 법칙과 공간행태 요인의 관련성에 초점을 맞춘다.

한편 1950년대 이후 도시지리학은 도시계획 및 도시정책의 발달과 맥을 같이 한다. 그러나 1960년대 말에 이르러 도시계획이 불평등의 문제들을 제대로 해결하지 못하면서 도시계획과 밀착되어 있는 도시지리학 이론에 대한 회의가 제기된다. 기존의 입지론이 자본주의 법칙과 계층간의 갈등을 다루지 못했다고 공격하면서 정치경제학적 논리가 등장한다. 정치경제학적 시각에서는 도시지리 학자라면 응당 특정한 패턴연구에만 골몰하지 말고 그 유형의 창출에 제약을 가하는 일반적 과정과 구조적 관점에 보다 많은 관심을 가져야 한다고 주장한다.

도시공간유형을 완전히 이해하기 위해 실증주의·행태주의·정치경제학 등의 세 가지 접근방법을 통합하려는 시도가 있기도 하다. 그러나 도시지리학이라는 방대한 연구분야의 일반적 특성으로 인해 아직까지는 그 접근방법의 다양성이 공존하고 있는 형국이다.

이러한 도시지리학의 연구대상이나 연구흐름에 비추어 볼 때 오늘날 국내외에서 전개되는 도시화의 진전은 도시의 공간적 연구분위기를 성숙시키고 있다. 지금이야말로 도시를 지리적으로 접근하는『도시의 이해』를 출판할 수 있는 적기라고 판단되는 것이다.

『도시의 이해』의 저작에는 도시지리연구회원이 주축이 되어서 이루어졌다. 도시지리연구회는 오래 전부터 연구 소모임을 가져오다가 1995년에 이르러 정기적인 콜로퀴움을 진행하고 있는 연구모임이다. 도시지리연구회원들은 도시지리학 연구에 있어서 한 획을 긋는 명저로 평가받는『변화하는 대도시』(*Our Changing Cities*)를 번역 출판한 바 있다.

『도시의 이해』저작의 진행은 일차적으로 스물다섯 명의 집필자가 각 장의 초고를 집필하고 초고의 내용과 관련 있는 분야를 연구한 다른 집필자에게 검토시킨 뒤, 다시 초고 집필자가 마무리하는 과정을 거쳤다. 그리고 마무리된 원고는 권용우 교수, 노시학 교수, 김두일 교수, 소진광 교수, 남기범 교수, 유환종 교수, 김대영 강사, 홍인옥 강사, 이자원 강사 등이 윤문하였다. 특히 이자원 강사는 원고정리와 편집과정에서 헌신적인 열성을 보여주었고 소진광 교수는 출판관계 일을 도맡아 처리해 주었다. 대우재단은 정기적인 콜로퀴움을 마련해 주어 본서의 출간을 가능하게 하였다. 이 자리를 빌어 집필진과 윤문해주신 분, 이자원

강사님과 소진광 교수님, 그리고 대우재단에게 깊이 감사드린다. 끝으로 흔쾌하게 본서를 출판해 주신 박영사 안종만 사장님과 빈틈없는 교열과 제작을 주관해 주신 노현 선생님께 고마운 말씀을 드린다.

1998년 4월
저자대표 권 용 우

각 장별 집필진

Understanding the City

차 례

제 1 부 도시개관

제 1 장 도시의 함의

제 2 장　도시와 사회이론

제 3 장　도시문화와 도시브랜드

제 2 부　도시의 체계와 구조

제 4 장　도시규모와 중심지이론

제 5 장   도시내부구조와 도시기능

제 6 장   대도시지역과 그린벨트

제 3 부 도시의 경제활동

제 7 장 도시와 재정

제 8 장 도시와 경영

제 9 장 도시와 교통 혼잡

제10장 정보도시와 정보통신산업

제11장 창조도시와 창조경제

제 4 부 도시 관리

제12장 도시계획과 도시재생

제13장 도시와 도시행정

제14장

건강도시와 건강도시 만들기

제15장

재해 발생과 도시방재

제16장

도시관리와 GIS

제**1**부

도시개관

••• Understanding the City •••

도시의 함의

01 도시의 개념

도시는 시, 도회지, 도읍 등의 개념과 동일하거나 유사하다. 도시는 인구학적으로 일정한 인구규모 내지 인구밀도를 초과한 지역으로 규정한다. 그러나 도시에 대한 여러 연구에서는 도시를 단순히 인구가 집중된 지역으로만 정의하지 않는다. 그것은 도시에서 인구집중뿐만 아니라 제반 사회경제적 특성이 나타나기 때문이다. 오늘날에 이르러 도시의 규모가 커지면서 도시의 공간적 영역에 대한 개념규정이 다양해지고 있다.

도시에 대칭되는 개념은 촌락이다. 도시는 주택, 상가, 공장, 관공서, 오피스빌딩 등이 빼곡히 들어차 있고, 많은 사람들이 상대적으로 비좁은 지역에서 분주히 사는 '일하는 장소'의 인식을 갖게 한다. 이에 비해 촌락은 농가, 경지, 삼림지, 어촌 등 넓고 넉넉한 공간에 많지 않은 사람들이 여유롭게 생활하는 시골의 의미를 지닌다.

도시와 촌락을 구별할 수 있는 뚜렷한 원칙은 제시되어 있지 않다. 그러나 도시와 촌락과의 관계는 두 가지로 나누어 설명할 수 있다. 하나는 도촌분리론(urban-rural dichotomy)이다. 이것은 도시와 촌락을 완전히 별개의 지역으로 나누어서 취락공간을 이해하는 측면이다. 도시가 크게 발달하지 않은 지역에서는 도촌분리론이 적용된다. 도시와 촌락이 기능적으로나 형태적으로 명확하게 식별되기 때문이다. 다른 하나는 도촌연속론(urban-rural continuum)이다. 이것은 도시와 촌락이 연계되어 있어 양 지역을 연속된 취락공간으로 이해하는 측면이다. 도시발달이 두드러져 도시주민이 촌락에 들어가 살거나 촌락주민이 도시적 직종에 종사하는 등 도시와 촌락 두 지역의 구별이 어려운 곳에서는 도촌연속론이 적용된다. 도시와 촌락이 혼재해서 나타나는 대도시지역에서는 도촌연속론이 설득력을 갖는다. 그리고 촌락의 기능이 농업에 의해 대표되기 때문에 흔히 도시와 농촌을 대비시켜 설명하기도 한다. 이럴 경우 도촌분리론은 도농이원론(都農二元論)으로, 도촌연속론은 도농통합론으로 표현된다.

사회과학자들은 도촌연속론의 시각에서 도시와 촌락과의 관계를 설명하는데 익숙하다. 1938년 워스(Wirth)는 도시성(urbanism)에 관한 그의 고전적 논문에서도시의 세 가지 주요 특성은 대규모의 인구규모, 높은 인구밀도, 그리고 인구의 이질성 등이라고 지적하며 이 세 가지 요소가 도시의 생활양식을 특징적으로 발달시키는 데 기여했다고 주장했다. 최근에 이르러 북미 도시지역 내부에 촌락적 거주공동체가 형성되거나, 도시에서 아주 먼 촌락지역을 제외한 모든 촌락에서 도시적 생활양식이 나타나게 되면서 진정한 도시의 개념이 무엇인가라는 논쟁이 제기되고 있다.

기실 도시의 독립적인 영역설정과 개념정의에 관한 사회과학적 논쟁은 일찍부터 전개되었다. 특히 뒤르껭(Durkeim)과 마르크스(Marx) 같은 19세기 사회이론가들은 사회체제가 자본주의로 전환되는 과정에서 도시가 사회변화의 중심적 장소로서 뚜렷한 역할을 했으면서도, 그 역할에 대한 정당한 평가를 받지도 못한채 자본주의 조직양식의 일부가 되어 버렸다고 주장했다.

이러한 논쟁은 1970년대 영미 사회과학계에서 도시연구에 대한 비판의 일부로서 재론되었다. 논쟁이 이루어진 동기는 프랑스 도시학자인 까스텔(Castells)이 쓴 『도시문제(*Urban Question*)』(1977)가 영어로 번역되면서 발생했다. 던리비(Dunleavy)와 선더스(Sunders) 등은 까스텔이 도시지역을 집합적 소비의 중심지로 특별히 정의하였는데 이것은 적절하지 못한 개념규정이라고 비판했다. 그들은 후기자본주의의 경제성향이 제조업과 마찬가지로 농업의 조직화과정에서도 명백하게 나타나며, 이념과 특성은 공간적 입지가 어떠하든지 간에 동일한 사회경제적 상황에 있는 사람들에 의해 공유된다고 주장했다. 따라서 도시가 자본주의 형성과정에 대한 통찰력을 얻도록 도움을 주지만, 도시에서 관찰되는 현상이 도시에서만 특별히 국한된 것이라고 전제해서는 안 된다는 것이다.

도시를 다루는 학문분야는 다양하다. 사회과학 가운데는 도시지리학·도시사회학·도시경제학·지역개발학·도시행정학 등의 분야에서 도시라는 주제가 중심적인 위치를 차지한다. 자연과학 가운데는 건축학·도시계획학·토목공학·조경학 등의 분야에서 도시를 핵심적인 주제로 연구한다.

여타의 사회과학에서와는 달리 도시지리학에서는 도시의 공간적 측면을 강조한다. 지리학에서 정의되는 도시는 지표면의 일부를 점유하는 지역으로서 ① 다수의 인구가 비교적 좁은 지역에 밀집해서 거주해 인구밀도가 상당히 높고 (high density), ② 농업·임업·수산업 등의 1차 산업비율이 낮은 데 반해 제조업·건설업·상업 등의 2·3차의 도시적 산업비율, 즉 비농업적 산업비율이 높으며 (non-agricultural activity), ③ 주변지역에 재화와 용역을 제공해 주는 중심지(central function)로 정의된다(홍경희, 1981).

도시와 동일한 개념으로 시가 있다. 시는 특정한 기능을 지니고 있는 도시적 취락으로 정의된다. 유럽에서는 보통 주교의 소재지와 대성당이 위치한 곳이 시다. 현재는 규모가 큰 도시적 취락을 시라고 정의하고 있다. 일부 국가에서는 특정 공무원을 선출하거나 지명할 수 있는 권리를 지닌 행정계층 내의 특수한 지역을 시로 정의한다.

시에 대한 규정은 나라마다 상이하다(그림 1-1). 각 나라의 도시설정에서는 주민수로 표현되는 인구규모, 인구밀도, 비농업직종사자율 등의 통계자료와 도시화된 연속적 시가지(built-up area) 내지 도시적 기능이 얼마나 나타나느냐를 기준으로 도시를 설정한다(Carter, 1995).

우리나라의 경우 인구규모가 5만 명 이상이며, 2·3차의 도시적 산업종사자율이 50% 이상인 지역을 시로 규정한다. 그리고 인구규모 2만 명 이상이며, 2·3차의 도시적 산업종사자율이 40% 이상인 지역을 읍으로 규정한다. 협의적 의미에서의 시는 5만 명 이상인 경우의 시를 지칭하나 광의적 의미에서는 시와 읍을 모두 일컬어 시로 이해하는 경우가 많다.

도시와 유사한 개념으로 도회지가 있다. 흔히 도회지는 규정된 최소인구 요구치를 보유하는 취락을 뜻한다. 그러나 도회와 시를 구분할 수 있는 특정한 인구규모범위가 설정되어 있는 것은 아니다. 예를 들면 미국과 같은 국가에서는 도회지가 지방정부의 행정구조에서 특별한 지위를 차지하기도 한다.

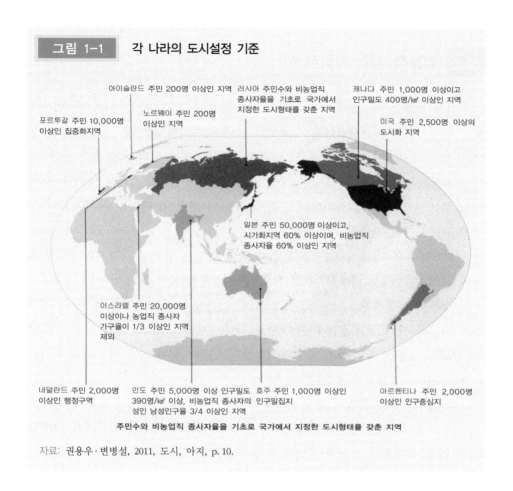

그림 1-1   각 나라의 도시설정 기준

아이슬란드 주민 200명 이상인 지역

러시아 주민수와 비농업직 종사자율을 기초로 국가에서 지정한 도시형태를 갖춘 지역

노르웨이 주민 200명 이상인 지역

캐나다 주민 1,000명 이상이고 인구밀도 400명/㎢ 이상인 지역

포르투갈 주민 10,000명 이상인 집중화지역

미국 주민 2,500명 이상의 도시화 지역

일본 주민 50,000명 이상이고, 시가화지역 60% 이상이며, 비농업직 종사자율 60% 이상인 지역

이스라엘 주민 20,000명 이상이나 농업직 종사자 가구율이 1/3 이상인 지역 제외

네덜란드 주민 2,000명 이상인 행정구역

인도 주민 5,000명 이상 인구밀도 390명/㎢ 이상, 비농업직 종사자의 인구밀집지 성인 남성인구율 3/4 이상인 지역

호주 주민 1,000명 이상인 인구중심지

아르헨티나 주민 2,000명 이상인 인구중심지

주민수와 비농업직 종사자율을 기초로 국가에서 지정한 도시형태를 갖춘 지역

자료: 권용우·변병설, 2011, 도시, 아지, p. 10.

도시의 어원인 라틴어 civitas는 영어의 city, 불어의 cité, 독일어의 Stadt로 표현되며, 지방취락에 비하여 강력한 정치권력과 자유를 가진 취락지역을 의미한다. 도시 또는 시라는 영어적 표현은 urban, city, town 등으로 나타낸다. 중국에서는 도시를 성시(城市)라 칭한다.

02 법률적 시와 지리적 시

시를 법률적 시(legal city)와 지리적 시(geographic city)로 나눌 수 있다. 법률적 시는 행정적으로나 센서스에서 사용하는 일반적 의미의 시이다. 법률적 시는 법으로 정한 고정된 시경계선(city boundary)이 있으며 지역 단위의 실체가 된다. 지리적 시는 실제로 도시적 특성이 나타나는 연속된 시가지화지역을 의미한다. 지리적 시는 공간적 시를 의미하며 도시(urban)로 표현된다. 따라서 시가지화의 진행정도에 따라서 지리적 시경계선은 변화한다.

법률적 시와 지리적 시는 법률적 시 내외에 있는 연속된 시가지화지역의 범위에 의해 세 가지로 설명할 수 있다. 첫째는 법률적 시와 지리적 시의 경계선이 같을 경우로 적정경계도시(truebounded city)로 나타낸다. 둘째는 법률적 시의 경계선이 지리적 시의 경계선보다 큰 경우로 과대경계도시(overbounded city)로 규정한다. 셋째는 법률적 시의 경계선이 지리적 시의 경계선보다 작은 경우로 과소경계도시(underbounded city)라 부른다(그림 1-2).

대체로 도시는 초기에 과대경계도시를 이룬다. 그러나 도시 활동이 증가하고 도시의 규모가 커지면 시가지화지역은 점점 넓혀져 지리적 시경계가 확장된다. 지리적 시경계와 법률적 시경계가 일치되면 적정경계도시가 된다. 이론적으

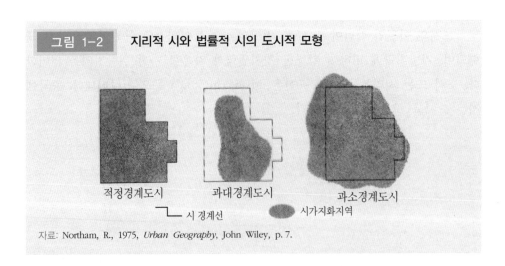

그림 1-2 **지리적 시와 법률적 시의 도시적 모형**

적정경계도시   과대경계도시   과소경계도시

⌐ㄴ 시 경계선   ● 시가지화지역

자료: Northam, R., 1975, *Urban Geography*, John Wiley, p. 7.

로는 적정경계도시가 성립될 수 있으나, 현실적으로 적정경계도시가 나타나는 경우는 드물다. 도시가 더욱 커져서 시가지화지역이 법률적 시경계를 넘게 되면 과소경계도시로 변한다.

　　우리나라는 1960년대에는 과대경계도시가 주류를 이루었다. 그러나 1960년대 이후 경제건설에 힘입어 도시가 급속히 발달하면서 1980년대 이후 대도시를 중심으로 과소경계도시가 형성되었다. 1990년대에 농촌지역을 중심도시에 합쳐 도농통합시가 출현하면서 우리나라의 일부도시는 과대경계도시의 형태를 보여준다.

03 　도시화와 도시성장

1) 도시화의 공간적 의미

　　공간적 측면에서의 도시화(urbanization)는 도시가 되어가는 과정을 의미한다. 도시가 되어가는 과정은 도시에 관한 지리학적 정의에서 보다 구체적으로 파악할 수 있다. 본서에서 "지리학에서 정의되는 도시는 지표면의 일부를 점유하는 지역으로서 ① 다수의 인구가 비교적 좁은 지역에 밀집해서 거주해 인구밀도가 상당히 높고, ② 농업·임업·수산업 등의 1차 산업 비율이 낮은 데 반해 제조업·건설업·상업 등의 2·3차의 도시적 산업비율, 즉 비농업적 산업비율이 높으며, ③ 주변지역에 재화와 서비스를 제공해 주는 중심지"로 정리한 바 있다.

　　따라서 도시화는 많은 사람들이 일정한 지역에 집중하여 그 지역의 인구수가 증가하고, 주변지역에 비해 그 지역의 인구밀도가 상대적으로 높아지는 과정을 의미한다. 또한 도시화가 진행되면 1차 산업 종사자수가 줄어들고 비농업적 산업 종사자수가 늘어나 도시적 산업비율이 증가하는 현상이 나타난다. 그리고 도시화가 진행되면 주변지역에 재화와 서비스를 제공해 주는 결절지가 증가하거나, 기존의 도시가 확대되어 보다 넓은 지역에 재화와 서비스를 제공해 주는 도시권의 확장현상이 나타난다.

　　이렇게 볼 때 도시화는 점(point)으로서의 도시화와 면(area)으로서의 도시화로 이해하는 것이 가능하다. 점으로서의 도시화는 도시의 수가 증가하는 현상을 의미한다. 도시수가 증가하면 상대적으로 농촌지역이 줄어들고 비농업직 종사자 수도 감소하는 현상이 나타난다. 면으로서의 도시화는 기존의 도시영역이 확대 되어 도시주변의 농촌지역을 도시로 바꾸는 대도시권화 양상으로 전개된다.

한편 사회학자들은 도시화를 도시적 생활양식의 발전과정, 즉 도시성(urbanism)을 획득하는 과정으로 이해한다. 이때의 도시화는 사람들이 계속해서 도시로 유입되고 도시생활에 참여하게 되는 과정과 도시의 발전에 따라 도시적 생활방식이 강화되는 과정을 의미하게 된다. 이에 대해 경제학자들은 도시화를 경제발전과 기술의 진보, 그리고 농업경제에서 비농업경제로 전환되는 과정으로 인식한다.

이와 같이 공간적 의미에서의 도시화는 인구수가 증가하고, 인구밀도가 높아지며, 비농업적 산업비율이 늘어날 뿐만 아니라, 도시수의 증가와 도시권의 확대가 나타나는 현상으로 정의할 수 있다.

2) 도시화의 측정

도시화의 개념에 기초하여 도시화를 측정할 수가 있다. 도시화의 측정에는 대체로 다음의 4가지 지표를 사용한다.

첫째는 인구지표이다. 여기에서는 도시화율, 인구규모, 인구밀도 및 주야간의 인구비율 등을 사용한다. 도시화율은 임의 국가의 전체인구수에 비해서 도시에 살고 있는 사람이 어느 정도인가를 측정하는 지표로 백분율로 나타낸다. 예를 들어 어떤 나라의 총인구수가 1천만 명이고 도시에 거주하는 인구수가 6백만 명이라면 그 나라의 도시화율은 60%로 집계되는 것이다.

둘째는 토지이용지표이다. 여기에서는 농업용 토지가 비농업용 토지로 전용된 비율이나, 도시와 주변지역의 지가 또는 지대변화, 토지투기현상 등의 내용을 다룬다. 일반적으로 도시화가 진행되면 도시 주변지역에서는 비농업적 토지용도 비율이 높아지며, 지가의 상승현상과 일부지역에서 투기양상이 나타난다.

셋째는 농촌요소의 감퇴지표이다. 여기에서는 농촌인구 비율의 감소와 농업인구의 겸업률의 증가 등을 사용한다. 대체로 농촌요소의 감퇴양상은 토지이용

지표의 내용과 관련지어 취급한다.

넷째는 도시요소의 증대지표이다. 여기에서는 기존도시와 도시주변지역에 도시용도의 건물이 들어서 도시환경이 조성되는 비율과, 교통이 발달해서 중심도시와 주변지역의 연계성이 증가하는 통근자율의 변화, 그리고 문화시설이 확충되어 도시적 특성이 강화되는 양상을 설명한다. 국가 전체 차원에서의 도시요소의 증대현상을 설명할 때는 도시수의 증가나 대도시권화의 내용을 측정한다.

도시화를 측정하는 경우 단일지표법과 복합지표법 두 가지 방식을 취한다. 단일지표법은 주요 지표 한 가지만을 선택해서 측정하는 방식이고, 복합지표법은 여러 가지 지표를 선정해서 종합분석을 실시하는 방식이다. 단일지표법은 도시화측정이 비교적 간단하고 명확하여 설명에 유리한 장점이 있으나 단지 한 가지 측면밖에 설명하지 못한다는 단점이 있다. 복합지표법은 도시화의 여러 측면을 종합적으로 설명할 수 있다는 장점이 있으나, 각 요소들의 비중 배분에 있어 임의성이 따를 수 있다는 단점이 있다.

실제 도시화수준을 측정하는 데 있어 학문 분야나 학자에 따라 상이한 지표가 이용되고 있으나, 제일 많이 이용되고 있는 지표는 도시화율 지표와 토지이용지표이다. 특히 도시화율 지표는 지역적·국가적 차원에서의 도시화수준을 비교하는 데 있어 가장 기초적인 지표로 이용되고 있다. 물론 국가에 따라 도시에 대한 설정기준이 다르기 때문에 도시화율은 상호 비교에 있어서의 절대적인 기준으로 사용하는 데에는 한계가 있다.

3) 도시화와 도시성장

도시화를 포괄적으로 해석하여 도시가 생성되어 성장 발전하는 과정으로 이해하기도 한다. 그러나 노담(Northam, 1979)은 도시화와 도시성장(urban growth)을 구별하여 설명하였다.

예를 들어 임의의 두 지역 A지역과 B지역이 있다고 가정해 보기로 한다. 두 지역이 도시화가 진행되기 시작했을 때의 전체인구는 똑같이 1천 5백만 명이었고, 도시화가 진행된 이후의 전체인구는 또한 1천 8백만 명으로 두 지역 모두 같다. 두 지역 모두 3백만 명의 인구증가가 이루어진 것이다(표 1-1).

그런데 두 지역의 촌락과 도시의 인구증가는 상이하다. A지역에서는 촌락에
서 1.8백만 명이 늘어났고, 도시에서 1.2백만 명이 증가하였다. A지역의 촌락과
도시는 시작연도에 비해 촌락과 도시 모두 20.0%의 인구증가를 기록하였다. 이
에 비해 B지역의 촌락과 도시에서의 인구증가는 A지역과 판이하다. B지역에서
는 촌락에서 0.5백만 명이 늘어났고, 도시에서 2.5백만 명이 증가하였다. B지역의
촌락에서는 시작연도에 비교해서 5.6%의 인구증가를 기록한 데 반해, 도시에서
는 시작연도에 비해 무려 41.7%의 인구격증현상이 나타났다. B지역에서는 사람
들이 도시로 집중적으로 몰려 촌락에서의 인구증가에 비해 상대적으로 도시에서
의 인구증가가 엄청나게 높아진 것이다.

노담은 이러한 내용을 토대로 A지역에서는 도시성장이 일어났다고 설명하
며 B지역에서는 도시화가 전개되었다고 해설하였다. 결국 도시화는 도시성장에
비해 도시에서의 인구증가가 비도시지역에 비해 상대적으로 매우 크게 나타나야
한다는 점을 강조하고 있다. 다시 말해서 도시화가 진행되는 과정에서는 인구의
사회증가 현상이 나타나 도시로의 집중화가 진행된다고 설명할 수 있다.

표 1-1 **도시성장과 도시화의 차이를 설명하는 가정적인 사례**

(단위: 백만 명, %)

지역구분	전 인 구	촌락인구		도시인구	
		인 구 수	전 인구에 대한 비율	인 구 수	전 인구에 대한 비율
A지역(도시성장)					
시작연도	15.0	9.0	60.0	6.0	40.0
종료연도	18.0	10.8	60.0	7.2	40.0
인구증가율	3.0	1.8	20.0	1.2	20.0
B지역(도시화)					
시작연도	15.0	9.0	60.0	6.0	40.0
종료연도	18.0	9.5	52.8	8.5	47.2
인구증가율	3.0	0.5	5.6	2.5	41.7

자료: Northam, R. M., 1979, *Urban Geography*, 2nd ed., Wiley, p. 64.

04　도시화곡선

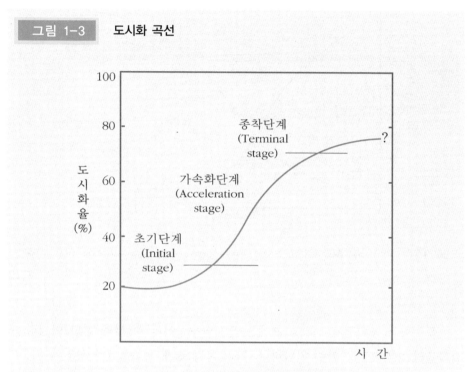

그림 1-3　도시화 곡선

자료: Cadwallader, M., 1996, *Urban Geography: An Analytical Approach*, Prentice Hall, p. 303.

　　도시화율의 변화를 그래프화한 것이 도시화곡선(urbanization curve)이다(그림 1-3). 도시화의 진행은 처음에는 서서히 진행된다. 그러나 도시화를 촉진하는 여러 요인이 작용하면 갑자기 가속화되면서 도시화가 이루어지다가 어느 정도 도시화가 진행되면 도시화는 둔화되거나 감소한다. 이러한 도시화의 내재적 속성 때문에 도시화곡선은 도시화가 낮은 단계에서부터 높은 단계에 이르기까지 로지스틱(logistic) 커브인 S자 형태를 나타낸다.

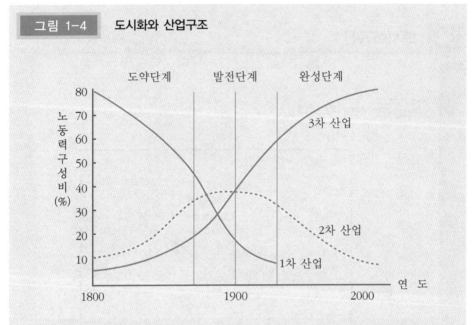

그림 1-4　도시화와 산업구조

자료: Herbert, D. T. and Thomas, C. J., 1982 *Urban Geography: A First Approach*, John Willey & Sons, p. 72.

　　도시화의 초기단계(initial stage)에는 도시화수준이 극히 낮을 뿐만 아니라 도시화율의 증가속도도 아주 완만하다. 이는 국가 경제가 주로 1차 산업에 의존하고 2·3차 산업이 미약하여 많은 인구가 농촌지역에 거주하고 있음을 보여 준다(그림 1-4).

　　도시화의 가속화단계(acceleration stage)에 이르면 도시화수준이 급성장하게 되어 도시화율의 증가속도가 가속화된다. 이는 국가 경제가 2·3차 산업에 의존하며, 인구 및 경제활동이 공간적으로 도시라는 특정 장소에 집중되는 도시성장의 격변기에 있음을 나타낸다(그림 1-4).

　　도시화의 종착단계(terminal stage)에 도달하면 도시화수준이 극대치에 이르게 되어 도시화율의 증가속도는 둔화된다. 이는 도시화가 포화상태가 되면서 집적의 불경제가 나타나 경제와 인구가 분산되며 비도시지역에도 지역발전이 이루어지고 있음을 반영해 준다(그림 1-4).

각 나라의 도시에 대한 개념규정이 상이하기 때문에 도시화의 초기단계와 가속화단계, 그리고 종착단계에 이르기까지 각각의 도시화율이 어느 정도인가를 정확히 설명하는 것은 용이하지 않다. 대체로 도시화의 초기단계에서 종착단계까지 도시화율이 20~30% 전후에서 시작하여 75~80% 전후까지 이른다고 보고 있다.

일부 선진국에서는 도시화의 종착단계를 지나면 오히려 도시화율이 저하되는 퇴행단계까지 나타나고 있다. 이것은 도시인구가 대도시 혹은 도시지역으로부터 비도시지역으로 이동하는 분산화 과정, 즉 역도시화(counterurbanization)현상으로 설명하기도 한다. 역도시화 현상은 1970년대 미국의 인구통계자료로부터 대도시에서 비도시지역으로의 인구 순이동에 의해 대도시지역에서 인구가 감소하는 현상이 확인되면서 인지되었다. 역도시화단계에 이르면 과밀화 현상이 둔화되고 인구의 노령화 현상이 나타나는 경우가 많다. 때로는 저소득층의 도심 유입으로 인해 중심부가 슬럼화되고, 주변지역이 쇠퇴하며, 도시 내에 불법·무허가 불량주거지가 형성되는 주거환경 열악 현상이 나타난다. 사회적으로는 실업률이 증가하고, 범죄발생률이 크게 늘어나는 양상이 전개되기도 한다. 역도시화는 개인의 기동성이 증대되면서 대도시를 벗어나 소규모의 전원적 환경에서 사는 것을 선호하는 사람이 많아지기 때문에 일어나는 것으로 설명하기도 한다 (Champion, 1991).

제2절
도시의 기원과 발달

01   도시의 기원과 형성

1) 고대도시

최초로 도시가 등장한 것은 기원전 3,000-4,000년경이다. 초기도시는 오늘날의 이라크지역에 해당하는 메소포타미아의 티그리스강과 유프라테스 강 유역의 비옥한 초승달 지대에서 형성되었다. 서남아시아에 위치한 초기도시는 종교중심지로서의 성격을 나타냈다. 이들 도시 중 가장 오래된 도시는 에리두(Eridu)이다. 메소포타미아 평원에는 에리두 외에 에레크(Erech), 우르(Ur)(그림 1-5), 라가쉬(Lagash) 등의 고대도시들이 발달했다. 에리두를 위시하여 대부분의 초기도시는 수세기가 지나면서 소멸하였고, 다마스커스(Damascus) 하나만이 오늘날 세계에서 가장 오래된 고대도시로 인정받고 있다. 대부분의 고대도시들은 인구규모가 약 15,000-25,000명 정도였다. 그러나 바빌론(Babylon)은 인구규모 8만 명의 비교적 큰 도시였으며, 우루크(Uruk)의 인구규모도 5만 명이나 되었다.

이집트의 나일강 유역에서도 도시가 형성되었다. 기원전 3,000년경 나일강 유역에는 테베(Thebes)와 멤피스(Memphis) 등의 도시가 번성하였다. 기원전 2,500년경에는 현재의 파키스탄과 인도지역에 해당하는 인더스강 유역에 도시가 형성되었다. 모헨조다로(Mohenjo-Daro)와 하라파(Harappa)는 인구규모가 각각 4만여 명에 다다르는 매우 큰 행정적·종교적 중심지였다. 중국의 황허(黃河) 유역에도 고대도시들이 존재했다. 중국의 초기도시는 황허 중류의 루리앙(呂梁) 산맥과 진링(秦嶺)

그림 1-5	메소포타미아 우르(Ur)에 복원한 아브라함의 생가

자료 및 주: 필자가 현지답사를 통해 직접 촬영. 이라크는 이라크 남부에 위치한 메소포타미아 도시 우르
　　　　　(Ur)에 아브라함의 생가를 복원해 새롭게 건축했다. 아브라함은 기원전 2150년경에 우르에
　　　　　거주했던 것으로 추정한다.

산맥 사이에 위치한 비옥한 황토(löss)지역에 형성되었다. 황허의 물줄기가 사행하는 곳에 위치한 안양(安陽)은 대표적인 중국의 고대도시다. 도시의 중심에는 궁전과 조묘(祖廟)가 있었고, 매우 거대한 성곽으로 둘러싸였으며, 민가는 성 내와 성 밖으로까지 확장되어 있었다.

　그리고 중앙아메리카의 마야(Maya)(그림 1-6), 사포텍(Zapotecs), 멕텍(Mextecs), 아스텍(Aztecs) 등의 초기도시는 정교한 도시체계를 이루었다. 이들 도시는 옥수수를 재배하여 상당량의 잉여 생산물을 창출했으며, 다른 초기도시와 마찬가지로 강력한 정교(政敎) 조직이 경제적·행정적 조직에 막대한 영향력을 미쳤다.

| 그림 1-6 | 멕시코 치첸이트사에 있는 마야 유적지 엘 카스티요 피라미드와 마야문자 |

자료: 필자가 현지답사를 통해 직접 촬영.

2) 그리스·로마의 도시

그리스 도시들은 기원전 7-8세기 출현하여 2백여 년간 에게해 지역을 중심으로 번성하였다. 그리스 도시는 각각 독립된 도시국가(polis)를 형성했다. 도시국가는 자치권만이 인정되었다. 아테네는 가장 대표적인 도시국가로 인구규모는 약 10-15만 명 정도였으며 그리스 문화의 중심지였다. 도심부는 정치·경제·문화 활동의 중심무대였다. 아크로폴리스(Acropolis)는 종교와 방위기능을 갖는 도시의 상징적 구조물이었다. 아크로폴리스 주위에는 개방적이고 불규칙한 형태의 아고라(Agora)라는 광장이 있는데 유통과 교역의 장소가 되었다. 시가지는 아고라를 중심으로 방사상으로 성장했다. 주거지역은 길거리나 좁은 뒷골목을 따라 불규칙적으로 밀집되어 있었다. 도시발전이 이루어지면서 보다 정형화된 도로체계가 나타났다. 아테네는 기원전 450년경 밀레투스(Miletus)를 건설하면서 규칙적인 격자형 가로-블록 체계가 도입되었다. 이 격자형 도로체계는 다른 그리스 도시에서도 찾아볼 수 있다. 그리스는 뚜렷한 사회계층이 발달하지 않았다는 점에서 자유도시의 성격이 강하며, 주택 또한 소박하고 단조로운 형태를 지닌다.

로마도 도시국가를 이루었다. 로마인들은 그리스에서 도시설계의 방법을 습득하였다. 그러나 그리스에 비해 도시기능에 역점을 두어 특정 장소에 행정적·종교적 시설을 배치했다. 로마의 도시는 정사각형 혹은 직사각형으로 설계되었다. "모든 도로는 로마로 통한다"는 말과 같이 로마는 잘 정비된 도로를 가지고 있었다. 남북을 축으로 두 개의 직각을 이루는 도로가 중심부를 분할했다. 중앙은 포럼(Forum)이 위치하여 공공 집회와 시장기능을 담당했다. 시간이 지나면서 포럼 옆에 지붕이 있는 영구적인 소매시장인 바실리카(vasilicas)가 생겨났다. 포럼 내의 또 다른 영구적인 건출물로 큐리아(curia)라는 집회소가 만들어졌다. 그 밖에 호화롭고 사치스러운 대중목욕탕과 원형극장, 도서관, 사원 등 정교한 건축물들이 로마의 도시공간을 가득 채웠다. 도시의 핵심지역 주변에 주거지가 형성되었다. 사회적 특권이 낮은 계급이 사는 인슐라(insula)라는 거주지역이 있었는데 이 지역은 슬럼지역으로 변모되었다. 로마는 질서정연한 도시설계에 의해 도시 자체를 시민들의 건강과 오락을 위한 장소로 활용하고자 했다. 그러나 로마가 급성장하면서 더 이상 이러한 이상적인 도시계획의 노력은 유지되지 못했다.

로마제국이 크게 번성하면서 그 영향력이 영국, 라인강 유역, 서부유럽과 중부유럽, 북아프리카에서 서남아시아까지의 지중해 전역 등으로 그 세력권이 확대되었다. 런던, 브뤼셀, 유트레히트, 그라나다, 세빌, 쾰른, 스트라스부르, 파리, 보르도, 비엔나, 자그레브 등 유럽의 주요 도시들은 거의 대부분이 로마의 융성시대에 도시의 틀을 갖추었다.

3) 중세의 도시

중세에 이르러 무역과 수공업이 발달하고, 화폐경제가 형성되며, 도시동맹 등에 의한 자치정치가 구축되면서 해안도시가 발전하였다. 종교적 제사나 집회를 계기로 촌락중심지가 물질교류의 핵심지가 되면서 상업 활동을 수행하는 도시적 중심지로 변모되었다. 도량술의 발달과 원활한 교통은 시장의 확대와 초기의 길드조직을 가능하게 하여 상인조합의 발달을 가져왔다. 상인들은 시정회(市政會)를 조직하여 도시의 실질적인 지배자가 되었다. 그리고 성직자와 봉건영주들은 길드의 성장을 위해 교회, 시장, 광장 등을 건설하였고, 대성당 등이 중세도시의 중심이 되는 도시체계를 구축하였다.

대체로 중세의 도시는 세 가지로 유형화할 수 있다. 첫째는 13세기에 상거래를 크게 촉진시킨 정기시(定期市) 도시이다. 농촌의 잉여농산물을 교역하기 위

그림 1-7	독일 하이델베르크 성채와 하이델베르크 시 전경

자료: 필자가 현지답사를 통해 구득하고 직접 촬영.

한 정기시장이 형성되면서 교역장소가 정기시 도시로 성장했다. 도시민들은 부유한 계층이 많아 특권계급을 이루었으며, 이들을 독일에서는 '부르게르'(burgers), 프랑스에서는 '부르주아'(bourgeois)라고 불렀다.

둘째는 성채(城砦)도시이다. 중세시대의 도시는 매우 견고한 성곽을 지닌 원형의 성채도시를 형성했으며 약 16세기까지 이러한 성채도시의 형태가 지속되었다. 유럽 여러 나라의 지명에 castle, chatillon, ferte, gurde, burg 등의 낱말이 남아 있는 지역은 그 지역이 과거 성채도시였다는 것에서 유래된 곳임을 나타낸다. 독일의 하이델베르크가 그 대표적인 예이다(그림 1-7).

셋째는 상인도시이다. 13세기에 이르러 본격적으로 교역이 이루어지면서 이를 중심으로 한 상인도시가 발달하였다. 상인, 은행가, 장인 등은 모두 도시에서의 기회획득을 꿈꾸며 도시로 몰려들었고, 상인들끼리의 연합체인 길드(guilds)가 보다 강력한 도시의 세력집단이 되었다. 13-15세기경 이탈리아의 여러 도시들과 한자(Hansa)동맹 도시들은 십자군에 의해 동서교역의 범위가 확대되면서, 동방의 여러 나라와 활발한 무역을 전개했다. 이탈리아의 베니스, 제노아, 피사, 밀라노, 플로렌스 등의 상업도시, 남부독일의 아우스부르크, 뉘른베르크 등의 상업중심지, 발틱해 연안의 함부르크, 브레멘, 단지히, 뤼벡 등의 한자동맹 도시들, 그리고 라인강의 항구도시인 마인츠, 프랑크푸르트 등이 상업기능이 탁월한 상인 도시로 성장하였다.

02 전 산업시대의 도시발달

공업화가 본격적으로 나타나기 이전에 생성된 도시를 전 산업시대 도시(pre-industrial city)로 부를 수 있으며 르네상스시대의 도시와 상업도시들이 이에 속한다. 전 산업시대의 도시들은 공간적·기능적으로 몇 가지의 특색을 지닌다. 공간적인 특색으로는 취락형태가 농업공동사회에 비해 매우 크고, 주택이 고밀도로 상당히 밀집되어 있으며, 방어를 위한 성벽과 성곽이 견고하게 건설되어 있다. 기능적인 특색으로는 교역과 교환을 위해 시장이 도시생활의 중심이 되고, 제조업은 수공업 수준으로 도시 전역에 산재해 있으며, 직업에 의해 계층이 구분될 뿐만 아니라, 주택에도 계층구조가 나타나 고급주택일수록 중심지에 위치하고 주변부로 갈수록 낙후주택이 위치한다.

1) 르네상스시대의 도시

르네상스시대에는 분산되어 있던 봉건국가가 통합되어 강력한 통일국가가 출현하였고 통일국가의 중심지인 도시들이 크게 발전하였다. 지리상의 발견과 해외진출 등이 도시발전의 기반이 되었다.

15세기 이후 유럽에서는 스페인, 포르투갈, 오스트리아, 네덜란드, 영국, 프랑스, 러시아 등에서 전제(專制)국가가 출현하고 관료정치가 활성화되었다. 이에 따라 정치중심지인 수도의 발달이 두드러지게 나타났다. 16-17세기에는 스페인의 마드리드, 포르투갈의 리스본, 네덜란드의 암스테르담 등이 해외 식민지건설에 힘입어 중추도시로, 또 경제·금융의 중심지로 발전하게 되었다. 18세기에 이르러서는 정치·경제의 중심지가 점차 런던과 파리로 옮겨지게 되었다.

이 시기에는 무기와 기술의 발달 등으로 이전에 설치했던 방어를 위한 성곽 기능이 그 실용성을 잃게 되었다. 수직적인 확장에 국한되었던 도시발달은 성곽의 제한을 벗어나 수평적으로 확대되었다. 이에 따라 공간에 대한 인식도 새롭게

그림 1-8	요새도시 형태의 독일 칼스루에 시

자료: 필자가 현지답사를 통해 직접 촬영.

변화했다. 도시에는 차가 다니게 되고, 상업 활동·군사 활동 등에 적합한 형태로 소로(alleys) 대신 넓은 도로(avenues)가 나타났다. 이와 함께 예술성을 지닌 궁전·분수·정원 등의 건조물과 도시에서 일을 하기 위해 모여든 외지인의 숙박시설이 생겨났다.

르네상스시대를 대표하는 도시는 바로크(baroque) 도시 형태다. 바로크의 도시 형태는 장중한 공공건물과 다양한 도시기능, 넓은 도로, 접근성을 강조한 방사형의 도로, 개방성과 푸르름을 중시한 가로 등이 특징적이다.

바로크 도시는 베르사이유, 칼스루에(그림 1-8), 포츠담 등과 같은 왕실의 요새도시(garrison cities) 형태가 대표적이다. 바로크 도시는 처음에 상류계급의 필요에 의해 만들어졌다. 그 후 바로크 도시는 하나의 사원과 주택으로 둘러싸인 도시민들의 거주광장(residential square)이 중심을 이루게 되었다. 바로크 도시는 방사상의 대각선 도로를 지닌 성형 구조가 대부분이다. 특정지역에서 방사상으로 뻗어 있는 도로체계는 핵심지역과 주변지역과의 이동과 연계성은 높아지나, 도시의 확장에 따라 도로가 변경되거나 다른 결절지점과의 연결을 위한 부가적인 계획을 실행하기가 어렵다. 따라서 바로크형의 도시계획은 기하학적 규칙성을 지니고 있기는 하나 경제성은 떨어진다. 그럼에도 불구하고 도쿄, 뉴델리, 샌프 란시스코, 시카고 등의 금세기 대도시 설계에서 바로크식의 도시계획이 사용되 었다.

2) 상업도시

17세기 이후 도시가 경제적으로 풍요로워짐에 따라 상인, 재정가, 지주들이 부흥하고 상업도시가 발달하게 되었다. 도시민들의 공통적인 목표는 투자와 재 정의 수익에 있었다. 재정적 거래로 새로운 경제활동이 일어나면서 실제로 모든 도시들이 상업도시(commercial center)의 역할을 하게 되었다.

그림 1-9　**윌리암 펜(William Penn)의 필라델피아 도시계획, 1682**

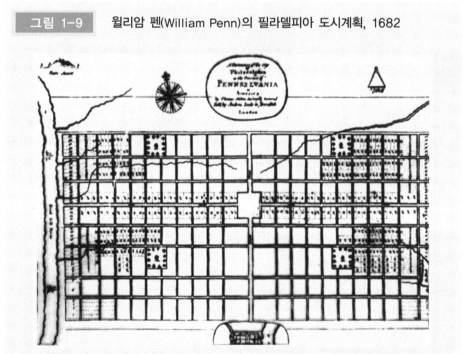

자료: Hartshorn, T. A., 1992, *Interpreting the City: An Urban Geography*, John Wiley & Sons, New York, p. 31.

봉건사회에서는 토지의 매매가 없어 토지사용이 안정적이고 연속적이었다. 그러나 17세기 이후는 토지가 상품으로 거래되었으며, 자본주의적 경제성향에 따라 임대료는 상승하였다. 도시의 주택은 부유층과 지주들이 부를 축적할 수 있는 훌륭한 돈벌이의 수단이었기 때문에 주택에 대한 관리보다 임대료를 올리는 데 더 많은 관심을 기울였다. 따라서 관리가 소홀한 주거지역은 슬럼으로 변모하였다. 도시주변지역도 개발되면서 도시수와 도시의 인구가 증가하게 되었다. 이 시기의 도시생활은 상업적 투기와 사회적 붕괴, 그리고 무질서로 표현되었다.

도시는 단위면적(lots, blocks)으로 매매되었다. 이러한 양상은 미국의 도시에서 뚜렷하게 나타났으며, 대표적인 예가 필라델피아다(그림 1-9).[1] 토지구획과 확대에 가장 편리한 형태는 직선상 도로의 격자형 구조였다. 이를 기준으로 직사각형의 건물부지가 형성되었고 각각의 부지들이 모여 블록을 이루게 되는데 블록은 넓은 땅을 필요로 하는 사람에게 판매되었다. 직사각형 구획제도는 거주단위의 기본계획에도 영향을 미치게 되었다.

03 산업시대의 도시발달

18세기에 산업혁명이 전개되면서 도시는 이제까지와는 전혀 다른 새로운 면모를 나타내었다. 공업화의 원동력을 생산하는 각종 원료산지는 새로운 사람과 일터가 마련되면서 견실한 산업도시로 성장하였다. 공장이 입지한 지역은 일자리를 얻으려는 사람들로 붐볐고, 자본과 노동력이 넘쳐나는 새로운 공업도시를 형성하였다. 18세기 프랑스대혁명을 계기로 산업화와 함께 민주화도 진행되었다. 종래의 도시는 소수의 선택된 사람들만의 거주 공간이었다. 그러나 산업화와 민주화가 동시에 전개되면서 보통의 시민들도 대거 도시지역으로 유입되어 도시는 새로운 양상을 갖게 되었다.

공업도시의 중심지는 크고 작은 공장들이 입지하고, 철도와 도로가 연결되며, 중심지에 가까운 지역에는 노동자들의 대규모 거주지역이 만들어졌다. 도심지역은 소음과 공해가 많아 부유한 계층은 도심지역에서 멀리 떨어져 거주하려는 움직임을 보였다.

　　18세기 이전에 성장했던 도시는 오랜 기간에 걸쳐 도시가 발달했기 때문에 도시인구가 안정적인 증가를 나타내었다. 그러나 산업혁명 이후에 발달한 도시는 짧은 기간 동안에 급격한 인구증가를 이루는 양상을 보였다. 이러한 현상은 산업혁명이 전개되는 모든 세계지역에서 공통적으로 나타났다. 한 예로 영국의 맨체스터지역의 인구규모는 1760년에 17,000명이었던 것이 1830년에 180,000명으로 10배 이상 늘어났으며, 1851년에는 303,382명으로 약 18배나 증가했다.

　　인구증가에 따른 도시성장은 인구뿐 아니라 근본적인 측면에서의 커다란 사회변화를 몰고 왔다. 도시사회는 엄격한 신분적 계급사회에서 시민중심의 능력위주 사회구조로 바뀌었다. 경제적 측면에서는 전통적 농경문화에서 제조업에 기반을 둔 공업사회로 변화되었다.

　　산업시대를 맞아 세계의 도시체계는 다양한 변화를 겪었다. 런던과 파리는 1700년대 50만 명의 인구로 성장한 도시가 되었다. 1800년대는 북경만이 유일하게 인구규모 1백만 명이 넘는 세계 최대의 도시였지만, 이후 수십 년 사이에 산업화와 도시화가 서유럽과 미국에서 가속화됨에 따라 서유럽과 미국에는 1백만 명 이상의 대도시가 속출하였다. 대도시지역은 오늘날 선진국을 위시하여 제3세계의 개발도상국에 이르기까지 매우 넓게 분포하고 있다.

　　오늘날 세계 전체인구의 약 54%가 도시에 거주하고 있다. 그러나 도시지역의 인구비율은 산업화의 정도에 따라 각 나라마다 다르다. 고도선진국의 경우는 산업혁명 이후 도시로의 인구이동이 강력하고도 꾸준하게 이루어져 도시화율이 약 80%를 상회하고 있는 데 반해, 제3세계에서의 도시화율은 1990년대 이후에도 30% 정도에 머무르는 나라가 많다. 그러나 세계 인구의 절반이 도시에 거주하는 21세기에 이르러 개발도상국에서도 높은 자연증가율과 이촌향도(移村向都) 현상에 의해 다수의 대도시가 출현하고 있다.

　　산업도시의 성장과정은 세계의 일부지역에서 광범위한 대도시권역을 창출하여 메갈로폴리스(megalopolis)를 만들고 있다. 또한 인구규모가 크고 도시기능이 다양한 거대도시(megacity)는 공간적으로 밀집된 대도시권들 사이의 강력한 경제적 연계고리가 되고 있다. 오늘날에 이르러 인간과 재화, 그리고 통신의 교류가 활발해지면서 분리된 공간이 하나의 거대한 도시기능지역으로 통합되는 현상마저도 나타난다. 화이트칼라 혁명에 의해 업무도시가 창출되고, 도시 간 업무집행이 고도로 발달한 형태의 교류도시(transactional city)가 출현하며, 이는 정보화시대의 새로운 도시 형태로 자리매김하려는 양상을 보인다. 오늘날 세계 여러 지역에 대도시들이 형성되면서 과거 공업위주의 도시발달과는 다른 새로운 도시발달 양상을 보이는 것은 기술의 진보, 특히 정보기술의 발달에 기인한다. 세계 여러 곳에서 정보도시나 창조도시가 출현하고, 다양한 융·복합 성격의 도시들이 대두되고 있다.

그리고 오늘날 세계 대부분의 도시는 산업화의 폐해에 따른 환경오염으로 심한 어려움을 겪고 있어, 금세기에 이르러 환경문제는 반드시 해결해야 할 핵심적 도시과제가 되었다.[2]

제3절
한국의 도시발달

Understanding the City

우리나라의 도시발달은 대체로 산업화가 두드러지게 나타나는 1960년대를 기준으로 하여 1960년 이전인 전 산업시대의 도시발달과 1960년 이후 산업시대의 도시발달로 나누어 고찰할 수 있다.

01 전 산업시대의 도시발달

1960년 이전 전 산업시대의 도시발달은 1) 조선시대 이전, 2) 조선시대, 3) 일제 강점기, 4) 해방과 산업정체시대(1945–1960년) 등으로 나누어 살펴 볼 수 있다.

1) 조선시대 이전의 도시발달

기원전 2세기경 고조선은 왕검성을 도읍으로 하여 관서지방으로부터 랴오둥반도에 걸쳐 그 지배세력권을 점유했다. 우리나라 도시 중 가장 오래된 도시는 고구려 초기의 수도였던 국내성이다. 우리나라의 도시들은 방어를 목적으로 산지에 성벽을 둘러쌓아 산성을 축조하였는데, 국내성 역시 산성을 쌓아 만든 압록강 북안의 만주부근에 위치한 대표적인 산성도시다. 이 당시 대부분의 도시는 소위 '선만식산성'(鮮滿式山城)의 형태를 갖춘 성곽도시로 발달했다. 고조선시대의 마한·진한·변한의 삼한을 비롯해서 한강이남지역에 많은 부족국가들이 출현하였으나 도시의 발달은 미약하였다. 그것은 부족국가의 인구규모가 크지 않았으며 부족국가사회의 정치조직이 강력하지 못했기 때문이다.

삼국시대의 고구려·백제·신라는 강력한 왕권을 중심으로 중앙집권적 정치체제를 확립했다. 왕이 있는 수도와 지방행정 중심지에 성곽을 축조하고 장이 열리면서 사람들이 모여 이들 지역은 정치·경제·행정의 중심지로 성장하게 되었다.

신라가 삼국을 통일한 후 당나라의 주군제도(州郡制度)를 모방하여 전국을 9개주(州) 곧 尙州(상주), 良州(양산), 康州(진주), 漢州(광주, 廣州), 朔州(춘천), 熊州(공주), 溟州(강릉), 全州(전주), 武州(광주, 光州)와 5소경(小京) 곧 中原(충주), 西原(서원), 北原(북원), 南原(남원), 金官(김해)로 나누었다. 이들 도시들은 오늘날에 이르기까지 지방의 중심도시로 성장한 곳이 대부분이다.

고려 왕조는 건국초기에는 철원을, 후에는 개경(개성)을 수도로 정했으며 이러한 도시체계가 약 500여 년간 지속되었다. 고려시대의 경우 당나라의 군현제도(郡縣制度)를 도입하여 전국을 12목(牧)으로 구분하였다가 후에 5도호부(都護部)와 8목으로 개편했다. 이들 지역은 安南(수주-부평), 安西(해주), 安北(영주), 安東(안동), 安邊(안변)을 위시하여 광주, 충주, 청주, 진주, 상주, 전주, 나주, 황주 등으로 군사적 거점을 겸한 지방행정의 중심지였다. 14세기 초에 수도인 개경(開京) 이외에 西京(평양), 南京(한양), 東京(경주)의 3경(京)을 두었다. 이상의 도시들은 정치와 군사의 중심지로서 대개의 경우 성곽도시의 형태를 갖추었다. 개경은 경시(京市)를 두어 농업기술과 수공업이 발달했다. 지방도시와 교통의 요지에는 소규모의 상설시장으로 추정되는 향시(鄕市)가 있었고, 이를 중심으로 전업적 시장상인이 다수 등장하여 시장의 규모가 커지게 되었다. 이러한 시장의 발달은 도시형성을 촉진시켰다.

2) 조선시대의 도시발달

조선왕조는 1394년 도읍을 한양으로 옮기면서 새로운 도시발달의 전기를 마련했다. 조선시대의 지방제도는 전국을 8도(道)로 구분하고 그 아래 부(府), 목(牧), 대도호부(大都護府), 군(郡), 현(縣) 등과 같이 약 330개의 행정구역으로 구분하여 통치하였다. 조선시대 초기에는 행정중심지로서 정치적 기능을 중심으로 도시가 발달했으나 점차 교통과 시장기능이 더해졌다. 조선시대 후기에는 상공업과 농업을 위시한 산업이 발달함에 따라 상업적 기능이 커지면서 상공업 중심의 도시 발달이 이루어지게 되었다. 그러나 조선시대 중기까지의 우리나라 도시는 정치적 기능을 기반으로 하는 전산업적 소비도시에 머물러 있었다.

조선시대의 도시인구와 관련된 자료는 1789년(정조 14년)에 출간된 『호구총수(戶口總數)』에서 비교적 정확하게 나타나기 시작한다. 이러한 자료를 토대로 우리나라 근대도시의 발달과정은 대체로 1789년부터 고찰하는 것이 가능하다. 1789년의 경우 역사적 중추행정중심지였던 한성, 개성, 평양 등이 2만 명 이상의 도시를 이루었다. 부목군현(府牧郡縣)의 청사가 있었던 지방행정 중심지인 상주, 전주, 대구, 충주, 의주, 진주 등은 인구 1-2만 명의 소도읍으로 발달했다. 조선시대에는 교통수단이 도보와 우마차에 의존하는 형태였고, 지역 간의 이동이 제한적인 자급형의 경제구조를 지니고 있었으며, 도시의 발달이 내륙지방을 중심으로 이루어졌다.

3) 일제 강점기의 도시발달

1876년 개항과 함께 우리나라 도시체계는 크게 변화되었다. 개항 후에는 연안 항구도시들이 급격히 건설되었다. 상주, 충주, 의주 등 내륙 도시들은 인구가 감소하는 반면, 함흥, 목포, 통영, 군산, 신의주, 송림, 청진 등의 항구가 인구

1-2만 명 규모의 도시를 형성했다. 이 시기 동안 인구 2만 명 이상의 신흥도시로는 부산, 인천, 남포, 원산, 대구 등이 등장하였다. 이들 신흥도시는 대구를 제외하고는 모두 항구에 입지하고 있어 우리나라의 도시가 항구를 축으로 발달하였음을 보여 주었다. 곧 개항 이후 선박교통이 가능한 연안도시와 항구도시는 일본으로 생산물을 반출하기 위한 적출항 또는 교역도시로의 기능을 담당했다.

1920년대에는 일제의 식량기지화 정책에 따라 호남지역의 농산물 집적지와 미곡 적출항이 발달했다. 이 시기에 함흥, 신의주, 청진, 목포, 상주, 광주, 마산, 군산, 전주, 진주, 제주 등이 신흥도시로 발달했다. 대체로 이 시기는 연안과 내륙을 잇는 육상교통수단이 미비하여 전국을 유기적으로 통합할 수 있는 근대적 의미의 도시체계는 이루기 어려운 상태였다.

일제는 1930년 이후의 우리나라 도시를 공업위주의 병참기지로 만들었다. 석탄·수력 등 산업동력의 개발과 철도교통수단의 확장은 1930년 이후 도시발달의 중요한 배경이 되었다. 아오지, 회령, 강계, 길주, 삼척 등의 탄전지대와 흥남, 성진, 함흥, 원산, 청진, 나진을 잇는 북부 광공업도시의 성장이 두드러졌다. 그리고 평양, 남포 등을 중심으로 관서 공업지대가 형성되었으며, 교통상의 요지인 의주, 만포, 선천, 안악, 산천, 연안, 재령 등이 발달했다. 1930년대에는 철도역 수가 크게 증가했다. 철도건설은 1940년에 최고점을 이루었다. 철도교통의 발전으로 내륙과 항구가 연계되었다. 또한 지역 간 교통망이 확장됨에 따라 도시발달이 확대되었다. 1940년대에 이르러 근대적 산업화에 기초한 도시발달이 나타나고, 도시투자가 확대되어 도시기반경제가 정착되었다.

4) 해방과 산업정체 시대(1945-1960년)

1945년 해방으로 해외동포가 귀국하면서 사회적 인구이동이 일어나 서울, 부산, 대구, 마산, 대전 등의 도시에 인구증가현상이 나타났다. 1950년 6·25전쟁에 의해 다시 격심한 인구변동이 일어나면서, 부산을 비롯하여 대구, 광주, 대전, 전주 등에 북한에서 월남한 피난민들이 모여들었다. 이에 비해 서울, 군산, 김천, 진주 등 전쟁의 피해를 입은 도시들은 정체현상을 보였다. 1955년 이후에는 전후복구 작업과 산업철도의 발달에 힘입어 관동지역에 광공업과 관련된 도시발전이 이루어졌다. 특히 충남·전북·경남지역에는 인구규모 2만 명 이상의 도시발달이 진행되었다.

02 1960년 이후 산업시대의 도시발달

우리나라는 1960년 이후부터 현대적 의미에서의 도시화가 본격적으로 진행되었다. 1960년 이후 국가의 산업구조가 공업화로 전환되면서, 공업과 관련된 지역이 도시발달을 선도했다. 제조업을 중심으로 한 산업개발은 기존 대도시에 입지해 있는 경제여건을 활용하는 방향으로 진행되어 서울, 부산, 대구, 인천 등이 가속적으로 팽창되었다. 또한 지역의 성장거점인 광주, 대전, 전주, 마산 등이 인구규모 25만 명 이상의 도시로 성장했다. 수출 및 내수산업 개발을 위한 공업화 정책은 울산, 청주, 여수 등에 공업단지를 건설하여 도시개발을 촉진시켰다. 안산, 창원, 구미 등의 신도시가 육성되어 이들 지역으로의 인구집중을 유도했다.

산업발전을 위한 유통체계의 질적 성장과 지역적 확충은 전국을 일일생활권으로 묶어 각 도시를 하나의 유기적 공동체로 통합하는 환경을 이루었다. 1960년 이후 남북으로 이어진 종관형의 교통체계에서 동서를 잇는 횡관형 교통체계로 확장되면서 전국은 통합적인 교류체계를 형성했다. 특히 1960년대 후반의 고속도로 개통은 자동차를 이용한 교통혁신을 이루어 육상교통이 지역 간 유통체계를 주도할 수 있도록 만들었다. 이 기간 중에는 산업동력으로 석유와 석탄이 중시되었다. 1970년대 들어서 석유의 소비가 석탄을 능가하면서 수입석유의 수송과 처리가 용이한 울산, 마산, 포항, 여수 등이 새로운 중화학공업도시로 성장했다.

1960년 이후 도시와 농촌 간의 경제적 격차에 의한 이촌향도 현상과, 제조업의 수도권 집중에 따른 취업기회의 확대로 전국의 인구가 수도권으로 집중되었다. 이 시기의 도시공간분포에서는 위성도시의 발달과, 종주도시화 현상, 그리고 거대도시화 현상이 나타났다. 위성도시는 서울·부산·대구 주변에서 발달하고 있다. 이것은 서울·부산·대구 등의 대도시가 과대해짐에 따라 신산업시설이 대도시주변에 입지하고 있을 뿐만 아니라, 대도시 내부에서 집적의 불경제가 나

타나 중심도시에 비해 개발이 덜 된 대도시주변이 발달하는 데서 기인한다. 1990
년을 전후하여 수도권 주변지역에는 분당(성남시), 일산(고양시), 중동(부천시), 평촌
(안양시), 산본(군포시) 등 신도시가 건설되면서 주택이 대량 공급됨에 따라 도시로
의 인구밀집이 촉진되는 계기가 되었다. 그리고 1970년 이후 서울 등 대도시 주
변지역에서 교외화(suburbanization) 현상이 전개되고 있다.

실제로 서울·부산·인천과 같은 몇몇 대도시의 인구집중은 점차 심화되고
있다. 1995년의 경우 이 세 도시들의 인구는 2만 명 이상의 총 시읍지역의 41.6%
를 차지하고, 전국 인구의 37.0%를, 2010년에는 44.7%로 가장 높은 비율을 차지
하고, 전국 인구의 36.9%를 점유하는 것으로 나타나, 대도시로의 인구집중이 촉
진되고 있다.

우리나라는 1960년대의 성장주도정책이 이루어짐에 따라 급속한 산업화와
도시화를 통해 많은 도시문제가 야기되었으며, 1970년대에 들어서 도시인구의
급증과 대규모 택지조성 등 도시개발을 통해 대도시인구로의 집중을 막을 수 없
게 되었다. 특히 서울은 1990년에 1천만 명을 넘는 초대도시로 팽창되었으며, 서
울－인천－대전－대구－부산을 잇는 거대한 메갈로폴리스권 형성의 조짐을 보
이고 있다.

최근 우리나라의 도시발달에서 각 도시의 인구규모가 커지는 거대도시화
양상이 확인된다. 인구규모상의 변화에 있어 10만 명 이상의 도시수가 1960년에
9개 시에 불과했으나, 1985년에 36개 시로 성장했고, 2010년에는 156개 시로 늘
어났다. 인구규모 25만 명 이상의 도시의 경우도 1985년에는 15개에 불과했으나,
1995년에 22개에서 2010년에는 30개가 되었다. 이는 한국의 도시가 점점 거대 도
시화되어 가는 추세에 있음을 보여준다.

그리고 1995년 이후 도시화율이 80% 이상으로 꾸준히 증가하여 세계 최고
수준의 도시화율을 보인다(표 1－3). 우리나라의 도시로의 인구집중 속도 또한 산
업혁명 이후 점진적으로 진행된 서구에 비해 매우 빠르다.

이상에서 고찰한 우리나라의 단계별 도시발달을 교통수단·산업동력·인구
변동 등 도시발달의 주요변형요인과 연계하고, 추진여건과 주요발전지역을 정리
한 내용이 [표 1－2]이다. 대체로 우리나라는 1960년을 전후하여 산업발달에 관
련하여 교통수단이 다각화·고도화하고, 산업동력은 수력·화력·원자력 등으로

표 1-2 우리나라 도시변천의 주요 단계, 1789-현재

시 대	단 기	주요 변형요인				촉진여건	주요 발전지역
		교통수단	산업동력	인구변동			
				자연증가	사회증가		
조선시대 일제강점기 (1789-1945)	쇄국 (1789-1876)	도보				행정관청의 입지	행정도시개항
	개항 (1876-1920)	선박			외국인의 이주	일제의 해운독점	연안항구도시
	농업 (1920-1930)	철도	석탄	미증		식량기지화	농산물집산지 및 적출항
	공업 (1930-1945)		수력 석탄			자원기지화 병참기지화 소비시장화 전쟁	공업연료산지 및 적출항 북부광공업도시 중남부소비도시
해방과 산업정체 (1945-1960)	해방 (1945-1950)	철도	석탄		귀국 월남 피난	8·15해방 6·25전쟁	동남부의 피난도시
	전쟁 (1950-1955)						
	재건 (1955-1960)					경제재건	관동광업도시
산업 (1960-현재)	산업기반 (1960-1980)	철도 자동차	석유 석탄	격증	이촌향도 시승격 구역개편	국토경제개발개획 산업구조의 다변화 규모의 경제, 불경제	종주도시 위성도시 연안중공업도시 지역거점도시
	현대산업 (1980-현재)	철도 자동차 항공	석유 가스 원자력	점증·유지	수도권 집중 교외화	첨단산업, 정보산업 고부가가치산업육성	수도권, 부산권, 대구권, 대전권, 광주권

자료와 주: 「권용우, 1977, "한국도시의 지리적 변천과정," 지리학 15: 57-73, 대한지리학회」의 논문과 1978-2015년의 도시변천과정 관련 자료를 기초로 필자가 재작성.

변화하면서 다변화되며, 인구변동은 자연증가에서 사회증가로 변모되고 있음을 알 수 있다. 그리고 이러한 산업발달의 변화에 상응하여 각 산업을 가능하게 하는 여러 여건이 다양화·심층화되고 있음을 보여준다. 도시변형요인이 구체적으로 적용되고 각 산업이 활성화되는 지역을 중심으로 지역별 도시발달이 두드러지게 나타나고 있음도 확인된다(표 1-2).

한편 도시에 관련된 지표 가운데 도시수, 도시인구, 도시화율은 도시발달의 변화단계를 이해하는 지표가 될 수 있다. 우리나라의 도시인구 관련지표는 해방 전의 경우 변화가 없다가 1930년을 분기점으로 늘어나고, 1960년 이후에 크게 증가한다(표 1-3).

2만 명 이상의 도시 수는 1930년대에 30개가 되었고, 1944년에 74개로 증가했다(표 1-3). 대한민국 이후에는 1949년에 60개로 출발하여 1966년에 111개로 100개가 넘었으며 1985년에 150개에 이르렀다. 행정구역 개편 등으로 도시 수의 변화를 보이다가 2010년에는 156개가 되었다.

2만 명 이상의 도시인구는 1910년에 1,122,412명으로 1백만 명이 넘었고, 1935년에 2,163,453명으로, 1940년에 3,998,079명으로, 1944년에 5,067,123명이 되었다(표 1-3). 1960년에는 12,303,103명으로 1천만 명이 초과했고, 1970년에 20,857,782명으로 2천만 명이 되었으며, 1985년에 34,527,278명으로 3천만 명이 넘었다. 2005년에 41,017,759명으로 4천만 명을 돌파하여, 2010년에는 42,658,285명에 이르렀다.

2만 명 이상의 도시화율 추세를 보면 1935년에 10.1%였고 1949년에 23.9%가 되었다. 1960년에는 35.4%였으며 1966년에 42.4%에 이르렀다. 1975년에 58.3%로 국민 2명 중 1명이 도시에 사는 양상이 되었다. 1985년에 73.3%였으나 1995년에 82.6%로 인구의 8할 이상이 도시에 사는 도시형 국가가 되었다. 그 후 계속 도시로의 인구집중이 진행되어 2010년에는 87.8%에 이르러 세계 최고 수준의 도시집중 양상을 보여 주었다(표 1-3). 우리나라 도시화 현상을 보면 1960년 전후까지 도시화율 30%대의 초기단계에 머문다. 그 후 약 30년간 가파른 증가속도로 가속화되어 1990년 전후에 도시화율이 80% 가까이 다다른다. 1990년 이후 도시화율은 80%대에서 조금씩 증가하는 종착 양상을 보이고 있다(그림 1-3, 표 1-3).

표 1-3 **우리나라의 연도별 도시수·도시인구·도시화율 변화, 1789-2010**

(단위: 개, 명, %)

연 도	도 시 수	도시인구	도시화율
1789	3	238,791	3.3
1910	12	1,122,412	8.4
1915	7	456,430	2.8
1920	7	508,396	2.9
1925	19	1,058,706	5.7
1930	30	1,605,669	7.9
1935	38	2,163,453	10.1
1940	58	3,998,079	16.9
1944	74	5,067,123	19.6
1949	60	4,595,061	23.9
1955	65	6,320,823	29.4
1960	89	12,303,103	35.4
1966	111	15,385,382	42.4
1970	114	20,857,782	49.8
1975	141	24,792,199	58.3
1980	136	29,634,297	66.2
1985	150	34,527,278	73.3
1990	149	39,710,959	79.5
1995	135	36,882,316	82.6
2000	138	38,784,556	84.0
2005	151	41,017,759	86.7
2010	156	42,658,285	87.8

주: 1. 상기자료는 인구 2만 명 이상의 부, 시, 읍을 대상으로 함.
    2. 도시인구는 1789년의 『호구총수』 때부터 산정이 가능함.
    3. 1945년 이전은 남북한을, 1945년 이후는 남한만을 다룬 것임.
    4. 1995-2010년의 도시인구 산정에서 도농통합시의 경우 면을 제외한 동·읍 인구수만 산정했음.[3]
    5. 2010년의 경우, 인구센서스의 시, 읍 수는 156개이고, 이를 토대로 한 도시화율은 87.8%임.
자료: 호구총수, 1789; 조선총독보 통계연보, 1910, 1915, 1920, 1940; 간이국세조사결과표, 인구조사보고,
    1955; 경제기획원, 1960, 인구주택국세조사보고; 경제기획원, 1966, 인구센서스보고; 경제기획원, 1970,
    1975, 1980, 1985, 인구 및 주택센서스보고; 통계청, 1990, 1995, 2000, 2005, 2010, 인구주택총조사
    보고.

제4절
현대도시의 함의

Understanding the City

　이제까지 도시의 발달을 공간적·역사적 사실의 변화과정을 중심으로 고찰했다. 그러나 그 시대를 대표하는 공간적 패러다임의 변천과정을 통해서도 도시의 발달 양상을 해석할 수 있다. 특히 전 산업시대 도시로부터 출발하여 산업도시를 거쳐 현대도시(contemporary city)에 이르는 도시발달의 궤적을 사회경제적 패러다임의 관점에서 살펴 볼 수 있다. 이에 여기에서는 현대도시가 지니는 의미를 공간적·사회경제적 시각으로 고찰해 보기로 한다.

01　케인즈주의와 포드주의

　전 산업시대의 도시는 기본적으로 걸어서 다닐 수 있는 규모가 작은 도시(walking cities)였다. 시민들은 사회적 신분에 따라 일정한 구역 내에서 생업을 영위하면서 살았다. 대체로 사회적 신분이 높은 계층은 도시 중심부의 핵심지역에 거주했으며, 절대 다수의 사람들은 도시 주변지역에서 그들의 생활터전을 마련했다.

　산업혁명을 거치면서 일자리를 찾아 많은 사람들이 도시로 집중했다. 한정된 도시 내에 인구가 집중하면서 도시의 공간구조가 변화되었다. 산업시설이 집중해 있는 도심부 근처에서 일자리를 얻기 위해 상대적으로 소득수준이 낮은 계층이 몰려 들었다. 산업시설과 인구가 밀집되면서 도심부 근처는 주거환경이 열악해지는 현상이 나타났다. 이에 따라 중산층들은 도심부를 떠나 외곽지역으로 이주했고, 고소득층들은 도심부로부터 더 멀리 나가 저택을 짓고 살게 되었다.4) 예를 들어 19세기 중반 영국의 공업도시 맨체스터 중심부의 열악한 생활환경은 주민들에게 큰 고통을 주었고, 이러한 양상은 빅토리아시대 도시(Victorian cities)의 전형이 되었다. 20세기에 이르러 영국의 런던에는 중심부에서 주변지역으로 가면서 상대적으로 소득수준이 높은 사람들에 의해 4개의 동심원적인 거주형태가 조성되었다.

20세기 전반부에 대공황(the Depression)과 제2차 세계대전을 겪으면서 자유시장논리에 입각한 경제운용이 힘을 잃었다. 이러한 시대적 문제를 해결하기 위해 시장에 공공부문이 개입하여 심각한 사회경제적 문제를 해결해야 한다는 케인스주의(Keynesianism) 패러다임이 등장했다. 케인스주의는 대량생산과 대량소비를 중심으로 하는 포드주의(Fordism)와 함께 제2차 세계대전 이후 1970년대 중반까지 서구도시의 패턴을 변화시켰다.

미국은 정부가 직접 나서서 대규모의 도로 건설 산업을 진작시켜 洲간 고속도로와 洲내 각종도로를 만들어 시민들의 기동성을 크게 증진시켰다. 시민들은 중심도시를 벗어나 잘 정비된 도로를 따라 이심화(離心化)양상을 보이면서 인구밀도가 낮은 교외지역으로 대거 이주하게 되었다. 이러한 현상은 집, 직장, 쇼핑의 입지가 상당한 거리를 두고 이루어질 수 있도록 만들었다. 먼 거리까지 움직여야 하는 생활양식은 자연히 자동차를 이용하도록 했고, 이는 자동차 산업의 비약적 발전으로 이어지면서 장기적 호황(long boom) 국면을 형성했다. 중심도시 주변에서 이루어지는 건설 산업은 주택산업의 활성화를 도모했다. 아울러 텔레비전, 주방용기, 냉장고 등 가정용품의 대량수요를 창출하여 이 부문의 산업이 크게 발전되었다.

02 후기 포드주의와 후기 산업사회

포드주의는 기본적으로 제2차 세계대전 후의 싸고 풍부한 석유와 에너지에 기초한 생활양식에 바탕을 둠으로써 에너지를 많이 소모하는 특성을 지녔다. 이러한 특성은 에너지, 자원의 고갈과 대량의 산업폐기물을 양산할 수밖에 없는 속성을 지니게 되었다. 더욱이 대량 소비는 생활폐기물의 엄청난 증가로 이어져 결국 에너지 및 생태환경의 위기로 나타나게 되었다. 에너지와 생태환경의 위기는 이를 극복하기 위한 기초적 기술혁신과 생산물 내지는 생산과정의 기술혁신에 의한 '가속화된 축적'을 가져 오게 하였다. 1970년대 중반부터 이러한 위기에 직면하게 된 포드주의는 자연 훼손과 자연자원의 한계를 뛰어넘어 환경보호와 성장의 논리를 함께 추구해야 한다는 시대적 요청을 받아들이지 않을 수 없게 되었다.

다른 한편으로 포드주의는 내재적인 한계에 부딪히는 상황이 나타났다. 노동자들의 안락한 생활을 위해 반드시 제공되어야 하는 의료서비스나 교육 등의 이른바 집합적 소비(collective consumption)는 원천적으로 표준화된 대량생산이 불가능하기 때문이었다. 따라서 이러한 요구에 부응하기 위해서는 제품의 생산비용을 급격하게 증가시켜야 하고, 요구의 부족한 부분을 정부가 재정 부담으로 충당해야 하는 데에는 한계가 있을 수밖에 없는 것이다. 더구나 기본적인 욕구가 충족된 후 대중의 소비패턴은 다양성을 선호하는 방향으로 변화하는 양상을 보였다. 종래의 단일한 소품종 대량생산이라는 포드주의적 방식보다는 다품종 소량생산이라는 방식이 필요하게 된 것이다. 이것은 하나의 생산라인에서 하나의 생산물만 대량으로 만들어내는 것이 아니라, 상황에 따라 여러 가지 제품을 만들어낼 수 있는 유연한 생산체계(flexible manufacturing system)로 연결되는 현상이 나타났다.

결국 생산기술로서의 포디즘은 축적의 강제성 때문에 새로운 기술혁신에 의하여 후기 포드주의(Post Fordism, Neo-Fordism)로 전환되었다. 전자, 유전 공학 등 과학기술혁명에 의한 새로운 기술의 도입이 후기 포드주의를 뒷받침했다. 후기 포드주의의 특징은 생산의 유연성(flexibility) 내지 非집중과 노동과정의 분산에 있는 바, 이것은 노동운동에 영향을 미쳐서 전통적 의미의 노동자계급에 근거를 둔 사회운동을 쇠퇴하게 하는 결과를 초래했다.

후기 포드주의에서의 특징 중 하나는 제조업 생산라인에서 종래보다 훨씬 적은 인력으로 일하는 다품종 소량생산체제로의 전환이었다(표 1-4). 이는 공간적으로 생산성이 담보된 집중화된 지역이나 지리적 산업 클러스터를 만드는 양상으로 나타났다. 예를 들어 미국 캘리포니아의 실리콘 밸리와 오렌지 카운티, 보스턴의 루트 128, 영국의 M4 회랑지역과 자동차 스포츠 밸리(Motor Sports Valley),

표 1-4   포드주의와 후기 포드주의와의 비교

구 분	포드주의	후기 포드주의
제품생산 양식	소품종 대량생산	다품종 소량생산
기술혁신	낮은 수준의 기술혁신	높고 가속화된 기술혁신
생산라인	고정된 생산라인	다양한 생산라인
구매양식	장기흥행 대량생산 대량소비	단기흥행 시장의 다변화
기업구조	기계적 조직	유기적 조직
위계구조	엄격한 위계질서, 수직적 명령체계	느슨한 위계질서, 수평적 의사소통체계
노사관계	단체교섭, 대립적	개별교섭, 협조적
분업	직무 세분화	직무 통합화
관리	관료주의	기업가 주의, 전문가 주의
입지 특성	노동의 공간분화에서 공장 분산 지역별 기능별 특화주의 대규모의 산업 연계지역 성장	지리적 산업 클러스터 구성 집중화된 지역 촌락 주변지역에서 新산업공간 성장
문제점	인플레이션 시장 포화 초래, 비유연성 임금상승과 생산성 하락 간의 격차	높은 실업률 노동시장의 이중구조화 사회적 양극화, 사회적 긴장 조성

자료 및 주: 「Knox, P. and Pinch, S., 2006, *Urban Social Geography*, 5th ed., p. 30.」의 자료를 기초로 필자가 수정 보완 재작성한 것임.

이탈리아의 볼로냐·에밀리아·아레조의 제3이탈리아(Third Italy), 프랑스의 그레노블, 그리고 독일의 바덴-뷔르템베르크 등에서는 산업 클러스터가 형성되었다. 유럽에서는 구두, 세라믹, 의류 등의 부문에서 아주 특화된 산업지역이 국지적으로 형성되기도 했다.

　　로스앤젤레스는 유연적 축적아래 도시화가 진행된 예로 설명되기도 한다. 소자(Soja)는 자연적·사회적으로 분리된 대도시 로스앤젤레스를 포스트모던 세계도시(postmodern global metropolis), 코스모폴리스(cosmopolis), 포스트대도시(postmetropolis) 등으로 설명했다. 로스앤젤레스는 수많은 부심과 에지시티(edge city) 등 이심형태의 도시구조를 지니면서 새로운 세계경제에 부응하기 위해 도시 중심부로의 강력한 재집중화현상(recentralization)을 보여주었다. 도시주변지역에서는 종래의 부유한 고소득층의 교외지역이 형성되는 것이 아니고, 산업·상업 기능을 지닌 교외지역 또는 저소득층 내지 소수 인종집단의 주거지 등 다양한 특성을 보여주는 도시양상이 전개되었다.

　벨(Bell)은 금융·비즈니스 서비스·소매업·레저와 여가산업 등의 서비스 산업의 비중이 높아지면서, 중공업은 상대적으로 중요성이 줄어들고 있다고 지적했다. 이는 사회구조와 사회관계에 영향을 미쳐 후기 산업사회(post-industrial society)의 여러 양상으로 연계되었다.

　상대적으로 제조업 지역과 멀리 떨어진 지역인 미국의 선벨트 지역이나 영국의 남동부 지역에서 서비스 산업이 크게 신장했다. 전통적인 제조업 지역과 새로운 서비스 지역에서는 후기 산업사회의 대조적인 생활양식이 나타났다. 제조업 지역에서는 고소득, 블루칼라, 중산층의 직장이 공존하는 반면, 서비스산업 지역에서는 상대적으로 높은 임금을 받는 계층과 아주 적은 임금을 받는 계층이 양극화되는 양상을 보였다.

03 세계화와 정보도시

　현대도시를 논의하는 중요 요소로 세계화와 정보도시를 지적할 수 있다. 세계화(globalization)에 따른 세계경제구조의 재편과 정보통신기술의 급속한 발달은 국경을 초월한 자본이동과 초국적기업의 영향력을 강화시킨다. 국경을 넘나드는 자본과 초국적기업은 집적의 양상을 보이면서 전 세계적인 통제와 조정의 중심지로서 세계도시(world city)를 등장시킨다. 예를 들어 런던, 뉴욕, 도쿄 등은 세계 금융자본을 집중시키고 관할하는 세계도시의 역할을 수행한다. 세계화의 패러다임에 의해 만들어진 크고 작은 도시들은 기능적으로 연결되면서 세계도시 네트워크(global city network)가 형성된다.

　세계화가 가속화되고 지식기반경제로 전환되면서 초국적 자본이 집중되고 축적되는 장소이자 전 세계경제의 의사결정지인 세계도시의 역할이 더욱 중요해진다. 세계도시에는 고차의 서비스가 발달하면서 고소득층이 집중하게 되고 탈공업화와 새로운 성장산업이 출현한다. 이러한 특징은 도심재활성화와 사회적 양극화를 수반하여 이중도시화를 유발한다. 또한 세계도시는 세계도시를 핵으로 주변의 중심도시와 주변지역을 일체화하고 광역적인 시너지 네트워크를 구축하여 경쟁력을 강화하게 됨으로써, 새로운 개념의 세계지향적인 거대도시지역들이 대두되고 있다. 이러한 현상을 해석하기 위한 주요 공간적 실체는 세계도시지역, 네트워크도시와 다중심 도시지역, 메가시티와 메가지역 등을 들 수 있다.

세계도시 네트워크는 세계경제의 통제 및 조정의 중심지인 세계도시들이 기능적으로 연계된 전 세계적인 체계를 의미한다. 도시는 규모와 기능 및 영향력에 따라 계층적인 구조를 지닌다. 세계도시 네트워크에서도 각 도시의 위상과 세계경제로의 통합정도에 따라 계층적 구조가 형성된다. 세계도시 네트워크를 구성하는 개별 도시의 지표들을 시계열적으로 비교하면 상대적인 계층구조가 파악된다. 최근에는 세계도시를 기능적 특성에 따라 유형을 구분하고 비교함으로써 보다 유용한 분석의 틀을 제공하고 있다.

정보는 측정, 관찰, 조사 등을 통하여 수집된 자료를 특정 목적에 맞게 정리한 지식이다. 정보통신기술(ICT: information and communication technologies)의 발전으로 정보는 단일정보에서 융·복합 정보의 개념으로 진화된다. 20세기 중반 이후 애플의 창업자 스티브 잡스로 표상화되는 정보기술의 발전은 종래의 산업사회와는 다른 정보사회로의 진입을 가져왔다. 컴퓨터, 유튜브, 모바일 등 SNS(social network system)는 시간과 공간을 넘나들면서 공간을 넓히거나 좁히기도 한다. 정보기술은 도시와 농촌의 구분을 의미 없게 만들고, 국경을 무력화 시킨다. 이는 정보혁명으로 규정되면서 정보를 수렴하고 관장하는 정보도시의 출현으로 연결된다. 정보도시는 정보화도시, 정보통신기술 중심 유 시티, 서비스 중심적 유 시티, 다층형 유 시티로 발전하고 있다. 우리나라의 세종시 건설에서 목표로 내걸었듯이 정보도시는 기존의 도시와 다른 모습을 보일 것으로 예상된다.

정보도시는 기존의 도시와 달리 생활양식에 대한 변혁, 거리 중심의 접근성이 단절 없는 시간 접근성으로 무게 중심의 이동을 가져올 것으로 전망된다. 나아가 중심지 체계를 네트워크체계로 변화시키고, 단일용도와 고정용도의 토지이용을 복합변환 용도로 변화시킬 것으로 보여진다. 또한 새로운 용도의 공간 출현과 토지이용 원단위의 변화를 유도할 것이다. 그리고 분산된 고밀공간구조와 네트워크형 거점 도시 내지 세계도시로의 변화도 촉진할 것으로 예측된다.

정보도시는 소통, 나눔, 균형의 철학과 편리, 안전, 쾌적, 문화, 생산, 참여의 비전을 목표로 한다. 정보도시는 인간지향성, 시장지향성, 평등지향성, 공존지향성, 미래지향성, 전략지향성의 건설 원칙을 지향한다. 정보도시는 서비스, 기술, 인프라, 관리 집행계획의 절차로 이루어지며, 최종적으로 공간에 매핑(mapping)되어 완성된다. 정보도시의 핵심인 정보통합운영센터를 통해 정보도시 내 다양한 정보가 연계 및 통합된다. 세계 각국에서 도시의 경쟁력을 향상시키고 효율적으로 운영하기 위해 정보도시 구축 전략을 수립하고, 다양한 이름으로 다양한 제도가 만들어지고 있다.

주요
개념

KEY CONCEPTS

도시

도시성(urbanism)

도시성장(urban growth)

도시화(urbanization)

도시화곡선(urbanization curve)

도시화율

도촌분리론(urban–rural dichotomy)

도촌연속론(urban–rural continuum)

법률적 시(legal city)

생산의 유연성

역도시화(counterurbanization)

워스(Wirth)

종주도시화

케인스주의(Keynesianism)

포드주의(Fordism)

후기포드주의(Post Fordism)

미주

1) 필라델피아 도시계획은 1682년 펜에 의해 수립되었다. 동쪽 델라웨어(Delaware)강과 서쪽의 스쿨킬(Schuylkill: 지도상에는 Scool kill로 표시되어 있음)강에 이르는 '2마일×1마일'의 광대한 지역으로 계획되었다. 넓은 격자형 공간배열이 되어 있고, 크게 네 개로 분할된 지구의 한 중앙에는 광장이 배치되어 있다. 그 규모는 중세의 런던보다 넓은 것이었다. 그러한 배열은 장래 소유지의 판매를 예상하고 설계되었기 때문에 땅투기가 가능했다. 투기적인 토지판매는 그 자체로 개발재원의 원동력을 제공했다. 필요한 만큼 소규모 필지로 분할된 뉴잉글랜드의 상황과는 달리 필라델피아에서는 토지거래와 투기목적으로 판매되었는데, 이러한 협정은 크게 성공하여 1683－1685년의 3년 동안 3백 가구 이상이 건립되었다.

2) 도시와 환경문제는 21세기에 이르러 해결해야 할 가장 중요한 도시문제가 되었다. 환경문제는 전 세계적으로 또 국가적으로 나아가서 보통시민들까지도 함께 풀어야 할 과제가 되었다. 도시와 환경문제에 관한 상세한 논의는 『권용우 외, 2015, 도시와 환경, 박영사』에서 다루고 있다. 동서에서는 19명의 전문가가 도시와 환경의 함의, 도시환경과 관련제도, 도시환경과 도시계획, 도시환경의 부문연구 등에 관한 15가지 주제를 심층적·다각적으로 논의하고 있다.

3) 1995－2010년의 경우, 도농통합시의 산정에 있어 국토연구원에서 사용한 "면을 제외한 시, 읍 지역만을 도시로 설정하는 기준"에 기초하였다. 그리고 본서에서는 1789－2010년의 기간 중 2만 명 이상의 시, 읍을 도시로 설정하여 도시수와 도시화율을 산정하였다. 1995－2010년의 도시화율을 계산해준 당시 성신여자대학교 한국지리연구소의 박예진 연구원에게 감사드린다.

4) 이러한 일을 가능하게 한 요인 중의 하나는 개인의 기동성을 증대시킨 교통수단의 발달이었다.

참고문헌

REFERENCES

경실련 도시개혁센터, 2006, 알기 쉬운 도시이야기, 한울.

권용우, 2001, 교외지역, 아카넷.

_____, 2002, 수도권 공간연구, 한울.

권용우·변병설, 2011, 도시, 아지.

권용우·손정렬·이재준·김세용 외, 2012, 도시의 이해, 4판, 박영사.

권용우·박양호·유근배 외, 2014, 우리 국토 좋은 국토, 사회평론.

권용우·박양호·유근배·황기연 외, 2015, 도시와 환경, 박영사.

김성곤, 1996, 서양 건축사, 기문당.

김 인, 1992, 도시지리학원론, 법문사.

대한국토·도시계획학회 편저, 2004, 서양 도시 계획사, 보성각.

윤재희·지연순·전진희 역, 1997, 세계도시사, 세진사.

최병두 외 역, 2001, 희망의 공간, 한울. (Harvey, D., 2000, *Space of Hope*, Edinburgh Univ. Press.)

한국지리연구회, 1993, 현대지리학의 이론가들, 민음사.

_____ 역, 1992, 현대인문지리학사전, 한울. (Johnston, R.J. et al. eds.. 1991. *The Dictionary of Human Geography*. Blackwell).

홍경희, 1981, 도시지리학, 법문사.

Cadwallader, M., 1996, *Urban Geography*, Prentice Hall.

Carter, H., 1995, *The Study of Urban Geography*, 4th ed., Arnold.

Castells, M., 1977, *The Urban Question*, Edward Arnold.

Champion, A. G., 1991, *Counterurbanization*, Arnold.

Clark, D., 2014, *Urban Geography*, Routledge.

Kaplan, D.H., 2014, *Urban Geography*, John Wiley.

Hartshorn, T. A., 1992, *Interpreting the City*, John Wiliy & Sons.

Herbert, D. T. and Thomas, C. J., 1982 *Urban Geography*, John Willey & Sons.

Johnston, R.J, et al., eds., 2000, *The Dictionary of Human Geography*, 4th ed., Blackwell.

Knox, P. and Pinch, S., 2006, *Urban Social Geography*, Prentice Hall.

Northam, R., 1975, 1979, *Urban Geography*, 1st, 2nd ed., John Wiley.

Wirth, L., 1938, "Urbanism as a Way of Life," *American Journal of Sociology*, 44: 1－24.

도시와 사회이론

도시와 사회학

　300만 년에 가까운 인류 역사에서 도시가 탄생한 것은 6000여 년 전 농업혁명 이후로서 지극히 최근의 일이다. 도시의 등장 이후 인류의 문명이 크게 발전한 것은 사실이지만, 도시가 본격적으로 성장하기 시작한 것은 훨씬 더 훗날의 일로써 18세기 중후반 산업혁명이 결정적인 계기였다. 농업혁명을 제1차 도시혁명, 산업혁명을 제2차 도시혁명으로 부르는 것은 이 때문이다. 도시의 등장이나 도시의 성장이 곧 도시에 대한 지적 관심을 낳는 것은 아니다. 도시가 사회적으로 심각한 문제를 일으키기 전까지는 학문적으로 도시연구라고 할 만한 것이 별로 없었다.

　산업혁명은 프랑스대혁명과 더불어 인류문명사에 실로 혁명적 변화를 초래했다. 자본주의의 발달과 민주주의의 태동, 그리고 근대 국민국가의 등장은 기존의 사회 조직이나 제도, 관행, 의식 등을 뿌리째 흔들었다. 새롭고 급속한 사회변동은 '익숙한 과거'와의 총체적 결별을 예고하였다. 이와 같은 미증유의 사태에 직면하면서 사람들은 새로운 사회를 어떻게 이해해야 하는지, 그리고 세상이 어디로 흘러가는지를 묻고 대답하기 시작했다. 사회가 전반적으로 문제상황으로 인식되면서 비로소 사회를 연구할 필요가 생긴 것이다. 또한 그것은 새로운 시대정신에 따라 과학적 탐구의 대상이 되어야 했다. 이것이 사회학의 역사적 탄생이다.

　본격적인 도시사회의 도래와 사회학의 제도적 등장은 이처럼 역사적으로 겹쳤다. 19세기에 태동한 신생 학문으로서의 사회학은 도시를 이론적으로 이해하기 위해 부심했다. 사회학에서는 도시현상을 단순히 '인구'의 관점에서 접근하지 않았다. 신생학문 사회학의 입장에서는 도시를 인구의 증가나 집중의 문제로 이해하는 것이 새로운 발상은 아니었다. 대신 사회학에서는 도시적인 것의 본질을 사회구조, 사회관계, 사회의식의 변화에서 찾고자 했다. 그 결과, 도시에 대한 다양한 이론이 제시되었고 수많은 논쟁 끝에 오늘날 도시사회이론이라 할 만한 것들이 정립되었다.

Understanding the City

제2절 고전사회학의 도시이론

　　초기 사회학은 도시에 대한 나름의 문제의식을 가졌다. 도시의 숫자가 점점 더 늘어나고 도시의 규모가 커지는 이유는 무엇인지, 도시는 왜 그리고 어떻게 여러 가지 사회문제를 발생시키는지, 그리고 그것을 해결하기 위한 실천전략으로서 도시계획이나 도시운동이 차지하는 의미는 무엇인지 등이 바로 그것이다. 하지만 19세기를 풍미한 고전사회학은 도시 자체를 따로 떼어내 깊게 연구하지는 않았다. 도시가 당대에 일어나고 있던 사회변동의 최전선임에는 분명했지만, 도시의 발전은 어디까지나 거시적 사회변동의 일부라고 믿었기 때문이다. 고전사회학은 도시사회학의 기원이었을 뿐, 도시사회학 자체의 출발은 20세기에 들어와서 일어났다. 그럼에도 불구하고 고전사회학이 도시 이론의 단초를 제공했다는 점은 부정할 수 없다.

　　근대적 이행과정에서 새삼스럽게 질문과 탐구의 대상으로 대두한 '사회'를 이해하는 데 있어서 사회학에는 양대 이론의 전통이 형성되었다. 그 하나는 통합이론이며, 또 다른 하나는 갈등이론이다. 전자를 대표하는 학자는 뒤르켐(Emile Durkheim, 1858-1916)이고 후자는 마르크스(Karl Marx, 1818-1883)와 베버(Max Weber,

▌그림 2-1 ▌ 고전사회학 이론가

뒤르켐   마르크스   베버

자료: http://economicsociology.org
International Institute of Social History in Amsterdam, Netherlands
http://theoryculturesociety.org/

1864-1920)이다. 마르크스와 베버는 갈등적 시각에서 사회현상을 바라보았다는 점에서는 공통적이었지만, 갈등의 구조나 방식의 측면에서는 생각이 서로 달랐다. 사회학에서는 뒤르켐, 마르크스, 베버를 고전사회학 3인방으로 부른다(그림 2-1). 오늘날 도시에 대한 대표적 사회 이론으로 자리 잡고 있는 생태주의 이론, 신(新)마르크스주의 이론, 그리고 신(新)베버주의 이론은 모두 이들로부터 유래한 것이다.

01 뒤르켐의 도시이론

뒤르켐은 '의사' 같은 사회학자였다. 그는 당대 유럽이 경험하고 있던 미증유의 사회변동과 사회불안 앞에서 무엇보다 안정과 질서의 조속한 회복을 원했다. 그는 사회를 인체나 유기체에 비유하면서, 사회의 다양한 구조들이 사회전체의 생존과 번영을 위해 기능적으로 의존하고 화합하는 상태를 바람직하게 여겼다. 뒤르켐의 사회이론을 통합이론(integration theory) 혹은 구조기능주의(structural functionalism)라 부르는 것은 이 때문이다. 뒤르켐은 사회구성원들 사이의 협력과 연대를 가능하게 하는 힘의 원천은 물리적인 강제나 물질적인 이해가 아니라 종교나 도덕, 감성, 규범, 윤리와 같은 가치나 정신의 영역이라고 믿었다. 집합의식 (collective consciousness)은 이런 맥락에서 나온 개념이다.

뒤르켐은 18세기 중반 이후 근대 산업사회의 핵심 트렌드로서 여러 사람들이 일을 나누어 하게 되는 분업(division of labor)의 증가를 꼽았다. 그가 말하는 분업은 단순한 기술적 차원의 분업이 아니라 직업의 다양한 증대를 뜻하는 사회적 분업이었다. 뒤르켐의 고민은 분업화에 따라 사람들이 각자 전문적 역할에 매진하는 나머지, 개인주의적 경향이 증가하여 사회통합이 깨질 가능성이 있다는 것이었다. 하지만 그의 최종 결론은 분업의 증가와 사회적 통합이 이론적으로 양립 가능하다는 것이었다.

뒤르켐이 볼 때 도시는 분업화의 최대 현장이었다. 농촌에 비교하여 도시공간은 사회적 용량(social volume)과 사회적 밀도(social density)가 동시에 증대하는 곳이다. 전자는 인구가 양적으로 많아진다는 의미이고, 후자는 사람들 사이의 접촉이나 교류, 관계, 경쟁이 늘어난다는 뜻이다. 이 때 분업이란 이와 같은 새로운 사회환경 속에서 개인들이 살아남기 위한 합리적이고도 전략적인 선택이라는 게 뒤르켐의 설명이다. 수많은 인구가 같은 공간에서 공생할 수 있는 최상의 방법은 역할과 기능을 달리하면서 서로 다른 일을 하는 것이라는 주장이다.

결국 분업은 심화된 생존경쟁의 결과로서 나타나는 '감미로운 대단원'이다. 전문화와 이질화는 역설적으로 분화된 기능들 사이의 사회적 연대를 요구하기 때문이다. 이처럼 분업의 증대 이후 새롭게 형성되는 사회적 연대를 뒤르켐은 '유기적 연대'(organic solidarity)라 불렀는데, 이는 전근대사회의 '기계적 연대'(me-chanical solidarity)와 대비되는 개념이다. 뒤르켐은 도시의 성장 그 자체를 병리적인 것으로 보지 않았다. 오히려 도시화는 문명의 발전에 필요한 단계이며, 특히 대도시는 진보의 명백한 근거지라고 주장했다.

도시를 배경으로 심화되는 분업이 항상 그리고 반드시 유기적 연대를 동반하는가? 일반적으로 그렇기는 하지만 꼭 그렇지는 않다는 게 뒤르켐의 주장이다. 그는 도시화가 너무 빠른 속도로 진행되거나 도시화가 사회구성원 전체의 이해를 제대로 반영하지 못할 경우, 아노미라고 하는 무규범(normlessness) 상태가 발생한다고 보았다. 아노미는 말하자면 현대 도시가 갖고 있는 병리적 현상 혹은 '도시문제'인데, 범죄나 매춘, 자살, 도박 등이 이에 해당한다. 물론 뒤르켐이 볼 때

이와 같은 도시 아노미는 최소한으로 줄여야 하고 또한 줄일 수 있는 것이다.

　뒤르켐의 고전사회학은 훗날 생태주의 도시이론의 모태가 되었다. 그의 사회유기체론은 도시성장, 도시쇠퇴, 도시재생 등 생물학적 상상력에 기초한 오늘날의 도시 관련 개념들을 대거 잉태하였다. 또한 그의 기능주의 사회이론은 도시의 토지이용이나 주택배분을 공간적 분업의 관점에서 이해하는 원천이 되었으며, 아노미 이론은 문화적 차원에서 도시인 특유의 심성이나 일탈을 설명하는 데 기여했다. 끝으로 도시연구 방법론의 차원에서 뒤르켐은 실증주의의 전범을 보여주었다.

02　마르크스의 도시이론

　마르크스는 베버와 더불어 사회를 조화나 안정의 관점이 아닌 변화와 갈등의 시각에서 바라보았다. 뒤르켐이 통합이론을 제시했다면 마르크스와 베버는 갈등이론을 선도했다. 갈등이론에서는 갈등의 편재성(遍在性)과 상시성(常時性)을 주장한다. 전쟁이나 혁명처럼 사회갈등이 극단적으로 벌어지는 경우는 드물다. 겉으로 사회는 안정과 조화를 유지하는 것으로 보일 때가 많다. 하지만 갈등이론의 입장에서는 사회의 통합이나 질서라는 것도 지배와 강제 혹은 이데올로기의 효과일 뿐이다. 사회갈등의 소지는 언제 어디서나 잠재되어 있다는 것이다.

　마르크스가 볼 때 당대 사회변동의 핵심은 자본주의의 발전이었다. 그에 의하면 자본주의는 만악(萬惡)의 근원이었다. 그는 자본주의의 성장 및 붕괴를 설명하는 이론가였을 뿐 아니라 자본주의에 맞서 투쟁하는 실천가이기도 했다. 마르크스가 도시문제에 무심했던 것은 아니다. 그는 자신의 동료 엥겔스(Friedrich Engels)와 더불어 도시거주 노동자계급의 열악한 주거환경에 분노했다. 하지만 주택문제의 근본적인 해결은 자본주의의 붕괴라고 하는 근본적 처방에 의해 가능하다고 믿었기에 도시 자체에 대한 마르크스의 관심은 부차적이었다.

　마르크스의 갈등이론은 이른바 구조주의적 관점에 입각해 있다. 이는 주어진 사회 구조적 조건이 개인의 선택이나 행위에 앞선다는 생각이다. 예컨대 노동자계급의 주거문제는 자본주의 사회체제로부터 기인한 것이지, 특정 부르주아 개인들의 잘못이 아니라는 뜻이다. 구조주의자로서 마르크스는 특히 경제결정론의 입장을 취한다. 곧 경제의 영역인 하부구조가 국가, 법, 문화, 종교, 이데올로기 등에 걸쳐있는 상부구조를 사실상 결정한다는 것이다. 그리고 상부구조는 공동체, 민주주의, 법치주의, 만인평등, 노블리스 오블리제, 기회균등 등의 관념을 통해 기존의 지배관계를 은폐하거나 호도하는 역할을 담당한다.

마르크스가 볼 때 사회갈등의 주역은 계급이다. 민족이나 국가, 종교, 지역, 젠더 사이의 갈등도 중요하지만 궁극적으로 모든 갈등은 계급관계로 수렴된다는 것이다. 마르크스는 "지금까지의 인류역사는 계급투쟁의 역사"라고 단언했다. 그리고 계급을 결정하는 것은 생산수단의 소유 여하라고 생각했다. 토지나 자본과 같은 생산수단의 소유 여부에 따라 사회에는 계급적 구분이 생겨나며, 이와 같은 계급의 차이는 점점 심화되어 양극화의 길로 치닫게 된다. 자본주의 체제는 결국 소수의 자본가와 대다수의 노동자로 양분된다. 그러나 마르크스가 볼 때 생산수단을 갖고 있지 않은 피지배계급에게도 한 가지 힘은 있다. 그것은 '약자의 무기' 곧 단결이다. 마르크스가 "만국의 프롤레타리아여, 단결하라"고 외친 것은 이 때문이었다.

마르크스가 볼 때 도시는 자본주의 체제의 소우주(microsome)였다. 우선 도시는 부르주아 계급을 위한 자본축적의 공간이었다. 도시화의 진전과 기반시설의 구축이 재화와 용역의 생산과 소비, 그리고 유통을 지원하기 때문이었다. 이런 측면에서 도시를 움직이는 힘의 원천은 시장과 자본이다. 이와 동시에 도시는 사회주의를 잉태하는 무대이기도 했다. 왜냐하면 도시공간은 생활조건이 상대적으로 동일한 노동자들이 밀집해 있어서 계급적 의식화와 조직행동에 유리하기 때문이다. '자루 속의 감자'처럼 따로 노는 농민들에 비해 도시 노동자들은 단결을 무기로 하는 사회주의 혁명의 주역으로 기대되었다.

두말할 나위도 없이 산업화 초기 도시사회에 대한 마르크스의 단상은 훗날 네오 마르크스주의 도시이론의 배경이 되었다. 좌파들에게 도시는 계급적 관점에서 '착취의 무대'와 '혁명의 본산'이라는 이중적 성격을 지녔다. 현재로서는 절망의 공간이기도 하지만 미래를 꿈꾸는 희망의 공간이기도 하기 때문이다. 계급주의 도시이론은 또한 도시문제에 대하여 글로벌한 시각을 제공하였다. 자본주의는 처음부터 국가단위를 넘어 세계화를 지향했던 만큼, 이는 오늘날 세계도시론에 대한 논의로 이어지고 있다. 마르크스의 기여는 과학과 실천의 결합에서도 찾아볼 수 있다. 변혁과 실천, 그리고 현장을 중시했던 마르크스의 입장은 도시운동론이 계승하고 있다.

03 베버의 도시이론

뒤르켐이 의사, 마르크스가 혁명가였다면 베버는 천생 학자였다. 마르크스와 베버는 갈등론자라는 점에서는 유사했지만 구체적 각론에서는 사뭇 달랐다. 자본주의 타도와 사회주의 혁명에 매진했던 마르크스와는 달리 베버는 학문의 가치중립을 중시하였다. 그는 자본주의의 현재와 미래에 관심을 갖기보다 16세기 이후 서구에서 자본주의가 처음 등장하게 되는 역사적 경과에 주목했다. 그는 자본주의를 비롯한 근대 유럽의 사회변동이 합리성의 증가를 핵심 배경으로 하고 있다고 생각했다.

마르크스와 달리 베버는 역사가 어디로 흘러가는지, 그리고 어디로 가는 게 좋은지에 대해 알 수 없다는 입장을 취했다. 대신 그는 무엇이 역사를 구성하는지에 대해 더 큰 지적 흥미를 느꼈다. 이 때 그가 제안한 것이 이념형(ideal type)이다. 그것은 역사적으로 존재했던, 혹은 현실적으로 존재하는 비슷한 현상들의 특징을 추상적 개념으로 일반화한 것이다. 이런 식으로 베버는 권력, 시장, 국가, 관료제, 종교, 도시 등 수많은 사회적 현상들에 대해 나름의 정의를 내렸다. 역사는 이러한 이념형들의 결합양식에 의해 좌우된다는 것이 베버의 생각이었다. 이는 원소의 결합에 따라 서로 다른 물질이 만들어지는 것과 같은 이치다.

베버에게 도시가 등장하는 것은 이 대목에서이다. 사실 베버의 도시이론은 다소 독특한 측면이 있다. 이는 그가 도시의 역할과 기능을 어디까지나 유럽에서 자본주의가 태동하는 배경과 계기에 결부하여 이해하고자 했기 때문이다. 그는 뒤르켐이나 마르크스와는 달리 당대 자본주의 사회의 도시 그 자체에 대해서는 별다른 주의를 기울이지 않았다. 베버에게 도시가 중요했던 것은 그것이 서구 자본주의의 역사적 탄생을 가능하게 만든 결정적 요인들 가운데 하나였다는 사실 때문이다. 베버에게는 도시의 발전 여부가 16세기 이후 동양의 정체와 서양의 진보를 가늠한 하나의 분수령이었다.

베버가 제시한 도시의 이념형은 경제적 시장으로서의 의미와 정치적 단위로서의 위상에 입각한 것이다. 도시의 시장성에 초점을 맞출 경우, 실제 도시는 소비도시, 생산도시, 상업도시 등으로 구분된다. 도시의 결사체적 속성에 의미를 둘 경우, 실제 도시는 귀족도시와 시민도시 등으로 구분된다. 요컨대 베버는 도시의 구성요건으로서 교역과 상업부문의 상대적 우세, 도시 인프라로서의 성채(城砦), 자유로운 시장교환, 자치적 법정 및 법률, 구성원 간의 정치적 결사 등을 거론했다. 서구의 도시들은 이와 같은 요소들을 갖고 있어서 자본주의의 역사적 태동을 선도할 수 있었다는 것이 베버의 생각이다.

마르크스가 계급을 사회갈등의 대표적 요소로 지목했다면 베버는 사회적 불평등이 보다 다양한 이유로부터 기인한다고 믿었다. 경제적 격차뿐 아니라 신분이나 인종, 젠더, 지역, 종교 영역에서의 차별, 그리고 지지하는 정당의 차이도 사회갈등을 유발하는 중요한 요인이라고 본 것이다. 또한 베버는 마르크스처럼 구조결정론에 매몰되기보다, 행위자의 주관적 동기와 개인적 선택을 함께 중시했다. 상부구조, 그 가운데 특히 국가의 자율적 역량을 강조한다는 점에서 베버는 마르크스와 크게 대조적이다. 그는 근대 관료제 국가의 특성에 주목하면서 국가가 반드시 자본의 종속물이거나 자본가의 하수인은 아니라고 주장했다.

이와 같은 베버의 사회이론이 오늘날 도시사회학에 던지는 이론적 시사점은 대단히 크다. 우선 도시를 정치적 자결권의 공간적 단위로 파악한 것은 근대 관료제 국가이론과 더불어 도시정치론이나 도시정부론의 입지를 제공하는 기반이 되고 있다. 또한 자본의 논리로 환원되지 않는 공공부문의 자율성은 도시계획의 논리적 근거가 될 뿐 아니라 핵심적 가치배분을 둘러싼 집단들 사이의 도시갈등을 설명하는 이론적 단초가 되기도 한다. 도시의 불평등구조와 관련하여 생산영역에서 발생하는 계급 못지않게 소비영역에서 발현하는 계층적 차별화를 강조한 점은 오늘날 소비도시론이나 도시문화론의 학문적 토대가 되고 있다.

제3절
생태주의 도시이론

Understanding the City

01 시카고, 시카고학파

유럽에서 태동한 19세기 고전사회학은 도시에 대한 사회이론을 체계적으로 완성하지 못했다. 우선 뒤르켐이나 마르크스, 베버 모두 당대의 사회변동을 도시 자체의 문제로 인식하기보다는 분업의 증가나 자본주의의 발전, 합리성의 증대와 같은 보다 거시적인 메가 트렌드의 일환으로 생각했다. 게다가 20세기 초반 세계대전의 잇따른 발발에 따라 사회학의 발전 자체가 유럽에서 중단되었다. 사회학 분야에서 도시에 대한 이론적 관심이 본격화되는 것은 20세기 초 미국에서였고 이 때 등장한 도시이론이 바로 생태주의 도시이론이다.

생태주의 도시이론이 탄생한 것은 20세기 초반 시카고와 시카고대학에서였다. 이 때 가장 큰 영향을 끼친 것은 뒤르켐의 통합이론이었다. 말하자면 생물학적 혹은 유기체적 유추를 통해 사회구조를 인식하는 발상이 시카고학파 도시이론의 밑바탕이 된 것이다. 여기에 합세한 것이 19세기 후반 독일에서 태동한 생태학이었다. 생태학은 생물학의 연장선에서 유기체들이 외부세계와 맺고 있는 관계를 탐구했는데, 이는 인간생태학으로 이어졌다. 생태학에서는 유기체가 자연환경과 맺는 상호작용에 있어서 일정한 형태와 법칙이 존재한다는 점, 유기체들 사이의 경쟁과 갈등에도 불구하고 궁극적으로 모든 생태계는 평형상태를 지향한다는 점을 강조하였다.

19세기 후반에 들어와 미국 중서부에 위치한 시카고는 신흥 대도시로 급성장하고 있었다. 미국은 19세기 중반에 이르러 서부개척에 박차를 가했는데, 1848년

캘리포니아 금광 발견과 1862년 「홈스테드법(자영농지법)」 제정이 결정적인 계기였다. 시카고는 서부로 가는 교통 요충지로 급부상했다. 또한 시카고가 위치해 있던 5대호 연안은 미국 산업혁명의 중심지로 자리잡았다. 서부개척의 중간 거점으로서, 그리고 산업혁명의 핵심 지역으로서 시카고는 새로운 기회의 땅이 되어 이방인, 이민자, 그리고 특히 노예해방 이후 남부의 흑인들을 노동자로 대거 불러들였다.

19세기 후반과 20세기 초반에 걸친 급속한 도시화 과정에서 시카고는 수많은 도시문제를 한꺼번에 노정했다. 서로 다른 인종과 민족 사이의 갈등이 늘어났을 뿐 아니라 범죄나 청소년 비행, 매춘, 도박 같은 각종 도시병리 현상이 만연하기 시작했다. 도시 곳곳에 슬럼가가 형성되었고 이를 피해 도심을 탈출하는 교외화 경향이 일어나기도 했다. 산업혁명을 배경으로 하여 당시 시카고는 미국 노동운동의 중심지였다. 러시아혁명의 영향 아래 시카고는 아나키즘의 무대가 되기도 했다. 조직폭력이 가장 번창한 지역 또한 그 무렵의 시카고였다.

한편, 시카고는 도시계획의 측면에서도 주목할 만한 이력을 쌓았다. 1871년 가을 시카고에는 대화재가 발생하여 도시 전체가 사실상 잿더미로 변했다. 화재 극복 및 도시재건 과정에서 시카고는 더 이상 변방의 이류도시가 아니라 뉴욕에 이어 미국 제2의 도시라는 사실을 만방에 과시하고자 했다. 이 때 호기로 찾아온 것이 콜럼버스의 신대륙발견 400주년을 기념하는 만국박람회의 시카고 유치였다. 고층빌딩 건설 등 도시의 수직적 상승을 가능하게 하는 기술적 진보도 이 무렵의 일이었다. 엘리베이터의 발명과 철 생산 단가의 하락 때문이었다. 이를 배경으로 하여 시카고는 미국에서 근대 도시계획의 출발지가 되었다.

도시문제와 도시병리의 범람, 그리고 이에 맞선 도시계획의 태동이야말로 시카고를 졸지에 도시연구 혹은 도시사회학의 메카로 만들었다. 이를 위한 터전은 1892년에 설립된 시카고대학이 제공했다. 뉴잉글랜드 지역의 이른바 아이비리그(Ivy League) 대학들이 사변적이고 인문학적 분위기였다면, 신흥 시카고대학은 계량적이고 귀납적인 실용주의 학풍으로 차별화를 시도했다. 신설된 사회학과 역시 사정이 다르지 않았다. 그 결과가 바로 도시연구에 있어서 시카고학파의 출현이자, 생태주의 도시이론의 태동이다.

02   인간생태학과 동심원이론

시카고학파의 생태주의 도시이론을 대표하는 학자는 로버트 파크(Robert Park, 1864–1944)다(그림 2–2). 탐사전문 신문기자 출신인 그는 시카고대학 사회학과에 최초로 부임한 학자였다. 『과학으로서의 사회학 입문(Introduction to the Science of Sociology)』(1921)에서 그는 뒤르켐의 사회유기체론과 스펜서 및 다윈의 적자생존 이론에 입각하여 당시 시카고의 도시화 및 도시문제를 설명했다. 파크에 의하면 인간은 무엇보다 외부환경과 상호작용하는 생태적 존재이다. 하나의 생명체로서 인간과 동물 사이에는 본질적인 차이가 없다. 이기적 인간들이 각자 생존하기 위해 경쟁하는 공간을 파크는 — 다소 어색하게도 — '공동체'(community)라 불렀다. 파크가 볼 때 도시는 이런 속성을 분명히 갖고 있다. 하지만 도시는 이기적 인간들이 협력하고 공생하면서 새로운 사회질서를 재발견하고 재구성하는 공간이기도 하다. 파크는 이를 — 사회학자답게 — '사회'(society)라고 명명했다. 경쟁은 기능분화를 낳고 궁극적으로 이는 상호의존의 심화로 귀결된다는 파크의 도시이론은 사실상 뒤르켐의 통합이론의 복사판이다.

파크는 이처럼 도시를 공동체와 사회로 구분했지만, 도시를 분석하는 초점은 전자에 먼저 맞추었다. 그는 경쟁에 참여하는 주체가 똑같은 힘을 가진 것은 아니라고 생각했다. 이는 언제 어디서나, 환경을 보다 잘 활용하는 적자(適者), 남들보다 유리한 조건을 갖춘 강자(强者)가 따로 있게 마련이기 때문이다. 따라서 자연생태계에서나 인간생태계에서나 공히 적자가 생존하고 강자가 지배하는 법칙은 당연하다고 본다. 그 결과, 도시는 상이한 기능과 집단들 간의 공간적 재분배를 끊임없이 경험하게 된다. 이 때 토지나 건물의 가격이란 도시 내 공간의 가치를 질서 있게 배분하는 메커니즘으로서, 그것을 지불할 의사와 능력에 따라 공간을 둘러싼 경쟁(competition)과 지배(dominance), 침입(invasion), 승계(succession) 등의 과정이 반복적으로 발생한다는 것이 파크의 주장이다.

시카고학파의 생태주의 도시이론 가운데 가장 유명한 것은 어네스트 버제스(Ernest Burgess, 1886–1966)의 동심원 이론(concentric zone theory)이다(그림 2–2). 이는 파크 등과 공저한 『도시: 도시환경에서 나타나는 인간본성의 연구를 위한 제안

▌그림 2-2 ▌ 생태주의 도시이론가

로버트 파크   어네스트 버제스

자료: http://www.lib.uchicago.edu/projects/centcat/centcats/fac/facch17_01.html
https://www.lib.uchicago.edu/e/spcl/centcat/city/city_img24.html

(The City: Suggestions for the Study of Human Nature in the Urban Environment)』(1925)에서 주장되었다. 동심원 이론은 도시공간을 둘러싸고 벌어지는 경쟁과 지배, 침입, 승계 과정에 대한 실증적 분석에 기초한 것으로 모든 도시는 식물의 씨앗에 해당하는 도심을 중심으로 여러 개의 원을 계속 그리면서 외연을 확대한다는 것이다. 도시 한복판은 중심업무지구(Central Business District)라 불리는데, 최고 수준의 지가 지불능력을 보유한 회사 오피스나 고급 호텔 및 식당, 금융기관, 백화점 등이 입지하고 있다. 그 주변은 점이지구(zone in transition)로서 원래 상류층이 살다가 떠난 곳으로, 건물이 점차 황폐화되고 임대료가 낮아지면서 주로 하층계급이 살게 되는 슬럼지역이다. 점이지구 외곽에는 노동자들의 거주지가 형성되며, 그 다음에는 중산계급 및 전문직 종사자들의 주거단지가, 그리고 도시경계 바깥에는 상층계급이 거주하는 교외지역이 새로 들어선다는 것이다.

03 도시생태학의 죽음과 삶

도시생태학은 처음부터 다양한 비판에 직면해 왔다. 시장원리에 의한 공간배분을 자연스럽고도 합리적인 과정으로 이해함으로써 자본주의 도시구조를 정당화하고 있다는 주장이 가장 대표적이다. 경쟁을 당연시하고 상호의존과 궁극적 평형상태를 강조함으로써 보수 이데올로기적 색채가 농후하다는 평가도 있다. 도시의 공간배분에 있어서 자본이 결코 항상, 그리고 가장 중요한 요인은 아니라는 반론도 만만치 않다. 지형과 같은 자연적 조건은 물론 정치적 측면이나 문화적 차원 역시 경시할 수 없기 때문이다. 동심원 이론 역시 도시 공간구조에 대한 보편성을 주장하기에는 무리가 있다. 세계적으로는 물론 미국 내에서도 동심원 구조는 오히려 예외라는 것이다.

도시연구나 도시계획학 연구에 있어서 생태주의 도시이론은 기능주의적 접근과 계량적 분석을 양산해 왔다. 그 결과 도시생태학은 현재에도 도시경제학에 연계되거나 부동산연구와 결합되는 경우가 많다. 또한 도시문제를 주로 내부적 관점에서 접근함으로써 국민국가나 세계체제 등 사회전체적인 맥락에서 이해하는 데 소홀한 경향이 있다. 이는 연방정부의 권한이 지금처럼 막강하지 않았을 뿐 아니라 세계화 대신 고립주의적 전통이 남아 있던 생태주의 도시이론 태동기 미국의 시대상(時代相)을 반영하는 것이다. 현재에도 그렇지만 특히 20세기 초반의 경우, 평균적 미국인에게 있어서 세상의 전부는 자신이 살고 있는 도시인 경우가 많았다.

이러한 사정을 배경으로 하여 도시생태학 자체는 1950년대 이후 학계에서 거의 사망선고를 받는 상황이 되고 말았다. 그 이후 등장한 이른바 '후기 인간생태학'은 도시이론이라기보다 사실상 일반 사회이론에 더 가깝다는 평가다. 그렇다고 해서 생태주의 도시이론의 의의가 미미하거나 그것의 지적 유산이 공허한 것은 결코 아니다. 도시사회 이론의 선구자이자 개척자로서 시카고학파의 이론적 및 방법론적 기여는 아무리 강조해도 지나치지 않다. 수많은 외부 비판과 내부 한계에도 불구하고 오늘날까지 도시 및 도시계획학 연구의 대종은 여전히 도시생태하 이론에 바탕을 두고 있다.

01 신도시사회학

신도시사회학(new urban sociology)은 미국의 도시생태학이 쇠퇴하면서 유럽에서 새로 등장한 도시연구 동향이다. 신도시사회학은 시카고학파 도시이론의 한계를 바탕으로 하여 몇 가지 달라진 도시현실을 반영하였다. 우선 1960년대에 이르러 도시화에 큰 진전이 있었다. 도시와 농촌의 구분이 약화되면서 현대사회는 곧 도시사회가 되었고 사회학은 곧 도시사회학이 되었다. 세계적으로 대도시(metropolis)가 급증하였고, 거대도시군(megalopolis)도 속속 등장했다. 교외화가 본격적으로 시작한 것도 이 무렵이었다.

특히 1960년대에는 도시사회 내부의 구조적 적폐(積弊)가 두드러졌다. 계급갈등, 인종대립, 일탈과 범죄, 빈곤, 재정위기 등 도시는 거의 모든 사회문제의 온상이 되어 있었다. 반체제 문화운동으로서 전 세계를 뒤흔든 이른바 '68 혁명' 역시 무대는 서구의 대도시였다. 이제 도시문제는 도시 내부에 국한된 시선이 아니라 사회 전체의 공간적 맥락에서 읽어야 할 필요성이 절실해졌다. 신도시사회학은 말하자면 도시를 고립된 실체로 보지 않고 광범위한 사회적 과정과 연결하려는 시도에서 출발했다. 이 때 이론적 배경을 제공한 것이 바로 마르크스와 베버의 갈등이론이었다.

02   사회공간체계론

신 베버주의 혹은 네오 베버리언(Neo-Weberian)주의는 새로운 도시연구에 있어서 베버의 사회이론을 적극 도입하고 활용하려는 입장이다. 그 가운데 하나는 도시를 '사회공간체계'(socio-spatial system)로 파악하는 것이다. 말하자면 도시는 시장원리에 따라 자연스럽게 구성되는 생태적 공간이 아니라, 희소가치의 배분을 둘러싼 정치적 및 사회적 갈등의 결과라는 것이다. 이러한 문제의식은 렉스와 무어(John Rex and Robert Moore)가 쓴 『인종, 공동체, 그리고 갈등(Race, Community and Conflict)』(1967)에서 처음 제기되었다(그림 2-3).

렉스와 무어는 원래 도시사회학자가 아니었다. 그들의 관심은 영국의 인종 갈등에서 출발했다. 영국은 제2차 세계대전 이후 노동력 확보를 위해 이민정책을 도입하기 시작했는데, 1960년대에 들어와 이들에 의한 인종문제가 정치적 이슈로 등장했다. 특히 1965년에는 스파크브룩(Sparkbrook)이라 불리는 버밍햄 도심지역에서 흑인계 이민자들이 폭동을 일으켰다. 렉스와 무어는 이 사건이 단순한 인종갈등의 문제가 아니라고 생각했다. 이들이 볼 때 그것은 정부의 주택공급 방식을 둘러싼 도시갈등이었다.

19세기 이래 영국의 도시민들은 상업 및 문화지구에서 대형주택을 소유하고 있는 중상류계급, 중형 임대주택에 거주하면서 자가(自家) 단독주택 소유를 갈망하는 중하위계급, 그리고 소형 임대주택에 살면서 주거복지 사회체제를 선호하는 노동자계급 등 세 종류의 주택계급으로 대별되어 왔다. 그러다가 제2차 세계대전 이후 도시의 공간적 확장과 더불어 교외에 공공주택단지가 대거 개발되면서 이들에게 주거이전의 기회가 찾아왔지만 실제 혜택은 차별적으로 주어졌다. 좋은 지역과 좋은 주택에 거주하는 것은 누구나 똑같이 원하는 바일 텐데, 정부의 주택정책은 계층과 인종에 따라 차등적으로 집행되었기 때문이다.

백인 중산층의 경우 민간 사업자가 새로 건설한 교외 단독주택을 자력으로 구매할 수 있었다. 시장원리에 따른 주택의 구매능력을 스스로 확보하고 있었다는 의미이다. 그리고 이들에 의해 자산소유권에 기반한 민주주의의 가치는 재확인되었다. 백인 노동자의 경우, 교외의 공공임대주택에 입주할 수 있는 기회를

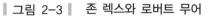

| 그림 2-3 | 존 렉스와 로버트 무어

자료: http://www.leeds.ac.uk/writingbritishasiancities/Birmingham_photos.html
http://www.geo−web.org.uk/symposia−old.php

국가가 제공했다. 말하자면 이들은 복지정책의 수혜자가 되었다. 문제는 최하위
계층에 속하는 외국인 노동자였다. 우선 이들은 교외 민간주택에 대한 구매 능력
이 처음부터 결여된 상태였다. 또한 이들은 융자(mortgage)제도로부터도 거리가
멀었다. 왜냐하면 대출기관의 신용평가 기준이 소득의 규모 및 안정성이었기 때
문이다. 이들은 영국의 백인 노동자에게 제공되던 공공주택의 임대입주 기회도
기대할 수 없었다. 정부에서 내건 임대 조건은 5년 이상 국내 거주였던 것이다.
결국, 유색 이민 노동자들은 열악한 주거환경 속에서 기존의 불안정한 임차인의
지위를 지속할 수밖에 없었다.

버밍햄의 사례는 주택과 같은 핵심적 도시자원의 배분이 정치적으로 중립
적이거나 사회적으로 합리적인 과정을 통해 진행되지 않는다는 사실을 보여주었
다. 렉스와 무어의 주거계급론은 도시정책에 처음부터 계급 차별과 인종 격리의
의도가 암암리에 개입되어 있다는 것을 의미한다. 생태주의 도시이론에서와는
달리 신 베버주의자들이 도시를 자연적 공간체제가 아니라 사회적 공간체계로
생각하는 것은 바로 이 때문이다.

03 관리주의 도시이론

| 그림 2-4 | 레이 파알

자료: http://www.livingandworkin-
gonsheppey.co.uk/ray-pahl-
sheppey-study/

도시를 '사회공간체제'로 보는 입장은 도시관리주의 혹은 관리주의 도시론(urban managerialism)으로 이어지는데, 이는 파알(Ray Phal)이 쓴 『도시생활의 유형(*Patterns of Urban Life*)』(1970)에서 체계적으로 정리되었다(그림 2-4). 여기서 기본 전제는 도시가 '상대적으로 독립된 국지적 사회체제'라는 점이다. 그 배경은 두말 할 나위 없이 서구의 오랜 자치도시 및 지방자치 전통으로서 도시의 일은 도시 스스로 결정한다는 것이다. 관리주의 도시론은 도시공간을 기본적으로 보상-분배체계(reward-distributing system)로 인식한다. 토지나 주택 같은 도시공간을 모든 사람이 자신이 원하는 대로 전유할 수 없기 때문이다. 따라서 도시자원의 배분을 둘러싼 갈등과 분쟁은 필연적으로 본다. 이 때 등장하는 것이 바로 도시의 공간적 자원을 관리하는 '문지기'(gatekeeper)로서의 '자원관리자'(resource manager)이다.

도시관리자는 도시의 희소한 자원과 시설을 통제, 관리, 조정, 배분하는 사람들이다. 말하자면 도시 내 각종 '삶의 기회'를 할당하는 사람들이다. 관리주의 도시론에서는 우선 이들 '문지기'들이 누구인지를 묻는다. 일반적으로 지방정부 관료들이 가장 대표적이지만, 경우에 따라 주택건설업, 부동산사업, 지방의회, 전문가집단, 금융회사, 시민단체 등 민간과 공공 영역에 걸쳐 보다 다양한 형태로 존재할 수 있다. 관리주의 도시론은 또한 도시관리자들의 이데올로기적 정향과 이들 간의 상호유착 혹은 갈등관계를 검토한다.

관리주의 도시론은 이들 도시관리자들이 자신들의 지위와 역할과 관련하여 대외적으로 얼마나 자율성을 견지하는지에 대해서도 관심을 가진다. 말하자면 이들이 도시자원의 배분과 관련하여 독립변수인지, 종속변수인지, 아니면 매개변수인지를 따지는 것이다. 초기 연구단계에서는 도시관리자들이 지역 수준에서 충분한 자율성을 구가하는 것으로 간주되었다. 하지만 이들의 자율성은 고정불변이 아닌 것으로 밝혀졌다. 예컨대 중앙정부의 개입과 역할이 증대하는 경우, 도시정부 관료들을 중심으로 도시관리자의 위상과 비중은 낮아질 수밖에 없다는 것이다.

『누구의 도시인가?(*Whose City?*)』(1975)라는 저서에서 파알은 대처리즘이 등장하기 이전 1970년대 영국에서 조합주의 국가이념(state corporatism)이 성행하던 시대를 주시했다. 도시정책을 자율적으로 분권화하는 대신 중앙에서 국가정책으로 수렴하는 현상을 지켜보면서 그는 도시관리자의 비중과 기능은 고정불변이 아니라 특정한 시대의 사회적 산물이라고 주장했다. 파알은 도시정책에 대한 중앙정부의 개입이 강화되면 도시관리자는 국가의 대리인 내지 종속변수가 될 개연성이 높다고 보았다. 파알은 국가를 자본가계급의 통치수단이 아니라 독자적인 목표를 가진 실체로 보는 베버의 입장을 적극 수용하면서 도시의 자원배분 역시 경우에 따라 지역의 차원을 넘어 국가적 눈높이에서 분석할 필요가 있다고 주장했다.

04 도시정치론

신 베버주의 도시이론의 또 다른 영역은 도시정치론이다. 여기에 관해서는 손더스(Peter Saunders)의 『도시정치론: 사회학적 해석(*Urban Politics: A Sociological Interpretation*)』(1979)이 가장 대표적이다(그림 2-5). 도시정치론의 일차적 배경은 1970년대 이후 서구에서 노동운동의 퇴조와 맞물린 이른바 '신사회운동'(new social movement)의 등장이다. 사회운동의 원조는 두말 할 나위 없이 노동운동이다. 하지만 계급갈등이 약화되면서 민권, 소수자, 여성, 반전·평화, 생태·환경, 지역 등을 이슈로 한 새로운 형태의 사회운동이 활발해졌다. 계급투쟁의 아류나 잔류범주가 아닌 도시운동도 그 가운데 하나였다. 손더스는 계급정치로 수렴되거나 환원되지 않는 도시 나름의 독자적인 정치과정을 부각시켰다.

생산현장에서 생산수단의 소유 여하에 따라 형성되는 사회적 불평등은 정치적 노선의 차이를 발생시키고 이는 곧 계급정치의 출발이 된다. 이에 비해 도시정치는 생산이 아닌 소비영역에서 나타나는 가산(家産, domestic property)의 격차

| 그림 2-5 | 피터 손더스

자료: http://www.petersaunders.org.uk/
index.html

에 주목한다. 다시 말해 토지나 주택, 건물과 같은 가산의 입지 여하나 소유 여부, 사용 형태에 따라 정치적 노선이 분절되며, 이를 기반으로 계급정치와 구분되는 새로운 도시정치가 등장한다는 것이 손더스의 주장이다. 이해관계가 서로 다른 가산계급들(domestic property classes)의 경쟁과 대립이 도시정치론의 핵심 근거가 되는 것이다.

가산이 도시정치 현실에서 중요한 까닭으로 우선 가산소유 상황 자체가 부의 축적 가능성을 크게 가늠한다는 사실을 지적할 수 있다. 토지나 주택이 이른바 '재(財)테크'의 수단이라는 점은 더 이상 놀라운 일이 아니다. 그런 만큼 가산과 관련된 경제적 이해관계는 정치적 결속의 차이는 물론 이데올로기의 분화까지 촉발한다. 예컨대 같은 노동자계급이라고 해도 분양아파트와 임대아파트 거주민들의 정치적 선택과 성향은 보수와 진보로 달라지기 쉽다. 이는 현대자본주의 사회에서 노동자들이 개인적 자존감을 만회하고 정체성의 차별화를 추구할 수 있는 것은 생산영역이 아니라 주택소비와 같은 가산영역에서이기 때문이다.

계급정치가 전국적이라면 도시정치는 지역적이다. 노동운동이 전국적이라면 도시운동은 지역적이다. 이는 자치도시와 지방자치의 전통이 깊은 서구의 경우, 주택과 같은 가산의 배분문제가 대개 중앙정부가 아닌 지방정부의 몫이기 때문이다. 그런 만큼 도시정치는 지역마다 사정이 다르다는 점에서는 공간적 국지성을, 전국적 연대가 어렵다는 점에서 정치적 고립성을, 그리고 시기에 따라 당면 목표가 달라진다는 점에서는 시간적 단속성이라는 특성을 드러낸다. 우리나라에서도 지방자치가 발전하면 할수록 도시정치의 위상은 앞으로 점점 더 높아질 것이다.

05 소비주의 도시론

　　신 베버주의 도시이론은 도시를 생산의 공간이 아니라 소비의 무대로 보는 입장과 연결된다. 마르크스에 의하면 도시는 기본적으로 자본가계급이 노동자계급을 착취하는 자본축적의 영역이다. 그리고 사회적 양극화 추세하에 노동자계급은 지속적인 궁핍화를 집단적으로 경험한다고 예측했다. 하지만 베버는 노동자계급의 획일적 궁핍화 테제를 부정했을 뿐 아니라 생산이 아닌 소비영역에서 노동자계급 내부의 다양한 차별성이 발생한다고 보았다. 손더스가 『사회이론과 도시문제(*Social Theory and Urban Question*)』(1984)에서 제시한 '소비주의 도시론'(sociology of consumption)은 바로 이런 점에 착안하여 나온 이론이다.

　　1980년대에 들어와 서구의 복지국가는 퇴조하기 시작했고, 노동자들의 소비생활에도 새로운 변화가 나타났다. 영국의 경우 대처의 보수당 정권하에서 노동자들의 생활수준은 전반적으로 향상되었고 이들에 의한 주택 소유가 급증하였다. 이와 관련하여 손더스는 마르크스의 '생산양식' 대신 '소비양식'(mode of con-sumption)이라는 개념을 제안하였다. 그에 의하면 자본주의 체제의 소비양식에는 역사적 진화가 있었는데, 첫째는 시장을 통한 자본주의 초기의 개인적 소비, 둘째는 복지국가가 등장하면서 나타난 집단적 소비 혹은 '소비의 사회화', 그리고 셋째는 복지국가의 퇴진 이후 시작된 소비의 재사유화(re-privatization)이다.

　　문제는 사회복지정책이 후퇴함에 따라 주택이나 의료, 교육에 대한 소비를 국가가 집합적으로 공급하는 방식으로부터, 개인들이 이들을 능력과 취향에 따라 각자 구매하는 것으로 바뀌게 되었다는 점이다. 따라서 오늘날 도시문제의 핵심 역시 생산영역에서의 계급투쟁이 아니라 다양하게 분화된 소비분파들 사이의 경쟁과 갈등으로 이동하게 되었다. 사람들은 자본주의의 전면적 타도 대신 주택이나 자동차, 음식, 패션처럼 개별화된 소비영역에서 자신의 자존감과 정체성을 과시하고 타인들과의 차별성을 추구하고 있는데, 도시정치론은 바로 같은 소비영역의 사유화 이후 벌어지고 있는 사회적 경쟁과 갈등을 연구주제로 삼고 있다.

제5절
신 마르크스주의 도시이론

01 공간의 정치경제학

　　마르크스의 예언과는 달리 자본주의는 붕괴하지 않았다. 자본주의의 지속과 재생산을 현실로 받아들이며 마르크스주의자들은 연구 질문을 '자본주의는 어떻게 망하는가?'로부터 '자본주의는 어떻게 해서 망하지 않는가?'로 변경했다. 그리고 자본주의가 유지되는 비결을 상부구조의 역할에서 찾았다. 자본주의가 지속적으로 재생산되는 것은 국가, 법, 문화, 종교, 이데올로기 등의 영역에 자본주의의 위기국면을 해소하거나 자본주의적 지배구조에 동의하도록 만드는 메커니즘이 존재하기 때문이라는 것이다. 이러한 시각을 원조 마르크스주의와 대비하여 네오 마르크스주의(신 마르크스주의)라고 부른다.

　　네오 마르크스주의는 자본주의의 확대와 재생산에 관련하여 공간의 역할에도 주목했다. 1970년대에 공간의 정치경제학이 대두한 것은 이런 배경에서이다. 그 이전의 마르크스주의자들은 자본축적 과정에서 공간이 담당하는 기능에 커다란 비중을 두지 않았다. 공간을 기본적으로 '주어지는 것' 혹은 '변하지 않는 것'이라 생각했기 때문에 마르크스주의가 집착한 것은 공간문제가 아니라 사회구조였다. 하지만 네오 마르크스주의에 의해 공간의 역할은 재인식되고 공간계획의 의미도 재해석되기에 이르렀다.

　　모든 경제체제에 공간이 중요하긴 하지만 자본주의의 생존과 발전을 위해서는 특히 그러하다는 것이 공간의 정치경제학이 가진 기본 입장이다. 얼핏 생각하면 공간문제는 농업사회에서 가장 본질적인 것으로 보인다. 토지야말로 생산

력의 직접적 원천이기 때문이다. 하지만 공간의 가치는 자본주의 산업사회에서
훨씬 더 중요하다. 생산공장의 입지로서, 원료와 에너지의 공급지로서, 상품유통
의 경로로서, 노동력 재생산을 위한 일상의 무대로서 공간의 효용성은 아무리 강
조해도 지나치지 않다. 그런 만큼 자본주의 체제하에서 공간과 계획은 떼려야 뗄
수 없는 관계가 되었다. 공간의 형태는 하부구조의 영역이지만 그것에 대한 계획
은 상부구조에 속해 있기 때문이다.

02 공간생산론

    네오 마르크스 도시이론을 선도한 인물은 앙리
르페브르(Henri Lefebvre, 1901 – 1992)였다(그림 2 – 6).
그는 『자본주의의 생존(*The Survival of Capitalism*)』
(1971)이라는 책에서 마르크스주의자로서 공간문
제의 중요성을 처음 환기했다. 마르크스가 지금까
지의 역사를 계급투쟁의 역사라고 말했다면, 르페
브르는 모든 시대는 자기 나름의 공간을 생산함
으로써 유지, 발전한다고 주장했다. 지금까지 자
본주의가 내적 모순을 희석시키며 계속 생존할
수 있었던 수단 역시 공간을 생산하고 관리했기
때문이라는 것이다.

| 그림 2-6 | 앙리 르페브르

자료: Dutch National Archives, The
Hague, Fotocollectie Algemeen
Nederlands Persbureau

    제2차 세계대전 이후 세계자본주의가 미국 주도로 재편되는 과정에서 프랑
스에는 대량생산과 대량소비 원리에 기초한 일관조립방식 곧, 포디즘(Fordism) 생
산방식이 도입·확산되었다. 르페브르가 볼 때 포디즘은 단순한 경제구조의 변화
가 아니라 사회체제 및 문화양식의 변화를 의미했다. 프랑스는 전원사회에서 도
시사회로 변모했고 파리를 위시한 도시의 공간구조는 소비주의 사회에 걸맞게
급속히 개편되어 갔다. 도심재개발정책에 따라 도시빈민은 외곽으로 추방되었고
계층별 주거지 분리현상이 더욱 뚜렷해졌을 뿐 아니라 라 데팡스(La Defense)와 같
은 고층고밀의 신도시 개발에 박차가 가해졌다. 이로써 프랑스 사람들의 일상생

활은 거대한 국가권력과 경제자본에 예속되어 특유의 활기와 생동감을 점차 상실하고 있다는 게 르페브르의 진단이었다.

네오 마르크스주의자로서 르페브르는 도시 그 자체를 하나의 이데올로기로 보았다. 곧, 자본주의 체제에서 도시는 단순한 물리적 공간을 넘어 또 다른 사회양식 내지 생활문화를 의미한다. 도시를 무의식적으로 긍정하고 도시화를 무비판적으로 예찬하는 분위기 속에서 도시 내 삶의 모순과 억압이 호도되고 있다는 것이다. 기술관료적 지식을 앞세워 도시공간을 생산하는 데 기여하는 도시계획 역시 자본주의 체제의 재생산 및 정당화의 관점에서 볼 필요가 있다는 것이 르페브르의 생각이다. 그가 보기에 자본주의의 고도화 이후 잉여가치의 발생구조는 제조업과 같은 '산업적 방식'으로부터 건설이나 유통, 레저, 문화와 같은 '도시적 방식'으로 바뀌었다. 자본주의의 생존과 발전을 위한 도시공간의 부단한 재구성 과정을 르페브르는 '도시혁명'(urban revolution)이라 불렀다.

『공간의 생산(*The Production of Space*)』(1974)이라는 제목의 책에서 르페브르는 자본주의 체제하의 공간생산 과정을 절대공간(absolute space)에서 추상공간(abstract space)으로의 이행으로 설명했다. 전(前)자본주의 시기 각기의 장소적 특징과 상징적 가치를 갖고 있던 공간은 권력과 자본의 논리에 따라 점차 동질화, 상품화, 수량화, 파편화되어 간다는 뜻이다. 그렇다면 이와 같은 도시혁명의 미래는 무엇인가? 이에 대해 르페브르는 '도시위기'(urban crisis)의 필연적 도래를 전망한다. 공간을 둘러싸고 자본이 원하는 경제적 이윤(profit)과 사람들이 바라는 사회적 필요(need) 사이에 갈등이 불가피하다는 것이다. 그리고 이와 같은 도시위기의 최종 종착지는 자본주의의 와해라고 예측했다. 마르크스가 자본주의의 붕괴를 이론적으로 확신하면서도 그것의 조기실현을 위해 현장에서 고투(苦鬪)했듯이, 르페브르 역시 지식인의 현실참여를 역설하면서 도시운동을 주도했다. 그가 "도시가 혁명을 만드는 것이 아니라 혁명이 (진정한) 도시를 만든다"고 외치며 프랑스의 '68혁명'을 선도한 것은 널리 알려진 사실이다.

03 집합적 소비론

　　1960년대 후반 무렵 서구 자본주의 국가에서는 '신 사회운동'이 활발해졌다. 한때 노동운동의 거점이었던 도시는 이제 신 사회운동의 핵심 무대가 되었다. 신 사회운동과 도시공간과의 관련성을 집중적으로 파고든 이는 마뉴엘 까스텔(Manuel Castells)이었는데, 원래 그는 르페브르의 제자였다(그림 2-7). 그 무렵 뉴욕이나 파리, 멕시코시티 등지에서 발생한 도시운동을 지켜보면서 그는 르페브르가 도시 현실을 형이상학적이고도 직관적인 방식으로 이해한다고 비판하고 나섰다. 대신 자신은 도시에 대한 구조적이고도 과학적인 분석을 다짐했다. 그가 쓴 『도시문제(The Urban Question)』(1972)는 이런 생각에서 나온 것이다.

　　까스텔은 도시의 과학적 분석을 위한 이론적 자원을 '구조주의 마르크시즘'(structural Marxism)에서 찾았다. 교조적 마르크스주의가 국가를 부르주아 지배계급의 통치수단으로 이해하는 '도구주의적 마르크시즘'(instrumental Marxism)의 입장이라면, 네오 마르크시즘을 표방하는 구조주의적 관점에서는 자본주의의 유지 및 재생산에 기여하는 국가의 능동적 역할을 강조한다. 국가는 자본가의 하수인이 아니라 상대적 자율성(relative autonomy)을 행사하는 상부구조라는 것이다. 유물론적 경제결정론을 거부하는 구조주의 마르크시즘에 의하면 상부구조와 하부구조는 일방적인 관계가 아니라 상호작용을 의한 통일적 구성체이다.

　　구조주의 마르크시즘의 '사회구성체론'(social formation) 개념은 이런 맥락에서 나왔다. 무릇 모든 사회는 경제와 정치, 이데올로기라고 하는 서로 대등하고도 자율적인 세 층위(instances)의 집합체이다. 이 세 가지 가운데 무엇이 가장 우월한가 하는 문제는 역사적으로 가변적이다. 가령 로마제국과 같은 고대사회에서는 정치적 층위가, 기독교가 지배했던 중세 유럽에서는 이데올로기적 층위가, 그리고 오늘날과 같은 자본주의 사회에서는 경제적 층위가 가장 강하다는 것이다. 까스텔은 도시 역시 이러한 사회구성체의 관점에서 분석해야 한다고 생각한다.

　　자본주의 도시를 경제와 정치, 그리고 이데올로기라는 세 층위에서 분석할 경우 가장 우세한 것은 경제적인 차원이다. 우선 자본주의 도시는 문화적인 차원에서 독자적이지 않기 때문이다. 도시문화는 자본주의 문화의 하위 부분집합일

│그림 2-7│   마뉴엘 까스텔

자료: Holberg Prize 2012, Holbergprisen
https://www.flickr.com/photos/
59620271@N03/7156161827

따름인 것이다. 도시 고유의 정치적 지위와 역할도 취약하다. 중세의 자치도시와 비교해 볼 때 오늘날 도시는 단연 근대 국민국가의 통제 아래 존재한다. 결국 도시에 남는 것은 경제적인 층위뿐이다. 한편 경제의 층위는 다시 생산과 유통, 그리고 소비로 대별된다. 그런데 자본주의 체제 하에서 생산은 도시를 넘어 전국적 혹은 세계적 스케일에서 이루어지는 경향이 있다. 유통 또한 도시단위를 능가하여 공간적으로 광역화되고 있다. 따라서 도시 단위에서 유의미하게 남는 경제활동은 생산이나 유통이 아닌 소비영역뿐이다. 요컨대 자본주의 도시는 경제적 층위, 그 가운데서도 소비부분으로 특화된 공간이 된다.

까스텔이 보기에 도시는 소비영역을 전담하는 경제적 층위로서 자본주의의 유지와 확대에 이바지한다. 무엇보다 소비는 노동력 재생산에 필수적이다. 먹고 자고 입는 일을 포함하는 대부분의 일상생활은 소비활동에 의해 이루어지는데 이는 개인적 차원에서 노동력의 생물학적 복원을, 그리고 사회 전체적 차원에서 노동자계급의 형성을 지속가능하게 만든다. 또한 후기자본주의는 기본적으로 소비주의 사회다. 대량생산에 대응하는 대량소비가 일반화되지 않으면 자본주의 체제 자체의 존속이 위협받는다. 요컨대 현대 자본주의 사회에서 소비는 개인적 선택의 문제가 아니라 사회구조적으로 필수다.

노동력 재생산을 위해 필요한 소비는 주택, 병원, 교통, 학교, 레저 등에 걸쳐 있다. 노동력이 도시에 집중함에 따라 이러한 사회적 서비스를 도시는 반드시 제공해야 한다. 문제는 이와 같은 소비부문을 소비자가 개인적으로 해결하기 어렵다는 점이다. 개별 자본가의 입장에서도 이와 같은 소비 영역은 투자 대비 이익의 측면에서 매력이 크지 않다. 이처럼 사회적으로는 꼭 필요하나 시장원리를 통해 쉽게 공급되지 않는 소비영역에 국가가 직접 개입하게 되는 것은 이런 이유에서다. 국가는 복지정책을 통해 주거나 교육, 의료 등을 '집합적 소비'(collective consumption) 방식으로 바꾸는 것이다. 집합적 소비는 노동자계급과 자본가계급 모두로부터 일단 환영을 받는다.

문제는 집합적 소비의 지속가능성이다. 집합적 소비는 한편으로 '비용의 사회화'(socialization of costs)를 야기한다. 곧, 국가재정의 부담이 계속 늘어나는 것이다. 이와 반면 집합적 소비는 자본가계급에게는 '수익의 사유화'(privatization of profits)를 선사한다. 말하자면 자본가계급은 국가가 수행하는 노동력 재생산으로부터 이익을 챙기면서도 여기에 상응하는 재정적 비용은 직접 부담하지 않는 것이다. 집합적 소비의 증대는 따라서 자본주의 경제전반에 부담을 주게 된다. 이는 경기불황일 경우 더욱 더 심각해지는데 석유위기가 발생한 서구의 1970년대가 특히 그랬다.

까스텔이 보기에 1970년대 이후 서구 도시에서 신 사회운동이 활발해진 이유는 바로 이 대목에 있었다. 국가나 지방정부는 더 이상 집합적 소비를 담당할 재정적 여력을 찾기 어려워졌고, 이에 대한 대응으로서 1980년대에 등장한 대처리즘이나 레이거노믹스는 집합적 소비재 공급의 축소를 단행했다. 그 결과, 노동자들은 주택, 의료, 교육 등에 대한 소비를 복지정책이 아닌 시장원리를 통해 해결할 수밖에 없는 상황에 내몰리고 말았다. 까스텔에 의하면 집합적 소비를 옹호하기 위한 도시운동은 계급운동이나 노동운동과 구분되는 독자적인 차원을 확보하고 있다. 한 걸음 더 나아가 그는 자본주의의 근본적 변혁을 위해 노동운동을 포함한 모든 사회운동의 총체적 연대를 도시운동이 주도해야 한다고 주장하였다.

04 건조환경론

르페브르는 현대사회에서 자본축적은 산업적 양식이 아닌 도시적 양식을 통해 이루어진다고 보았다. 까스텔에 의하면 자본주의 도시는 기본적으로 노동력 재생산을 위한 소비공간이다. 그런데 같은 네오 마르크스주의의 계보에 속하면서도 데이비드 하비(David Harvey, 1935-)는 이들의 주장에 동의하지 않았다(그림 2-8). 그는 '마르크스로 되돌아가자'고 역설하면서 자본축적의 핵심 메커니즘은 공간이 아니라 역시 자본이며, 도시 또한 소비공간이 아니라 생산공간이라는 점

| 그림 2-8 | 데이비드 하비

자료: http://www.gc.cuny.edu/
Page‒Elements/Academics‒
Research‒Centers‒Initiative
s/Doctoral‒Programs/Anthro
pology/Faculty‒Listing/
David‒Harvey

을 새삼 강조하였다. 이념적으로 중립적이던 정통
지리학자 하비는 1960년대 후반 인종갈등, 주택
공급, 경기불황, 재정위기 등을 통해 미국 내
도시문제의 종합백화점으로 부상한 볼티모어에
오랫동안 거주하면서 공간문제를 사회정의의 관
점에서 접근하는 정치경제학적 도시이론가로 변
신했다. 그의 『자본의 한계(*The Limits to Capital*)』
(1982)는 흔히 마르크스가 쓴 『자본론』의 '공간판'
으로 불린다. 하비는 마르크스의 '고정자본'(fixed
capital)의 개념에 입각하여 도시의 건조환경(建造
環境, built environment)을 분석했다. 건물, 도로, 철
도, 항만 등 사회간접자본에 해당하는 건조환경
은 말하자면 도시공간적 차원에서 자본축적을
위한 설비이고, 장치이고, 기계라는 것이다. 자
본가에게 공간은 자본축적의 장애물이다. 하지만 공간 그 자체는 어쩔 수 없기에
도시화에 의한 공간의 밀집화와 '시간에 의한 공간의 소멸'(the annihilation of space
by time)이 건조환경의 모습으로 나타난다. 요컨대 하비에게 도시화과정이란 상품
의 생산과 유통, 거래, 소비를 촉진시키기 위해 건조환경을 만드는 일이다.

이와 같은 건조환경을 자본가들이 직접 기획하고 관리하는 것은 아니다. 대
신 이는 국가나 도시계획가의 역할이다. 하비에 의하면 무릇 자기재생산을 전제
로 하지 않는 사회는 없다. 네오 마르크스주의자로서 하비 역시 체제의 재생산
메커니즘을 상부구조에서 발견하고자 하는데, 이런 맥락에서 도시계획을 자본주
의 체제의 유지 및 확대에 기여하는 이데올로기로 해석한다. 도시계획의 관념 속
에 내재해 있는 사회적 조화, 공공이익의 추구, 합리성과 효율성, 그리고 전문가
집단에 대한 신뢰와 존경이 자본주의의 구조적인 모순을 은폐하고 호도한 채 기
존의 계급관계를 정당화하는 기능을 수행하고 있다는 것이다.

그럼에도 불구하고 하비가 볼 때 도시계획을 통한 건조환경의 구축은 궁극
적으로 자본주의를 구하거나 살리는 데 실패할 수밖에 없다. 자본의 유기적 구성
의 증대에 따라 이윤율이 점차 저하하고 과잉생산에 따라 상품의 가격이 하락하

면서 실업이 증대하는 자본주의의 본질적 위기로부터 벗어날 수 없기 때문이다. 이에 대처하기 위해 유휴자본을 도시차원의 건조환경에 직접 투자하는 대신 공장이나 사무실, 창고와 같은 고정 자본재나 주택 혹은 내구소비재 등에 간접 투자하는 방식이 동원되는 경우도 있다.

하지만 하비는 이와 같은 연속적 노력이 결코 자본축적의 위기를 해소할 수를 없을 것으로 전망했다. 『자본의 한계』라는 책 제목이 암시하는 것처럼 공간적 조정을 위한 자본의 이동은 근본적인 해결책이 되지 못한다는 것이다. 하비에 따르면 자본주의 체제하에서 경제공황의 주기적 발생은 불가피한 것이며, 최종적으로는 자본주의는 마르크스나 레닌과 같이 제국주의 국가들 사이의 전쟁으로 종말을 맞게 된다. 하비는 자본주의 체제 내에서는 사회정의가 원천적으로 존재하지 않는다는 입장이다. 오직 범세계적 반(反)자본주의 사회운동만이 미래의 희망을 만들 뿐이라는 것이다

05 사회민주주의 전략

하비는 자본주의 체제에서는 어떠한 희망도 꿈꿀 수 없다는 결론을 내렸다. 도시계획은 공익성과 합리성, 과학성, 그리고 전문성을 내세우고 있지만 사실은 자본축적과 자본주의의 재생산에 기여하는 이데올로기에 불과하다고 비판했다. 그렇다면 이제 우리에게 남은 것은 참담한 절망이거나 전복적 투쟁 밖에 없는가? 이와 관련하여 페인스타인 부부(Norman Fainstein, Susan Fainstein)는 보다 현실적인 접근법을 제시한다(그림 2-9). "도시계획 분야의 새로운 논쟁: 미국 내 마르크스 이론의 영향(New Debates in Urban Planning: the Impact of Marxist Theory within the United States)"(1982)이라는 논문에서 소개한 사회민주주의 전략이 바로 그것이다.

페인스타인 부부에 의하면 자본주의 체제를 살아가는 우리에게 주어진 선택은 다음 세 가지이다. 첫째는 자본주의의 대안이 될 새로운 생산 및 분배양식을 찾는 일종의 유토피아적 출구전략이다. 둘째는 시민사회 운동을 통해 정부정책에 대한 영향력을 외부에서 확장하고 강화하는 전략이다. 셋째는 적극적인 정치참여를 통해 국가의 성격과 지향을 내부적으로 변화시키는 전략이다. 이와 같

| 그림 2-9 | 페인스타인 부부

자료: https://www.conncoll.edu/directories/emeritus−faculty/norman−fainstein/
http://www.gsd.harvard.edu/#/people/susan−fainstein.html

은 세 번째 선택은 국가를 지배계급의 통치수단이 아닌 피지배계급의 '역통치수단'
(inverted instrument)으로 활용하는 것을 의미한다. 이는 일찍이 마르크스가 주장한
바, 피치자의 단결을 무기로 하여 체제전환을 모색하는 합법적이고도 민주적인
방법이기도 하다.

　　자본주의 도시에서 더 이상 희망이 보이지 않을 때 생각할 수 있는 가능성
은 두 가지이다. 하나는 살아가는 삶의 현실이 차라리 점점 더 악화되어 사회주
의 혁명의 시기가 하루라도 빨리 찾아오는 것이다. 이른바 '나빠질수록 더 좋다'
(the worse the better)는 발상으로서 자본주의의 모순이 심화될수록 급진적 변화의
희망은 오히려 가깝다는 이상주의적 기대이다. 다른 하나는 그래도 '좋을수록 더
좋다'(the better the better)는 실용주의적 판단이다. 노동자계급이나 사회적 약자를
자본과 시장의 논리에 방치하기보다는 그래도 국가개입을 통해 조금이라도 그들
의 실제 이익을 늘리는 편이 현명하지 않을까 하는 주장이다. 도시공간과 관련해
서 도시계획 자체를 통째 이데올로기로 매도하기보다는 그래도 '계획이 많을수
록 더 낫다'(the more planning the better)는 기대를 걸어 보는 것이다.

　　사회민주주의 전략은 유권자의 힘으로 도시계획의 목적과 이상을 변화시킬
수 있다. 물론 이와 같은 참여를 통한 개혁이 단기적으로는 기존의 계급관계와
사회체제를 정당화시키는 결과를 낳을 수는 있다. 또한 그만큼 대망의 사회주의

혁명은 도래의 시기가 늦어질 수도 있다. 하지만 당장 이 시대를 살아가는 사람들의 행복이 조금이라도 더 늘어난다면 그것은 나름대로 진보적이지 않겠는가라는 것이 페인스타인 부부의 생각이다. 이런 점에서 보자면 오늘날 네오 마르크스주의 도시이론은 계획과 시장 사이에서, 혹은 민주주의와 혁명 사이에서 선택의 딜레마에 빠져 있는 것으로 보인다.

제6절
사회이론과 도시연구

우리나라는 도시발달의 수준에 비해 도시연구가 상대적으로 부진한 경우다. 급속한 도시화 과정에서 도시연구는 지금까지 주로 공학이나 부동산 분야가 주도해 왔고, 특히 관주도 도시성장은 도시에 대한 학문적 연구 자체의 독자성과 자율성을 제대로 보장해 주지 못했다. 또한 자치도시의 전통 부재 및 지방자치 역사의 일천함 탓에 공간적 차원에서 도시 단위의 중요성이 학계에서 크게 주목받지도 못했다. 사회학 내에서도 도시 분야는 상대적으로 비주류 내지 변방의 위치에 머물러 있는 형편이다.

하지만 21세기는 최초로 인류의 절반 이상이 도시에 거주하는 '도시의 세기'다. 우리나라의 도시화 비율은 90%가 넘었다. 게다가 오늘날은 '도시 르네상스' 시대다. 바야흐로 국가의 시대는 가고 도시의 시대가 도래하고 있는 것이다. 우리나라에서도 도시에 기반한 지방자치는 새로운 시대정신으로 자리 잡고 있다. 이처럼 도시의 세기, 그리고 도시의 시대를 맞이하는 역사적 시점에 도시연구는 새로운 활로와 도약을 모색해야 한다. 우리의 미래가 바로 도시에 있기 때문이다.

　이때 도시를 설명하고 분석하는 다양한 사회이론들의 가치는 아무리 강조해도 지나치지 않다. 일찍이 도시사회의 본격적 출현과 사회학의 학문적 탄생은 시대적으로 겹쳐있다. 뒤르켐, 마르크스, 베버로 대표되는 고전사회학은 도시를 단순한 물리적 측면에서 보는 것도 거부했고, 인구론적 관점에서 접근하는 관행도 식상해 했다. 대신 이들은 자본주의 체제하 도시를 이해하고 분석하는 데 필요한 다양한 이론과 방법론을 남겼다. 그리고 이들 고전사회학의 유산을 바탕으로 20세기는 생태주의 도시이론, 네오 마르크스주의, 그리고 네오 베버주의라는 세 가지 도시사회 연구의 물줄기를 형성하기에 이르렀다.

　싫든 좋든 오늘날에도 한국의 도시 및 도시계획 연구의 대종은 생태주의 도시이론으로부터 크게 벗어나 있지 않다. 도시성장, 도시쇠퇴, 도시재생 등의 생물학적 개념을 애용하면서 토지이용, 입지선택, 주택가격, 임대료 분석 등에 치중하는 정책지향적 관변연구가 이를 웅변한다. 자본주의 도시를 체제극복이라는 관점에서 접근하는 운동권 방식의 연구경향에서는 당연히 신 마르크스주의가 매력적이다. 자본주의 체제에 모순과 한계가 남아있는 한, 마르크스주의 도시이론의 가치는 쉽게 소멸하지 않을 것이다. 하지만 마르크스 이론은 자칫 이상을 현실에 짜맞추는 본말전도의 우(愚)를 범하기 쉽다는 사실을 간과해서는 안 된다. 이에 비해 네오 베버리언 접근은 상당 부분 우리나라 도시연구에서 미개척 분야로 남아있는 것으로 보여진다. 앞으로 도시단위의 지방자치가 발전할수록, 그리고 사회적 다원주의가 정착될수록 신 베버주의의 가치는 더욱 더 증대할 것으로 전망된다.

　물론 이들 세 가지 도시사회 이론은 택일(擇一)의 대상이 아니다. 우리나라 도시현실을 두고 이들 가운데 무엇이 정답인지, 어떤 것이 적절한지를 예단하는 일은 부질없다. 이들 이론 각각의 창조적 진화는 물론이고 이들 사이의 다양한 조합 가능성 역시 항상 열려있기 때문이다. 따라서 당장 시급한 과제는 한국의 도시연구 자체가 이론적 논의에 기반하여 학문적으로 보다 성숙하게 되는 것이라 할 것이다. 도시연구가 권력과 자본의 논리로부터 해방되고 이념이나 직관으로부터 자유로워지는 학문적 도정에 이 글에서 제시한 도시사회 이론들이 다소나마 도움이 되기를 바란다.

주요
개념

KEY CONCEPTS

건조환경

고전사회학

공간생산론

관리주의 도시이론

도시생태학

도시정치론

동심원이론

막스 베버

사회공간체제론

사회민주주의

소비주의 도시론

시카고 학파

에밀 뒤르켐

정치경제학

집합적 소비

칼 마르크스

김찬호 역, 1998, 도시와 사회이론, 한울아카데미. Saunders, Peter., 1981, *Social Theory and the Urban Question*, Routledge.

남청수 역, 2005, 매혹의 도시, 맑스주의를 만나다, 이후. Merrifield, Andy, 2002, *Metromarxism*: A Marxist Tale of the City, Routledge.

최병두, 한지연 편역, 1989, 자본주의 도시화와 도시계획, 한울아카데미. Dear, M. and Scott, A. J. (eds.), 1981, *Urbanization and Urban Planning in Capitalist Society*, Methuen.

Fainstein and Fainstein, 1982, "New Debates in Urban Planning: the Impact of Marxist Theory within the United States" in Paris (ed.), *Critical Readings in Planning Theory*, Pergamon Press.

[홈페이지]

http://economicsociology.org

International Institute of Social History in Amsterdam, Netherlands

http://theoryculturesociety.org

http://www.lib.uchicago.edu/projects/centcat/centcats/fac/facch17_01.html

https://www.lib.uchicago.edu/e/spcl/centcat/city/city_img24.html

http://www.leeds.ac.uk/writingbritishasiancities/Birmingham_photos.html

http://www.geo−web.org.uk/symposia−old.php

http://www.livingandworkingonsheppey/co.uk/ray−pahl−sheppey−study/

http://www.petersaunders.org.uk/index.html

Dutch National Archives, The Hague, FotocollectieAlgemeenNederlands Persbureau

https://www.flickr.com/photos/ 59620271@N03/7156161827

http://www.gc.cuny.edu/Page−Elements/Academics−Research−Centers−Initiatives/ Doctoral−Programs/Anthropology/Faculty−Listing/David−Harvey

https://www.conncoll.edu/directories/emeritus−faculty/norman−fainstein

http://www.gsd.harvard.edu/#/people/susan−fainstein.html

도시문화와 도시브랜드 제**3**장

제1절
도시의 문화

01 도시문화의 의미

21세기는 문화의 시대라고 할 만큼 그동안 문화에 대한 관심과 중요성이 사회 각 분야에서 크게 부각되어 왔고, 지금도 문화에 대한 논의는 다양한 각도에서 매우 활발하게 진행되고 있다. 하지만 문화에 대한 개념이나 인식은 사용하는 사람들의 입장에 따라 상이하여, 문화의 개념에 대한 논의는 결론 맺기 어려운 경우가 많음도 사실이다. 그만큼 문화라는 개념은 다양한 범주와 내용을 담고 있다. 도시문화 역시 그 개념과 대상 및 범위를 어떻게 설정하느냐에 따라 그 내용이 상이해질 수 있다. 이는 문화라는 개념이 사회·경제적 발전 과정, 도시의 경우 도시화 과정과 밀접한 연관을 맺으며 변화해 왔기 때문이다(Williams, 1958). 다시 말해 문화란 사회적 현상의 단순한 반영이 아니며, 사회적 맥락과 유리된 실체가 아닌 지속적으로 진화하는 개념이라는 것을 의미한다.

문화라는 개념을 도시문화로 한정해 볼 때, 도시문화라는 개념은 봉건제 농촌사회에서 자본주의 도시화로의 이행이라는 구도 속에서 변화해왔음을 이해할 수 있다. 즉, 농경사회에서 자본주의 도시사회로 도시가 변화하면서, 계몽적 이성의 계발 과정으로서 문화라는 개념이 인식되었으며, 산업화와 급속한 도시화 과정을 거치며 문화생활이라는 특정한 생활양식이 출현하게 되었다.

이런 문화의 개념적 진화 과정 속에서 도시문화에 대해 살펴보면 우선 도시가 문화형성과정의 중요한 무대로서 작용하고 있으며 시민들의 문화생활의 토대가 되고 있음을 이해할 수 있다. 이는 도시계획과 설계 또는 정책적인 면에서 도시문화는 중요한 의사결정의 대상이라는 점을 의미한다. 즉 도시문화는 오늘날, 도시전략의 창조와 실행에 있어서 중요한 도구이자 동시에 도시민의 삶의 질의 주요한 변화를 판단하는 지표로서도 기능한다.

이에 문화를 대상으로 한 도시전략들에 대한 이해, 즉 우리가 현재 '문화도시'라고 지칭하는 도시들의 전략에 대한 이해가 선행될 필요가 있다. 다시 말해서 자본주의 도시 속 문화의 지위와 양상을 살펴보기 위해서는 문화도시전략에 대한 통시적·공시적 이해가 필요하다고 할 수 있다. 이에 다음 장에서는 이런 통시적·공시적 이해를 위해 문화도시전략 사례들에 대해 살펴보고자 한다.

02 문화도시전략과 사례

1) 도시경쟁력과 문화도시

21세기 들어서 국가 간의 경쟁보다 도시 간 경쟁이 점점 심화되는 시대가 도래하였다. 이런 경쟁 상황 속에서 도시들은 차별적·매력적 도시로서의 가치와 이미지를 지속적으로 개발하고 공유할 필요성을 절감하고 있다. 이런 필요성은 자연스럽게 도시민들에게 도시문화의 가치와 전달의 중요성에 대한 인식의 전환을 요구하였다. 즉 도시경쟁력 창출의 주요 수단으로서 도시문화가 각광을 받기 시작했으며 이는 차별적이면서도 진정성 있는 문화도시전략을 요구하기에 이르렀다. 그러나 아직까지 국내에서 문화도시 개념에 대한 전략적 접근과 체계 구축은 부족한 실정이며 지금은 국내 도시들의 실정에 적합한 문화도시 개념과 체계에 대한 전략적 모색이 필요한 시점이다. 이런 시점에서 그동안 소개되고 적용되었던 해외 문화도시 정책과 사례들에 대한 통합적·맥락적 이해가 우선 필요하다. 즉 해외의 다양한 도시들에서의 문화도시 개념의 등장 배경에 대한 체계적·맥락적 이해와 함께 다양한 문화도시전략들이 문화도시 구축과정 속에서 어떻게 실행에 옮겨지는지에 대한 구체적 분석 역시 필요하다.

2) 문화도시전략 사례의 선정과 분석방법

현재 해외의 수많은 도시들이 도시경쟁력의 확보 및 도시정체성의 창조와 이미지 제고를 위한 주요 수단으로 도시문화를 활용하고 있으며 이에 대한 도시전략, 즉 문화도시전략들을 수립하여 실행에 옮기고 있다. 이런 현실은 문화의 다양성과 함께 이로 인한 문화도시전략 역시 매우 다양한 양상으로 나타나고 있음을 의미한다. 이러한 다양함은 문화도시에 대한 체계적 이해에 장애로 작용할 수도 있으므로, 문화도시전략에 대한 체계적·통합적 이해에 적합한 전략사례를 살펴보는 것이 필요하다.

해외 문화도시 사례 중 EU의 '유럽문화수도(European Capital of Culture)' 프로그램의 정책과 사례는 문화도시 전략의 통시적 이해에 적합한데, 이를 통하여 문화도시 전략의 역사적 변천과 진화과정에 대해 이해할 수 있다. 또한 각 문화수도들의 문화도시 개념과 전략들을 분석하는 것은 문화도시전략의 다양성과 체계, 즉 도시문화의 다양한 맥락과 과정을 이해하는 데 적합하다. 이에 본고에서는 EU의 '유럽문화수도(European Capital of Culture)' 프로그램상의 문화도시들을 사례로 선정하였다. 이는 유럽문화수도 프로그램이 유럽 내 다양한 도시들의 문화전략과 정책들을 연계하는 구심적 역할을 하고 있으며, 개별 도시 차원의 문화전략을 실행에 옮기는 핵심프로그램의 역할을 담당하고 있기에 유럽의 다양한 문화도시 전략에 대한 이해와 함께 문화도시 전략 체계의 일반적 경향을 이해할 수 있을 것이라고 판단했기 때문이다. 이에 우선 과거 25년간의 문화수도들을 대상으로 목표와 프로그램전략들을 검토·분석하였다. 다음으로 유럽문화수도들에 대한 사례분석을 통해 유럽문화수도 프로그램의 전략적 관점과 차원을 도출하고 이를 바탕으로 문화도시의 기본목표와 핵심전략, 기본전략을 선정하였다. 이 과정을 통해 일반적으로 적용가능한 문화도시전략 체계를 구상하였다.

3) 유럽문화수도 프로그램의 변천과정과 문화도시의 개념

유럽문화수도 프로그램은 '유럽문화도시'라는 이름으로 1985년에 시작되었다. 1983년에 채택한 '유럽연합에 관한 선언'에 대한 실천방안의 하나로 당시 그

| 표 3-1 | 유럽문화수도의 기본목표와 후속가치 |

기본목표	후속가치
• 풍부하고 다양한 유럽 문화 전달	• 도시재생
• 도시 간 문화적 유대감 강조	• 문화적 활력
• 문화이해 증진 및 시민들의 교류 확대	• 관광업 장려
• 유럽 시민의식 고취	• 거주지의 가치에 대한 관점 확대

자료: http://ec.europa.eu/programmes/creative-europe에서 필자 재편집.

리스 문화부의 멜리나 메르쿠리(Melina Mercouri) 장관이 처음으로 제안하여 시행되었다. 프로그램의 최초 선정도시는 그리스 수도인 아테네로 정해졌다. 초기의 프로그램은 각 도시가 문화수도 유치로 얻는 기대 효과보다 상징성에 더 큰 의미를 부여하였다. 12개 회원국이 차례로 개최하고 난 후 새로운 시작을 기념하기 위해 1997년에 그리스에서 다시 개최되었다. 그리고 2001년 이후로는 유럽문화수도 프로그램이 두 도시에서 개최되며 한 도시는 기존 회원국에서 다른 한 곳은 신규회원국에서 선정되어 진행되고 있다.[1]

유럽문화수도 프로그램은 1985년 시작된 이래로 규모가 확대되어 왔으며, 세부적인 특징들은 각 개최도시에 맞게 융통성 있게 추진되었다(표 3-1). 따라서 문화이벤트의 특성상 일반화하여 특징을 정형화하는 것은 다소 무리가 있다. 그러나 그간 진행되어 온 전체적인 흐름을 놓고 볼 때 특정 시기별로 다른 시기에 비해 대비되는 특성을 가지고 있다. [표 3-2]는 그런 특성들을 토대로 유럽문화수도 프로그램의 변천과정을 살펴 본 것이다.

이상의 내용을 통해 문화도시전략의 출발점으로서 문화도시의 개념을 고찰해 보면 문화도시가 단순히 문화공간과 이벤트, 프로그램이 활성화되어 있는 도시를 의미하는 것이 아니라는 점을 이해할 수 있다. 즉 문화도시는 도시문화의 다양성을 확보할 수 있으며 다양한 문화공동체의 형성과 문화네트워크가 구축되어 있는 도시라는 점을 알 수 있다. 또한 문화를 통한 시민 간, 도시 간의 교류가 활성화되어 있는 도시를 의미한다는 점을 알 수 있다.

| 표 3-2 | 유럽문화수도 프로그램의 시기별 특성 |

기 간	특 성
1985-1989	• 유럽 각국의 정치적 어젠다의 일환으로 진행 　(예: 파리의 프랑스 혁명 200주년 기념) • 시민들의 공동체 또는 유럽 통합 프로젝트에 대한 관심 저조에 대응 • 공동체에 대한 시민의식 고취를 위한 상징적 실천 방안 • EU 지원금이 전체 예산에서 차지하는 비중은 매우 적은 수준임 • 준비기간 부족으로 차별적, 체계적 전략과 비전을 제시하지 못함 • 평가 체제 부재로 타 도시들을 위한 역할 모델 근거 부재 • 2~3개월, 길게는 6~7개월간 문화행사 진행
1990년대	• 도시 인근지역의 지역경제개발을 위한 수단으로 활용 • 경제성과 지역경제개발에 초점을 둔 선정 • 1년간의 문화프로그램으로 시간적 확장 • 문화이벤트의 양적 확대 • 문화수도 프로그램을 위한 각종 행사들이 매우 포괄적 범위에서 진행되기 시작
2000년대	• 선정 작업에서 지역적 안배가 중요한 고려사항이 됨 • 공동체 차원에서 추구하는 유럽문화공간 구축정책과의 관련하에 추진 • 국경을 초월한 프로그램 구성 및 운영과 도시 간 소통과 협력 체계 구축 　(예: AECC 같은 도시 간 공동기구의 설치)

자료: http://ec.europa.eu/programmes/creative-europe에서 필자 재편집.

4) 유럽문화수도들의 전략방향과 핵심프로그램 전략

[표 3-4]는 지난 25년간 유럽문화수도들의 주제와 전략방향을 정리한 것이다. 그리고 문화수도 유치신청서, EU보고서, 성과보고서, 인터넷문헌 등을 통해 개별 문화수도들의 전략방향과 프로그램전략들을 검토 및 비교분석하여 도출한 공통적인 핵심프로그램 전략들과 도출한 핵심프로그램 전략들의 실행상의 우선순위는 [표 3-3]과 같다.

| 표 3-3 | 유럽문화수도 관점별 핵심프로그램 전략 |

분 류	핵심프로그램 전략	전략적 우선순위		
		1순위	2순위	3순위
사회적 기반	• 도시의 특색을 반영한 문화자원 규명·발굴 및 체계 구축	○		
	• 도시문화에 대한 시민들의 인식·활용 및 참여 범위의 확장	○		
	• 문화적 주제를 활용한 지역사회 공동체 개발과 통합			○

	도시문화에 대한 예술적, 철학적 토론의 장 마련			O
	창의성과 혁신을 기반으로 한 도시문화 형성 지원			O
	지역 출신 예술가의 경력과 역량 개발 지원	O		
	도시 내 문화조직의 정비·지원과 개발		O	
	도시공동체 내 문화조직 육성 및 지원		O	
	다양한 문화기획 역량의 개발 및 지원		O	
물리적 환경	장기적인 물리적 문화 인프라 개선			O
	문화를 활용한 도시 경관과 분위기 창조(예: 축제 분위기의 창조 및 유지)	O		
	문화지구의 지정과 개발을 통한 물리적 문화 환경의 집중적 개선	O		
	도시 내 상징적 문화 공간 지정 및 제공	O		
	문화 요소의 연계와 공공 영역의 개선 및 재창조		O	
	공공시설과 서비스와 문화 요소 간의 지속적인 연계		O	
대내외적 교류	문화를 활용한 도시 이미지 제고 및 정체성 강화			O
	문화적 이슈에 대한 메시지 개발 및 전달/홍보	O		
	지역 출신 예술가들 간의 지속적 교류 촉진	O		
	도시 간 문화네트워크 프로그램 개발 및 지원			O
	국내외 문화인력 간의 공동작업 기회 제공	O		
	국내외 문화조직 간의 네트워크 개발 및 지원		O	
	국제적 공공문화 이벤트의 기획 및 실행 (예: 국제적 이슈에 대한 전시나 컨퍼런스)	O		
	국제적 공공문화 교육 프로그램의 기획 및 실행(예: 예술학교 간 교류)		O	
도시 경제	문화프로그램을 통한 대내외적 방문객의 유치 및 성장	O		
	지역적 창조산업의 개발 및 지원			O
	문화이벤트 시장 범위의 지속적 확장		O	
	특화된 문화지구의 지정 및 개발을 통한 도시경제활동 촉진	O		
	도시재생사업과의 연계를 통한 도시 내 경제활동 및 협력 지원		O	
	문화산업 지원 서비스의 지속적인 개선			O

자료: http://ec.europa.eu/programmes/creative-europe에서 필자 재편집.

표 3-4　유럽문화수도들의 주제와 전략방향

연 도	도 시	전략방향	문화수도 주제(또는 목적)
1985	아테네	유럽의 지역적 요소 홍보와 문화적 요소를 공유기반 구축	특정 주제 없음
1986	피렌체	문화프로그램과 문화협력을 통한 도시 부활의 촉매	피렌체의 부활

1987	암스테르담	다양한 유럽 문화의 정체성에 대한 상호 이해 증진	새로운 아이디어로의 미래 비전
1988	베를린	창의성 기반의 혁신을 통한 동·서독 교류의 장 형성	혁신의 도시, 동·서독의 만남, 창의도시
1989	파리	목표설정 부재로 인해 전략방향 모호	프랑스 혁명 200주년의 기념
1990	글래스고	문화도시로서의 발전을 위한 도시 조직의 구축	글래스고우 1990에는 특별한 것이 있다
1991	더블린	유럽문화 속 아일랜드 문화의 위상과 역할 정립과 확대	아일랜드를 유럽으로 유럽을 아일랜드로
1992	마드리드	유럽문화의 중심 거점으로서의 도시 이미지 창출과 전달	마드리드 문화는 유럽의 중심
1993	앤트워프	진정성 있는 예술도시의 구축	예술을 위하여
1994	리스본	새로운 대중들의 문화소비에 대응한 문화교류 확대	리스본, 문화교류의 장
1995	룩셈부르크	문화적 다양성이 공존하는 도시 구현	룩셈부르크, 문화의 다양성이 공존하는 유럽의 도시
1995	니코시아	도시문화에 대한 대외적 이미지 창출 및 전달	유럽의 정신과 니코시아 문화
1996	코펜하겐	문화와 예술에 대한 참여 공동체 형성	봄(역사의 도시), 여름(그린 도시), 가을(새로운 유럽)
1996	페테스부르크	러시아 예술과 외국 예술 교류 기회의 장 마련	유럽문화 속 러시아 예술의 이해
1997	데살로니카	문화 인프라의 지속가능성 확보	문화 인프라 확충
1997	루블리자야	도시 예술인들의 국제적 네트워크 구축	국제적 인지도 제고
1998	스톡홀름	문화를 활용한 도시이미지 제고	역사적, 친환경적, 국제적, 창의적 도시
1998	발레타	도시문화의 다양한 매력 창출	문화적 볼거리의 기획과 제공
1998	린츠	사회적 주제에 대한 문화적 장의 마련	일과 놀이
1999	바이마르	역사·문화 정체성 재해석과 정립 및 문화 인프라 확충	다양한 기념행사 및 문화적 논쟁활성화
1999	플로브디프	문화적 가치의 전달과 문화교류의 기회 제공	불가리아 문화의 우수성과 의미 홍보
2000	브뤼셀	예술가들의 전 세계적 교류와 통합을 통한 문화공동체 형성	국경을 초월하는 예술가들의 자유로운 교류와 사회통합
2000	아비뇽	지역의 예술적 창조성 고취 및 문화도시 이미지 정립	아비뇽, 영원한 쇼, 예술과 창조성
2000	산티아고	순례지 이상의 도시이미지 구축과 위상 확립	역사가 넘치는 이상적인 도시
2000	크라코프	유럽문화의 발상과 유산의 전달 및 교류	폴란드 문화중심지 이미지 홍보와 장기적 문화발전
2000	헬싱키	다양한 교류를 통한 지속가능한 문화 네트워크 구축	시민들의 삶의 질 향상, 혁신과 창의성 제고

2000	프라하	문화를 활용한 도시 이미지 영역의 확대	문화·역사·교육에서 경제·금융 도시로의 이미지 확대
2000	레이카비크	문화프로그램을 활용한 축제분위기 형성	대내외적 차원에서 문화적 다양성 증진
2000	볼로냐	문화를 활용한 대외적 이미지 강화	커뮤니케이션
2000	베르겐	축제분위기 고취 및 문화이벤트 활성화	도시의 대외적 인지도 향상
2001	포르투	도시문화에 대한 관심과 참여 촉진	새로운 문화 열풍과 자긍심 고취
2001	로테르담	도시문화를 활용한 사회적 통합 달성	로테르담은 많은 도시를 담고 있다
2001	바젤	도시문화에 대한 대외적 이미지 제고와 시민 참여 촉진	시민들의 문화에 대한 관심 및 축제분위기 고양
2001	리가	국제적 차원의 문화적 협력 강화	비상업적 문화 및 예술 프로젝트 증진
2002	브뤼헤	문화도시로서의 위상 제고	문화 인프라 시설 확충
2002	살라망카	문화관광도시로서의 진정성 구축	현재 예술과 전통 이미지의 조화
2003	그라츠	도시문화에 대한 대내외적 위상 제고	누가 상상이나 했겠어? 지역에 대한 자긍심 강화
2003	페테스부르크	문화적 협력 관계의 강화	문화적 다양성 홍보, 그라츠와 협력관계강화
2004	릴	문화에 대한 시민들의 경험 확장과 참여 및 교류 촉진	새로운 도시로의 변화에 동참(metamorphosis)
2004	제노아	도시재생 프로그램과 도시문화와의 연계	여행: 제노아의 풍부하고 다양한 문화적 표현 발견
2005	코크	도시의 창조성 발굴 및 전달	아이디어를 향한 부름
2006	파트라	다양한 도시문화 간의 연계와 교류 활성화	연계(Bridges)와 대화(Dialogues)
2007	룩셈부르크	유럽문화 공유를 기반으로 한 지역문화의 개성 창출	이주(migration), 유럽의 미래를 밝혀줄 역사적 장소
2007	시비우	유럽 규모의 문화적 협동, 주제와 쟁점 발굴 및 전달	문화가 있는 도시 - 다양한 문화가 공존하는 도시
2008	리버풀	문화공동체 프로그램을 통해 사회적 소통과 이해	전 세계를 리버풀에!
2008	스타방에르	해외국가와의 소통을 통한 긴밀한 문화 협력관계 형성	열린 항구(open port)
2009	린츠	도시만의 차별화된 독창적인 문화적 정체성 확립	도시의 과거와 현재 그리고 미래의 정체성
2009	빌니우스	문화교육의 대내외적 거점과 교류지점으로서의 기반 구축	활력이 있는 유럽의 지리적 중심

자료: 윤석원, 2009, "Shaping European Identity Through Cultural Policy of the European Union," 고려대학교 석사논문, pp. 191-208.

5) 문화도시전략 체계

개별 문화수도들의 전략방향과 핵심프로그램 전략들에 대한 전체적인 검토와 분석 결과를 기반으로 유럽문화수도들의 문화도시전략에 대한 관점들을 도출하였다. 비록 문화수도들이 다양한 비전과 목표 및 프로그램 전략들을 제시하고 있지만 전체적 맥락에서 문화도시 전략에 대해 네 가지 전략적 관점으로 이해할 수 있었다. 그 내용은 다음과 같다.

첫째, 유럽문화수도들은 문화도시전략을 통해 도시의 역사와 다양한 문화자원들을 재해석하거나 활용하려는 시도를 하고 있다는 점이다. 이는 궁극적으로 도시의 문화정체성 재창조를 전략적 관점의 기초로 하고 있음을 암시한다. 즉 기존에 형성된 문화정체성을 지속적으로 재창조하는 노력을 통해 진정성 있는 도시문화를 유지해 가려는 노력을 경주하고 있다. 둘째, 문화를 적극적으로 활용할 수 있는 물리적 도시 환경 개선의 지속적인 효과를 고려하기 위해 장기적 접근에 기초한 문화적 환경 기반의 공공성 향상에 집중하고 있다는 점이다. 이는 도시 환경의 문화적 지속가능성 확보에 대해 전략적으로 접근하고 있음을 시사한다. 셋째, 도시 내 문화프로그램의 활성화를 위해 인적 교류 활성화와 네트워크 구축에 집중하고 있다는 점에서 문화 공동체의 형성 및 유지가 문화도시 전략의 중요한 전략적 관점임을 이해할 수 있었다. 끝으로 다양한 도시 내 문화 기능들의 연계를 촉진하고 역동적인 문화 활동을 촉진시켜 경제적 성과를 달성하려는 노력을 하고 있다는 점에서 도시의 경제적 활력 저하에 대해 대응하고자 하는 전략적 관점을 보여주고 있다.

요약하면 유럽문화수도들을 통해 도시의 문화정체성 재창조, 문화 환경 기반조성, 문화 공동체 형성 및 유지, 문화를 활용한 도시경제 활성화 등의 네 가지가 도시문화에 대한 전략적 관점이라는 점을 이해할 수 있었다. 그리고 이런 네 가지 전략적 관점하에 핵심프로그램 전략들을 보다 체계적으로 분석한 결과 유럽문화수도들은 프로그램 전략들을 구체화하기 위해 세 가지 단계적 차원에서 전략을 수립하는 경향이 있다는 점을 이해할 수 있었다.

세 가지 단계적 차원은 첫째, 핵심전략을 실행하는 데 필요한 기초자원들을 어떻게 발굴 및 규명하고 활용할 것인지에 대한 문화자원과 기회에 대한 해석의 차원이다. 둘째, 이런 해석을 바탕으로 문화수도 프로그램의 활성화를 위한 교류 촉진과 네트워크 구축을 위한 지역 문화에 대한 이해 증진 및 공유의 차원이다. 셋째, 문화도시 전략의 실행력과 구체성을 확보하기 위한 문화 활동 실행기반구축의 차원이다. 즉 다양한 문화시설, 공간 및 서비스, 네트워크 기반의 구축을 통해 도시의 재생과 경제적 활성화를 도모하고 더 나아가 문화생활의 안정적 기반을 확보하고자 하는 것이다. 이런 전략차원에 대한 단계적 접근은 문화도시전략의 실행가능성과 효율성을 확보하기 위한 것이다.

끝으로 위에서 도출한 문화도시전략의 관점을 기반으로 문화도시의 기본목표와 핵심전략을 정립하였다. 또한 선정한 핵심전략을 기반으로 단계적 전략차원별로 기본전략을 정립하였다. 제시한 전략 차원별 기본전략들은 유럽문화수도들의 지역적 프로그램전략들의 분석을 토대로 일반화한 것이다. 즉 도시들의 다양한 문화도시 관련 현안들을 포괄할 수 있도록 보편성을 고려하여 구성한 것이다.

03 도시마케팅과 도시문화

1) 도시마케팅의 개념과 진화

도시마케팅의 개념을 이해하기 위해서는 도시마케팅이 마케팅의 특수한 형태라는 전제에서 출발해야 한다. 즉, 마케팅의 기본적인 개념에 대한 이해를 토대로 도시라는 특별한 대상의 특성을 고려한 개념적 이해가 필요하다. 이에 우선 마케팅에 대한 정의와 개념을 살펴보면, 전통적으로 미국마케팅협회(American Marketing Association, 이하 AMA)의 정의를 일반적으로 활용해 왔다. 1985년 AMA의 정의에 따르면 마케팅은 개인 또는 조직의 목표를 만족시키는 교환(exchange)을 창출하기 위한 아이디어, 제품, 서비스의 개념화, 가격화, 촉진, 분배에 관련된 계획과 집행 과정을 의미한다. 즉, 교환과 4P's[2) 중심으로 정의되었다. 그러나 위의 정의는 신속하고 다양하게 변화하는 현대 시장에 대응하기에는 미흡하다는 개념적 한계에 대한 학자들의 지적과 비판을 받아 왔다. 즉, 실무에서 적용되고 있던 마케팅에 대한 광의의 다양한 해석과 활동을 포함하지 못하고 있다는 비판을 받아 왔다. 이에 AMA는 2004년 마케팅은 고객에게 가치(value)를 창조하고, 커뮤니케이션(communication)하고, 전달하며 조직과 이해관계자들(stakeholders)에게 이익을 주는 방향으로 고객과의 관계(customer relationships)를 관리하는 조직의 기능이자 과정이라고 새롭게 정의하였다. 이는 마케팅을 경제적 교환 중심의 관점이 아닌 다양한 가치 창조, 전달, 관리 중심으로 해석함으로써 마케팅의 다양한 측면을 통합적으로 포괄하려는 시도였다. 이런 AMA의 마케팅에 대한 정의의 변화에서 볼 수 있듯이 마케팅의 개념은 시장의 변화에 따라 지속적으로 진화해 왔다고 볼 수 있다. 즉, 초기의 경제적 관점 위주의 개념에서 현대 시장의 사회·문화적인 관점까지 포괄하는 개념으로 진화해 왔다. 이런 과정은 도시마케팅의 진화과정 속에서도 찾아볼 수 있다. 이런 과정은 카바라치스(Kavaratzis, 2007)의 연구에서 찾아볼 수 있다. 이 연구는 현재까지의 도시마케팅 진화과정을 3단계로 구분하여 제시하였다. [표 3−5]는 이런 도시마케팅의 진화과정에 대해 보여준다. 그 진화과정을 구체적으로 살펴보면, 첫 번째는 단기적 판촉활동 중심의 도시마케팅 단계이다. 즉 도시의 단기적 현안 해결을 위한 개별적인 판촉활동 중심으로 도시마케팅이 진행되었다. 구체적으로 도시의 단기적 산업 경기 촉진을 위한 공장유치, 도시 주변으로의 개발 확장을 위한 단기판촉, 관광리조트나 교외거주지 등 도시 내 다양한 기능의 활성화를 위한 판촉, 산업자본의 유치를 위한 판촉, 관광 활성화를 위한 도시의 특성 판촉 등 통합적이고 장기적 관점의 도시마케팅이 아닌 도시의 개별적 목표와 과제에 대응하는 단기적 사업이나 정책 중심의 도시마케팅 활동이 주로 행해졌다.

두 번째는 도시마케팅 믹스 중심의 도시마케팅 단계이다. 이 단계에서는 이전 단계에 비해 보다 통합적이고 장기적인 관점에서의 도시마케팅 활동을 찾아볼 수 있다. 즉 표적마케팅 기법 등을 활용한 도시의 잠재적 수요를 규명하는 전문적인 마케팅 기법들을 활용함으로써 도시의 다양한 목적을 통합적으로 고려한 도시마케팅 활동이 수행되었다. 이런 기법은 유망산업의 유치를 통한 산업의 활성화를 위한 다양한 도시마케팅 활동에서 찾아 볼 수 있다. 또한 도시 광고의 차별화를 통한 도시이미지의 전환이나 긍정적 이미지 창출에도 관심을 기울였다. 그러나 이 단계의 도시마케팅을 통한 도시이미지 전략들은 도시이미지 자체와 이미지의 개발에만 초점이 맞추어져 있어 도시이미지의 수용자에 대한 체계적인 고려는 부족하였다. 한편 도시의 장기적 비전을 반영한 투자와 관광 활성화, 일자리 창출을 위한 도시마케팅 전략이 수립되었다. 그리고 시민의 의사들이 반영되기 시작하였다. 무엇보다 도시의 쇠퇴한 지역을 활성화하여 잠재적 기회로 활용하는 탈산업도시적 마케팅 활동이 수행되었다.

　세 번째는 도시의 가치 전달 및 관계 중심의 도시마케팅 단계이다. 이 단계는 도시이미지의 강화와 도시브랜딩의 활용이라는 두 가지 경향으로 구분하여 살펴 볼 수 있다. 우선 도시이미지의 강화 측면에서는 이전의 도시이미지 자체와 개발에 초점을 맞춘 전달자 중심의 도시마케팅 활동의 한계를 극복하기 위해 도시이미지의 수용자에 초점을 맞춘, 즉 이미지의 내용과 어떻게 이미지가 수용되는지에 대한 체계적인 접근 기반의 일관적·지속적인 도시이미지 강화 전략이 수립되고 실행되었다. 이는 기존의 지역 사업체와 시민들의 참여를 유도하여 일방향적인 도시이미지의 창출이 아닌 쌍방향의 도시이미지 관리 체계를 형성함으로써 장기적인 도시이미지의 대외적 차별화를 모색하기 위한 것이다. 다음으로 도시브랜딩의 활용 측면에서는 도시에 대한 정서적, 심리적 연상의 창출 및 관리를 강조함으로써 이전 도시마케팅의 기능적 접근에 의한 한계를 극복하려고 시도하였다. 즉 도시 경관 창조, 인프라 개선, 조직 관리 및 행동, 다양한 판촉 체계 등 모든 마케팅 수단의 활용에 도시브랜딩의 개념과 방법을 적용함으로써 도시마케팅 활동을 통해 도시 가치의 전달 및 공유 과정을 형성하여 도시와 관련된 다양한 주체들과 관계를 구축하려고 시도하였다. 이는 궁극적으로 도시마케팅의 커뮤니케이션 측면을 강조하고 도시브랜딩을 활용함으로써 도시마케팅 활동의 지속성과 실질적 효과를 담보하기 위한 것이다.

　이런 세 단계의 진화과정을 통해 현재 도시마케팅은 경제적 교환 중심의 관점에서 사회적·문화적 가치를 포함한 다양한 도시의 가치들을 규명하고 전달·공유하는 커뮤니케이션 중심의 관점으로 진화해 왔음을 알 수 있다. 또한 커뮤니케이션 중심 도시마케팅 활동의 핵심적·실천적 수단으로서 도시브랜딩이 대두되었다는 점을 알 수 있다. 즉 도시브랜딩은 현재 도시마케팅의 진화 과정 속에서 전략적 역할을 담당하기 시작하였고 향후 그 역할과 활용의 범위 및 방법이 보다 넓어지고 다양해질 것으로 사료된다.

　위에서 논의한 마케팅 개념과 도시마케팅의 진화과정에 대한 고찰을 기반

표 3-5 도시마케팅의 진화 과정

단 계	경 향	목 표	특 징	논 자
(1단계) 단기적 판촉 중심	공장유치	제조업 일자리 창출	목표단순/기업유치보조금/운영경비의 저렴함을 판촉	Bailey (1989)
	개발확장	도시주변으로의 개발 확장을 통한 경제적 이익 창출	단기간에 넓은 가용 토지 개발	Ward (1998)
	도시기능 다양화	유형의 상품 판매 개발 및 촉진을 통한 경제적 활력 창조	특정 도시기능의 분화 진행 관광리조트, 교외거주지 판촉	Ward (1998)
	산업도시 판매	산업투자 유치를 통한 산업 활성화	산업자본 유치를 위한 판촉, 인센티브 중심/도시지역 시스템의 한계지역에 국한	Ward (1998)
	도시판매	기존 도시의 특성 판촉을 통한 도시경제 활성화	도시 개성의 단순한 판촉	Barke (1999)
(2단계) 도시 마케팅 믹스 중심	표적 마케팅	특정 유망산업의 유치를 통한 산업 활성화	다양한 목적/마케팅의 전문화/물리적 기반구조 개선/민관협력 장려	Bailey (1989)
	도시 광고	부정적 이미지 변화와 호의적 이미지 강화	단순한 광고/이미지 자체와 누가 이미지를 창출하는가가 중요	Barke (1999)
	도시 마케팅	투자와 관광객 유치를 통한 경제 활성화	광고의 수준을 넘어섬/특징적 대규모 이벤트, 높은 수준의 건조 환경 개발/주민의견 반영	Barke (1999)
	제품개발	미래의 직업 유치	클러스터 구축/공사파트너십 강화/삶의 질 강조	Bailey (1989)
	탈산업도시 판매	도시재생을 통한 잠재적 부의 창출	심화되는 경쟁에 대한 창의적 대응	Ward (1998)
(3단계) 가치 전달 및 관계 중심	도시 이미지 강화	기존의 지역 사업체와 주민 요구 만족 및 대외적 이미지의 차별화	이미지의 내용이 중요/누가 어떻게 이미지를 소비하는가가 중요	Barke (1999)
	도시 브랜딩 활용	도시에 대한 정서적, 심리적 연상의 창출 및 관리	광범위한 마케팅 개입(경관, 인프라, 조직, 행동, 판촉 등)/모든 마케팅 수단에서 커뮤니케이션 측면 강조	Kavaratzis (2004)

자료: 박근철, 2011, "도시브랜드 이미지 제고를 위한 도시브랜딩 체계에 관한 연구," 고려대학교 석사논문,
     p. 9.

으로 도시마케팅의 개념을 새롭게 정의하면, 도시마케팅은 도시의 잠재적 가치를 규명하여 핵심가치를 창조하고 전달하며, 대중과 커뮤니케이션함으로써 도시와 관련된 다양한 활동 주체들과 관계를 구축하고 관리하는 과정이라고 할 수 있다. 그리고 이런 도시마케팅 과정 속에서 도시브랜딩은 전략적·실천적 수단으로서 핵심적 역할을 담당하고 있다.

2) 도시마케팅의 한계와 도시문화

앞에서 논의한 도시마케팅의 진화과정은 도시마케팅의 한계들에 대해 고찰할 수 있는 기회를 제공한다. 이런 도시마케팅의 진화과정에 대한 고찰을 통해 도출한 도시마케팅의 한계는 다음과 같다.

(1) 도시정체성의 획일화

단기적 판촉 활동 중심의 도시마케팅은 근본적으로 도시의 경제 활성화가 주요한 목표였다. 이는 1970년대의 경기 불황과 산업 구조의 변화에 대응하기 위한 단기적·개별적 노력의 일환으로서 도시마케팅이 활용되었음을 의미한다. 그러나 이런 개별 사업이나 정책 중심의 도시마케팅 활동은 도시의 독특한 문화적 속성과 가치들을 무시한 도시 간 경쟁에 적응하기 위한 단기적 처방이었다. 이는 도시의 다양한 속성들과 독특한 가치들을 반영한 개성적인 도시정체성의 해석과 정립보다는 도시정체성을 도시의 경제적 활성화를 위한 일반적인 속성 중심으로 해석함으로써 경쟁 도시 간의 차별적 우위를 확보하지 못하는 모순에 처하게 되었다. 즉 독특한 도시정체성의 확립을 통한 차별적 경쟁 우위의 확보를 목표로 하는 도시마케팅 활동들이 오히려 그 활동의 경제적 성과에만 초점이 맞추어져 일반화되는 경향을 보이게 되었다. 즉 도시만의 독특한 문화적 속성들과 가치들을 경제적 가치로 전환하는 과정 중심의 도시마케팅 활동이 아닌 오히려 경제적 가치 창출에만 집착하는 단기적 접근 중심의 도시마케팅 활동은 도시정체성의 획일화라는 결과를 양산했다.

(2) 도시이미지의 진정성 결여

차별적·긍정적 도시이미지의 창출과 관리는 도시에 대한 통합적 이해를 바탕으로 한 도시마케팅 활동의 핵심 과제로 대두되었다. 즉, 이는 도시마케팅 믹스 중심의 도시마케팅 단계에서 중요한 화두였다. 그러나 도시이미지에 대한 전달자 중심의 해석과 관리는 궁극적으로 도시이미지를 형성하는 다양한 도시 활동 주체들, 즉 도시이미지의 수용자들에 대한 체계적 접근이 부족하였다. 또한 수용자들의 능동적인 참여가 결여된 전문적 마케팅 기법들을 활용한 도시마케팅 활동에 의한 도시이미지의 창출은 오히려 수용자들과 도시이미지 간의 긴장을 조성하였다. 결국 도시이미지를 통한 전달자와 수용자들 간의 관계 구축에 실패함으로써 도시이미지에 대한 진정성을 확보하는 데 한계를 드러냈다. 궁극적으로 신뢰를 형성할 만한 도시문화의 형성에 실패하였다.

(3) 도시마케팅 활동의 지속성 확보의 한계

경제적 교환과 단기적 판촉 중심의 도시마케팅 활동은 시장의 경제적 상황에 민감하게 반응하기에 기본적으로 활동의 지속성을 보장하기가 어렵다. 특히 도시는 다양하고 복합적인 대내외적 상황에 노출되어 있기에 도시마케팅 활동의 지속성을 확보하기 어려운 경우가 많다. 이런 경향은 대다수 도시들의 도시마케팅 초기 단계에서 드러나는 한계였다. 즉 도시마케팅 활동에 의해 전달된 도시정체성이나 도시이미지들이 도시가 처한 다양한 상황과 현안들에 의해 수정되거나 사라지면서 도시마케팅 활동에 대한 신뢰의 부재로 이어졌다. 결국 도시마케팅 활동의 효과에 대한 의문이 제기되는 상황에까지 이르게 되었다.

(4) 도시마케팅의 한계를 극복하기 위한 문화전략의 필요성

지금까지 언급한 세 가지 도시마케팅의 한계를 통해 문화도시전략의 필요성을 보다 구체적으로 고찰하면, 우선 획일화된 도시정체성의 재해석을 위한 전략적 수단으로서 도시문화에 대한 관심이 증대되었다. 즉 도시의 다양하고 복합적인 문화적 속성들과 독특한 가치들을 해석하고 잠재적 기회요소를 활용하기 위한 실천 수단으로서 문화도시전략의 필요성이 대두되었다. 또한 이는 도시정체성의 개발을 통해 도시의 개성적인 핵심 가치를 담아내고 전달·공유하는 도시문화형성의 중요성에 대한 공감대를 형성하였다.

다음으로 도시이미지 제고의 관점에서 도시이미지의 진정성 확보를 위한 커뮤니케이션 무대로서 도시문화의 중요성이 대두되었다. 즉 도시이미지의 창출과 전달 및 공유와 피드백까지의 과정 속에서 문화도시전략의 통합적 체계 구축의 필요성이 대두되었다. 결국 이는 차별적·긍정적 도시문화 조성과 관리를 위해 체계적인 문화도시전략의 필요성과 도시이미지와 수용자들 간의 관계 구축 과정으로서의 도시문화의 형성을 바라볼 필요가 있다는 점을 상기시켰다.

끝으로 도시마케팅 활동의 지속성 확보의 관점에서 도시마케팅 활동의 신뢰를 창출하는 실천의 장으로서 도시문화가 주요 관심의 대상이 되었다. 즉, 경제적 교환 중심이 아닌 관계 중심의 커뮤니케이션 무대로서 도시문화의 형성은 도시마케팅 활동에 대한 신뢰 구축의 핵심 과정으로 인식되었다. 또한 이를 활용한 지속적인 문화도시전략의 수립과 실행은 도시가 처한 다양한 상황과 변화에 대응하는 필수적인 과정으로서 장기적인 경제적·사회문화적 효과를 창출 및 유지하는 과정으로 그 필요성을 인정받게 되었다.

지금까지 도시마케팅의 개념 및 진화과정과 이를 통해 도출된 도시마케팅의 한계와 그에 따른 도시문화 형성과 체계적 문화도시전략의 필요성을 살펴보았다. 이는 도시문화에 대한 통시적 맥락에서의 이해를 위한 것이었다. 다음 절에서는 도시문화 형성과 문화도시전략의 핵심 수단인 도시브랜드의 기능들을 고찰해 봄으로써 도시문화와 도시브랜드에 대한 구체적이고 체계적인 이해를 위한 기초를 마련하고자 한다.

제**2**절
도시브랜드

Understanding the City

01 도시브랜드의 개념과 필요성

1) 도시브랜드의 필요성

도시브랜드의 필요성이 대두된 배경에 대해서는 크게 세 가지 차원에서 살펴볼 수 있다. 첫째는 도시 패러다임의 변화로 인한 새로운 전략적 수단의 필요성에 관한 것이다. 즉, 21세기 들어 세계화, 정보화 등의 다양한 사회변화의 흐름은 도시에 대한 기존의 관점에도 영향을 미쳤으며 이런 영향에 의해 도시는 다양한 사회적 변화와 요구에 대응할 수 있는 정치, 경제, 사회, 문화적 주요 단위로서 부각되었다. 또한 변화로 인한 새로운 사회의 도래는 도시의 생활양식, 문화 등의 질적 매력과 네트워크 역량 등을 강조하는 도시경쟁의 새로운 국면을 마련하였다. 이와 함께 도시민들의 능동적 참여와 거버넌스를 강조하는 도시행정 패러다임이 대두되었다. 이런 패러다임의 변화는 도시를 관리하기 위한 새로운 전략적 수단에 대한 필요성을 제기하였으며 이런 전략적 수단에 대한 탐색과정에서 도시브랜드가 주목을 받게 되었다.

둘째, 기존 도시마케팅의 한계를 극복하기 위한 실천적 수단의 필요성에 관한 것이다. 즉, 기존의 도시마케팅이 도시의 독특한 정체성을 모호하게 만들고 심지어 동질화 시켜버린다는 비판과 한계를 극복하기 위해 새로운 수단에 대한 필요성이 대두되었다. 이에 도시의 핵심적 정체성을 관리 또는 개발하기 위한 실천적 수단으로서 도시브랜드가 주목을 받게 되었다.

끝으로 도시의 핵심가치를 전달하고 공유하기 위한 전략적 커뮤니케이션 수단의 필요성에 관한 것이다. 즉, 도시 정체성의 개발 및 관리를 위해 도시가 지닌 핵심 가치 전달이 중요하다는 인식이 대두되면서 해당 도시만의 정체성을 간직한 일관적인 메시지의 창출, 지속적인 전달 및 공유를 통한 커뮤니케이션 과정이 필요하다는 점에 공감대가 형성되었으며, 이와 함께 해당 도시의 독특한 문화적 상징체계를 형성하는 도시브랜드 정체성 개발 과정이 중요하다는 인식이 대두되었다. 결과적으로 도시의 철학과 비전 공유를 통한 지속적이고 장기적인 커뮤니케이션은 도시 무형 자산 축적의 핵심 과정이며 핵심적인 도시 무형 자산으로서 도시브랜드가 주목을 받게 되었다.

이러한 도시브랜드의 필요성은 궁극적으로 도시경쟁의 시대에 생존하기 위한 새로운 가치창조의 수단으로서 도시브랜드가 중요하며 핵심 가치의 창조와 전달 및 공유를 위해 전략적 커뮤니케이션 과정이 중요하다는 점을 시사한다.

2) 도시브랜드의 개념

도시브랜드를 개발하고 관리한다는 것은 핵심 목표대상에 대해 차별적이고 강력한 호소력을 갖는 도시에 대한 장기적 비전을 개발하고 관리하는 전략적 과정을 의미한다. 즉 커뮤니케이션 과정 속에서 도시브랜드는 단순히 로고, 심볼, 슬로건이 아닌 도시의 핵심 가치를 공유하는 전략적 도구이다. 도시의 핵심가치는 도시브랜드라는 전략적 도구를 통해 하나의 전략적 메시지로서 수용자들에게 전달 및 공유된다. 보다 구체적으로 이 과정을 살펴보면 우선 도시의 핵심가치를 담은 용기로서 도시브랜드 정체성이 개발되어야 하며 이런 정체성은 메시지로서 다양한 전략적 수단을 통해 수용자에게 전달된다. 그리고 수용자들은 도시브랜드에 대한 이미지를 형성한다. 그리고 이렇게 형성된 도시브랜드 이미지는 일관적이고 지속적인 커뮤니케이션 과정을 통해 견고해진다. 또한 지속적으로 도시브랜드 정체성에 대한 수정과 보완을 요구하며 도시브랜드를 진화시킨다. 이런 관점에서 도시브랜드의 개발과 관리는 도시브랜드의 정체성 개발에서부터 도시브랜드 커뮤니케이션 과정을 통한 도시브랜드 이미지의 형성 및 진화를 통한 관계 구축까지를 포괄하는 과정이라고 할 수 있다.

02 도시브랜드 관점과 기능

브랜드는 현대 사회에서 주요 개념으로 부상했으며, 일상생활, 경제, 사회, 문화 등의 분야에서 다양한 장애를 극복하며 자리를 잡아가고 있다. 이런 브랜드의 투과성은 브랜드에 대한 다양한 관점의 분석을 요구한다. 즉, 경영학, 경제학, 사회학, 역사학, 기호학 그리고 철학 등에 의한 다양한 분석은 브랜드를 바라보는 통합적 관점을 현대사회에 요구하고 있다. 즉, 다양한 브랜드 관점들과 이에 따른 기능들에 대해 이해할 필요가 있다. 그리고 이런 다양한 브랜드 관점에 따라 도시브랜드의 개념적 기능들에 대해 유추해 볼 필요가 있다. 이런 과정을 통해 도시브랜드 역시 다양한 관점에서 논의될 수 있으며 도시브랜드에 대한 단편적 접근이 아닌 통합적 접근을 요하고 있음을 이해할 수 있다. 즉, 도시브랜드에 대한 통합적 관점과 이를 반영한 기능에 대한 이해가 중요하다.

표 3-6 도시브랜드의 기능

도시브랜드 관점	도시브랜드의 기능
표식	도시 내 생산되는 제품과 서비스, 공간을 대표하는 러브마크
시각적 상징	도시의 정체성을 전달·공유하는 시각적 상징 도구
조직 관리	도시의 이미지, 문화 등을 활용한 브랜드 프로그램을 통해 지속적인 메시지 전달
기억의 단서	도시의 질적 정보에 대한 연상 창출 및 선택 촉진
위험감소자	도시브랜드의 수용자에게 심리적 안정과 기대 제공
정체성 체계	도시의 복합적 성격을 통합적으로 반영할 수 있는 브랜드 정체성 정립
이미지	긍정적/차별적 이미지의 지속적인 피드백에 의한 도시 활동 자극
가치 체계	거주자와 방문객 등 도시 활동 주체들이 추구하는 가치 규명 및 창출
개성	도시브랜드 커뮤니케이션을 통해 도시의 개성을 반영한 상징적 차별화
관계	도시 활동 주체들과의 관계구축 수단
부가가치	도시의 잠재적 속성을 극대화하여 부가가치 창출
진화하는 실체	도시의 다양성을 수용하는 도시브랜드의 성장과 진화

자료: 박근철, 2011, "도시브랜드 이미지 제고를 위한 도시브랜딩 체계에 관한 연구," 고려대학교 석사논문, p. 21.

본서에서는 브랜드 관점에 대해 이해하기 위해 샤나토니와 달(Chernatony and Dall, 1998)의 연구를 활용하였다. 샤나토니와 달은 학계와 실무에서 논의되는 브랜드의 유형적, 무형적 구성요소들에 대한 다양한 관점들을 분석하여 제시하였다. 제시한 브랜드 관점은 표식, 시각적 상징, 조직 관리, 기억의 단서, 위험감소자, 정체성 시스템, 소비자 마음 속의 이미지, 가치시스템, 개성, 관계, 부가가치, 진화하는 실체이며 이런 관점들을 토대로 도시브랜드의 기능들에 대해 유추해 보면 [표 3-6]과 같다.

03   기능별 도시브랜드 사례

1) '표식'으로서의 도시브랜드

도시브랜드는 기본적으로 도시 내 생산되는 제품과 서비스, 공간, 장소를 표기하는 표식으로서 활용된다. 이는 브랜드가 지닌 권리침해에 대한 법적 소유권으로서의 기능, 즉 제도적 보호 장치로서의 기능을 도시브랜드 역시 포함하고 있다고 볼 수 있다. 그러나 도시브랜드는 이런 법적·제도적 기능으로 인한 경제적 이익의 보호 및 창출보다는 도시의 자산과 활동을 대표하는 공공적인 표식으로서의 기능이 더 중요하다. 즉, 도시를 대표하는 표식으로서 도시 활동 주체들에

그림 3-1   국내 도시브랜드(B·I) 예시

자료: 필자 편집.

게 도시의 핵심가치를 전달하고 공유하는 러브마크로서의 기능이 보다 중요하
다. 앞서 [그림 3-1]은 국내 도시브랜드(B·I)들에 대한 예시이다. 이런 도시브랜
드(B·I)들이 러브마크로서 기능하고 있는지에 대해서는 보다 장기적인 관점에서
지속적인 평가와 피드백을 필요로 한다.

2) '시각적 상징'으로서의 도시브랜드

도시 간 경쟁이 심화됨으로써 도시경쟁력 강화를 위한 차별화는 중요하다.
이를 위해 차별화를 위한 도시의 특성을 전달하는 도구로서 도시브랜드의 시각
적 특성 또한 중요하다. 즉, 도시브랜드의 시각적 구성요소들을 활용한 시각적
정체성을 확보해야 한다. 궁극적으로 도시브랜드는 도시의 정체성을 담아내고
전달 및 공유하는 시각적 상징 도구로서 기능해야 한다. 아래의 [그림 3-2]는
인천의 도시브랜드(B·I)의 시각적 정체성과 구성요소를 보여준다. 인천의 경우
단어 'FLY'와 레드, 블루, 그린의 세 가지 색을 도시브랜드(B·I)의 시각적 구성요

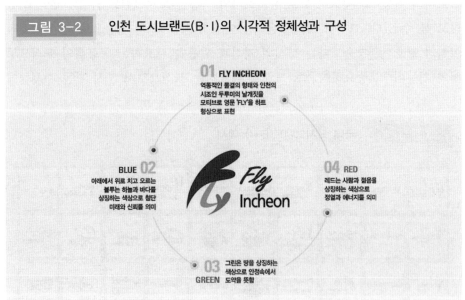

그림 3-2 　인천 도시브랜드(B·I)의 시각적 정체성과 구성

자료: 박근철, 2011, "도시브랜드 이미지 제고를 위한 도시브랜딩 체계에 관한 연구," 고려대학교 석사논문,
　　p. 52.

소로 활용하고 있으며 각각의 구성요소에 인천의 미래 가치를 담아내고 있다. 이러한 구성을 통해 체계적인 시각적 정체성을 보여주고 있다.

3) '조직관리' 수단으로서의 도시브랜드

도시 내 활동의 주체인 시민들의 참여를 장려하고 도시 내 다양한 조직 네트워크 구축을 통한 거버넌스의 활성화는 새로운 도시패러다임으로 대두되었다. 도시브랜드는 이러한 도시패러다임에 대응하기 위한 능동적 수단으로 활용될 수 있다. 즉, 도시의 이미지, 문화 등을 활용한 다양한 도시브랜드 프로그램[3]들을 개발하여 지속적인 메시지를 전달하는 도시브랜드 활동은 도시의 다양한 활동 주체들의 참여와 네트워크 형성을 촉진함으로써 새로운 도시패러다임에 적합한 도시조직 형성과 관리를 가능하게 한다. 궁극적으로 도시브랜드는 도시 내 거버넌스 활성화의 실천적 수단으로 기능한다. [그림 3-3]은 스위스 바젤의 도시브랜드 조직 거버넌스 체계를 도식화한 것이다. 바젤의 경우 'Art Basel'이라는 도시브랜드 프로그램의 실행을 위해 도시의 다양한 이해관계자들 간의 협력 체계를 구축하여 일관성 있는 프로그램을 운영하고 있다.

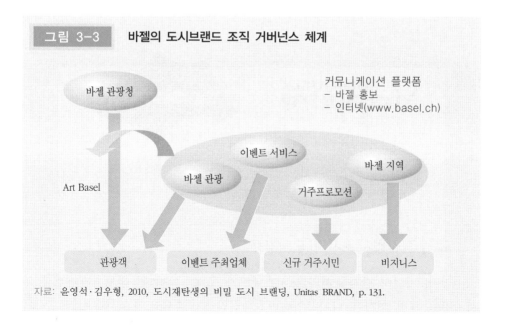

그림 3-3 **바젤의 도시브랜드 조직 거버넌스 체계**

커뮤니케이션 플랫폼
- 바젤 홍보
- 인터넷(www.basel.ch)

바젤 관광청

이벤트 서비스

바젤 관광

바젤 지역

거주프로모션

Art Basel

관광객 　이벤트 주최업체　신규 거주시민　비지니스

자료: 윤영석·김우형, 2010, 도시재탄생의 비밀 도시 브랜딩, Unitas BRAND, p. 131.

4) '기억의 단서'로서의 도시브랜드

도시 활동 주체들에게 도시의 핵심 가치를 담은 함축적인 정보의 각인은 도시브랜드의 기본적 기능이다. 즉, 도시브랜드는 도시의 질적 정보에 대한 핵심 연상을 담아내는 용기로서 기능한다. 이는 도시와 관련된 정보처리과정과 의사결정의 편의를 도모함으로써 도시의 다양한 속성들에 대한 접근과 이해를 수월하게 한다. 즉, 도시와 관련된 활동 주체들의 선택과 결정을 촉진하는 단서로서 작용한다. 이는 도시브랜드가 치열한 도시 간 경쟁 속에서 차별적 경쟁 우위를 확보할 수 있는 첨병으로서 기능할 수 있다는 점을 의미한다. 예를 들어 싱가포르의 경우 'Uniquely Singpore'라는 도시브랜드(B·I) 개발을 통해 방문객들에게 '독특한 도시'라는 연상을 각인시키는 데 성공했으며 현재 'YourSingapore'라는 하위 도시브랜드(B·I) 개발을 통해 '독특한 도시'라는 연상에 '체험'이라는 연상을 추가하려는 노력을 하고 있다. 즉 '독특한 체험의 도시'라는 연상을 창출하기 위한 노력을 하고 있다(그림 3-4).

그림 3-4 **싱가포르의 도시브랜드(B·I)**

자료: http://www.fsvi.cn/bolg/13656.html

5) '위험감소자'로서의 도시브랜드

앞서 '기억의 단서'로서의 도시브랜드가 도시와 관련된 정보처리과정과 의사결정의 첨병 역할을 담당하였다면, '위험감소자'로서의 도시브랜드는 도시와

그림 3-5	뉴욕의 도시브랜드(B·I)

자료: http://www.underconsideration.com/brandnew/archives

관련된 정보처리와 의사결정 시 심리적 안정과 기대를 제공하는 역할을 한다. 즉, 도시와 관련된 의사결정과 선택 시 작용하는 장애를 제거하거나 완화시킴으로서 도시에 대한 긍정적·안정적 이미지의 형성을 가능하게 한다. 궁극적으로 도시브랜드는 수용자들이 해당 도시에 대해 지각하고 있는 위협 요인과 장애 요인들에 대한 인식을 긍정적으로 변화시킴으로써 도시의 핵심가치 전달을 용이하게 한다. 도시브랜드의 '위험감소자'로서의 기능을 보여주는 대표적인 사례는 뉴욕의 'I Love New York'이다. 뉴욕은 이 도시브랜드(B·I)의 개발을 통해 당시 범죄가 많은 도시로 연상되던 뉴욕의 이미지를 긍정적이고 안정적인 이미지로 전환하는 데 성공하였으며 현재 'I Love New York'은 도시브랜드(B·I) 개발의 대표적 성공사례로 회자되고 있다. 그러나 여기서 간과되어서는 안될 점은 'I Love New York'으로 인한 긍정적 연상을 유지하려는 지속적인 노력이 중요하다는 점이다. 즉 단기적인 도시브랜드 캠페인이 아닌 지속적인 캠페인의 실행 및 프로그램의 다양화가 이루어져야 한다(그림 3-5).

6) '정체성 체계'로서의 도시브랜드

'정체성 체계'로서의 도시브랜드는 도시의 다양한 자산들 중에 차별화가 가능한 핵심적 공통 요소들의 규명과 관계 확립을 통해 도시의 핵심 가치를 정립하는 역할을 한다. 기존의 도시마케팅이 도시정체성의 획일화라는 한계에 봉착했기에 이에 대한 해결책으로 등장한 것이 독특하고 고유한 도시정체성 체계를

표 3-7 바젤 도시브랜드의 전략적 포지셔닝 체계

전략적 목표와 목표그룹	비지니스	이벤트 조직	거주민	관광객
바젤을 지도에 나타나게 하다.				
신거주자들의 유입을 촉진시키다.				
바젤의 매력적인 이벤트 개최지로서의 기능을 강화하다.				
주요 이벤트에 대한 활용을 촉진시키고 지원을 강화하다.				
이해관계자들의 협력을 촉진시키다.				
목표그룹과 행정 간의 매개역할을 강화하다.				
이해관계자들의 범위를 확대하다.	바젤 지역	관계당국	거주민서비스	바젤관광관련

자료: 윤영석·김우형, 2010, 도시재탄생의 비밀 도시 브랜딩, Unitas BRAND, p. 124.

구축하는 실천적 수단으로서의 도시브랜드이다. 즉, 도시의 복합적 성격을 통합적으로 반영할 수 있는 도시브랜드 정체성 체계의 확립이 무엇보다도 필요한 시점이다. 구체적으로 도시브랜드 정체성 체계의 확립은 수용자들에게 명확한 지향점과 의미를 전달하고 전략적 포지셔닝을 통해 차별적이고 본질적 커뮤니케이션 체계를 구축함으로서 장기적이고 차별적인 경쟁우위를 지속적으로 유지할 수 있도록 한다. [표 3-7]은 스위스 바젤의 도시브랜드의 전략적 포지셔닝 체계이다. 바젤은 7개의 전략적 목표들을 네 그룹의 수용자들을 기준으로 포지셔닝 체계표를 작성하여 활용하고 있다. 이런 체계는 도시브랜드 활동 시 명확한 전략적 지침의 역할을 함으로써 도시브랜드 전략의 실행력을 확보하는 데 일조한다.

7) '도시 활동 주체들의 마음 속 이미지'로서의 도시브랜드

도시의 다양한 활동 주체들은 도시의 객관적인 실체보다는 스스로 인식하는 주관적인 도시의 실체에 따라 다양한 반응을 보인다. 즉, 다양한 도시의 자산들에 대해 개별적인 이미지들을 형성한다. 그러나 '이미지'로서의 도시브랜드를 통해 도시이미지에 대한 지속적인 피드백을 유도함으로써 도시에 대한 일관적이고 긍정적인 경향을 형성할 수 있다. 또한 이런 피드백 과정과 함께 도시브랜드 이미지에 대한 지속적인 관리를 통해 도시 활동 주체들의 다양한 관련 활동들을

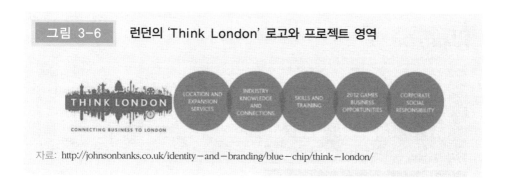

그림 3-6   런던의 'Think London' 로고와 프로젝트 영역

자료: http://johnsonbanks.co.uk/identity−and−branding/blue−chip/think−london/

자극함으로써 긍정적·차별적인 도시이미지의 창출 및 유지와 진화를 유도한다. 다음의 [그림 3-6]은 런던의 'Think London' 프로젝트의 로고와 프로젝트 영역을 보여준다. 런던의 경우 경제 및 비즈니스 분야에서의 도시브랜드 이미지를 제고하고 확고히 하기 위해 'Think London'이라는 개별적인 프로젝트를 운영하고 있으며 런던의 비즈니스와 관련된 정보 제공과 활동을 지원함으로써 비즈니스 분야에서의 긍정적인 이미지를 형성하기 위한 노력을 하고 있다.

8) '가치 체계'로서의 도시브랜드

도시 활동 주체들의 다양한 주관적 가치들과 도시브랜드가 전달하는 경제·사회·문화적 가치의 연계는 도시브랜드의 효과를 극대화하고 지속성을 유지하는 기초적인 조건이다. 즉, 도시 활동 주체들은 도시브랜드가 전달하는 가치에 자신들의 주관적 가치들을 투영하며 관계를 맺는다고 볼 수 있다. 이런 면에서 도시브랜드의 차별화와 진정성 확보를 위해서는 도시 활동 주체들의 가치에 부합하는 도시만의 독특하고 고유한 본질적 가치들을 제공해야 한다. 결국 도시 활동 주체들의 가치들과 연계한 도시브랜드의 가치 체계를 구성하는 것은 도시브랜드 전략 수립의 기초라고 할 수 있다. 그리고 이를 위해 우선 거주자와 방문객 등의 도시 활동 주체들이 추구하는 가치를 규명하는 것이 선행되어야 한다. 예를 들어 네덜란드 암스테르담의 경우 시민들 스스로 'Iamsterdam'이라는 도시브랜드(B·I)가 전달하는 도시의 핵심 가치에 자신들의 주관적 가치를 투영할 수 있는 기회를 제공하고 있다. 즉, 'Iamsterdam'을 활용한 공공시설물을 설치하여 시민들이 활용하

그림 3-7 암스테르담의 'Iamsterdam' 로고를 활용한 공공시설물과 '25Words' 캠페인

자료: http://www.rocsgrp.com/assets/galleries/5740/original/i_amsterdam_by_stelianpopa-d2xlrtl.jpg

게 하거나 직접적인 가치를 표현할 수 있는 캠페인을 전개하고 있다(그림 3-7).

9) '개성'으로서의 도시브랜드

각각의 도시는 자신만의 독특한 속성을 간직하고 있다. 이런 속성은 주로 도시 활동 주체들의 지속적인 도시 활동에 의해 형성된다. 즉, 도시 활동 주체들의 인간적 속성들이 반영되어 있다. 이는 도시의 독특한 속성을 담아내는 전략적 도구로서의 도시브랜드 역시 도시 활동 주체들의 인간적 속성을 반영해야 한다는 것을 의미한다. 즉, 도시브랜드 개성의 창출을 통해 도시 활동 주체들이 해당 도시브랜드를 어떻게 지각하고 있으며, 어떤 태도를 지니고 있는지에 대한 이해를 반영하고, 그들의 속성을 활용한 차별화를 모색해야 한다. 궁극적으로 '개성'으로서의 도시브랜드는 도시 활동 주체들과의 커뮤니케이션, 즉 도시브랜딩을 통해 도시의 개성을 반영 및 창출하는 상징적 차별화 수단이라고 할 수 있다.

10) '관계'로서의 도시브랜드

도시는 도시 활동 주체들에게 기본적이고 기능적인 효용을 제공해야 할 뿐만 아니라 도시 활동 주체들의 삶에 개별적 의미를 제공해야 한다. 이는 도시 활동 주체들의 특성에 따라 도시브랜드 역시 다각적으로 활용되어야 함을 내포하고 있다. 구체적으로 도시 거주민, 즉 시민들의 경우 도시브랜드를 활용한 참여 중심의 내적 도시브랜딩 과정을 통해 자신이 살고 있는 도시에 대한 정체성의 확립과 동시에 능동적인 관계를 형성할 수 있다. 반면에 도시 방문객의 경우 도시브랜드를 활용한 대외적 도시브랜딩 과정에 의해 자신이 방문한 도시에 대해 차별적 이미지를 형성하는 등의 긍정적 관계를 형성할 수 있다. 즉, 도시브랜드는 궁극적으로 다양한 도시 활동 주체들과의 다각적 관계 구축을 위한 실천적 수단으로서 기능한다. 예를 들어 일본의 요코하마의 경우 'Open Yokohama'라는 도시브랜드(B·I)의 개발을 통해 방문객들에 개방적인 도시라는 연상을 불러일으키기 위해 노력하였으며 한편 'imagine Yokahama'라는 도시브랜드(B·I)의 개발과 운영을 통해 시민들에 대한 교육과 시민들의 참여를 장려함으로써 도시 활동 주체들과의 관계를 강화하였다(그림 3-8).

| 그림 3-8 | 요코하마의 도시브랜드(B·I) |

자료: 인천발전연구원, 2010, 인천 도시브랜드 가치 제고를 위한 브랜드경영 추진방안, pp. 51-52.

11) '부가가치'로서의 도시브랜드

'부가가치'로서의 도시브랜드는 도시 간 경쟁 상황에서 차별적이고 지속적인 경쟁 우위를 창출하는 수단으로서 기능한다. 즉, 도시의 기능적 가치를 넘어선 다양하고 복합적인 가치들을 핵심적이고 함축적으로 반영하는 도시브랜드는

그림 3-9 에딘버러의 도시브랜드(B·I)와 축제 로고들

자료: http://www.brandhk.gov.hk/en/#/en/about/communicating/visual_identity.html에서 필자 재편집.

차별화의 원천이 된다. 이런 맥락에서 도시브랜딩은 도시의 복합적 가치들 중에 잠재적 가치들을 규명하여 기회 요소로 전환함으로써 부가가치를 창출하는 과정이라고 할 수 있다. 즉, '부가가치'로서의 도시브랜드는 이런 잠재적 기회요소를 반영하고 극대화할 수 있는 핵심 수단으로서 기능한다. 예를 들어 에딘버러의 경우 도시의 역사와 문화를 잠재적 기회 요소로 활용하여 축제라는 이벤트를 통해 지속적인 부가가치를 창출하고 있다(그림 3-9). 즉, 문화축제를 통해 도시 간 경쟁 속에서 차별적이고 지속적인 경쟁 우위를 창출하고 있다.

12) '진화하는 실체'로서의 도시브랜드

도시브랜드는 도시 활동 주체들의 인식 변화와 도시 여건과 환경의 변화에 '진화하는 실체'로서 적응해 갈 것이다(그림 3-10). 또한 앞서 언급한 도시브랜드의 개념적 기능들은 개별 도시의 상황에 따라 다양한 관계를 맺으며 도시브랜딩 과정을 구성해 갈 것이다. 이는 도시브랜드가 신속하고 다양하게 변화하는 현대 도시의 상황에 적응하기 위해서는 자신만의 정체성과 가치 체계를 구축 및 관리하고 독특한 개성과 이미지의 창출을 통해 도시 활동 주체들과 지속적이고 일관적인 관계를 구축해야 함을 의미한다. 즉, 앞서 다양한 도시브랜드 기능들을 총체적인 시각에서 바라보며 중장기적이고 전략적인 도시브랜드 관리를 해야 한다

그림 3-10　홍콩 도시브랜드(B·I)의 시각적 진화

자료: http://www.brandhk.gov.hk/en/#/en/about/development/launch.html

는 것이다. 궁극적으로 '진화하는 실체'로서의 도시브랜드는 개별 도시의 다양성
을 수용하는 과정을 통해 새로운 도시문화를 창출하는 도구로서 기능할 것이다.

제**3**절
도시의 경관과 도시설계

Understanding the City

01　도시경관의 개념과 관리

1) 도시경관의 개념과 발전

도시경관은 일차적으로 도시의 시각적 아름다움을 추구하는 것으로, 건물군
과 가로체계, 공공공간과 그 내부의 다양한 시각적 구조물 등이 어우러져 하나의
시각효과를 만드는 것을 의미한다. 하지만 도시경관은 이처럼 단순하지만은 않
은데, 실제로 일차적으로 시각화되어 드러나는 도시의 이면에는 수많은 요소들

이 내재되어 있기 때문이다. 이러한 요소들에는 도시를 흐르는 하천과 도시를 병풍처럼 두르고 있는 산과 같은 자연물이 있을 수 있고, 건물과 가로를 채운 도시민들의 보행 및 다양한 행위들과 자동차, 버스 등의 교통수단의 흐름 등까지도 도시경관에 포함시킬 수도 있다. 심지어 도시경관에 영향을 주는 요소까지를 더 따진다면, 수많은 도시공간을 다루는 법제도나 지가 등의 경제적 요소까지도 그 이면에서 도시경관을 좌우하는 요소로 꼽을 수도 있을 것이다. 즉, 도시경관이란 인간이 만들어낸 구조물 외에 도시를 구성하는 생태적, 사회적, 문화적, 역사적 요소들을 지칭하는 포괄적인 의미인 것이다.

도시경관이 도시설계의 주요 대상 중 하나라는 점에서, 도시경관 연구의 발달과 그 범위의 확장은 동시에 도시설계의 이론과 다루는 범위의 확장을 가능하게 하였다. 이러한 도시경관의 범위는 전통적 의미의 물리적·형태적 범위 내에서의 확장은 물론, 기존에는 다른 분야라고 인식되던 학문분과 또는 활동영역으로의 확장까지도 포괄하는 것이었다. 또한 도시설계를 수행하는 방법으로서의 확장, 비시각적·경험적 범위 등 시각이 아닌 다른 차원으로까지 확장되고 있다는 점이 특징적이다.

최초의 근대적 의미의 도시경관연구는 주로 카밀로 지테(Camilo Sitte)나 도시미화운동(City Beautiful Movement) 등에 의해서 시작되었다고 해도 과언이 아니다. 이들의 영향 아래 물리적 환경 특히, 개별 건축물의 형태와 용적, 가로변 건축군의 배치, 가로와 광장의 형태 및 그것을 구성하는 요소 간의 관계 등이 주요 범위로 다루어졌다. 이 시기의 도시설계는 시빅디자인(Civic Design)으로 대표될 수 있는데, 이것의 관심사는 시청, 오페라극장, 박물관 등 중요 공공건물의 배치와 설계 그리고 이들을 옥외공간과 잘 조화시키는 등의 협소한 목표에 있다.[4]

이러한 협소한 범위는 전술한대로 1950년대 말 도시설계(Urban Design)라는 정식명칭의 등장과 함께 그 범위가 확장되게 된다. 건물의 입체적 배치, 건물들 사이의 빈 공간 등 당초 시빅디자인이 추구했던 심미적 관심에서 한 걸음 더 나아가 공공영역의 물리적, 사회·문화적 수준을 높여 사람들이 이용하기에 쾌적하고 편한 장소를 만들고자 했다.[5]

1960년대에 들어서면서 케빈 린치(Kevin Lynch)와 고든 쿨렌(Gordon Cullen) 등에 의해서 시각적 차원의 연구가 한층 더 강화되었다. 이에 따라 건축물 및 블록,

| 그림 3-11 | 도시미화운동에 의한 시카고 계획 |

자료: www.studyblue.com

단순한 가로공간을 넘어선 보행자공간, 대형 복합건축물, 녹지와 공원(수변공간을 포함), 역사적 건축물의 보존 등의 물리적 환경에 해당하는 범위가 추가되었다 (그림 3-11).

이후, 노베르그 슐츠(Christian Norberg-Schulz)와 랠프(Edward Relph) 등의 연구자에 의해서 도시공간에서의 현상학적 인지에 관한 연구들이 추가됨에 따라 물리적 형태를 넘어서 비시각적인 경험에 해당하는 요소들로까지 도시설계의 범위가 확장되었다. 또한 타 분과와의 융합을 통한 사회적 측면의 강화를 통해 도시설계로부터 얻어지는 물리적 요소들이 갖는 사회적 의미의 중요성 역시 다루어지게 되었다.

최근에 들어서 도시설계의 영역은 이전 시기들에 비해 더욱 확장하고 있는데, 건조환경으로서 건축물의 영역에서부터 지역의 성장 패턴을 다루는 도시계획의 일부 범위로까지 확대되고 있다. 또한 조경과 공공디자인, 이벤트에 의한 장소 및 지역이미지의 제고, 장소의 안전성 확보 등은 물론 지속가능성(Sustainable)

의 달성이라는 범위까지 포괄하고 있다.

　또한 전술한 대상으로서의 범위 외에 디자인 방법에까지 확장을 진행하고 있는데, 최근의 도시설계는 기존의 도시설계가에 의한 설계 또는 제도에 의존하는 계획 외에 주민참여에 의한 도시설계, 지역의 성장 패턴의 측정 등을 위한 GIS 등을 기반으로 하는 컴퓨팅 기술 및 시뮬레이션 기술에까지 그 방법적 측면에서의 범위를 확대하고 있다.

2) 도시경관의 대상

　도시경관(townscape)은 도시공간의 물리적 표현으로서 시각적 메커니즘을 통하여 감지된다. 아울러 도시의 기능 및 사회구조와 관련시켜 이해할 때, 비로소 다양한 도시경관의 실체에 접근할 수 있다. 즉, 도시경관은 도시의 다양한 외관, 형태 및 가치를 눈으로 바라보고 깨닫고 느끼는 일련의 체계적인 인지(認知: perception, cognition)의 틀인 것이다.

　도시경관의 다양성은 주로 건축물이나 가로패턴, 그리고 사람들에 의해서 만들어진다. 건축물은 규모 · 모양 · 높이 · 재료 · 건축양식 · 기능 등으로, 가로패턴에서는 규칙적인 것과 불규칙적인 것, 넓거나 좁은 형태, 광장의 유무 등으로, 사람들에게서는 인종 · 언어 · 종교 · 사회적 인습 · 경제적 위상 · 직업 등으로 다양한 도시경관을 형성한다(Hudson, 1981).

　도시경관은 도시의 건축물 · 가로 · 광장 등의 집합체에 대해 의미를 부여하고 조직화한 것으로 건축가 · 조경가 · 도시설계가 · 계획가의 공동작업으로 만들어진다. 도시경관은 도시의 형태 · 규모 · 조직 · 특성 · 개별성 등을 다루며 도시 내의 자연경관을 포함하고, 도시거주자의 환경적 이미지와 관계가 있다. 환경의 질(質)을 결정하는 요소 중 가장 중요한 것 중의 하나가 도시경관이다. 도시의 '아름다움'이란 도시경관의 질에 대한 표현이며 이러한 질을 결정하는 것은 도시경관을 이루고 있는 여러 요소들 사이의 상호관계이다. 자연경관에 대한 인공경관으로서의 도시경관은 농촌경관과 대비되는 개념이지만 도시 내의 자연경관을 포함할 수 있다.

3) 고든 쿨렌과 케빈 린치의 도시경관과 이미지에 대한 연구

도시경관 연구에 있어서 중요한 발전을 가져온 연구자는 고든 쿨렌과 케빈 린치를 꼽을 수 있다. 먼저, 쿨렌에게 있어서 연속적 시야(Serial Vision)라는 개념이 중요한데, 도시를 구성하는 상호연계된 공간의 연속적 풍경이라고 정의할 수 있다. 그에 따르면 하나의 건물은 건축이지만 두 개의 건물은 도시경관이라 정의한 바 있다. 그는 도시경관의 구성요소는 시각적 대상으로서의 도시경관인 경관 요소와 인자, 의미매체로서의 도시경관인 경관구조, 이미지와 체험으로서의 도시경관인 경관 정체성 등으로 정리하고 있다.

그는 어떤 경로를 따라 발생하는 중요한 사건들을 일련의 사진이나 도면을 통해 연속적으로 표현함으로써 도시의 설계를 증진시키려는 의도를 담고 있는 것이다. 그러므로 쿨렌은 인간과 도시의 관계를 스케치와 사진들을 통하여 분석함으로써 도시에 대한 분석 및 설계의 도구를 제공할 뿐만 아니라, 사용자인 인간을 위한 도시환경의 질적 평가와 증진을 그 목적으로 삼고 있었다. 시각이란 우선 관찰하는 데 유용할 뿐만 아니라 과거의 경험까지도 회상시키기 때문에, 시각적으로 입수된 장면은 기억 속에 남아있던 과거의 장면들과 연관될 수 있다고 설명하고 있다.

쿨렌에 의하면, 도시를 독자성(identity)을 가질 수 있는 몇 개의 부분으로 분할하면, 그곳에는 '이곳'이 생기는 동시에 '저곳'이라는 인식이 생기는데, 도시에 펼쳐진 극적인 현상의 대부분은 이 두 가지 공간 개념을 조작함으로써 만들어진다는 것이다. 다시 말해서 '이곳'의 의식이란 장소에 대한 정체적 감각(identity)이라고 할 수 있다. 이러한 감각을 얻게 된다는 것은 그것이 단독으로는 존재하지 않는다는 사실을 인식하게 됨과 동시에 자동적으로 '저곳'의 의식이 등장하게 됨을 알게 된다는 것이다. 이렇게 장소적 경험을 두 가지로 나누어 보고자 하는 데는 이 두 가지의 특질들을 조작하여 만들어지는 상호 관계를 공간적인 드라마로서 유추하려는 의도가 다분히 있다. 이는 도시공간을 구성하는 데 있어서 결정적인 기준으로 삼을 수 있는 것이다.

쿨렌은 도시들의 조직 속에는 여러 가지 시대적 흔적이 새겨져 있으며, 또는 침전돼 있을 것이라고 가정하고 있다. 그는 그 속에서 일양성과 다양성의 문제, 무질서가 아니라 명석함을 만들어 내기 위한 공통의 규준을 발견하는 것이 필요하다고 언급하였다. 즉, 그 규준들 가운데에서 규모와 양식, 질감과 색채, 특색과 개성 등의 미묘한 음영을 조작할 수가 있다는 것이다. 쿨렌에 의하면, 환경이라는 것은 일의성인 것이 아니라 '이것'과 '저것'의 상호작용으로서 환원된다고 한다. 여기서 언급된 이것과 저것의 상호작용이란 통계적 수치를 기준으로 하는 것이 아니다. 그는 이러한 통계를 바탕으로 계획을 하고, 계획된 바에 의해 형태를 결정하는 과정 속에서 자칫 결핍된 결과를 초래하게 될 것이라고 우려하였다. 그러나 쿨렌이 언급하는 '이곳'과 '저곳'의 상호작용은 보다 정서적인 면을 의미하고 있으며, 이러한 상호작용 속에서 일어나는 긴장감과 같이 '이것'과 '저것'의 관계 속에서 독특한 형식을 갖는 드라마를 생각해 낼 수 있다고 언급하였다. 그리고 이러한 드라마는 공간기구의 내부에 이르는 동안 전개되어진다고 주장하고 있다. 따라서 쿨렌이 말하고 있는 '이것'과 '저것'의 관계는 단순한 이분법적 해석으로 정리될 수 없는 것이며, 일의성으로부터 탈피한 도시 조직의 내용이 갖는 다양성으로 인정하는 것이 중요하다. 장소에 대한 감각의 필요와 '다른 장소'의 의식이 결부되어 있다는 것이다. 일의성은 생활을 단편적이게 하므로 다양성을 받아들이는 것이 생활에 생기를 불어넣게 된다.

다음으로 린치의 저서 『도시의 이미지』는 사람들이 도시를 경험할 때 어떻게 공간정보를 지각하고 조직화하는지에 대해 5년간의 연구과정에서 나온 결과물이다. 이 저서에서 그는 사례연구를 위해 보스턴, 저지시티, 로스앤젤레스 등 세 개의 도시를 대상으로 도시의 인공 환경, 특히 도시의 외관이 그곳에 거주하는 시민들에게 매우 중요하다는 점을 밝히고 있다.

그가 도출해낸 개념 중 중요한 것은 장소 가독성이다. 여기서 가독성이란, '어떤 장소에 대해서 읽기 쉬움의 정도'를 의미한다. 따라서 가독성이 있다는 것은 필연적으로 사람들이 어떤 장소나 도시의 배열상태를 쉽게 이해하는 것이라고 볼 수 있다. 즉, 읽기 쉬운 도시는 그 도시의 지구나 랜드마크 혹은 길들이 쉽게 파악될 수 있는 동시에 전체 패턴 속에 쉽게 그룹핑 될 수 있어야 하는 것이다. 도시는 사람들이 다양한 서비스와 정보를 얻기 위해 기다리는 장소이다. 나아가 읽기 쉬운 도시 즉, 길을 찾기 쉬운 도시는 사람들이 편안하고 쉽게 필요한 정보와 서비스로 접근할 수 있도록 한다. 그는 이 개념을 만들어냄으로써 도시의 독특한 모습을, 나아가 사람들이 생생하면서도 매력적인 것으로 느끼는 도시가 무엇인지를 찾아낼 수 있었다.

그에 따르면 사람들이 도시의 배열상태를 이해하기 위해서는 우선적으로 그 도시가 담고 있는 것들에 대한 정신적 표상인 심상 지도를 그리는 것이 도시를 이해하는 데 대단히 중요하고 유용하다는 것에서 착안하였다. 이는 사람들이 각기 도시에 대한 자신들의 이미지를 가지고 있는 동시에 그러한 개별 이미지들 중에서 중첩되는 공공성을 띠는 도시 이미지 혹은 다수의 시민들이 중요하다고 느끼는 공공 이미지가 있을 수 있다고 그는 생각했기 때문이다. 특히 그는 도시의 물리적인 구조를 개선하는 방법을 찾는 데 관심이 있었기 때문에, 개인별로 다양하게 나타날 수 있는 심상의 이미지보다는 특정한 도시의 주민들이 공통적으로 지니는 집단적인 이미지인 공공 이미지에 보다 더 많은 관심을 두었다.

그는 시민들이 자신의 도시에 대해 그린 심상지도를 분석하는 과정에서 사람들은 자신에게 주어진 환경에 대해 일관되고 예측 가능한 방식으로 심상 지도를 그리고 있음을 간파했다. 그리도 도시의 공공 이미지를 구성하는 다섯 가지 요소인 통로, 경계부, 지구, 결절점, 랜드마크가 바로 그것이라는 것을 발견했다.

그는 세 도시에 대한 조사를 통해 몇 가지 결론을 얻어냈는데, 그것은 관찰자에게 강력하고 명확한 이미지를 제공하는 물리적 환경의 특성, 즉 높은 심상성을 지닌 도시는 형태에 있어서 바람직하고, 대단히 특징 있는 곳들이 있으며, 일반 주민들이 그 도시를 손쉽게 인지하는 경향을 지닌다는 것이다. 특히 바람직한 도시형태가 되기 위해서는 도시 이미지의 구성 요소들 중 통로가 대단히 우세한 요소가 되어야 한다고 주장하면서 특수한 조명과 선명한 방향성이 중요하다고 보았다. 또한 경계부, 지구, 결정점, 그리고 랜드마크도 그것들이 의미있는 동시에 독특한 개성을 지닐 경우 바람직한 심상성을 가져다준다고 보았다. 이러한 요소들이 제대로 배치된다면 사람들이 도시의 패턴들을 쉽게 알아보고 기억할 수 있게 함으로써 도시의 가독성을 높여줄 것이기 때문이다.

린치는 도시의 가독성이라는 개념을 통해 도시의 이미지와 그 이미지의 구성 요소들을 도시 사례를 통해 도출하고 이러한 이미지들이 심상성을 가져다주는 원리를 해석함으로써 바람직한 도시형태를 평가하는 기본틀을 제시했다. 즉, 이것은 도시 해석의 틀을 통해 도시 만들기의 원리를 제공했다는 데 그 의미가 무엇보다도 크다 할 수 있다.

쿨렌과 린치의 도시경관에 대한 연구는 오늘날 도시계획 및 도시설계 분야에서 광범위하게 이용되고 있으며, 그들의 이론은 도시를 분석하고 구상하는 기본적인 기법으로 자리 잡았다고 할 수 있다.

4) 도시경관 관리의 필요성 및 해외 경관 관리 사례

전술한 바와 같이 근대적 의미의 도시경관의 시작과 그것의 중요성이 등장하게 된 시점은 미국의 도시미화운동에서 그 연원을 찾을 수 있을 것이다. 미국의 도시미화운동이 세계만국박람회를 치루기 위해 대두된 것과 유사하게 수많은 도시경관 사업들은 대부분 국제적 행사를 준비하기 위한 과정이었던 경우가 많다. 이러한 역사적 선례에서 우리의 경우 역시 자유롭지 못한데, 실제로 1986년의 아시안게임과 1988년 올림픽을 앞두고 도시미화와 도시설계, 도시경관의 중요성 등이 국내적으로 이슈가 되었기 때문이다. 즉, 이러한 도시경관의 역사와 그것의 발전은 도시를 구성하는 다른 요소들과는 달리 조금 더 인간의 삶의 질적인 측면 즉, 스스로를 꾸밈으로써 타인으로부터 인정을 받고자 하는 고차원적인 본능과 맞닿아 있다는 것을 반증하는 것이다.

국민소득 2만 불 시대를 돌파한 만큼 높아진 우리의 삶의 질이라는 요소 외에 도시경관의 중요성에 대해 재차 강조할 수밖에 없는 경향이 있으니 도시마케팅을 중심으로 한 도시 간 이미지 및 브랜드 경쟁이 그것이다. 실제로 과거에 국가 브랜드와 이미지가 강조되던 것을 넘어서 최근에는 한 특정 도시의 이미지와 브랜드가 더욱 중시되고 있다. 이러한 도시의 이미지가 중요해지는 이유는 이러한 요소들이 해당 도시의 관광수입원을 증진시키는 것 이외에도 해당 도시 내에 입지한 기업들의 가치와 경쟁력을 제고시키는 것은 물론 더 나아가 해당 도시에 거주하는 시민들의 자긍심 등과도 밀접하게 관련이 있기 때문이다. 이러한 측면에서 도시이미지를 결정하는 중요한 요소인 도시경관 역시 그 중요성이 날로 증대되고 있는 것이다.

이처럼 최근 생활수준의 향상 및 삶의 질적 가치를 중시하는 도시계획 패러다임의 확산과 더불어 아름답고 쾌적한 경관조성에 관한 도시민들의 관심과 수요가 증대하고 있다. 더 나아가 각 도시들이 지닌 고유의 정체성과 경관자원을 활용한 도시경관의 창출은 도시경쟁력을 확보하고, 지역경제 활성화를 선도하는 중요한 원동력이 되고 있다.

이러한 맥락에서 도시경관의 창출은 물론 도시경관의 조화로운 관리는 매우 중요한 도시설계의 책무 중의 하나가 되었다. 실제로 해외 도시들은 이러한 도시경관의 관리를 위해서 다양한 노력을 기울이고 있다.

먼저, 일본의 경우 난개발에 대처하고 도시의 종합적인 환경관리를 위해 1960년대 후반부터 도입되기 시작한 경관 관련제도들은 다양하게 적용·운용되고 있으며, 주로 자연환경의 보존과 이에 조화되는 새로운 경관의 창출을 목적으로 하고 있다. 이들이 활용하고 있는 경관 관련제도는 난개발에 대응하는 강력한 규제수단으로서 각 자치단체별로 작성되는 각종 지침과 조례, 개발지구별로 작성되는 계획기준 등에 의해 운영되고 있다. 일본의 경관 관련제도 중 경관조례와 사면주택기준은 주로 산지나 구릉지에 대한 조망확보와 물리적 환경조성에 의한 인공적 경관형성을 위해 건축물의 높이, 형태, 층수, 색채 등의 행위제한 중심의 규제내용을 위주로 하고 있으며, 택지개발지도요강이나 녹지조례 등은 우량한 수림대를 보존하기 위한 보존녹지지정과 이에 따른 녹지조성방침 등을 주요 내용으로 하고 있다. 또한 일본의 경관 관련제도는 용도지구에만 의존하지 않고 종합적인 계획수립을 통해 각 제도를 포괄적으로 운영할 수 있도록 하고 있으며 해안경관, 가로경관, 녹지경관, 전통건조물 지역 등 경관유형에 따라 세부지침을 정하여 지구별 경관형성기준을 마련하고 있다. 이후 1972년에는 동경시에서 시가지경관조례를 제정하였다. 대체로 이 시기까지는 역사적 경관의 보전과 형성을 목적으로 조례가 제정되었으나 1978년 고베시에서 도시경관조례를 제정하면서 그 범위가 역사적 경관에서 도시경관으로 더욱 확대된 바 있다. 이후 일본 전국의 각 지방자치단체로 확산되기 시작하였으나, 자주조례에 기초한 경관조례는 법적 구속력이 없기 때문에, 대부분의 행위의 신고 및 권고 등의 소프트한 수법을 허용하고 있었으며, 2004년 6월에는 전국적인 효력이 미치고 법적 구속력을 갖는 「경관법」을 제정하였고, 같은 해 12월에는 경관법 시행령, 시행규칙을 공포한 바 있다.

구체적인 사례로 일본의 히로시마시는 경관관리를 위해 매력이 있는 히로

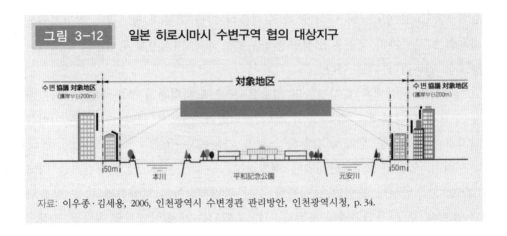

그림 3-12 일본 히로시마시 수변구역 협의 대상지구

자료: 이우종·김세용, 2006, 인천광역시 수변경관 관리방안, 인천광역시청, p. 34.

시마 풍경 만들기에 관한 기본적 방침(2002년)을 수립하여 이를 중심으로 현재까지 경관을 관리하고 있다. 히로시마시는 시 전체를 도심 풍경구역, 도심주변 풍경구역, 히로시마만 연안 풍경구역, 내륙시가지 풍경구역 등으로 구분하여 관리하고 있다. 이를 보다 구체화하기 위해서 히로시마 시가지 내 '협의대상지구'를 지정하여 운영하고 있다. 이 시가지 내 '협의대상지구'는 원폭돔과 평화공원을 연결하는 축선상에서 보았을 때, 공원 외곽에 위치하는 건축물들이 대상이 되며, 건축물의 높이를 규제하고 있다. 또한 이 지구는 도로변으로부터 50m 이내의 부지를 포함하고 대상부지 내 건축물과 공작물, 옥외광고물 등의 설치에 관하여 사전계획을 제출하고 이것을 근거로 미관형성기준에 따라 협의를 진행하도록 규정하고 있다(그림 3-12).

이외에 하안부 건축물 가이드라인을 운영하고 있는데, 보행자 통로 확보, 1층의 활용 및 배후지에서의 조망 확보, 공지 정비, 수변공간 연출, 공공공간에서의 조망 확보, 건물 정상부 및 중간부 디자인 고려, 보도 디자인 정비 및 불쾌한 경관 요소 제거 등을 규정하고 있다.

다음으로 미국의 경우, 실질적인 경관규제는 1900년을 전후하여 건축물 높이 규제 및 옥외광고물 규제로부터 시작되었다. 1898년 보스턴의 「코프레 스퀘어」에 면한 건축물에 대하여 90피트(일부 100피트)까지 높이를 규제하는 주법(州法)이 시행되었으며, 1899년 보스턴에서 주 청사부근에 대한 70피트의 높이규제가 이루어지고, 1904년부터 보스턴 전역에 대해서 80~100피트 높이규제가 시행되었는데 이는 1909년 연방최고법원에 의해 지지되었다. 1960년대 후반부터 산의 경관, 하천경관, 주청사 등과 같은 특정한 랜드마크의 조망을 보존하기 위한 지구 지정 및 용도지역제에 의한 건축물의 규제가 각지에서 이루어지고 있다.

구체적인 사례로, 미국 미니애폴리스(Minneapolis)는 강변도로체계 조성, 하천의 주민 접근성 향상, 하천회랑(river corridor)의 생태학적 기능 제고, 하천 상류와 Grand Rounds 공원도로체계와의 연계, 경제개발을 위해 지역의 잠재력 실현, 도시디자인 가이드라인 수립 등을 계획목표로 수립하여 경관관리를 하고 있다. 주요 계획 내용으로는 90에이커의 신규공원과 복원된 4마일의 강둑, 새로운 강변 근린 지역 내에 2,500세대 주거단위, 15마일의 자전거로와 여가도로(recreational trails), 5.25마일의 공원도로와 가로수길 등이 있다.

이의 실현을 위해서 시각회랑과 수질정화공원(View corridors and water filtration parks)을 운영하고 있으며, 하천변 가로 체계 요소(Riverway Street Elements)로 Upper River로 지향하는 표시물, 질적으로 향상된 넓은 가로 및 가로수 식재, 장식된 가로등 및 자전거 도로 등을 지정하여 관리·운영하고 있다. 이외에 미니애폴리스의 디자인 가이드라인을 운영하고 있는데, 여기에서 하천으로의 조망, 건축물의 방향, 시가지 조망, 우수 저수지 및 침투, 공적공간과 사적공간의 중간영역, 일조 등의 요소에 대해서 구체적인 관리 가이드라인을 운영하고 있다.

그림 3-13 **타워주변 건물군 허용기준**

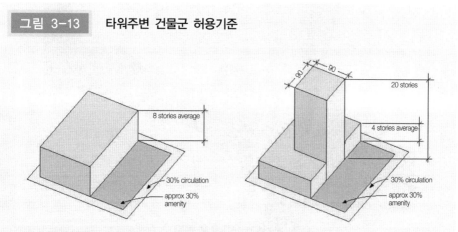

자료: Wallace Roberts et al., 1999, A Master Plan for the Upper River in Minneapolis, City of Minneapolis. p. 74.

캐나다의 경우에는 밴쿠버의 북밴쿠버 세이무어 산(1453m), 글라우스 산 (1200m)과 그레이트 밴쿠버 랜드마크의 조망 경관과 중심가의 건물들의 스카이라 인 관리를 주요 목표로 설정하여 경관관리를 하고 있다. 주요관리 기준으로, 중 심가에 인접한 위치에서 중경~원경을 올려다보는 한정적인 벨트상의 조망라인, 조망경관의 주요 대상이 되는 중심지구는 절대고도제한 실시, 중심지구 대부분 은 기존 절대고도 300ft(약 91m)이하로 제한, 조망경관선에 의해서 110~280ft(약 34~85m)로 제한하는 기준 등을 운영하고 있다. 또한 View Cone을 지정하여 운영 하고 있는데, 캐나다 시의회에서 북해변 산악지대와 바다로의 조망보호를 위해 27개의 Viewcone을 채택하고 있으며, Viewcone의 길이는 시경계까지 연장하며, 조망점은 인간의 눈높이를 더한 표고값으로 지정하고 있다(그림 3-14).

벤쿠버 시의 경우에는 구체적 조망대상, 조망점 및 조망관리구역 지정을 통 한 관리를 시행하고 있다는 점, 상위의 시 조례 또는 관계 법령에서 조망경관의 대상, 구역, 조망점을 명기하고 구체적 관리의 내용은 하위의 조례로서 제도화하

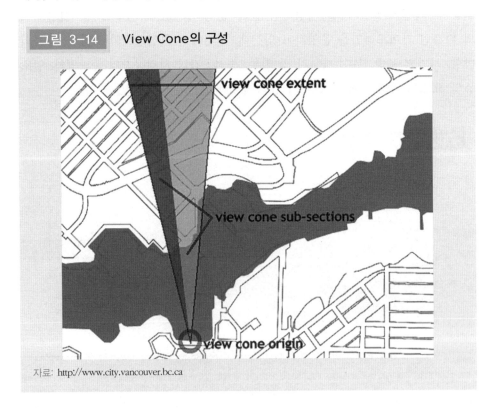

그림 3-14 View Cone의 구성

자료: http://www.city.vancouver.bc.ca

였다는 점, 높이관리는 해발표고를 기준으로 허용높이를 산정하는 방법을 통한 관리를 이행하고 있다는 점, 계획적 관리와 단계별 경관관리의 이행을 하고 있다는 점에서 다른 도시와 다른 특징이 있다.

5) 경관법 제정과 주요 내용

전술한 국외 사례처럼 국내에서도 점차 증가되는 경관관리의 중요성에 적절하게 대응하기 위해서 2000년대 이후, 체계적인 경관관리 및 형성을 위한 법·제도를 정비하였고, 이 밖에도 경관을 아름답게 가꾸어 나가기 위한 각종 경관 관련 사업들이 지속적으로 시행된 바 있으며, 2007년 5월에는 전반적인 국토경관을 체계적으로 관리하기 위한 통합적인 제도적 틀을 마련하고자 「경관법」이 제정되었다.

「경관법」이 제정되기 이전까지 도시의 경관 관련 법체계는 「국토의 계획 및 이용에 관한 법률」을 중심으로 「건축법」, 「문화재보호법」, 「자연환경보전법」, 「옥외광고물 등 관리법」, 「농어업·농어촌 및 식품산업 기본법」 및 「농림어업인 삶의 질 향상 및 농산어촌지역 개발촉진에 관한 특별법」 등 여러 법률과의 상호관계 속에서 이루어져 왔으며, 따라서 소관부처 또한 국토해양부, 문화체육관광부, 환경부, 행정안전부, 농림수산식품부 등 각기 다른 부처에 의해 개별적으로 관리되어 왔다.

정책적으로 경관에 대한 정비가 본격적으로 이루어진 시기는 2000년대 이후이며, 2000년의 「도시계획법」의 개정과 2002년 「국토의 계획 및 이용에 관한 법률」의 제정 등을 통하여 기본원칙 및 도시계획 내용에 포함하도록 하는 등 관련 항목들의 신설 및 관리방안 마련과 더불어 경관의 가치 및 개념에 대한 위상이 제고되었다. 「국토의 계획 및 이용에 관한 법률」, 「농어업인 삶의 질 향상 및 농어촌지역 개발촉진에 관한 특별법」, 「자연환경보전법」 및 경관 관련 지침 및 경관 관련조례들의 수립 및 제정을 통하여 경관관리를 위한 제도들이 정비된 바 있다. 그러나 이러한 법·제도적 정비만으로는 경관가치 및 중요성에 대한 수요를 충족시키는 데 한계가 있으며, 법적 위상이 미약하여 경관 관련사업 및 활동에 대한 지원 및 실효성 확보에 어려움이 있었다. 또한 각 경관자원 및 관리부처

마다 개별적으로 이루어지는 경관의 관리·형성에 대한 통합적이고 체계적인 관리의 필요성이 대두되었다. 이러한 요구를 반영하고자 건설교통부(현 국토교통부)는 2005년부터 「경관법」 제정을 추진하였으며, 그 결과 2007년 5월 「경관법」이 공포되었고, 이로부터 6개월 후인 2007년 11월 18일부터 법률이 시행되기에 이르렀다.

2007년 11월 「경관법」의 시행 이후, 국내 각 지자체에서는 경관계획 수립을 비롯하여 경관사업의 실시, 경관조례의 제정 등 경관 관련정책의 수립 및 정비를 활발하게 진행하였으며, 경관관리에 대한 인식과 관심 또한 증대되었다.

이후, 2014년에는 그간의 「경관법」 제정 및 시행에 따른 다양한 경험과 사례들을 바탕으로 경관행정의 추진 및 경관시책의 운영을 통해 드러난 문제점들에 대응하고자 경관법의 개정이 이루어졌다. 여기에는 국토 전반에 대한 보다 체계적인 경관관리를 위하여 경관정책기본계획을 수립하도록 하는 한편, 경관관리의 범위를 확대하고 실효성을 확보하고자 시·도 또는 인구 10만 명을 초과하는 시·군의 경우에 경관계획 수립을 의무화하는 내용 등을 포함하고 있다.

현행 「경관법」은 지난 2013년 8월 6일 전부개정을 거쳐 2014년 2월 7일부터 시행되고 있으며, 총 7장 34조로 구성되어 있고 전술한 바와 같이 경관계획 수립에 대한 내용을 담고 있으며, 경관사업에서는 경관사업의 대상을 제시하고, 경관사업추진협의체의 설치 및 재정지원 등에 관한 내용을 명시하고 있다. 다음으로 경관협정에서는 경관협정 체결·인가·변경·폐지·준수·승계에 관한 사항과 경관협정운영회의 설립 및 경관협정 지원에 관한 사항들을 규정하고 있다. 이 때 "경관협정"이란 토지소유자와 건축물소유자, 지상권자 및 해당 토지와 건축물 관련 이해관계자 등이 전원 합의에 의해 쾌적한 환경과 아름다운 경관을 형성하기 위해 체결한 협정을 의미하며, 경관협정의 효력은 이를 체결한 주체들에게만 미친다. 그리고 사회기반시설 사업 등의 경관 심의에서는 최근 법률 개정을 통해 추가된 내용으로, 보다 체계적이고 효율적인 경관관리를 위하여 도로, 철도시설, 하천시설 등 일정 규모 이상의 사회기반시설 사업과 개발사업 및 건축물 등에 대하여 경관위원회의 심의를 거치도록 하였다. 또한 추가로 경관 관련 심의·자문을 위한 기관인 "경관위원회"의 설치, 기능, 구성 및 운영에 관한 사항들을 규정하고 있다.

02 도시설계의 태동과 진화

1) 도시설계의 태동

사적 재산권 행사에 의해서 이루어지는 미시적인 측면의 개별 건축행위와 공공성을 달성하기 위해 이루어지는 거시적인 측면에서의 도시계획 간의 조화는 자본주의가 테일러리즘 및 포디즘으로 대표되는 대량소비사회로 이양되기 시작함에 따라 문제가 발생하기 시작했다. 이러한 경향은 제2차 세계대전이 종전된 1950년대 후반에 최고조에 이르게 되었는데, 양차 세계대전 사이의 불황이 종식되고 다시 경제가 발달하게 됨에 따라서 대규모 상업건축물의 등장과 함께 투기화 현상이 심화되었다. 또한 이 시기에 이르러 자동차의 폭발적인 증가로 개별 건축물의 사이 공간 및 공공공간의 질이 저하되었으며, 도시 내 무한히 확장되기 시작한 도로는 사실상 보행자에게는 활용할 수 없는 죽은 공간이 되었다.

이러한 공통적인 상황 속에서 미국과 유럽은 각기 다른 특수한 상황 속에 놓이게 되었다. 유럽의 경우에는 제2차 세계대전을 거치며 상당히 많은 역사적 건축물들이 소실되었다. 이러한 상황은 전쟁 종식 후에 더 나아지기는커녕 전술한 전후 회복 및 경제발전의 상황 속에서 더욱 심화되었다. 실제로 제2차 세계대전 이후 무분별한 파괴 및 철거된 역사 건축물은 7년 전쟁 동안에 파괴된 건축물 수의 2배에 이른다는 보고가 이어지기도 하였다. 이러한 상황에 반대하여 역사적 건축물 및 지구의 풍모를 지키기 위한 도시경관 보존운동이 시작되었다. 이렇게 유럽의 경우에는 이러한 운동 속에서 도시설계가 태동했다고 할 수 있다.

미국은 유럽과는 조금 다른 상황 속에서 도시경관 보존운동 및 도시설계가 태동하게 되었는데, 미국의 경우에는 폭발적인 교외화로 인한 도심공동화 문제가 대두되기 시작했다. 제2차 세계대전 이후, 광범위한 교외화가 시작되었으며 개인의 자가용 증가는 이러한 교외화의 원인이자 결과였다. 이와는 반대로 도심부는 대규모 업무 및 상업용 건축물이 자리하였고, 대부분의 대규모 건축물은 해당 건축물의 규모를 뛰어넘는 주차장을 별도로 소유하기에 이르렀다. 자가용의 증가에 따른 도로 및 주차장의 증가, 주간에는 도심부에서 야간에는 교외에서의 분열된 생활공간조성 등에 의해 미국 대도시 지역 도심부의 공동화 현상은 심각한 수준에 이르게 되었다. 이러한 상황 속에서 도심부의 역할을 회복해야 한다는 주장이 곳곳에서 제창되었다.

이러한 문제를 해결하기 위해서 기존의 건축계획과 도시계획 양자에 대한 반성이 시작되었다. 즉, 도시공간 내의 미시적 영역과 거시적 영역, 이 양자를 연결하는 한편 도시 내 공공공간 및 건축물 사이 공간 등을 관리하기 위한 새로운 계획의 필요성이 절실해지기 시작했다.

2) 도시설계의 진화

전술한 바와 같이 도시설계의 태동은 미시적이며 사적인 행위영역인 건축행위와 거시적이며 공적인 행위영역인 도시계획, 양자의 불일치를 해결하기 위해 지구스케일[6)]에 해당하는 지역범위를 대상으로 태동하기 시작했다. 즉, 도시설계는 지극히 학문적인 영역(academical field)에서 전술한 상황들을 해결하고자 하는 필요성에 의해서 탄생하게 된 전문영역인 것이다.

전문화된 활동영역으로서의 도시설계분야 탄생에 지대한 공헌을 한 사람은 루이스 서트(Jose Luis Sert)이다. 그는 1951년 영국의 호즈던(Hoddesdon)에서 개최된 CIAM(Congrès International d'Architecture Moderne) 제8차 회의에서 새로운 도시중심성의 회복을 역설한 바 있으며,[7)] 그의 저서 『Can our cities survive?』에서 일상생활의 재조직을[8)] 역설했다.

전문분야로서 도시설계의 태동에 있어서 분수령이 된 해는 1956년으로 루이스 서트가 하버드대학교의 GSD(Graduate School of Design)에 학장으로 취임한 1953년으로부터 3년 후에 제1회 도시설계 컨퍼런스(The First Urban Design Conference)[9)]를 개최하였기 때문이다. 이 컨퍼런스에서 그는 도시설계의 종합 학문적 성격을 강조하며, 개념적 토대를 제시하였다.[10)] 이후 그가 학장으로 재임했던 1970년까지 모두 11차례의 컨퍼런스가 이루어졌으며, 이 과정을 통해서 도시설계의 개념과 실제 사례에 대한 연구가 진행되었다. 이러한 영향하에 케빈 린치(Kevin Lynch), 고든 쿨렌(Godon Cullen), 노베르그 슐츠(Christian Noberg Schulz), 크리스토퍼 알렉산더(Christopher Alexander) 등의 작업이 이루어졌다.

첫 번째 국제회의가 개최된 후 20여 년이 지나면서 새로운 도시설계 작업을 수행함에 있어서 새로운 이론과 관점의 필요성을 절감하게 되었다. 이러한 배경에서 1980년, 하버드대학교의 주최로 도시설계 컨퍼런스가 개최되었으며, 1983년에는 뉴욕 도시설계학회(New York based Institute for Urban Design)와 워싱턴대학(the University of Washington, in Seattle)의 주최로 두 번의 관련 컨퍼런스가 개최되었다. 이 컨퍼런스에는 주로 케빈 린치, 조나단 바넷(Jonathan Barnett), 스콧 브라운(Denise Scott Brown), 앨런 제이콥스와 애플리야드(Allan Jacobs and Donald Appleyard) 등이 참여하여 주도하였다. 비록 첫 번째 시기에서 루이스 서튼의 주장들이 포스트모던 맥락주의로 대체되었으나 대체로 전 시기와 유사한 이슈들[11]이 유지되기도 했다.[12] 이러한 영향아래 전술한 도시설계가 외에 올덴버그(Ray Oldenburg), 무동(Anne Vernez Moudon), 크리에 형제(Leon Krier·Rob Krier) 등의 작업이 이루어졌다.

비교적 최근인 2002년에는 세 번째 시기에 해당하는 도시설계 컨퍼런스가 하버드대학교와 컬럼비아대학교의 공동개최로 진행되었다. 이 컨퍼런스에서는 주로 지난 시기 동안의 전문적 영역으로의 확장을 검토하고, 21세기에 걸맞는 새로운 도시설계 교육 커리큘럼이 논의되었다. 이 컨퍼런스는 주로 리차드 플런즈(Richard Plunz), 알렉스 크리거(Alex Kriegger), 소킨(Michal Sorkin) 등의 도시설계가가 주도하였다.

3) 도시설계의 두 가지 양상

도시설계는 결과물과 규제방법에 따라 정책으로서의 도시설계와 디자인으로서의 도시설계로 나누어 볼 수 있다. 먼저, 비물리적 결과물은 정책으로서의 도시설계를 지칭한다고 할 수 있는데, 주로 정책 및 프로그램의 규정 및 규제 등으로 실현되고 있다. 먼저 정책은 상위개념의 도시설계 결과로서 서술적 형태를 띄고 있다. 이는 정책으로서의 도시설계를 표현하는 가장 큰 얼개(Design Web), 실행을 위한 틀을 제공하고 있으며, 실행 혹은 투자 프로그램의 규제 수단을 포함하는 간접적인 설계 방법이라고 할 수 있다. 다양한 경우에 적용할 수 있도록 충분한 융통성을 가진 서술적 표현으로 구성되어야 하지만, 현대사회의 복합성과 복잡성으로 인하여 이를 서술적으로 모두 표현하는 것은 매우 어려운 상황이라고 할 수 있다.

정책으로서의 도시설계에서 또 하나의 중요한 실현수단은 프로그램이라고 할 수 있다. 실제로, 계획과 설계는 건설 측면에서의 완성으로 끝나는 것이 아니고, 지속적인 진행 상태로 간주해야 하는데 이것을 위한 도구가 프로그램이라고 할 수 있다. 즉, 프로그램은 유지와 관리를 위한 계획 도구라고 할 수 있다.

다음으로 물리적 결과물은 디자인으로서의 도시설계와 맥을 같이 하고 있는데 이는 시각적이고 도면 위주의 형태를 띄고 있다. 이를 실현시키기 위해서 계획과 지침이라는 실행방법을 이용하고 있다. 먼저, 계획은 도시설계의 가장 핵심적인 결과물이라고 할 수 있다. 도시 내부의 여러 상황을 체계적으로 조화를 이루게 하도록 형태적, 공간적 변화를 규제 혹은 조절하는 것으로서 도시설계 정책의 3차원적 묘사라고 할 수 있다. 목적지향의 선형적 계획, 형태 형성 위주의 계획에서 Feedback을 고려한 과정의 중요성을 부각하고 있으며, 이는 다시 말해서 과정을 중시하는 새로운 패러다임을 형성, 논리전개 과정과 객관성 부분에 초점을 두고 있다고 할 수 있다. 다음으로 지침은 계획의 실현수단으로 많이 이용되고 있는데, 종합적인 도시설계를 위한 것이며, 한 구획단위에서 설계의 틀을 발전시키고, 특별한 설계요소들을 위한 선택적인 형태를 제시하는 것이라고 할 수 있다. 주로, 설계지침의 목적과 의도, 이슈들의 우선순위, 적용성, 적용 실례의 도해 등을 기본구성으로 삼고 있다. 주된 사례는 샌프란시스코 도시설계, Lower Manhattan 특별조닝지구, Long Beach 설계지침 등을 꼽을 수 있다.

4) 한국에서의 도시설계의 소개와 진화

우리나라의 도시설계는 1980년 초, 「건축법」 8조의 2에 '도심부 내의 건축물에 대한 특례규정'이 신설되며 건축물에 대한 집단규제 내용이 생겨나면서 본격적으로 시작되었다고 할 수 있다. 이러한 도시설계제도의 탄생배경은 서구와 비교적 유사하게도 1960년대 말 이후 급격한 도시개발과정에서 도시설계의 역할이 요구되었기 때문이다. 다만, 국가에서 먼저 제도적으로 한 전문분야의 필요성을 인식하고 이를 제도화하면서 새로운 분야를 선도해 나간 것은 극히 드문 예라고 할 수 있다. 이러한 「건축법」상의 특례조항은 곧 건축법의 개정과 더불어 도시설계라는 이름으로 이관되었고, 그 이후 1990년의 「도시계획법상」 상세계획이 등장하기 전까지 약 10년 간 서울을 비롯한 지방도시의 도시환경 및 가로환경개선과 택지개발 등 도시개발사업에 주요한 계획수단으로 자리잡게 되었다.

실제로 우리나라 도시설계의 태동은 86아시안게임과 88서울올림픽의 준비와 무관하다고 할 수 없다. 아시안게임과 올림픽 개최지인 서울시에서는 세계적인 행사를 위한 대대적인 도시환경정비사업에 착수하게 되었고, 이를 위한 수단으로 도시설계가 도입되었기 때문이다. 그러나 당시의 도시설계는 대규모 도시개발사업이나 택지개발사업 등의 수행에 있어 계획과 설계과정에 참여라는 전문분야로서의 역할과 도시환경의 관리와 집단적 건축규제라는 제도적 역할을 동시에 해나가면서도, 도시환경 조성에 적극적으로 개입할 수 없는 한계와 일방적 건축규제라는 문제를 해결할 수 없었다.

이러한 한계를 극복하기 위한 조치가 바로 상세계획제도의 도입(1992)이라는 형태로 「도시계획법」상에 나타나게 되었다. 용도지구제를 근간으로 하고 있는 우리나라의 도시계획제도는 도시설계가 요구하는 용도지구의 변화를 수용하지 못하고, 상세계획이라는 유사한 제도를 도시계획법에 신설함으로써 이러한 문제를 해결하려고 했다. 하지만 이처럼 「건축법」상의 도시설계 외에 추가적으로 「도시계획법」상에 상세계획제도를 도입함으로써 도시설계는 이원화된 구조로 혼란을 거듭하게 되었다.

2000년 초, 이러한 혼란을 해결하고자 도시설계와 상세계획을 지구단위계획이라는 이름으로 도시계획법에 자리하도록 정리하게 되며 우리 도시경관을 관리하는 도시설계의 또 다른 양상이 시작되게 되었다.

5) 지구단위계획제도의 주요 내용

전술한 바와 같이 2000년대는 양립하였던 도시설계제도와 상세계획제도를 지구단위계획제도로 통합 운영하면서 제도가 안정화되고 그 역할과 성격도 분명하게 규정되었다. 도시설계제도와 상세계획제도가 지구단위계획으로 통합되면서, 건축법 내에 위치하여 그 운용체계가 달랐던 도시설계 작성 지역에 대하여 지구단위계획 제도의 운용 틀에 맞춰 재수립하는 것이 현실적인 이슈였다.

지구단위계획의 내용 및 주요기법에 대해서 소개하자면 다음과 같다. 1990년대 「도시계획법」 내에 상세계획제도가 도입되면서 미시적 도시계획수단으로서 시도된 다양한 도시관리기법들이 제도적으로 정착되었다. 당시 운용대상이 용도지역 상향조정지역의 관리였기 때문에 개발규모를 관리하기 위한 기법으로서 용적률, 높이, 공동개발을 다루는 기법이 보다 더 정교해졌고, 상향조정에 따른 공공성 확보를 위한 도시계획시설 확보방법이 새롭게 도입되었다.

우선, 제도도시설계가 「도시계획법」 내에 들어오면서 가능해진 용도지역조정을 통해 증가된 용적률을 관리하는 유도용적제가 새로이 고안되었다. 기법의 역할은 용도지역이 조정되면서 확보된 용적률(허용용적률)을 인센티브로 활용하는 측면이 하나가 있고, 지역의 기반시설여건을 감안하여 용적률을 차등 적용하는 것이 또 다른 부분이다. 사실 애초에는 인센티브의 운용보다는 용도지역조정에 따른 지역별 용도배분에 초점이 더 맞춰져 있었다. 허용용적률 대부분은 필지에 기본적으로 부여되어 있는 기본지침에 대한 인센티브로 활용하였다.

다음은, 공공공지나 공개공지 제공 시 용적률 인센티브를 제공하는 공지확보기법이다. 민간의 개발행위에 개입하여 용적률 인센티브를 제공하고 민간부지 내에 다양한 녹지를 확보하기 위한 수법이다. 1991년에 이 수법이 도입되었으나, 소유권이 민간에 있어 주차장 등 다른 용도로 전용되는 문제가 자주 발생하여 2000년에 공공시설을 기부채납하는 경우에 용적률 인센티브를 제공하는 제도가 별도로 만들어졌다. 기부채납 수법이 도입된 이후에 상당히 활발하게 제도 적용이 이루어졌으나, 민간부지에서 확보된 공지의 사유화와 부적절성 문제는 여전히 존재하고 있다.

마지막으로, 가장 오래된 기법이면서 가장 기본적인 공동개발기법이다. 도시설계의 실현은 신축행위를 통해서 시작된다. 사업제도가 개발을 강제할 수 있는 수단이 있는데 반하여 지구단위계획에서는 개발을 강제하지 않기 때문에 개발되지 않으면 실현도 없다. 그래서 신시가지에서는 실현성이 높지만, 기성시가지에서는 신축이 늦기 때문에 실현성도 낮다. 공동개발은 개발의 단위를 개선하는 방식이다. 지역이 갖고 있는 합리적 토지이용을 유도하거나 도시조직의 일관성을 확보하기 위하여 획지규모를 넓히기도 하고 좁히기도 하고 정형화하기도 한다. 개별필지와 함께 공동개발 필지들은 기본적으로 건축선후퇴, 용도, 높이,

용적률 등 기본적인 사항이 부여된다. 그동안 기성시가지에서 많은 민원이 제기되는 원인이 되어 왔으나, 오랫동안 이에 대한 인센티브 조항이 마련되지는 않았다가 2009년에 신규·재정비 수립지침(서울시)을 만들면서 기반시설을 확보하는 경우로 한정하여 적용되기 시작하였다.

CIAM(Congrés International d'Architecture Moderne)

거버넌스

경관법

도시경관

도시마케팅

도시미화운동(City Beautiful Movement)

도시브랜드

도시브랜딩

도시 이미지

러브마크

뷰 콘(View Cone)

시빅디자인(Civic Design)

연속적 시야(Serial Vision)

유럽문화수도(European Capital of Culture)

지구단위계획

미주

ENDNOTE

1) '유럽문화도시'와 함께 1990년 별개의 프로그램인 '유럽문화의 달' 행사가 비회원국을 중심으로 선정되었고 기존의 '유럽문화도시'와 대응할 만한 도시를 대상으로 한달간 개최하는 것을 원칙으로 운영되었다. 이에 1992년 이후 해마다 '유럽문화도시'와 '유럽문화의 달' 프로그램은 별개의 장소에서 병렬적으로 운영되어 왔다. 그러나 이 프로그램은 2003년을 끝으로 종료되고 2004년 이후로는 유럽문화수도 프로그램만 실시되고 있다. 그러나 2001년 이후 유럽문화수도 프로그램이 두 도시에서 개최되고 있는데 한 도시는 기존 회원국에서 다른 한 곳은 신규회원국에서 선정되는 것으로 보아 이런 배경은 완전히 없어졌다고 할 수는 없다. 이러한 공동개최의 근원은 두 프로그램을 유럽문화수도 프로그램이라는 하나의 이름으로 통합하되, 각각의 정신을 되도록 살리는 방향으로 운영되고 있다고 보는 것이 적절하다.

2) 4P's는 제품(Product), 가격(Price), 유통(Place), 촉진(Promotion)으로 구성된 전통적 마케팅 믹스(Marketing Mix)를 의미한다. 이는 마케팅은 아이디어, 제품, 서비스의 개념화, 가격화, 분배, 촉진으로 구성되는 과정이며 이런 과정 속에서 마케팅 믹스들이 최적으로 조합될 때 최대의 효과를 얻을 수 있다는 것을 의미한다. 그러나 이런 4P's 위주의 마케팅 과정은 다양한 분야의 마케팅 실무 속에 모두 적용되기에는 한계가 있다는 논란이 오랫동안 제기되어 왔다.

3) 도시브랜드 프로그램에 대한 해석은 크게 이벤트, 미디어, 광고, PR 등과 같은 기존의 도시마케팅 프로그램과 연계하여 협의로 해석되기도 하며 도시의 다양한 사업 및 정책과 연계하여 광의로 해석되기도 한다. 이런 맥락을 고려하여 도시브랜드 프로그램을 도시브랜드 개발과 관리, 목표와 전략에 부합하는 공식적인 마케팅 프로그램, 사업, 정책 등을 의미하는 개념으로 이해할 필요가 있다.

4) Matthew Carmona & Tim Heath et al., 2003, 도시설계: 장소만들기의 여섯 차원, 강홍빈 외 역, 대가, p. 19.

5) Matthew Carmona & Tim Heath et al., 2003, 전게서, 강홍빈 외 역, 대가, p. 19.

6) 지구스케일의 규모에 대한 논의는 다양하나 1960년대 레이너 밴험(Reyner Banham)이 건축과 도시계획을 잇는 가교로서 가로×세로가 각각 반(半) 마일(mile)에 해당하는 영역을 다루는 것이 도시설계라는 중도적 입장을 표명했고, 이후 이 개념정의가 보편화되어 지금까지 이르고 있다.

7) CIAM 제8차 회의에서 도시중심성의 회복을 의미하는 Recentralization, Recentering,

Reweaving, Reuse, Come back of the city, New core 등의 개념을 제시한 바 있다. 대한국토도시계획학회, 2009, 전게서, pp. 26 − 27.

8) Josep M. Rovira, 2003, Jose Luis Sert: 1902 − 1983, Phaidon Press, pp. 97 − 100.

9) 도시설계 분야에서 주요한 역할을 담당한 에드먼드 베이컨(Edmund Bacon), 루이스 멈포드(Louis Mumford), 제인 제이콥스(Jane Jacobs), 빅터 그루엔(Victor Gruen) 등 다수의 인물이 참여했다는 점에서 도시설계 분야의 태동에 중요한 역할을 했다고 생각된다.

10) Alex Krieger·William S. Saunders, 2009, Urban Design, University of Minnesota Press, pp. 45 − 46.

11) 정부 의존적인 대규모 프로젝트의 문제점, 도시계획과의 연계성 유지, 건축과 구별되는 도시설계만의 정체성 확립 등의 이슈가 그대로 유지되었다.

12) Andrea Kahn·Margaret Crawford, 2002, Urban Design: Practices, Pedagogies, Premises, Columbia University·Harvard University·Van Alen Institute, p. 12.

참고
문헌

REFERENCES

곽 현, 2009, "EU 유럽문화수도 프로그램에 관한 연구 – 문화주도의 지역재생 관점에서 글 래스고와 리버풀 사례를 중심으로," 연세대학교 대학원 석사논문.

국토연구원, 2008, 유럽 '문화수도' 추진전략의 성과와 시사점.

김기수, 2002, "유럽문화수도 프로그램 운영분석을 통한 한국적 적용 가능성 검토 – 지역문 화정책 발전전략의 관점에서," 경희대학교 대학원 석사논문.

박근철, 2011, "도시브랜드 이미지 제고를 위한 도시브랜딩 체계에 관한 연구," 고려대학교 대학원 석사학위논문.

박상훈·장동련, 2009, 장소의 재탄생, 디자인하우스.

서구원·배상승, 2005, 도시마케팅, 커뮤니케이션북스.

윤성원, 2009, "Shaping European Identity Through Cultural Policy of The European Union: The Case Study of European Capital of Culture," 고려대학교 대학원 박 사학위논문.

윤영석·김우형, 2010, 도시재탄생의 비밀 도시브랜드, 모라비안유니타스.

이우종·김세용, 2006, 인천광역시 수변경관 관리방안, 인천광역시청.

인천광역시, 2006, 인천광역시 도시브랜드(B·I) 개발.

인천발전연구원, 2010, 인천 도시브랜드 가치 제고를 위한 브랜드경영 추진방안.

Alex Krieger and William S. Saunders, 2009, *Urban Design*, University of Minnesota Press.

Andrea Kahn · Margaret Crawford, 2002, *Urban Design: Practices, Pedagogies, Premises*, Columbia University · Harvard University · Van Alen Institute.

Batts, M. S., 2003, "weimar: from the capital of a principality to the european capital of culture, mcgill european studies," in Peter M. Daly et al. ed., *Why Weimar?: questioning the legacy of Weimar from Goethe to 1999*, New York: McGill European studies, vol. 5.

Griffiths, R., 2006, "City/culture discourses: Evidence from the competition to select the European capital of culture 2008," *European Planning Studies*, 14(4).

Josep M. Rovira, 2003, *Jose Luis Sert: 1902 – 1983*, Phaidon Press.

Kavaratzis, M, 2004, "From city marketing to city branding: Towards a theoretical framework for developing city brands," *Place Branding*, 1(1).

Matthew Carmona and Tim Heath et al., 2003, 도시설계: 장소만들기의 여섯 차원, 강홍빈 외 역, 대가.

Leslie de Chernatony and Dall'Olmo Riley. F., 1998, "Defining A Brand−Beyond The Literature with Expert Interpretations," *Journal of Marketing Management*, Vol. 14.

Wallace Roberts et al., 1999, *A Master Plan for the Upper River in Minneapolis*, City of Minneapolis.

[홈페이지]

http://www.brandhk.gov.hk/en/#/en/about/communicating/visual_identity.html

http://ec.europa.eu/programmes/creative−europe

http://www.city.vancouver.bc.ca

http://www.fsvi.cn/bolg/13656.html

http://johnsonbanks.co.uk/identity−and−branding/blue−chip/think−london/

http://www.rocsgrp.com/assets/galleries/5740/original/i_amsterdam_by_stelianpopa−d2xlrtl.jpg

http://www.studyblue.com

http://www.underconsideration.com/brandnew/archives

제2부

도시의 체계와 구조

Understanding the City

도시규모와 중심지이론 제**4**장

도시의 순위규모법칙

01 도시규모

도시는 개념정의에 따라서 그 크기가 다양하게 정해질 수 있다. 인구수를 지표로 정할 경우 2천 명으로부터 5만 명까지 각 나라마다 도시의 설정기준이 다르다. 산업종사자수를 지표로 할 경우에도 도시의 전체 취업자 가운데 도시적 산업종사자수를 몇 퍼센트로 설정하느냐에 의해 도시의 정의가 달라진다. 또 기준시점을 언제로 하느냐에 따라서도 도시설정이 상이해진다.

이처럼 도시의 크기를 정하는 기준이 나라마다 시대마다 다르기 때문에 도시규모라는 용어를 사용한다. 대개의 경우 도시규모는 도시의 인구규모(population size)를 의미한다. 인구규모를 측정하는 시점이 연초냐 연말이냐에 따라 그 크기가 달라질 수 있다. 대체로 6월 30일의 인구수를 당해 연도의 인구규모로 사용하는 경우가 많다. 센서스에서는 11월 1일의 인구수를 측정하며, 행정기관에서는 연말의 인구수를 수합하는 경향이 있다.

02 순위규모법칙

도시는 서로 다른 규모를 유지하면서 어떤 지역 내에 분포한다. 이들 도시군을 각 도시들의 인구규모에 따라 배열하고 그 순위에 따라 산포도를 작성하면 도시의 순위와 인구규모에 일정한 규칙이 나타나며 이를 그래프로 만들 수가 있다. 대수방안지를 만들어 X축에는 도시의 인구규모에 따른 순위를 기록하고, Y 축에는 각 도시의 순위별 인구규모를 나타내면 일련의 정형화된 규칙적인 형태 가 표현된다.

　일반적으로 어떤 지역의 도시들이 인구규모에 따라 순위분포가 잘 나타나 고 있다면, 인구규모 두 번째 도시의 인구수는 수위도시 인구수의 1/2의 규모가 되고, 세 번째 도시의 인구수는 수위도시 인구수의 1/3의 규모가 되며, 마찬가지 로 그 이하의 도시에 대해서도 동일한 비율의 인구수를 갖게 된다. 이와 같이 도 시군에 포함되는 도시의 인구규모와 순위 간에 반비례적 관계를 유지하면서 일 련의 규칙성을 나타내는 현상을 도시의 순위규모법칙(rank size rule)이라고 부른다.

　도시의 순위규모법칙은 다음과 같은 식으로 표현된다. r번째 순위도시의 인 구규모 P_r은 수위도시의 인구규모 P_1을 q제곱한 순위 r로 나누어 산출할 수 있다.

$$P_r = P_1 / r^q$$

　　단, P_r은 r번째 순위도시의 인구규모
　　　r은 인구규모에 의한 순위
　　　q는 상수
　　　P_1은 수위도시의 인구규모

　1913년 아우에르바하(Auerbach)는 임의의 지역에 분포하는 도시를 인구규모 에 따라 배열하여 볼 때 도시의 순위와 도시의 인구수 사이에는 일정한 법칙이 존재하고 있다는 것을 확인하였다. 이 법칙은 1949년에 이르러 지프(Zipf)에 의해 보다 명확히 규정되었기 때문에 지프법칙이라고도 부른다.

03 　도시순위규모의 유형

　도시의 순위규모법칙에서 상수 q의 값은 중요한 의미를 갖는다. 상수 q는 순위규모법칙의 식을 다음과 같은 대수함수식으로 고치면 보다 용이하게 구할 수 있다.

$$\log P_r = \log P_1 - q \log r$$

상수 q가 1인 경우는 각 도시의 순위에 따라, 인구규모 두 번째 도시의 인구수는 수위도시 인구수의 1/2의 규모가 되고, 세 번째 도시의 인구수는 수위도시 인구수의 1/3의 규모가 되며, 마찬가지로 그 이하의 도시에 대해서도 동일한 비율의 인구수를 갖게 된다. 이것을 순위규모분포(rank size distribution)라 한다.

상수 q가 1보다 큰 경우에는 그 지역의 수위도시에 인구가 집중하는 양상을 보이는데 이를 종주분포(primate distribution)라 한다. 그 지역의 수위도시를 비롯하여 몇 개의 상위도시에 그 지역의 인구가 집중하면 또 다른 형태를 보인다. 상위 몇 개의 도시에 인구가 집중하면 과두분포(polynary distribution) 패턴이 된다.

종주분포에서 순위규모분포로 변화되는 과정에서 중간분포(intermediate distribution)가 나타난다.

순위규모분포에서는 어느 지역의 도시군의 분포패턴이 도시규모와 순위에 따라 직선으로 나타난다. 미국이나 일본과 같은 나라는 순위규모분포 패턴이 전개된다. 국가적 도시체계에서 순위규모분포 패턴은 다음과 같은 국가에서 나타난다.

① 선진공업국에 있어서 도시화가 고도로 진행된 단계에 있는 국가
② 사회·경제 구조가 복잡한 국가
③ 외국에 대한 경제적 의존도가 적은 국가
④ 정치적 구조에 있어서 연방제를 채용하는 국가
⑤ 도시 간의 상호 의존관계가 한 도시에 집중되지 않고 여러 도시에 분산되어 있는 국가

전국적인 도시화가 진행되지 않은 나라에서는 제2위 이하의 도시에 비해서 제1위 도시의 인구규모가 탁월하게 나타나 종주분포 패턴을 보인다. 이때 인구규모가 첫 번째인 도시를 종주도시(primate city)라고 부른다. 대체로 가속도적으로 성장을 거듭하는 개발도상국에서 종주분포 패턴을 나타낸다. 프랑스는 선진공업국이면서도 중앙집권체제가 강력히 추진되어 모든 기능이 파리에 집중되어 있는 경우로 종주도시체계 패턴을 보인다. 종주분포 패턴에서의 종주도시는 그 지역이나 국가의 문화와 특성을 가장 잘 나타낸다. 그리고 일단 종주도시의 위치를

점유하게 되면 전 지역 내지 전 세계로부터 여러 도시적 기능을 흡인함으로써 그 지위가 유지되는 경향이 있다. 국가적 도시체계에서 종주분포 패턴은 다음과 같은 국가에서 나타난다.

① 국토의 면적이 협소하고 인구가 적은 국가
② 외국에 대한 경제적 의존도가 높은 국가
③ 국가 경제에 대한 정부의 개입이 강한 중앙집권 국가
④ 도시 간 상호 의존의 정도가 특정 도시에 집중되어 있는 국가
⑤ 구식민지나 개발도상국가

종주도시의 특성이 국가적 도시체계에 미치는 영향에 대해서는 부정적인 평가와 긍정적인 평가가 공존한다. 부정적인 평가를 하는 입장에서 종주도시로의 집중은 ① 국가자원의 효율적 이용을 저해하고, ② 외국과의 교역을 촉진하지만 국내의 유통을 감소시켜 경제발전의 장애가 되며, ③ 생활수준의 지역적 불평등을 초래할 뿐만 아니라, ④ 농촌지역을 쇠퇴시킨다고 지적한다. 이에 대해 긍정적인 평가를 하는 입장에서는 이상과 같은 부정적 현상은 단기적인 현상에 지나지 않는 것으로, 오히려 수도에 대한 집중적인 투자가 장기적으로 볼 때 효율성이 크고 국가 전체로서 규모나 집적의 경제효과를 창출할 수 있다고 반론한다. 그리고 자본이나 인재의 집적과 지식의 전문화를 가져오고 교통망을 확대시켜 새로운 이노베이션을 파급시키는 원동력이 된다고 주장하고 있다.

일반적으로 한 나라 안에서 각 지역의 교류가 고조되고, 세계경제에 있어서도 다른 나라와의 교역이 활발히 진행되면 종주분포 패턴에서 순위규모분포 패턴으로 전환된다.

말레키(Malecki)는 도시체계의 동태적 변화양상을 파악하기 위해 q값의 변화추세를 토대로 순위규모법칙에 관해 설득력 있는 모형을 제시한 바 있다. [그림 4-1]은 순위규모분포의 변화모형이다.

도시인구 P_r과 도시순위 r의 두 변수와의 관계를 보면 세 가지의 유형이 나타난다. 첫째는 전체도시 증가형인 (a)형이다. (a)모형은 모든 순위의 도시인구가 t_1에서 t_2로 시간이 경과하는 동안 q값의 변동없이 각 순위의 각 도시인구가 어느 계급의 도시를 막론하고 전반적으로 성장하는 현상을 나타낸다.

둘째는 하위도시 증가형으로 (b)형이다. (b)모형은 t_1에서 t_2로 시간이 경과

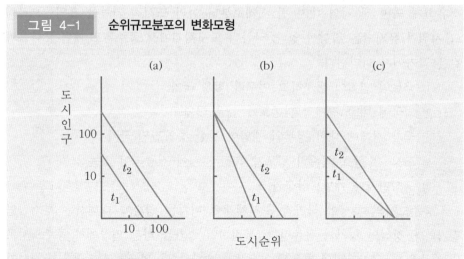

그림 4-1 순위규모분포의 변화모형

자료: Malecki, 1975, "Examining Change in Rank–Size Systems of Cities," *The Professional Geographers* 27(1): 43–47.
권용우, 1998, "한국도시의 순위규모법칙, 1789–1995," 지리학연구, 32(1): 60.

하는 동안 q값이 감소한 것을 보여주는 형태이다. 이것은 상대적으로 소도시 인구가 증가한 결과를 나타낸다. 셋째는 상위도시 증가형으로 (c)형이다. (c)모형은 t_1에서 t_2로 시간이 경과하는 동안 q값이 증가한 것을 보여주는 형태이다. 이것은 상대적으로 대도시 인구가 증가한 결과를 나타낸다는 것이다.

04 종주도시지수

종주도시체계 패턴을 보이는 도시군의 종주성의 정도를 측정하는 척도로서 종주도시지수(Index of primacy)가 사용된다. 종주도시지수는 다음과 같이 나타낼 수 있다.

$$종주도시지수 = \frac{제1위\ 도시의\ 인구규모}{제2위\ 도시의\ 인구규모}$$

우리나라의 종주도시지수의 변화는 다양하다. 해방 전의 종주도시지수는 대부분 3 이상을 보였다. 6·25사변 이후에도 임시수도가 부산에서 서울로 복귀한 직후인 1955년을 제외하면 종주도시지수가 여전히 높게 나타난다(표 4-1). 도시체계가 순위규모분포를 따른다면, 2위 도시인 부산의 인구규모는 수도 서울 인구규모의 1/2이어야만 한다. 그러나 1995년 수도 서울의 인구는 1023만 명으로 부산의 381만 명으로 종주도시지수가 2.7이었다. 그러나 2010년의 경우는 서울시의 인구수가 979만 정도이고 부산의 인구수는 341만 명으로 전체 인구수는 점차 감소추세로 나타나고 있으나 종주도시지수는 2.9로 더 높아진 것으로 나타난다.

대체로 개발도상국의 경우, 급속한 공업화에 의해 대도시, 특히 수위도시로의 인구집중이 현저하게 나타나기 때문에 종주도시지수가 높은 값을 나타낸다. 특히 라틴 아메리카 지역의 나라들에서 이러한 예를 쉽게 찾아볼 수 있다. 개발도상국에서는 수도가 수위도시인 경우가 보통이다. 개발도상국의 수도는 선진국과 활발한 경제교류를 하지만 수도 이외의 도시군은 선진국과의 경제교류가 원활하지 못하다. 개발도상국에서는 국내의 교통·정보 네트워크가 정비되어 있지 않기 때문에 물자의 유통이나 정보의 전달이 원활하지 않거나, 국토를 총괄하는 행정조직이 미비하여 신기술이나 성장유도정책이 수도에서 다른 도시군에 효율적으로 전달되지 않는다. 이런 이유로 개발도상국에서는 수도와 그 외의 도시군과의 경제격차가 크게 확대되어 있다.

표 4-1　한국의 종주도시지수 변화, 1915-2010

(단위: 천 명)

구 분	1915	1925	1935	1944	1955	1966	1975	1985	1995	2000	2005	2010
수위도시 (서울)	241	342	444	989	1,574	3,803	6,889	9,639	10,231	9,895	9,820	9,794
제2위도시	60	106	182	342	1,049	1,430	2,454	3,514	3,814	3,663	3,523	3,414
종주도시 지수	4.0	3.2	2.4	2.9	1.5	2.7	2.8	2.7	2.7	2.7	2.8	2.9

자료: 조선총독부, 1915, 1925, 조선총독부통계연보; 조선총독부, 1935, 1944, 조선국제조사보고; 경제기획원, 1955, 1966, 1975, 대한민국센서스보고서; 경제기획원, 1985, 인구 및 주택센서스보고; 통계청, 1995, 2000, 2005, 2010, 인구 및 주택 총 조사보고.

제2절 한국도시의 순위규모

01 도시순위상의 변화

우리나라의 도시순위의 체계변화에는 다양한 특징이 나타난다(권용우, 1977). 서울은 조선조 이래 어느 시대를 막론하고 순위상에서 위치 변동 없이 수위도시를 유지하고 있다. 그리고 인구면에서 뚜렷한 종주도시를 견지하였다. 제2위의 도시의 경우 도시발달의 초기에는 개성이, 한일합방 이후 1930년대까지는 부산이, 1940년에서 해방 이전까지는 평양이, 해방 이후 1995년까지는 다시 부산이 차위도시로 등장하였다. 따라서 대체적으로 우리나라의 제2위 도시로 유지되어 온 도시는 부산으로 볼 수 있다. 제3위의 도시는 평양으로 간주된다. 또한 해방 이전의 경우 이들 서울·부산·평양 등의 대도시는 인구규모면에서 종주분포 패턴을 주도하는 도시들이었다. 인구순위 7위까지를 보면 1949년 이후 현재까지는 서울·부산·대구·인천·광주·대전·전주, 마산 또는 울산 등의 순위로 서열상의 안정을 보여 준다.

우리나라의 경우 대체적으로 인구가 25만 명 규모에 도달하면 그 때부터는 전국의 도시체계상 서열변동 현상이 나타나지 않는다. 따라서 25만 명 규모를 도시서열안정의 임계점(critical point)으로 간주할 수 있다. 이것은 도시의 인구규모가 일정한 임계규모에 도달되면 도시기능상 산업기반의 다양화·행정력의 강화·막대한 기존 고정산업·광대한 배후지의 확보·물량 및 자금의 계속적인 지원 등을 토대로 그 도시의 성장이 지속적으로 유지됨으로써 도시기능의 쇠퇴, 곧 인구감

| 표 4-2 | 한국도시의 순위규모분포상의 q계수의 변화, 1920-2010 | | |

연 도	q계수	연 도	q계수
1920	1.20472	1970	1.14515
1925	1.05301	1975	1.16522
1930	1.05785	1980	1.28084
1935	0.84271	1985	1.28051
1941	0.91226	1990	1.26495
1944	0.89822	1995	1.23957
1949	1.12169	2000	1.20220
1955	1.07663	2005	1.18331
1960	1.15762	2010	1.16727
1966	1.13384		

주: 1. 상기자료는 인구 2만 명이상의 부, 시, 읍을 대상으로 함.
    2. 1945년 이전은 남북한을, 1945년 이후는 남한만을 다룬 것임.
    3. 1995-2010년의 도시인구 산정에서 도농통합시의 경우 면을 제외한 동·읍 인구수만 산정했음.
       1995-2010년까지의 q계수는 도농통합시의 원칙에 맞추어 산정함.[1]
    4. 1920-1990년까지의 q계수는 권용우, 1998, "한국도시의 순위규모법칙, 1789-1995," 지리학연구,
       32(1): 63에서 재인용.
자료: 1920, 1940; 간이국세조사결과표, 인구조사보고, 1955; 경제기획원, 1960, 인구주택국세조사보고; 경제
      기획원, 1966, 인구센서스보고; 경제기획원, 1970, 1975, 1980, 1985, 인구 및 주택센서스보고; 통계청,
      1990, 1995, 2000, 2005, 2010, 인구주택 총조사보고.

소현상을 방지한다는 소위 도시성장임계규모(urban size ratchet) 개념으로 설명할 수 있다(Thomson, 1968: 21-24).

도시의 순위규모분포 현상을 보다 명확히 설명해 주는 것이 $\log P_r = \log P_1 - q \log r$로 표현되는 대수식에서의 q계수치의 변화이다.

[표 4-2]는 인구규모 2만 명 이상의 도시에 대해 1920-2010년 사이의 q값 변화를 산정해 놓은 것이다. q계수치의 변화를 보면 우리나라 도시체계의 전반적 특성을 이해할 수 있다. 대체로 1920년부터 1930년 중반까지 도시계층의 상층부에 인구집중현상이 일어난다. 1935-1944년의 기간 동안에는 상대적으로 중간 규모 이하의 도시에 인구가 집중하는 현상을 보인다. 그리고 1966년 이후 q계수치는 1.13384에서 꾸준히 증가하다가 1980년에 1.28084로 정점을 이룬다. 그 후 q계수치는 서서히 감소하여 2010년에 1.16727에 이른다. 이는 1980년을 기점으로 서울로의 인구집중이 전환점을 이루면서 둔화되고 있음을 시사한다. 대체로 q계

수치가 1.00000에 가까우면 그 나라의 도시체계는 인구 순위와 인구규모가 정상
적으로 분포하는 정규분포(rank size distribution) 양상이 된다고 설명한다.

02 한국도시의 순위규모법칙

도시의 순위규모법칙에 의해 우리나라의 도시규모 분포패턴을 도식화해 보
면 다양한 특징이 확인된다(그림 4-1, 4-2).

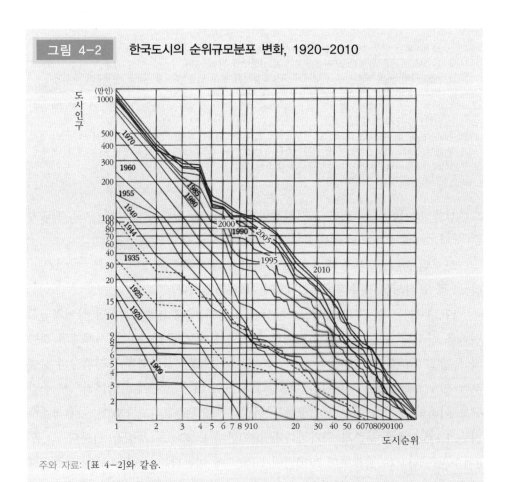

그림 4-2 한국도시의 순위규모분포 변화, 1920-2010

주와 자료: [표 4-2]와 같음.

대체로 1944년까지는 우리나라의 도시가 도시규모에 관계없이 어느 계급의 도시를 막론하고 전반적으로 성장하였다. 인구규모가 10만 명 정도인 도시를 기점으로 잡았을 때 1944－1960년 기간에는 시간이 경과함에 따라 대체로 인구순위 10위 이상인 상위도시가 하위그룹의 도시보다 큰 성장을 보이고 있다. 1949년에서 1960년까지 대략 인구 순위 10위 이하인 하위그룹 도시의 경우, 1949년, 1955년, 1960년의 3개 연도 그래프가 아래로 확대되었다. 이것은 인구규모 2－5만 명의 도시수가 이 기간 동안에 상대적으로 급증하였음에 반하여, 5－10만 명 도시의 인구성장은 미약하였음을 반증해 주는 것이다. 이는 [그림 4－1]의 (b)형과 유사하다. 우리나라 도시체계의 발달과정에 있어서 해방을 전후하여 1960년까지의 인구계급별 도시체계의 변화기복이 심한 양상이 반영되는 측면이다. 1960년대 이후 1975년까지는 우리나라 전체 도시가 그 규모에 관계없이 전반적인 인구성장을 하고 있다. 이는 어느 계층의 도시를 막론하고 전반적으로 모든 도시가 성장하는 [그림 4－1]의 (a)형과 유사하다. 1980년 이후 2010년까지는 대도시로의 인구증가가 가속화되고 있다. 이러한 현상은 주로 상위도시가 증가하는 형태인 [그림 4－1]의 (c)형과 유사하다.

제 **3** 절
중심지이론

Understanding the City

01 정주체계와 중심지이론

지표상에는 크고 작은 도시적 취락이 무수히 존재한다. 대체로 소도시는 대도시보다 수가 많고, 도시 사이의 거리가 짧은 편이다. 그러나 도시의 크기가 작거나 크거나 간에 대부분의 도시는 그 주변지역에 대하여 중심지로서의 기능을 제공하며 일련의 공간적 관계를 맺는다. 중심지는 그 주변지역에 재화와 서비스를 제공하는 중심기능이 입지한 장소를 의미하는데, 중심지의 규모나 분포에는 일정한 질서가 존재한다. 독일의 지리학자인 크리스탈러(Christaller)는 1933년에 『남부독일의 중심지』(Die Zentralen Orte in Süddeutschland)라는 저서를 통하여 중심지의 분포에 관한 법칙을 발견하고자 하였다. 책의 부제를 '도시 기능을 지닌 취락의 분포와 발전의 법칙성에 관한 경제지리학적 연구'라고 붙였듯이, 그는 경제이론을 도입하여 도시적 취락의 형성과 분포를 밝히려 했다. 이처럼 중심지 기능을 지닌 취락의 규모, 수, 분포에 관해 일반적 설명을 하고, 법칙을 발견하고자 하는 이론을 중심지이론(central place theory)이라 한다.

크리스탈러의 중심지이론은 발표 당시보다 제2차 세계대전이 끝난 이후, 특히 1960년대에 영어번역본이 출판되면서 독일 이외의 지역에서 관심을 끌며, 보다 많은 학자들에 의해 관련 연구와 분석이 활발해졌다. 크리스탈러 이래 중심지이론에 대해서는 여러 가지 관점에서 논의가 진행되었는데, 공간이론의 일반화를 위한 기본 이론으로서 그 가치가 인정되고 있다.

02 크리스탈러의 중심지이론

크리스탈러는 처음에 독일 경제 및 행정조직의 합리적 구축이라는 실천적 연구를 구상하였으나, 지리적 관심과 함께 중심지이론이라는 순수 학술 연구를 진행하게 된다. 그는 경제이론을 기반으로 도시적 취락의 규모, 수, 분포에 관한 공간 이론을 구축하고, 남부 독일을 사례로 이론을 검증하였다. 기술적 설명이라는 기존의 지리학 연구와 달리 연역적으로 이론을 구축하고, 현실 지역과 연계하여 검증을 시도한 의미 있는 연구이다.

크리스탈러의 중심지이론을 보다 잘 이해하기 위하여, 다양한 중심지 관련 연구 성과와 아이디어를 활용하여 주요 개념부터 설명하기로 한다.

1) 주요 개념

(1) 중심지(central place)

중심지는 그 주변지역에 대해 재화와 서비스를 제공하고 지역 간 교환의 편의를 도모해 주는 장소이다. 이러한 기능을 갖춘 정주공간은 일반적으로 도시가 해당된다. 그러나 크리스탈러의 관심은 모든 도시가 아니라 중심지 역할을 수행하는 도시 및 그 기능으로 한정되는데, 이러한 사고의 기반은 그의 스승인 그라트만(Gradmann)의 연구에서 찾을 수 있다. 그라트만은 도시의 탁월한 기능으로서 주변 촌락에 대한 중심지 역할, 그리고 국지 상업을 외부 세계와 연결시키는 기능, 즉 국지 산물을 수집·수출하고, 주변 지역이 필요로 하는 필수품과 서비스를 수집·배분하는 중개 역할에 주목했다(Gradmann, 1916).

(2) 중심재와 중심서비스(central goods and services)

중심지에서 주변지역에 공급하는 재화와 서비스를 중심재와 중심서비스라고 한다. 고차의 중심재는 고차의 중심지에서만 공급되고, 저차의 중심재는 저차의 중심지뿐만 아니라 고차의 중심지에서도 공급된다.

(3) 중심기능(central function)

중심지는 다양한 재화와 서비스를 제공하는데, 중심지에서 주변지역에 제공하는 모든 재화와 서비스를 중심기능이라 한다. 중심기능에는 도·소매업, 교통, 금융, 행정, 교육, 기타 서비스 기능이 포함되며 제조업, 광업, 농업 등의 기능은 여기서 제외된다. 이러한 점에서 크리스탈러의 중심지이론은 제3차 산업에 관련된 입지이론으로, 튀넨(Thünen)의 농업입지론, 베버(Weber)의 수송·노동·집적 요인에 관련된 공업 입지론과 비교된다.

(4) 최소요구치(threshold)

중심재와 중심서비스를 제공하는 중심지가 그 기능을 유지하며 계속 존립하기 위해서는 중심기능에 대한 최소한의 수요 또는 인구수가 만족되어야 한다. 이 최소한의 수요를 중심지가 존립하기 위한 최소요구치 또는 성립규모라 하는데, 일반적으로 표현하면 정족수에 해당하는 개념이다(그림 4-3). 공간적 차원에서 보면 최소요구치란 중심지 기능이 존립할 수 있는 수요가 확보되는 배후지의 공간 규모이다. 중심지는 수행하는 기능, 즉 중심기능의 차이에 따라서 최소요구치의 규모가 다르며 최소요구치를 만족시키는 공간 범위의 크기도 다르다.

(5) 도달범위(range of goods or services)

도달범위는 중심기능이 중심지로부터 제공되는 한계거리를 의미한다. '최소요구치가 확보된 중심지의 기능이 어느 범위까지 도달될 수 있는가?'라는 문제는 중심재의 가격과 그것을 획득하기 위해 지불하는 수요자의 교통비가 결정적 역할을 한다. 이때 공간거리 극복 비용, 즉 교통비 때문에 중심재는 공간상에서 무제한 공급될 수 없게 된다. 수요자의 입장에서 보면 구매거리에 제약을 받게 되어, 결국 중심지로부터의 일정거리 안에서만 중심기능에 대한 이용이 가능해진다. 이 한계 거리까지를 중심재의 도달범위 혹은 최대도달거리라 한다.

이와 같이 중심재의 도달범위는 중심재의 가격과 교통비에 의해 영향을 받게 되는데, 중심재에 따라 그 크기가 다르다. 예를 들어 빵의 경우는, 가격이 저렴하고 일상적으로 자주 필요로 하는 재화이므로 수요자는 구매를 위해 단거리

이동을 하게 되어 도달범위가 좁게 나타난다. 반면에 외출복의 경우는, 가격이 비싸고 가끔 구매하는 재화이므로, 장거리 이동도 감수하기 때문에 도달 범위가 넓다. 현실적으로 수요자는 한 번 이동하여 빵과 외출복을 동시에 구입하는 다목적 구매(multi-purpose shopping)를 하지만, 크리스탈러의 이론편에서는 이러한 문제는 고려하지 않고 있다.

(6) 보완구역(complementary region, hinterland)

중심지에서부터 도달범위 사이의 공간을 보완구역이라 한다. 읍, 시 등이 중심지라면 서비스를 제공받는 주변의 촌락지역이 보완구역이며, 도시 내부에서는 중심업무지구와 부도심 등이 중심지이고, 서비스를 제공받는 시역(市域)이 보완

그림 4-3 중심지의 최소요구치, 도달범위, 보완구역

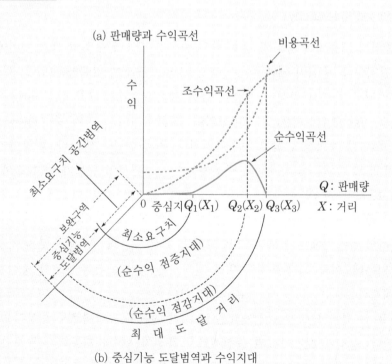

(b) 중심기능 도달범역과 수익지대

자료: Lösch, A., 1954, *The Economics of Location, translated by Woglom*, W. H., Yale Univ.

구역이다. 결국 보완구역이란 한 중심지로부터 중심재나 중심서비스를 제공받을 수 있는 최대한도의 공간을 말한다. 중심지가 하나만 있다고 가정했을 때는 보완구역은 원형이 되지만, 다수의 중심지가 분포할 때는 이들 간의 경쟁에 의해 보완구역의 형상이 달라질 수밖에 없다. 이론적으로는 각 중심지의 중심기능이 동일하면 이들 중심지의 최소요구치나 보완구역의 규모는 모두 균일할 것이다.

(7) 중심성(centrality)

중심지의 중심기능 보유 정도를 중심성이라 한다. 예를 들어 어떤 중심지가 중심지 자체의 주민들에게 제공할 수 있는 기능보다 많은 잉여기능을 보유하고 있다면, 그 잉여기능의 보유 정도가 중심성이다. 중심기능의 종류가 많고 동일기능을 제공하는 시설 수가 많을수록 중심성이 크다고 할 수 있다.

(8) 계층(hierarchy)

중심지 계층이란 중심지 상호 간의 중심성 및 보완구역의 크기 차이에 따른 서열 관계이다. 중심지 계층은 일반적으로 인구 규모에 비례하는데, 인구 규모가 크다고 해서 반드시 중심지 계층이 높은 것은 아니다. 고차 중심지(higher-order central place)란 중심성이 높고 보완구역이 큰 중심지이고, 저차 중심지(lower-order central place)란 중심성이 낮고 보완구역이 작은 중심지를 말한다. 다양한 계층의 중심지 분포 관계는 고차계층의 중심지일수록 보완구역 규모가 큰 대신에 그 수는 적고, 저차계층의 중심지일수록 보완구역 규모가 작은 대신에 그 수가 많아 중심지 계층 간 수의 분포 상태는 소위 피라미드 형태를 이룬다. 고차의 중심지는 차하위 중심지에는 없는 새로운 고차의 중심재를 더 보유함으로써 차상위 순위로 되는데, 이와 같이 특정 순위를 결정짓는 해당 순위의 최고차 중심재를 계층한계재화(hierarchical marginal goods)라고 한다.

[표 4-3]에서 보면, 중심재 1은 이 지역 최고차 중심재로서 중심지 A에서만 제공된다. 중심재 2는 차하위 중심재로서 중심지 A에서 제공되지만 중심재 1보다는 판매 범위가 약간 좁다. 중심재 3은 중심지 A는 물론 중심지 B에서도 제공된다. 이 중심재는 중심지 B에서 가장 계층이 높은 중심재로서, 중심지 계층을

표 4-3　중심지 계층과 중심재 순위와의 관계

최소요구치	중심재의 순위	중심지 계층 높음 ←————————→ 낮음		
		A 중심지	B 중심지	C 중심지
높음 ↕ 낮음	1	V		
	2	V		
	3	V	V	
	4	V	V	
	5	V	V	
	6	V	V	
	7	V	V	V
	8	V	V	V
	9	V	V	V
	10	V	V	V

주: V는 각각의 중심지에서 제공되는 중심재를 의미함.
자료: Lloyd, p., and Dicken, P., 1977, *Location in Space*, 2nd ed., Harper & Row, New York, p. 30.

결정짓는 바로미터 역할의 계층한계재화이다. 중심재 7도 마찬가지로 중심지 C를 결정짓는 계층한계재화이다.

　　중심지 계층 간의 평균거리를 보면 고차 계층의 중심지 평균거리가 저차 계층의 중심지 평균거리에 비해 더 크다. 고차 중심지일수록 중심지의 존립을 위한 최소요구치가 크고 중심기능의 도달범위도 저차 중심지보다 크다. 따라서 특정 지역에서 낮은 계층의 중심지는 숫자상으로 많은 반면, 고차 중심지에 비해 서로 가깝게 위치한다. 결국 중심지 계층의 개념은 중심지 간의 기능적 차이, 중심지 수의 분포, 거리적 공간 위계질서를 모두 함축하고 있는 개념이다. 크리스탈러는 그의 연구 대상 지역인 남부 독일 도시들의 계층을 확인하기 위해 인구 수와 보유 전화기 대수를 지표로 하여 각 취락별 중심성을 계산하여, 일곱 개의 계층으로 구분하였다. 크리스탈러는 다음 공식에 의해 중심성을 계산하고 계층을 확인하였다.

$$C = T_Z - E_Z(T_g / E_g)$$

C: 중심성

T: 전화대수

E: 인구수

Z: 중심지

g: 지역

표 4-4 ▼ 크리스탈러의 중심지 계층

계 층	중심지 수	보완구역 수	보완구역 반경(km)	보완구역 면적(km²)	중심재의 종류	중심지 인구수	보완구역 인구수
M (marktort, Markettown)	486	729	4.0	44	40	1,000	3,500
A (Amstort, Township center)	162	243	6.9	133	90	2,000	11,000
K (Kreisstadt, country city)	54	81	12.0	400	180	4,000	35,000
B (Bezirksstadt, District city)	18	27	20.7	1,200	330	10,000	100,000
G (Gaustadt, Small state capital)	6	9	36.0	3,600	600	30,000	350,000
P (Provinzstadt, Provincial head city)	2	3	62.1	10,800	1,000	100,000	1,000,000
L (Landstadt, Regional capital city)	1	1	108.0	32,400	2,000	500,000	3,500,000
전체	729						

자료: 발터 크리스탈러 지음, 안영진·박영한 옮김, 2008, 중심지이론: 남부독일의 중심지, 나남, p. 115를 기초로 수정한 것임.

(9) 포섭(nesting)

보완구역이 작은 저차 중심재와 보완구역이 큰 고차 중심재를 특정 지역에 남김없이 모두 제공하기 위해서는 저차 중심재의 보완구역이 고차 중심재의 보완구역 안에 중첩되어 나타나야 한다. 저차 및 고차 중심재를 제공하는 고차 중심지의 보완구역 안에 저차 중심재만을 제공하는 저차 중심지의 보완구역이 중첩되어 나타나는 이러한 관계를 포섭이라 한다. 예를 들어 어느 지역에 세 계층의 중심지들이 있을 때 최하위 계층의 중심지에는 초등학교만이 입지하는 데 반해, 중간 계층 중심지에는 초등학교와 중학교, 최상위 중심지에는 초등학교, 중학교 외에 고등학교가 입지하여 학제에 따라 학구는 중첩된다. 초등학교 학생 수는 많으므로 최소요구치가 쉽게 충족되어, 학구의 규모가 작은 여러 개의 초등학교가 각 중심지마다 세워진다. 하지만 중학교 진학은 여러 가지 사정 때문에 탈락자가 생기게 되어 중학교의 수는 줄어들어 중간 계층이나 최고차 계층 중심지에만 입지하게 되므로 초등학교 학구보다는 넓어진다. 고등학교는 최고차 중심지에만 한두 개 정도 세워질 수밖에 없기 때문에 보다 넓은 학구를 형성하게 된다. 이 경우 최상위 중심지는 좁은 범위의 자체 아동들을 위한 초등학교 보완구역과 함께, 중학교 및 지역 전체의 학생들을 위한 고등학교 보완구역을 동시에 중첩되게 형성한다.

중심지이론에서는 고차 중심지에 분할 포섭되는 저차 중심지의 수 및 보완구역 수의 규칙성에 관한 공간구조체계의 설명이 가능하다. 뢰쉬(Lösch)는 고차 중심지가 지배하는 차하위 중심지의 수 및 보완구역의 수를 K값(K value)으로 설명하고 있다.

2) 전제조건과 가설

크리스탈러가 중심지이론을 전개하기 위해 상황을 단순화 시킨 전제조건은, 다음과 같이 정리할 수 있다.

첫째, 지역은 등질 공간이며, 수송비는 거리에 비례한다.

둘째, 인구는 지역에 균등 분포한다.

셋째, 지역의 어느 지점도 중심지의 서비스를 제공받지 못하는 곳은 없다.

넷째, 중심지 간 완전 경쟁이 일어나며, 공급자와 수요자는 합리적인 경제인이다.

위와 같은 전제조건하에 크리스탈러는 다음과 같은 가설을 세운다.

첫째, 중심지들은 전형적인 규모의 유형이 존재한다.

둘째, 중심지 계층이 높아질수록 중심지 수는 적어지고, 계층이 낮아질수록 중심지 수는 많아진다.

셋째, 적정 수의 중심지가 완벽한 중심지 체계를 통해 지역 전체에 빠짐없이 서비스를 제공하는 중심지 분포는 육각형 보완구역을 갖는 삼각격자형 균등 분포이다.

03 이론의 전개

1) 가정적 수요곡선(hypothetical demand curve)

최소요구치와 도달범위 개념은 하나의 재화와 한 명의 공급자라는 단순한 경우에서 설명할 수 있다. 재화에 대한 수요는 가격 탄력적이므로 가격이 증가함에 따라 수요가 감소한다(그림 4-4a). 즉, 중심지로부터 멀어짐에 따라 수요량은 체감한다는 것이 가정적 수요곡선으로 도식화된다.

2) 가정적 수요원추(hypothetical demand cone)

모든 수요자는 특정 재화를 구입할 수 있는 액수가 동일하다는 가정하에서, 중심지로부터 멀리 입지하는 수요자일수록 수송비 비중이 커지므로 특정 재화의 구입비가 증가하여 결국은 구매할 수 없는 지점이 나타난다. 즉, 거리의 마찰효과 때문에 중심지에서 거리가 멀리 떨어짐에 따라 수요가 감소하는 현상을 면적에 대비시켜, 가정적 수요원추로 입체화 할 수 있다.

예를 들어 [그림 4-4b]에서 보면, F보다 중심지로부터 먼 곳에 거주하는 수요자는 수송비 때문에 재화를 하나도 구입할 수 없게 된다. 이와 같이 공급자로부터 수요자의 구매가 0이 되는 지점까지의 거리가 재화의 도달범위로서 보완구역의 최대 반경이 된다.

그림 4-4 **가정적 수요곡선과 수요원추**

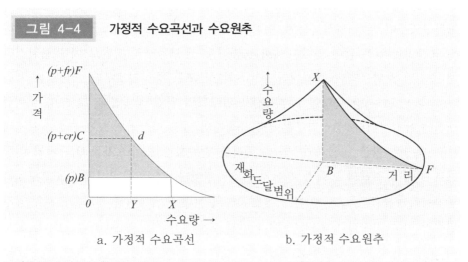

a. 가정적 수요곡선   b. 가정적 수요원추

자료: Lösch, A., 1954, *The Economics of Location, in Carter*, Translated by Woglom, W. H., John Wiley & Sons, p. 106을 기초로 수정.

3) 육각형 모형(hexagon model)

중심지가 공간상에 단 하나 존재한다면 가장 이상적인 보완구역의 형상은 원형일 것이다(그림 4-5a). 그러나 동일 계층의 중심지가 다수 분포할 경우 이들

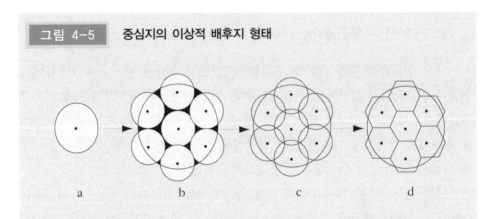

그림 4-5 　중심지의 이상적 배후지 형태

자료: Fellmann, J., Getis, A. and Getis, J., 1996, *Human Geography*, 5th ed., Brown & Benchmark, p. 387 을 기초로 재작성한 것임.

중심지들은 시장 확보를 위한 경쟁 관계에 돌입하게 된다. b의 경우는 원형상의 보완구역들이 서로 외접되는데, 어떠한 중심지로부터도 서비스를 제공받지 못하는 공간이 아직은 남아 있다. c에서는 중심지 간 보완구역 쟁탈로 매우 불안정하게 중첩된 보완구역이 형성된다. d는 이론상 모든 중심지로부터 서비스를 제공받을 수 있고, 시장 균형이 이루어진 보완구역의 완결 형태인데, 그 모양은 원형 대신에 육각형이다. 중심지이론에서 중심지의 가장 이상적인 보완구역의 경제적 분포 형상은 많은 공급자가 최소요구치를 만족시키고, 수요자는 최단거리 이동으로 중심지 선택의 기회가 주어지는 육각형이다. 결국, 중심지의 최소요구치를 만족시키는 공간 규모는 이론상 중심기능의 최대 도달범위와 최소요구치의 공간 범위가 서로 일치하게 된다. 이때가 바로 중심지가 정상이윤(normal profit)을 발생시키는 보완구역을 확보하는 때이다.

4) 포섭원리(nesting principle)

"보완구역의 크기가 서로 다른 다양한 계층의 중심지들이 혼재할 때, 이들 크고 작은 중심지들은 어떻게 배열되겠는가? 또 그 배열에 일정한 규칙성은 없는가?"라는 문제가 대두된다. 이는 앞서 설명한 포섭(nesting) 개념을 통해 이해할 수

그림 4-6	포섭의 원리

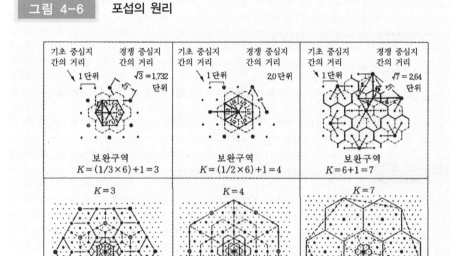

자료: Kolars, J. F. and Nystuen, J. D., 1974, *Geography*, McGraw Hill, p. 81.

있다. 중심지들 간에 계층이 서로 다르다고 해서 상이한 중심기능만을 보유하는
것은 아니다. 고차 중심지는 차하위 계층의 중심지가 보유한 모든 기능 외에, 후
자에 없는 기능들을 하나 이상 더 보유하므로 보완구역이 중첩된다. 따라서 중심
지 계층의 포섭원리란 고차 중심지의 보완구역 안에 차수가 낮은 중심지들의 보
완구역이 어떻게 분할 포섭되는가 하는 중심지 계층 간의 공간구조체계에 관한
설명 원리이다.

중심지 계층의 포섭원리를 설명하는 데는 K값 체계(K-value system)가 유용
하다. K값 체계는 일련의 중심지들의 계층관계에서 최고차 중심지의 육각형 보
완구역 안에 차수가 낮은 중심지와 그 육각형의 보완구역이 몇 개씩 포섭되는가
하는 원리를 K값의 배수로 설명하는 것이다(그림 4-6). 크리스탈러는 중심지의
계층구조가 언제, 어디서나 일률적으로 형성되는 것이 아니고, 지역과 시간에
따라 K값의 특수한 경우인 시장원리($K=3$), 교통원리($K=4$), 행정원리($K=7$)의

세 가지 포섭원리에 의해 각각 다른 유형으로 결정된다고 보았다.

(1) 시장원리(market principle)

고차 중심재화가 될 수 있는 한 짧은 거리의 이동으로 주변의 저차 보완구역에 공급되는 유형을 시장원리라 한다. 이 원리를 만족시키려면 각 중심지들은 서로 간의 거리가 최소가 되도록 배열되어야 한다. [그림 4-7]과 같이 고차 중

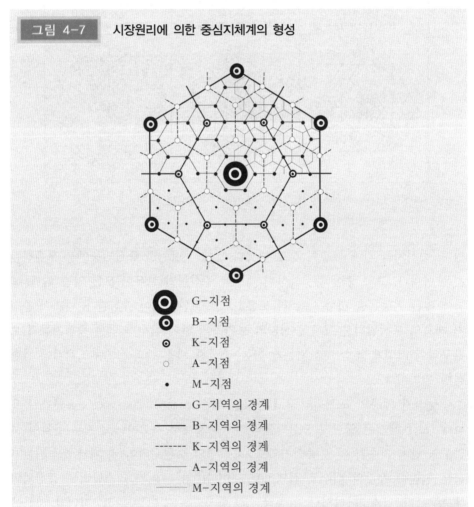

그림 4-7   시장원리에 의한 중심지체계의 형성

◎ G-지점
◉ B-지점
⊙ K-지점
○ A-지점
• M-지점
── G-지역의 경계
── B-지역의 경계
------ K-지역의 경계
── A-지역의 경계
── M-지역의 경계

자료: 발터 크리스탈러 지음, 안영진·박영한 옮김, 2008, 중심지이론: 남부독일의 중심지, 나남, p. 116을 기초로 수정.

심지가 그를 둘러 싼 여섯 개의 저차 보완구역들을 1/3씩 포섭할 수 있도록 중심지가 배열되면 된다. 이와 같은 분할 포섭의 원리는 계층이 높아져도 마찬가지로 적용되어, 계층이 높아질수록 보완구역의 규모는 점점 커지고 포섭된 보완구역의 형태는 계속 육각형을 유지한다. 그런데 실제로는 어느 한 중심지를 세 조각으로 나눌 수는 없으므로, 차하위 중심지의 보완구역은 분할되지 않은 채 포섭된다. 즉, 고차 중심지가 주변의 여섯 개 차하위 계층 중심지 중 두 개씩을 포섭하여 자신의 보완구역으로 갖게 되면 보완구역의 면적은 1/3씩 분할 포섭되었을 때와 동일하다. 뢰쉬는 고차 중심지에 포섭되는 저차 중심지의 보완구역수를 K값이라 하고, 시장원리에 의해 세 개씩의 보완구역이 포섭되는 관계를 $K=3$의 계층구조라 부른다. 시장원리에 의해 형성되는 지역구조에서는 같은 계층의 중심지 간 거리는 차하위 계층 중심지 간 거리의 $\sqrt{3}$배씩 증가하여 교통원리나 행정원리의 경우에 비해 증가율이 적다. 따라서 고차 중심지에 포섭되는 저차 중심지 크기의 보완구역 수는 계층이 낮아짐에 따라 $1:3:9:27:81$로, 중심지 수는 $1:2:6:8:54$로 늘어난다.

[그림 4-7]에서 보는 것처럼 최고차 중심지인 G중심지들이 모든 지역에 남김없이 서비스를 제공하며 분포한다면, 새로운 중심지의 입지는 최소요구치를 만족시킬 수 있는 G보다 하위 중심지로 한정된다. G중심지의 차하위인 B중심지가 입지하고자 한다면, G중심지는 B중심지의 기능을 모두 가지고 있기 때문에 G중심지와의 경쟁을 피하기 위해, 인접하는 3개 G중심지의 한가운데 입지한다. 결국 B중심지의 입지점은 G중심지의 육각형 보완구역의 꼭짓점이 된다. 이때 G중심지의 보완구역 안에 포함되는 B중심지의 보완구역 수는 3개, 즉 한가운데 완전한 것 1개와, 주변 6개의 1/3씩 하여 총 3개가 된다. 이와 같은 공간 입지는 B의 최소요구치를 만족시키는 완전한 공간분포이다. 그러므로 이 경우도 새로운 중심지의 입지는 B보다 최소요구치가 작은 중심지로 한정된다. B의 차하위인 K중심지도 B중심지와 같은 방법으로 B중심지의 육각형 보완구역의 꼭지점에 입지하면, G중심지의 보완구역 안에 포함되는 K중심지 규모의 보완구역 수는 완전한 것 7개와 주변의 1/3씩 6개를 합하여 총 9개가 된다.

이 유형은 지역의 모든 수요자가 서비스를 공급받을 수 있으며, 중심지 수도 최대가 되어 수요자의 입장에서 보면 재화 구입을 위한 거리 이동이 최소화된다. 공급자의 입장에서는 최소요구치를 만족시키므로, 이 유형은 재화 매매에 가장 효과적 배열이라 하여 크리스탈러는 시장의 원리라 하였다. 시장의 원리는 기본적이고도 주된 중심지 분포의 원리이다. 남부독일에서는 규모, 공간 배치, 기능수, 계층적 상호 관계가 이론과 일치하지만, 이러한 규칙성은 역사적·경제적·지리적 환경 등에 의해 국지적인 편차가 나타난다.

(2) 교통원리(transport principle)

교통 이익을 최대화하기 위해 주요 교통로상에 입지하는 중심지 수가 극대화되는 계층별 중심지 분포 질서를 교통원리라 한다. 교통의 원리는 후술하는 행정원리와 함께 시장원리 체계에 편차를 야기하는 원리이다. 이 경우에 교통로는 직선형으로 형성되고, 고차 중심지에 저차 중심지의 보완구역이 절반씩 포섭되는데, 이때도 분할 포섭의 불합리한 점을 피하기 위해 실제 포섭은 인근의 저차 중심지 3개씩을 나누어 갖는 형식을 취한다. 고차 중심지에 포섭되는 차하위 중심지 규모의 보완구역 수는 고차 중심지 자체의 보완구역과 주변의 3개를 합하여 모두 4개가 되므로 뢰쉬는 이를 $K=4$의 계층구조라 한다. 고차 중심지들 중간 지점에 저차 중심지가 입지하므로 중심지 사이의 거리는 2배씩 늘어나는 관계에 있고, 고차 중심지에 포함되는 저차 중심지 크기의 보완구역 수는 $1:4:16:64$, 중심지 수는 $1:3:12:48$ 등으로 늘어난다. 이는 시장원리보다 효율적인 수송의 이점을 얻는 반면, 수요자는 중심지로 이동하기 위해 보다 긴 거리를 이동해야 한다.

(3) 행정원리(administrative principle)

고차 중심지가 주변에 있는 6개의 차하위 중심지를 완전히 포섭하여 통제효율의 극대화를 도모하는 경우를 행정원리라 한다. 이때는 차하위 중심지 보완구역이 1/3 또는 1/2씩 분할되지 않고 주변 6개의 보완구역이 완전히 포섭되어 K 값은 7이 된다. 따라서 고차 중심지에 포함되는 저차 중심지 크기의 보완구역 수는 $1:7:49:343$, 중심지 수는 $1:6:42:294$ 등으로 늘어나고, 계층이 높아질수록 중심지 간의 거리는 차하위 계층 중심지 간 거리의 $\sqrt{7}$ 배씩 증가한다. 법이나 행정력은 거리의 영향을 비교적 적게 받으므로, 교통망은 시장원리나 교통원리에 의한 계층구조의 경우보다 덜 효율적이다. 이러한 계층구조라면 수요자는 중심지로의 이동에 있어 시장원리나 교통원리보다 장거리를 이동해야 한다.

이렇게 보면, 중심지이론에서는 계층별 중심지의 각 보완구역이 서로 상위계층의 중심지에 포섭되는 계층적 공간구조 개념이 핵심이다.

04 중심지이론의 비판

크리스탈러의 중심지이론은 그 후 많은 사람들에 의해 이론적, 경험적으로 연구 검토되어 비판과 수정이 뒤따르게 된다. 중심지이론의 제한점 내지 비판의 내용은 대체로 다음과 같다.

첫째, 크리스탈러 이론에 대한 증거와 방법이 의문시 되는데, 실증연구에서도 확증할 만한 결과를 가져오지 못했다.

둘째, 전제조건 자체에 대한 비판을 들 수 있다. 예를 들어 개개인의 다양한 상황을 무시한 등질 인구 개념같이 등질지역이라는 비현실적 가정을 하고 있는데, 자연·인문적 다양성을 이론에 반영할 수 있어야 한다는 것이다. 또한 모든 중심지는 동시에 형성되는 것이 아니며, 중심지의 변화·발전에 따라 많아지기도 하고 적어지기도 한다. 그리고 지역 주민이 완전 정보를 가지고 행동하며, 언제나 경제성에 입각하여 행동한다는 전제 역시 비현실적이다. 이윤의 극대화가 인간 행태의 목표라 하더라도, 합리적인 경제적 의사결정에 필요한 정보 수준, 내적 통찰력에 대해 비현실적인 가정을 했다는 제한점이 있다. 이어서 동일 계층의 중심기능을 보유하더라도 지역의 자연·인문적 특성에 따라 중심지의 규모는 다를 수 있다는 점이다. 전제조건에 관한 마지막 비판은 중심지 기능은 다양한데, 중심기능 이외의 다른 기능을 무시한 점이다. 예를 들어 고용과 인구를 창출하는 제조업 같은 기능은 제외하고, 서비스 중심지로 한정된 연구를 수행했으므로, 크리스탈러이론은 모든 취락에 적용할 수 없다는 제한점이 있다.

셋째, 중심지체계는 여러 가지 지역적 변이에 의해서 교란된다는 점에서 비판받게 된다. 지역적 변이로는 주요 교통로, 토지의 기복, 토양의 생산성, 농업 유형과 경작의 집약도, 행정조직, 지역의 역사 및 산업화 정도를 들 수 있다. 따라서 중심지의 세력권이 육각형이라는 것도 비판의 대상이 된다. 또한 정부의 영향력을 거의 가정하지 않았다는 제한점이 있다. 최근에는 기업체의 입지 결정에 있어서 중앙 정부나 지방 정부가 주요 역할을 수행한다. 예를 들어 기업체 유치를 위해 보조금을 제안하거나, 투자 유치를 위해 자치단체장들이 로비활동을 하는 등 정부도 입지 결정에 영향을 미친다.

　이상과 같이 크리스탈러는 특정 시점으로 한정된 상황하에서의 중심지 분포에 관한 이론을 제시하고 있다. 수요자는 최근린 중심지를 이용한다는 한정된 이동성을 전제로 하였는데, 오늘날 개인의 이동성은 상당히 증가되어, 수요자는 최근린 중심지보다는 고차 중심지에서 다목적 구매행위를 하므로, 저차 중심지는 쇠퇴하게 된다. 특히 경제의 재구조화, 하부구조의 개선, IT산업과 전자상거래의 발달과 함께 수요자의 거리 마찰 효과가 현저히 약화되면서 중심지이론의 유용성이 미약해지고 있다. 이러한 비판들은 그 모두가 타당성을 지니는데, 중심지이론의 핵심인 계층구조 개념 자체를 부정하지는 않고 있다.

발터 크리스탈러(Walter Christaller, 1893-1969)

　크리스탈러는 1893년 4월 21일 독일의 베르넥크(Berneck)에서 출생하여 하이델베르크, 뮌헨, 에어랑겐 대학 등에서 철학과 문학, 미학, 정치경제학, 지리학을 공부했다. 그는 제1차 세계대전이 일어나기 전에 주로 철학과 정치경제학을 공부하였다. 제1차 세계대전에 참가한 크리스탈러는 전쟁 기간 중에 부상을 입고 전쟁에 대한 환멸을 느끼면서 고향에 돌아왔다. 이때에 그는 사회주의 사상을 갖게 되었으며 전 생애에 걸쳐 사회주의 사상은 그에게서 떠나지 않았다. 크리스탈러는 대학강사, 광부, 건설업자, 신문기고가, 건설회사 직원, 사무관 등 여러 직업을 전전했다. 1921년에 결혼하여 세 딸을 양육해야 했던 그는 경제적인 문제로 늘 시달렸다. 1928년에는 부인과 이혼했다. 후에 큰 딸은 아버지를 위해 육각형 모형을 그려주기도 하였다.

　1929년부터 10년간 크리스탈러는 학문 연구에 몰두했다. 그는 에르랑겐(Erla-ngen)대학에서 공부를 계속하여 정치경제학 석사학위를 받았으며, 박사과정 시험에 합격한 후 대학강사로서 자격을 인정받았다. 그의 박사학위 논문인 "남부독일의 중심지에 대한 연구"는 1932년 에르랑겐대학에서 그라트만(Gradmann, R.) 교수의 지도 아래 완성되었고 1933년 예나(Jena)에서 출판되었다.

크리스탈러는 교수임관논문에서 연역적 사고체계를 수정하고 귀납적 접근방법을 사용했다. 이러한 귀납적 사고를 이용하여 발간한 책이 『공동체 행정과 관련된 독일 농촌취락』이며 1937년에 출간되었다.

1938년 45세가 된 크리스탈러는 프라이부르크대학에서 강의를 맡게 되었다. 그러나 그는 사회적으로 크게 성공하지 못했다. 크리스탈러가 성공하지 못한 장애 요인은 세 가지로 요약할 수 있다. 첫째는 독일 내에서는, 그의 지리적 연구가 너무 편협하고 전문화되어 있다고 평가했다. 둘째는 교수임관논문이 완성되었을 때 그의 나이가 45세였기 때문에 나이가 커다란 장애가 되었다. 셋째는 크리스탈러가 히틀러 치하의 독일 정권에 대해 반감을 가졌던 사회주의자로 기울어져 있었고, 30대 초반에는 체포당하는 것을 두려워하여 몇 달 동안 프랑스로 도피하는 등 불안정한 그의 생활 때문이었다. 1940년 대에는 지방 정부의 연구소 설립과 나치 독일의 동유럽 점령지에 대한 취락정비계획에 참여하기도 하였다.

크리스탈러의 이론은 디킨슨(Dickinson)과 해리스(Harris)가 인용했고, 1941년에는 울만(Ullmann)이 『도시의 입지이론』이라는 제목으로 미국에서 소개했다. 시간이 지남에 따라 크리스탈러의 이론은 전 세계에 영향을 주었다. 스웨덴에서는 칸트에 의해 1945년 번역 출판되었으며 후에 스웨덴 지방정부는 이 이론에 기초하여 지역을 재조직하기도 하였다. 크리스탈러의 가장 훌륭한 업적인 『남부독일의 중심지』는 1966년 베스킨(Baskin)에 의해 영어로 번역되었고, 1980년에는 이탈리아어로 번역되었다.

말년에 이르러 그의 중심지이론이 국내외에서 크게 인정받으면서 미국지리학회(1964년)와 영국왕립지리학회(1968년)로부터 표창과 메달을 수상하였고, 1968년에는 스웨덴의 룬트대학, 독일의 보쿰대학으로부터 명예박사학위가 수여되는 등 외국으로부터 크리스탈러에게 명예가 주어지기 시작했다. 그 당시 크리스탈러는 "내 생애 처음으로 돈에 대해 걱정하지 않는다"라고 회고하였다. 그는 1969년 3월 9일 76세의 나이로 일생을 마쳤다.

자료: Haggett, P., 1979, *Geography*, Harper & Row, p. 361.
　　발터 크리스탈러 지음, 안영진·박영한 옮김, 2008, 중심지이론: 남부독일의 중심지, 나남. 상기 자료를 기초로 수정 보완한 것임.

제4절
중심지이론의 발달

01 뢰쉬의 비고정 K모형

독일의 공간경제학자 뢰쉬(August Lösch)는 1939년에 출판된 『경제의 공간조직 (Die Raüiche Ordnung der Wirtschaft)』에서 크리스탈러와 비슷한 결론에 도달하게 된 다. 크리스탈러와 마찬가지로 경제적 요인을 통해 경제지역의 입지문제를 다룬 다. 먼저 삼각격자형 육각형망이 효율적인 공간배열임을 수요원추를 통해 증명 하고, 중심지 간의 간격에 관한 공식을 제시한다. 이어서 광대한 평야에 원료와 자급 농가가 고르게 분포한다고 가정하고, 현대의 도시-산업화 사회에서 발견 가능한 복합적 계층구조인 경제경관을 형성한다. 크리스탈러의 중심지이론이 3 차 산업입지론인 데 반해, 이는 전문화 가능성에 의한 집적과 규모의 경제에 의 해 공간적 차이가 나타나는 2차 산업입지론이라 할 수 있다.

뢰쉬는 집적이익을 기본으로 하는 2차 산업활동의 입지체계를 수립하기 위 하여 앞서 설명한 모든 육각형망을 최고차 중심지에다 중심을 맞추어 포갠 후, 고차 계층 중심지들이 가장 많이 중복될 때까지 회전시켜 12개의 구역(sector)으로 구분된 모형을 얻어냈다. 다양한 K체계의 육각형망이 중첩된 대도시는 모든 재 화를 제공하며, 주요 수송망은 대도시에서 방사(放射)되고, 대도시에 근접할수록 수송망이 발달된다. 이러한 중심지와 수송망의 배열을 뢰쉬의 경제경관(Loschian economic landscape)이라 한다(그림 4-8). 이 모형에 의하면 첫째, 최인접 중심지들 간의 거리를 합한 값이 최소가 된다. 중심지를 각각의 공장으로 대치시켜 생각하

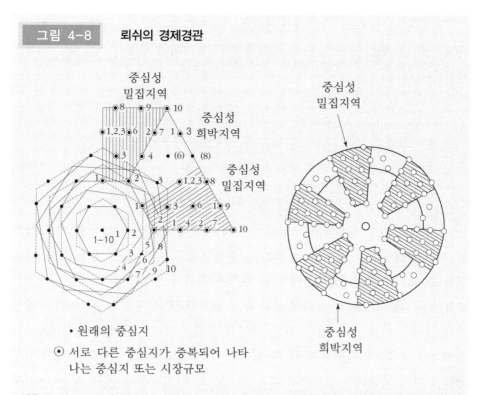

자료: Lösch, A., 1954, *The Economics of Location*, in Carter, H., 1995, 4th eds., T*he Study of Urban Geography*, Arnold, p. 69.

면 수송거리를 최단화 하려는 공업입지 성향에 대한 설명이 가능하다. 둘째, 수정모형에서는 모두 12개의 구역(sector)이 형성된다. 이 중 6개는 고차 계층 중심지들이 밀집된 구역(city‒rich sector)이고 나머지 6개는 주로 저차 계층 중심지들로 구성된 구역(city‒poor sector)이므로, 공업이 특정 지구에 집적되는 현상을 설명할 수 있다. 셋째, 최대 중심도시로부터 멀어질수록 고차 계층 중심지의 수가 증가되고 있다. 이는 대도시의 강력한 영향력 때문에 주변의 중심지들이 그 기능을 대도시에 빼앗기는 현실을 잘 나타낸다. 즉, 중심재의 공급 계차가 엄격히 구분되어 있는 크리스탈러 모형과 달리, 중소도시가 경쟁에 밀려 위축되는 현상, 도시 내부에서 외곽지대보다 중심업무지구에 상가가 번창하는 상황의 설명이 가능하다.

뢰쉬는 이어서 크리스탈러가 제시한 시장원리(K=3), 교통원리(K=4), 행정원리(K=7)의 체계뿐 아니라, 아래 공식에 따라 형성되는 다양한 육각형망 체계를 제시한다.

$$d_n = (d_{n-1})\sqrt{K}$$

d_n: n차 중심지 간의 거리
d_{n-1}: n의 차하위 중심지 간의 거리
K : 차하위 보완구역 수

크리스탈러의 계층구조는 고차 중심지가 저차 중심지의 기능을 전부 보유하는 외에 별도의 기능을 더 보유하고, 보완구역의 포섭 수도 규정된 원리대로 진행되도록 규정한 폐쇄시스템이다. 하지만 뢰쉬의 모형에서는 저차 중심지가 보유하는 기능이 고차 중심지에 없을 수도 있으며, 같은 계층의 중심지라도 중심기능이 서로 다를 수도 있다. 또한 지역의 경제 수준이 미흡하여 경제력보다는 행정력이 상대적으로 강하게 될 때에는 K=7의 계층구조를 가지다가 경제가 성장함에 따라 교통로가 개선되어 K=4의 구조로 바뀐다든지, 또는 K=3, 4, 7의 구조가 혼재되어 있는 사례들은 뢰쉬의 모형에 의해서 보다 잘 설명될 수 있다. 따라서 계층별 중심지는 크리스탈러와 같은 단계적 분포가 아닌 연속적 분포를 나타낸다. 이에 크리스탈러의 계층구조체계를 고정 K모형, 뢰쉬의 계층구조체계를 비고정 K모형이라 한다.

02 아이자드의 불균등 인구분포모형

크리스탈러 이론은 시장경제가 이루어지는 사회에서 3차 산업의 입지패턴을 설명하는 데 매우 유용하다. 뢰쉬 이론은 기업의 입지 선정에 있어서 최대 이윤을 전제로 하는 중심지체계 공간을 제시하고 있다. 그러나 이들의 모형은 고전적 입지이론에 기초를 둔 균형모델이기 때문에, 실제 적용 시 문제점과 제한점이 드러난다.

| 그림 4-9 | 아이자드의 불균등 인구분포모형 |

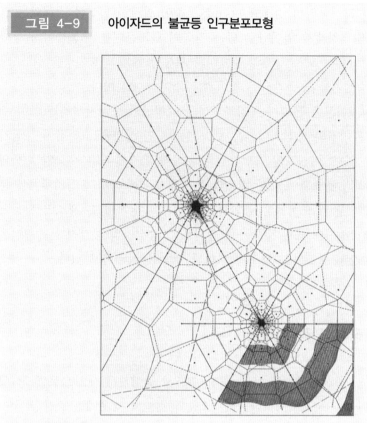

자료: Isard, W., 1956, *Location and Space Economy*, MIT Press, Cambridge, p. 272.

아이자드(Walter Isard)는 뢰쉬가 구역(sector)에 따라 인구밀도가 다를 수 있다고 지적한 점을 한층 발전시켜, 대도시에서 멀어질수록 보완구역의 범위가 커지는 모형을 제시하였다(그림 4-9). 인구가 조밀한 곳과 희박한 곳을 비교할 때, 동일한 최소요구치를 충족시키려면 인구 밀집지에서는 공간 범위가 작아도 되는데 반해, 인구 희박지에서는 더 넓어야 된다. 아이자드는 집적경제효과가 나타나는 중심지의 경우 육각형망의 중심지 공간패턴은 변형되어야 한다고 주장하며 현실을 반영한 모형을 제시한다. 아이자드 모형은 대도시의 중심업무지구가 발달한 도시 중심을 향해 인구 분포가 조밀해지면서, 보완구역 면적이 줄어들고 중심지 수가 많아지는 불규칙한 육각형망을 나타낸다.

또한 뢰쉬가 도시구역의 경계를 따라 교통축이 발달한다고 본 견해와는 달리, 아이자드는 집적경제가 일어나고 있는 지역의 한가운데를 교통축이 관통한다고 보았다. 그 이유는 도시 경제의 중요성과 교통망 체계의 효율성을 위해, 도로망이 개개의 중심지들을 통과하는 것이 합리적이기 때문이다.

고전적 중심지이론은 운송비를 강조하여 육각형망의 중심지체계를 보여 주고 있는 반면, 그 이후의 중심지이론은 보다 현실적인 상황을 고려하여 중심지 모델을 수정하고 있다. 이질적인 자연환경과 문화적 환경에 따른 수요와 소득의 공간적 변이, 집적경제 효과에 따른 비용의 공간적 변이에 따라 중심지체계를 분석하고 있다. 특히 많은 도시들은 공업활동에 의해 발달하였고, 제조업 활동이 집적됨으로써 서비스업에 대한 수요가 창출되므로, 중심지의 공간적 분포패턴은 크리스탈러의 육각형 구조와는 다르게 나타날 것임을 강조하고 있다.

03 정기시장에의 적용

크리스탈러의 중심지이론은 도시 내지 준도시 중심지를 대상으로 하고 있으므로, 도달범위가 최소요구치보다 작은 소규모 취락의 경우에는 적용할 수가 없다. 그런데 스타인(Stine, 1962)은 도달범위가 최소요구치보다 작은 경우에도 중심지가 성립될 수 있음을 보여 준다. 일반적인 상설구조 대신 최소요구치가 만족될 만큼 공급자가 중심지를 이동하는 정기시 구조를 통해 중심지가 성립된다. 이로서 중심지이론은 정기시장 연구에까지 확대 적용할 수 있게 된다(그림 4-10). 정기시 중심지의 경우에는 공급자가 특정 경로(route)와 시간표(time table)에 따라 중심지를 정기적으로 순회하고, 중심지는 정기시장을 중심으로 정기시 개최일에만 중심기능을 제공하게 된다. 정기시의 개최 일시는 문화와 전통의 영향을 받아서, 서구 사회의 경우는 일반적으로 일주일이 주기가 되고, 중국 문화권의 경우는 10일을 기반으로 하는 주기가 나타난다. 스킨너(Skinner, 1964, 1965)는 중국을 대상으로 저차의 표준시장, 보다 고차의 중심시장을 기반으로 하는 $K=3$, $K=4$의 중심지체계를 밝히고 있다(그림 4-11).

하지만 정기시 구조가 중심지이론의 경제적 요인만으로 모두 설명되는 것

그림 4-10   **이동 상점의 상설화(Stine)**

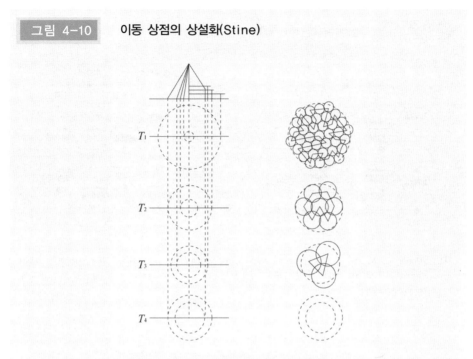

자료: Stine, J. H., 1962, "Temporal aspects of tertiary production elements in Korea," Pitts, F. R. ed., *Urban Systems and Economic Behavior,* Univ. of Oregon Press, p. 76.

은 아니다. 오늘날에도 선진국과 우리나라의 도시 내부에 정기시가 잔존하는데, 이는 단순히 경제적 요인뿐 아니라 역사적·문화적 요인에도 기인하기 때문이다.

　개발도상국의 촌락에는 아직도 정기적인 중심지가 존재하고 서구의 경우도 정기시가 열린다. 우리나라의 일부 농촌지역에서도 정기시 입지가 중심기능과 밀접한 관계가 있다. 이러한 경우 중심지체계는 도시 경제 내에 2개의 다른 체계, 즉 통상적인 도시체계와 그 하부의 촌락적 또는 도시 외부의 빈곤지역 체계가 병존하기도 한다. 전경숙(1982, 1983, 1987)은 촌락적인 체계에서 도시적인 체계로의 변화는 완전한 이행보다 양 체계가 혼재하는 혼합체계가 존재한다는 데 주목하였다.

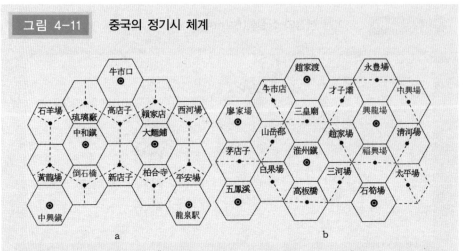

그림 4-11 중국의 정기시 체계

자료: Skinner, G. W., 1964, 1965, "Marketing and social structure in rural China," *The Journal of Asian Studies*, 24(1, 2, 3); 今井淸一·中村哲夫·原田良雄 譯, 1979, 中國農村の 市場·社會構造, 法律文化社, pp. 34-40.

04 도시 내부에의 적용

대도시뿐 아니라 소도시일지라도 도심의 핵심적 소매업지역 외에 보조적인 소매업지구가 존재한다. 보조적인 소매업지구에 관한 연구는 초기에는 중심지론적 사고와는 무관하게 도시구조에 관한 경험적인 연구에서 이루어진다. 프라우드후트(Proudfoot)는 미국 도시의 소매업지구 연구에서 계층 구조를 인식하게 되는데, 그 후 중심지 개념의 발달, 도시 내 소매업지구의 계층에 관한 연구가 진행되면서 소매업지구 유형과 도시 계층과의 관계에 관한 시도가 이루어진다. 캐롤(Carol)은 취리히에서 도시 내부의 소매업기능 유형 분석에 중심지 개념을 이용하는데, 계층 구분의 지표로는 상점수 대신 판매 상품의 다양성, 상품의 질(가격), 서비스지역의 범위를 고찰하였다. 개리슨(Garrison) 등은 일상품, 선매품, 전문상품을 지표로 계층을 구분하였으며, 베리(Berry, 1967)는 미국의 도시지역에서 중심업무지구 외의 상업지역을 중심지(center), 대상(帶狀)상업지대(ribbon), 특화상업지구(specialized area)로 구분하였다. 이러한 일련의 연구들은 계층은 식별하였으나 각 유형에 대해 명확한 정의는 못하고 있다. 그 이유는 구매력, 인구밀도, 구매 습관 같은 사회적 속성의 다양성, 그리고 계층 간에 명확한 포섭관계가 나타나지 않기 때문이다.

이와 같이 도시 내부의 계층 개념이 정착되지도 않은 상황에서 중심업무지구가 쇠퇴하는 한편, 교외의 구매중심지가 성장하는 새로운 양상이 나타나게 된다. 교외의 구매중심지는 계획적인 대규모 센터로서 중심업무지구의 대체기능을 지니게 된다. 1960년대의 할인매장 등장을 시작으로 식료품 중심의 연쇄점, 슈퍼스토어(super store), 하이퍼마켓(hypermarket)으로까지 그 규모가 증대될 뿐 아니라, 계획적 입지, 관리, 경영이라는 특성하에 계속 새로운 유형의 시설이 등장, 성장하고 있다. 1980년대 이후에는, 단순히 구매를 위한 소매업지역이 아니라 한 지역에서 완전히 하루를 소비할 수 있는 초대형 위락상업지역(mega mall), 미니도시(mini-city), 에지시티(edge city)까지 등장하게 된다. 이와 함께 중심지의 분류 지표도 수요자를 기준으로 한 최소요구치가 아니라 소매업지역의 공급 범위를 알 수 있는 소매업지역 면적, 매장 면적으로 대체되었다. 수요자는 보다 고차 중심지에서 다목적 구매행위를 하게 되어, 하위 중심지는 점차 쇠퇴하고, 최근린 중심지 지향이라는 가정은 의미가 희석된다. 이러한 문제점 외에도 중심지의 분포, 규모, 기능은 경제적인 요인뿐만 아니라 정부나 계획기관, 문화 등 경제 외적 요인의 영향이 더 커진다.

이상과 같이 새로운 소매업 유형 및 소매업지역이 등장하고 수요자의 행태가 변화되면서, 중심지이론을 확대 적용하기 위해서는 보다 다양한 접근을 시도할 필요가 있다.

05 중심지이론의 평가

앞에서 살펴본 바와 같이 고전적 중심지이론은 수송비를 강조하여 육각형 망의 중심지체계를 보여 주고 있는 반면, 그 후의 중심지이론은 보다 현실적인 상황을 고려하여 중심지 모형을 수정하고 있다. 중심지이론의 발달, 문제점 및 전망을 요약하면 다음과 같다.

중심지이론에 관련된 초기의 경험적인 연구는 크리스탈러 이론이 입증된 것으로 간주하고, 현실 사회에서의 적용성에 관한 연구를 수행하였다. 이러한 무비판적인 연구와 함께 크리스탈러 모형에서 제시한 규칙성이 현실적으로는 거의 존재하지 않는다는 연구도 보인다. 공간 분포에 관한 검증 결과를 보면, 도시의 계층은 중심성의 차이에 따라 인정되지만, 육각형망의 규칙적인 삼각격자형 분포는 나타나지 않는다. 예를 들어 데이시(Dacey, 1965)는 남서 위스콘신에서, 킹(King, 1962)은 20개의 사례지역에 대해서 각각 최근린 통계치를 산출한 결과 무작위에 가까운 분포를 보였다. 이와 같이 도시 분포에서 규칙성을 식별할 수 없을 뿐 아니라, 크리스탈러의 불연속적 계층구조보다는 연속적 계층구조가 많이 발견되고, 중심지의 각 계층에 대한 일반적인 기준 설정도 어렵게 되자 중심지이론은 그 의미가 약화된다.

한편, 중심지이론의 기본 가설은 완전한 시장 정보와 경제적인 이익을 최대화하려는 경제인의 관점에서 출발하였다. 하지만 문화적·행태적 연구가 진행됨에 따라 중심지이론은 또 다른 측면에서의 수정이 요구되고 있다. 머디(Murdie, 1965)는 캐나다 온타리오주의 남서부지역에서 문화가 서로 다른 메노파 주민과 현대 캐나다인을 대상으로 소비행태를 연구한다. 주민이 이용하는 중심지까지의 이동거리를 종속변수로 하고, 중심기능 수와 구매빈도를 독립 변수로 하여 회귀분석을 시도한다. 그 결과 고전적인 중심지이론과 같이 중심지의 기능수가 이동거리의 주요 설명변수로 나타난다. 그러나 도달범위를 보면, 현대 캐나다인의 경우는 중심지 규모 증대와 더불어 커지지만, 메노파 주민은 그들의 보수적인 문화적 이유 때문에 경제적인 요인과는 상관없이 도달범위가 최근린 중심지로 고정되어 있다. 문화적 요인에 관련된 또 다른 연구의 예로, 개신교 상인들은 경제적인 요인보다는 종교적인 이유 때문에 일요일 개점을 원치 않고 있다. 이와 같이 주민의 행태는 중심지이론에서와 같은 경제적 합리성만이 아니라 문화적인 요인까지 포함해야만 그 설명이 가능하다.

골리지 등(Golledge, Rushton and Clark, 1966)은 미국 아이오와지역 연구를 통해 구매 빈도가 높은 재화의 경우는 최단거리를 이동한다는 중심지이론과는 다른 결과를 제시한다. 그 후 개개인을 대상으로 한 연구가 진행되면서 중심지 연구는 공간 중심의 연구에서 인지적 행태 같은 심리학적 접근, 소매업 및 업무 연구 등 다양한 접근이 시도된다. 더욱이 중심지 연구가 주로 소비자의 행태 연구에 집중되고 있는 가운데, 루이스(Lewis)와 바튼(Barton)은 교환과 기업가의 역할이 중심성 형성의 기본이라는 분석 결과도 제시하고 있다.

이상과 같이 크리스탈러는 공간적 관점에서 도시적 취락에 관한 경제적 분석을 전개하였다. 특히 연역적 접근이라는 당시로서는 획기적인 연구를 수행하여 지리학의 그 어떤 분야보다도 많은 주목을 받은 만큼 그와 관련된 다양한 연구가 진행되었다. 크리스탈러는 최적의 취락패턴 원리를 찾기 위해 경제적, 지리적 접근을 시도하였으나, 모든 모형이 그렇듯이 현실을 단순화하였기에, 여러 관점에서 논란의 대상이 되기도 하였다. 특히 동태적 접근은 시도하였으나, 도시체계의 동적모형으로까지는 발전시키지 않았기에 현대의 현실적 취락 패턴을 설명하기에는 한계가 있었다. 그렇지만 이론의 한계에도 불구하고 중심지이론은 유용하다. 콜라스와 나이스첸(Kolars and Nystuen, 1974)이 크리스탈러와 뢰쉬의 주된 공헌은 현실 세계를 확실하게 설명할 수 있도록 지리적 사고를 보다 발전시킨 점이라고 지적했듯이, 취락 및 기능을 포함하는 중심지의 공간체계에 관한 보다 나은 이론 정립을 위한 기본 틀로서의 가치는 주목할 만하다. 현실 세계에서 중심지이론과 같은 완벽한 취락체계는 나타나지 않지만, 중심지이론에 고무되어 소매업, 소비자 행태, 물리적, 사회적 계획 분야에서 많은 연구가 진행되고 있다. 특히 중심지이론의 아이디어는 미국, 유럽을 비롯해 세계 각국의 지역계획 분야에 폭넓게 이용되고 있다. 예를 들어 이스라엘 취락은 3계층에 기반을 두고 있으며 네덜란드의 대규모 간척지에서도 계획적인 취락패턴에 중심지 원리를 적용하고 있다.

최근에는 세계화와 정보기술의 발달에 따른 다국적기업, e-commerce, 클러스터 등 새로운 입지 연구의 중요성이 부각되고 있다. 그렇지만 삶의 기반인 취락 분포의 원칙에 관한 중심지이론은 기본 틀로서 여전히 유용하기에 보다 폭넓은 확대 적용 등 또 다른 시도가 요구된다.

계층

과두분포

교통원리

도달범위

도시규모

보완구역

불균등 인구분포모형

비고정 K모형

순위규모법칙

순위규모분포

시장원리

6각형 모형

종주도시

종주도시지수

종주분포

중심기능

중심성

중심재

중심지이론

최소요구치

K값 체계

크리스탈러

포섭원리(nesting principle)

행정원리

1) 1995 – 2010년의 경우, 도농통합시의 산정에 있어 국토연구원에서 사용한 "면을 제외한 시, 읍 지역만을 도시로 설정하는 기준"에 기초하였다. 그리고 본서에서는 1920 – 2010년 의 기간 중 2만 명 이상의 시, 읍을 도시로 설정하여 q계수를 산정하였다. 1995 – 2010년 의 q계수를 산정하고 검토해준 성신여자대학교 한국지리연구소의 박예진 연구원과 국토 연구원의 김광익 박사에게 감사드린다.

참고
문헌

권용우, 1998, "한국도시의 순위규모법칙, 1789−1995," 지리학연구, 32(1): 57−70.

권용우·박양호·유근배·황기연 외, 2015, 도시와 환경, 박영사.

김　인, 1991, 도시지리학원론, 법문사.

박종화, 2007, 현대입지론, 대영문화사.

박영한, 1972, "한국도시의 중심성과 계층구조에 관한 연구," 낙산지리, 2: 15−25.

발터 크리스탈러 지음, 안영진·박영한 옮김, 2008, 중심지이론: 남부독일의 중심지, 나남.

성준용, 1986, 한국의 도시시스템, 교학문화사.

전경숙, 1987, "전라남도지역의 생활권 및 중심지체계의 변화," 지리학, 36: 37−57.

토르스텐 뷰르클린 외 9인 지음, 이상규·박문숙 옮김, 2010, 탈교외화와 "도심 르네상스"−
　　　도시지역의 새로운 발견, SURF·국토연구원 도시재생지원센터.

필립 맥컨 지음, 최병호·권오혁·김명수 옮김, 2006, 공간적 접근법을 이용한 도시 및 지역
　　　경제학, 시그마프레스.

홍경희, 1981, 도시지리학, 법문사.

Beavon, K.S.O., 1977, *Central Place Theory: A Reinterpretation*, Longman.

Berry, B. J. L., 1967, *Geography of Market Size Centers and Retail Distribution*, Prentice
　　　Hall, Englewood Cliffs.

Carter, H., 1995, *The Study of Urban Geography*, 4th eds., Arnold.

Christaller, W. 1933. *Die Zentralen Orte in Sdeutschland*. Fisher, Jena. English　edition
　　　translated by Baskin, C. W., 1966, *Central Places in Southern Germany*,
　　　Prentice Hall. Englewood Cliffs.

Dacey, M. F., 1965, "The Geometry of Central Place Theory," *Geografiska Annaler*, 47B:
　　　111−24.

De Souza, A. R., 1990, *A Geography of World Economy*, Macmillan.

Fellmann, J., Getis, A. and Getis, J., 1996, *Human Geography*, 5th ed., Brown &
　　　Benchmark.

Golledge, R. G., Rushton, G. and Clark, W. A. K., 1966, "Some spatial characteristics of
　　　Iowa's Dispersed Farm Population and Their Implications for the Grouping of
　　　Central Place Functions," *Economic Geography*, 42: 261−272.

Gradmann. R., 1916, *Schwabische Stadte*, Zeit Gesell, Edr.

Haggett, P., 1979, *Geography*, Harper & Row.

Hottes, R., 문지인 역, 1986, "Walter Christaller," 성신지리, 4: 23－26.

Isard, W, 1956, *Location and Space－Economy*, M.I.T. Press, Cambridge.

Jeon, K. S., 1994, "A Developmental Process of Retail Trade in Korea," *Comparative Study on Retail Trade Tradition & Innovation* 1－12, Proceedings of IGU Commission on Geography of Commercial Activities, Ryutsu Keisai University.

Knox, P. L., McCatthy, L., 2005, *Urbanization*, Pearson Prentice Hall.

Kolars, J. F. and Nystuen, J. D., 1974, *Geography*, McGraw Hill.

Lloyd, P. and Dicken, R., 1977, *Location in Space*, 2nd ed., Harper & Row, New York.

Lősch, A., 1954, *The Economics of Location*. Translated by Woglom, W. H., John Wiley & Sons.

Malecki, 1975, "Examining Change in Rank－Size Systems of Cities," *The Professional Geographers*, 27(1): 43－47.

Murdie, R. A., 1965, "Cultural Differences in Consumer Travel," *Economic Geography*, 41: 211－233.

Pacione, M., 2009, *Urban Geography: A Global Perspective*, Routledge.

Skinner, W., 1964, 1965, "Marketing and Social Structure in Rural China," *The Journal of Asian Studies*, 24(1, 2, 3).

Stine, J. H., 1962, "Temporal aspects of tertiary production elements in korea," Pitts, F. R. ed., *Urban Systems and Economic Behavior*, Univ. of Oregen Press.

Thomson, W. R., 1968, *A Preface to Urban Economics*, Johns Hopkins Press, Baltimore 21－24.

高橋伸夫・菅野峰明・村山祐司・伊藤 悟, 1997, 新しい都市地理學, 東洋書林.

森川 洋, 1990, 都市化と都市システム, 古今書院.

田京淑, 1983, "韓國忠清北道地域における中心地の變容に關する研究," 地理學評論, 56(7): 471－495.

_____, 1982, "韓國忠清北道地域における生活圈および定期市の變容に關する研究," 地理學評論, 55(5): 292－312.

뢰쉬 지음, 篠原泰三 譯, 1968, レッシュ經濟立地論, 大明堂.

도시내부구조와 도시기능 제5장

도시토지이용의 생태학적 접근방법

도시생태학(urban ecology)은 독자적인 이론체계를 갖추어 사회과학의 한 분야로 자리잡기 오래 전부터 비록 체계화되지는 않았지만 환경주의라고 불리는 큰 테두리 안에서 지리학자, 사학자 및 철학자들에 의해 연구되었다. 19세기에 이르러 인구학이 발달하고 인문지리학자들에 의해 거주지에 대한 보다 정확한 서술이 가능하게 됨에 따라 사회조사방법을 이용한 지역사회 연구활동이 활발해지면서 인간생태학의 형태로 발달하였다. 그 후 점차 도시 내 생태학적 현상들에 연구의 초점이 맞추어지면서 도시생태학은 체계적인 정리가 이루어져 갔다(최진호, 1978: 61).

이러한 도시생태학은 연구 대상과 방법에 따라 변화를 거듭하면서 발달해 왔다. 그 발달의 형태는 다양한 시각에서 분류할 수 있겠으나, 일반적으로 고전생태학(classical ecology), 신고전생태학(neoclassical ecology), 사회지역분석(social area analysis) 및 요인생태학(factorial ecology)으로 구분된다.

01 고전생태학

도시생태학이 사회과학의 한 분야로서 자리잡게 된 것은 1921년 파크(Park)와 버제스(Burgess)가 생태학의 기본개념을 인간사회에 적용하면서이다. 파크의 생태학적 접근의 출발점은 커뮤니티 조직을 생태적 단계와 문화적 단계로 나누는 것이다. 그 후 버제스, 멕켄지(McKenzie) 등 고전생태학자들은 커뮤니티를 경쟁의 원칙이 일차적인 조직인자로 작용하는 동적 적응체계로 파악하였다. 경쟁을 통하여 각 개인과 집단은 그들이 가장 잘 번성하고 살아남을 수 있는 기능적 활동범위를 찾음으로써 한 커뮤니티가 비교적 소규모의 동질적인 지역으로 나뉘어지게 된다는 것이다. 인간생태학을 도시연구에 적용한 이러한 연구들을 일반적으로 고전생태학(classical ecology)이라고 한다.

도시공간의 변화에 관심을 둔 고전생태학자들은 도시 내에서 보다 물질적이고 구체적인 인자들을 강조하고 다양한 요소들의 이동과 분배에 특별한 관심을 갖게 되었다. 그 결과 인간생태학은 도시 내의 인간과 시설물의 시·공간적 분배과정을 분석하는 학문으로 발전하였다.

1) 고전생태학의 기본 개념

(1) 경쟁의 개념

경쟁은 사회의 분배 및 생태조직을 창조하는 과정으로, 지역적으로나 직업적으로 인구의 분배를 결정하며, 노동의 분화와 경쟁적 상호 의존관계 역시 경쟁의 산물이다. 생태학자들은 경쟁을 인간조직체의 가장 근본적인 과정으로 생각하고 공동체는 바로 그 경쟁의 산물인 것으로 간주하고 있는 것이다.

즉, 인간사회는 위치확보를 위한 경쟁을 한다. 생태학자들이 일반적으로 말하는 위치란 공간적 위치와 생존적 위치 모두를 가리킨다. 이들 공간적 위치와 생존을 위한 위치는 물리적으로 구분되지만 지위는 경제적 위치와 관련되어 있고 경제적 위치는 공간적 위치와 관련되어 있기 때문에 공간적 위치는 생태학자들에게 대단히 큰 의미를 부여한다(황희연, 1987: 25). 생태학자들에 따르면 인간, 시설물 및 물리적 구조물 모두가 공간적 위치를 확보하기 위하여 경쟁을 한다. 이러한 경쟁을 통해 인간은 도시지역 내에서 자연지역(natural areas)을 분리시킨다.

(2) 이동의 개념

도시생태이론에서 또 하나의 주요한 개념은 이동에 대한 개념이다. 도시와 같은 공동체 내에서, 물리적 인자들은 인구 및 시설물들을 끌어들이기도 하고 쫓아내기도 하며 많은 요소들의 이동을 돕기도 하고 방해도 하면서 다른 것들과의 관계에 영향을 끼친다(Park, 1925: 5).

생태학자들에게 있어서 이동의 개념은 모든 유형의 물리적 이동을 포함하며 생존하기에 더 좋은 조건을 찾기 위한 변화를 뜻한다. 따라서 이동의 자유는 경쟁의 자유와 관련이 있다. 생태학적 개념에서 자유는 근본적으로 이동의 자유를 의미하기 때문에 이동은 자유의 핵심이 되며, 독립적 이동의 능력은 다른 모든 독립적 형태의 상징이기도 하다. 그런데 물리적 이동은 경쟁과 함께 발견되어지고 물리적 위치는 생존을 위한 위치와 관련되어 있기 때문에 물리적 이동성과 공간적 위치는 경쟁 및 경제적 위치뿐만 아니라 사회적 인자도 수용하고 있다.

(3) 과정의 개념

도시생태이론에 따르면 도시공간구조는 일련의 반복적인 계승과정을 통하여 절정상태(climax)에 도달함으로써 결정된다. 따라서 생태학에서 도시의 공간조직에 대한 해석은 구조의 측면보다 과정의 측면이 더 중요시된다.

오랫동안 생태적 과정에 대한 구체적 논의가 여러 학자 사이에서 지속적으로 이루어졌다. 멕켄지(Mckenzie, 1926)는 생태적 과정을 집중·분리·유입 및 절정으로, 버나드(Bernard, 1973)는 경쟁·분리·침입 및 계승으로 구분하였다.

이에 대해 초기 생태학자들의 생태적 과정을 정리한 에릭슨(Ericksen, 1954)은 도시 내 지역들의 성장과 변화를 설명하는 데 가장 원칙적인 과정으로 군집을 들고 있다. 그는 군집의 중요한 과정을 서비스와 인구의 도시 간 집중과 분산, 도시 내의 집중과 분산, 우세지역의 형성과 우위성의 감퇴, 집단별 분리 및 개인이나 집단에 의한 침입과 계승으로 구분하여 설명하고 있다.

이 같은 생태적 과정은 도시공간구조이론을 체계화하는 과정에서 도시 내 기능들의 변화과정에 적용된 후 일반화되어 갔다. 침입과 계승의 개념을 최초로 도시공간구조의 변화를 해석하는 데 적용한 허드(Hurd, 1903)는 은행·사무소·소매지역 등 도시 내 구체적인 기능들을 사례로 설명하였다. 버제스(Burgess, 1925)는 동일한 개념을 도시공간구조의 해석과정에서 도시 내 지대들을 상호 침입과 계승관계로 응용하여 일반화시켰다. 도시 내 집단들의 분리현상을 최초로 구체화시킨 호이트(Hoyt, 1939)의 경우에도 도심근처의 기능들 중 용도면에서 유사한 것들끼리 분화되어 동일한 지대를 형성하는 데에 이론적 근거를 두고 출발했고, 이를 발전시킨 해리스와 울만(Harris and Ullman, 1945)은 같은 개념을 도시 내 활동 전체에 적용하여 일반화시켰다.

02 신고전생태학

고전생태학은 1930년대 후반부터 1940년에 이르기까지 심각한 비판에 직면하였다. 고전생태학이 비판을 받게 된 주요 요인은 첫째, 지나치게 경쟁이론에 집착하여 인간조직을 설명하려 하였고 둘째, 토지이용형태를 설명할 때에 문화적인 요소와 동기적인 측면을 무시하였으며, 셋째, 파크가 제시한 사회조직의 생물적 수준과 문화적 수준이 실제 사회분석에서는 분리하기가 거의 불가능하며, 넷째, 버제스의 동심원구조나 자연지역 개념 등이 도시의 일반적 구조를 나타내는 개념으로는 부적당하다는 것 등이다(Berry and Kasarda, 1977: 9).

이와 같은 비판에 직면하여, 1940년대에 들어 생태학자들은 고전생태학의 기본적인 사고를 견지하면서 그 비판적 내용을 수용하는, 이른바 신고전생태학(neoclassical ecology)이라 할 수 있는 새로운 접근을 시도하였다. 우선 대부분의 생태학자들은 그들의 관심분야를 좁혀 나갔으며, 일부는 공간입지에 있어서 사회문화적 결정요인의 분석에 관심을 집중했다. 이들은 특히 토지이용형태와 인구집단의 공간배분에 관한 연구업적을 남겼다.

전통적인 인간생태학 모델이 경쟁의 측면을 강조하였음에 비하여 신고전생태학은 공생(symbiosis)과 협동(commensalism)이란 측면에서 생태적 구성요소들 간의 상호 의존성에 초점을 두고 있는 것이 특징이다. 공생적 상호 의존성은 가족에서부터 모든 단계의 사회조직에서 존재하고 있는 노동의 분화가 대표적인 예이다. 협동적 상호 의존성은 보완적 유사성에 기초를 두고 특정 기능을 한 개체가 감당하지 못할 때 나타난다.

신고전생태학 연구의 또 다른 특징은 사회를 이루는 구성요소들 간의 끊임없는 상호 작용을 통하여 사회체계는 평형의 상태를 이루는 방향으로 나간다는 것이다. 이에 따르면 일단 평형상태에 도달하게 되면 사회적 환경이나 물리적 환경의 변화가 평형을 깨뜨릴 때까지 계속 유지된다.

초기의 인간생태학은 체계구조의 발달과정과 그 형태에 주로 관심을 가졌지만 이 시기에 이르러 생태학자들은 형태적 구조는 사회조직을 이루는 하나의 요소에 불과하며, 경제적·문화적·공간적 차원에서의 접근도 함께 고려되어야 한다는 점을 강조하고 있다. 또한 그들은 생태학적 접근방법에 가치·감정·동기 기타 관념적인 요소들이 사회행태와 관련되어 있다는 점을 부인하지 않고 있다. 오히려 이러한 관념적인 요소들도 생태학적 변수들과 함께 실질적으로 다루어져야 한다고 인식하고 있다.

신고전생태학의 주요 이론을 체계적으로 정립한 사람은 퀸(Quinn, 1940)과 홀리(Hawley, 1950)이다. 이들은 고전생태학에 대해 비판적이었으나 고전생태학의 목적과 의도에 기본적으로 공감하고 고전생태학의 결점을 수정·보완하려고 노력하였다.

퀸과 홀리는 사회현상의 공간적 분포를 연구하는 것은 생태학자들이 해야할 중요한 과제의 하나로 여겼지만 생태학자들이 여러 분야의 과제들도 함께 연구해야 한다고 생각했다. 이들은 도시의 공간조직에 영향을 미치는 힘은 복잡해서 경쟁 이외에도 많은 다른 요인이 작용한다고 생각한 것이다. 또한 퀸과 홀리는 조직의 생물적 수준과 사회적 수준 간의 엄격한 구분에 반대했으며, 대신에 생태학적 특성을 내포하는 모든 인간관계는 문화적인 영향을 받는다고 주장했다.

03 사회지역분석 및 요인생태학

1950년대에 이르러 생태학 연구는 도시공간 특히 근린지구의 사회문화적 인자에 관심을 갖게 되었다. 이후 도시생태학은 진화론적 측면에서 인구가 환경에 적응해 가는 과정을 중심으로 누적된 사회체계의 발달과정, 평형상태 및 변화형태 등의 탐구에 연구가 집중되어 오늘날 사회지역분석(social area analysis)이나 요인생태학(factorial ecology)으로 변화하여 왔다.

1) 사회지역분석

사회지역분석을 연구하는 학자들은 도시지역에서 나타나는 분화와 계층의 유형에 주된 관심을 보이고 있다. 이같은 사회지역분석은 도시환경에서 전형적으로 보이는 다양한 인구집단의 공간적 분포를 일차적으로 연구하는 조사연구기법이라고 할 수 있다(Poplin, 1985: 116).

이와 같은 접근은 쉐브키와 윌리암스(Shevky and Williams, 1949)의 로스앤젤레스 지역연구가 최초이며, 후에 샌프란시스코의 연구에서 쉐브키와 벨(Shevky and Bell, 1955)에 의해 상세히 설명되었다. 쉐브키와 벨의 연구는 사회가 발달하면서 사회규모가 증가하고, 조직 내에서의 사회경제적 상호 작용이 활발해진다는 것을 보여 준다. 이들에 따르면 이러한 상호 작용은 노동의 분화를 야기시켜 사람들 간에 경제적으로 더 의존하게 만들었으며, 이는 다시 다양한 인종집단의 분리를 초래했다. 이러한 분화과정은 도시 내에서 사회경제적 지위, 가족적 지위, 인종적 지위로 나타났다.

그 후 머디(Murdie, 1969)는 미국의 여러 도시를 대상으로 사회공간구조를 분석하여 다음 세 가지 유형의 규칙성이 나타나고 있는 것을 밝혔다(그림 5-1). 첫째, 사회경제적 지위에 따라서는 호이트의 선형모형과 유사한 공간패턴이 나타나고 둘째, 가족구조, 즉 가족구성이나 세대유형에 따라서는 버제스의 동심원 패턴이 나타나고 셋째 인종그룹에 따라서는 서로 다른 인종끼리 분리되어 독자적인 지역사회를 형성하는 다핵패턴이 형성된다는 것을 보였다. 머디는 이와 같은 세 가지 차원으로 구성된 구조를 사회지역(social area) 구조라고 하고 가설적인 모델을 제시하였다.

인간생태학의 관점에서 볼 때, 사회지역분석은 다음 몇 가지 점에서 그 가치를 살펴볼 수 있다. 첫째, 사회지역분석은 도시의 공간조직에 예측가능하고 정상적인 유형이 있는지를 확인해 주는 방법이 될 수 있다. 여러 도시의 사회지역을 확인하고 비교해 봄으로써 도시의 사회적 현상의 공간적 분포에 대한 직접적인 일반화가 가능하다. 둘째, 사회지역분석은 어떤 도시 내의 사회지역을 시계열적 센서스 자료로 확인하고 그 결과를 비교하는 것이다. 따라서 사회지역분석은 둘 이상의 연속적인 센서스 자료 간에 나타나는 생태학적 변화를 연구하는데 있

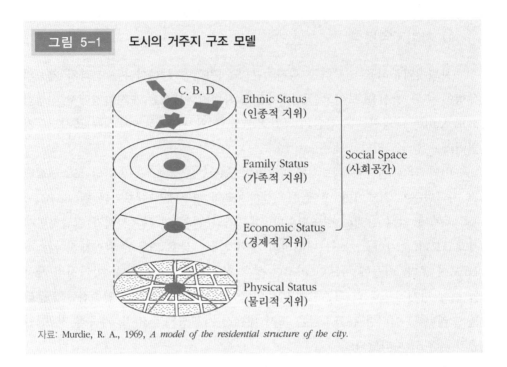

그림 5-1　도시의 거주지 구조 모델

자료: Murdie, R. A., 1969, *A model of the residential structure of the city.*

어 훌륭한 방법이다. 셋째, 사회지역분석은 어떠한 시점에서 상이한 도시들의 공간조직을 비교하는 데 적용할 수 있다. 특히 도시의 생태학적 구조의 지역적 차이를 알 수 있게 해 주며 도시의 유형을 확인할 수 있게 해 줌으로써 생태학적 일반화의 근거를 마련해 준다.

2) 요인생태학

요인분석은 다수의 변수 가운데 상관관계가 높은 변수끼리 조합하여 조합된 변수들을 대표하는 보다 작은 수의 요인(factor) 또는 내재적 구조요소(latent dimensions)의 집합으로 줄이는 통계적 방법이다. 이러한 요인분석의 사용범위나 용도는 매우 다양하지만 크게 세 가지로 나누어 볼 수 있다. 첫째, 변수들이 어떠한 형태로 구성되어 있는가를 알아내어 새로운 개념을 발견해 내는 데 이용할 수 있다. 둘째, 연구자가 이론적 근거를 가지고 미리 설정한 요인이 예상대로 도출되는가를 확인하려는 목적에 사용할 수 있다. 셋째, 요인분석으로부터 얻은 결과를 지수화하여 이를 추후 분석에 이용할 수 있다.

생태학적 연구에서 요인분석 기법은 가능한 모든 변수들의 집합을 검증하지 않고도 조사자로 하여금 일시에 여러 지역들에 대한 많은 정보를 분석하게 하고, 특징적인 지역유형들을 찾아볼 수 있게 한다.

요인분석에 의한 도시연구로 대표적인 것은 자나센(Janassen)의 도시분류연구이다. 그는 도시화·복지·빈곤 등 7개의 대표적인 요인을 추출하여 도시를 분석하였다. 이어서 모우저와 스코트(Moser and Scott)도 157개 영국 도시들을 57개의 변수를 사용하여 4개의 요인을 추출한 다음, 그에 따라 도시의 분류를 시도하였다. 이와 같은 요인분석을 이용하면 포괄성과 간명성, 도시의 내재적 구조요소의 발견, 구조요소의 상대적 비중평가, 가설의 검정, 요인점수에 따른 도시분류 가능이라는 여러 가지 장점이 있다.

고전생태학은 지역사회의 공간조직을 결정하는 데 중요한 영향을 주는 문화적 규범과 가치에 대해 제대로 평가를 하지 못하고 있다는 비판도 받았다. 이와 관련해 파이어리(Firey, 1945)는 보스턴의 도심지 토지이용에 관한 예를 들어, 공간은 경제적 가치뿐만 아니라 상징적 가치를 가지며, 따라서 입지행태는 경제적 합리성만큼 정서적 합리성을 반영한다고 말하면서, 인간생태학이 문화적 요인을 간과하고 단지 경제적 극대화의 관점에서 입지행태를 설명하고 있다고 주장하였다(Firey, 1945: 140-148). 즉, 도시의 토지이용 패턴은 문화와 비경제적 동기의 영향을 받는 것으로서 도시현상은 생물 및 생태적 산물인 동시에 문화적 산물임을 고전생태학은 간과했다고 볼 수 있다.

또한 자본주의 사회라 하여도 토지이용 유형이 개인들의 자유로운 경쟁만으로 결정되는 것은 아니다. 도시의 토지이용은 경제적 이득이나 기타 가치를 추구하는 기업체와 중간집단의 민족우월감을 유지하려는 민족집단, 도시미관, 정치적 안정과 사회적 질서 등을 도모하려는 정부기관들 간의 갈등의 산물이기도 하다. 동시에 도시 내 중산층과 영세민의 혼합주거지역이나 분리주거지역은 정부시책의 결과일 수도 있다. 이처럼 도시 토지이용은 정부나 기타 집단의 세력에 큰 영향을 받을 수 있기 때문에 도시의 생태유형을 경제적 이득만을 추구하는 개인들의 자유로운 경쟁의 결과로 보는 데는 한계가 있다.

04 활동 시스템과 도시 토지이용

　　생태학과 경제학적 모델은 도시 토지이용을 부분적으로만 설명한다는 한계가 있다. 또 다른 접근방법은 특정한 모델을 제시하지는 않으나 도시 토지이용 구조를 인식하는 독특한 방법을 제공한다. 형식적이고 기계적인 설명에 대한 대응으로 도시를 거주자들의 복잡한 활동체계로 인식하는 접근방법이다. 이것은 공간적 패턴을 발생시키는 개인, 기업, 조직의 행태적 패턴으로 정의되는 활동 시스템을 통한 접근방법이다. 채핀(Chapin, F. S.)은 토지이용과 연관되는 것으로 인간행태의 역동성과 몇가지 중요한 요소들을 설명하는 개념적 틀을 그렸다.

　　[그림 5-2]는 채핀이 가치, 행태 패턴, 결과를 구성하는 틀을 이용하여 토지이용 패턴이 발생하는 과정을 나타낸 것이다. '특정 개인이나 집단이 가지고 있는 가치는 행태의 4단계 순환과정을 통해 궁극적으로 특정 지역에 특별한 토지이용을 하도록 한다(Chapin, 1965; 30).' 이러한 단계는 '인간행태의 순환'으로 표현되며 네 가지로 분류된다: 경험적 필요와 요구, 규정된 목표, 계획적 대안들, 결정과 행동.

　　이러한 가치들을 통해 각 개인과 집단의 행태패턴은 토지이용 패턴의 결정요인으로 작용한다. 행태패턴은 활동의 구성체계로 설명되며, 이것은 개인과 기업에 똑같이 적용될 수 있다. 이러한 활동들은 세 가지로 분류할 수 있다.

　　① 일상적 활동: 구매활동 같은 개인 이동의 표준화된 패턴

　　② 제도화된 활동: 이러한 활동들이 제도적으로 특정한 지점에 집중되는 것. 예를 들어 많은 개인 시스템들이 필수적으로 집중하는 중심지

　　③ 과정의 조직화: 일련의 패턴화된 상호관련성을 가지는 가장 복잡한 상황. 예를 들어 업무 특성에 의한 은행의 활동 체계는 광범위하고 다양한 연계로 구성된다.

그림 5-2　도시 토지이용 패턴의 변화를 야기하는 행동과 가치의 영향

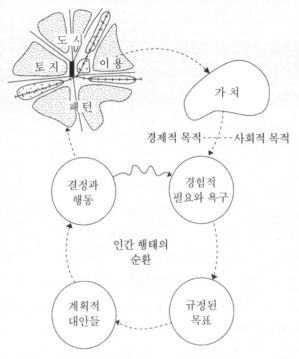

자료: Chapin, F. S., 1965, *The sequence of action and the influence of values in bringing about a change in the urban land−use pattern.*

제2절
도시내부구조의 개념과 공간분화

01   도시내부구조의 개념

도시에 집중하고 있는 각종 도시기능은 도시지역 내의 일정한 위치와 면적을 차지하여 입지하며, 이 기능들의 입지가 어떻게 배치되어 있는가 하는 것이 곧 도시의 내부구조를 파악하는 첫걸음이라 할 수 있다. 다양한 기능들의 입지는 도시가 점점 커지면서 유사한 기능들끼리는 모이고 상이한 기능들끼리는 밀어내면서 전문화된 집적지구를 형성하게 되며 이것은 일종의 등질지역을 이룬다. 이렇게 도시 내 상이한 장소에 특정 경제활동이 집적함으로써 도시내부에는 각기 성격을 달리하는 여러 종류의 기능지역들이 존재하게 되는데, 상업지역, 주거지역, 공업지역, 업무지역 등이 있다. 이렇게 도시를 구성하고 있는 기능지역들의 공간적 위치와 배열상태 그리고 도시 전체와의 공간관계, 상호 보완의 관계를 도시내부구조라 한다.

도시의 내부구조를 구성하고 있는 것은 각각의 기능지역과 그 기능지역 간의 연결이다. 기능지역의 요건으로서는 그 내부가 등질적일 것 또는 어떤 결절점을 중심으로 통합성을 가질 것, 지역으로서의 명확한 특성·특질을 갖고 있을 것, 그 도시의 주민에 의해서 하나의 지구로서 인식되고 있을 것, 행정적인 지역범위와도 가능한 일치할 것 등이 있다. 그러나 실제로 이러한 요건을 갖춘 기능지역은 그렇게 흔치 않다. 굳이 도시를 기능지역으로 나누는 이유는 각각에 내재하는 독특한 지역성을 찾아 개개의 기능지역들이 도시 전체에서 차지하는 의미를 부

여하고자 하는 데 목적이 있다. 따라서 일종의 의도적으로 만들어진 지역이라 할
수도 있다. 부분지역으로 명확하게 구분되지도 않으며, 구분한다는 것은 어느 정
도 조작적일 수밖에 없다.

그러나 왜 특정 도시기능은 도시 내 특정 장소에서 나타나게 되는 것일까?
기능지역으로의 분화가 이루어지는 이유에 대해서 도시사회학의 분야에서는 사
회적 요인에, 도시경제학의 분야에서는 경제적 요인에, 도시행정이나 도시계획
의 분야에서는 행정적 요인에 주목하고 있다.

사회적 요인에 의한 접근은 도시내부의 위치나 환경에 따라서 다양한 사회
집단이 나타나고 때로는 사회집단 간 격리현상까지 출현하는 이유를 직업·지위
·소득·생활양식·민족·종교 등에서 찾는다. 오늘날 대도시에서 가장 광범하게
볼 수 있는 주요 요인으로는 직주의 분리를 들 수 있다. 중세의 도시에서는 주거
지역이 직능과 사회계층에 따라서 구분되어 자유로운 이동이 제한되어 있었지
만, 근대 이후의 도시에서는 일하는 장소와 주거지와의 분리가 현저하게 나타난
다. 이는 지가 등 경제적인 요인에 귀착되기도 하지만 환경과의 관계, 교통기관
의 발달에 의해 다양한 거주지 선호 행태가 진행되었기 때문이다.

경제적 요인에 의한 접근은 기능지역 분화의 주요 원인을 토지의 경제가치
에 의한 차이에서 찾는다. 지가(地價)는 일반적으로 도심부는 높고 교외는 싸다.
높은 지가를 선택할 수 있는 기능은 정보나 관리의 업무, 금융 등 좁은 부지라도
결절성이 높은 중심위치를 필요로 하는 기능들이다. 상품판매에서는 가볍고 작
으면서도 상품가치가 높은 업종을 취급하는 전문점, 고급품점이 지가가 높은 중
심부를 차지한다. 그것들은 도심에 집중하는 정보나 교통·통신에 의해서 최고의
이익을 얻을 수 있을 뿐만 아니라 한 평의 상점이라도 책상과 전화만으로도 존
립이 가능하여 광고나 선전의 효과를 누릴 수 있기 때문이다. 반면, 일용품점, 개
인서비스업체 등은 높은 지가를 지불할 수 없기 때문에 주거지역 부근에 넓게
분포하는 경향이 있다. 값싼 토지를 선택하는 기능은 넓은 면적을 필요로 하는
공장과 직접적으로 이윤을 누리지 못하는 주택 등이다. 도심에 은행과 회사가 집
중하는 것은 지가관계도 있지만 업무상 교통의 편익이 크기 때문이기도 하다. 또
한 이용자의 선택도 중요한 역할을 한다. 사업자는 그 장소가 경영에 편리하고
이익이 생길 수 있는 범위에서 고지가(高地價) 장소에 근접하고자 한다. 거기에는

동종 또는 이종의 사업자가 모여서 경쟁하면서 상호 교류와 협동, 교통과 도시시설 등을 공용하는 등 다른 편익을 누리게 되기 때문에 비용을 더 지불하더라도 입지하고자 하며, 결국 전문화된 지구를 형성케 된다. 넓은 면적을 필요로 하는 제조업의 경우 지가가 높은 중심부에서 부지확보가 어려울 뿐만 아니라 비경제적이며, 무거운 자재의 반입이나 제품의 출하에는 혼잡한 시내보다는 주변부가 유리하다. 주택은 거주자의 직업과 수입, 가족구성에 따라서 지가에의 적응력이 다르다. 지가는 높지만 시설이 잘 정비되어 있고 직장에 가깝고 일찍부터 발달한 시가지가 좋을 것인가 아니면, 시설도 불충분하고 직장에서도 멀지만 지가가 싸고 녹지가 풍부한 교외를 선택할 것인가의 패턴으로 된다.

행정적 요인에 의한 접근은 도시 내 기능지역의 분화가 토지이용규제의 근간을 이루는 용도지역 및 지구제의 시행 등 도시계획에 의한 구분에 기초하고 있음을 강조한다. 신도시건설의 경우와 기존의 시가지를 개조하는 경우와는 다르게 나타나기는 하지만 경계를 긋는 것이 강제력을 갖기 때문에 일상의 활동이나 도시발전에 큰 의미를 갖는다.

도시내부구조 접근은 다양한 질문에 대한 답을 제공한다. 부유층과 빈곤층은 도시의 서로 다른 지역에 거주하는가? 새로운 이주자는 도시의 어느 지역에 모여 있는가? 도시 근로자와 직장과의 공간적 관계는 어떠한가?

02 도시내부구조의 이론

도시지리학에서 도시내부구조에 대한 접근방법은 도시 내의 분포 패턴을 이해하고 공간적 패턴의 차별성이 야기된 과정을 이해하고자 한다. 도시내부구조의 고전적 모델에 대한 고찰로 시작한다. 첫 번째 모델은 도시발달의 동심원지대론은 도시가 도심부에서 주변으로 동심원 형태로 성장 발달하는 경향이 있음을 가정한다. 사회학의 시카고 학파는 1920년대에 동심원지대론을 발전시켰다. 이 시기는 이주자들이 시카고 도시성장의 중요한 자극체였다. 두 번째 모델은 선형 모델이다. 이 모델은 도시 성장과 발달이 도심으로부터 부채살 모양으로 뻗어나 간다고 본다. 이 모델은 변화의 기본적인 주요 담당자가 상류층임을 강조하고 있다. 세 번째 모델은 다핵심 모델이다. 이 모델은 동심원 모델보다 복잡한 도시지역을 가정한다. 도시 활동의 단일하고 우월한 중심부보다는 다중 중심부를 가진다고 주장한다.

이러한 도시발달의 고전적 모델은 도시 성장의 설명에 지속적으로 영향을 미쳤다. 그러나 이 모델들은 나중에 L.A.와 New York 학파로부터 많은 비판을 받게 된다. L.A.학파는 이러한 고전적 모델들이 과거의 도시분석에는 어느 정도 잘 들어맞았으나 현대 도시의 실재성을 담기에는 부족함이 있음을 비판한다. L.A.학파는 L.A.지역에서 나타나는 과정과 경향을 설명한다. 그리고 현재와 미래 도시를 위한 모델로서 이 지역을 제안한다. 몇몇 시카고 학파 옹호자들의 대응은 도시연구에서 상당한 논쟁으로 이슈화되었다. New York 학파들 또한 시카고 학파의 문제점을 지적하였다. 그러나 L.A.가 현대와 미래 도시의 기본적인 전형이라는 것에는 동의하지 않았고 다른 도시 중심부에서 발견되는 New York 도시의 특성을 제시하고 이러한 특성들은 L.A. 도시 특성과 관련된 과정과 함께 고려해야 한다고 주장한다.

한편, 클라크(Clark)는 도시 내부구조의 연구를 위한 접근 방법을 크게 여섯 가지로 구분하였다.

① 시카고 학파에 의한 인간생태학을 배경으로 하는 생태학적 접근방법
② 신고전경제학을 배경으로 하는 경제학적 접근방법
③ 도시화 이론을 배경으로 하는 사회지역분석 접근방법
④ 생태학적 접근의 연장으로 사회지역분석의 한계를 컴퓨터와 통계로 극복하여 분류학적 이론으로 해석하는 요인생태학 접근방법
⑤ 베버의 사회학을 이론적 근거로 토지이용과 개발의 제도적 구조를 파악하는 제도 관리적 접근방법
⑥ 유물사관을 배경으로 하는 마르크시스트적 접근방법

1) 동심원모델

도시인구가 크게 증가하고 철도에 의한 통근이동의 증가, 교외화의 진전 등에 의해 도시의 내부구조가 점차 명확해지기 시작했다. 여러 학자들이 북미도시

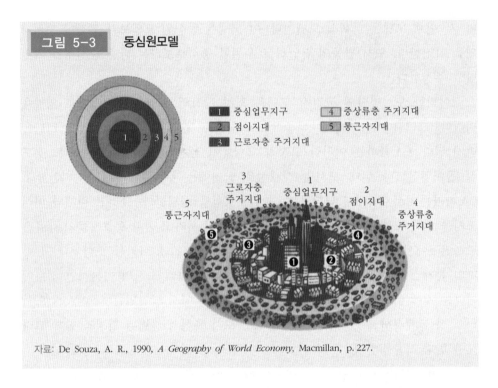

자료: De Souza, A. R., 1990, *A Geography of World Economy*, Macmillan, p. 227.

를 대상으로 이러한 도시 내부구조를 모델화하려고 시도하였다. 버제스(Ernest W. Burgess)의 동심원모델, 호이트(Homer Hoyt)의 선형(扇形)모델이 대표적이라 할 수 있다. 두 모델은 이용한 자료도 물론 다를 뿐만 아니라 내부구조의 형성과정 또한 다르게 보고 있다.

　　도시생태학의 초기 연구자로 알려져 있는 버제스의 동심원적 도시성장이론은 도시내부구조에 관한 최초의 체계적인 이론임과 동시에 생태학적 원리를 도시에 적용한 선도적 연구이다. 1925년 버제스는 "도시의 성장(The growth of city)"이라는 논문에서 도시의 성장은 반드시 외연적 확대를 수반하며 확대과정을 통해 5지대로 구성됨을 주장하였다(그림 5-3). 버제스가 동심원모델을 제시한 1920년대의 미국은 해외 이민과 농촌인구가 대량으로 대도시에 유입된 시기로서 미국적 생활양식이 확대되고 동질화되어 가는 과정이었기 때문에 그 결과가 공간상에 표출된 것이라고 할 수 있다. 경제적 동기로 대도시에 유입된 사람들은 일단 도심부의 저급주택지에 정착하여 부근의 저임금노동에 종사하게 된다. 어느 정도 돈이 모이면 보다 좋은 주거환경을 찾아서 외부로 이동하게 된다. 이러한 사회적 상승욕구가 서로 다른 특징을 갖는 몇 개의 동심원적인 사회지역의 형성 배경이라 할 것이다. 그는 이러한 도시성장의 과정을 생태학의 용어를 빌려 침입 (invasion)과 천이(succession)로서 설명하였다.

입찰지대모델

도시 내의 모든 토지는 특정한 이용을 통해서 이익을 얻게 되는데 이것을 도시지대라 한다. 도시지대에 대한 연구는 20세기 들어 도시가 크게 발달하게 됨에 따라 정립되기 시작했는데 그 근간이 된 것이 튀넨의 농업적 토지이용모델이다. 튀넨이 전제로서 상정한 하나의 도심과 이를 둘러싸고 있는 등질평야인 고립국을, 하나의 도심을 가진 등질의 도시지역으로 치환하여 도시적 토지이용이 도심으로부터 어떻게 배치되어 나타나는가를 설명해 주는 것이 바로 입찰지대모델이다. 즉, 도시의 특정 지점에서 생산된 재화가 거래되기 위해서는 일단 도심으로 운반되어야 하며 이때 발생하는 운송비는 도심으로부터 거리가 멀수록 증가한다. 이 재화의 평균생산비용이 이 도시의 모든 지점에서 동일하다고 할 경우 수익은 도심에 가까울수록 많아질 것이다. 도심으로부터의 거리와 지대와의 관계를 그래프로 나타낼 경우 우하향의 곡선을 그리게 되며 이것을 입찰지대곡선이라 한다. 이때 수직축의 절편은 운송비를 지불할 필요가 없는 도심의 토지에 대한 지대를 말하며 수평축의 절편은 운송비과다로 지대를 전혀 지불할 수 없는 지점을 말한다.

결국 재화를 생산하는 개인이나 업체는 운송비를 줄이고 수익을 증대시키기 위해 가능한 도심 가까이에 입지하려고 할 것이다. 그러나 도심 근접이라는 이점을 가진 토지는 양이 한정되어 있기 때문에 그 토지를 필요로 하는 사람들 간의 경쟁은 불가피해지며 결국 가장 많은 지대를 지불할 수 있는 순위별로 그 지역을 점거하게 된다. 이러한 과정은 다른 토지이용에 대해서도 유사한 입찰지대곡선을 생각할 수 있으며 다만 그 토지이용이 도시중심에 있어야 할 필요성의 정도에 따라 기울기가 상이한 곡선을 갖게 된다.

일반적으로 상업활동의 입찰지대곡선이 가장 가파른 경사를 보인다. 이는 상업활동이 필요로 하는 노동력의 확보 및 고객유인, 이를 위한 교통시설의 집적이라는 점에서 도심부 입지가 가장 유리하며 여기서 멀어짐에 따라 수익성이 급격하게 하락하기 때문이다. 그 다음의 경사도를 보이는 주거활동, 공업활동도 도심에의 접근이 유리하기는 하지만 상업활동에 비해 덜 중요하며, 특히 주거활동의 경우 수익성보다는 삶의 쾌적성이 더 중시되기 때문이다. 요컨대 각각의 토지이용은 도시 내 위치에 따라 효용이 달라지고 최고의 효용을 충족시키기 위해 최적의 장소를 찾고자 하며 그 최적 장소에 대한 경쟁과 지대 지불능력의 차이 때문에 동심원적인 도시 내 토지이용분화가 발생하게 되는 것이다. 만약 여러 개의 부심을 가진 다핵도시를 상정할 경우 각각의 핵을 중심으로 입찰지대모델에 입각한 동심원적 토지이용지대가 전개될 것이다.

┃ 그림 5-4 ┃ 입찰지대곡선과 도시내부의 토지이용 패턴

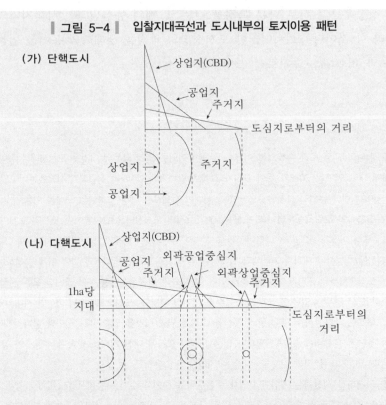

자료: De Souza, A. R., 1990, *A Geography of World Economy*, Macmillian, p. 226.

입찰지대모델에서 중요한 요소는 도심에로의 접근용이성, 즉 접근성의 개념이다. 도심은 다수의 도로가 교차되는 지점으로서 도시 내 여러 장소들과는 상호 작용을 용이하게 해주므로 가장 유동인구가 많은 곳이다. 따라서 가능한 한 다수의 고객을 확보해야 하는 상업활동의 경우 도심으로의 접근용이성은 바로 수익증대와 관련되는 것이다.

도시 내 가장 넓은 범위에 걸쳐서 나타나는 주거활동의 경우 지대 지불능력과 함께 교통비도 중요한 원인이 된다. 개개의 가구들은 자신들의 소득과 지불해야 할 지대 · 교통비를 고려하여 적절한 위치를 찾게 되는데 저소득층일수록 도심부 근접의 퇴락한 지구에서 좁은 면적의 거주지를 택함으로써 지대와 교통비를 동시에 줄이려는 경향이 있는 반면 고소득층은 소득에서 교통비가 차지하는 비중이 그렇게 크지 않으므로 도시 외곽의 넓은 주택에 거주하는 경향이 있다.

버제스의 동심원모델은 5개의 지대로 구성된다. 제1지대인 중심업무지구는 경제·사회·행정·교통기능이 집중하는 곳으로서 시민생활의 중심이다. 백화점, 전문상점, 사무소, 호텔, 극장, 은행 등이 집중해 있어서 도시전체에서 중요한 공간이 되고 있다. 이 지구의 외연부에는 도매업이나 트럭운송업, 철도역 등이 위치한다. 제2지대인 점이지대는 본래 유복한 사람들이 살고 있었으나 인구의 대거 유입과 중심업무지구의 확대 추세에 따라 상류층들은 전출해 버리고 중심업무지구의 상업이나 경공업이 계속해서 침입해 들어오는 곳으로서 상업·공업·거주기능이 공존한다. 특히 주거지구는 인접한 상업·공업환경으로 인하여 악화되어 나타나기 때문에 저급 주택지구나 빈민가를 형성하는 것이 일반적이며 이민 1세대들이 많다. 제3지대는 노동자층 주거지대로서 제2지대에서 이주해 온 노동자들의 주거지구이다. 직장으로의 접근성이 유리하기 때문에 이곳에 거주하며 이민 2세대들이 많다. 시카고에서는 이 지대의 주택 대부분이 2층 건물의 아파트였다. 제4지대는 중상류층 주거지대라 불리는 지역으로, 미국 태생의 중산계층이 단독주택이나 고급아파트에 거주한다. 교통조건이 좋은 곳에는 상점가가 형성되고 부도심으로 성장하기도 한다. 제5지대는 통근자 주거지대로서 도시의 행정구역을 넘어서 확대된다. 교외의 작은 도시나 읍을 포함하고 있기도 하며 도심부로부터 30−60분의 승차시간범위에 해당된다. 고속도로에 인접한 곳에는 고급주택이 산재하는데 이곳 주민의 직장은 주로 중심업무지구이다.

다른 이론과 마찬가지로 동심원이론 역시 많은 비판을 받아 왔다. 이러한 비판의 핵심은 두 가지로 요약된다. 첫째는 생물학적 세계와는 달리 인간 세계의 경쟁은 관습, 제도, 법에 의해 제약되기 때문에 여기에 생물학적 생태과정을 응용하는 것은 잘못된 유추가 될 수 있다는 것이다. 둘째는 동심원이론은 인간의 정서적 측면의 중요성을 과소평가하고 있다는 것이다. 동심원이론이 그동안 무수한 비판을 받아왔으나, 이 이론이 지닌 기본개념과 동심원지대의 기본적인 형태는 오늘날까지 도시공간구조를 설명하는 데 근간이 되고 있다.

2) 선형모형

호이트(Homer Hoyt)는 1939년 "미국도시에 있어서 근린 주택지구의 구조와 성장"이라는 논문에서 미국 142개 도시의 주택자료를 수집하고 이를 토대로 다양한 주거지구를 상류층 주거지구·중간층 주거지구·저소득층 주거지구로 분류하고, 그 분포를 조사한 결과 그 지구들의 분포패턴이 동심원이 아닌 선형이었음을 주장했다(그림 5-5). 도시 전체를 원형으로 보고 그 중심에서 방사상으로 교통로가 뻗어 있으면, 도시인구가 증가함에 따라 이들 교통로에 면해서 주택지가 확대해 간다. 이 과정에서 유사한 주택군들이 집합하고, 일정 선형 내에서 점차 외곽으로 이동한다는 것이다. 이때 중간층 주거지구는 상류층 주거지구의 양측에 위치하는 경향이 있고 저소득층 주거지구는 중심부에 많이 나타남을 지적하였다. 특히 그는 상류층 주거지구의 이동방향과 패턴에 많은 관심을 보였다. 이러한 방향으로 고액소득자가 이동한 후에는 낡은 주택이 남고 그곳에 중산계층이 거주하게 된다. 결국 도시내부의 구조는 중심에 CBD가 있고 거기로부터 수로나 철도에 면해서 경공업지대가 방사상으로 전개된다. 경공업지대에 인접하여 저소득층 주거지구가 있으며, 좀 떨어져 중간층 주거지구, 상류층 주거지구로 변화한다. 호이트에 따르면 고소득층 주거지역은 도시 내 여타 소득계층의 주거지역 형성에 지대한 영향을 미친다.

선형이론에서 각 기능지역 즉 내부구조가 분화되는 데 있어서 중요한 영향을 미치는 것은 지대와 도시의 교통망이다. 도시내부에서 지대에 따라 다른 토지이용이 이루어지고 지대의 형성과 거주지의 분화는 주로 도시중심부에서 주변지대로 방사상의 교통망에 의해서 그 방향성이 유도된다.

두 모델의 차이는 교통로의 역할을 어느 정도까지 고려할 것인가와 밀접하게 관련된다고 할 수 있다. 중심부에서 주변부를 향해 방사상으로 뻗어 있는 교통로의 역할을 중시할 경우 섹터적 요소의 가미는 불가피하게 되는 것이다.

호이트의 선형이론은 네 가지 측면에서 비판을 받고 있다. 첫째, 선형모델이 제시하고 있는 '섹터'에 대한 정의가 모호하다는 점이다. 호이트의 초기 연구에서 섹터라는 용어는 블록 정도 규모에서 도시 전체의 1/4에 이르는 정도까지 다양한 규모로 적용된다. 둘째, 많은 도시에서 도시성장의 모습이 선형을 나타내고 있으나 그 이유가 선형이론에서 강조하고 있는 고급주택지 때문이라기보다는 상업지의 확대와 성장으로 인한 경우가 많다. 셋째, 이 이론은 도시의 토지이용 형태에 있는 교통로, 특히 간선도로와 고속도로의 중요성을 강조하고 있으나 교통

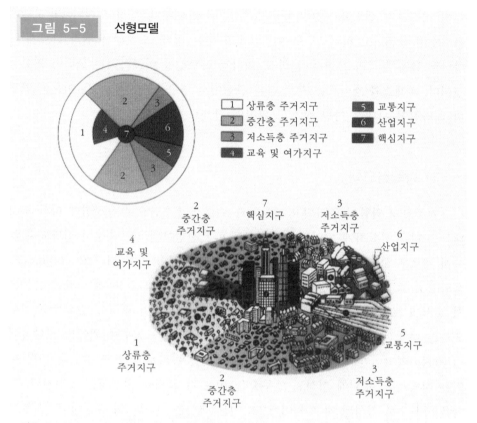

그림 5-5 　선형모델

1 상류층 주거지구　　　5 교통지구
2 중간층 주거지구　　　6 산업지구
3 저소득층 주거지구　　7 핵심지구
4 교육 및 여가지구

자료: De Souza, A. R., 1990, *A Geography of World Economy*, Macmillian, p. 226.

로의 영향이 호이트가 제시한 것과 같은 모양으로 도시의 토지이용이 형성되는
지에 대해서는 의문의 여지가 있다. 넷째, 호이트는 각 섹터 내에서 주택의 질을
통해 도시성장을 설명하고 있기 때문에 활동의 결절지점에 대한 접근성이 중요
시되고 있는 현대 거대도시에 이 이론을 적용하기에는 한계가 있다.

　시카고라는 단 하나의 도시를 대상으로 모델화를 시도한 버제스의 동심원
모델이나 미국 내 여러 도시의 자료를 기초로 한 호이트의 선형모델 모두 여러
학자들로부터 찬반양론의 깊은 관심을 받았다. 특히 자동차에 의해 결절지점에
의 접근도가 증가한 현대 대도시에 적용하기에는 무리가 있는 것은 사실이다. 다
른 도시에 대한 사례검증 연구결과 버제스와 호이트가 제시한 모델과 일치하지
않는 점들이 많이 발견되어 비판받았지만, 사실 모델이란 복잡한 현상을 단순화

시켜 이해하기 쉽도록 일반화를 시도한 것이기 때문에 특정 도시가 그 모델에 들어맞지 않는다고 하여 그 모델을 부정할 수는 없다. 오히려 모델과 다르게 나타나는 특정 도시의 자연적·문화적·역사적 특수성을 이해하려는 노력이 필요할 것이다. 버제스와 호이트는 서로 다른 관점에서 연구를 하였지만 두 이론은 완전히 배타적인 관계가 아닌 상호 보완적인 관계로 평가받고 있다.

3) 다핵심모델

교통로의 역할이 중시되고 자동차가 주요 교통수단으로 등장함에 따라 도시 내부는 더욱 복잡하게 되었고 동심원모델이나 선형모델로는 충분히 설명되지 않아서 새로운 설명모델이 필요하게 되었다. 이때 등장한 것이 해리스(C. D. Harris)와 울만(E. L. Ullman)의 다핵심모델이다. 그들은 1945년 "도시의 본질"이라는 논문에서 도시의 토지이용 패턴이 단일 중심이 아닌 여러 개의 핵심을 중심으로 형성된다는 다핵심모델을 제안했다. 즉 도시가 커지면서 도심부 이외에도 사람들이 집중하는 지역이 다수 발생하게 되며 그러한 곳은 바로 집적의 경제를 누릴 수 있는 지역이다. 교외에 형성된 업무중심지라든가 교외에 전개되는 공업지역, 대학을 중심으로 형성된 지구 등이 있다. 이들 핵심은 그 도시의 발생시점에서부터 존재한 것도 있고 도시성장과정에서 발달한 것도 있다.

핵심의 발달과 지구의 분화는 다음 네 가지의 요인이 작용하여 이루어짐을 지적했다. 첫째, 전문적인 편익지점을 필요로 하는 활동들이 있다. 즉 도매업지구는 시내에서 가장 교통이 편리한 지점에 공업지구는 수륙교통관계가 좋은 곳에 입지하고자 한다. 둘째, 동종의 활동은 집적함으로써 집적의 이익을 얻을 수 있기 때문에 한 곳에 집중하게 된다. 셋째, 상이한 활동은 집적함으로써 불이익을 초래하기 때문에 서로 분리하게 된다. 주택지구와 공업지구, 소매업과 공업지구는 집적하면 오히려 불이익이 발생한다. 넷째, 어떤 활동은 유리한 입지지점의 높은 지대를 지불할 능력이 없다. 도매업이나 창고업은 도심 주변에 입지하는 것이 유리하나 지대가 비싸고 넓은 토지를 필요로 하기 때문에 다른 지점에 입지한다.

다핵심모델은 자동차 이용이 일상적으로 된 시대에 도시의 지역구조를 융

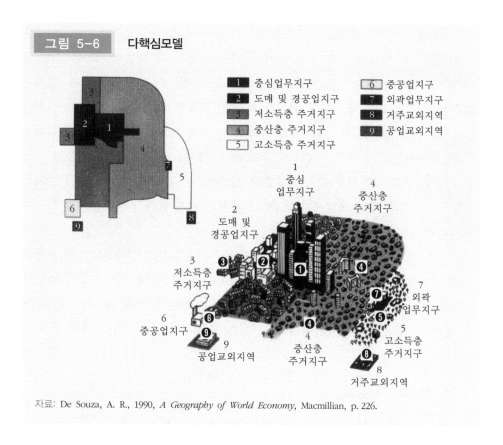

그림 5-6　다핵심모델

1 중심업무지구
2 도매 및 경공업지구
3 저소득층 주거지구
4 중산층 주거지구
5 고소득층 주거지구
6 중공업지구
7 외곽업무지구
8 거주교외지역
9 공업교외지역

1 중심 업무지구

4 중산층 주거지구

2 도매 및 경공업지구

3 저소득층 주거지구

7 외곽 업무지구

6 중공업지구

9 공업교외지역

4 중산층 주거지구

5 고소득층 주거지구

8 거주교외지역

자료: De Souza, A. R., 1990, *A Geography of World Economy*, Macmillian, p. 226.

통성 있게 표현하고 있다. 버제스나 호이트의 모델과는 달리 각 지구의 공간배치가 일정하지 않고 도시마다 핵이 되는 중심지의 성격이 다를 수 있다. 따라서 [그림 5-6]과 같은 토지이용 패턴은 한 예로서 제시된 것이며 핵심의 수나 위치는 역사적 발전의 결과이기 때문에 도시마다 다를 수 있다는 점에서 모델로서의 성격은 좀 부족하다. 버제스의 동심원모델이나 호이트의 선형모델은 많은 도시에 공통되는 공간특성을 잘 설명하고 있다.

　다핵의 존재를 확인하는 것 외에 해리스와 울만은 거의 모든 미국 도시 지역에서 발달한 네 가지 도시요소 또는 지구를 확인하였다. 첫 번째는 CBD로 해리스와 울만은 이것이 반드시 도시의 지리적 중심에 있지는 않으며 도시가 바다나 호수에 인접한 경우 한쪽 끝부분에 위치할 수 있다고 주장하였다. CBD는 도시 내 교통시설이 집중된 곳으로 도시 지역의 어디에서나 접근하기에 가장 편리한 위치이다. 둘째는 도매 및 경공업 지구로 CBD에 가까이 있지만 바로 그 주위에 위치하지는 않으며 철도와 도로로 접근할 수 있다. 이 지구의 활동은 주로 공업이며 그 입지는 교통 시설 및 도시 지역 노동력 접근의 이점을 가진다. 셋째는 중공업 지구로 도시 경계상에 위치하고 좋은 교통을 갖지만 교통이 좋지 않은 곳에 넓은 부지를 점유하기도 한다. 비록 도시 경계상에 위치하지만 도시 지역이 확장됨에 따라 도시 내부로 편입되기도 한다. 넷째는 주거지구로 상류층, 중류층, 하류층 부분으로 구분된다. 상류층은 전형적으로 고도가 높고 배수가 잘되는 토지에 위치하며 대기 오염이나 소음으로부터 떨어져 있지만 하류층은 공장이나 다른 유해시설에 근접하여 위치한다.

다핵심모델은 동심원이론이나 선형이론과 마찬가지로 건축물의 1층 부문의 토지이용만을 대상으로 하고 2층 이상과 지하층의 공간이용에 대해서는 언급하지 않고 있다. 또한 다핵심모델은 토지이용이라는 용어가 건축물을 의미할 뿐 도로, 공원, 교통 등의 용지에 대해서는 전혀 언급이 없다는 비판을 받고 있다.

4) 모델의 재검토

버제스의 동심원모델과 호이트의 선형모델은 1920-1930년대 미국의 도시자료에 기초한 것이기 때문에 1930년대 이후 급속히 보급된 자가용의 영향, 제2차 세계대전 후의 인구증가, 주택건설, 쇼핑센터의 교외 진출, 사회적 유동성 증대와 공장의 분산 등을 고려하고 있지 않다. 그러나 이 사실들은 현대의 도시내부구조를 이해하기 위한 기초가 되는 것이다. 호이트는 이같은 경향을 고려해서 1964년 선형모델을 재검토했다. 1930년대에서 1960년대에 걸쳐 생긴 변화로서 ① 교외화의 진전에 따른 대도시의 발전 ② 중심도시에 유색인의 유입증가 ③ 도시규모에 따른 도시인구 증가 경향의 차이 ④ 1인당 국민소득의 증대, 중산계층의 소득증대, 자가용의 보급, 고속도로 건설 등의 영향이 도시내부구조를 변화시켰다고 지적했다.

자동차를 중심으로 다양한 교통수단을 이용하고 도시기능이 분산적으로 입지하는 현대의 도시에서 하나의 모델만으로는 충분한 설명이 될 수 없다. 동심원과 선형을 기본으로 하고 여기에 다핵심적 요소를 가미한 복합적 모델로서만이 설명이 가능할 정도의 대도시화가 진행되고 있음을 인식해야 할 것이다.

사실 동심원모델, 선형모델, 다핵심모델은 서로 상반되는 모델은 아니다. 시기적으로 조금씩 차이가 나는 이 모델들은 결국 처음의 동심원모델을 수정한 것으로 볼 수 있으며, 20세기 전반 미국 내 도시화의 급속한 진행과 도시 내 구조변화 양상을 반영해 주는 것이라 할 수 있을 것이다.

그러나 이 세 모델은 토지이용의 의사결정이 개인에 의해 이루어진다는 전제에 기초하고 있기 때문에 토지시장이 자유롭지 못한 지역이나, 정부가 토지이용을 규제하는 지역에서는 적용하기 어려운 점이 있다.

미국과는 도시화의 역사가 다르고 15-16세기 이전의 건축물이 여전히 도시의 중심핵으로서 남아 있는 유럽의 도시내부구조는 어떤 양상일까? 영국의 디킨슨(R. E. Dickinson)은 유럽의 여러 도시들을 관찰하고 그 역사적 발전과 오늘날의 지역구조를 결합하여 3지대(三地帶)모델을 제시했다. 도시의 중심에 위치하는 중앙지대는 역사가 오랜 취락의 특성을 그대로 간직하고 있어서 지도상에서도 쉽게 식별할 수 있다. 즉, 과거의 성벽이 있던 곳은 큰 도로가 되어 그 외부지대와 구분된다. 또 시내 어느 지역보다도 건물이 밀집해 있으며 협소한 가로망과 작은 시장이 특징적이다. 낡은 건물이 대부분이며 신구 건축양식이 혼재되어 나타난다. 소매·도매·행정·업무지구와 시장, 호텔, 저급주택지구, 고급주택지구, 공공건물, 역 등이 위치하며 건물은 고층화하고 있다. 중앙지대를 둘러싸고 있는 중간지대는 19세기 후반부터 20세기 초반에 시가화(市街化)된 부분으로서 대부분의 건물은 개인이 건축한 것들이다. 주거기능이 주를 이루지만 많은 영세공장이 산재하고, 하천이나 운하, 철도 등에 면해서 초기의 공장지대가 나타난다. 주거밀도가 높고 사회적 퇴폐와 혼란으로 주거환경은 열악하다. 외부지대는 주로 제1차 세계대전 후에 발전한 주택지로서 공원이나 녹지도 많고 농지 및 골프코스 등이 넓은 면적을 차지하고 있다. 철도·하천·운하에 면해서 시가지가 확대되고 있지만 선상(線狀)이라기보다는 면상(面狀)으로 확대되고 있다. 그러나 시가지는 농지나 숲·황무지 등에 의해 분단되기도 한다. 교통상의 요지나 오래 전부터 존재해 왔던 취락 주변에는 번화한 지구도 나타난다. 지대(地帶)의 숫자가 적고 역사가 오랜 중앙지대 내에서의 기능의 미분화 등 각 지대 내에서의 특성은 조금 다르지만 형태상으로는 동심원모델과 유사한 점이 있다. 앞의 세 모델이 발표 당시의 도시화상황을 정태적으로 표현한 것에 비해 3지대론은 역사적 발전에 따른 내부구조의 동태를 읽을 수 있다는 점에서 의미 있는 모델이다.

03 제3세계의 도시내부구조

제3세계 도시들의 내부구조 특성에 대해서도 주목할 필요가 있다. 대부분의 제3세계 도시들은 그 오랜 정착의 역사에도 불구하고 오늘날의 기준에 비추어 볼 때 제2차 세계대전 이후까지도 소규모 도시에서 벗어나지 못했다. 하지만 오늘날 제3세계 국가들에서 가장 큰 도시들은 오랜 전통의 도시가 아니라 18−19세기에 유럽의 식민지배와 관련된 취락들이다. 식민지 시대와 관련된 특수한 상황으로 말미암아 이들 도시는 북미나 유럽 도시들과는 상당히 다른 유산과 구조를 갖게 되었다. 식민지의 직접적인 유산으로서 이러한 도시들의 특징은, 경제를 통제하고 튼튼한 국제적 유대를 유지하고 있고 적은 규모이지만 강력한 엘리트 계층이 존재한다는 것이다. 도시인구의 대다수는 가난하고 숙련기술을 갖지 못한 자들로서 얼마 전까지 살았던 고향 농촌과 강력한 감정적 및 문화적 유대를

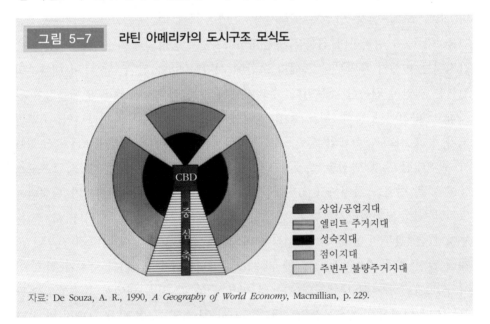

그림 5-7 **라틴 아메리카의 도시구조 모식도**

CBD

중심축

■ 상업/공업지대
▤ 엘리트 주거지대
■ 성숙지대
▨ 점이지대
▢ 주변부 불량주거지대

자료: De Souza, A. R., 1990, *A Geography of World Economy*, Macmillian, p. 229.

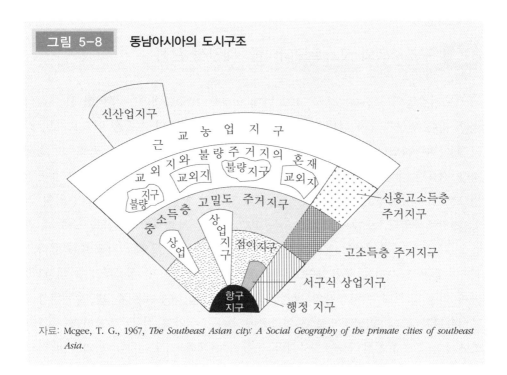

그림 5-8　동남아시아의 도시구조

자료: Mcgee, T. G., 1967, *The Southeast Asian city: A Social Geography of the primate cities of southeast Asia.*

갖고 있다. 이러한 상황은 특히 라틴 아메리카에서 나타난다(그림 5-7). 공간적인 관점에서 보면 제3세계 도시는 종종 역전된 동심원모델의 형태를 띤다. 이는 업무행정의 엘리트 집단이 CBD의 인근에 출현하고 외곽 쪽으로 점차 저소득층이 입지하기 때문이다. 이들 제3세계 도시들이 선진국지역의 도시들과 비교해 크게 대조되는 것 중의 하나가 대규모 중간계급의 형성이 미약하다는 점이다. 도시의 최외곽지대에는 종종 무단 점거자들에 의한 열악한 환경의 무허가 불량주거지구 (squatter housing)가 형성되기도 한다(안재학 역, 1997).

　역시 식민지 상황을 경험했던 동남아시아 국가들의 도시구조 [그림 5-8]도 흥미롭다. 항구를 중심으로 도심이 형성되며 그 주변으로 상업지구가 발달되어 있다. 전형적인 CBD는 형성되어 있지 않으나 그 요소들은 분리된 집적의 형태로 나타난다. 라틴 아메리카 도시의 모델과 다른 점은 주거지역의 발달이다. 즉, 도심지에 중산층 주거지역이 나타나며 교외지에 고소득층 주거지역과 저소득층의 불량주거지역이 혼재되어 나타난다는 점이다(이희연, 1999).

04   구조주의와 포스트모더니즘: 대안적 관점

도시발달의 고전적 모델은 1920년대 초부터 1950년대에 이루어졌다. 그러나 이후 많은 연구자들이 현대의 도시변화에 대한 설명력의 부족을 이유로 고전적 모델을 비판하였다. 1970년대 초 하비는 도시에 대한 연구에 마르크스주의 경제학을 적용한 대안적 관점을 제시하였다(Harvey, 1973). 이 접근은 구조주의 접근방법으로 알려졌으며 불균등 발달의 분석과 도시의 발달과 확대에 자본주의의 역할을 강조하였다. 르페브르(Lefebvre)는 1970년대에 사회과학에 마르크스주의 전통을 되살렸다. 르페브르의 자본순환 개념은 하비에게 특별한 자극이 되었다.

이들은 당시까지 주류였던 인간생태학적 도시분석 및 실증주의에 대한 비판과 더불어 현대 도시공간의 발전과정과 그 속에 내재된 모순 및 갈등현상을 분석하고자 했다. 일반적으로 사회과학에서 구조주의적 접근, 특별히 도시지리학에서의 구조주의적 접근은 사회와 공간의 관계가 서로 자본주의의 지배적인 생산 방식에 의해서 연결된다는 생각을 통해서 설명한다. 초기 도시공간의 형성과 발달은 자본주의 발전과정에 기초한 자본의 순환과정에 따라 생산되고 재생산된다고 할 수 있다. 자본은 생산수단과 노동력을 결합한 생산과정을 거쳐 새로운 상품을 생산하고 판매함으로써 더 많은 자본으로 확대 재생산된다. 이러한 자본순환과정은 도시공간의 물적 토대의 형성을 필요로 한다. 산업자본주의에서 도시는 그 물적 토대를 엄청나게 확대시켰다. 노동력 및 산업생산의 집적의 확대로 도시는 팽창하면서 기능적으로 분화되었고 도시 간에 계층적 관계가 형성되었다. 도심의 토지이용 집약화로 도시형태는 변모하였으며 외곽으로 소득계층에 따라 저소득, 중간소득, 고소득 계층의 주거지들이 배열되었다. 이 시대의 도시는 시카고 학파의 주요 연구대상이었다.

도시공간은 자본축척 과정에 필수적으로 내재된 지역 불균등 발전과 자본과 노동의 대립에 의한 사회공간적 갈등을 담고 있다. 어떻게 자본이 순환과정에서 투자되고 재투자되느냐에 따라 불균등 발달이 나타난다. 예를 들어, 교외지역의 부동산에 대한 막대한 투자는 도시 중심부의 방치에 따른 희생으로 이루어진 것이다.

자본축적과정에서 자본들 간의 경쟁이 점점 치열해지고 노동에 의한 임금 상승 압박이 고조됨에 따라 과잉투자가 초래되고 도시공간에는 유휴생산설비, 유휴노동력이 발생하게 된다. 이러한 위기는 자본주의 도시를 재구조화를 통해 새로운 모습으로 등장하도록 하였다. 기존의 도시내부에 입지했던 공장들을 도시외곽이나 다른 지역으로 이전시키고 유휴자본은 토지개발과 도로, 항만 등 사회기반시설 조성에 투입되거나 쇠락한 도심 재개발과 도시외곽에 신도시를 조성하는 데 투입되었다. 이와 같이 건조환경에의 자본투입을 하비는 제2차 자본순환이라고 명명하였다. 이 단계에서 도시는 기존 산업의 외곽이전 및 주거지 교외화, 도심 재개발을 통한 토지이용 집약화를 경험하게 된다. 산업생산의 이심화와 거주지 교외화는 기존의 도시를 거대화시켰다.

구조주의적 접근의 강점은 첫째, 자본주의 경제체제하의 도시공동체의 구조적 특성과 변화를 이해하는데, 사회구조형성의 기초가 되는 경제적 요인과 생태학에서 거의 도외시된 정치적 요인을 주요 독립변인으로 보고 있다는 데서 찾을 수 있다. 둘째, 종래 시카고 학파의 생태학적 접근이나 구조기능론적 체계이론이 다분히 비역사적 경향을 띠고 있는데 반해 구조주의적 접근은 횡단적 도시구조의 분석보다는 도시화의 과정을 중요시하는 동시에 일부 학자들은 세계체제의 개념을 받아들여 보다 개방체계적인 도시분석을 시도하고 있는 등 상당한 설득력을 지니고 있다. 셋째, 무엇보다도 구조주의적 접근은 70년대의 자본주의 도시체계의 모순점을 설명하는 데 기여한 바가 크다. 특히 이 접근은 국가이론, 계급분석, 재정위기, 사회운동, 인종집단 간의 갈등, 사회제도의 정당성위기, 세계체제론 등에 괄목할 만한 발전을 가져 온 것이 사실이다.

포스트모더니스트에 의해 마르크스주의의 도시지리학적 접근방법은 더욱 확장되었다. 고전적 도시모델을 포함한 모더니스트 도시이론에 대해 반대하면서 포스트모더니스트는 도시를 틀에 맞추어 정리하거나 이해하는 것을 부정하였다. 그들은 도시에 대한 다양한 시각을 제공하였다.

도시 생태학에 대한 가장 잘 조율된 반론은 L.A. 학파의 포스트모던 도시주의이다. L.A. 학파는 도시 생태학이 20세기 초반 공업화하던 시카고에 기반한 이론으로 이미 시의성이 떨어지며 현재 탈공업화하는 도시들의 역동성을 담기에 부적절하다고 주장한다. 따라서 L.A. 학파의 공통된 주요 주제는 경제 재구조화이다.

탈공업화와 생산 시스템의 후기 포드주의(postfordist)로 전환은 첨단산업과 생산자 서비스업에 종사하는 숙련 노동자와 비공식경제나 소비자 서비스업에 종사하는 비숙련 혹은 탈숙련 노동자 간의 사회경제적 격차가 커지는 사회적 양극화를 가져왔다. 미국의 경우 고임금의 숙련 노동자는 교외의 고급주택가에 거주하는 반면 저임금의 비숙련 노동자는 이민자에 의해 상당수 충원되면서 그 수나 비중이 점차 증가하고 있다. 요약하면 탈공업화한 도시의 재구조화는 계층, 가족 구조, 인종·민족성, 문화, 정치적 성향 등의 독특한 조합을 가진 다양하고 이질적인 사회 집단을 만들어 낸다. 이들 집단에 의해 도시 내부 공간은 전문화하고 파편화

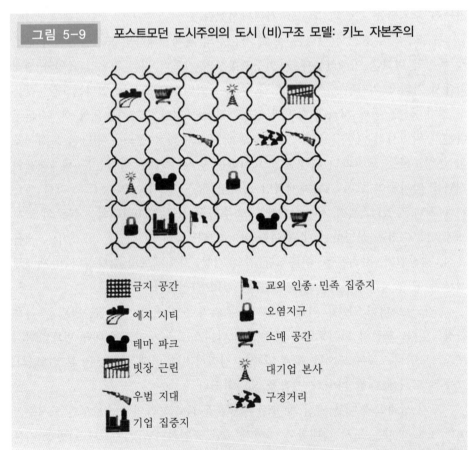

그림 5-9 **포스트모던 도시주의의 도시 (비)구조 모델: 키노 자본주의**

금지 공간   교외 인종·민족 집중지

에지 시티   오염지구

테마 파크   소매 공간

빗장 근린   대기업 본사

우범 지대   구경거리

기업 집중지

자료: Dear and Flusty, 1998, "Postmodern Urbanism," *Annals of Association of American Geographers*, 88: 50-72.

하는데 이는 각자가 자신만의 도시 공간을 갖고자 하는 성향 때문이다.

이러한 전문화와 파편화한 도시 공간은 소위 '키노 자본주의(keno capitalism)'라고 불린다(Dear and Flusty, 1998)(그림 5-9). 도시 형태가 많은 차별화되고 일관성이 없는 조각들로 이루어진 게임 보드와 같다는 것이다. 이들 조각들은 무작위로 진행되는 도시화 과정에서 선택받을 동등한 기회를 가지는데, 이는 도시 활동들이 발달된 정보통신 네트워크 덕택이기도 하다. 따라서 도시 활동들은 서로 무관하게 입지한다. 예로 다국적 기업의 본사가 위치한 조각은 같은 도시 내 주변 지역과는 동떨어져 전 지구적 자본주의의 산실이 된다. 이는 중심상업지구가 여타 도시 활동들의 입지를 결정하는 핵으로서 역할을 한다고 보는 시카고 학파의 주장과 좋은 대조를 이룬다. 근린과 관련하여 포스트모던 도시주의는 문화의 역할을 강조한다. 즉, 레즈비언 히스패닉 여성은 독자적인 근린을 형성하는데 인종적 차이, 성적 차이, 성적 취향적 차이와 같은 다양한 문화적 정체성들이 이러한 근린을 정의한다는 것이다.

05 도시내부구조의 변화와 재구조화

1) 도시내부구조의 변화요인

지난 4반세기 동안 도시는 크게 변화하였고 거의 모든 도시활동이 그 변화과정의 영향을 받았다. 그 변화는 도시생활 전반에 영향을 미치는 매우 포괄적인 변화이며 진행속도가 전례 없이 빠른데 쇠퇴의 측면이 강하게 내포되어 있다는 점에서 이전의 도시성장에 따른 단순한 변화와는 차원을 달리하고 있다. 이러한 도시의 변화는 정치·경제·사회적 변화와 밀접한 관계를 맺고 있으며 바로 토지이용변화에 투영되어 나타난다. 왜냐하면 토지는 도시활동의 근간이며 또한 물리적 기초가 되고 정치·경제·사회적 힘의 토대이기 때문이다. 토지이용의 변화는 결국 내부구조의 변화로 이어진다.

도시 내 토지이용변화를 야기시키는 다섯 가지 요인을 여러 도시에서 공통적으로 읽을 수 있다. 도시내부 제조업의 쇠퇴, 도시인구의 교외화와 분산화, 새로운 경제활동의 출현, 통신기술의 발달, 사회적 및 생활방식의 변화 등이 그것이다. 제조업 내에서 발생했던 기계화, 작업당 토지요구량의 증가, 설비의 대형화, 유동성의 증대, 운송수단의 향상 등의 변화는 도시내부의 많은 회사들을 폐업시키고 주변의 새로운 위치로 이전케 하였다. 도시인구의 교외화나 분산화는 교통발달에 따른 거주지의 확산, 직장의 분산에 따른 교외지역의 고용증대, 도시 외곽의 사무실 및 상점의 증가, 도심을 대신하는 교외나 주변의 역할 증대 등에 기인한 것이다. 이러한 업무기능의 교외화는 대도시 지역의 형상 및 구조변화의 주요 요인이다. 결국 도시내부의 토지수요 감소는 도시 주변에서의 토지수요의 증가를 의미한다.

컴퓨터·의학·생명공학·전자·통신 등 고도로 숙련된 노동력과 쾌적한 환경을 선호하는 첨단 기술분야의 등장은 새로운 토지이용과 입지패턴을 창출하였다. 첨단산업입지로 선호되는 곳은 오래된 산업중심지에서 멀리 떨어질 뿐만 아니라 좋은 기후지역의 소도시, 대학과의 연계가 유리한 곳, 도시 주변의 광활한 지역 등이다. 생산·관리·영업 등 기업활동의 많은 부분에서 고도의 정보처리나 통신의 기술을 많이 이용하게 됨에 따라 생산과 경영의 분리배치, 재택근무를 가능케 함으로써 전통적인 가정과 직장의 입지패턴·통근패턴을 변화시키고 있다. 정보나 서비스업이 경제활동 전체에서 차지하는 비율이 높아지고 정보화나 경제의 서비스화·소프트화라 불리는 이러한 움직임은 산업분야에서만 아니라 사회생활의 전반에 걸쳐 확대되면서 대도시의 주력 산업인 3차 산업의 입지변동을 야기시키고 있다.

결혼과 이혼에 대한 사회적 시각의 변화, 노령인구의 증가, 경제력 증가, 작업시간 단축, 환경에 대한 관심 증대 등도 도시 토지이용의 결정에 영향을 미친다. 더욱이 이러한 변화요인들은 지속적으로 막대한 토지를 필요로 하고 있다. 인구증가로 인한 도시팽창은 당연히 보다 많은 토지를 필요로 한다. 또한 이혼이나 결혼패턴의 변화, 노년인구의 증가와 같은 사회 및 인구학적 변화에 의해 평균 가족규모가 감소하고 분리세대가 증가하는 것 역시 토지수요를 증가시키는 요인이 된다. 경제발달에 따른 개인적 부의 증가, 인플레이션에 대한 안전판으로서의 기대, 교통통신의 발달과 여가활동의 증가 등도 더 많은 토지의 소비를 부추기고 있다. 이러한 도시토지에 대한 계속적인 수요증가는 경제활동에 대한 입지를 변모시키며 결국 새로운 도시형태를 창출하게 될 것이다.

대부분의 선진국 도시는 본격적인 탈공업사회의 도래를 맞아 공간의 재편성이라는 숙제에 직면해 있다. 도시를 중심으로 진행되는 산업구조의 고도화에 의해서 기업은 사무소의 통폐합, 입지변화를 포함하는 기업활동의 합리화, 또는 조직의 재편을 행하고 있다. 이러한 변화는 취업자나 그 가족의 생활에 대해서 뿐만 아니라 지역사회 전체에도 영향을 미친다. 이러한 변화는 도시내부를 중심으로 일어나기 때문에 그 공간구조의 변화는 필연적이다.

이러한 변화를 가능케 하는 요인이 바로 교통망이다. 특히 도시는 그 내부가 각각 기능적으로 특색 있는 지역으로 분화되어 있어서 도시를 구성하고 있는 부분지역 간의 복잡한 유동, 이동, 거래에 의해 도시가 제대로 기능하게 된다. 따라서 내부구조 변화에 교통체계가 중요한 역할을 담당하고 있다. 실제로 도시주민의 생활양식이나 행태적 특성 등은 그 교통체계에 크게 영향을 받는다.

2) 도시내부구조의 변화양상

전통적으로 인구이동의 기본 흐름은 도심에 몰려드는 인구이동과, 그 역류인 교외로의 원심적 인구이동을 들 수 있다. 그동안 대도시지역의 확대는 거주지의 분산으로서 이해되어 왔으나 최근에는 그것을 상회하는 속도로 주간인구가 분산하고 있다는 것이 확인되고 있다. 즉, 직장의 분산으로 말미암아 대도시지역의 확대가 진행되고 있는 것이다. 도시규모의 확대와 자동차교통의 증대에 따라 종래의 도심 이외의 상업·업무기능의 집적지가 활성화되면서 도시는 다핵적인 구조로 변화하고 있으며 도시내부의 교통 중에서 이들 다수의 상업·업무집적지 간의 상호 이동 비중 또한 높아지고 있다.

미국에서는 이 같은 다핵화가 더욱 진전되고, 경제활동이 분산화함에 따라서 통근패턴이 점점 복잡하게 되고 있다. 도심은 지금까지 단일의 최대의 직장소재지였는데 특히 화이트칼라가 집중된 곳이었다. 그러나 최근 수십 년 동안에 교외지역으로의 통근도 크게 증가하였다. 이러한 역통근(중심도시에서 교외로의 통근)이 증가한 이유는 취업지의 교외화에 있다. 특히 블루칼라의 직장 교외화가 현저했다. 그 결과 역통근의 형태는 흑인을 중심으로 하는 저임금 노동자에게서 많이 볼 수 있다. 취업지의 교외화는 단순히 과밀화에 대한 반동일 뿐만 아니라 세계의 공업선진국이 반도시화라고도 일컫는 새로운 도시화단계에 진입하고 있음을 나타내는 현상이다(Yeates & Garner, 1980).

서울에서도 다핵화·분산화·교외화 현상이 빠른 속도로 진행되고 있다(전명진, 1996). 이는 대도시의 재구조화를 의미하는 것으로서 변화의 양상은 도심부와 교외지구에서 뚜렷하게 볼 수 있다. 도심부는 도시의 중심적인 핵으로서 장래에도 기능하리라 생각되지만 그 형태가 현재 그대로 진행될 것인가는 생각하기 어렵다. 이곳에 주로 입지하는 것은 개인 상대의 전문소매·서비스업, 기업의 업무기능, 기업 서비스업 등이다. 개인 상대의 소매업·서비스업은 도심부 이외의 경쟁상대 특히 교외에 있는 소매, 서비스업과의 시장획득경쟁에 의해 그 성패가 좌우된다. 교외나 주변부에서는 싼 지가를 무기로 대규모의 쇼핑센터가 건설되어 도시 주변부를 중심으로 하는 넓은 지역이 그 시장권에 들어갔다. 도심부에서는 침체되어 가는 도심기능을 회복하기 위해 재개발을 추진하고 있으며, 이때 주거용 토지이용은 높은 지가 때문에 많이 축소된 반면 쾌적한 사무공간과 전문화된 소매활동으로 효율적·매력적 장소로 탈바꿈되기도 한다. 그러나 불경기의 경우에는 사업부진에 따른 공간의 축소경향과 수요 감퇴로 도심 사무공간의 공실률(空室率)이 높아지기도 한다.

최근 활발하게 진행되고 있는 정보화의 진전이 분산화를 촉진한 것이 사실이지만 오히려 다양한 정보의 대량집중을 강화시키는 현상도 배제할 수 없다. 정작 중요한 정보는 대면접촉이 불가피하기 때문이다. 그래서 높은 가치가 있는 정보는 도심부에 집적되는 반면 일반정보에 기초한 일상적 업무는 지가가 싼 주변부에서 행해져 그들의 관리는 통신망을 매개로 도심부의 기능이 행해지게 된다. 이러한 경향은 대도시일수록 명확해서 도심부에 입지하는 기능의 영향력은 더욱 강화되는 양상이다.

도심부를 둘러싸고 있는 점이지대나 중간지대는 많은 문제를 안고 있는 지역이다. 특히 유럽과 북아메리카 도시에서는 사회·경제 분야의 활력저하가 현저하고 사회 치안도 악화되고 있다. 또 이러한 지역은 도시 전체에서 차지하는 세수기여도(稅收寄與度)도 낮은데 비해, 사회적 서비스에 대한 수요는 아주 높다. 이러한 불균형은 도시재정의 부족으로 지역의 활력 회복이 큰 정책적 과제로 되고 있다. 단, 도심 상업지의 회복 움직임과 함께 낡은 주택을 개수하여 고급주택화를 시도하는 도심재활성화(gentrification)의 움직임도 있어 상황은 훨씬 다양화되고 있다. 개수된 고급주택은 주로 도심부에 취업하는 관리·사무직 취업자의 거주지가 되고 있다. 일본의 대도시에서는 도심부의 역사적 자원이나 쾌적성(amenity)을 중심으로 도심부의 상업지를 부활시키려는 움직임이 활발하다. 역사적 건축물의 복구·활용이나 수변경관(waterfront)의 개발·정비는 이러한 흐름하에서 진행되고 있다.

도시의 주변부와 교외는 도시기능이 저밀도로 분포하고 있다. 주택기능 외에도 공업·상업·서비스·업무 등의 기능도 많이 입지하고 있다. 특히 신흥 아파트 주거단지를 중심으로 비교적 양질의 여성 노동력을 활용해서 사무소 기능이 이심화되는 현상도 있다. 이런 선택적 이심화가 일반적으로 행해지게 되면 취업인구도 증가할 수 있고, 재택근무 등 취업의 다양화도 꾀할 수 있다는 점에서 긍정적이라 할 것이다. 저밀도의 토지이용이 특징적인 만큼 남겨진 자연환경을 어떻게 잘 살려 지역발전을 꾀할 것인가도 주요 문제로 대두되고 있다. 기업활동 분야에서는 물류기능이나 연구·개발 기능이 이 지역의 중요성을 높이고 있다. 정보화를 배경으로 유통의 합리화가 더욱 진전되고, 자동창고 등 최신의 기술을 구사하는 시스템이 도입되어 효율적인 집합화와 배송이 이루어질 수 있게 되고, 넓은 주차장의 확보 용이로 고속도로나 도시 주변의 간선도로에 면해서 물류센터나 도매시장, 대형 할인매장 등이 입지할 수 있게 되었다. 특히 첨단기술 분야에서 과거의 공장부지 등을 활용하여 연구·개발 부문에의 투자도 계획되고 있다. 핵심적인 시설을 중심으로 부문적인 기능집적이 곳곳에 분산하는, 공간패턴이 이 지역에 형성될 것이라 생각한다.

촌락과 구별되는 도시만의 특성으로 높은 인구밀도와 더불어 다양한 기능을 들 수 있다. 필수품 이외에 사치품을 제공하는 고차 상업 기능, 다양한 교통 수단을 통한 장거리 이동을 용이하게 하는 교통 기능, 폭넓은 주거 기능, 자연에서 추출한 재료를 가공하는 제조업 기능, 그리고 행정, 보건, 교육, 금융, 부동산, 광고, 법률, 컨설팅, 정보처리, 연구개발, 관광 등 다양한 서비스업 기능을 가지고 있다.

고대도시로 시작하여 식민제국도시, 봉건도시, 무역도시, 공업도시, 서비스업 도시로 이어지면 도시의 기능은 복잡해지고 다양해졌다. 해럴드 카터(Harold Carter, 1983)는 그의 저서 『도시역사지리학 입문(An Introduction to Urban Historial Geography)』에서 도시의 최초 형성 요인 네 가지를 제시하였다. 농업 생산 잉여, 종교의 필요성, 방어의 필요성, 교역의 필요성이 그것이다. 농업 생산 잉여는 농업에 종사하지 않고 다른 활동을 통해 생존할 수 있는 사람을 낳았다. 장인들에 의해 가공 및 제조, 정치인에 의한 행정 서비스, 군인에 의한 방어와 치안, 종교인에 의한 종교 서비스, 상인에 의한 상업서비스 등이 비농업활동으로 도시가 가지게 된 기능이다. 메소포타미아 평원의 에리두(Eridu), 에레크(Erech), 우리(Ur), 라가쉬(Lagash), 인더스 강 유역의 모헨조다로(Mohenjo-Daro), 서아프리카 현재 말리의 팀북투(Timbuktu), 중국 산시성의 서안(Xian) 등 여러 고대도시에서 관찰되고 있다.

고대 도시는 초기에는 도시국가였으나 그 일부는 철기와 운송기술을 바탕으로 군사적 정복을 통해 확장하여 제국을 건설했다. 예로, 로마제국은 영역을 확장하는 과정에서 이민족을 통치하고 잉여농산물과 광물을 착취하기 위해 계획

도시를 건설했다. 서기 300년경에는 100만 명의 인구를 가졌던 로마를 정점으로 1200개 도시들을 교통망으로 연결하였다. 이렇듯 식민제국도시는 배후지 수탈 기능도 가졌다.

　유럽의 도시는 중세로 접어들면서 봉건제가 시작되어 정치적으로 파편화됨에 따라 암흑기를 맞이하였으나 서유럽에서 상업도시가 등장하면서 부활하였다. 중세 장원이나 왕조의 변경지역에서 주변 농지에 의존하지 않고 상이한 정치세력이 지배하고 있는 상업적 배후지를 가지고 있다는 점에서 기존 도시와 다르다. 예로, 베니스, 제노아, 밀란과 같은 북부 이탈리아 도시들은 다양한 사치품과 원자재를 국제무역하였다. 도시의 수장인 도제가 용병을 고용하고 적극적인 외교정책을 펼치는 도시국가제였다. 소금, 울, 아마, 청어, 모피, 와인, 귀리 그리고 호밀을 교역하는 한자동맹에 의해 성장한 북해와 발트해 연안국가들에서 무역도시가 있다. 이들 무역도시의 상인들은 시민권을 가지고 있어 봉건적 질서에서 벗어났다.

　무역도시의 등장과 함께 유럽에서 도시가 다시 부흥하게 되었다고 하나 도시화율은 10%를 넘지 못했다. 즉, 대다수 유럽인은 여전히 촌락에 거주했으며 도시의 기능이 그만큼 강력하지 못했다. 하지만 산업혁명 이후 도시화는 급격히 진전되었다. 산업혁명 국가들은 기계장치의 발명에 힘입어 가내수공업에서 공장제기계공업으로 전환함으로써 생산량을 급증시킬 수 있었다. 대량생산을 위해 많은 노동력을 필요로 하였으며 농촌의 유휴노동력을 임금 노동자로 흡수하여 도시화를 급진전시켰다. 실제 1800년대 유럽의 인구는 2배 증가하였지만 도시인구는 6배 증가하였다. 산업혁명의 발원지인 잉글랜드의 경우 1800년에 20%를 넘어서고 1850년에는 40%를 돌파하였으며 1890년에는 60%에 이르렀다. 공업도시가 주도한 도시화의 진전은 도시의 주요 기능이 제조업이 되었음을 의미한다.

　북미와 서구의 선진국에서 고용구조 중 공업이 차지하는 비중은 1960년대 중반을 기점으로 감소하기 시작했다. 시설노후화로 인한 이윤율 감소, 노동비용 증가, 신흥공업국의 약진 등으로 탈공업화와 산업구조조정이 일어난 것이다. 이에 따라 도시가 성장할 수 있는 핵심 기반이 제조업에서 서비스업으로 변하였다. 전 지구적 생산시스템의 구축과 운영 그리고 첨단산업과 같은 신성장산업을 뒷받침하는 생산자서비스업이 중요해졌다. 금융서비스, 보험서비스, 부동산중개서비스, 법률서비스, 교육서비스, 컨설팅, 연구개발 등 고차 생산자 서비스업을 제공하게 됨으로써 도시의 기능은 한층 다양해졌다.

이와 같은 다양한 서비스업이 도시의 기능에 포함되면서 기존에 접근성에 초점을 맞춘 도시의 입지적 이점에 대해 새롭게 해석하게 되었다. 과거 도시는 잉여농산물과 광물에 접근이 용이하거나(고대도시) 지역 간 혹은 국가 간 교역이 용이하거나(무역도시) 원료와 시장에 접근이 용이한(공업도시) 곳에 입지하였다. 이들 모두 접근성이 도시 성장에 중요한 키워드였다. 하지만 서비스업도시는 접근성뿐만 아니라 집적경제가 그 성장 동력이 되었음을 의미한다. 즉, 유사하거나 상이한 경제적, 사회적, 문화적 행정적 활동이 특정 지역에 군집함으로써 경제적 효과를 내는 것이 중요해진 것이다.

본 절에서는 도시의 여러 기능 중에서 핵심기능이라 할 수 있는 공업, 상업, 주거 기능에 주목하고 각각을 살펴본다. 공업 기능과 상업 기능은 다른 장에서 심도 깊게 다루기에 간략히 도시내부구조와 연관지어 살펴보고 주거 기능을 자세히 다룬다.

01 공업 기능과 상업 기능의 도시 내 분포

산업혁명 이후 산업은 도시의 성장과 변화에 핵심적 역할을 해 왔다. 물건을 대량으로 생산하는 공장이 들어섬에 따라 도시는 보다 많은 인프라를 갖추게 되고 다수의 일자리를 제공하면서 인구규모가 커졌다. 역으로 풍부해진 숙련 노동력은 신규 공장이 들어서고 새로운 산업이 등장하는 토대가 됨으로써 산업화를 가속시켰다. 즉 산업화와 도시화는 불가분의 관계로 산업화는 도시화를 낳았고 역으로 도시화는 산업화를 가속화했다.

산업화와 도시화는 물자와 사람의 이동을 활발하게 하고 교통수단의 발달을 촉진했다. 보다 많이 생산하기 위해 보다 많은 원자재와 중간재가 투입되어야 했고 생산된 상품을 시장으로 내다 팔아야 했기 때문이다. 또한 도시민의 인구수가 증가하면서 보다 많은 농산품이 필요했으며 이는 인근 농촌지역의 발전과 교통량의 증가로 이어졌다. 이렇듯 운송되어야 할 물건의 증가로 교통의 중요성이 커졌다. 이는 접근성이 도시의 유지, 성장, 쇠퇴를 결정하는 주요 요소로 등장했음을 의미한다. 운송량의 증가는 지역 간 의존성이 증가되었음을 의미하며 동전의 양면처럼 개별 지역은 특화됨을 뜻하기도 한다.

도시 내 분포를 살펴보면 공업 기능은 산업혁명 이후 오랫동안 도시 내 지리적 중심에 있는 중심상업지구(CBD)와 가까운 곳에 입지해 왔다. 이는 앞서 언급하였듯이 접근성이 가장 중요한 입지결정요인이기 때문에 해안도시의 경우 선적과 하역이 이루어지는 항만 시설의 인근지역에 입지했으며 내륙도시의 경우 철도 운하의 기착지 인근지역에 입지했다.

하지만 20세기 후반에 들어서면서 선진국 도시는 공업의 기반역할이 점차 약화되고 있다. 금융, 보험, 부동산, 엔지니어링, 디자인, 광고 등 생산자서비스업이 도시 발전에 핵심기반으로 성장하였다. 이러한 전반적인 탈공업화(deindustrialization)의 와중에 도시의 제조업은 교외지역으로 이전하는 경향을 보이게 된다. 도심에 자리 잡았던 전통적인 제조업은 산업시설 노후화와 임금 상승 그리고 신흥공업국의 도전에 직면하여 쇠락하고 기술집약적인 첨단산업이 대안으로 등장하였다. 첨단산업을 위한 신규투자는 인프라가 부족하거나 낡고 지가가 높으면서도 교통체증이 심한 도심보다는 교외로 향하게 되었다. 이와 더불어 기술과 지식을 갖춘 고급인력과 관리계층이 보다 나은 주거환경을 찾아 도시 외곽으로 이주하고 구매력 있는 고객을 쫓아 상업 시설도 교외지역으로 이전함에 따라 제조업의 교외화도 더욱 가속되었다.

반면 상업 기능은 도시의 오랜 기반역할로 그 공간 분포의 규칙성은 3장에서 기술된 중심지 이론으로 잘 설명된다. 도시규모와 상업 기능의 강도는 상호 비례한다. 상업 기능이 강한 도시는 그 수가 적으며 강도가 비슷하거나 큰 도시로부터 보다 멀리 입지한다. 또한 보다 넓은 시장지역에 서비스를 제공하며 저차 서비스뿐만 아니라 고차 서비스를 제공한다.

상업 기능의 도시 내 분포를 소매업을 중심으로 살펴보고자 한다. 베리(Berry, 1963)는 시카고를 사례로 도시 내 소매활동을 공간적 관점에서 세 가지로 유형화한 바 있다(그림 5-10). 첫째, 다양한 규모의 배후지를 갖는 중심지구이다. 가장 높은 배후지를 가지는 중심업무지구(CBD)를 정점으로 지역 중심지, 공동체 중심지, 근린 중심지, 고립된 편의점으로 계층적인 구조를 보인다. 이들은 상점 종류

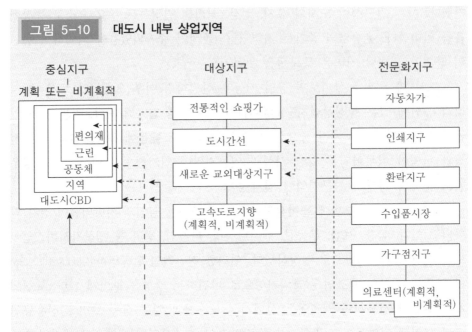

그림 5-10 대도시 내부 상업지역

자료: Berry, B. J. L., 1963, "Commercial Structure and Commercial Bright," *Research Paper*, 85, Department of Geography, University of Chicago, Chicago.

의 수, 종원업수, 판매액, 고객수 측면에서 차등적이다. 둘째 유형은 도심에서 외곽으로 뻗은 방사선 도로 혹은 도시 외곽을 잇는 순환도로를 따라 선형으로 형성된 대상지구이다. 주유소, 자동차 수리공장, 가정용품점, 전기 기기점이 집적되어 있어 자동차 교통을 이용하는 소비자들의 비상시적인 수요를 충족시킨다. 끝으로 자연발생적 혹은 도시계획에 의해 도시 일부 지역에 집중되어 있는 전문지구이다. 특정 상품군의 다양한 브랜드의 제품들을 취급하는 상점들이 서로 이웃하고 있어 소비자가 비교구매가 가능하다는 장점을 가진다. 인쇄출판사, 의료센터, 자동차 판매점, 전자상가, 가구판매점, 오락시설 등 구매빈도가 낮고 소비할 때 특별한 만족감을 주는 전문재를 취급한다. 동일 혹은 유사한 업종의 상점이 응집해 있어 주차장의 공동이용, 공동광고 등 집적경제를 누린다.

02 주거 기능

많은 사람들이 살고 있는 곳이 도시인만큼 주거(residence)는 도시의 또 다른 중요한 기능이다. 실지로 주거지역은 도시 시가지의 가장 많은 면적을 차지하고 있다. 이들 도시 내 주거지역은 단순히 주택들만이 지리적으로 인접하여 들어서 있는 지역이 아니다. 학교와 학원 등 교육시설, 소매점 및 요식업체 등 구매시설, 광장, 운동장 및 공원 등 여가시설 등도 같이 있다. 즉, 어디에 살 것인가를 결정하는 것은 단순히 주택을 선택하는 것이 아니라 주택 주변 각종 시설을 선택하는 것이며 나아가 이들 시설을 같이 이용할 이웃을 선택하는 행위이다.

도시공간에서 주거지가 차지하는 비중은 공간적 크기뿐만 아니라 주민들에게 미치는 영향면에서도 중요한 위치를 점하고 있다. 도시 주거지역은 사회경제적 특성을 달리하는 도시민이 도시공간상에서 구조화되어 지역적으로 융합된 형태를 띠는 사회적 계층성을 드러내고 있다. 즉, 사회조직 내에서 각 집단의 구성원들은 복합적인 도시생태학적 현상 속에서 다른 집단과 구별되는 자신의 영역을 형성한다.

또한 주거지를 선택하는 과정에서 주택과 주민의 특성에 따라 제반 주거환경요소에 대한 요구도가 차등적으로 나타나는 등 도시주거지는 도시의 사회경제적 현상을 반영하고 있기도 하다. 이러한 현상은 도시 거주민의 주거지 선택과 이동의 선택의 결과에서 나타난다. 일반적으로 주거지 변화는 직장의 이동, 경제력의 변화, 교육환경, 주변환경, 가족규모 등의 요인에 따른다.

1) 주거환경에 대한 욕구변화와 그 방향

인간은 자신이 거주하는 지역에 대한 특정한 욕구를 가졌고 이를 충족시키려 노력해왔다. 역사적으로 살펴보면 주거환경에 대한 주된 욕구는 변해 왔는데 '온도조절수준단계', '위생문제해결단계', '기술주의단계', '환경친화단계' 순으로 바뀌었다.

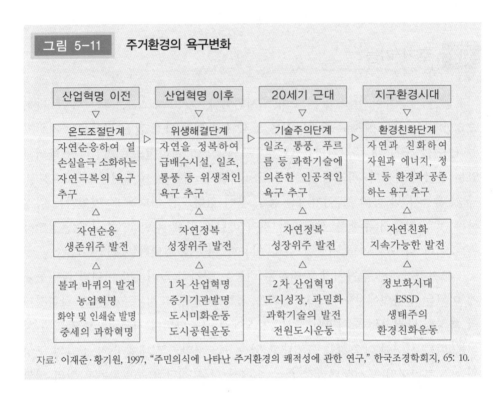

그림 5-11　주거환경의 욕구변화

산업혁명 이전	산업혁명 이후	20세기 근대	지구환경시대
온도조절단계 자연순응하여 열 손실을극 소화하는 자연극복의 욕구 추구	위생해결단계 자연을 정복하여 급배수시설, 일조, 통풍 등 위생적인 욕구 추구	기술주의단계 일조, 통풍, 푸르름 등 과학기술에 의존한 인공적인 욕구 추구	환경친화단계 자연과 친화하여 자원과 에너지, 정보 등 환경과 공존하는 욕구 추구
자연순응 생존위주 발전	자연정복 성장위주 발전	자연정복 성장위주 발전	자연친화 지속가능한 발전
불과 바퀴의 발견 농업혁명 화약 및 인쇄술 발명 중세의 과학혁명	1차 산업혁명 증기기관발명 도시미화운동 도시공원운동	2차 산업혁명 도시성장, 과밀화 과학기술의 발전 전원도시운동	정보화시대 ESSD 생태주의 환경친화운동

자료: 이재준·황기원, 1997, "주민의식에 나타난 주거환경의 쾌적성에 관한 연구," 한국조경학회지, 65: 10.

산업혁명 이전까지 도시 내 주거환경의 욕구는 더위, 추위를 제어하는 온도조절수준으로 환경에 순응한 욕구단계였다면, 산업혁명 이후 주거환경의 욕구는 산업혁명으로 인하여 과밀하게 된 도시주거지 주변의 건강과 안전을 염두에 두고 주로 위생적인 욕구가 우선시 되었다. 또한 20세기 근대는 점차 과밀화된 도시의 주거문제가 더욱 심화되면서 획기적인 방향전환과 새로운 방법론이 요구되었고, 과학과 기술의 결합에 의해 공업생산에 의한 대량공급으로 주로 적절한 일조, 통풍, 푸르름 등 과학기술에 의한 인공적인 어메니티 욕구를 충족시키는 것이었다.

그러나 최근 지구환경시대의 환경친화단계에서는 산업혁명과 20세기 근대화를 거치면서 가속화된 도시화 및 공업화 등의 기술적인 진보에 의해 인류가 오래도록 추구해 왔던 다양한 편익의 근대화는 이루었지만, 그 반면에 대기오염, 오존층의 파괴, 지구 온난화, 기상이변, 각종 자원의 고갈 등 전 인류의 생존권을 위협하는 환경문제가 심각해졌다. 지금까지 인공적으로 공조(空調)된, 단지 생리적인 쾌적함의 추구로부터, 자연환경에서 받는 심리적인 쾌적함을 포함하는 감동적인 '기분 좋음', 궁극적으로는 '인류의 영속적인 생존'과 '자연과의 공생'으로 주거환경의 욕구가 변화하고 있다.

종합하면 주거환경의 욕구는 최근 지구환경시대에 환경과 공존하는 새로운 가치규범으로서 '지속가능한 개발'(Environmentally Sound and Sustainable Development) 혹은 '환경친화'(Environmentally Friendly) 등의 생태주의적 발전모델을 통한 새로운 대안기술을 개발하고 활용하고자 하는 패러다임으로 전환되어 가고 있다.

2) 근린의 변화

도시는 다양한 사회경제적 배경을 가진 사람들이 좁은 지역에 밀집되어 있으면서 활발히 상호작용하는 공간이다. 도시생태학에 따르면 도시민은 인구밀도가 높아 혼잡하고 낯선 사람들에게 노출되어 있기에 압박감을 느끼게 된다고 한다. 이에 대한 반응으로 도시민은 자신과 유사한 부류에 속한 사람들을 가까이하고 이질적인 사람들을 멀리하는 사회적 거리 두기를 행한다. 그 결과 사회적, 문화적, 경제적 속성이나 지위를 가진 사람들이 집단을 이루어 거주하면서 독특한 특성을 가진 근린을 형성한다. 하지만 근린은 주거 상승 욕구에 따른 전입과 전출로 그 성격이 이전과 달라지게 된다.

도시생태학은 근린의 변화과정에 관련하여 두 가지 모델을 제시하였다. 침입-계승론(invasion-succession model)과 근린 생애 주기론(neighborhood life cycle model)이 그것이다. 침입-계승론에 따르면 낮은 사회경제적 지위를 가진 이주민들이 근린에 침입해 오면 높은 사회경제적 지위를 가진 선주민은 자신의 지위에 대한 위기감을 느끼게 된다. 이러한 위기감에 선주민은 자신의 지위에 상응하는 다른 근린으로 떠나버리고 그 빈자리를 이주민들이 채워 결국 근린을 계승한다고 주장한다. 도시 전체의 관점에서 사회경제적 지위가 다른 도시인들이 혼합하여 거주하는 근린이 단지 일시적으로 나타나는 현상에 불과하며 결국 어느 특정 집단에 의해 지배된다.

후버(Hoover)와 베논(Vernon)에 의해 1959년에 제안된 근린 생애 주기론은 침입-계승론을 확장한 것으로 생물체와 같이 근린도 생애 주기가 있다고 본다. 이러한 생애 주기는 다섯 가지 단계로 구성되는데 첫째, 단독주택들로 이루어진 '주거 발전', 둘째, 새로운 아파트 단지 건설에 따라 '전환(transition)', 셋째, 신규 건설이 이루어지지 않고 기존 주택이 노후화하는 '감등(downgrading)', 넷째, 거주민이 없는 빈집 혹은 폐가가 늘어나 쓸모 있는 주택만 선별되어 사용되는 '솎기(thinning-out)', 다섯째, 낙후된 주택을 신규 다가구 주택으로 대체하는 '재개발(renewal)'로 구성되어 있다.

다운스(Downs)는 1981년에 후버와 베논의 주기론을 수정하였다. 그는 근린이 주택 가격 측면에서 다음의 다섯 가지 단계를 거친다고 보았다. 첫째, '안정적이고 생존력이 있는' 단계로 자산 가치가 올라간다. 둘째, '다소 감소하는' 단계로 물리적 시설 노후화로 자산 가치가 다소 감소한다. 셋째, '명백하게 감소하는' 단계로 소유자 대신 임차인이 주택에 거주하기 시작한다. 넷째, '심각하게 쇠락한' 단계로 대부분의 시설물들이 수리되어야 한다. 다섯째, '생존력이 소진된' 단계로 빈집과 폐가들이 속출한다.

다운스는 근린 쇠락의 지표로 임차인이 소유자를 대신하여 거주하는 임대주택의 증가에 주목했다는 점과 모든 단계에서 근린 재생이 가능하다고 보았다는 점에서 일정 정도 성과를 거두었다. 하지만 근린 생애 주기론의 두 모델 모두 침입-계승론과 마찬가지로 여전히 단계 지향적이고 근린은 필연적으로 쇠락하며 공공의 간섭을 통한 재개발이 필요하다고 주장한다. 따라서 도시생태학적 근린 변화 모델은 정부의 간섭을 정당화하는 논리적 근거가 되었다. 정부 간섭의 예로 쇠락하는 도심 인근 슬럼가에 거주하는 주민들을 공공임대주택을 마련하여 이주하게 하는 정책을 들 수 있다. 하지만 공공임대주택은 저소득층 주민을 단순히 다른 장소에 재집중시키는 결과를 낳아 해결책이 될 수 없다는 비판이 있었다.

3) 거주지 분리

사회계층에 속한 도시민들 간 친밀감과 유사한 주거지 선호 그리고 사회경제문화적 배경이 다른 사람들에 대한 거리 두기는 유사한 부류의 사람들이 집단 거주하는 독특한 근린을 만들어 낸다. 이를 도시 전체 스케일에서 보면 도시

주거 공간은 집단 간 행동의 지리적 영역이 서로 구분되면서 서로 영향을 주지 않게끔 파편화되고 분화된 형태를 띤다. 이러한 현상을 거주지 분리(residential segregation)라 한다.

이러한 거주지 분리에 따른 도시 주거 공간 구조는 앞서 살펴본 도시생태학적 도시구조모델에 잘 나타난다. 버제스의 동심원 모델에서 주거활동은 상업과 공업활동에 비해 지대 지불 능력이 상대적으로 낮기 때문에 중심상업지구(CBD)에서 멀리 외곽에 입지해 있다. 거주지 분리는 모델에서 두 가지 방식으로 표출되어 있다. 첫째, 계층 간 거주지 분리이다. 모델에서 점이지대 외곽의 거주지는 저소득층 거주지, 중산층 거주지, 고소득층 거주지로 구분되어 있는데 유사한 사회계층 구성원끼리 서로 이웃하여 거주하면서 다른 사회계층 구성원과는 거리를 두고 있다. 여기서 저소득층 거주지는 도심과 가까운 곳에, 고소득층 거주지는 도심에서 멀리 입지한다. 그 이유는 교통비와 주거환경 간 선택으로 설명되는데 고소득층은 도심으로의 높은 통근비용을 감내하면서 교외의 쾌적한 주거환경을 선호하는 반면 저소득층은 열악한 주거환경을 감내하면서 통근비용을 절약하려 하기 때문이다.

모델에서 거주지 분리의 또 다른 면모는 외국인 이민자들의 거주패턴에서 드러난다. 신규 이민자들은 점이지대(zone of transition)의 쇠락한 주거지구로 유입되어 집단거주지를 형성하고 내국인과 거주지가 분리된다. 도시생태학자들은 이들 이민자들이 현지 언어와 관습에 익숙해지고 자산을 축적해 나아감으로써 주류 사회에 동화된다면 주거 상승을 이루고 내국인과 혼주(residential mixing)하게 될 것이라 예측했다. 하지만 이러한 예측은 현재 미국 도시의 모습에서 현실화되었다고 보기 힘들다. 도리어 침입-계승 모델에서 알 수 있듯이 외국인 이민자가 보다 나은 주거환경을 누리기 위해 내국인 주거지에 이주(침입)하면 내국인 주민들이 자신의 지위에 대한 위협으로 간주하고 현 거주지를 떠나 결국 외국인 이주자들만 해당 거주지를 점유(계승)한다.

하위계층 혹은 외국인 이주민 등의 사회적 약자(혹은 소수자)에게 거주지 분리는 야누스와 같은 이중적 존재이다. 정치적 측면에서 사회적 약자는 지역 주민의 다수를 차지함으로써 지역 기반 정치인으로 하여금 자신의 이익을 대변하고 옹호하도록 압력을 가할 수 있다. 또한 경제적인 측면에서 사회적 약자는 독자적인 시장을 가질 수 있어 기업가를 배출하고 그 파급효과로 경제적 지위를 상승시킬 수도 있다. 또한 사회적 약자는 집중거주지 형성을 통해 자신들의 독립된 거주 공간을 확보하여 언어와 종교 등을 보전함으로써 문화적 정체성을 유지할 수 있다.

하지만 지역 간 불균등 발전이 심각한 사회에서 거주지가 분리된 사회적 약자는 경제 성장의 재분배에서 소외될 가능성이 높다. 이러한 불이익은 확대 재생산될 수 있는데 빈곤이 다음 세대로 이어져 심화될 수 있다. 뿐만 아니라 거주지 분리는 계층 간 접촉을 줄이고 외국인 이주민에 대해서 민족별 서열 개념을 바탕으로 한 사회적 차별과 배제를 용이하게 함으로써 사회적 통합을 저해하고 지연시키기에 도시 문제로 다루어진다.

4) 주 택

주택은 생활의 터전이며, 사회조직의 기초 단위인 가정을 담는 그릇이다. 주택은 기본적으로 은신처의 역할뿐만 아니라 사회적 공간을 형성하며, 아울러 근린주거 단위와 지역사회를 창출한다. 더구나 주택은 한 국가의 사회·경제·정치·문화 등 거의 모든 분야와 밀접한 관련을 지니고 있으며, 또한 사용자에게 다양한 형태의 가치를 제공하는 생활의 필수품이다. 그런데 주택이 다른 상품과 구분되는 것은 주택의 공간적 고정성(spatial immobility)과 내구성(durability)에서 비롯된 공간적 특성 때문이다. 주택은 평균 수명이 50~100년 정도로 인간이 사용하는 모든 재화 중 가장 내구성이 강한 재화 중의 하나이며, 토지에 부착되어 있어 이동이 불가능하다. 주택을 분석하기 위해서는 주택의 유형, 수요과 공급, 그리고 주택여과과정과 주거이동을 파악하는 것이 대단히 중요한 의미를 지닌다.

(1) 주택의 유형

주택의 유형은 시대와 지역, 거주자 계층 등에 따라 다르게 나타나는 공간적 요구에 의한 것이다(Rapport, 1967). 일반적으로 주택유형은 단독주택과 공동주택으로 대별되며 단독주택에는 기존의 단독주택과 다가구주택이 있고 공동주택에는 아파트, 연립주택, 다세대주택 등이 있다. 우리나라에 있어 주택유형과 관련한 가장 큰 변화는 여러 세대의 주택을 공동으로 건설하는 아파트, 연립주택 등 공동주택의 증가와 새로운 주택유형인 다세대주택과 다가구주택의 도입이다. 특히 주목할 만한 큰 변화는 아파트 형식의 공동주택을 들 수 있다. 우리나라에서의 아파트는 경제적 성장과 편리성, 사생활의 보장과 같은 서구적인 욕구를 희망하는 중산층의 욕구와, 산업화 과정에서 부족한 주택을 대량으로 공급하고자한 정책, 그리고 새로운 건축기술의 진보 등에 따라 1962년 마포아파트를 시작으로 지금까지 집단적 대량공급방식으로 발전하여 현재는 우리의 도시 주거유형중에서 50%를 넘어가고 있는 대표적인 주거유형으로 자리잡아가고 있다.

대량공급 위주의 아파트형 공동주택은 경제성, 효율성에 치중한 고층화·고밀도 개발로 인하여 인간적 척도, 접지성 부족으로 인한 인간소외경향의 증대, 근린성 약화, 과밀감 발생, 외부공간의 비활성화 등의 문제를 발생시켜 왔다. 특히 앞서 살펴본 계층별 거주지 분리의 원인 중 하나로 지목되고 있다. 이에 따라 최근 아파트공동체운동을 비롯한 주민참여 마을가꾸기 등의 공동주택의 주거환경을 개선하려는 노력들이 다양하게 전개되고 있다.

(2) 주택수요와 공급

주택에 대한 수요를 결정하는 요인으로는 먼저 연령, 가구수 등의 인구구조를 들 수 있다. 30, 40대의 인구비중이 높을 경우 주택에 대한 압력이 높으며, 특히 가족형성률은 주택수요에 결정적인 요인이 된다. 다음은 가족의 소득수준으로 이것은 주택수요의 소득탄력성으로 나타낼 수 있다. 이것은 한 단위의 실질소득수준 증가에 대한 주택수요의 변화정도로서 일반적으로 1.0을 기준으로 그 이하는 비탄력적이며, 그 이상은 탄력적이라 한다. 대체로 실질소득이 증가하면 주택에 대한 수요도 증가하는데, 소득탄력성은 연령, 소득, 인종 등에 따라 차이가 있다. 마지막으로 주택수요를 결정하는 요인에는 주택금융과 관련한 자금조달능력(availability of credit), 이자율 등을 들 수 있다. 그 외에도 주택선호 및 기호나 조세도 주택수요에 영향을 미친다.

한편 주택공급은 새로 건설되는 신규주택뿐만 아니라 매매를 목적으로 시장에 나온 중고주택을 포함한다. 따라서 주택시장의 공급자는 신규주택공급자와 기존 중고주택공급자로 나눌 수 있으며, 이 두 주체는 주택공급을 결정할 때 각각 다른 조건을 갖는다.

주택공급에 영향을 미치는 요인은 크게 시장요인과 제도적 요인으로 구분된다. 시장요인에는 생산요소와 주택가격 등이 있으며, 제도적 요인으로는 주택금융제도, 주택관련 세제, 주택거래에 대한 규제와 통제 등이 있다. 특히 주택시장 내 공가율에 따라 민첩하게 대응하는 민간개발업자의 활동이나 자금조달능력 등은 주택공급에 지대한 영향을 미친다.

(3) 주택여과과정

주택여과과정은 한 주거 단위에 포함된 주택구성재의 양이 시간의 흐름에 따라 변화하는 것을 말한다. 주택여과과정은 주택의 질적 변화와 가구 이동과의 관계를 설명해 주는 중요한 주택시장경제이론이다. 이것은 소득이 높은 계층의 가구가 신규주택으로 이동함으로써 생긴 공가를 소득이 낮은 계층의 가구가 적은 비용으로 구매할 수 있을 때 발생한다. 그런데 주택여과과정은 시간이 지남에 따라 주택의 가격이 상승하거나 가구의 소득이 증대되는 경우에는 상향적 여과과정(filter-up process)이, 반대로 주택의 질이 나빠져 가격이 하락하는 경우와 가

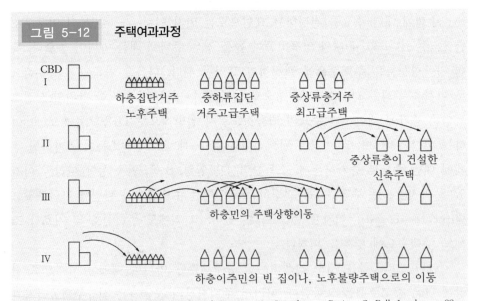

그림 5-12 주택여과과정

자료: Johnston, R. J., 1971, *Urban Residential Pattern: An Introductory Review*, G, Bell, London, p. 98.

구의 소득이 떨어질 경우에는 하향적 여과과정(filter-down process)이 나타난다.

주택여과과정에 영향을 미치는 요인으로는 인구구조와 규모, 주택의 노후화 정도, 가구소득의 변화, 공공주택기관의 개입 등을 들 수 있다. 그런데 주택여과과정에는 빈 집의 형성과 그 빈 집을 차지하는 가구의 이동이 중요한 부분을 차지한다. 예컨대 어떤 도시에 신규주택이 공급되었을 때, 어떤 가구가 이동하는가는 세 가지 경우를 들 수 있다. 첫째, 그 도시에 살면서 지금까지 거주해 오던 주택을 빈 집으로 둔 채 신규주택으로 이사하는 경우이며, 둘째 새롭게 탄생한 가구이거나 아니면 다른 지방에서 이 도시로 이사온 가구이며 마지막으로는 이전 주택이 헐리거나 파괴된 경우 등이다. 이 중 첫 번째의 경우에 빈 집이 생기게 되며 주택여과과정의 설명이 가능하다. 이에 따라 주택여과과정은 흔히 계획적인 순서대로 가구들이 한 집에서 다른 집으로 연속적으로 옮겨가는 주택사슬(housing chain)로 묘사된다.

(4) 주거이동

주거이동은 가구의 사회·경제적, 인구적 변화에 따른 주택소비조절행위로서 주어진 주택정보와 지불능력을 감안하여 가장 합리적인 주택결정(housing decision)을 하는 행위를 의미한다. 그런데 거주지를 옮긴다는 것은 단순히 살던 집을 바꾼다는 의미 이상으로 주택구조, 쾌적성, 주변환경 등 포괄적인 주택 서비스가 바뀐다는 것을 말한다. 따라서 주거이동은 인구이동(migration)과 구분된다. 지역 간 인구이동이 고용, 취업, 소득 등 경제적 요인에 의해 유발되는 것과는 달리 주거이동은 주택관련 요인과 밀접한 관계가 있다. 주거이동은 동일한 노동시장 및 주택시장에서 고용상태의 변화 없이 이루어지는 지역 내 거주지 이전으로서 주택소비행위이다. 이에 따라 주거이동을 '소비적 이동'으로, 인구이동을 '생산적 이동'으로 구분하기도 한다(Guigley & Weinberg, 1977).

그동안 주거이동에 대한 연구는 '누가', '왜', '어디로'를 중심으로 한 주거이동 자체의 특성 및 이주자의 속성에 초점을 둔 초기 연구에서 점차 주택시장에 내재된 과정으로서 그리고 근린지구의 변화 및 지역의 사회경제적 변화에 미치는 효과라는 보다 광범위한 맥락에서 주거이동의 역할을 연구하는 방향으로 전개되고 있다. 연구결과 주거이동은 다음과 같은 몇 가지 특징을 지니고 있다

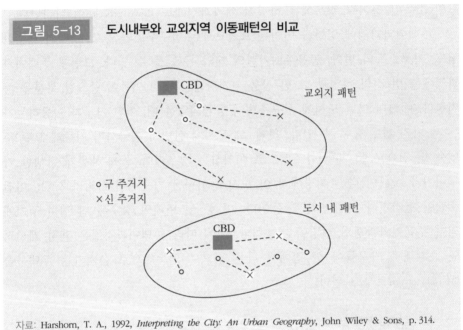

그림 5-13 도시내부와 교외지역 이동패턴의 비교

CBD
교외지 패턴

ο 구 주거지
× 신 주거지

도시 내 패턴
CBD

자료: Harshorn, T. A., 1992, *Interpreting the City: An Urban Geography*, John Wiley & Sons, p. 314.

(Knox, 1994).

첫째, 주거이동은 상대적으로 단거리 이동이다. 이전 주거지에서 형성된 유대감을 유지하고자 하는 것도 그 이유 중 하나이다. 둘째, 주거이동은 유사한 지위와 특성을 지닌 근린으로 이루어진다. 이것은 이주자가 동일한 사회경제적 환경을 가진 이들과 이웃하고자 하는 성향 때문이다. 셋째, 주거이동 패턴은 뚜렷한 방향편의(directional bias)를 보인다. 이동방향은 옛집, 도심 그리고 신 주거지의 관계를 고려할 때 특히 미국의 경우 도시 외곽쪽을 지향한다. 마지막으로 이동시기는 경기변동과 밀접한 관련을 지닌다. 경기호황으로 인한 고용기회의 확대, 임금상승 등은 신규주택에 대한 유효수요를 증가시킬 뿐 아니라 규모나 질적 측면에서 더 나은 주택으로의 이전을 유도한다.

주거이동은 매우 개인적이며 주관적인 과정이다. 그럼에도 불구하고 이동은 예측이 가능한데, 이는 유사한 요구나 자원을 소유하고 있는 개인이나 가구들에서 규칙적인 행동을 볼 수 있기 때문이다. 즉 서로 비슷한 사회경제적 지위를 가진 가구들은 내·외부의 자극에 비슷한 방식으로 반응하는 경향이 있는데, 이는 주거지역의 선별성과 통일성을 유지해 준다.

거시적 측면에서 주거이동은 현재의 거처에 대한 부정적 반응 또는 불만족에서 기인한 배출요인과 대안적 거처의 긍정적 유인력에 근거한 흡인요인에 대한 반응으로서 설명할 수 있다. 전자에는 거주공간에 대한 불만족, 주거비용, 주택의 퇴락, 근린지역의 물리적 환경이나 사회적 환경 등이 해당되며, 후자로는 고용변화, 쾌적성, 상가·교육시설·각종 공공시설 등에 대한 접근성, 그리고 특정한 생활양식을 추구할 수 있는 여건 등이 작용한다. 그런데 주거이동을 결정하는 데는 이러한 이동 촉진요인뿐만 아니라 저항요인도 작용한다. 주거이동을 주저하게 하는 요인으로는 주택소유에서 비롯된 저항, 거주기간에서 오는 저항, 사회적 유대의 강도에서 비롯된 저항 등이 있다.

주요
개념

KEY CONCEPTS

3지대모델

거주지 분리

고전생태학

공간분화

구조조의

다핵심모델

도시공간구조

도시기능

도시내부구조

도시주거지역

동심원모델

사회지역분석

선형모델

신고전생태학

요인분석

요인생태학

인간생태학

입찰지대곡선

자연지역

제3세계 도시구조

주거여과과정

침입-계승

키노 자본주의(keno capitalism)

토지이용

포스트모더니즘

포스트모던 도시주의

활동시스템

참고
문헌
REFERENCES

남영우, 1985, 도시구조학, 법문사.

류주현, 2004, "종합소매업 공간구조 변화에 관한 연구: 대전시를 사례로 하여," 서울대학교 대학원 박사학위 논문.

변병설, 2001, "도시생태학에 의한 서울시 중심부 토지이용 변화 연구," 지리학연구, 35(1): 75 – 90.

송미령, 1997, "서울 공간구조의 변화와 특징: 1980 – 1990 고용과 사무실 공간의 분포를 중심으로," 국토계획, 4(32): 209 – 228.

윤정섭·황희연, 1986, "서울 인사동일대의 상업기능 침투과정에 대한 도시생태학적 해석," 국토계획, 21(3): 129 – 149.

이재준·황기원, 1998, "계획원리로서의 어메니티 개념에 관한 연구," 대한국토·도시계획학회지, 33(5): 17 – 33.

이현욱, 1991, "광주시 공간구조에 미치는 지가와 지가형성의 요인," 전남대 박사학위논문.

이재준·황기원, 1997, "주민의식에 나타난 주거환경의 쾌적성에 관한 연구," 한국조경학회지, 65: 3 – 17.

이희연, 1999, 경제지리학, 법문사.

전명진, 1996, "서울시 도심 및 부도심의 성장과 쇠퇴: 1981 – 1991년간의 변화를 중심으로," 국토계획, 2(31): 33 – 45.

정수열, 2015, "계층별 거주지 분화와 경제적 양극화," 한국경제지리학회지, 16(4): 1 – 16.

최진호, 1978, "인간생태학과 도시연구," 도시문제, 13(5): 60 – 69.

한주성, 2003, 유통지리학, 한울아카데미.

황희연, 1987, "도시중심부의 토지이용 변화에 대한 생태학적 해석," 서울대학교 대학원박사학위 논문.

Abbott, A., 2002, "Los Angeles and the Chicago School: A comment on Michael Dear," *City & Community*, 1: 33 – 38.

Alihan, M. A., 1939, *Social Ecology*, Columbia University Press, New York.

Anselin, L., 1995, "Local Indicators of Spatial Association-LISA," *Geographical Analysis*, 27: 93 – 115.

Berry, B. J. L. and Kasarda, J. D., 1977, *Contemporary Urban Ecology*, Macmillan, New

York.

Berry, B. J. L., 1963, "Commercial Structure and Commercial Bright," *Research Paper*, 85, Department of Geography, University of Chicago, Chicago.

Boal, F. W., 1976, "Ethnic residential segregation," in D. T. Herbert and R. J. Johnston(eds), *Social Areas in Cities: Processes, Patterns and Problems*, Vol. 1: Spatial Processes and Form, John Wiley & Sons, UK.

Bourne, L. S., 1981, *The Geography of Housing*, Edward Arnold, London.

Burgess, E. W., 1925, "The urban community as a spatial pattern and a moral order," in E. W. Burgess(ed.), *The Urban Community*, The Unversity of Chicago Press, Chicago.

Burt, J. E. and G. M. Barber, 1996, *Elementary Statistics for Geographers*, Second Edition The Guilford Press.

Cadwallader, M. T, 1996, *Analytical Urban Geography*, Prentice−Hall, London.

Carter. H., 1995, *The Study of Urban Geography*, 4th ed., Arnold, London.

Chapin, F. S., 1965, *Urban Land Use Planning*, 2nd ed., University of Illinois Press.

Clark, W. and Cadwaller, M. T., 1973, "Locational stress and residential mobility," *Environment and Behaviour*, 5: 29−41.

Clark, W. and Onaka, J., 1983, "Life cycle and housing adjustment as explanation of residential mobility," *Urban Studies*, 20: 47−57.

Davies, R. E., 1976, *Marketing Geography: with Special Reference the Retailing*, Methuen, London.

Dear, M. and S. Flusty, 1998, "Postmodern Urbanism," *Annals of Association of American Geographers*, 88: 50−72.

Dear, M. J., 2002, "Los Angeles and the Chicago School: Invitation to a debate," *City & Community*, 1: 5−32.

Dickens, P., Duncan, S., Goodwin, M. and Gray, F., 1985, *Housing, States and Localities*, Methuen.

Engwicht, D., 1992, *Towards an Eco−city*, Envirobook.

Ericksen, E. G., 1954, *Urban Behavior*, Macmillan, New York.

Firey, W., 1945, "Sentiment and symbolism as ecological variables," *American Sociological Review*, 10(2): 140−148.

Goodall, B., 1978, *The Economics of Urban Areas*, Pergamon Press, Oxford.

Griffen, D. W. and Preston, R. E., 1966, "A restatement of the 'Transition Zone' con−cept," *Annals of the Association of American Geographers*, 56: 127−138.

Harris, C. D. and Ullman, E. L., 1945, "The nature of cities," *The Annals of the*

American Academy of Political and Social Science, 242: 7－17.

Hartshorn, T. A. and Muller, P. O., 1989, "Suburban Downtowns and the Transformation of Metropolitan Atlanta's Business Landscapes," *Urban Geography,* 10: 375－395.

Hatrshorn, T. A., 1992, *Interpreting the City: An Urban Geography,* John Wiliy & Sons, New York.(안재학 역, 1997, 도시학 개론, 도서출판 새날.)

Hawley, A. H., 1950, *Human Ecology,* Ronald Press Company, New York.

Herbert, D. T. and Thomas, C. J., 1990, *Cities in Space: City as Place,* David Fulton Publishers.

Hoover, E. M. and Vernon, R., 1959, *Anatomy of a Metropolis,* A Doubleday Anchor Book.

Hoyt, H., 1939, *The Structure and Growth of Residential Neighborhoods in American Cities,* U.S. Government Printing Office, Washington, D.C.

Hurd, R. M., 1903, *Principles of City Land Values,* The Record and Guide, New York.

Jarvis, Frederick D., 1993, *Site Planning and Community Design for Great Neighborhoods,* Home Builder Press.

Johnston, R. J., 1971, *Urban Residential Pattern: An Introductory Review,* G. Bell, London.

Kaplan, D., J. O. Wheeler, and S. Holloway, 2009, *Urban Geography,* 2nd Edition, John Wiley & Sons, Inc.

Kirby, D. A., 1983, "Housing," in Pacione, M.(ed), *Progress in Urban Geography,* Croom Helm.

Kivell, P., 1993, *Land and the City,* Routledge, London.

Knox, P. L., 1994, *Urbanization,* Prentice－Hall, London.

Lansing, J. B. et al, 1969, *New Homes and Poor People: A Study of Chains of Moves,* University of Michigan Press, Ann Arbor.

Lozano, E., 1990, *Community Design and the Culture of Cities,* Cambride Univ. Press, New York.

Marcuse, P., 1997, "The enclave, the citadel and the ghetto what has changed in the post－fordist U.S. city," *Urban Affairs Review,* 33(2): 228－264.

McKenzie, R. D., 1926, "The scope of human ecology," *Publications of the American Sociological Society,* 20: 141－154.

Morocombe, K., 1984, *The Residential Development Process: Housing Policy and Theory,* Gower.

Murdie, R. A., 1969, *Factorial Ecology of Metropolitan Toronto, 1951－1961,* Department of Geography Research Paper 116, University of Chicago, Chicago.

Murphy, A. B., Jordan – Bychkov, T. G, and Jordan, B. B., 2009, *The European Culture Area: A Systematic Geography*, Rowan & Littefield Publisher, Inc.

Nick Wates, 2000, *The Community Planning Handbook*, Earthscan.

Park, R. E. and Burgess, E. W., 1925, *The City*, The University of Chicago Press, Chicago.

Park, R. E., 1936, "Succession: an ecological concept," *American Sociological Review*, 1(2).

Preston, R. E., 1966, "The zone in transition: a study of urban land use patterns," *Economic Geograph*, 42(3): 236 – 260.

Quinn, J. A., 1940, "Human ecology and interactional ecology," *American Sociological Review*, 5: 713 – 722.

Rannels, J., 1956, *The core of the city: a pilot study of changing land uses in central business district*, Columbia University Press.

Shevky, E. and Williams, M., 1949, *The Social Areas of Los Angeles*, University of Los Angeles Press.

Shevky, E. and Bell, W., 1955, *Social Area Analysis: Theory, Illustration Application and Computational Procedures*, Stanford University Press, Stanford.

Short, J. R., 1996, *The Urban Order: An Introduction to Cities, Culture and Power*, Blackwell, Oxford.

UN, 1996, *The Habitat Agenda*, Habitat II.

Vance, J. E., 1964, *The Scene of Man: The role and structure of the City in the Geography of Western Civilization*, Harper's College Press.

Whitehand, J. W. R., 1990, "Makers of the residential landscape: conflict and change in outer London," *Transaction of the Institute of British Geographers*, 15: 87 – 101.

Yeates, M. and Garner, B., 1980, *The North American City*, Harper & Row, New York.

대도시지역과 그린벨트 제6장

대도시지역

Understanding the City

01 대도시지역의 의미와 공간구조

1) 대도시지역의 의미

소규모의 도시에는 주택, 상점, 공장, 논밭, 빈 공터 등이 무질서하게 혼재한다. 인구가 늘어나고 도시활동이 다양해지면서 중간규모 도시로 변모되면 농업적 요소가 급격하게 줄어들면서, 주거·상업·공업 등의 도시기능이 강화된다. 더많은 인구가 모이고 더 많은 도시활동이 이루어지면 중간규모 도시는 대규모 도시로 성장하여 도시기능이 분화된다. 도심에는 상업·업무기능이 남고, 주거 및 공업기능은 교외화 과정을 통해 도시 주변지역으로 확장되어 나타난다.

이처럼 도시가 확대되면서 종래의 도시경계를 뛰어넘어 도시 주변의 넓은 범위에 걸쳐 도시의 여러 기능과 활동이 전개되면서 중심이 되는 대도시와 그 주변 교외지역이 통근 등을 이유로 사회경제적 결속력이 강화되면서 하나의 공간적 영역으로 인식되는데, 이러한 지역을 대도시지역(metropolitan area, metropolitan region) 또는 대도시권이라 한다.

우리나라의 경우 1960년대 이후 산업화시대를 거치면서 농촌인구의 급속한 도시집중으로 인하여 대도시가 성장하였는데, 종래 대도시인 특별시 및 직할시는 인구규모가 1백만 명을 넘는 지역을 의미하였다. 1995년 이후 지방자치시대에 직할시는 도농복합형태의 광역시로 명칭이 변경되었다. 특히 서울 대도시지역의 경우 인천, 수원, 안양, 고양 등의 서울주변지역에서는 서울과의 대중교통

수단이 발달하고 자가용이 보급되면서, 사람들이 서울시의 경계를 넘어 거주하면서 통근 생활을 하고 있다. 이러한 결과로 서울대도시지역은 서울시의 경계를 넘어 주변의 경기도 및 인천시가 하나의 대도시지역으로 성장하였는데, 서울이 대한민국의 수도이기 때문에 흔히 수도권이라 칭한다.

대도시를 인구규모가 큰 도시라는 의미 이상으로 사용하여 메트로폴리스 (metropolis)로 표현하는 경우가 있다. 대체로 메트로폴리스는 인구규모 1백만 명 이상의 도시로서, 국가적·지역적으로 중요할 뿐만 아니라 세계적으로도 중요하며 주변지역을 형성하는 중심지적 도시지역을 의미한다. 인구규모가 1백만 명 이상이라 하더라도 국지적인 기능만을 수행할 때는 메트로폴리스로 분류하지 않는 경우도 있다. 뉴욕, 런던, 파리, 도쿄 등은 세계적 메트로폴리스에 해당된다.

대도시가 공간적으로 확대되는 형태는 크게 다음과 같이 세 가지로 구분할 수 있다. 첫째는 외연적 팽창(spillover expansion)이다. 이것은 중심도시가 확대되면서 물컵에 물이 넘쳐 흘러내리듯 중심도시 주변지역으로 중심도시의 기능과 활동이 자연스럽게 확산되어 나가는 형태이다. 둘째는 비지적(飛地的) 팽창 (leapfrogging expansion)이다. 이것은 중심도시의 시경계 주변에 그린벨트 등의 도시확산 제한조치가 취해짐으로써 중심도시의 기능과 활동이 그 지역을 뛰어넘어 확산되어 나가는 형태이다. 셋째는 방사형 팽창(radial expansion)이다. 이것은 중심도시에 연계되어 있는 주요 교통로를 따라서 중심도시의 기능과 활동이 확산되어 나가는 형태이다.

서울, 부산, 대구, 광주, 대전 등 대도시 주변지역의 경우 중심도시 시가지의 무질서한 외연적 확장을 방지하기 위하여 개발제한구역이 설정되어 있다. 이중 서울, 부산, 대구 등의 지역에서는 개발제한구역을 뛰어넘어 도시성장이 이루어지는 비지적 팽창이 나타난다.

2) 대도시지역의 공간구조

대도시지역의 공간구조와 그 범역은 중심도시와 주변지역과의 연계성 및 주변지역의 도시적 특성 등에 의하여 결정된다. 연계성은 통근 등을 기준으로, 도시적 특성은 비농업종사자율 등을 기준으로 정한다. 이때 일정 기준 이상의 연

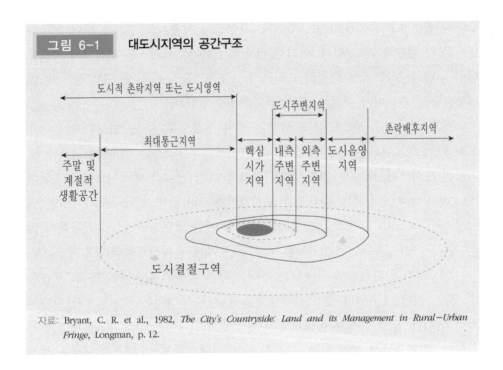

> **그림 6-1** 대도시지역의 공간구조

자료: Bryant, C. R. et al., 1982, *The City's Countryside: Land and its Management in Rural—Urban Fringe*, Longman, p. 12.

계성과 도시적 특성이 성립되면 주변지역은 교외지역으로 정의된다. 교외지역은 중심도시의 일부기능을 담당하는 기능지역의 개념인 데 반해, 주변지역은 위치상 중심도시와 연접된 모든 지역을 일컫는 위치적인 개념이다. 대체로 대도시지역의 영향권은 중심도시의 통근권과 일치한다(그림 6-1).

중심도시 주변지역은 중심도시에 연접되어 있으면서 거주·공업·상업지역으로의 도시화현상이 뚜렷한 데 반해, 농업적 토지이용은 아주 미약하게 나타난다. 중심도시의 핵심시가지역에 연접한 도시 주변지역은 내측 주변지역과 외측 주변지역으로 구분된다. 내측 주변지역은 도시지향적인 여러 기능과 도시용도로의 토지전용이 명백하게 전개되는 지역이다. 외측 주변지역은 경관상 농촌적 토지이용 양상이 나타나지만 도시지향적 여러 요소의 침입충전(infiltration) 현상이 확인되는 지역이다. 도시 주변지역에서는 쓰레기처리장, 야외여가공간, 개발제한구역 등이 나타나며, 주택·공장·업무빌딩 등이 중심도시로부터 원심적으로 확대되어 입지한다.

도시 주변지역에 외접해서 도시음영지역(urban shadow)이 전개된다. 도시음영

지역은 경관상 도시기반시설이 미비하지만, 토지소유관계, 비농가구 및 주민의 통행패턴에 있어서 중심도시와 밀접하게 관련되어 있다. 도시음영지역은 촌락배후지역으로 이어진다. 촌락배후지역도 중심도시의 영향권 아래에 놓이며 중심도시의 최대통근지역의 경계선을 이룬다. 중심도시의 최대통근지역 밖에는 중심도시 사람들이 주말과 계절에 따라 이용하는 별장이나 농장 등의 생활공간이 전개된다. 이들 지역에 살고 있는 농촌주민들은 도시민과의 접촉이 많고 도시적 생활환경에 영향을 받아 다분히 도시화된 시골사람의 생활양식을 보인다.

02 대도시지역의 설정사례

1) 외국의 대도시지역 설정사례

(1) 미국의 대도시통계지역(MSA: metropolitan statistical area)

미국의 대도시통계지역은 10년마다 실시하는 센서스 자료를 기준으로 1950년부터 설정된 이후 명칭과 설정기준이 다소 변경되어 오늘에 이르고 있다. 최근에 설정된 기준을 살펴보면, 미국 예산관리부(2013)에서 2010년도 센서스 자료를 바탕으로 중심지기반통계지역(core based statistical area)으로 대도시통계지역(metropolitan statistical area)과 소도시통계지역(micropolitan statistical area)을 설정하였다. 설정된 결과는 관련 부처에서 정책수행을 위한 참고자료로 널리 활용된다.

여기서 대도시통계지역은 중심도시 및 이와 통근으로 연결되는 교외지역을 합한 개념으로 설정의 기본 행정구역 단위는 카운티(county)이다. 중심도시는 중심시가지(urbanized area)에 인구 5만 명 이상이 거주하면서 카운티 전체 인구의 50% 이상이 거주하는 카운티를 의미한다. 중심도시가 인접해 있을 경우 통합해서 하나의 대도시지역 중심도시로 간주한다. 교외지역은 주변 카운티의 취업인구가 중심도시로 통근하거나 역통근하는 비율을 합해 25%를 초과하는 지역을 의미한다. 2013년 설정결과 대도시통계지역은 374개, 소도시통계지역은 581개로 나타난다(그림 6-2).

그림 6-2   미국의 대도시통계지역과 소도시통계지역 설정사례(2013년)

자료: 미국통계청 홈페이지(www.census.gov/population/metro)

(2) 일본의 대도시권

일본의 경우 총무성 통계국에서 국세조사 자료를 활용해서 대도시권 및 도시권을 설정한다. 대도시권은 도쿄도의 23개 특별구 지역(우리나라 서울특별시와 유사한 지역임)과 정령지정도시(대체로 인구규모가 1백만 명 이상인 도시임)를 중심도시로 설정하고 도시권은 인구 50만 명을 넘는 중심도시를 설정하여 획정하는데, 1970년부터 5년 단위로 2010년 국세조사까지 총 아홉 번에 걸쳐 설정되었다(그림 6-3).

대도시권 설정의 행정구역 단위는 시정촌(우리나라 시읍면과 유사한 개념임)이다. 대도시권의 중심도시는 도쿄도의 23개 특별구와 정령지정도시이다. 단, 중심도시가 서로 근접하여 있을 경우에는 통합해서 하나의 중심도시로 간주한다. 교외지역은 상주인구 중에서 중심도시로 통근·통학하는 15세 이상의 인구가 차지하는 비율이 1.5% 이상으로 중심도시에 연접해 있는 지역이다.

| 그림 6-3 | 일본의 대도시권과 도시권 설정사례(2010년) |

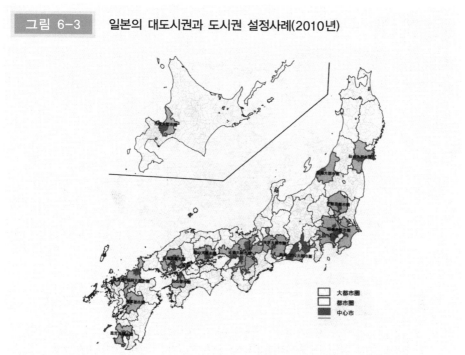

자료: 일본 총무성통계국 홈페이지(www.census.go.jp)

 2010년 국세조사를 기초로 도쿄도 특별구부(東京都区部), 요코하마시(横浜市), 가와사키시(川崎市), 사이타마시(さいたま市), 치바시(千葉市), 사가미하라시(相模原市) 등의 도시들을 복수 중심도시로 하는 칸토대도시권(関東大都市圏)이 수도권에 해당하며, 이외에 히로시마대도시권(広島大都市圏), 센다이대도시권(仙台大都市圏), 시즈오카·하마마쓰대도시권(静岡·浜松大都市圏), 츄쿄대도시권(中京大都市圏), 긴끼대도시권(近畿大都市圏), 오카야마대도시권(岡山大都市圏), 기타큐슈-후쿠오카 대도시권(北九州·福岡大都市圏), 사쯔바로대도시권(札幌大都市圏), 니이가다대도시권(新潟大都市圏) 등 총 10개의 대도시권이 설정되어 있다.

 2) 한국의 대도시지역 설정사례

 우리나라의 대도시지역 설정에서도 주변지역의 중심도시와의 연계성과 주

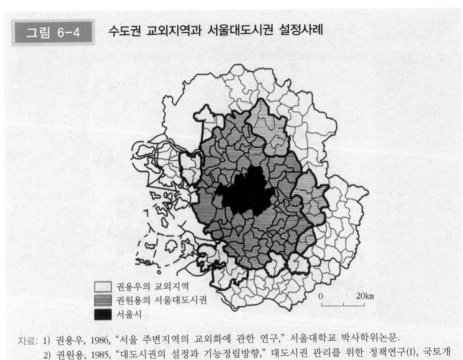

그림 6-4 수도권 교외지역과 서울대도시권 설정사례

□ 권용우의 교외지역
▤ 권원용의 서울대도시권
■ 서울시

0   20km

자료: 1) 권용우, 1986, "서울 주변지역의 교외화에 관한 연구," 서울대학교 박사학위논문.
2) 권원용, 1985, "대도시권의 설정과 기능정립방향," 대도시권 관리를 위한 정책연구(I), 국토개
발연구원.

변지역의 도시적 특성이 기준으로 많이 사용된다. 우리나라의 경우 도시화의 진행도와 중심도시 이용도를 기준으로 서울 대도시권을 설정한 사례가 있다(권원용, 1985). 도시화가 진행 중인 군부(郡部)지역의 도시화 진행 정도를 측정하기 위해 ① 인구밀도 300명/㎢ 이상, ② 지난 5년간 또는 10년간 연평균 인구증가율 1.0% 이상, ③ 전업농가율 25% 이하, ④ 전/답 지가비 1.0% 이상, ⑤ 전월세 등 임대가구비율 10% 이상, ⑥ 시내버스의 시외연장 운행대수 등을 종합 검토하였다. 중심도시 이용도를 파악하기 위하여 ① 통근통학권, ② 의료권, ③ 취업권, ④ 농산물 판매권, ⑤ 구매권에 관련되는 지표를 활용하였다. 또한 설문조사를 통해 일상생활 수요의 행태분석을 실시하였다. 이러한 과정을 거쳐 설정된 서울의 대도시권은 서울로부터 반경 50km 거리 내의 공간영역으로 나타났다.

서울의 교외지역을 설정한 사례도 있다(권용우, 1986). 여기에서는 중심도시와 주변지역과의 연계성 그리고 주변지역의 도시적 특성 등 두 가지 조건을 기준으로

삼았다. 연계성의 기준으로 ① 서울로의 통근자율이 거주 취업자의 5% 이상이
거나, ② 일반 버스노선 또는 철도노선에 의해 서울로의 편도 통행시간이 1시간
내외가 소요되는 지역이다. 주변지역의 도시적 특성 기준은 ① 비농업직 종사자율
이 50% 이상, ② 인구밀도가 200인/km² 이상, ③ 1970−1980년간 인구증가율이 10%
이상 중에서 2개 이상 조건을 충족시키는 지역이다. 이러한 기준에 의해 설정
된 서울의 교외지역은 대체로 서울로부터 40−45km 범위 내에 속한다(그림 6−4).

통계청(2007)에서는 미국의 대도시통계지역 설정사례를 참고로 하여 2005년
기준으로 중심도시 인구규모가 5만 명 이상인 지역을 대상으로 도시권을 설정하
였다. 이중에서 중심도시 인구가 100만 명을 넘는 도시권을 대도시권으로 명명

그림 6−5 **통계청의 5개 대도시권 설정사례**

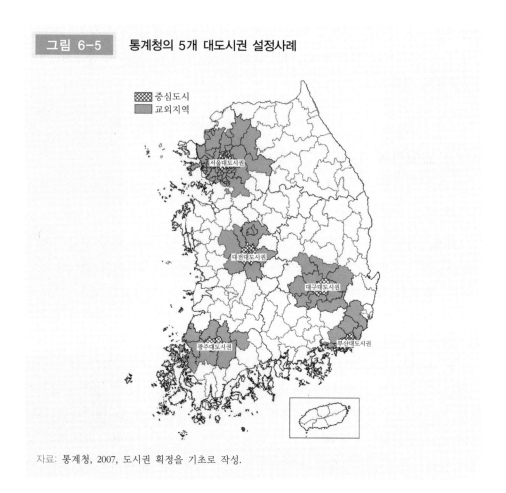

자료: 통계청, 2007, 도시권 획정을 기초로 작성.

하였는데, 서울, 부산, 대구, 광주, 대전 등 5개 대도시권이다. 교외지역은 중심도시로 통근자비율이 5% 이상이거나 중심도시 상주취업자 중에서 주변지역 취업인구의 5% 이상을 점유하는 지역으로 연속되어 나타나는 지역이다. 설정결과 서울대도시권의 경우 서쪽으로는 인천광역시 구지역과 김포시, 북쪽으로는 파주시, 동두천시, 포천시, 동쪽으로는 가평군과 양평군, 남쪽으로는 안산시, 수원시, 광주시, 용인시 등으로 대략 서울중심에서 40km에 이르는 지역에 나타난다. 그러나 부산, 대구, 광주 대전 등 4개 대도시권은 중심도시와 인접한 지역을 중심으로 나타나는 특징을 보인다. 즉, 부산대도시권 교외지역으로 기장군, 울주군, 김해시, 양산시, 진해시 등이 해당되고, 대구대도시권 교외지역은 달성군, 경산시, 구미시, 영천시, 고령군, 군위군, 성주군, 청도군, 칠곡군 등이 해당한다. 광주대도시권 교외지역은 나주시, 곡성군, 담양군, 무안군, 영광군, 장성군, 함평군, 화순군 등이 해당되고, 대전대도시권 교외지역은 계룡시, 논산시, 공주시, 연기군, 금산군, 청주시, 청원군, 옥천군 등이 해당된다(그림 6-5).

03 교외화의 의미와 교외도심

1) 도시성장단계와 교외화

대도시지역의 구조변화를 파악하기 위하여 대도시지역을 크게 중심부와 주변지역으로 구분하여 인구성장과정을 도시화 → 교외화 → 역도시화 등으로 변화된다는 도시성장단계론이 있다(Klaassen & Paelinck, 1979). 이 가설은 대도시지역을 중심부와 주변지역으로 크게 구분하고, 이들 지역과 대도시지역 전체의 인구변화 추세를 비교함으로써 도시성장의 단계적 발전과정을 설명한다(표 6-1).

1-1단계는 중심부 인구성장이 매우 높게 나타나고, 주변지역의 인구는 감소하나 대도시지역 전체의 인구는 절대적으로 성장하는 도시화의 절대적 집중기이다. 1-2단계는 주변지역의 인구가 성장하고, 중심부는 주변지역보다 인구성장이 더 높게 나타나면서 대도시지역 전체의 인구는 크게 성장하는 도시화의 상대적 집중기이다. 2-1단계는 교외화의 상대적 분산기로 중심부의 성장보다 주

| 표 6-1 | 클라센과 팰린크의 대도시지역성장단계론 |

구 분	성 장 기				쇠 퇴 기	
	Ⅰ. 도시화		Ⅱ. 교외화		Ⅲ. 역(탈)도시화	
	절대적 집중	상대적 집중	상대적 분산	절대적 분산	절대적 분산	상대적 분산
도시 중심부	+	++	+	−	−	−−
주변지역	−	+	++	+	+	−
도시지역 전체	+	++	+	+	−	−
도시성장단계	1−1	1−2	2−1	2−2	3−1	3−2

자료: Klaassen, L. H. & Paelinck, J. H., 1979, "The Future of Large Towns", *Environment & Planning A*, vol. 11, p. 1096.

주: +; 증가, ++; 대폭증가, −; 감소, −−; 대폭 감소

변지역의 인구성장이 높은 단계이다. 2−2단계는 중심부의 인구가 감소하면서 주변지역의 인구성장으로 대도시지역 전체의 인구는 성장하는 교외화의 절대적 분산기이다. 3−1단계는 중심부의 인구는 감소하고 주변지역의 인구는 성장하지만 대도시지역 전체의 인구는 감소하는 역도시화의 절대적 분산기이다. 3−2단계는 중심부와 주변지역 전부 인구가 감소하는 역도시화의 상대적 분산기이다.

2) 교외화의 의미

교외화(suburbanization)란 기본적으로 중심도시의 기능이 중심도시 주변지역에 원심적으로 확대되는 현상과 과정을 의미한다. 따라서 거주교외지역이 형성되는 현상과 과정은 거주교외화로 표현되고, 고용교외지역이 형성되는 현상과 과정은 고용교외화로 표현된다.

북미지역의 경우 대도시지역의 교외화 경향은 제2차 세계대전 이후 중심도시에서 교외지역으로 사람과 도시기능의 이동측면에서 4단계로 설명할 수 있다(Stanback, 1991). 첫번째 단계는 제2차 세계대전 후 나타나기 시작한 거주의 교외화 경향이다. 값싼 토지에 고급주택을 지을 수 있는 좋은 환경이 갖추어진 교외지역으로 부유한 사람들이 이동한 현상이다. 두 번째 단계는 60년대에 시작된 소비자 및 개인서비스업이 고객을 따라 교외지역으로 이동한 현상이다. 대표적인

사례로 규모가 크고 계획된 쇼핑센터이다. 세 번째 단계는 70년대에 나타난 일부 사무기능의 분산이다. 흔히 후방사무기능이라 불리는 일부 기능의 분산으로 전방사무기능은 아직도 중심도시 도심에서 고객과의 직접적인 대면접촉 등 집적경제를 향유할 수 있기 때문에 도심에 남아 있다. 네 번째 단계는 80년대 초부터 나타난 고차서비스기능이나 본사 등 전방사무기능도 교외화하기 시작한 현상으로 이를 새로운 교외화 또는 다핵화라 명명하고 있는데(Stanback, 1991), 후술하는 것은 교외도심이나 에지시티가 형성되는 과정이다.

3) 교외화 과정과 교외도심

(1) 교외화 과정

초기 교외화 과정은 도심부 접근성이 비교적 낮은 저차 중심기능이 도심으로부터 빠져나가는 것으로 인식되었다. 그러나 최근 북미에서의 교외화 현상에서는 저차 기능보다 고차 업무기능이 도심에서 빠져나와 교외지역에 입지하는 현상이 활발하게 나타난다. 특히 이러한 교외화 중 대표적인 개념이 다핵화로 표현되는 교외도심(suburban downtowns)의 형성이다. 이 개념은 고차서비스기능의 입지에 있어서 기존의 도심지역과 경쟁하는 중심지로 등장하고 있다.

(2) 교외도심

교외도심이란 기존 도심에 집적해 있던 고차의 경제활동들이 교외로 이전해 나가면서 다양한 고차 경제활동들이 집적된 새로운 중심지를 의미하는 것으로 에지시티(edge city)로도 불린다(Hartshorn & Muller, 1989; Garreau, 1991)(그림 6-6). 이는 도시의 2차 중심지나 소규모의 교외 중심지와는 달리 이미 기존 도심으로부터 독립되어 있으며 그 영향력도 기존 도심을 능가한다는 특징을 보인다. 기존 도심과 다른 점은 특정지구를 중심으로 도심 기능이 밀집되어 있는 도심에 비해 각종 시설이 보다 산재되어 있다. 또한 보행자 위주로 되어 있는 도심과 달리 자동차 교통을 중심으로 형성되어 있으며, 중심지 기능은 도로를 따라 선적으로 분포한다. 이 지역의 최고지가지역은 기존 도심의 최고지가를 거의 능가하며 기업

| 그림 6-6 | 교외도심의 개념도 |

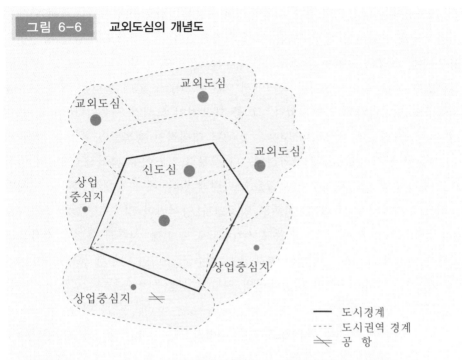

자료: Hartshorn, T. A. and P. O. Muller, 1989, "Suburban downtown and the transformation of metro-
politan Atlanta's business landscape," *Urban Geography*, 40(4): 376.

본사와 법률, 회계, 재정 등 고차의 서비스 기능을 제공하고 있지만, 정부부문 기
능이 거의 없다는 특징을 지닌다. 즉, 교외도심은 기존의 도심처럼 다양한 기능
을 가지고 있지만 이들은 독립적이고 전문화된 고차 서비스 기능으로 특화되어
교외지역 주민들의 생활양식에 적합한 특징을 지닌다.

04 수도권인 서울대도시지역의 성장 특성

1) 서울대도시지역의 성장과정

(1) 행정구역 확장을 통한 서울대도시지역의 확대

1945년 해방과 더불어 경성부라는 일제강점기의 명칭을 서울시로 변경하였

고, 1946년에는 경기도 관할에서 독립되어 서울특별시로 변경하였다. 1949년에는 주변지역을 편입하여 행정구역을 크게 확장하였다. 즉, 경기도 고양군 숭인면을 성북구에, 고양군 은평면을 서대문구에, 시흥군 동면 일부지역을 영등포구에 편입하였다. 1960년대 인구이동 측면에서 이촌향도(移村向都)라 불리는 대대적인 농촌인구의 도시정착이 시작되었다. 그 중 대표적인 도시가 서울이다(그림 6-7).

　　이러한 현상에 대응하여 서울은 1963년 대대적인 행정구역 확장을 하게 된다. 그동안 면적이 269㎢에 불과하였으나 그보다 2배 이상 넓어진 605㎢의 면적으로 오늘날 서울의 행정구역 모습을 나타내게 된다. 이 과정에서 양주군 노해면이 성북구(현재는 노원구임)에, 김포군 양동면과 양서면이 영등포구(현재는 양천구와 강서구임)에, 시흥군 신동면은 영등포구(현재는 서초구임)에, 시흥군 동면과 소사읍의 일부를 영등포구(현재는 금천구와 구로구임)에, 양주군 구리면 일부가 동대문구(현재는 중랑구임)에, 광주군 구천면과 중대면의 일부가 성동구(현재는 강동구와 송파구임)에, 광주군 언주면과 대왕면 일부가 성동구(현재는 강남구임)에 편입되었다.

　　이로 인하여 서울을 둘러싸고 있던 주변지역인 김포군, 부천군, 양주군(현재

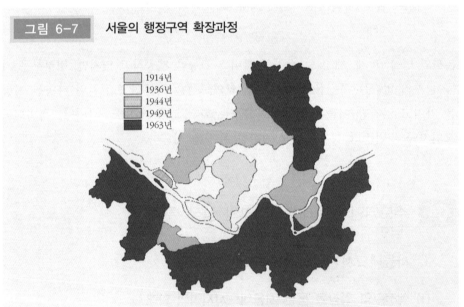

그림 6-7   서울의 행정구역 확장과정

1914년
1936년
1944년
1949년
1963년

자료: 최근희, 1996, 서울의 도시개발정책과 공간구조, 서울시립대학교부설 서울학연구소를 인용 지도화 함.

의 구리와 남양주시도 포함), 광주군, 시흥군 등은 그 면적이 크게 축소되었다. 서울로 편입된 지역은 편입이후 서울의 인구성장에 의하여 도시개발에 의한 대대적인 도시화과정이 이루어졌다. 대표적인 대규모 도시개발을 보면, 1970년대에는 여의도 및 강남개발인 영동지구와 잠실지구개발, 1980년대에 시작된 강남의 반포지구, 수서지구, 개포지구 등의 개발과 더불어 목동지구, 상계지구개발 등이 있다.

(2) 행정구역 확장 이후 수도권의 인구성장 특성

여기서 서울대도시지역은 수도권을 의미하며, 수도권은 일반적으로 행정구역상 서울특별시, 인천광역시, 경기도를 포함한 지역을 말한다.

서울을 중심도시로 인천, 경기도를 서울주변지역으로 구분하여 인구성장 특성을 파악해 보았다. 1963년 서울의 대대적인 행정구역 개편이 이루어진 이후 수도권의 인구변화를 보면 1966년 약 690만 명에서 지속적으로 크게 증가하여 2010년에는 약 2,350만 명으로 나타난다. 중심도시인 서울은 1966년 약 380만 명이었으나 계속 증가하여 1990년에는 1,000만 명을 넘어서다가 그 이후 약간 감소하는 경향을 보인다. 반면에 서울주변지역은 1966년 약 310만 명이었으나 그 이후 지속적으로 증가하여 2010년에는 1,400만 명 수준에 달하고 있다(표 6–2).

표 6-2 수도권의 인구변화

(단위: 천 명)

구 분	인 구(비중)								
	1966년	1970년	1975년	1980년	1985년	1990년	1995년	2000년	2005년	2010년
서울중심도시	3,793	5,433	6,890	8,364	9,639	10,613	10,231	9,895	9,820	9,631
서울주변지역	3,102	3,297	4,039	4,934	6,183	7,973	9,958	11,459	12,947	13,828
수도권전체	6,895	8,730	10,929	13,298	15,822	18,586	20,189	21,354	22,767	23,459

자료: 통계청, 인구주택 총조사, 각 연도.

그리고 1966년 이후 2010년까지 5년 단위로 서울과 서울주변지역의 인구성장을 클라센과 팰링크의 도시성장단계론으로 비교해 보면, 1975년까지는 서울의 인구증가율이 서울주변지역보다 높게 나타나는 도시화의 상대적 집중기(1–2단계)

표 6-3 수도권의 인구증가율 변화

(단위: %)

구 분	인구증가율								
	66–70년	70–75년	75–80년	80–85년	85–90년	90–95년	95–00년	00–05년	05–10년
서울중심도시	43.2	26.9	21.4	15.2	10.1	−3.6	−3.3	−0.8	−2.0
서울주변지역	6.3	22.5	22.2	25.3	29.0	24.9	15.1	13.0	6.4
수도권전체	26.6	25.1	21.7	19.0	17.5	8.6	5.8	6.6	2.9
서울중심도시	++	++	++	+	+	−	−	−	−
서울주변지역	+	++	++	++	++	++	++	++	++
수도권전체	++	++	++	++	++	+	+	+	+
구 분	도시화의 상대적 집중기			교외화의 상대적 분산기			교외화의 절대적 분산기		

자료: 통계청, 인구주택총조사, 각 연도.
주: 구분은 Klaassen and Paelinck(1979)의 도시성장 6단계 가설에 의한 구분임.

에 해당한다. 그런데 1975년 이후 1990년까지는 서울주변지역의 인구증가율이 서울의 인구증가율보다 더 높게 나타나는 교외화의 상대적 분산기(2-1단계)를 나타내고 있다. 그러나 1990년 이후에는 서울의 인구증가율이 부(−)를 나타내고 있는 반면에 서울주변지역의 인구증가율이 높은 교외화의 절대적 분산기(2-2단계)를 나타내고 있다. 따라서 수도권은 아직 역도시화현상이 나타나고 있지 않지만, 우리나라 인구감소시대의 도래와 더불어 역도시화현상이 나타날 것으로 예상된다(표 6-3).

2) 수도권 교외지역의 공간적 변화

(1) 수도권의 교외화현상

수도권에서는 1970년 이후 교외화가 전개되고 있다(그림 6-8). 서울주민이 경인지역으로 이주해 가는 인구교외화는 서울과의 편도통행시간이 1시간 내외가 소요되는 지역으로서 서울로부터 경기·인천지역에 이르는 간선도로 주변지역에서 나타나며 이 곳에서는 거주교외화와 주택도시화 현상이 전개된다. 거주

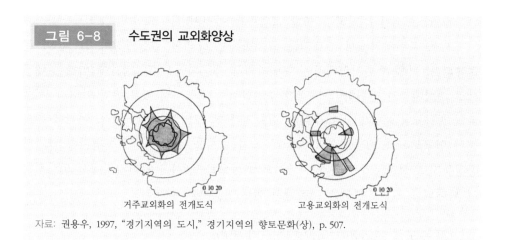

그림 6-8   수도권의 교외화양상

거주교외화의 전개도식   고용교외화의 전개도식

자료: 권용우, 1997, "경기지역의 도시," 경기지역의 향토문화(상), p. 507.

교외화의 공간적 형태는 간선도로망을 따라 돌출한 모습을 보이는 성형(星型)구조를 이룬다. 서울주변지역에서 전개되는 거주교외화의 공간적 결과는 서울의 통근지역 형성 및 확장 양상으로 나타나는데, 서울통근자가 다수 거주하는 지역은 서울의 중심부로부터 대략 45km 이내에 집중적으로 분포한다.

1970년 이후 수도권에서는 기업의 관리기능과 생산기능이 전문화되면서 본사와 공장이 분리되는 공간적 분업현상이 대두되어 공업기능의 교외화가 진행되고 있다. 1980년대 말의 경우 공간적으로 분리된 공장을 운영하는 기업 중 80%가 서울시에 본사를 두고 있으며, 5%가 인천 및 경기도에 본사를 입지시키고 있다. 서울시에 본사가 있는 기업 중 48%가 인천 및 경기도에 공장을 두고 있다. 공업기능을 주축으로 이루어지는 고용교외화는 서울의 서북부 및 서남부지역에 섹터형태를 나타내며 형성된다. 그리고 서울에 인접한 지역에서 대도시를 겨냥한 상업적 농업이 행해진다.

(2) 수도권 교외화의 배경

교외화가 이루어지는 데 가장 중요한 배경이 되는 것은 교통체계의 개선 및 확충이다. 교외화는 신도시를 건설하여 개발을 확대하거나 그린벨트를 설정하여 개발을 억제하는 등 지역정책에 의해 좌우되기도 한다. 그러나 일반적으로 교외화는 도시 주변지역에 공장, 사무실 등의 취업기회가 제공될 때 일어난다. 지렴한 지가와 쾌적한 주거환경 또한 교외화를 야기시키는 요인이 된다.

서울 주변지역에서 전개되는 교외화에는 교외화 형성배경의 일반론이 잘 적용된다. 서울 주변지역에서는 취업기회가 제공되어 있고, 서울에 비해 상대적으로 주택지가가 저렴하며, 쾌적한 주거환경이 조성되어 있을 뿐만 아니라, 서울로의 통근교통체계가 잘 갖추어져 있기 때문에 교외화가 일어난다. 여기에 수도권의 인구분산과 개발억제의 정책적 조치는 서울 주변지역의 농경지를 택지나 공장용지로 전환시키는 결과를 가져오게 함으로써, 서울 주변지역에서 도시지역이 확대되고 교외화현상을 나타나게 한다(권용우 등, 1987).

(3) 수도권 교외화에 의한 행정구역 변화

이러한 서울 주변지역에서 농촌지역(군)이 도시지역(시)으로 변화된 사실을 행정구역의 변천을 통해 알 수 있다(표 6-4).

1960년대까지만 해도 서울 주변지역에서 도시는 인천시, 수원시(1949년 수원군에서 분리), 의정부시(1963년 양주군에서 분리)뿐이었고, 대부분 지역은 농촌지역인 군이었다. 그런데 1970년대에 들어서면서 급격한 도시지역의 확대현상이 나타나기 시작한다. 즉, 1973년 광주군에서 성남시가, 부천군에서 부천시가, 시흥군에서 안양시가 분리되어 도시지역으로 전환된다. 여기서 성남시는 1960년대 말 서울의 불량주거지를 철거하여 이주민들을 이주시키기 위해 조성한 광주대단지가 모태가 되어 탄생한 것이다.

1980년대에는 70년대 보다 더 많은 도시지역 확대현상이 나타난다. 즉, 1981년에는 시흥군에서 광명시가, 양주군에서 동두천시가, 평택군에서 송탄시가 분리된다. 이중 동두천시와 송탄시 내에는 대규모 미군기지가 입지한 지역이다. 1986년에는 남양주군에서 구리시가, 평택군에서 평택시가, 시흥군에서 안산시 및 과천시가 분리된다. 이중 안산시와 과천시는 신도시 형태로 개발된 지역이다. 이들 지역은 1977년부터 정부에서 수도권 인구분산정책의 일환으로 중추행정기능 및 제조업체를 분산하기 위하여 건설한 과천신도시와 반월공업단지 및 배후주거단지 건설을 통해 이루어졌다. 1989년에는 남양주군에서 미금시가, 광주군에서 하남시가, 화성군에서 오산시가 분리되고, 시흥군은 군포시, 의왕시, 시흥시로 분리되면서 폐지된다. 이후 1992년에는 고양군 전체가 고양시로 바뀌면서 도시지역으로 전환된 국내 유일한 사례가 된다.

1995년부터는 지방자치제 실시와 더불어 행정구역 체계의 변화가 발생한다. 즉, 도시와 농촌이 공존하는 도농복합시의 탄생이다. 종전에 군에서 중심지가 인구 5만 명을 넘으면 분리하여 시로 독립하던 사례를 종전의 행정구역으로 통합하여 환원하는 한편, 군 중심지 인구가 5만 명을 넘어도 군 행정구역 전체를 도농복합시로 만들어 중심이 되는 지역에 동을 만드는 것이다. 이러한 도농복합시는 1995년 종전에 하나였던 송탄시, 평택시, 평택군을 하나로 묶어 평택시로 출범하고, 통합에 반대한 구리시는 제외하고 미금시와 남양주군을 묶어 남양주시로 통합하였다. 이후 1998년에는 김포시와 안성시가, 2001년에는 화성시와 광주시가, 2003년에는 포천시와 양주시가, 2013년에는 여주시가 도농복합시로 출범한다. 이로써 수도권에는 순수한 농촌행정구역으로 수도권 외곽에 입지하고 있는 인천광역시 강화군과 옹진군, 경기도 연천군, 가평군, 양평군 등이 남아 있는 상태이다. 이로써 서울에 연접한 인천광역시(옹진군과 강화군 제외), 경기도 의정부시, 구리시, 하남시, 성남시, 안양시, 군포시, 의왕시, 과천시, 수원시, 안산시, 시흥시, 부천시, 광명시 등 14개 지역이 서울과 더불어 하나로 크게 연속된 대도시지역을 형성한다. 이 주위에 연속해서 도농복합시가 분포하는 특징을 보인다(표 6-4).

표 6-4 수도권 교외지역 중 도시로의 행정구역 변화

승격년도	도시명	내 용
해방이전	인천광역시 (옹진군과 강화군 제외)	1981년 인천직할시로 승격 1989년 김포군 계양면, 옹진군 영종, 용유면을 합병 1995년 인천광역시로 변경(김포군 검단면을 합병해 동으로 변경)
1949년	수원시	수원군 수원읍이 승격하고, 수원군은 화성군으로 명칭 변경
1963년	의정부시	양주군 의정부읍을 승격
1973년	성남시	광주군 광주이주대단지 건설을 위해 설치된 성남출장소 관할지역을 승격
	부천시	부천군 소사읍을 승격(1975년 오정면도 통합해 시역 확장)하고 부천군은 폐지
	안양시	시흥군 안양읍을 승격
	광명시	시흥군 소하읍을 승격
1981년	동두천시	양주군 동두천읍을 승격
	(송탄시)	평택군 송탄읍을 승격

연도	도시	내용
1986년	구리시	남양주군 구리읍을 승격
	(평택시)	평택군 평택읍을 승격
	안산시	반월공단 및 배후주거단지를 건설하기 위해 설치된 반월지구출장소를 승격
	과천시	정부과천청사 및 배후주거단지를 건설하기 위해 설치된 과천지구출장소를 승격
1989년	(미금시)	남양주군 미금읍을 승격
	오산시	화성군 오산읍을 승격
	군포시	시흥군 군포읍을 승격
	의왕시	시흥군 의왕읍을 승격
	시흥시	시흥군 소래읍, 군자면, 수암면을 합하여 승격하고, 시흥군을 폐지
	하남시	광주군 동부읍, 서부면, 중부면 상산곡리를 합하여 승격
1992년	고양시	고양군 전체를 변경
1995년	평택시	과거 평택군이었던 송탄시, 평택시, 평택군을 통합해 도농복합시로 출범
	남양주시	과거 남양주군 일부인 미금시와 남양주군을 통합해 도농복합시로 출범
1996년	용인시	용인군을 도농복합시로 출범(용인읍을 동으로 나눔) 2001년 수지읍을 동으로 나눔 2005년 기흥읍, 구성읍을 동으로 나눔
	파주시	파주군을 도농복합시로 출범(금촌읍을 동으로 나눔)
	이천시	이천군을 도농복합시로 출범(이천읍을 동으로 나눔)
1998년	김포시	김포군을 도농복합시로 출범(김포읍을 동으로 나눔)
	안성시	안성군을 도농복합시로 출범(안성읍을 동으로 나눔)
2001년	화성시	화성군을 도농복합시로 출범(남양면을 남양동으로 변경) 2005년 태안읍을 동으로 나눔
	광주시	광주군을 도농복합시로 출범(광주읍을 동으로 나눔)
2003년	포천시	포천군을 도농복합시로 출범(포천읍을 동으로 나눔)
	양주시	양주군을 도농복합시로 출범(양주읍, 회천읍을 동으로 구분)
2013년	여주시	여주군을 도농복합시로 출범(여주읍을 동으로 구분)

자료: 1) 행정안전부, 2009, 2009년도 지방행정구역요람.
　　　2) 여주시청 홈페이지(www.yj21.net)
주: ( )의 송탄시, 평택시, 미금시 등은 1995년 도농복합시로 통합됨.

05 거대도시지역

1) 메갈로폴리스(megalopolis)

(1) 메갈로폴리스의 개념과 특징

대도시가 연속하여 나타나는 거대한 대도시지역을 메갈로폴리스라 한다. 메갈로폴리스는 1961년 프랑스 지리학자인 고트만(Gottmann)에 의해 표면화된 개념이다. 그는 미국의 동부지역인 보스턴 북부에 위치한 뉴햄프셔주 남부로부터 버지니아주의 노포크에 이르는 연담도시형의 거대도시 연속지대를 메갈로폴리스라 명명하였다. 보스턴에서 노포크까지의 거리는 960km에 이른다.

고트만은 도시화, 토지전용, 경제활동, 근린관계 등 네 가지 내용으로 나누어 메갈로폴리스의 형성과 지역성을 분석하였다(그림 6-9).

첫째, 도시화의 역동성이 강한 지역이다. 미국 북대서양 연안의 메갈로폴리스는 오랜 기간에 걸쳐 도시화가 진행되면서 미국적인 특성을 가장 잘 나타내는 지역이 되었다. 보스턴과 워싱턴 사이에는 고속도로와 철도를 따라 주택과 공장, 그리고 상업시설물이 연속적으로 입지해 있어 마치 두 지역이 하나로 연결된 시가지와 같은 모습을 보인다. 연속된 시가지화지역은 대서양 해안으로부터 애팔래치아산맥에 위치한 폭포선 도시에 이르기까지 광범위하게 확대되어 있다. 제2차 세계대전 이후 메갈로폴리스에서는 인구, 공업, 소비활동 등이 중심도시로부터 이심화되는 교외화현상이 전개되고 있다. 그러나 은행, 호텔, 업무시설, 백화점, 병원 등은 도심에 고층으로 입지하여 마천루(skyscrapers)를 형성한다.

둘째, 토지이용의 변화가 나타나는 지역이다. 메갈로폴리스의 대부분 지역은 도시와 농촌이 함께 공존하는 공생의 토지이용구조를 이룬다. 메갈로폴리스의 농업형태는 대도시의 소비시장을 겨냥한 기호작물, 화훼 등의 근교농업이 주류이다. 메갈로폴리스의 비도시지역은 산림(山林)이 울창하며, 이러한 산림은 메갈로폴리스 주민에게 휴식공간을 제공한다.

셋째, 강화된 경제활동이다. 메갈로폴리스 공업성장의 주요 배경은 접근성에 있다. 메갈로폴리스의 심장부에는 뉴욕, 보스턴, 필라델피아 등의 대도시가

고트만의 메갈로폴리스

자료: Gottmann, J., 1961, *Megalopolis: The Urbanized Northeastern Seaboard of the United States*, Twentieth Century Fund, New York.
　주: 미국 북동부 메갈로폴리스는 가장 선진적으로 진행된 인간사회 변화의 실천장이라 할 수 있다. 메갈로폴리스적 특성을 정확하게 분석한 고트만은 대도시지역 연구에 신기원을 이루었다고 할 수 있다.

위치해 있다. 이러한 대도시는 곧바로 대규모의 소비시장을 형성하기 때문에 식료품, 의류, 전기, 출판, 건설 분야의 경제활동을 가능하게 한다. 미국의 금융시장을 좌우하는 재정활동이 맨해튼의 월가, 파크가, 메디슨가, 5번가 등 뉴욕의 중심가와 여타 메갈로폴리스 중심도시에서 전개된다. 메갈로폴리스에서는 4차산업이라고 불리는 연구직, 분석직, 의사결정직, 정부행정직 등의 전문분야에 종사하는 사람들이 많다. 그러나 메갈로폴리스에서는 대도시가 안고 있는 부정적 측면도 나타난다. 특히 교통서비스는 열악하고, 교통요금은 비싸며, 소음 또한 엄청나다.

　　넷째, 근린관계이다. 메갈로폴리스 주민들은 바로 옆집에 살거나 아주 멀리 떨어져 살거나 간에 관계없이 마치 이웃집에 사는 것과 같은 근린관계를 유지한다. 예를 들어 뉴욕의 지하철이나 볼티모어의 시내버스는 인종, 종교, 사회적 배

경 등이 서로 다른 사람들로 늘 붐비지만 동일한 생활공간에서 살고 있다는 근
린공동체의식을 갖고 있다. 메갈로폴리스에서는 교통, 전기, 도로, 토지이용, 상
하수도, 문화활동, 자원의 이용과 개발, 행정과 정치 등 일상생활의 모든 측면에
서도 근린공동체 의식이 작용한다.

고트만(Jean Gottmann, 1915-1994)

고트만은 1915년 러시아의 카르코프에서 출생하였다. 그는 1932년 프
랑스 파리시에 있는 소르본느대학교에 입학해서 법학을 공부했으나 큰 흥
미를 느끼지 못해 지리학으로 전공을 바꾸었다. 그는 드망종의 연구조교로
활동하면서, 파리시의 확장문제, 세계의 대도시, 프랑스 인문지리 등의 분야
에 깊이 몰두하였다. 그는 나치가 프랑스에 침공해 오자 미국으로 이주하였
다. 그는 존스홉킨스대 교수, 프랑스 멘데스내각의 정책자문관, 유엔의 연
구위원, 파리대 교수 등 학계, 관계, 정계 등에서 활동하였다. 이후 소르본
느대 인문·경제지리연구소장으로 연구하다가 영국 옥스퍼드대 지리학과장
으로 자리를 옮겼다. 고트만은 옥스퍼드대에서 석사학위를 받고 1970년에는 프랑스에서 문학국가
박사를 취득하였다. 그는 67세가 되던 해인 1983년 옥스퍼드대 교수직에서 물러나 명예교수로 재
직하다가 1994년에 타계하였다.

1956년 뉴욕소재 20세기재단은 그 당시 파리대 교수로 재직하고 있던 고트만에게 미국의 대도
시지역을 연구해 달라고 요청하였다. 고트만은 미국으로 건너가 치열한 문제의식을 가지고 오랜 시
간에 걸쳐 자료를 수집하며 문헌을 읽으면서 현지답사를 진행하였다. 그는 1961년 연구결과를 정리
하여 그의 대표적인 저서인『메갈로폴리스: 미국의 도시화된 북동부 해안지대』를 출간하였다. 고트
만이 연구했던 1960년대 당시 메갈로폴리스의 인구는 미국 전체인구의 21%에 해당하는 3천 6백만
명이었고, 면적은 미국 전체의 1.8%에 이르는 5만 3천㎢였으며, 도시지역은 메갈로폴리스 전체 면
적의 20%였다. 고트만의 독창적인 메갈로폴리스론은 그의 저작물이나 학술활동에서 꾸준하게 제
시되었다. 그는 저서『교역도시의 도래』(1983),『다시 가 본 메갈로폴리스』(1987),『메갈로폴리스
이후』(1990) 등과 독시아디스(Doxiadis)와 전개한 에키스틱스(Ekistics) 운동에서 그의 메갈로폴리
스적 통찰력이 구사되었다. 3백여 편이 넘는 방대한 그의 출판물은 직·간접적으로 메갈로폴리스론
과 연관되어 있다.

자료: 권용우, 1993, "메갈로폴리스 연구에 관한 상론," 응용지리, 16: 21-62.

(2) 메갈로폴리스의 재평가

1961년에 메갈로폴리스론이 개진된 이후 메갈로폴리스에서는 여러 가지 변화가 나타났다. 고트만은 1987년에 메갈로폴리스가 미국의 사회·경제 변화를 유도한 배양기 역할을 했다고 전제하면서 공간적 측면과 사회적 측면에서 메갈로폴리스를 재평가하였다.

첫째, 공간적 측면의 재평가이다. 1960년 이후 25년간 메갈로폴리스에서는 메갈로폴리스가 갖고 있는 견인력에 이끌려 집중화가 계속되었다. 한편으로는 대도시권화현상으로 중심도시의 사람과 도시활동이 주변지역으로 이심화(decon-centration)되었다. 그리고 메갈로폴리스적 기능이 미국 전체지역으로 이심화되는 현상도 나타났다. 1960년 이후 고급노동력은 태양이 빛나고, 덜 혼잡하며, 산과 바다가 있는 쾌적한 환경 속에서 일하기를 원하게 된다. 이에 콜로라도 남동부의 선벨트지역, 캐롤라이나에서 플로리다와 텍사스에 이르는 지역, 샌프란시스코에서 샌디애고에 이르는 캘리포니아 실리콘밸리 등에 메갈로폴리스적 기능이 집결되고 있다.

한편 메갈로폴리스의 상호 연계기능은 오히려 강화되었다. 1960년 이후 캘리포니아, 런던, 도쿄 등이 새로운 세계의 정보중심지역으로 등장하였다. 그러나 이 지역들과 세계 다른 지역이 직접적으로 연결되는 측면보다 메갈로폴리스를 통해서 각 지역들이 상호연계되는 측면이 더 많다. 또한 메갈로폴리스적 지역현상이 미국과 다른 나라에서도 나타나고 있음이 확인되었다. 메갈로폴리스는 길게 선형(線形)으로 발달하고, 몇 개의 대도시를 포함하며, 다핵적 특성과 도시 및 촌락이 공존하는 공간구조를 나타낸다. 또한 메갈로폴리스의 도시는 국제적 교류를 수행하는 교류도시(transactional city)의 성격을 지니게 된다. 메갈로폴리스적 지역현상이 여러 학자들에 의해 확인되고 있다. 1964년 칸(Kahn)과 와이너(Weiner)는 보스턴-워싱턴 메갈로폴리스를 보스워쉬(Boswash)로, 피츠버그-시카고 메갈로폴리스를 시피츠(Chipitts)로, 샌프란시스코-샌디애고 메갈로폴리스를 샌샌(Sansan)으로 명명하였다. 독시아디스는 오대호 메갈로폴리스를 제시하였다. 일본에서 확인되는 토카이도 메갈로폴리스(Tokaido Megalopolis)는 도쿄-가와사키-요코하마-나고야-교토-오사카-고베로 연결되는 지역이다. 유럽의 경우 암스테르담-브뤼셀-룩셈부르크-쾰른-루르-북부프랑스를 연결하는 북서유럽 메갈로폴리스와 영국의 사우스햄턴-리버풀-맨체스터-런던-버밍햄에 이르는 영국 메갈로폴리스를 제안하였다.

둘째, 사회적 측면의 재평가이다. 1960년 이후 미국의 메갈로폴리스 인구는 계속 증가하였는데, 이러한 인구증가는 아시아와 라틴 아메리카 이민자들이 주도하였다. 1955년을 분기점으로 미국의 노동력은 화이트칼라직이 블루칼라직을 능가하였다. 이것은 직업혁명으로 표현되었는데, 이러한 현상이 메갈로폴리스에서 가장 두드러지게 나타났다. 자동화, 컴퓨터, 로봇, 전자기술, 정보통신매체 등으로 상징화되는 4차산업의 화이트칼라직이 메갈로폴리스에서 각광을 받고 있다. 1960년대 이후 정보화시대가 도래하면서 IBM, AT&T 등 세계적 통신기관이 집결되어 있는 뉴욕은 세계 최대의 정보센터가 되고 있다. 또한 뉴욕에서는 정보, 각종 보증, 신용도 등 추상적인 재화를 생산하고 공급하는 기능이 더욱 강화되고 있다.

2) 에쿠메노폴리스(Ecumenopolis)

1963년에 그리스의 도시학자 독시아디스는 에쿠메노폴리스(Ecumenopolis)라는 용어를 창안하였다. 그는 인간의 거주단위를 방과 집의 최소단위로부터 대도시, 메갈로폴리스를 거쳐 에쿠메노폴리스에 이르기까지 14개의 계급으로 분류하였다. 독시아디스는 메갈로폴리스가 발전하여 국경을 초월한 에쿠메노폴리스로 발전할 것이라고 진단하였다. 그는 21세기 초에 들어서 도시는 단위국가 내의 성장에 머무르지 않고 더욱 확대 발전될 것이기 때문에, 공간적·기능적인 면에서 전 세계가 하나의 도시 안에서 생활하는 세계적 도시사회가 이루어질 것이라고 예언하였다. 최근 컴퓨터 기술을 이용한 네트워크, 위성과 광통신의 발달로 시간거리가 급속도로 단축되고 있고, 지역 간의 접근성이 높아지고 있으며, 공간활동도 일일생활권을 향하여 발전하고 있는 추세이다. 독시아디스는 21세기 말에는 세계인구가 200-250억 명이 되며 이 가운데 180억 명이 에쿠메노폴리스에 살게 될 것이라고 전망하였다.

독시아디스는 정주과학을 의미하는 에키스틱스(Ekistics)를 주창하였다. 에키스틱스는 지리학과 지역과학을 기초로 인간거주의 규모와 기능, 에쿠메노폴리스 개념의 정립과 적용, 인간거주의 이론과 기술 및 정책을 결합하려는 과학이다.

독시아디스의 에키스틱스

에키스틱스는 '인간정주(人間定住)의 과학'이라는 의미이다. 이 말은 그리스의 건축가이며 도시계획가인 독시아디스(C.A. Doxiadis)가 그의 저서 『Ekistics: An Introduction to the Science of Human Settlements』(1968)에서 처음 사용하였다. 독시아디스는 아테네공대에서 건축학을 전공하였고 후에 도시설계에 큰 공헌을 한 도시계획가이다. 그는 현대사회가 기능 위주의 비인간적 도시 환경으로 변화하는 것을 크게 우려하여 '아테네 헌장'을 마련하는 데 주도적인 역할을 한 바 있다. 특히 파키스탄의 신수도 이슬라마바드의 계획과 건설을 담당하였으며 미국의 디트로이트 재개발계획을 수립하였다.

제 2절
그린벨트와 신도시

Understanding the City

01 그린벨트의 함의

1) 그린벨트의 개념

그린벨트(green belt)란 도시팽창을 억제하고 도시주변지역의 개발행위를 제한하기 위해 설치된 공지와 저밀도의 토지이용지대를 의미한다. 대체로 그린벨트는 도시주변지역을 띠모양으로 둘러싸는 형태를 이룬다. 그린벨트는 지정된 국가나 지역에 따라 약간의 차이가 있으나, 도시주변지역을 띠 모양으로 둘러싼 형태를 이루고 있는 녹지대로 자연경관의 형성 및 보호, 상수원 보호, 오픈스페이스 확보, 비옥한 농경지의 영구보전, 위성도시의 무질서한 개발과 중심도시와의 연계방지 등에 커다란 역할을 하며, 오늘날까지 큰 변화 없이 유지되고 있다.

그린벨트란 용어는 1898년 영국의 도시 개혁운동가인 에베네저 하워드(Ebenezer Howard)가 제시했던 전원도시(Garden City)의 개념에서 유래하였다.

영국의 경우 산업화를 통해 가장 먼저 경제성장을 이루어낸 반면, 각종 도시문제가 생겨나면서 많은 고통을 겪게 되었다. 이에 하워드는 1898년 『내일의 전원도시(Garden Cities of Tomorrow)』에서 도시생활의 편리함과 전원생활의 신선함을 함께 누릴 수 있는 이상적인 전원도시를 구상하였다(그림 6-10). 전원도시는 도시, 농촌, 도시-농촌 혼재지역을 3개의 말발굽 자석에 비유하여 그 이해득실을 비교한 후 도시와 농촌의 이점을 취하고자 한 것이다(그림 6-11). 그는 1903년

그림 6-10 **하워드의 전원도시 전체개념도**

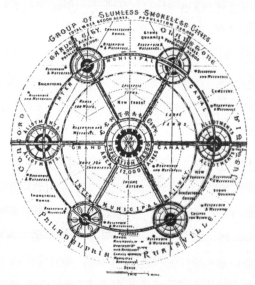

자료: 에벤에저 하워드 저, 조재성·권원용 옮김, 내일의 전원도시, p. 1.

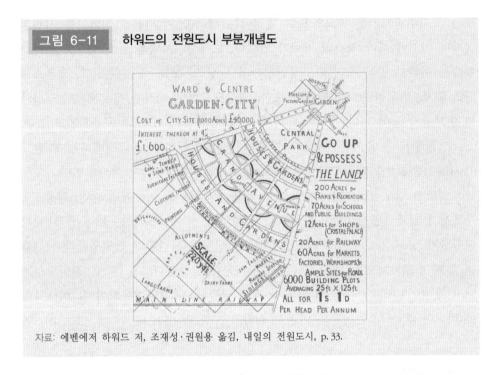

그림 6-11 하워드의 전원도시 부분개념도

자료: 에벤에저 하워드 저, 조재성·권원용 옮김, 내일의 전원도시, p. 33.

런던에서 북쪽으로 54km 떨어진 시골에 레치워스(Letshworth)라는 첫 번째 전원도시와 1919년에 런던에서 30km 떨어진 곳에 두 번째 전원도시인 웰윈(Welwyn)을 건설하였다.

2) 외국의 그린벨트

(1) 영 국

영국에서는 20세기 초반 대도시의 확산이 심각한 사회문제로 등장하게 됨에 따라 대도시의 공간개발을 합리적으로 제어할 목적으로 1930년대부터 그린벨트제도가 본격적으로 도입되었다. 공식적으로는 1935년 광역런던계획위원회(Greater London Regional Planning Committee)에 의해 런던주위에 환상녹지대(Green belt or Green Girdle of Open Space)의 설치를 주장하여 그린벨트가 최초로 제안되었다(그림 6-12). 그러나 그 당시 그린벨트의 계획관리에 관한 법령이 제정되지 않았기 때문에 그린벨트 지정을 위해 토지를 매수해야만 했다. 이에 1938년 「그린벨트

법(Green belt Act)」을 제정하였고, 이후 1947년 「도시 및 농촌계획법(Town and Country Planning Act)」이 제정되어 그린벨트 정책의 법적인 근거를 마련하고 각 지방정부는 개발계획을 수립할 때 이 법에 의거하여 지역을 지정할 수 있게 되었다. 이 시기에는 정부의 권한과 기능이 강력했던 제2차 세계대전 직후로 개발권을 국유화해서 강력한 계획제도인 개발허가제의 도입이 용이해지게 되었다.

1955년 영국의 그린벨트 정책은 최초로 국가차원에서 도입되었고, 그린벨트 정책과 이와 관련된 개발억제정책의 목적이 구현되기 시작하였다. 그린벨트는 특히 대도시의 인구분산을 유도하는 데 사용되는 등 그린벨트제도가 확립되고 런던 외의 지방정부별로 그린벨트가 설치 확대되기도 하였다.

주택 및 지방정부부처는 그린벨트 정책의 방침을 지방정부에 권고하였는데, 훈령에 따르면 그린벨트가 세 가지 중요한 기능 즉, 광역시가지의 성장을 억제하고, 이웃한 정주공간의 연담화를 방지하고, 도시가 지닌 고유한 특성을 보존해야

그림 6-12 아버크롬비의 대런던계획

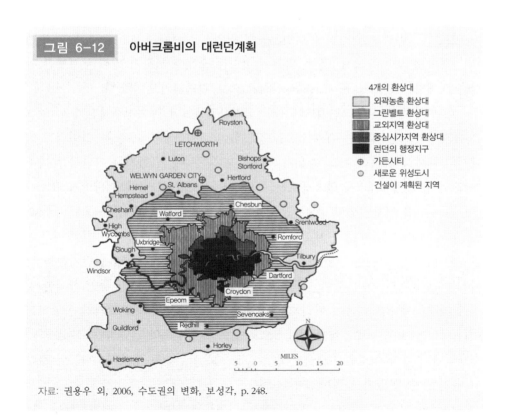

자료: 권용우 외, 2006, 수도권의 변화, 보성각, p. 248.

한다는 기능을 수행할 것을 권고하였다. 또 다른 훈령에서는 보호구역(safeguarded land)에 관한 내용으로 이것은 현재는 개발되지 않고 미래에 단계별로 개발될 토지이며, 그린벨트 내의 토지를 보호하기 위한 목적이 포함되어 있는 것이다.

1970년대부터는 대도시권의 쇠퇴와 도심의 재개발이 새로운 사회문제로 제기되고 집권보수당은 민영화와 규제완화라는 신보수주의적 정책기조에 입각해서 도시정책의 틀을 재편하면서 그린벨트에 대한 개발압력을 서서히 정책에 반영하였다. 이에 따라 투기적 개발을 목적으로 그린벨트 내 토지를 매입한 개발업자들이 개발허가를 얻기 위해 토지 관리를 의도적으로 소홀히 해서 녹지대의 변형 등 그린벨트의 훼손이 집중적으로 이루어지게 되었다.

1988년 공포된 '계획정책지침 2(Planning Policy Guidance: PPG 2)'는 도시지역의 확산으로부터 주변농촌을 보호한다는 그린벨트 정책의 목적을 추가하였다. 이는 그린벨트의 목적이 주로 도시와 도시 인근지역의 개발억제정책에 관한 내용이었다면, 추가된 목적은 농촌지역의 경관을 보존하는 데 중점을 두고 있다. 1988년에 이르러 그린벨트 원래의 목적인 도시성장억제(checking further growth)는 그린벨트 정책이 전적으로 도시성장을 멈추게 한다는 오해를 피하기 위해 무분별한 확산을 억제하는 것(checking unrestricted sprawl)으로 변경되기도 하였다.

이에 따라 1995년 그린벨트에 관한 국가차원에서의 '계획정책지침서 2(PPG 2)'를 개정하였고, 이후에는 세부지침을 참고하여 결정하도록 하는 등 그린벨트 안에서의 개발을 하는데 어느 경우가 적당한지 혹은 부적당한지를 판단하는 기준이 되었다. 또한 2005년 영국정부는 독립적인 새로운 '그린벨트 관리지침(Green Belt Direction)'을 발표하였다. 이는 '도시 및 농촌 그린벨트 관리지침 2005(The Town and Country Planning(Green Belt) Direction 2005)'에 근거하여 관리지침이 시행된 것으로, 그린벨트 내의 개발이 적당한지 혹은 부적당한지에 대한 조정과 판단기준을 명확히 하는 것이다. 이와 같이 영국의 그린벨트 정책은 오랜 기간 동안 상세한 지침을 제정하여 운용해옴에 따라 그린벨트 보전에 대한 사회적 합의가 공고하고 다른 나라에 비해 개발압력이 상대적으로 낮아 그린벨트의 전면적인 규제완화나 적극적인 개발이 어려워 효율적이고 성공적으로 그린벨트 정책의 추진 및 관리가 유지될 수 있었던 것이다(그림 6-13).

영국의 그린벨트에 대한 관리체계를 살펴보면 일반적인 정책의 경우는 농촌지역의 지속가능한 개발에 대한 '계획지침서 7(Planning Policy Statement 7: PPS)'을 따르며, 그린벨트 관련 특정내용과 관련된 정책은 '계획지침서 2(Planning Policy Guidance 2: PPG 2)'를 따른다. 이에는 지속가능한 개발목표에 기여할 수 있는 그린벨트 정책에 대한 일반적인 목적을 서술하며, 그린벨트 내 토지의 특정용도를 정의하고 목표를 구체화함으로써 그린벨트의 보전과 장기간의 개발수요로부터 보호하는 등 자세하게 목적을 기술하고 있다. 또한 광역단위의 개발계획인 광역공간계획에서 그 지역의 일반적 그린벨트의 지침을 제공하며, 시단위의 계획서인 '지방개발계획(Local Development Framework: LDF)'에서 시의 그린벨트에 대한 계획을 수립한다.

영국 그린벨트의 지정 절차는 카운티(county) 단위에서 수립되는 상위계획인 구조계획(Structure Plan)에 의거하여 지방정부(district or city)가 개발계획(development

그림 6-13 영국의 그린벨트 현황도, 2011

자료: http://www.communities.gov.uk

plan)을 수립하여 지방자치성(DCLG: Development of Communities and Local Government)의 승인을 얻어 이루어진다. 해제의 절차도 유사하나 일반적으로 그린벨트의 연속성(permanence)과 관련되어 해제가 더 어렵다. 지방정부가 작성한 개발 계획안은 공공도서관 등에 비치되어 주민들의 의견개진과 이의신청의 기회가 주어진다. 지방에 파견된 지방자치성의 조사관들이 주민들의 의견을 종합하여 중요한 사안은 지방자치성 장관에게 보고하는 등 준 사법적인 기능까지도 수행하고 있다. 결국 영국의 그린벨트의 개괄적인 경계는 카운티(county) 단위의 구조계획에 의해 설정되며 구체적인 경계는 지방정부단위의 지방계획(Local Plan)에 의해 확정된다.

(2) 기타 그린벨트

프랑스의 그린벨트는 1976년 처음 도입되었으며, 파리 – 일 드 프랑스(Ile – de – France) 즉, 파리대도시권이라 불리는 지역에 지정되어 있다.

파리대도시권 그린벨트의 총 면적은 1,420㎢로 잘 보존된 일련의 삼림과 공원으로 구성되어 있으며, 이 중 기존의 공공농지가 320㎢, 신규로 계획된 공공농지가 220㎢ 농지가 680㎢, 기타 200㎢로 이루어져 있다. 특히 파리대도시권 그린벨트 전체면적의 약 48%인 680㎢가 농지여서 '그린 앤 옐로우벨트(green and yellow belt)'라고 불리기도 한다.

프랑스의 그린벨트 지정목적은 크게 공간적 목적과 기능적 목적 등 두 가지로 나눌 수 있는데, 이는 그린벨트를 지정 유지하면서 시간적·공간적 여력을 확보할 수 있다는 측면과 자연환경 역시 그린벨트의 유지로 인해 지속적으로 보존될 수 있다는 측면이다. 공간적 목적에는 첫째, 도시의 무분별한 확산을 억제한다는 세계 여러 그린벨트지역과 같은 공통된 목적이 있다. 둘째, 새로운 도로 및 철도건설에 따른 오픈스페이스의 단절을 보호하고자 한다. 이는 그린벨트지정을 통해 전략적으로 도시의 범역을 유지하면서 지역주민들을 위한 오픈스페이스의 확보를 위한 것으로 보인다. 셋째, 경관보호와 도심지로의 접근성 향상을 들 수 있다. 다음으로 기능적 목적은 크게 네 가지로 분류할 수 있는데 이는 특히 그린벨트가 갖는 환경적인 측면에서의 가치를 보다 강조하는 목적이라 볼 수 있다.

첫째가 삼림의 보호와 확장을 통해 도시녹지지역을 보전한다는 것, 둘째가 도시 거주민을 위한 새로운 레크리에이션과 여가활동을 위한 시설의 창출, 셋째가 그린벨트 내 높은 농지비율 확보를 통한 도시근교농업의 감소를 예방하고, 넷째, 지역의 동식물 및 자연유산을 보호하여 미래세대에게 물려줄 자연환경 및 토지를 확보하기 위한 목적이라 볼 수 있다.

프랑스의 경우는 파리를 둘러싼 파리대도시권에 대규모 그린벨트를 설치하였고, 이들 그린벨트와의 경계사이에 신도시가 이루어지고 있어서 자연스럽게 도시 간 연담화가 나타날 수 있다. 그러나 이에 대한 대책으로 사전방지정책을 선택했는데, 이는 신도시의 위치를 파리시 인근지역에 배치하여 앞으로 발생할 수 있는 도시의 외연적 확산의 공간적 범위를 사전에 줄여주는 효과를 기대하고 추진한 것이다. 특히 신도시 사이에 작은 규모의 그린벨트를 설치하고 파리대도시권에 큰 규모의 그린벨트를 설치하는 이중 그린벨트를 형성하여 오히려 그린벨트의 본래 기능이 더 강화·유지되고 있다고 볼 수 있다.

캐나다의 그린벨트제도는 영국의 그린벨트제도에 기원을 두고 있다. 캐나다의 그린벨트는 1950년 '수도권계획(Plan for the National Capital)'에서 처음에 농촌벨트(rural belt)라는 이름으로 제안되었다. 대표적으로는 오타와 그린벨트, 온타리오 그린벨트가 있고, 특히 최근에는 녹지대와 녹지대를 연계시켜주는 그린웨이가 지정되었다.

캐나다 오타와 그린벨트의 경우 수도권계획을 통해 수도권 일대에 지정된 것으로, 제안 당시 그린벨트의 지정목적은 수도인 오타와 주변의 도시성장을 억제하고 농촌경관을 보전하기 위해 지정되었다. 주요 역할은 다섯 가지로 분류할 수 있는데, 첫째가 수도권지역의 환경을 조성한다. 둘째, 농촌이나 자연환경과 같은 공공활동을 위한 환경을 제공한다. 셋째가 자연생태계 보전 그리고 넷째가 지속가능한 농업활동과 임업활동이 실현가능한 지역이다. 마지막 다섯 번째가 편의시설 설치를 위한 환경을 제공한다는 것이다.

21세기 초 이후부터 지속적으로 캐나다의 수도권지역은 보전과 개발이라는 두 가지 측면을 조율하면서 국가정책과 같은 방향으로 발전하고 있어 수도권위원회의 역할이 그 무엇보다 중요하다. 수도권 위원회는 1958년 제정되고 1988년에 수정된「수도권 법률(National Capital Act)」에 따라 수도권지역의 개발과 보전, 수도권지역의 발전계획을 준비, 그리고 국가의 중요한 사항에 대해 캐나다 정부의 입장을 대변하는 역할을 한다.

일본의 경우 그린벨트는 1923년 관동 대지진과 1941년 제2차 세계대전을 겪으면서 본래 지진, 전쟁 등 재해로부터 도시의 시설과 인명보호를 위한 시 외곽 지역에 공지를 조성, 이를 대피용 시설용지로 사용하면서 시작되었다고 볼 수 있다.

제2차 세계대전 이후 도쿄를 중심으로 대도시들이 급성장하면서 대도시의 무질서한 확산과 연담도시화를 억제해야 한다는 의견이 제시되었다. 이에 일본은 그린벨트와 같은 개념으로 근교지대를 설정하였는데, 이는 1956년에 「수도권정비법」을 제정하면서 법적 근거를 최초로 마련한 것이다. 이 법에 따라 1958년 수도권정비계획을 수립하면서 영국의 '대런던계획'을 모태로 하여 수도권을 기성시가지, 근교지대, 주변지역으로 구분하고 도심 10-15km 범위에 폭 10km의 녹지대를 근교지대로 설정해서 대도시 확장을 차단한다는 방침을 정함으로써 그린벨트 정책을 본격적으로 추진하였다. 그러나 시 외곽 녹지에 대한 개발압력과 지가폭등으로 인해 지역주민들과 토지소유자들의 반발에 부딪치고, 지방정부의 비협조적인 태도에 의해 그 기능을 잃게 되었다. 1965년에 수도권정비법 개정이 이루어지면서 개발규제가 대폭 완환된 근교정비지대가 새로이 도입됨으로써 사실상 종전의 근교지대는 없어지게 되었다. 그 후로도 1968년 「도시계획법」을 개정하면서 일정 기간을 정해 도시개발을 억제할 수 있는 '시가화조정구역제도'를 도입하기도 하였으나 이 구역에서도 개발행위가 허용된다는 문제점으로 인해 '개발의 유보지'로서의 성격을 강하게 띠면서 실질적으로 그린벨트제도는 더 이상 존재하지 않는다고 볼 수 있는 것이다.

미국의 그린벨트제도로는 규제성을 갖지 않는 「개발권양도제(Transfer of Development Right, TDR)」를 두고 있다. 「개발권양도제」는 임의지역에서 도시화가 급속히 진행되어 인구증가가 이루어질 경우 해당 지역의 개발권과 이용권을 분리시켜 지역문제를 해결하려는 제도이다. 「개발권양도제」에 따르면 토지이용권은 토지소유주에게 남겨두되 개발권은 공공기관에 양도할 수 있도록 되어 있다. 개발권을 공공기관에 이양하는 것은 공공선을 위해 환경과 경제면에서 불건전한 토지이용과 개발을 배제하기 위해서이다. 이때 공익우선의 규제조치로 손해를 보게 되는 토지소유주에게는 적절한 손실보상이 이루어진다. 이 제도에 따르면 공공녹지를 보전하기 위해 녹지보전지구 내에서는 농경과 제한된 위락용도 이외의 그 어떠한 개발도 규제된다(Zacharias, 1993; 이정전, 1998).

　　독일의 경우는 1891년 「아디케스법」을 제정하여 토지이용규제와 개발이익의 국가환수를 처음으로 제도화 하였다. 독일은 선진국 중 가장 강력하게 개발규제를 시행하는 나라로 전 국토를 '개발허용지역'과 '개발억제지역'의 두 가지로 구분하고 있다. 개발허용지역은 시가지구역이나 지구상세계획이 설정된 지역이기 때문에 독일의 전 국토는 사실상 개발을 제한하는 그린벨트에 해당한다고 볼 수 있다(임강원, 1998).

02　우리나라의 개발제한구역

1) 개발제한구역의 도입배경

　　우리나라는 1960년대의 성장주도정책을 통한 급속한 산업화와 도시화로 인해 대도시 지역으로 집중되는 현상이 일어났다. 그 후 1970년대 서울을 비롯한 대도시지역의 대규모 택지조성 등의 영향으로 수도권으로의 순전입 인구는 약 200만 명을 넘는 수준으로, 이 시기에 처음으로 도시인구가 전체 인구의 과반수를 넘어서는 현상이 나타났다. 이에 정부는 여러 가지 정책들을 시도하였으나 효과를 거두지 못하게 되자, 도시의 평면적 확산을 방지하고 도시주변의 자연환경을 보전하는 한편, 안보상의 정책적 실천수단으로 개발제한구역 제도를 도입하였다. 특히 이 제도는 대통령의 서울시 연두순시 때 개발제한구역지정과 관련한 내용을 직접 지시한 것으로 도시의 공간적 확대가 대도시 인근 각종 군사시설의 노출을 가져올 수 있다고 판단함에 따라 이루어진 것이다

　　우리나라의 개발제한구역은 그린벨트의 효시인 영국의 그린벨트제도, 일본의 근교지대(近郊地帶)와 시가화 조정구역(市街化 調整區域)을 참고하여 우리나라 실정에 맞게 제도화한 것으로 1971년 「도시계획법(都市計劃法)」을 개정하여 '개발을 제한하는 구역'을 지정하기에 이른다. 개발제한구역은 1971년 7월 서울을 시작으로 하여 1977년 4월 여수지역에 이르기까지 8차에 걸쳐 대도시, 도청소재지, 공업도시와, 자연환경 보전이 필요한 도시 등 14개 도시권역에 설정되었다. 개발제한구역 지정 당시 총 면적은 5,397㎢로서 전 국토의 5.4%에 해당되며, 행정구역

표 6-5 ▷ 개발제한구역의 지정현황 및 지정목적, 1971-1977

구 분		대상지역	지정일자	지정면적	지정목적
7개대도시권	수도권	서울특별시 인천광역시 경기도	1차: 1971. 7. 2차: 1971.12. 3차: 1972. 8. 4차: 1976.12.	463.8㎢ 86.8㎢ 768.6㎢ 247.6㎢	서울시의 확산방지 안양·수원권 연담화 방지 상수원 보호, 도시연담화 방지 안산신도시 주변 토기 방지
7개대도시권	수도권			1566.8㎢	
7개대도시권	부산권	부산광역시 경상남도	1971.12.	597.1㎢	부산의 시가지 확산방지
7개대도시권	대구권	대구광역시 경상북도	1972. 8.	536.5㎢	대구의 시가지 확산방지
7개대도시권	광주권	광주광역시 전라남도	1973. 1.	554.7㎢	광주의 시가지 확산방지
7개대도시권	대전권	대전광역시 충청남·북도	1973. 6.	441.4㎢	대전의 시가지 확산방지
7개대도시권	울산권	경상남도	1973. 6.	283.6㎢	공업도시의 시가지 확산방지
7개대도시권	마창진권	경상남도	1973. 6.	314.2㎢	도시연담화 방지 산업도시주변 보전
7개중소도시권	제주권	제주도	1973. 3.	82.6㎢	신제주시의 연담화 방지
7개중소도시권	춘천권	강원도	1973. 6.	294.4㎢	도청소재지 시가지 확산방지
7개중소도시권	청주권	충청북도	1973. 6.	180.1㎢	도청소재지 시가지 확산방지
7개중소도시권	전주권	전라북도	1973. 6.	225.4㎢	도청소재지 시가지 확산방지
7개중소도시권	진주권	경상남도	1973. 6.	203.0㎢	관광도시주변 자연환경보전
7개중소도시권	충무권	경상남도	1973. 6.	30.0㎢	관광도시주변 자연환경보전
7개중소도시권	여수권	전라남도	1977. 4.	87.6㎢	도시연담화 방지 산업도시 주변 보전
계				5,397.1㎢	국토면적의 5.4% 해당

자료: 국토개발연구원, 1997, 국토 50년, p. 464를 바탕으로 재작성한 것임.

으로는 1개 특별시, 5대 광역시, 36개 시, 21개 군에 걸쳐 지정되었다(표 6-5).

2) 개발제한구역의 정책변화과정

개발제한구역 정책은 약 40년간 지속·유지되면서 몇 차례의 변화를 겪었다. 이는 처음의 의도대로 개발제한구역을 규정 및 유지하며 개발제한구역이 지속적으로 존치되어야 한다는 입장에는 큰 변화가 없었다. 그러나 대도시의 주택난과 용지부족, 지가상승의 부작용, 민원의 대부분을 차지하는 원거주민의 손실보상 문제, 대도시지역의 교통 혼잡 가중문제 등 여러 가지 문제점이 제기되면서 심하게는 개발제한구역의 해제 또는 폐지론까지 대두되게 되었다. 더구나 1997년 대통령 후보의 대선공약에서 "과학적인 환경평가를 실시하여 보존가치가 없는 지역은 해제하고, 보존이 필요한 지역은 국가가 매입하겠다"고 공약을 내세우면서 본격화되기 시작하였다.

제도 개선안 마련작업은 정부가 1998년 4월 지역주민, 환경단체대표, 언론인, 학계전문가, 연구원, 공무원 등 각계 대표 23인을 중심으로 구성한 '개발제한구역제도 개선협의회'를 구성하면서 본격적으로 시작되었다. 이후 1998년 11월 25일에 '개발제한구역제도 개선시안'을 마련, 발표하였다. 그 주요내용은 크게 두 가지로, 첫 번째는 도시의 무질서한 확산과 자연환경의 훼손 우려가 적은 도시권의 경우는 지정실효성을 검토하여 전면적인 해제를 실시하고, 존치되는 도시권은 환경평가를 실시하여 보전가치가 적은 지역을 위주로 부분 해제한다는 내용이다. 두 번째는 해제지역의 경우 계획적인 개발을 유도, 지가상승에 따른 이익을 환수하고, 존치지역에서는 자연환경보전을 철저히 관리·유지하며, 주민불편을 최소화하여, 필요한 경우 재산권피해를 보상한다는 것이다.

'개발제한구역제도 개선시안' 발표 이후 찬반의 대립은 더욱 극심해졌으며, 헌법재판소는 1989년「도시계획법」제21조가 위헌이라는 헌법소원에 대해 9년만인 1998년 12월 24일 헌법불일치 판정을 내렸다. 이를 계기로 정부는 1999년 4월부터 개발제한구역의 해제를 전제로 하는 본격적인 개선안을 가속화시켰다.

정부에서 제시한 '개발제한구역제도개선안'의 내용은 기본적으로 개발제한구역제도의 골격은 그대로 유지하되, 개발제한구역이 지정되어 있는 14개 권역에 대해 도시성장 형태, 권역인구성장률, 중심도시와의 연계성 등을 분석하여 전면 해제지역과 부분 해제지역으로 구분, 각 지역별로 구체적인 관리방안을 마련한다는 절충적인 의미의 개선안이다.

　　구체적인 내용은 전면 해제대상지역의 경우과 부분 해제지역의 경우가 다르게 조정되는데, 전면 해제대상지역은 우선 도시확산압력이 적고 도시주변의 녹지훼손이 적은 지역이 지정되었는데, 권역 인구수가 100만 명 이하 중소도시권인 춘천권, 전주권, 청주권, 여수권, 진주권, 통영권 역시 전면 해제대상지역에 포함되었다. 전면 해제지역의 경우는 환경평가와 관계부처의 협의를 거쳐 도시계획의 수립에 따라 개발제한구역에서 해제되어 보전지역과 개발가능지역으로 조정되었다. 전면 해제권역이라도 환경평가를 통해 5개 등급으로 분류되고, 그 중 상위 1, 2등급에 대해서만 보전녹지, 생산녹지, 공원 등이 지정되었다.

　　부분 해제지역의 경우는 시가지 확산압력이 높고, 환경관리의 필요성이 큰 수도권을 비롯 부산권, 대구권, 광주권, 대전권, 울산권, 마산·창원·진해권 등 7개 대도시권이 해당되며, 이 경우에도 환경기준평가를 통해 보존가치가 높은 상위 1, 2등급은 원칙적으로 개발제한구역으로 유지하고, 보전가치가 낮은 4, 5등급은 해제지역으로 선정하였다. 그리고 3등급의 경우는 지역특성을 감안하여 광역도시계획을 수립하고 그 계획에 따라 개발제한구역 또는 도시계획용지로 활용하도록 하였다. 그리고 부분 해제지역 중에서 대규모취락, 산업단지, 경계선 관통지역, 지정목적이 소멸된 고유 목적지역 등이 우선적으로 해제대상이 되어, 1999년 7월 1일을 기준으로 인구 1,000명 이상인 대규모 취락을 우선적으로 해제하여 자족성을 갖는 생활권을 형성하였다.

　　정부는 개발제한구역을 해제함에 따라 발생할 수 있는 문제점에 대해 새로운 관리방안을 제시하였다. 우선 친환경도시로의 변화를 위해 무질서한 개발을 방지하고, 친환경적인 개발계획을 수립·추진하였다. 또한 가장 심각하게 드러날 수 있는 문제인 개발제한구역 해제에 따른 지가상승을 우려하여 이를 환수하기 위한 방안으로 개발부담금, 양도소득세, 공영개발, 공공시설설치부담 등을 통해 구역조정에 다른 차익도 개발이익에 포함하여 환수할 수 있도록 계획하였다.

　　개발제한구역으로 남아 있을 지역에 대해서는 각 지역의 지정목적에 맞게 관리하되, 보전에만 치우친 과거와는 달리 보전과 이용에 관해 종합적인 개발제한구역 관리계획을 수립하고 관리하도록 하였다. 또한 이 지역 주민들의 삶의 질과 생활편익을 위해 해당지역을 취락지구로 지정, 건축규제를 완화하는 등의 각

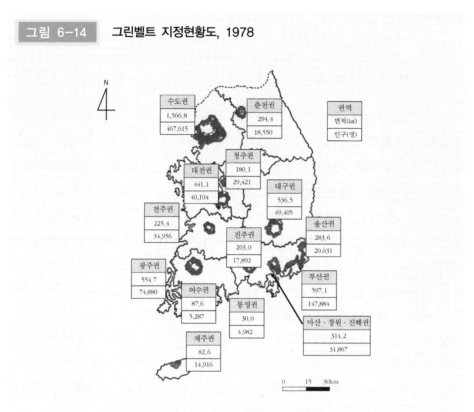

그림 6-14 그린벨트 지정현황도, 1978

자료: 국토해양부 비치자료를 통해 작성한 것임.

종 지원사업을 실시하였고, 지역 내 공공시설 입지를 제한하기 위해 일정 규모 이상의 건축물과 시설물에 대해 구역훼손부담금을 부과시켰다. 뿐만 아니라 부동산 투기억제대책과 장기정책과제로서 토지이용관련 계획제도의 개편방안을 제시하였는데, 이는 「도시계획법」과 「건축법」으로 이원화되어 있는 용도지역지구제를 「도시계획법」에 일원화하였다. 또한 도시와 인접농촌 지역을 계획적으로 통합관리하기 위해 「도시계획법」과 「국토이용관리법」을 「도시농촌계획법」으로 일원화하는 방안이 제시되었다.

이와 같이 개발제한구역제도 개선안이 발표되고 나서 이에 따른 많은 견해들이 논의되었고, 쟁점화 되었으나, 최근에는 현재 남아 있는 개발제한구역지역의 효율적인 관리를 통해 어떻게 추진되고 관리되어 어떠한 역할과 기능을 하고 있는지에 대한 논의가 가장 두드러진다고 볼 수 있다.

3) 개발제한구역 제도개선에 관한 논의

개발제한구역과 관련된 주체는 구역 내 토지 내지 가옥 소유자, 중앙정부, 지방정부, 국회의원, 지방의회, 전문가, 시민환경단체, 언론 등이라 할 수 있다. 각각의 입장에 따라 개발제한구역에 관한 다양한 의견이 논의되었으며, 그 내용은 보전론, 해제론, 조정관리론으로 정리할 수 있다.

보전론적 입장은 현재의 도시관련법에 제시된 조문으로는 개발제한구역의 보전에는 한계가 있다고 보고, 「개발제한구역 특별법」 등을 제정하여 개발제한구역을 단순한 '개발제한구역'의 개념이 아닌 좀 더 적극적인 측면에서의 보전관리가 이루어져야 한다는 입장을 취하고 있다. 해제론적 입장은 그린벨트가 있어도 도시의 무분별한 확산이 진행되어 녹지지역의 의미가 퇴색되고 있으며 개발가능지가 고갈되었기 때문에 개발제한구역 해제를 통해 개발을 이루어야 한다는 것이다. 조정관리론은 1998년 이후 논의되고 있는 보전론과 해제론적인 측면을 바탕으로 현실여건에 맞추어서 제한을 점차적으로 조정하고, 개발제한구역의 효율적인 관리 및 이용을 강조하는 측면이다.

03 신도시

1) 신도시의 개념

새롭게 도시가 생성되는 현상은 어느 시대를 막론하고 존재해 왔다. 특히 자신의 정치적인 업적을 기념할 목적으로 과거 군주들이나 권력가에 의해 신도시가 건설되는 경우가 많았다. 근대 신도시의 개발은 18세기 중엽부터 시작된 산업화경향은 도시화 현상을 촉진시켰고, 이로 인한 급속한 도시발전이 이루어지는 계기가 되었다. 20세기 초에 와서야 비로소 사람들은 지역의 급격한 성장에 대해 인식하게 되었는데 영국에서 최초로, 단순히 도시계획적인 차원에서만이

그림 6-15   그린벨트 해제 이후 지정현황도, 2014

자료: 국토교통부 홈페이지.

아니라 도시의 기능적인 면까지도 '완전'한 도시건설의 필요성에 주목을 하게 되었다. 이로써 근대적인 의미의 '신도시(new town)'가 탄생하게 되었다.

    우리나라의 경우 현대적 의미의 신도시가 본격화된 것은 1960년대 이후이다. 신도시의 개념은 기존의 전통적 신도시로 중심도시 바깥쪽에 건설된 new town으로 기능적으로 독립된 도시와, 도시 내 입지하면서 기능과 공간구조면에서 독립성을 지닌 신도시를 의미하는 In town 개념으로 나눌 수 있다.

(1) 신도시(new town)

전통적인 의미의 신도시는 국토 및 지역개발을 목적으로 이루어진 신도시 형태를 말한다. 예를 들어 대도시의 주택가격, 가용택지부족으로 등 여러 가지 문제점들이 사회적 불안요소로까지 작용하게 되자 이를 해결하기 위한 수단으로 건설되는 경우 등이 해당된다.

영국의 신도시 개발의 목적은 폭발적으로 증가하고 있는 대도시권의 많은 유입인구와 산업을 적극적이고 계획적으로 신도시로 유도하여 여기에 직장과 주거를 제공함으로써 자족적이고 균형있는 도시를 만들고자 하는 데 있다.

영국의 밀턴 케인스(Milton keyens, 1967) 신도시는 런던으로부터 산업 및 유입인구를 흡수하기 위해 런던 북서쪽 72km지점에 조정된 계획인구 25만 명의 영국 최대 규모의 신도시이다. 특히 밀턴 케인스 신도시의 경우 기존 신도시가 안고 있던 가장 큰 문제점인 모도시의 위성도시화를 탈피하기 위해 공업용지 및 공공시설용지를 충분히 확보함으로써 주거와 고용기능의 균형과 신도시로서의 자족성을 높이고자 노력하였다.

프랑스의 신도시는 파리대도시권에 위치하고 있으며, 파리의 급격한 인구증가와 그에 따른 주택부족 등의 문제점들을 해결하도록 1965년 정부에 의해 작성된 "도시계획 지침계획"에서 시작하였다. 이 계획안은 1970년 수정되면서 북쪽 축에 2개, 남쪽 축에 3개 등 5개의 신도시로 계획·추진되었으며, 이는 파리 대도시권 외곽의 남북으로 새로운 도시 축을 둔다는 기본개념이 유지된 것이다.

(2) 도시내 신도시(new town in town)

선진국의 경우 1970년대 도심의 쇠퇴문제가 나타남에 따라 신도시개발에 변화가 이루어지게 되었다. 대도시 도심의 공동화와 중고소득층 이탈, 도시내 고용기회의 감소 등에 따라 기존 시가지의 재개발에 주력하게 되었다. 그러나 도심재개발에 대한 많은 어려움으로 도시 내부, 시가지 주변의 공지에 대단위 주택단지를 조성하게 되었다. 이는 주택의 대량공급과 토지이용의 효율화 등을 통해 주거환경의 개선을 이룰 수 있는 가장 좋은 방안이 되었다.

2) 신도시의 특징

신도시의 특징은 역사가 오래된 핵심지역의 부재, 미리 구상되어진 기하학적인 도시의 내부구조를 갖추고 있으며, 또한 많은 경우에 있어서 정확하게 지정된 도시기능을 가지고 있다는 점을 들 수 있다. 그리고 자연발생적인 도시의 경우와 달리 도시 전체적 내용을 인공적으로 구상한 도시이다. 최소한 초기에는 거주-고용 간의 균형을 추구하는 노력과 상대적으로 빠른 도시성장 등의 특징도 보인다.

'대규모 단지의 주거형태'라는 중요한 주택양식으로 구별된다는 것 역시 신도시를 논할 때 또 하나 간과할 수 없는 특징이다. 이 집단 주거형태는 그 탄생에서부터 목표인구가 결정되어 있는데, 이는 단순히 그 주택의 규모만 고려한 수치가 아니라 주민의 규모를 고려한 고용측면, 공공시설 설비의 측면, 중심지, 경제활동의 구역까지도 고려하는 의미를 내포하고 있다. 다시 말해서 '진정한 의미의 도시'의 탄생을 이룩해 내는 것이다.

3) 신도시의 유형

신도시는 그 입지형태와 기능적 특성을 바탕으로 몇 가지 유형으로 구분하여 볼 수 있다.

(1) 수도 신도시

국내의 정치적인 이유나 안보 전략적 이유 때문에 대도시권과 격리된 위치에 수도 신도시를 건설하기도 하는데 그 대표적인 예가 18세기 말에 건설된 워싱턴(Washington)과 1920년대 작품인 캔버라(Canberra)이다. 그 외 브라질리아(Brasilia), 찬디가르(Chandigarh), 신 벨그라드(New Belgrad), 이슬라마바드(Islamabad)가 수도 신도시이며 더 이전 시대에 건설된 것으로는 베르사이유(Versailles), 상트페테르부르그(Saint-Petersburg), 오타와(Ottawa), 뉴델리(New Delhi)와 같은 도시가 수도의 기능을 담당하기 위한 것이었다.

(2) 산업 신도시

비도시화 구역에 신도시가 건설되었던 유형으로 소련의 경우는 주로 산업적 목적을 위하여 동유럽, 특히 헝가리의 경우는 도시체계의 균형적 발전을 위하여 신도시를 발전시켰다. 또한 광물자원의 개발을 목적으로 건설된 신도시도 있는데 이때는 작은 도시규모를 유지하는 경우가 대부분이다. 대표적인 예가 캐나다의 컴퍼니 타운(Company town)이다.

산업 신도시에 해당하는 것으로는 바르샤바 근처의 노와-후타(Nowa-Huta), 시베리아의 부레츠크(Bretsk), 캐나다의 치쿠티미(Chicoutimi), 그리고 산업 신도시에 있어서 가장 선구적인 위치를 차지하는 1879년에 조성된 영국 켄터베리(Canteberry) 근교의 부른빌(Bourneville)이 있다.

(3) 대학·연구 신도시

일본의 추쿠바(筑波)와 프랑스 릴(Lille)부근의 아나쁘(Annapes), 오를레앙-라-수르스(Orléan-La-Source)가 그에 해당한다.

(4) 점차 인구가 증가하는 지역에 형성된 신도시

네덜란드의 간척사업으로 얻은 땅에 조성된 도시로 렐리스타트(Lelystad), 에멀로드(Emmeloord), 플레폴란트(Flevoland)가 있다.

(5) 대도시권에 건설된 신도시

가장 보편적이고 많은 형태인데 런던 주변의 하를로우(Harlow), 스티브니지(Stevenage), 크롤리(Crawley), 파리 주변에 형성된 5개의 신도시, 도쿄 인근의 추쿠바, 미국 워싱턴 근처의 레스턴(Reston), 컬럼비아(Columbia)와 로스앤젤레스 근처의 발렌시아(Valencia) 등이 이 범주에 속한다. 이 신도시는 다시 두 가지로 구분할 수 있다. 첫번째, 대도시와의 연결성 없이 건설된 것으로 대도시의 과밀을 완화할 목적으로 개발한 것이다. 이는 소속된 대도시권역보다 상위 체계에서 지역구조를 형성하려는 목적으로 건설된 신도시로 런던 근교의 뉴타운들과 리옹 동쪽의 일 다보(l'Isle-d'Abeau)가 이런 특징에 부합하는 신도시이다. 두번째 유형은 교

외지역을 개발시킬 목적으로 대도시권과 공간적 연결성을 가지면서 건설된 신도
시로서 신도시와 모도시 간의 의존성을 제거하지 않은 형태로 단순히 '신시가지'
라는 용어로 표현되기도 한다. 영국의 신도시가 하워드의 전원도시의 원칙을—
자족적인 도시, 독립된 도시—실현한 반면 독일이나 스칸디나비아, 네덜란드의
신도시의 경우는 그렇지 못한 것이 많다. 이처럼 모도시에 대한 강한 고용상의
의존관계를 나타내는 도시를 "위성 신도시"라고 정의하기도 한다(Merlin et Choay,
1988). 그 외에 북아프리카에 존재하는 유럽인 도시 같은 식민지 도시 등이 신도
시의 또 다른 유형으로 분류된다.

　　대체로 서유럽의 국가들과 미국은 위성 신도시를 건설하였고 동유럽국가와
구소련의 경우 산업 신도시를, 제3세계 국가에서는 수도 신도시를 건설하는 경
향을 보인다(Bastié et Déert, 1991).

　　신도시의 인구규모는 수천 명의 주민을 수용하는 도시에서(캐나다의 광업 신도
시 경우) 백만 명이 넘는 도시(수도 신도시, 발전한 산업 신도시)까지 매우 다양하게 존
재한다. 하워드가 제안한 전원도시는 인구 2−5만 규모의 도시를 목표로 한다.
그러나 이 이상치는 현실적 적용에서 훨씬 초과하여 1966−1975년 기간 동안의
프랑스, 영국, 네덜란드, 스웨덴 신도시의 인구규모는 10−50만 명으로 추산된다.
그러나 이 수치는 그 지역의 감소하는 출산율로 인하여 계속 하락하고 있는 추
세이다(Merlin et Choay, 1988).

　　모든 신도시에서 도심이 가장 핵심적인 역할을 수행하는데, 상업·서비스·
행정의 중심지, 사무실과 여가의 중심지 등과 같이 주로 복수기능을 수행하도록
계획되었다. 그러나 영국과 네덜란드, 스웨덴의 경우 상업적 기능이 도심의 가장
지배적인 기능으로 자리하고 있다.

4) 신도시의 문제점

　　신도시 문제점의 핵심은 이 도시가 수십 년 또는 몇 세기에 걸쳐 형성된 자
연발생적인 도시와 비교해 볼 때, 발달된 현대식 건축기술의 도움으로 비교적 쉽
고 아주 단기간에 건설된 특징을 가지고 있다는 점이다. 그로 인해 시민들이 도
시의 정체감이나 고유성을 지닌 진정한 도시에 살고 있다는 감정의 결여, 시민

상호 간의 연대감 형성에 어려움이 있다. 또 하나의 문제점은 거주-고용이 균형을 이루지 못하는 데서 발생한다. 거주지 가까이에 고용기회를 제공하기 위하여 즉, 풍부하고 다양한 경제활동을 입지시킴으로써 인접한 집적지나 모도시로의 반복되는 왕복 교통거리를 단축시킬 의도를 가지고 신도시는 건설되었다. 그러나 신도시 주변에는 주로 창고업이나, 대형 상업시설이 입지하는 경향이다. 이런 업종은 넓은 공간을 이용하지만 고용창출이 많지 않은 산업분야이고 오늘날 발달하는 첨단산업의 경우도 무공해산업의 분야이지만 특정 계층의 소수의 노동력을 고용하는 기술집약적 산업이다. 이런 까닭에 수도 신도시를 제외한 다른 신도시의 경우는 대부분 거주민과 고용기회의 균형을 맞추는 데 어려움을 겪고 있다. 여전히 모도시로의 통근자 비율이 높게 나타나고 이로써 출퇴근 시간대의 교통혼잡과 교통비용의 증대라는 숙제를 안고 있다(Bastié et Déert, 1991).

신도시는 일반적인 교외지역과는 상이하게, 보다 만족스러운 삶의 환경을 제공하는 주로 도시계획상의 실험실과 같은 역할을 담당했다. 그러므로 신도시의 노후화과정을 추적하며 주목해 볼 때 이 정책의 성과를 측정할 수 있을 것이다. 유럽의 경우 하워드의 전원도시는 칭송을 받지만 대단위 단지의 거주공간—아파트 단지—은 비판의 대상이 되고 있다. 전체적으로 신도시의 건설로 인한 도시화 인구의 흡수비중은 미미하다고 평가되고 있다.

도시 성장률의 저하로 선진국의 경우는 신도시의 건설 필요성이 차츰 줄어들 것으로 예상되나 제3세계의 경우는 미래에도 지속적으로 신도시가 건설될 것으로 전망된다. 그렇다면 과거 영국, 프랑스, 네덜란드 등 서방 선진국에서 나타난 것과 같은 도시화발달 형태의 신도시건설이 제3세계 도시화의 유형으로 자리 잡아 갈 것인지를 주목해 보는 것도 흥미로운 연구 과제가 될 것이다.

교외도심

교외지역

교외화

그린벨트(green belt)

개발제한구역(development restriction area)

대도시권화

대도시지역

대도시지역의 공간구조

도시내 신도시(new town in town)

도시성장단계론

메갈로폴리스(megalopolis)

메트로폴리스(metropolis)

미국의 대도시통계지역

서울대도시권 설정사례

수도권의 교외화

신도시(new town)

에벤에저 하워드(E. Howard)

에쿠메노폴리스(Ecumenopolis)

에지시티(edge city)

일본의 대도시권

전원도시(Garden city)

통계청의 5개 대도시권

참고
문헌

REFERENCES

권용우, 1993, "메갈로폴리스 연구에 관한 상론," 응용지리, 16: 21 – 62.

_____, 1999, "대도시권 설정의 필요성과 설정기준 대안," 지리학연구, 33(4): 195 – 210.

_____, 2001, 교외지역, 아카넷.

_____, 2003, 수도권공간연구, 한울.

권용우·이창수, 2001, "판교 지역의 신도시 개발 여부에 관한 검증," 지리학연구, 35(1): 61 – 74.

권용우·이재준·변병설·박지희, 2013, 그린벨트: 개발제한구역연구, 박영사.

권용우·박양호·유근배·황기연 외, 2015, 도시와 환경, 박영사.

권원용, 1985, "대도시권의 설정과 기능정립방향," 대도시권 관리를 위한 정책연구(Ⅰ), 국토 개발연구원.

경실련 도시개혁센터, 1997, 시민의 도시, 한울.

국토연구원 엮음, 2002, 세계의 도시: 도시계획가가 본 베스트 53, 한울.

김광익, 2008, "서울주변지역의 고용교외화에 관한 연구: 1995 – 2005," 성신여자대학교 박사 학위논문.

박삼옥, 1993, "수도권 제조업 구조변화와 산업구조 조정방향," 지리학논총, 21: 1 – 16.

박상우·박영철, 1996, 우리나라 수도권의 과제와 21세기 대응전략, 지역개발학회.

김선범, 1995, "실천적 도시계획가 에베네저 하워드," 국토정보, 11: 74 – 81.

김원배·권영섭·이용우, 1997, 지방대도시 경쟁력 강화방안, 국토개발연구원.

김 인, 1986, 현대인문지리학, 법문사.

김 인·권용우, 1988, 수도권지역연구, 서울대학교 출판부.

박양호, 1987, 첨단산업과 지역발전방향, 국토개발연구원.

박지희, 2011, "우리나라 개발제한구역의 변천과정에 관한 연구," 성신여자대학교 박사학위 논문.

이기석, 1990, "후기산업사회의 고용전환과 도시구조," 지역연구, 6(2): 107 – 121.

이현호 역, 1980, 내일의 전원도시, 형제사.

임창호, 1996, "도시정비와 재개발의 방향," 삶의 질 향상을 위한 21세기 도시개발방향토론 회 논문집, 대한국토·도시계획학회, 43 – 62.

최근희, 1996, 서울의 도시개발정책과 공간구조, 서울시립대학교부설 서울학연구소.

최병선, 1996, "우리 도시환경의 문제와 대책," 삶의 질 향상을 위한 21세기 도시개발방향

토론회 논문집, 대한국토·도시계획학회, 13－28.

하성규, 1995, 주택정책론, 개정판, 박영사.

행정안전부, 2009, 2009년도 지방행정구역요람.

홍경희, 1981, 도시지리학, 법문사.

황희연, 1993, "한국개발제한구역," 한·중·일 도시계획학회 국제학술회의 발표논문집, 86－97.

통계청, 2011, 2010년 인구주택총조사 집계결과(인구이동 및 통근·통학 부문).

_____, 2007, 도시권 획정.

Adams, J. S., 1970, "Residential structure of midwestern cities," *Annals of the Association American Geographers*, 60: 37－62.

Bastie, J. and Dezert, B., 1980, *Espace urbain*, Masson, Paris.

_____, 1991, *La Ville, Masson*, Paris.

Bryant, C. R., et al., 1982, T*he City's Countryside: Land and its Management in Rural－Urban Fring*e, Longman, London.

Castells, M., 2000, *The Rise of the Network Society*, Blackwell, London.

Champion, A. G.(ed.), 1989, *Counterurbanization: The Changing Pace and Nature of Population Deconcentration*, Edward Arnold, London.

Gans, H. J., 1967, *The Levittowners*, Vintage Books, New York.

Gottmann, J., 1961, *Megalopolis: The Urbanized Northeastern Seaboard of the United States*, Twentieth Century Fund, New York.

Gottmann, J. and Harper, R. A., 1990, *Since Megalopolis*, Johns Hopkins University Press, Baltimore.

_____, 1983, *The Coming of the Transactional City*, University of Maryland Institute for Urban Studies, College Park, M.D.

_____, 1987, *Megalopolis revisited: 25 years later*, Monography 6, University of Maryland Institute for Urban Studies. College Park. M.D.

Hartshorn, T. A. and P. O. Muller, 1989, "Suburban downtown and the transformation of metropolitan Atlanta's business Landscape," *Urban Geography*, 40(4).

Hall, P., 1989, *London 2001*, Unwin Hyman.

Howard, E., 1902, *Garden Cities of Tomorrow*, new edition edited by Osborn, F.J. with introduction by Lewis Mumford, 1946, Faber, London.

Joel Gareau, 1988, *Edge City－Life on the New Frontier*, New York: Anchor Books.

Johnson, J. H.(ed.), 1974, *Suburban Growth*, Wiley, New York.

Klaassen, L.H & Paelinck, J. H., 1979, *The Future of Large Towns*, Environment &

Planning A, 11.

Merlin, P., Choay, F.(dir.), 1988, *Dictionnaire de l'Urbanisme et de l'Amenagement*, P.U.F. Paris.

Miller, M., 1989, *Letchworth: The First Garden City*, Phillimore Sussex, U.K.

Muller, P. O., 1981, *Contemporary Suburban America*, Prentice-Hall, New Jersey.

OECD, 2006, *OECD Territorial Reviews: Competitive Cities in the Global Economy*, OECD Publishing.

Ryor, R. J., 1968, "Defining the rural-urban fringe," *Social Force*, 47.

Schnore, L. F., 1963, *On the spatial structure of cities in the two Americas*, in Hause, P.M. and Schnore L.F. (eds.), *The Study of Urbanization*, Wiley, New York.

Stanback, T. M., 1991, *The new suburbanization*, Boulder.

Thomas, D., 1974, *The urban fringe: approaches and attitudes*, in Johnson, J. H.(ed.), *Suburban Growth*, John Wiley & Sons, New York.

Twentieth Century Fund, New York.

[홈페이지]

www.census.go.jp(일본 총무성통계국 홈페이지)

www.census.gov/population/metro(미국통계청 홈페이지)

www.yj21.net(여주시청 홈페이지)

제3부

도시의 경제활동

Understanding the City • • •

도시와 재정

제1절
개 관

Understanding the City

본 장에서는 '도시와 재정' 문제를 다룬다. 그런데 일반적으로 '재정'이라 하면 '정부의 재정'을 의미하기 때문에, 본장은 "도시와 도시정부의 재정과의 관계"를 이해하는 것을 목적으로 한다. 그런데 흔히 '도시'라 부르는 경우에도 다양한 의미를 담고 있지만, 본 장에서는 '도시'를 "도시(지역)정부가 관할하는 지역"을 일컫는 것으로 정의한다.

그런데 이러한 도시정부도 지방정부의 일종이기 때문에 도시재정도 지방재정의 한 형태로서, 비도시정부의 재정과 일정한 차별성을 보이게 된다.[1] 이제 이러한 점에 유념하면서 도시재정이 갖는 성격과 도시재정에 부여된 기능을 살펴보고자 한다.

01 도시재정의 성격

1) 도시재정의 사회성과 역사성

'도시재정'이 갖는 성격을 파악하기 위해서는 '도시재정'을 좀 더 구체적으로 정의할 필요가 있다. 일반적인 '지방재정'의 개념에서 유추해 볼 때, '도시재정'이라 함은 "도시정부가 도시지역의 공공수요를 충족시켜주는 데 필요한 물적 수단을 획득·관리·처분하는 행위"라 정의할 수 있다. 그런데 일반적으로 '경제행위'를 우리들의 의식주 생활에 필요한 물적 수단을 생산·교환·분배·소비하는 행위라 정의한다는 점에 비추어 보면, 앞서 정의된 '도시재정'도 일종의 "도시정부의 경제행위"로서 '경제적 성격'을 띠고 있다는 점을 알 수 있다. 그런데 이러한 도시정부의 경제행위로서 도시재정행위는 관할 도시지역주민의 경제(생산·교환·분배·소비)행위에 영향을 주고받는 상호작용을 통해 도시주민의 삶의 질에 영향을 준다는 면에서 더욱 그러한 경제적 성격이 돋보인다 할 것이다. 다른 한편 도시재정은 현실적으로 도시정부 공공수요충족을 위한 예산의 편성 및 심의·의결과 집행이라는 과정을 수반하게 된다. 여기서 행정부서에 의한 예산의 편성행위와 집행행위는 행정적 행위에 해당되며, 나아가 그렇게 편성된 예산을 심의하고 의결하는 행위는 지방의회가 담당하는 사항으로서 이는 정치적 성격을 띠는 것이다. 말하자면, 도시재정행위는 다분히 행정적이고 정치적 성격을 띠는 행위로서 광의로 '정치적 성격'을 띠는 행위라 할 수 있다.

이렇게 보면 도시재정은 한편으로는 경제적 성격을 띠고 있으면서 다른 한편으로 정치적 성격도 띠고 있는 결국 '복합적 성격'을 띠는 행위라고 할 수 있다. 한 걸음 더 나아가 이와 같은 도시재정의 복합적 성격은 단순히 두 성격을 동시에 가지고 있다는 차원을 넘어서서 서로 영향을 주고받는 '상호제약적인 관계'에 놓여있다는 점을 유념할 필요가 있다. 이런 측면에 초점을 맞추어 도시재정행위가 주어진 도시사회의 구조적 특성에 영향을 받는다 하여 '사회성'을 띠고 있는 것으로 일컫기도 한다. 이러한 사실을 놓치고 도시재정이 갖는 경제적 성격에만 몰두하는 경우 그것이 갖는 현실적 과정이나 의미를 놓칠 수 있으며, 역으로 도시재정이 갖는 행정적, 정치적 성격에만 집착할 경우 그것이 도시주민들의 경제생활에 미치는 의미를 놓칠 수 있다. '도시재정'의 내용을 이해하기 위해서는 그것이 갖는 경제적 성격뿐만 아니라 그 정치 내지 행정적 성격, 나아가 그 상관성을 동시에 검토하지 않으면 안 된다 할 것이다.

여기서 한걸음 더 나아가 그와 같은 도시사회의 구조적 특성은 일시적으로 형성되어진 것이 아니라 오랜 역사적인 흐름의 과정에서 형성되어진 것이라는 사실을 유념할 필요가 있다. 말하자면 도시정부의 형성 및 변천과정과 도시지역 형성의 기원이나 도시화의 전개경로 등에 따라 도시재정의 내용이 달라질 것이다. 그것은 전자에 의해 도시정부 예산의 편성·심의·의결 및 집행의 주체나 과정 등이 달라질 것이며, 그리고 후자에 의해 도시정부가 필요한 물적 수단을 획득·관리·처분할 수 있는 규모나 내용이 달라질 것이기 때문이다. 결국 도시재정은 도시정부와 그 관할 도시지역이 갖는 '사회적 성격'뿐만 아니라 그러한 성격형성에 영향을 준 '역사적 특성'에 따라 그 성격을 달리한다는 사실을 이해할 수 있다. 이러한 성격을 고려하지 않고 도시재정운영과 그 성과들 사이에 나타나는 제반 인과관계를 초사회적 내지 초역사적으로만 파악해서는 도시재정이 도시지역사회에 미치는 영향을 제대로 파악하기 힘들다는 사실을 이해할 필요가 있다.

2) 도시재정의 현상과 본질

도시재정은 도시정부의 경제활동으로서 그 '현상'은 도시정부가 어디서 얼마나 수입을 확보하여 어느 분야에 얼마나 지출하는지로 나타난다. 그렇기 때문에 도시재정상황을 파악하기 위해서는 도시정부 재정지출의 규모와 그 구조가 어떠한지, 나아가 그러한 지출활동을 수행하기 위한 재원은 어디서 얼마나 조달하고 있는지를 파악할 필요가 있다. 그런데 도시재정은 '도시정부'의 경제행위로서 '민간의 경제행위'에 영향을 주고받는 관계에 놓여있기 때문에 그 성격은 주어진 도시재정의 규모나 구조 자체만 파악해서는 그 성격을 온전히 파악할 수 없다. 그것은 도시정부와 '중앙정부와의 관계'와 도시정부와 '지역사회와의 관계' 속에서 파악하는 것이 중요하다. 먼저 도시재정은 도시정부의 행위이기 때문에 그 기능이나 재원 등을 '중앙정부와의 관계' 속에서 파악해야 한다. 구체적으로 세출활동의 배경으로 공공서비스 공급기능을 중앙정부와 어떻게 나누어 수행하고 있으며, 나아가 재원 면에서 도시정부가 스스로 조달하는 자체재원과 중앙정부로부터 이전되는 재원이 어떠한 형태로 얼마나 주어지는지 등에 따라 도시재정의 성격이 달라진다는 점을 유념할 필요가 있다. 뿐만 아니라 도시재정행위는 그 궁극적 목적이 도시 주민들의 경제활동 수준이나 구조에 영향을 주어 그들의 생활의 질을 제고시키는 데 있기 때문에 '도시사회(주민)와의 관계' 속에서 그 내용을 파악하여야 그 '본질적인 의미'를 파악할 수 있다. 예를 들어 해당 도시정부의 관할지역이 규모면에서 대도시인지 중소도시인지, 그리고 형태별로는 농어촌지역 내지 산간지역의 도시인지 공업도시지역인지, 또는 서비스산업 기반의 유통도시인지 아니면 단순한 교역도시인지 등에 따라 달라진다는 사실을 인식하는 것이 중요하다. 그것은 도시지역의 차별성에 따라 재정활동에 대한 요구가 달라질 수 있기 때문이다.

　같은 맥락에서 도시재정의 성격은 한 나라의 지방자치 내지 지방분권의 위상에 따라 달라진다는 점도 유념할 필요가 있다. 만약 한 나라에 지방자치가 시행되지 않고 있어서 도시정부가 단순히 행정구역 분할적인 의미만 갖는 경우에는 위와 같은 사실만 파악해도 도시재정의 내용을 파악하는 데 별다른 문제가 제기되지 않을 것이다. 그러나 만약 지방자치가 시행되고 있어서 해당 도시정부가 스스로 예산을 편성하고 지방의회의 심의·의결을 거쳐 예산을 집행해나가는 자치권을 가진 도시정부인 경우에는 위와 같은 현상적인 세출규모나 구조 내지 세입구성과 규모만 파악해서는 도시재정이 갖는 '본질적 의미'를 온전하게 파악할 수 없다. 이 경우에는 위와 같은 현상적인 재정규모나 구조를 파악하는 데 그칠 것이 아니라 중앙정부와의 관계에서 배분된 기능과 세원을 활용하는 과정에서 도시정부가 얼마나 자율성을 가지고 있는지 여부를 확인하는 것이 중요하다. 더 나아가 지방자치는 지역사회의 의지를 반영하여 지역문제를 다루어 나가는데 그 본래 의미가 있다는 점을 고려해볼 때, 도시정부의 재정운영상의 자율성이 중앙정부로부터의 자율성 못지않게 지역주민 내지 지역사회의 의지에 기반을 두고 있는지 여부를 확인하는 것이 중요하다. 결국 지방자치의 물적 기초에 해당하는 '도시재정의 본질'을 이해하기 위해서는 도시재정 운영에 있어서 중앙정부 자율성과 지역사회의 자율성 여부를 확인하는 것이 중요하다.

02　도시재정의 기능

　도시재정의 기능을 이해하는 것은 도시정부의 세출이나 세원문제를 이해하는 중요한 선행요건이 된다. 그런데 도시정부는 지방정부의 하나이기 때문에 이 논의는 중앙정부와 지방정부 사이의 기능배분의 문제에서 시작할 필요가 있다.

1) 전통적 기능배분

일반적으로 정부가 수행하는 경제적 기능으로는 자원배분기능, 소득재분배기능, 그리고 경제안정화기능 등이 제시되고 있다. 머스 그레이브(R. A. Musgrave), 오츠(W. E. Oates) 등의 전통적인 '재정연방주의론(Fiscal Federalism)'에 의하면, 정부의 기능 중 자원배분기능은 중앙정부를 비롯한 각 단계의 지방정부가 공공서비스의 유형에 따라 서로 나누어 수행하는 것이 바람직한 것으로 이해되고 있으며, 반면 소득재분배기능과 경제안정화기능은 중앙정부의 고유한 기능으로 인식되고 있다.[2]

(1) 자원배분기능의 분권적 수행

자원배분기능에 있어서는 중앙정부와 서로 다른 단계의 지방정부가 각각 관할 영역 내에 편익이 미치는 공공서비스를 해당 영역 내의 주민들의 부담으로 공급할 때 전반적으로 공공서비스의 공급이 사회적 후생 증대에 기여할 수 있다. 말하자면 중앙정부는 '전국적 공공서비스'를 공급하고 지방정부는 자기 관할 영역에서 '지역적 공공서비스'를 공급하는 것이 사회적으로 보다 만족스러운 것으로 인식되고 있다. 이러한 논리는 소위 '완전대응의 원리'와 '분권화정리'에 그 근거를 두고 있다.

먼저 '완전대응의 원리(Perfect Correspondence)'란 특정 공공서비스의 경우 그 편익이 미치는 범위를 관할하는 정부가 그 공공서비스를 공급하고 그 관할 지역주민들로부터 비용을 조달하여 비용과 편익을 긴밀하게 연계시킴으로써 효율성을 제고시킬 수 있다는 사실을 의미한다. 나아가 '분권화정리(Decentralization Theorem)'란 각 단계의 정부가 그와 같은 완전대응의 원리에 부응하는 공공서비스를 공급함에 있어서 중앙정부가 일률적으로 공급하는 경우나 특정 단계의 지방정부가 공급하는 경우 공급비용이 동일하다면, 완전대응의 원리에 부합하는 단계의 정부가 해당 서비스를 공급하는 것이 보다 효율적이라는 사실을 의미한다. 이러한 원리들로 인해 자원배분기능은 중앙정부를 비롯한 각 단계의 정부가 서로 나누어 수행하는 것이 바람직하다는 소위 '재정분권의 이론적 근거'가 주어진 것으로 받아들여지고 있다.

(2) 소득재분배기능과 경제안정기능

그런가 하면 소득재분배기능과 경제안정기능은 전통적으로 중앙정부의 기능으로 인식되고 있다. 먼저 소득재분배기능의 경우는 그 주요정책수단이 '조세-이전지출' 수단이며, 이 경우 조세는 누진세율구조를 택하는 것으로 되어 있다. 그러나 특정 지방정부가 높은 수준의 소득재분배정책을 구사하는 경우, 상대적으로 부유한 주민들은 다른 지역으로 이동해 가고 가난한 주민들은 이 지역으로 이전해 옴으로써 해당 지방정부로서는 궁극적으로는 그와 같은 정책을 수행할 수 없는 상황에 빠지고 말기 때문이다.

한편 경제안정화기능이 중앙정부의 기능으로 인식되는 이유는 경제안정화기능을 수행하기 위해서는 통화정책과 재정정책을 수행할 수 있어야 하는데 이 두 정책 모두 지방정부로서는 수행하기 어려운 정책이라는 점에 있다. 그 이유는 먼저 통화정책을 수행하기 위해서는 발권력을 가진 은행이 있어야 할 뿐 아니라 각종 금융정책을 수행할 수 있는 정책수단을 가지고 있어야 하는데, 지방정부는 그것을 가지고 있지 못하기 때문이다. 한편 지방정부가 재정지출이나 조세수단을 통해 총수요를 증대시키고자 하는 재정정책을 펼치는 경우에도, 주민들이나 기업활동이 여러 지방정부 관할지역들 사이에서 이동이 자유롭기 때문에 특정 지방정부의 그러한 정책의 효과가 다른 지역주민이나 기업들에게로 누출되어 의도하는 수요증대효과를 제대로 거두기 힘들기 때문이다.

위와 같은 중앙정부와 지방정부 사이의 전통적인 기능배분의 틀은 지방정부의 하나로서 도시정부의 경우에도 그대로 적용됨은 물론이다.

2) 기능배분의 현대적 추세

정부 간 기능배분에 대한 전통적인 원칙은 모든 지역의 주민이나 지역사회는 균질적이라는 전제위에 내려진 것이다. 그런데 사실상 각 지역사회는 서로 다른 자연적, 역사적, 사회문화적, 경제적 제 특성에 바탕을 두고 경제활동을 영위해가는 이질성을 가진 차별적인 주민들로 구성되어 있다는 점을 인식하면 상황은 달라질 수 있다. 기능배분은 중앙정부와 지방정부가 대등한 관계에 놓여있어

서 관할범위 내에서의 공공서비스의 비용과 편익의 합리적 계산에 의해 나누어
진다는 전제위에 가능한 것이나, 사실상 중앙정부와 지방정부 사이가 대등한 관
계에 놓여있는 것도 아니다. 더구나 경제발전과정에서 세계 각국 주민들의 소득
수준이 향상되고, 나아가 세계화와 지방화 내지 지역화의 추세가 심화되고 있는
오늘날에는 '지역'의 중요성이 커지면서 분권에 대한 요구가 커지고 있다. 이에
따라 전통적으로 지방정부에 주어진 자원배분기능도 제고되고 있을 뿐만 아니
라, 종래 중앙정부의 고유한 기능으로 여겨져 왔던 소득재분배기능이나 경제안
정기능도 상당 부분 지방정부에 의해 수행되는 경향을 보이고 있다. 이러한 사실
은 인구와 경제활동이 집중되어 있는 대규모 도시지역의 경우는 더욱 그러하다.

(1) 자원배분기능의 제고

상술한 이유로 지방정부의 고유한 자원배분기능도 확대되고 있지만, 그동안
전형적으로 중앙정부의 기능으로 여겨져 왔던 서비스들 중에서도 현실적으로 많
은 부분이 지방정부의 업무로 넘어가는 경향을 보이고 있다. 가령 지역의 사회문
화적, 자연적, 경제적 제 특성의 차별성에 따라 서로 다른 경찰서비스나 사법서
비스가 요구되기도 한다. 나아가 세계화 과정에서 지역의 중요성이 커감에 따라
전통적으로 중앙정부의 업무로 여겨져 왔던 외교활동까지도 지방의 업무로 넘어
가는 경향을 보이기도 한다. 후자의 경우는 세계화가 심화되어 특정지역이 전 세
계적 시장 활동의 중심지가 되어가면서 그러한 경제적 거래뿐만 아니라 사회문
화적 교류의 접점으로 부상됨에 따른 것으로 이해된다.

이처럼 각급의 지방정부가 서로 다른 형태의 지역 특성반영적인 자원배분
기능에 대한 요구가 커가는 것이 사실이지만, 특히 도시정부의 경우 공적 개입의
요구가 점점 더 커가고 있어서 도시정부의 자원배분기능 수행에 대한 요구가 더
커지고 있는 것 또한 사실이다. 그것은 도시지역의 경우 인구와 경제활동의 집중
내지 집적에 따라 상하수도, 쓰레기 처리, 주택, 학교, 도로 등과 같은 기존 도시
문제의 심각성이 더 커지고 있기 때문이다. 뿐만 아니라 기술적으로 고도화된 도
시의 교통, 통신시설의 확충, 더욱 심각해지는 도시환경문제의 해소, 새로운 도
시문화공간의 확보 등과 같은 새로운 문제까지 등장해가면서 이러한 도시문제들
을 해결하고 도시를 계획적으로 발전시키고자 하는 요구가 증대한 데 기인하는

것으로 파악된다.

(2) 소득재분배 및 경제안정기능 수행의 가능성

소득재분배기능면에서는 고도성장과정에서 지역주민들의 소득수준이 높아지면서 지역사회의 복지서비스에 대한 요구도 더 커져서 각 지역의 특성에 맞는 문화나 생활환경, 기타 각종 생활관련 서비스에 대한 요구가 점점 더 커지고 있다. 이러한 지방정부의 재분배역할에 대한 요구는 세계화, 지방화과정에서 개방의 정도가 심해지고 그에 따라 지역경제의 불안정성이 커짐에 따라 더 심화되는 양상을 보이고 있다. 특히 도시지역은 도시화과정에서 비도시지역에 비해 빈부격차가 더욱 심화되어 도시지역사회의 갈등이 심화되어감에 따라 빈부격차 완화를 위한 기본적인 생활서비스 공급을 중심으로 소득재분배기능을 수행해나갈 필요성이 더 커지게 되었다. 더구나 도시과밀화로 인한 도시지역의 생활여건의 악화로 고소득 주민들이 생활여건이 잘 갖추어진 교외지역으로 옮아가는 경향이 나타나며, 이에 따라 도심지는 빈자들의 주요한 삶의 터전으로 자리 잡는 소위 '도심빈곤화' 내지 '도심공동화'(inner city) 현상이 나타나기도 한다. 이러한 상황에 직면해 도시정부는 이들에게 기본적인 생활서비스를 제공하여 도시지역사회의 통합을 통해 도시지역의 지속가능한 발전을 추구해나가야 할 필요성이 더욱 절실해지고 있는 실정이다.[3]

뿐만 아니라 경제안정화기능면에서도 지역들 사이에 요소나 생산물의 이동이 자유롭지 못한 경우나 지역의 자연적 내지 산업적 조건이 타 지역의 것과 다른 지역연고의 토착기업 또는 산업 활동이 활발한 경우는 지방정부도 어느 정도 안정화정책을 수행할 수 있는 여지를 갖게 된다. 그런데 도시지역의 경우는 이와 같은 총수요조절 차원의 경제안정화기능보다는 도시기능 수행을 위한 각종 공공시설의 건설과 더불어 도시지역 내의 안정적인 산업 활동을 지원하여 전반적인 도시경제의 안정을 추구한다는 차원에서의 경제안정화기능이 오히려 더 많이 요구되는 경향을 보이고 있다. 이러한 경향은 도시지역의 왕성한 금융활동에 의지하여 도시 공공금융기관(공공금고)을 설립하여 도시정부의 공신용정책의 기반을 확충할 수 있기 때문에 더욱 그 가능성이 커지고 있다는 점을 유념할 필요가 있다.

이제 지금까지 살펴본 도시재정의 성격과 기능을 염두에 두고 도시재정문제를 크게 세출과 세입 측면으로 나누어 설명하고자 한다. 먼저 도시정부에 부여된 기능을 수행하기 위한 경비문제를 현실적 관점에 초점을 맞추어 경비의 유형별 성격문제와 도시정부의 경비팽창문제를 다룬다. 이어서 그러한 경비조달을 위한 세입측면을 자체재원과 이전재원으로 나누어 각 재원별로 그 성격을 파악한다. 마지막으로 세출과 세입을 총괄하여 도시재정운영의 건전성 여부와 불건전성에 대한 대응책을 개괄적으로 검토하면서 도시재정에 대한 전반적인 이해를 돕고자 한다.

제 **2** 절
도시정부 세출

Understanding the City

일반적으로 한 지방정부의 세출활동에 대한 논의는 그 규모에 대한 이론적 논의를 출발점으로 해서, 세출활동의 근거가 되는 예산의 개념과 분류, 나아가 세출활동의 성격을 파악할 수 있는 여러 기준에 의한 분류문제 등을 다룬다. 이어서 현실적으로 나타나는 경비팽창현상에 내재해있는 사회적, 경제적 근거를 해명하는 내용을 담는 것이 일반적이다. 이러한 사정은 도시재정의 경우도 마찬가지라 할 것이다.

그러나 본서에서는 도시문제를 다루면서 대두되는 도시재정이 갖는 특성을 개괄적으로 소개하는 데 뜻을 두고 있다는 점을 고려하여, 경비론에서도 도시재정규모에 대한 이론적 논의에 대해서는 다루지 않기로 하고 예산의 개념과 분류, 세출의 분류와 성격, 나아가 도시정부의 경비팽창현상에 내재된 법칙성을 개관하는 데 집중하고자 한다.[4]

01 세출의 분류와 성격

1) 예산의 유형과 성격

'예산'이란 "국가(중앙정부 또는 지방정부)가 일정 기간의 공공수요 충족을 위한 수입과 지출을 체계적으로 총괄해놓은 예정적인 계획표"를 일컫는 바, 세부적으로는 일반회계와 특별회계로 구분된다. 먼저 '일반회계'란 국가고유의 일상적인 정부활동에 관한 세입과 세출을 종합하여 정리하는 회계를 일컫는다. 이에 비해 '특별회계'란 국가가 특정한 사업이나 자금을 운영하는 등 일반적인 세입 및 세출과 구분하여 특정한 세입·세출을 별도로 계리할 필요가 있는 경우 설치·운용하는 회계를 일컫는다. 이러한 특별회계의 세입과 세출은 그 특성상 특정 세입으로 특정 세출에만 충당하도록 한정되어 있다.

도시정부의 경우도 형식적으로는 이와 다를 바 없다. 그러나 내용적으로는 비도시지역 지방정부들에 비해 특별회계의 중요성이 상대적으로 더 크게 나타나는 경향을 보인다. 나아가 대도시 정부의 경우가 중소도시 정부의 경우에 비해 특별회계의 비중이 더 높게 나타나는 경향을 보인다. 이는 도시화가 진행됨에 따라 주민들의 생활환경 정비, 산업기반의 조성 등과 관련된 산업 활동이 중요해진 데 따른 현상으로 이해된다. 구체적으로 도시지역일수록 상하수도사업, 주택사업, 병원사업, 도로 및 산업기지 조성 또한 그에 따른 환경관리 등 특별한 사업들에 대한 요구들이 커지는 경향을 보인다. 이러한 경향은 대도시지역일수록 더 크게 나타남은 물론이다. 이에 따라 그러한 서비스를 다루는 업무가 일상적인 정부활동과 분리되고, 회계처리 또한 독립채산제를 원칙으로 분리하여 해당 공공서비스를 공급하고자 하는 데 기인한다. 이러한 맥락에서 보면, 특정 도시재정의 특성을 이해하기 위해서는 일반회계뿐만 아니라 공기업 특별회계나 기타 특별회계도 면밀히 분석할 필요가 있다는 사실을 유념할 필요가 있다.

2) 세출의 분류와 성격

이제 이러한 각각의 유형별 예산에서 구체적으로 세출활동에 내재되어 있는 성격을 파악하기 위해서는 세출의 총량 규모보다는 그 구조적 특성을 파악하는 것이 중요하다. 그러한 구조적 특성은 전체 세출을 일정한 기준에 의해 분류함으로써 보다 용이하게 파악될 수 있다. 일반적으로 기능별 분류와 성질별 분류, 나아가 성질별 분류의 한 형태로서 경제적 분류 등이 행해지고 있다.

먼저 '기능별 분류'는 지방정부가 구체적으로 어떠한 활동을 하기 위해서 얼마나 지출하는지를 나타내는 분류로서, 일반행정비, 지역개발 내지 산업경제비, 환경보호유지비, 사회복지비 등 지출 분야별 분류를 일컫는다. 이 분류는 지방정부의 활동방향이나 규모를 나타내줌으로써, 해당 지방정부의 성격 내지 정책의도를 파악하게 해준다. 일률적으로 얘기할 수는 없겠지만 일반행정비는 도시지역일수록, 그리고 대도시지역일수록 그 상대적 비중은 줄어드는 경향을 보이며, 지역개발비 또는 환경 관련 경비 등은 대도시지역일수록 더 늘어나는 경향을 보인다. 아울러 산업경제 관련 경비는 도시의 유형에 따라 많은 차이를 보인다.

다른 한편 '성질별 분류'는 지방정부가 정부활동을 위해서 어떠한 재화 또는 서비스를 구입하느냐에 따른 분류로서, 구체적으로 인건비, 물건비, 투자적 경비와 이전적 경비, 융자 및 출자 등 지출의 성질에 따른 분류를 일컫는다. 이 분류는 경비를 품목별로 분류하는 방법이기 때문에 정부 입장에서는 지출의 통제와 회계 책임의 확립 등 재정관리 면에서 유용하다는 평가를 받는다. 그런데 이러한 성질별 분류를 특히 경제적 성질의 관점에 초점을 맞추어 크게 '이전적 경비'와 '비이전적 경비', 그리고 비이전적 경비는 다시 '경상적 경비'와 '투자적 경비'로 나누기도 한다(표 7-1). 먼저 이전적 경비는 정부가 아무런 대가 없이 일방적으로 지출하는 경비를 일컫는 것으로서, 구체적으로 경제적 취약자들에 대한 생활보조비, 취약산업에 대한 지원금, 부조비 등을 들 수 있다. 이에 비해 비이전적 경비란 정부가 경비지출을 통해서 재화 또는 용역을 구입하는 경비를 일컫는 바, 이 비이전적 경비는 다시 경상적 경비와 투자적 경비로 나눔으로써 경비지출이 갖는 경제적 성격을 파악하는 데 중요한 의미를 지닌다. 이러한 경제적 분류는 특정 지방정부의 지출이 관할 지역의 소득이나 고용수준 등에 미치는 경제적 영향을 파악하는 데 도움을 준다. 따라서 이러한 경제적 분류는 지역경제발전과 나아가 지방재정의 장기적 건전성을 가늠하는 중요한 지표로서의 구실을 수행한다. 이제 이하에서 경제적 분류 중에서 비이전적 경비의 효율성 제고를 위한 다양한 논의를 개괄해보고자 한다.

표 7-1	지방정부 경비의 분류
분류 기준	분류 및 항목
기능별 분류	일반행정비, 지역개발 내지 산업경제비, 환경보호유지비, 사회복지비 등
성질별 분류	인건비, 물건비, 투자적 경비, 이전적 경비, 융자 및 출자 등
* 경제적 분류	이전적 경비, 비이전적 경비(경상적 경비, 투자적 경비)

(1) 경상적 경비와 효율성

경상적 경비는 도시정부의 일상적인 활동에 지출되는 인건비, 물건비와 같은 소모적인 경비를 일컫는다. 이러한 경비는 해마다 일정하게 지출되기 때문에 경직성을 띠는 경비이다. 따라서 이러한 경비는 단순하게 경제적 관점에서만 본다면, 가능하면 그 비율을 축소시키는 것이 바람직한 것으로 간주되고 있다.

경상적 경비는 위와 같은 성격으로 인해서 불요불급한 수준을 넘어서는 지출에 대한 억제가 요구되며, 각종 평가지표에서는 이와 같은 경상적 경비의 억제를 위한 유인지표들이 제시되곤 한다. 이렇게 경상적 경비를 줄이기 위해서는 지방정부의 기구의 확충이나 인원의 증원을 억제할 것이 요구되며, 이러한 요구에 부응하기 위해서 지방정부들은 직무분석 등을 통하여 중복기능을 통합하고 생산성이 낮은 인력이나 기구를 흡수하거나 폐지하려는 노력을 강화한다.

(2) 투자적 경비와 효율성

위의 경상적 경비와 달리 투자적 경비는 도시정부가 경비지출을 통해 사회자본을 형성하거나 민간자본의 형성을 보조하는 생산적 경비를 일컫는다. 이러한 경비는 지역의 사회간접자본 축적을 통해 지역경제의 생산능력을 제고시킴으로써 지역의 산업경제를 발전시키는 기능을 수행한다. 그리하여 주민의 소득을 증대시키고 결국 지역주민의 삶의 질을 제고시키는 데 기여하게 된다.

　이러한 투자적 경비의 효율성을 제고시키기 위해서는 해당사업 시행의 단계별로 효율성 여부를 점검할 필요가 있다. 먼저 사전단계에서는 해당사업의 예비타당성 조사를 통해 사업시행의 경제성을 확인하여 예산에 반영할 필요가 있다. 이를 위해서 예산편성단계에서 '비용편익분석(Cost-Benefit Analysis)' 등을 통한 '계획예산제도(PPBS: Planning Programming Budgeting System)'와 같은 과학적 예산편성 방식을 채택할 필요가 있으며, 또한 장기에 걸쳐 경비지출을 요하는 투자적 경비의 효율적 예산편성을 위해서는 소위 '중기재정계획'의 활용이 요구된다. 한편 시행과정에서는 해당사업이 효율적으로 수행되고 있는지 확인을 위해 수시 '점검체제(monitoring system)'를 가동할 필요가 있으며, 사업이 완료되고 나면 사후분석 및 평가체제를 확립하여 그 결과가 새로운 사업계획 수립에 반영되는 환류(feed-back) 시스템을 갖출 필요가 있다. 나아가 각 단계별로 지방투자사업의 효율성이 보장되기 위해서는 도시정부 관련 공무원들의 전문성이 제고될 필요가 있으며, 아울러 지방의회 의원들의 이해도 뒷받침되어야 할 것이다. 그러나 무엇보다 도시지역 입장에서 이 모든 것이 실효성을 발휘하기 위해서는 도시주민들의 지속적인 관심과 참여노력이 필요하다는 사실도 더불어 유념할 필요가 있다고 할 것이다.

02 도시화의 진전과 도시정부의 경비팽창

　이제 예산과 세출의 분류에 대한 논의에 이어, 도시화의 진전에 따라 도시경비 규모가 비약적으로 팽창해 가는 이면에 담겨 있는 사회경제적 의의를 살펴보고자 한다.

1) 도시정부의 경비팽창과 그 성격

　일반적으로 경제발전과정에서는 도시화 내지 공업화가 촉진되며, 그 과정에서 도시 및 공업지역으로 인구가 집중해가는 경향을 보인다. 이러한 인구집중과 그에 상응한 상업 내지 산업시설의 집중으로 상하수도, 쓰레기처리시설, 주택, 전기·가스, 도로, 소방, 교통 등 각종 생활 내지 산업활동 지원을 위한 각종 공공서비스 공급의 필요성이 증대해 간다. 그런데 이러한 도시로의 인구집중과 그로 인한 관할영역의 확대로 도시정부가 그와 같은 공공서비스를 공급함에 있어서는 '집적으로 인한 경제적 이득'이 발생하게 된다. 이것이 바로 도시의 형성 내지 도시로의 집중이 경제적 유인이었다.

다른 한편으로 이러한 인구집중현상이 일정 수준을 넘어서게 되면 오히려 과밀화로 인한 '집적의 불이익'이 나타나기 시작하여 도시정부의 재정수요를 더 늘리는 작용을 하게 된다. 무엇보다 인구과밀화와 그로 인한 기업입지의 과밀은 지가를 상승시켜 공공서비스 공급비용을 증가시키고, 나아가 생활 및 산업시설의 지나친 집적으로 인한 생활 내지 산업환경오염 문제로 인한 공적 대응비용이 증가하게 된다. 나아가 빈곤이나 범죄문제에 대한 대응, 소방 등 각종 사회서비스에 대한 요구가 늘어나는 경향을 보이게 된다. 뿐만 아니라 경제발전과정에서 주민들의 소득수준이 높아짐에 따라 각종 공공서비스에 대한 요구가 더욱 늘어나는 경향을 보이게 된다(R. W. Bahl et al., 1992: 57-58). 이러한 도시화과정에 보다 적극적으로 대처해나가는 과정에서 도시계획 내지 도시개발을 위한 추가수요가 수반되면서 결국 도시재정수요도 크게 증가하는 경향을 보인다.

그런데 위와 같이 도시정부 재정수요증가의 근원적인 이유는 인구의 도시집중과 관련을 맺고 있음을 볼 수 있다. 이렇게 경제발전과정에 수반되는 인구의 지역적 집중과 도시화의 진전이 경비팽창요인이 된다는 사실은 일찍부터 인정되어오고 있었다. 일찍이 브레이져(H. E. Brazer)는 그의 연구에서 지난 시기 많은 학자들에 의해 도시정부의 인구가 증가할수록 일인당 재정지출액이 더 늘어난다는 사실이 밝혀진 바 있음을 보였다(H. E. Brazer, 1959: 13-16(심정근, 1987: 83-84)). 특히 독일의 재정학자 브레히트(A. Brecht)는 이러한 사실을 재정학에서 법칙으로까지 승화시킨 바 있다. 그는 1930년대 독일의 게마인데(Gemeinde, 기초자치단체)의 통계를 분석한 결과 "일인당 재정지출은 인구규모가 큰 자치단체일수록 크게 나타난다"는 사실을 발견하였는데, 후일 이러한 사실은 '공공지출과 인구집적 사이의 누진적 상관성의 법칙'이라 명명되기도 하였다. 그 주된 내용은 인구 일인당 공공지출은 인구집적이 커짐에 따라 증대한다는 것이며, 그 이유는 대도시에 공공지출의 거의 모든 항목이 상대적으로 비싸지기 때문인 것으로 밝혀진 바 있다. 또한 이러한 브레히트의 법칙을 승계한 스위스의 재정학자 켈러(T. Keller)도 1963년의 스위스의 인구규모별 지방재정지출을 분석하면서 인구규모가 커감에 따라 명백하게 일인당 공공지출액이 커진다는 사실을 밝혀낸 바 있다(佐藤進, 1993: 35-37). 물론 이러한 법칙은 사회상황에 따라 그 결과가 서로 다르게 나타날 수도 있다는 점도 알아둘 필요가 있다.

2) 도시정부와 비도시정부의 관련성

도시지역의 인구증가현상과 도시정부 경비팽창과의 관련성 문제를 다룸에 있어서 대도시와 대도시권의 주변도시권과의 관계에 초점을 맞춘 연구들을 살펴보는 것도 도시정부 재정문제를 다루는 데 있어 중요한 의미를 가진다. 이 문제와 관련해서 일찍이 호올리(A. H. Hawley)는 1951년에 미국의 핵심도시와 도시권 내의 주변도시와의 관계에 초점을 맞추어, 핵심도시에 있어서 도시지출의 크기는 핵심도시 자체의 인구보다도 주변지역의 인구 크기에 보다 밀접한 관련이 있다는 사실을 밝힌 바 있다(심정근, 1987: 83-84). 이러한 연구에 이어 바알(R. W. Bahl)도 1960년 미국의 핵심도시와 주변지역의 상황을 연구하였던 바, 거의 모든 실증연구에서 인구와 인구 일인당 도시정부지출 사이에는 양의 상관관계가 있다는 사실을 밝혔을 뿐만 아니라, 특히 상대적으로 핵심도시의 인구보다 주변지역의 인구가 증가하면 핵심도시의 경비가 더 증대한다는 사실을 밝혀냈다. 이러한 현상을 그는 주변지역에 거주하는 주민들이 핵심도시로 일을 하러 오거나 물건을 사러 올 때 핵심도시의 경찰, 도로, 병원, 위생 등 여러 가지 생활관련 공공서비스를 이용하기 때문인 것으로 해석하고 있다(R. W. Bahl, 1969(심정근, 1987: 89-94)). 이러한 문제는 도시정부 공공서비스의 효율적 공급을 위한 정책결정과정에서 고려해야 할 중요한 문제 중의 하나임을 유념할 필요가 있다.

그런데 이러한 논의는 도시정부 자체의 경비에 대한 논의인 바, 도시정부 경비에 담긴 상대적 특성을 이해하기 위해서는 도시정부와 비도시정부의 차별성에 대한 논의가 중요한 의미를 갖는다는 사실도 유념할 필요가 있다. 그것은 도시지역의 과밀현상과는 달리 비도시지역의 경우는 인구의 과소문제에 직면하고 있어 이들 비도시정부의 세출 대상과 증가추세는 도시정부의 경비추세와는 그 성격을 달리 할 것이기 때문이다.

제3절
도시정부 세입

Understanding the City

일반적으로 지방정부의 재원은 중앙정부와는 달리 크게 자체재원과 이전재원으로 구분된다. 이 중에서 자체재원은 지방세와 세외수입, 지방채수입 등으로 구분된다. 한편, 이전재원은 일반보조금과 특정보조금으로 구성된다[5](표 7-2). 이 이외에도 도시개발기금제도나 지역 공공금융기관과 같은 제도가 활용되기도 하고 나아가 민관협력방안 등이 활용되기도 한다. 그러나 본고에서는 이들에 대한 설명은 생략하고 전통적인 지방정부 재원조달방식을 중심으로 설명하고자 한다.

표 7-2 ▎ **지방정부 세입구성**

자체재원	• 지방세 • 지방세외수입 • 지방채
이전재원	• 일반보조금 • 특정보조금

이와 같은 지방정부 일반의 재원구조는 지방정부의 주요한 한 형태로서 도시정부의 경우에도 그 큰 틀이 그대로 적용됨은 물론이다. 그러나 도시정부의 재정수요가 비도시정부의 재정수요와 그 규모나 내용면에서 차별성을 보이고 있는만큼 재원문제에서도 비도시 지방정부와 일정부분 차별성을 보이기 마련이다. 이러한 점에 유념하면서 먼저 지방정부의 일반적인 재원구조로부터 출발하여 도시정부의 특성을 확인하는 방식으로 서술하고자 한다.

01 자체재원

1) 지방세

(1) 지방세원칙과 지방세체계

먼저 한 사회가 갖고 있는 과세대상 중에서 어떤 과세대상을 지방세의 과세대상으로 배분할 것인지에 대해 검토해 볼 필요가 있다. 이러한 문제가 '정부 간 세원배분'의 문제에 해당하는 것인 바, 이를 위해 지방세원칙이 그 기준으로 제시되고 있다. 전통적인 원칙에 의하면, 지방세가 되기 위해서는 주민부담과 관련해서는 '응익원칙'이 적용되기 용이한 과세대상을 지방세로 배분하는 것이 바람직한 것으로 제시되고 있다. 아울러 세수상의 원칙으로 세수의 '안정성', 과세대상의 '정착성', 세원편재의 '지역적 보편성' 등의 원칙이 제시된다. 이 이외에 세무행정상 지방정부에의 적합성이 요구되고 있다. 이러한 전통적인 원칙에 따라 지역 정착적이며 안정적인 조세징수가 용이하며 응익원칙을 적용시키기도 용이한 토지, 건물 등 재산가치에 과세하는 토지, 가옥에 대한 과세, 그리고 영업세 등 이른바 수익세 3종에 바탕을 둔 수익세체계가 지방세체계의 전형을 이루어왔다(우명동, 2001: 140-144).

그러나 세계화, 지방화의 과정에서 지역의 중요성이 커지게 되고 지방정부의 경제적 역할이 제고되면서 지방정부에도 응능원칙을 수용할 필요성이 제기되고, 나아가 경제적인 여건에 따라 '탄력적'이고 '신축적'으로 세수를 징수할 수 있는 과세대상을 나누어 줄 필요가 있다는 주장이 커지고 있다. 이러한 요구에 부

표 7-3	지방세원칙과 지방세체계

지방세원칙		지방세체계	
전통적 원칙	주민부담상 원칙 - 응익원칙 세수상 원칙 - 세수의 안정성 　　　　세원분포의 지역적 보편성 　　　　과세대상의 지역적 정착성 세무행정상 원칙 - 지역적 적합성	전통적 체계	수익세체계 (토지, 가옥, 영업세 등)
새로운 추세	주민부담상 원칙 - 응능원칙 수용 세수상 원칙 - 세수의 탄력성·신축성 수용 세무행정상 원칙 - 과세대상범위 확대가능	새로운 추세	소득 또는 소비과세체계 수용

자료: 조세원칙의 내용을 근거로 필자가 작성한 것임.

응하여 오늘날 지방세도 '소득과세체계'나 '소비과세체계' 또는 '소득·소비과세체계'의 비중을 높여 나가는 추세를 보이고 있다. 이러한 조세체계상의 변화는 징세과정에 수반되는 기술의 고양에 힘입어 세무행정상 과세대상의 지역적 범위 확대가 가능하게 된 것도 기여한 것으로 평가된다. 특히 경제활동 단위로서 상대적 비중이 큰 도시지역정부의 경우 이와 같이 탄력적이고 신축적으로 조세를 징수할 수 있는 이러한 지방세체계상의 변화가 요구되는 것은 당연한 추세라 하겠다(표 7-3).

(2) 조세법률주의와 지방세 자주성 강화방안

한편 조세체계 구상과정에서는 소위 '조세법률주의'에 대한 요구가 전제되어 있는 바, 지방세체계 수립과정에서도 그와 같은 요구가 적용되고 있음은 물론이다. 그러나 오늘날과 같이 지역의 중요성이 커지고 지방분권에 대한 요구가 커지고 있는 상황에서 지방세 운영이 '조세법률주의'에 엄격하게 묶여 있는 경우 '지방분권적 가치'를 담아내기 어렵게 되는 문제가 발생한다.

이러한 문제에 직면하여 각 국은 조세법률주의와 지방분권의 가치를 조화시키기 위해 다양한 지방세 자주성 강화방안들이 강구되어 오고 있다. 구체적으로 일정한 범위 내에서 '법외세제도'를 허용하는 방식을 취하거나, '임의세(또는 선택세)제도'를 택하는 방식, 나아가 '탄력세율제도'를 허용하는 등의 대안들이 제시되고 있다. 이 경우 나라에 따라 구체적인 대응방안에 차이가 있음은 물론이다.[6]

2) 지방세외수입

(1) 세외수입 일반

지방정부 수입 중에서 '세외수입(non-tax revenue)'은 넓게 지방세 이외의 수입을 의미하는 바, 일반적으로 세외수입이라 하면 지방정부가 주민들에게 일정한 공공서비스나 권리를 부여하고 그 대가로 징수하는 수입으로서 '사용자부담금(user charge)'을 일컫는다. 이는 크게 '사용료'와 '수수료' 등으로 나뉘는 바, 먼저 '사용료(direct charges)'는 특정 공공시설의 이용이나 공공서비스의 소비에 대한 대가 형태로 징수하는 직접부담금을 의미한다. 수도요금, 쓰레기처리비용, 공공의료시설 이용료, 공립학교 등록금, 전철이나 버스요금, 그리고 도로, 하천, 해수욕장, 공원, 주차장, 체육시설 등의 이용에 대해 징수하는 대가 등이 그 예이다. 한편 후자의 '수수료(fee)'는 정부가 제공하는 행정서비스로부터 일정한 권한을 받는 데 대해 지불하는 대가를 의미하는 바, 그 예로는 특정 행위에 대한 허가수수료, 공공문서 발급수수료, 운전면허 발급수수료 등을 들 수 있다. 세외수입에는 이와 같은 사용자부담금 이외에 과태료(벌금)나 이월금, 융자금 등을 포함시키기도 한다.

이러한 사용자부담은 중앙정부에서도 부과된다. 그러나 지방정부는 주민들 가까이 있는 '생활정부'이기 때문에 지방정부가 제공하는 서비스에는 중앙정부에 비해 편익에 상응하는 부담을 부과할 수 있는 응익적 성격이 강한 사업들이 더 많은 경향이 있다. 이러한 이유로 지방정부가 제공하는 서비스에 대해서는 중앙정부에 비해 사용자부담이 보다 폭넓게 적용되는 경향이 있다. 더구나 도시정부 경우에는 비도시정부에 비해 보다 많은 생활들이 경제적 관계 속에서 맺어진 생활단위이기 때문에 이와 같은 사용자부담은 더 폭넓게 활용되는 경향을 보이고 있다.

그런데 현실적으로는 이러한 세외수입의 유용성이 점점 더 커지고 있다. 이는 지방정부의 재정수요가 점점 더 커지고 있는 데 비해, 지방세원은 정부 간 세원배분이라는 제도적 틀 속에서 갇혀 경직화되는 경향이 있어서 재정수요의 팽창에 상응하게 늘어나지 못한다는 데 있다. 이렇게 재정수요에 비해 부족한 자체재원을 찾아나서는 과정에서 도시정부는 사기업들이 활용할 수 없는 유휴공유자원을 생산적으로 활용하여 독자적인 수입원을 확보하고자 하는 경향을 보이게 된다. 구체적인 사례로는 하천부지를 생산적으로 활용하는 방안이라든가 하천골재채취를 통해 건설자재를 개발하는 방안, 나아가 관광지나 유원지를 개발하는 등의 다양한 방안들이 제시되어 왔다(심정근, 1995: 34; 손희준 외, 2011: 148).

그러나 이러한 사업을 결정할 때에는 자원의 재생가능성이나 환경파괴 등에 주의하며, 동일 또는 유사업종의 민간기업의 영역을 침범함으로써 공·사 간 자원배분의 효율성이 저해되지 않는 범위 내에서 이루어지도록 해야 할 것이라는 점에 주의를 기울일 필요가 있다(심정근, 1995: 34). 뿐만 아니라 오늘날 세계화 과정에서 사회생활의 보다 많은 부분에 시장화 추세가 확산되고 있어서 도시정부의 세외수입 비중도 현실적으로 더 높아지는 추세를 보이고 있다. 이와 같은 세외수입에의 의존의 강화는 도시지역 내의 공공서비스를 개별화하고 상품화하여 사회적 취약계층에 대한 부담을 가중시켜 사회통합을 저해하는 경향을 불러오기도 한다.

(2) 공기업의 운영

사업들 중에는 철도, 도로, 항만, 전력 등과 같이 건설을 위해서 초기에 막대한 자본이 소요되어 공급을 늘려감에 따라 단위당 비용이 줄어드는 소위 '비용체감산업'이라는 것이 있다. 이러한 사업은 민간에 맡겨두면 자연적으로 독점적 성격을 띠게 되는 바, 정부가 그러한 독점으로 인한 비효율성을 해소하기 위해 가격을 규제하고자 하면 민간은 그러한 규제 가격대에서 사업의 수지가 맞지 않아 이러한 사업의 운영을 포기하게 된다. 그럼에도 불구하고 해당 서비스가 전체 기업들의 생산과정과 국민들의 생활과정에서 중요한 의미를 갖는 경우 정부가 해당 서비스를 공기업 형태로 운영하여 공급을 담당할 수 있다. 이 때 정부는 해당 서비스의 공급을 수익성과 공공성이라는 관점에서 이윤극대화가 아니라 원가보상의 '독립채산제'를 경영원칙으로 해서 공적으로 공급하게 된다.

공기업은 그 요금결정에 있어서 일종의 기업으로서 수익성을 고려하여 원가보상주의를 원칙으로 채택하고 있다. 현실적으로 지방공공서비스의 요금은 많은 경우 중앙정부 차원의 물가정책이나 저소득층을 위한 사회정책적 배려 등으로 인해 도시정부의 재정적자를 심화시키는 측면도 있다. 그것은 공기업이 반드시 수익성의 관점에서만 운영되는 것이 아닌 데서 기인하는 것임을 알 수 있다. 이런 점을 고려해보면 공기업의 재정적자 문제는 단순하게 재무적 관점에서만 파악할 것이 아니라 해당 공기업의 설립목적과 관련을 지어 종합적으로 고려해야 할 사항이라 볼 수 있다.

3) 지방채

공채일반의 경우와 마찬가지로 지방채의 경우도 공채발행의 목적은 재원조달 목적과 정책적 목적으로 나누어 볼 수 있으나, 현대사회에서는 재원조달목적보다는 정책적 목적에 더 큰 비중이 주어지고 있다. 이와 같은 공채발행의 정책적 목적을 이해하기 위해서는 재정이 수행하는 기능과 연계해서 이해할 필요가 있다.

일반적으로 전통적인 재정연방주의론에 의하면 중앙정부의 주된 기능은 경제안정 기능과 소득재분배 기능이었으며, 이러한 맥락에서 보면 국채의 기본적인 역할은 공공부문이 총수요수준을 조절하여 경제를 안정·성장시킬 수 있도록 하는 데 두고 있다. 이에 비해 지방정부의 기능은 지역주민의 선호에 부응하는 지역적 공공서비스를 공급하는 자원배분 기능을 수행하는 데 두고 있다. 이렇게 보면 지방채 발행은 총수요조절 요구보다는 지방정부가 지역사회의 요구에 부응하여 공공재 또는 공공서비스를 공급하는 데 그 주된 이유가 있음을 알 수 있다.

이렇게 볼 때, 지방채 발행의 주된 근거로 받아들여지고 있는 것은 지역사회가 필요로 하는 학교, 도로, 상하수도, 쓰레기처리 시설 등과 같은 생활관련 대규모 공공사업들이라 할 수 있다. 공공사업들은 일정 기간에 걸쳐 행해지면서 그 성과는 장기적으로 나타나서 그 편익은 미래세대가 향유하는 성질을 갖고 있다. 이러한 대규모 공공사업을 위해서는 그 재원을 현세대의 조세에 의해 조달하기보다는 공채발행을 통해서 조달하는 것이 공공서비스를 이용하는 미래세대 사람들로 하여금 비용을 부담하게 함으로써 세대 간 재원배분의 효율성을 확보하여 궁극적으로 자원배분의 효율성을 확보할 수 있게 된다. 이와 같이 공공서비스 공급에 있어서 그 비용을 해당 공공서비스의 편익을 향유하는 세대가 부담하게 하는 것을 '이용시 지불의 원칙(pay-as-you-use principle)'이라 일컫는다. 바로 이러한 이유로 지방정부의 자본프로그램은 지방채에 의존하는 것이 경제적 가치에 더 부합하게 되는 측면이 있는 것이다. 특히 도시지역의 경우는 비도시지역의 경우에 비해 무엇보다 주민의 이동성이 크기 때문에 편익이 장기에 걸쳐 일어나는 도시개발사업 등의 대규모 공공사업의 시행은 도시공채를 활용하는 것이 위와 같은 원칙에 비추어 더욱 바람직한 것으로 평가된다.

이외에도 도시정부는 도시지역의 민간산업 활동을 지원하는 기능을 수행하기 위해 지방채를 활용할 수도 있다. 그것은 일반적으로 공채의 높은 안전성뿐만 아니라 공채이자수익에 대해 면세조건을 부여하는 등의 조치를 취함으로써 민간보다 낮은 이자율로 자금을 조달할 수 있으며, 그렇게 조달된 자금으로 민간부문에 통상 시장이자율보다 상대적으로 더 싼 이자율로 대출을 해줄 수 있기 때문이다. 이러한 민간산업지원을 위한 대출 이외에 주택담보대출이라든가 학자금 대출프로그램 등과 같은 도시주민들의 생활지원적인 대출자금 마련을 위해 지방채를 활용하여 도시주민의 계층 간 갈등을 완화하는 역할을 수행하기도 한다.

02 이전재원

앞에서 지적한 바와 같이 이전재원은 크게 일반보조금과 특정보조금으로 나뉘는 바, 이하에서 이전재원의 유형별 경제적 근거와 각각의 특성에 대해 개관하고자 한다(표 7-4).

표 7-4 ▎ 보조금의 유형과 그 경제적 근거

보조금의 유형	경제적 근거
일반보조금	재정력 불균등의 시정 재정잉여 불균등의 시정
특정보조금	확산효과의 시정 가치재의 공급촉진

자료: 이하 설명내용을 필자가 요약한 것임.

1) 일반보조금

대표적인 보조금의 한 형태로서 일반보조금은 중앙정부로부터 조건 없이 이전되어 지방정부가 자율적으로 그 재원의 용도나 방법을 결정할 수 있는 보조금을 일컫는다. 따라서 일반보조금은 이전재원이면서도 자주재원으로 분류된다. 이러한 일반보조금을 이전하는 이론적 배경은 정부 간 재정력의 불균등현상과 개인 간의 재정잉여의 불균등현상에서 찾는다.

먼저 지방정부의 '재정력'이라 하면 "재정수요 대비 조세부담능력의 비율"로 정의되는 바,[7] 이러한 재정력은 지역 간에 존재하는 부존자원과 경제력 수준의 차이로 인해 지방정부들 사이에서 격차가 존재하기 마련이다. 구체적으로 재정력 격차란 각 지방정부가 갖고 있는 '조세부담능력'(taxable capacity)과 '재정수요(fiscal need)'와의 차이로 측정된다. 여기서 '조세부담능력'은 주어진 과세표준과 표준적인 세율수준하에서 징수할 수 있는 조세수준을 의미하며, '재정수요'는 기본적인 공공서비스를 공급하는 데 요구되는 지출수준을 의미한다. 그런데 이러한 재정력 수준은 여러 가지 이유로 지방정부 마다 서로 다르게 나타나는 것이 보다 일반적이다. 그것은 무엇보다 기본적인 공공수요를 충족시켜주기 위해서도 각 지방정부가 처한 자연적, 사회적, 경제적 여건에 따라 필요한 경비수준이 달라질 수 있기 때문이다. 한편 각 지방정부 관할 지역사회의 경제력 내지 부존자원의 크기가 다를 수 있기 때문에 모든 지방정부가 동일한 세원배분 틀을 갖고 있다 하더라도 조세부담능력에 차이가 있기 때문이다. 이런 연유로 지방마다 재정력에 차이가 있는 경우 같은 국민으로서 기본적인 공공서비스마저 고르게 수요하기 어려운 상황에 처할 수 있다. 이 경우 재정수요가 지나치게 높거나 아니면 조세부담능력이 작아서 나타나는 기본적인 공공서비스 공급 면에서의 애로를 해소시켜주기 위해 재정력이 부족한 지방정부에 일반보조금을 이전시켜줄 필요성이 있다.

다음으로 '재정잉여(fiscal residuum)'는 특정 지역에 거주하는 주민이 중앙정부와 해당 지방정부로부터 받는 공공서비스의 총 편익과 그 주민이 납부하는 국세와 해당 지방정부에 납부하는 지방세를 포함한 총 조세 부담수준과의 차이를 나타나는 개념이다. 이 재정잉여는 동일한 소득수준을 가진 주민이 동일한 수준의 공공서비스를 공급받더라도 어느 지역에 거주하느냐에 따라 그 크기는 달라질 수 있다. 그것은 동일한 소득수준을 가진 주민은 국세 납부액은 동일하지만 거주지역이 부유한 지역인가 가난한 지역인가에 따라 납부하는 지방세의 크기는 달라질 수 있기 때문이다. 말하자면 가난한 지방정부의 경우 부유한 지방정부와 같은 수준의 공공서비스를 공급하기 위해서는 동일한 소득을 가진 주민에게 더 높은 지방세를 부과해야 하는 일이 벌어질 수 있다. 이렇게 재정잉여에 차이가 난다는 사실은 동일한 능력을 가진 주민이라면 어느 지역에 살고 있더라도 동일한 재정잉여를 누려야 한다는 기본적인 능력원칙에 위배된다 할 것이다. 바로 이러한 재정잉여 불균등의 상황을 극복하기 위해 중앙정부가 가난한 지방정부에 일반보조금을 지급해 줄 필요성이 제기되는 것이다.

위와 같은 논리는 지방정부 일반에 관한 논리이지만, 도시정부라 하더라도 재정력이 높은 도시정부와 그러하지 않은 도시정부가 있을 수 있기 때문에 재정력 불균등 조정의 필요성은 도시정부의 경우에도 그대로 적용된다 할 것이다. 마찬가지 이유로 어느 도시정부에 거주하느냐에 따라 재정잉여에 차이가 나는 것도 매우 자연스러운 현상이기 때문에 재정잉여 불균등 조정의 문제도 도시정부라 해서 서로 다르지 않음은 물론이다.

2) 특정보조금

공공서비스의 성격에 따라서는 특정 지방정부의 관할영역 내에서 공급되면서도 그 편익이 다른 지방정부 관할 지역까지 파급되는 소위 '확산효과(spill over effect)'가 나타나는 경우가 있다. 이 경우 해당 지방정부가 그와 같은 확산효과를 고려하지 않고 공공사업의 규모를 결정하게 되면 그 지방정부 관할주민 입장에서 보면 비용과 편익의 대응성이 결여되어 자원배분의 효율성을 확보할 수 없게 된다. 바로 이러한 현상을 극복하여 자원배분의 효율성을 제고하기 위해 중앙정부 입장에서 확산효과에 상응하는 특정보조금을 이전시켜주는 방법을 취하게 되며, 이 경우 보조의 비율은 논리적으로 확산효과에 상응하는 비율이 된다.

현실에서 이러한 문제가 제기되는 사례로는 특정 지방정부가 공급하는 지방도로라든가 다른 지역으로 관통하는 하천보수공사 같은 경우를 들 수 있다. 최근에 이러한 문제는 특히 주민들의 소득수준의 향상에 따라 생활의 질의 개선에 대한 요구가 커지고 그에 부응하여 환경개선문제가 불거지면서 더욱 구체화되고 있다. 그것은 각 지방정부가 주민들의 환경개선의 요구를 반영하여 환경개선을 위한 공공사업을 확대해 나가고자 하는 경우 그러한 공공사업 편익의 지역 간 확산 문제가 수반되는 경우가 많기 때문이다. 특히 이러한 문제는 대도시지역과 주변 교외지역 사이에서 심각하게 대두될 수 있기 때문에, 이들 도시지역에 대한 보조금의 규모와 지방비부담비율을 설정하는 과정에 세심한 배려가 있어야 할 것이다.

이외에도 지방정부가 공급하는 특정 지역공공서비스를 중앙정부 입장에서 일종의 '가치재(merit goods)'로 파악하는 경우에도 중앙정부가 특정보조금 내지 포괄보조금을 지급하는 것이 바람직한 것으로 파악되기도 한다. 이 개념은 머스그레이브(1959)가 처음 주창한 개념으로 "원칙적으로 경합성과 배제성을 가지고 있어 사적 시장을 통해서 그 공급이 현실적으로 가능함에도 불구하고, 국민경제 전체의 후생증대를 위해 소비자주권을 부추길 필요가 있다고 국가가 판단하는 재화"를 일컫는다. 여기서는 민간재에 적용되는 이와 같은 가치재의 논리를 중앙정부와 도시정부와의 관계에 적용시키고 있는 것에 해당한다. 특정 지방정부가 선택한 일정한 공공재 공급수준을 중앙정부가 적절하지 않다고 판단하는 경우 보조금을 활용하여 중앙정부가 원하는 수준으로 공급수준을 조절할 수 있다는 것이다. 예를 들어 특정 도시정부가 도시지역 경제발전과정에 치중하느라 도시주민에 대한 복지수준에 소홀한 경우 중앙정부는 복지서비스를 일종의 가치재로 인식하여 보조금 지급을 통해 일정 수준을 공급하도록 유도하는 경우가 이에 해당한다.

제4절
도시재정건전성과 지속가능성

Understanding the City

　'도시재정건전성'이란 "도시정부가 공공서비스를 공급하는데 필요한 비용을 지속적으로 지불할 수 있는 정도", 즉 "도시재정운영의 지속가능한 정도"를 의미하는 것으로 볼 수 있다. 이렇게 보면 도시재정건전성을 확보하기 위해서는 도시재정이 통제 불가능한 구조적 요인에 의해 적자가 누적되지 않고 장기적으로 재정수지가 균형을 이루면서 지속적으로 운영될 수 있어야 한다.

　만약 도시재정운영의 결과가 적자상태를 보이고 있으며 그 적자보전을 위한 도시정부의 채무가 지속적으로 늘어나고 있으면 도시재정이 불건전한 것으로 볼 수 있다. 일반적으로 도시정부는 급속한 도시화에 따른 인구의 도시집중으로 인해 주택, 학교, 공공시설, 그리고 도로, 지하철, 공원, 상하수도, 전기·가스 공급시설과 같은 도시기반시설의 수요가 지속적으로 늘어나는 경향을 보인다. 그러나 이렇게 도시정부를 운영해가는 과정에서 도시재정수요는 크게 증가하고 있는데도 불구하고 현실적으로 이를 충당할 재원은 그에 상응하게 늘어나지 못하여 도시재정의 건전성이 위협받는 경향이 노정되고 있다.

　그런데 이와 같은 도시재정의 불건전성은 재정지출과 수입의 시간적 괴리로 인한 일시적인 유동성 부족이나 지엽적이고 우발적인 요인에서 올 수도 있다. 그런 경우 도시재정운영이 불건전하다고까지 인식할 필요는 없을 것이다. 그러나 그와 같은 적자상태가 지속적으로 일어나고 있으며 그 원인이 구조적인 차원의 것이라면 그러한 도시재정운영은 불건전한 것으로 인식하여 지속적인 적자상태를 가져오게 된 요인에 대해 근본적으로 대처할 필요가 있을 것이다.

　이러한 도시재정의 건전성과 지속가능성 문제를 논의하기 위해서는 무엇보다 도시재정행위가 도시정부의 경제행위로서 한편으로는 중앙정부 재정행위와 밀접한 관련 속에서 수행되는 행위라는 사실과, 다른 한편으로 도시지역경제와 밀접한 관련을 맺으면서 행해진다는 사실을 인식하는 것이 중요하다. 이제 이하에서 도시재정운영의 불건전성 여부와 그에 대한 대응책을 제1절에서 제시한 도시재정이 갖는 기본적인 성격과 관련지어 검토해보고자 한다.

01 도시재정의 성격과 도시재정건전성

1) 도시정부와 중앙정부와의 관계와 도시재정건전성

먼저 도시재정행위는 어디까지나 도시정부의 경제행위이기 때문에, 도시재정에 불건전성이 문제시되면 무엇보다 해당 도시정부의 재정운영상 불건전성 요소가 있을 수 있다는 점을 인식할 필요가 있다. 우선 도시정부의 지출의사결정과 집행과정에서 무계획적이고 낭비적인 요인으로 인한 비효율적인 지출은 없는지, 나아가 세입과정에서 세원이 탈루되고 있거나 체납세원에 대한 징세노력을 소홀히 하고 있는 점은 없는지 등에 대한 검토가 있어야 함은 물론이다.

그러나 이에 못지않게 중요한 것은 도시재정행위가 도시정부의 재정행위이기 때문에 중앙재정과의 관계에서 그 위상이 결정되는 행위라는 사실에 주의를 기울일 필요가 있다는 점이다. 구체적으로 무엇보다 도시재정수요의 배경으로서 도시정부 기능이 중앙정부와의 관계에서 어떻게 배분되어 있는지 여부에 의해서 크게 영향을 받게 된다. 예를 들어 경기활성화기능이 중앙정부에게 다 맡겨져 있는지 아니면 지역 산업 활동 지원 기능의 형태로 도시정부와 나누어 수행되고 있는지 등이 도시재정수요에 크게 영향을 미친다는 것이다. 뿐만 아니라 소득재분배기능을 전적으로 중앙정부가 수행하고 있는지 도시정부와 나누어 수행하고 있는지도 도시재정수요에 영향을 미칠 것이다. 구체적으로 사회보험의 한 형태로서 도시주민의 건강보험이라든가 도시정부 공무담당자들의 공적 연금 등이 중앙정부 차원에서 전국단위로 운영되기도 하고 도시정부 차원에서 지역단위로 운영되기도 하는 바, 이러한 사회보험이 도시정부 차원에서 운영되고 있는 경우에는 공적연금 재정구조가 도시재정건전성 문제에 크게 영향을 미치게 됨은 물론이다.

　다른 한편 도시의 경제활동 내지 그 경제적 성과가 도시지역정부의 세수규모나 구조에 얼마나 어떻게 반영되도록 정부 간 재정관계 틀이 짜여져 있는지 여부가 큰 영향을 미칠 것이다. 말하자면 도시정부의 재정수요는 급격하게 늘어나는데 정부 간 세원배분은 전통적인 재산과세체계에 머물러 있는지 아니면 그와 같은 사회경제적 여건의 변화를 반영하여 보다 신축적이고 탄력성이 큰 소득과세체계나 소비과세체계를 수용한 새로운 세원배분체계를 택하고 있는지에 따라 도시재정건전성 문제는 다른 양상을 띠게 될 것이다. 그런가 하면 도시정부도 지방정부의 한 유형으로서 중앙정부로부터의 이전재원이 주요한 수입원의 하나로 기능한다는 점을 고려하면, 그 나라의 국세수입의 증감이 안정적이지 못한 경우 이전재원의 불안정한 이전으로 인해 도시재정의 안정성을 해칠 수 있다는 점도 유념해둘 필요가 있다.

　이와 같이 도시정부의 재정건전성 문제는 중앙재정과의 관계 속에서 고찰하여야 한다. 그러나 단순히 그러한 외형적인 정부 간 재정관계 자체만 보아서는 도시재정의 불건전성 요인을 제대로 파악할 수 없다. 더욱 중요한 것은 제도적으로 주어진 그러한 재정관계 틀 내에서 과세표준이나 세율의 결정권이라든가 비과세·감면에 대한 결정권 등 재정운영 면에서 도시정부가 중앙정부로부터 얼마나 자율성을 갖고 운영될 수 있는 구조로 되어 있느냐에 따라 그 성격이 달라진다는 사실을 인식하는 것이 중요하다. 그것은 도시정부의 재정운영이 중앙정부에 종속적인 구조로 되어 있는 경우 중앙정부의 의지에 따라 도시정부의 재정건전성 여부가 크게 영향을 받을 것이며, 그렇지 않고 도시정부가 중앙정부로부터 상대적으로 큰 자율성을 갖고 운영되는 구조로 되어 있는 경우에는 도시재정건전성 여부는 도시정부 자체의 재정운영의 건전성 여부에 더 크게 의존할 것이기 때문이다.

2) 도시정부와 도시지역경제와의 관계와 도시재정건전성

　다른 한편 도시재정건전성 문제를 다루기 위해서는 도시재정이 도시지역경제 내지 도시지역사회와의 밀접한 관계 속에서 행해진다는 사실을 유념할 필요가 있다. 말하자면 도시지역사회에 지속적인 재정수요팽창 요인은 없는지, 그리고 세입 면에서 세수가 늘어나지 못할 구조적 취약성은 없는지 등에 대한 고려가 더해져야 할 것이다. 뿐만 아니라 도시재정행위가 도시지역사회에 의해 자율적으로 규제받는 시스템을 갖추고 있는지 여부도 파악해보아야 할 것이다.

무엇보다 도시재정수요는 그 배경을 이루고 있는 인구규모나 도시로의 인구이동 추세, 나아가 인구통계학적 구조나 변화추이, 계층 간의 갈등 여부, 그리고 지역 내 산업의 유형과 그 수준, 나아가 지역 내 산업들 사이의 유기적 관련성 등에 의해 크게 영향을 받는다. 구체적으로 특정도시가 전통적인 도시로의 인구집적현상을 보이고 있는지 아니면 대도시지역에서 흔히 관찰되는 소위 '도심빈곤화' 현상이 노정되고 있는지 등에 따라, 전자의 경우는 과밀로 인한 비용이 재정수요를 증가시키는 경향을 보이며 후자의 경우는 조세부담능력은 낮아지면서도 재정수요는 오히려 더 늘어나는 문제를 불러오는 경향을 보임을 유념할 필요가 있다. 한편 도시화가 지역주민들의 생산력이 고양되고 잉여가 축적되면서 해당 지역 내 경제주체들 사이에 '교환'이 보다 빈번해지고 일상화되면서 자연발생적으로 진전된 경우와 국가주도의 산업화과정에서 인위적으로 갑작스럽게 강요된 경우는 해당 도시지역의 산업의 유형이나 지역 내 산업들 사이의 유기적 관련성의 정도가 다를 것이며, 그로 인해 그 인구분포와 소득계층의 이질성의 정도도 다르게 나타날 것이다. 이러한 도시화과정의 차이는 서로 다른 도시정부의 재정수요의 규모나 내용에 차이를 불러오게 될 것임은 물론이다.

다른 한편 세입면에서 충분한 세수가 늘어나지 못하는 요인이 무엇인지에 대한 검토가 필요함도 물론이다. 일반적으로 대내외적인 이유로 도시지역의 산업이 침체하는 경우 도시정부의 세수가 감소하여 재정건전성에 문제가 발생할 수 있다. 구체적으로 도시지역의 산업수준이 저조하거나 산업들 사이의 유기적 관련성이 취약한 경우에는 대외적인 경제적 충격에 잘 대처해나가지 못하게 되어 재정건전성에 부정적인 영향을 미치게 될 것이다.

이와 같이 도시재정건전성 여부는 도시지역경제의 구조적 특성과 매우 밀접한 관련을 맺고 있다. 그러나 더욱 중요한 것은 도시재정행위가 도시지역주민 내지 지역사회의 의지를 반영하여 지역사회에 의해 자율적으로 규제되는 제도적 장치가 갖추어져 있는지 여부를 확인하는 것이 중요하다. 이는 그러한 제도적 장치가 작동할 때 진정 도시재정운영의 결과에 대해 해당 도시지역이 책임성을 갖게 되어 도시재정운영의 효율성을 확보할 수 있게 될 것이기 때문이다. 그것은 이러한 장치가 갖추어져 있지 못한 경우 도시정부의 재정운영이 도시정부의 관료와 의회, 도시지역사회의 특정 기득계층의 이해에 종속되는 경우가 있을 수 있기 때문이다. 이렇게 볼 때, 주민참여예산제도와 같은 주민의 참여메커니즘 존재 여부 및 활용정도 등을 확인하는 것이 중요한 의미를 갖는다 할 것이다.

한마디로 도시정부의 재정운영이 전술한 중앙정부로부터 자율성을 갖고, 나아가 도시지역사회에 의한 자율성을 갖고 그들에 의해 규제되는 방식으로 운영될 때, 비로소 도시지역경제와 도시재정은 상호선순환 메커니즘이 작동될 수 있을 것이다. 바로 이러한 맥락에서 지속가능하고 건전한 도시재정운영의 틀을 갖추기 위해서는 도시지역 주도의 도시경제발전체제를 구축하는 것이 긴요하다는 사실을 유념할 필요가 있다.

02 도시재정활동에 대한 의사결정 메커니즘과 도시재정건전성

앞에서는 도시정부의 재정운영 틀이 중앙정부와의 관계에서 어떻게 만들어져 있는지, 나아가 주어진 틀 속에서 중앙정부로부터 얼마나 자율적으로 운영할 수 있도록 되어 있는지, 그리고 그러한 도시재정운영이 얼마나 지역사회의 의지를 담아서 운영할 수 있는 구조로 되어 있는지의 여부가 도시정부의 재정건전성 여부를 판단하는데 중요한 의미를 가진다는 사실을 살펴보았다. 그러나 도시재정건전성 문제를 파악하기 위해서는 그러한 정부 간 재정관계 틀이 어떻게 만들어져 있느냐 하는 사실을 파악하는 것만으로는 부족하다. 보다 중요한 것은 그러한 틀 자체를 운영하는 방식, 나아가 새롭게 만들거나 변경시켜가는 의사결정과정이 어떻게 되어 있는지를 확인하는 것이다. 소위 일컫는 '정부 간 재정관계 조정메커니즘'에서 도시정부나 도시지역사회의 의사가 얼마나 어떻게 반영되고 있는지 여부를 확인하는 것이다.

먼저 중앙정부와의 사이에서 도시정부의 기능배분 및 재원배분 틀 자체를 운영하는 과정에 도시재정 운영주체로서 도시정부의 의사가 반영되는 통로가 있는지, 어느 정도로 반영되고 있는지 여부가 도시재정활동의 성격에 크게 영향을 주게 될 것이다. 설령 도시정부에 자체적인 재정적 권한을 도시정부가 요구하는 만큼 나누어주지 않는 틀을 갖고 있는 경우에도 상대적으로 더 많은 권한을 가지고 있는 중앙정부가 지방정부들 사이의 재정력을 조정하는 과정에서 도시정부의 의사를 반영하는 통로가 마련되어 있다면 실제 도시재정운영 과정에 도시정부의 의지가 반영될 가능성이 보다 많이 주어질 수 있다. 특히 도시정부의 경우에는 지방정부들 중에서도 재정수요와 징세능력의 변화가 경제여건에 더욱 민감하게 영향을 받기 때문에 이러한 메커니즘을 갖추는 것이 더욱 중요해지기 마련이다. 나아가 이렇게 주어진 정부 간 재정관계 틀의 운영과정에서도 그러하였듯이, 그러한 틀을 새롭게 만들거나 변경시켜가는 과정에서도 도시주민 내지 도시지역사회의 의사가 반영되는 통로가 있는지 여부가 중요한 역할을 한다는 사실을 유념할 필요가 있다. 그것은 지역사회참여 메커니즘이 결여되어 있을 경우 정부 간 재정관계 틀이 지역사회에 대한 책임성을 결여하여 종국적으로 도시재정운영과 도시지역사회의 연계성을 약화시킬 우려가 있기 때문이다. 한마디로 도시정부로의 재원이전 메커니즘을 만들거나 바꾸는 과정에 도시정부와 도시지역사회의 참여 메커니즘이 존재하는지 여부가 도시정부의 재정건전성 여부라든가 그에 대한 책임성 여부를 파악하는 데 큰 의미를 지닌다는 사실을 인식하는 것이 중요하다.

가치재
계획예산제도
분권화정리
비용편익분석
완전대응의 원리
이용시 지불의 원칙
재정력
재정수요
재정연방주의
재정잉여
정부 간 재정관계 조정메커니즘
조세법률주의
조세부담능력
중기재정계획
지방세원칙
지방세체계
확산효과

1) 본 장의 내용은 우명동(2001; 2016)의 내용을 도시재정의 관점에서 수정·보완한 것으로 서, 별도의 주석이 제시되지 않는 한 위 문헌으로부터 인용하고 재해석한 것임을 밝혀둔 다. 아울러 지방재정 일반의 관점에서 보다 자세한 내용은 위 문헌을 참고한다.

2) '재정연방주의'란 한 나라의 정부구조를 중앙정부와 각급 지방정부로 구성하고 각급 정부 에 재정의 기본적 기능을 적절히 분담시킴으로써 전체적으로 바람직하게 재정기능을 수 행하고자 하는 것을 의미한다. 이러한 재정연방주의는 재정분권의 경제적 당위성을 주장 하는 논리적 근거 구실을 하고 있다.

　　이러한 재정연방주의는 일찍이 R. A. Musgrave(1959), W. E. Oates(1972) 등에 의해 서 소위 전통적인 재정연방주의론이 주장된 이래, 다양한 비판을 받으면서 새로운 모습 으로 변화과정을 겪으면서 재정분권 실현을 위한 구체적인 정책수단에 대한 서로 다른 견해들이 제시되는 계기를 제공하고 있다. 이들에 대한 자세한 내용에 대해서는 지방재 정 관련 문헌을 참고할 수 있다.

3) 이러한 현상은 도시주민의 '도시탈출(urban exodus)'로 일어나는 소위 '역도시화(deurban-ization)' 현상의 결과로서 '도넛(doughnut) 현상'이라고도 하는 바, 이와 같은 현상에 대 해서는 서로 다른 사례와 근거가 제시되기도 한다. 구체적으로 도심지의 생활환경의 악 화로 주로 중·고소득층이 교외지역으로 이동해 가는 현상과 그와는 대조적으로 도심지 에 값싼 주거지를 구하지 못한 중·하층주민들이 불가피하게 그다지 좋지 못한 생활환경 의 외곽지역으로 이동해가는 현상이 동시에 존재한다. 결국 특정 시기, 특정 도시가 처한 상황에 따라 도시지역의 계층 간의 갈등은 서로 다른 형태로 존재할 수 있을 것인 바, 이 러한 사실은 도시정부의 재정수요와 조세수입의 특성과 관련하여 중요한 의미를 지니는 현상임을 유념할 필요가 있다.

4) 먼저 지방정부 세출 규모에 대한 논의는 주로 '최적 경비규모'에 대한 논의로 이루어지는 바, 이 문제는 다른 관점에서 보면 곧바로 '최적 정부규모'에 대한 논의가 된다. 이러한 설명은 도시정부의 경우에도 마찬가지임은 물론이다.

　　전통적으로 이와 같은 최적 지방정부 규모(단계)에 대한 논의는 특정 공공서비스를 특 정 단계의 지방정부가 공급하는 경우 소요되는 비용과 그로 인해 나타나게 될 지출편익 을 비교해가면서 순편익이 가장 크게 나오는 단계의 정부가 공급하는 것이 바람직하다는 경제학적 원칙을 유도해 낸다. 다른 한편, 최적 지방정부의 규모가 주민들의 자유로운 이 동을 전제로 주민들의 자발적 지역선택에 의해서 정해진다는 모형이 제시되고 있다. 주창자의 이름을 따서 '티부 모형(Tiebout Model)'이라 부르는 이 모형에 의하면, 주민들이 각 단계의 정부가 제시하는 재정부담과 지출편익의 조합을 보고 각자 자신이 가장 만족스러워 하는 지방정부를 찾아 자유롭게 옮겨 다니면, 그와 같은 주민들의 '발에 의한 투표(Voting by Feet)'를 통해 결국 최적 단계의 정부규모가 결정될 수 있다고 한다. 이에 대한 보다 구체적인 논의는 우명동, 2001, pp. 77－95 참고하기 바란다.

5) 공기업수입의 경우 공기업이 원래 재정수입 확보에 뜻이 있다기 보다는 다른 경제정책 내지 사회정책적인 목적 수행을 위해서 운영되고 있다는 점에서 세외수입과 별도로 분리해서 다루기도 한다. 그러나 본서에서는 이런 점에 유념하면서도 일반적 관행에 따라 세외수입 항으로 다루기로 한다. 한편 지방채수입의 경우, 어떤 경우는 지방공기업 수입과 같이 세외수입의 일종으로 다루기도 하고 또 어떤 경우는 지방정부의 기채권을 중심으로 지방정부의 별도의 자체재원으로 구분하기도 하며, 또 다른 경우 지방정부의 채무라는 점에 초점을 맞추어 자체재원과 이전재원과 구분하여 별도 항목으로 다루기도 한다. 그러나 여기서는 지방정부의 기채권에 초점을 맞추어 자체재원의 한 유형으로 파악하기로 한다. 아울러 이전재원에는 자주성과 특정성이 섞인 혼합재원으로 포괄보조금이 포함되는 경우도 있다.

6) '법외세제도'란 원래 조세가 갖는 조세법률주의적 성격에 대한 예외적인 조세로서 지방자치단체가 일정한 조건 속에서 조례로 설치·운영할 수 있게 한 조세를 일컫는다. 한편 '임의세제도'란 선택세제도라 불리기도 하는 바, 특수한 사정에 놓인 각 지방정부가 선택할 가능성이 있는 여러 유형의 조세를 미리 법률로 정해놓고, 그 중에서 각 지방정부가 자기 지역의 특성에 맞는 조세종목이나 세율을 조례로 선택해서 운영할 수 있게 해주는 제도를 일컫는다. 마지막으로 '탄력세율제도'란 법률에서 일정한 범위의 세율 폭을 정해 놓고 그 범위 내에서 각 지방자치단체로 하여금 자기 지역의 사정을 고려하여 특정 세율을 정할 수 있도록 하는 제도를 일컫는다. 이에 대한 보다 자세한 내용은 우명동, 2014: 327을 참고하기 바란다.

7) 지방정부의 재정력은 "특정 지방정부가 재정기능을 수행할 수 있는 능력"을 의미하는 것으로 정의할 수 있으나, 구체적으로 이 개념은 아주 다양하게 사용된다. 이에 대한 보다 자세한 내용은 우명동, 2016, 제6부 내용을 참고하기 바란다.

참고
문헌

REFERENCES

손희준, 강인재, 장노순, 최근열, 2011, 지방재정론 개정4판, 대영문화사.

심정근, 1995, "민선자치단체장 시대의 도시재정," 도시문제, 30(314), 행정공제회.

_____ 편저, 1987, 도시재정의 제 문제, 서울시립대학교출판부.

우명동, 2001, 지방재정론, 해남.

_____, 2014, "지속가능지역경제발전과 지방재정," 권용우 외, 2014, 우리국토 좋은 국토, 사회평론.

_____, 2016, 지방재정학개론, 해남.

Bahl, Roy W. and Johannes F. Linn, 1992, *Urban Public Finance in Developing Countries*, Oxford Univ. Press.

Bahl, Roy W., 1969, *Metropolitan City Expenditure*, University of Kentucky Press(심정근, 1987, 도시재정의 제 문제, 서울시립대학교출판부).

Brazer, Henry E., 1959, *City Expenditure in the United States*(심정근, 1987, 도시재정의 제 문제, 서울시립대학교출판부).

Glaeser, Edward L., 2011, *Urban Public Finance*, Harvard University, Dec. 12(http://eml. berkeley.edu/~burch/Glaeser−Handbook−2011.pdf.)

Musgrave, R. A., 1959, *The Theory of Public Finance*, McGraw−Hill Kogausha, Ltd.

Oates, Wallace E., 1972, *Fiscal Federalism*, Harcourt Brace Jovanovich, Inc.

佐藤進, 1993, 地方財政總論 改訂版, 稅務經理協會.

도시와 경영

제**8**장

제 1 절
도시경영의 함의

01 경쟁세계에서 도시경영

도시는 흥미롭고 중요하며 때로는 까다로운 질문들을 던져주기 때문에 도시연구는 중독성이 강하다. 도시정책의 목표는 경제적으로 번성하고 문화적으로 활기 넘치며 사회적으로 공평할 뿐만 아니라 아울러 깨끗하고 푸르고 안전하며, 그 안에 사는 모든 시민이 행복하고 생산적인 삶을 누리는 도시를 만드는 데 있다. 이러한 목표를 달성하기 위하여 도시경영자는 시민에게 일자리, 주택, 교육, 교통, 환경, 문화, 안전 등을 적합하게 제공해야 한다. 이밖에도 모두에게 도시정책에 참여할 기회를 제공하고 도시경영자가 자신들의 관리자라는 것을 느끼게 해주는 것도 필요하다.[1]

역사적으로 많은 나라의 도시들이 경쟁적인 요소와 환경의 유리한 장점을 잘 활용하여 크게 부흥하고 발전하게 된 반면 다른 도시들은 시대의 변화에 적응하지 못하고 경직된 사고로 한순간에 침체와 쇠퇴의 길을 가게 되었다. 이들 도시들이 어떻게 부침을 겪게 되었는지를 살펴보기로 한다.

도시는 고대그리스의 플라톤과 소크라테스가 아테네시장에서 논쟁을 벌이던 시기부터 혁신의 엔진역할을 해왔다. 이탈리아 피렌체의 거리들은 인류에게 르네상스를 선물했고, 영국 버밍엄의 거리들은 후손에게 산업혁명을 가져다주었다.[2] 도시는 오랫동안 한 가지 똑똑한 아이디어가 다른 똑똑한 아이디어를 생산하는 지적 폭발을 창조했다. 피렌체의 예술적 르네상스가 바로 그런 지적 폭발이었다. 버밍엄과 맨체스터에서 일어났던 산업혁명은 또 다른 폭발이었다. 부유한 서방국가들에서 도시는 격동적인 산업시대가 종말을 고한 후에도 살아남았고, 지금은 과거 어느 때보다 더 부유하고 건강하며, 매력적인 도시로 변했다.

자동차는 마차와 엔진이라는 두 가지 아이디어를 결합한 새로운 아이디어였다. 이미 디트로이트에서는 오래전부터 마차와 엔진을 생산해왔다. 제작된 엔진은 오대호를 운항하는 배에 납품되었으며, 마차들은 미시건 숲에서 풍부하게 구할 수 있는 목재로 제작되었다.

19세기말 디트로이트는 1960~1970년대의 실리콘밸리와 흡사했다.[3] 자동차도시 디트로이트는 헨리포드를 포함한 소규모발명가들이 왕성하게 활동하는 공간으로 자리 잡고 혁신도시로 크게 번창하였다. 혁신가들은 성능 좋은 자동차를 대규모로 생산하는 방법을 알아내기 위하여 치열한 경쟁을 펼쳤다. 헨리 포드는 자신이 창안한 조립라인을 이용하여 분업공정의 가동속도와 효율성을 높였다 (그림 8-1).

포드의 조립라인에서 한 대의 자동차를 완성하는 공정은 무려 7,882개 단계로 나뉘어져 있었다. 뒷날 자서전에서 포드는 분할한 작업에 관하여 다음과 같은 주석을 달고 있다. "모든 공정 중에서 949개 공정은 신체가 튼튼하고 장애가 없는 사람, 3,338개 공정은 보통 체력을 가진 남성, 그리고 나머지 공정은 여성이나 어느 정도 연령에 도달한 어린이라도 가능하다. 또한 670개 공정은 두 발이 없는 노동자라도 충분하며, 2,637개 공정은 다리가 하나뿐인 노동자라도 할 수 있다. … 715개 공정은 팔이 하나뿐인 직공이라도 된다. 장님 직공 10명으로 작업할 수 있는 공정도 있다." 전문화된 노동은 종합적인 인간을 필요로 하지 않고 그 사람의 한 부분만으로도 충분하다는 인식을 갖고 있었다.[4] 자동차공정에 투입되는 노동자에 대한 포드의 생각은 인간을 기계의 부품으로 다룬다는 비판이 있을 수 있지만 한편으로 장애인이 제공하는 노동력에 대해서 조금도 편견이 없다는 점에서 높이 평가된다.

포드는 자동차공정을 완성하고 본격적으로 자동차대중화에 나섬으로써 자신의 비핵(BHAG: Big Hairy Audacious Goal)목표를 이루었다.

그러나 포드의 화려한 성공은 곧바로 디트로이트 도시의 쇠퇴로 이어졌다. 디트로이트는 혁신적인 아이디어를 찾아내기에는 적합한 도시였지만 수백만 대의 모델T 자동차를 생산하는 데는 이상적인 장소가 되지 못했다. 자동차회사들

그림 8-1   헨리포드 자동차공장의 자동조립공정

자료: http://aksndl.tistory.com/308

은 더 이상 도시에 머무르는 데 대한 이점을 찾지 못했다. 설상가상으로 일본 도요타자동차가 미국에 진출하고 강성노조로 인해 수익성이 떨어지자 디트로이트 시의 기업들은 다른 곳으로 생산공장을 옮기기 시작했다. 실업률은 높아지고 부동산 가격은 떨어지고 세금이 안 들어오자 2008년 인구 77만 도시의 빚은 눈덩이처럼 늘어나게 되었다. 결국 디트로이트는 미국 평균 GDP의 반밖에 안 되는 가난한 도시로 전락하게 되었다. 도시는 기업과 숙련된 시민들이 많을 때 번성하지만 기업과 사람이 떠나면 도시는 무너진다는 교훈을 얻게 된다.

15세기 대항해시대에 유럽과 동양을 잇는 무역은 유럽 사람들에게 막대한 부를 얻을 수 있는 기회였다. 그런데 이 무역은 배를 이용하여 장기간 항해해야 하기 때문에 태풍과 해적의 약탈 위험에 직면하게 되었다. 그 당시 유럽 사람들은 동방의 어딘가에서 식탁을 풍요하게 만드는 후추, 계피 등의 향신료를 손에 넣을 수만 있다면 막대한 이익을 얻을 수 있다고 생각했다. 문제는 필요한 자금

| 그림 8-2 | 네덜란드 동인도회사 |

자료: http://www.rapidtrends.com/

을 조달하는 것인데 그 당시 돈을 차입할 수 있는 곳은 은행밖에 없었다. 그러나 무역에 필요한 자금을 은행으로부터 빌리기에는 역부족이었다. 그래서 네덜란드 정부가 고안한 것은 주식을 발행하여 투자자로부터 필요한 자금을 조달하는 것이었다. 암스테르담 중심가에 다음과 같은 방을 붙였다. "우리 회사는 동인도로 가서 향신료를 구매한 후 귀국하여 비싼 가격에 판매하는 사업을 하고자 한다. 이 무역거래는 약 6개월에서 1년 간 소요되는데 이 사업에 필요한 자금을 빌려주면 무역이 완료된 후 투자한 지분에 따라 이익을 배당으로 돌려준다." 많은 사람들이 이 사업에 관심을 가지게 되었고 네덜란드 동인도회사는 최초로 주식이라는 증권을 발행하였다(그림 8-2). 돈이 많은 사람은 다량의 주식을 구매하였고, 돈이 적은 자는 적게 구매하는 방식으로 주식이 판매되었다. 정부와 상인들이 주식에 투자하였고 일반시민까지 투자에 뛰어들게 되었다.

동인도회사는 이렇게 조달한 자금으로 4척의 무역선을 구입하고, 인도 자바섬으로 향했다. 그곳에서 대량의 향신료를 싣고 귀국한 후 비싸게 판매하였다. 무역거래에서 400%의 이익을 남기자 수많은 선단이 경쟁적으로 동인도로 향하게 되었다. 1602년 세워진 네덜란드의 동인도회사는 투자한 주주들이 유한책임을 가지기 때문에 근대적 주식회사의 효시가 된다. 이러한 형태가 발전하여 네덜란드 암스테르담에서는 주식을 거래하는 증권거래소가 세계 최초로 설립되었다. 주식발행이라는 창의적인 아이디어를 통해 금융의 새로운 조달방법을 고안해낸 것은 네덜란드 정부와 도시경영자들의 공헌이다. 영국과 프랑스의 자금까지 네덜란드증권거래소로 몰리게 되었고, 암스테르담은 그 당시 세계무역과 금융의 첨단도시로 발돋움하게 되었다.

일본과 서양의 접촉은 1543년 포르투칼 배들이 나가사키 인근 다네가시마라는 섬에 도착하면서 시작되었다. 그로부터 300년 동안 나가사키는 일본으로 들어오는 모든 서양기술의 통로가 되었다. 외국인 혐오증이 있었던 일본인들이 외국인들을 한 장소에 몰아넣는 정책을 시행했는데 이것이 오히려 선진화된 서양기술을 빨리 쉽게 배우는 기회가 되었다. 일본은 나가사키를 통해 네덜란드인들과 접촉하면서 아시아 이웃 국가들에 비해서 서양의 선진문물을 빨리 받아들이게 되었다. 일본군은 19세기 네덜란드인들이 제공한 배를 사용해서 유럽의 해군력에 맞설 수 있는 선박기술을 개발했다. 1640년대 막부 정권의 최고지도자였던 쇼군은 네덜란드 동인도회사 소속의 의사로부터 진료를 받게 되었고 그 당시 이미 서양의약품이 일본으로 들어오게 되었다. 일본 학생들은 나가사키에서 유럽 의학기술을 도입하는 훈련과 인증을 받았다. 서양의약품 이외에도 네덜란드는 서양도서와 망원경, 기압계, 환등기, 선글라스까지 나가사키를 통해 일본에 들여왔다. 1855년에 네덜란드인들은 일본인들에게 최초의 증기선을 제공하였고, 일본은 유럽의 군사기술을 공격적으로 모방하게 되었다. 일본의 나가사키 도시는 외부와의 효과적인 소통을 통하여 선진문물과 지식을 전수받는 효과적인 통로가 되었다.[5]

싱가포르는 영국 동인도회사의 또 다른 유산이지만 현재 탁월한 도시경영 모델로 인정받고 있다. 싱가포르는 세계적 물 공급시스템과 수많은 고층건물, 그리고 운전사들에게 운전에서 비롯된 사회적 비용을 물리는 혼잡 통행료 시스템을 갖고 있다. 그 결과로 초고밀도 국가지만 싱가포르의 교통 흐름은 미국의 많은 소도시들보다 훨씬 좋다.

홍콩은 여전히 영국통치의 흔적이 남아있으면서 최초의 동서연결지로서 갖는 역사적인 역할을 계속해서 수행하고 있는 아시아도시이다. 홍콩은 좋은 정책과 재건축과 고층건축의 자유를 포함한 경제적 자유를 결합했다. 그 결과 싱가포르보다 더 혼잡하지만 싱가포르 못지않게 생산적이면서 펄펄 끓는 활력의 도가니가 되었다.[6]

도시의 성공과 실패사례 몇 가지를 살펴보았다. 성공한 도시의 공통된 특징은 첫째, 외형적인 인프라 확충보다는 인간이 고안해 낸 탁월한 아이디어와 성공적인 실행에 의해 주변도시보다 경쟁력을 높이게 된다는 점이다. 지방정부와 도시경영자의 탁월한 식견과 전략에 힘입어 크게 번영한 도시로 발돋움한 점을 발견할 수 있다. 둘째, 도시의 성공은 단순한 생산성향상에 의한 비교우위에 있지 않고, 기술진보를 통해 경쟁우위에 이른다는 점이다.

02 도시경영의 정의

도시경영의 개념은 사회 생태학자인 파알(R. E. Pahl)에 의해서 제시된 1970년대의 "도시 경영주의"에서 기원한다. 도시경영의 개념이 정착하게 된 것은 1980년대 말 개발 국가들에서 시작되었다. 도시경영은 개발 국가를 위한 세계은행, 유엔개발계획(UNDP), 유엔인구거주센터(UNCHS) 등을 포함하는 주요 국제기관에 의해 1980년대 중반부터 활성화되었다(Jenkins 2000). 도시경영은 1980년대와 1990년대에 늘어난 도시화 현상과 분산화 프로그램의 붐을 타고 그 중요성이 부각된 비교적 새로운 토픽이다.

차크라바티(Chakrabarty, 2001)는 "도시경영의 개념을 채택함으로써 인적 자원과 다른 요소들을 물리적, 재무적 측면에서 효율적으로 사용하여 도시문제를 해결하고 목적을 달성하는 것이 가능하게 되었다"고 말했다. 디크(Dijk)는 도시경영을 "경쟁력을 갖추고 안정적인 지속가능한 도시를 만들기 위해 공적부문뿐만 아니라 민간 부문에서 도시시민들이 직면하는 주요문제를 해결하고 조정하며 통합하는 노력"으로 정의했다. 도시 시스템은 도시 내의 경제활동을 돕고 장려할 뿐만 아니라 주민들이 주거에 대한 기본적인 욕구를 충족하고, 시설과 서비스에 접근하여 소득 창출기회를 가질 수 있도록 작동해야 한다.

그러기 위해서는 민간 부문과 공적 부문에서 기술적·인적·재무적 자원이 효율적이고 효과적으로 사용될 수 있어야 한다.

　도시는 시민들이 어디에서 생활하고 일하며, 기업은 어디에 위치하고, 공급자들은 어디에서 자원을 공급하는지 등과 같은 개별적인 의사결정들의 결과로서 탄생하고 성장하고 발전해나간다. 이러한 개별적인 의사결정은 교환과 협동의 복잡한 네트워크 속에서 다른 많은 의사결정과 직·간접적으로 상호작용을 한다. 나비효과─나비의 날갯짓은 지구상의 반대편에서 허리케인을 불러일으킨다는 이론─의 카오스 이론은 도시에도 적용된다. 하나의 범죄사건 또는 교통사고가 도시공간의 재배치를 가져오거나 도시의 미래모습을 바꾸는 정책변화를 일으킨다. 도시를 매력적으로 만드는 일은 상호연결된 작업이다. 이것이 도시를 하나의 덩어리로 만들고 규모의 경제[7]를 가져온다. 상호연결의 의미는 외부효과[8]가 도시에 강하게 편재하고 있다는 것을 의미한다. 도시 내에서 일어나는 모든 경제활동은 모든 다른 경제활동과 연결되어 있다.

03 도시화는 도시경영을 요구

　2008년 이후 도시화의 속도는 가속되고 있으며 도시인구는 농촌인구를 크게 상회하고 있다. 세계화의 시각에서 본다면 도시성장은 계속될 것이다. 인구 백만 명에서 8백만 명에 이르기까지 걸리는 기간은 런던의 130년, 방콕이 45년, 다카가 37년, 서울이 25년으로 나타났다(표 8-1).

　이러한 급속한 도시성장은 도시지도자와 도시경영자들에게 주요 도전과제를 제공한다. 사회경제적인 구조조정과 함께 도시팽창은 정치적·경제적·사회

표 8-1　인구 백만에서 8백만 명에 이르는 데 걸리는 기간

도 시	연 수
영국 런던	130
태국 방콕	45
방글라데시 다카	37
한국 서울	25

자료: UNCHS, 2004, *The State of the World's Cities*, Nairobi: UN Habitat.

| 표 8-2 | 도시경영에 대한 두 가지 접근 |

공간적 계획접근		경제경영적 접근	
지리학에 기초	계획이론에 근거	도시경쟁력을 강조	새로운 공공관리 (NPM: New Public Management) 강조

자료: Dijk, M. P. van, 2006a, *Can China Remain Competitive? The Role of Innovation Systems for an Emerging IT Cluster*, Rotterdam: EUR, Book Forthcoming.

적·문화적·환경적 긴장과 도전을 불러일으킨다. 오늘날 도시경영은 해결해야 할 요인들이 다양해 졌기 때문에 매우 복잡한 과제로 자리 잡고 있다. 도시 내의 주민·기업가·환경운동가·프로젝트 개발자 등 모두는 각자 역할을 하기 원한다. 이러한 상황을 조화 있게 다루기 위해서 도시경영자에게는 분명한 책임이 요구된다.

세계인구의 증가로 도시화가 급속히 진행되는 경우 도시구성원에게 돌아가는 혜택은 줄고 비용은 늘어난다. 이를 해결하기 위한 방법으로써 인구 증가를 억제하고 기존 도시규모를 유지하는 방법은 옳지 못하다. 저 출산문제는 경제활동인구의 감소로 경제성장을 저해하기 때문이다. 유일한 방법은 바람직한 도시경영을 통하여 도시규모의 증가에 따른 문제점을 해소하고9) 도시를 역동적으로 만들어가는 것이다. 도시경영을 다루는 두 가지 방법은 공간적 접근과 경제 경영적 접근이다(표 8-2).

공간적 접근 방법은 계획이론에 의존한다. 성공적인 도시개발을 위해서는 전략적인 도시계획을 필요로 한다. 이를 통해 주요투자가 유치되고 직업·주거·교통에 관한 적절한 배치가 이루어진다. 이 접근은 계획에 치중하기 때문에 도시 구

| 표 8-3 | 도시화성공 요인 |

전략적 요인	사회적 요인
국가적 안전전략	인간개발전략
지역 간 협조	교육과 훈련
전략적 경제비전	다양성 조정
혁신적 파트너십	공동체의미의 재정립

자료: Widner, R. R., 1992, "Divided Cities in a global economy," *Report on the European－North American 'State－of－the－Cities'*.

성원의 참여가 부족한 단점이 있다. 한편 경제 경영적 접근은 도시경영자의 글로벌 경제에서의 역할을 강조한다. 도시를 더욱 경쟁적으로 만들기 위해 새로운 공공관리이론(NPM)에 기초를 두고 있다. 도시경영은 여러 부문의 다양한 시민들이 공평하게 참여하여 도시의 경제적 기초와 환경을 논의할 수 있을 때 성공적인 결과를 가져온다. 세계화와 불확실성의 파도 속에서 도시경영자는 항상 새로운 도전에 직면하게 될 것이다. 도시경영의 성공인자는 전략적 요인과 사회적 요인으로 구분된다(표 8-3).

04 도시경영자의 도전과 기회, 그리고 방법론

1) 도시경영자의 도전과 기회

도시경영자들이 관심을 가져야 할 도전이슈가 무엇이며, 경영자들이 이들 문제를 어떻게 접근해야 하는지를 살펴본다. 도전이슈는 도시문제를 개선할 수

표 8-4 도시경영자의 도전과 기회

도 전	기 회
1. 지방정부의 다른 역할	서비스와 시설에 대한 공급자 역할에서 공·사 파트너십에 기반한 개발촉진자 역할로 전환함.
2. 분산화에 따른 새로운 법적 테두리	분산화는 지방정부와 새로운 개발기관들이 포함되는 기회를 제시한다.
3. 도시공간에 새로운 기관 출현	도시사회는 동태적인 도시의 한 부분이 되고 NGO 등과 같은 기관이 포함됨.
4. 새로운 우선순위의 형성	가난 퇴치의 중요성 등과 같은 경제정책과 사회정책을 시행함.
5. 문화적 다양성의 중요성 부각	도시발전을 위한 자산으로서 다양성을 사용.
6. 도시경영을 위한 능력 함양의 중요성	도시문제에 대한 새롭게 통합된 접근을 위해 시민들을 훈련함.
7. 도시와 농촌 간의 관계 유용성	도시와 농촌지역 간 긍정적인 상호작용을 극대화함.

자료: Dijk, M. P. van, 2006a, *Can China Remain Competitive? The Role of Innovation Systems for an Emerging IT Cluster*, Rotterdam: EUR, Book Forthcoming에서 수정 재편집.

있는 기회가 된다(표 8-4).

　도시경영을 위한 환경이 바뀌었다면, 도시경영자의 업무방식과 역할도 변화 되어야 할 것이다. 첫째, 도시에서 자치단체의 역할이 변하고 있다. 지금까지 자치단체는 도시 서비스와 기반 시설의 주요 공급자 역할을 담당했지만 이제는 도시개발의 촉진자로, 또는 파트너관계로 그 역할이 바뀌게 된다. 도시경영자는 도시개발을 위해 공·사 파트너십(Public-Private Partnership)을 촉진하는 역할을 담당해야 한다.

　둘째, 지방분권화는 새로운 기회를 제공하여 서로 다른 이해 당사자들을 개입시킨다. 이로 인해 새로운 기관들이 출현하고 도시개발에서 새로운 역할을 담당하게 된다. 예를 들어 비정부단체나 시민단체가 도시개발에 참여하게 된다. 지방분권화에서는 입법이 매우 중요하다. 계획 절차를 정하고 각자가 어떤 책임을 져야 하는지, 그리고 어떤 산업이 배치되고 어떤 환경적 기준이 적용되는지를 입법화한다.

　셋째, 도시경영의 환경변화로 인해 새로운 우선순위가 나타나므로 도시경영자는 서비스 제공의 수준을 높이고 도시경제의 경쟁력을 높이기 위한 정책수립에 전력투구해야 한다. 예컨대 도시개발 단계에서 경제정책의 중요성과 물리적 환경이 도시개발에 미치는 영향을 고려한다. 지역경제를 어떻게 개발하고 개선할 것인지, 그리고 어떻게 자치단체적 차원에서 도시 빈곤을 줄일 것인지 등이 우선순위에 포함된다.

　넷째, 도시경영자는 다양한 인종과 민족적 배경을 자산으로 활용할 수 있어야 한다. 문화적 다양성을 부담으로 생각하지 않고, 도시역량을 향상시키는 자산으로 받아들인다. 문화적으로 다양한 인구가 모여 사는 도시는 그들의 네트워크와 자원을 활용하여 각자의 방법으로 도시개발에 기여할 수 있도록 한다. 뉴욕이나 상하이와 같은 도시는 서로 다른 생활과 사상을 가진 인종이 뒤섞여 있으면서도 역동성과 조화를 유지하는 것을 볼 수 있다.

2) 도시경영을 위한 방법과 도구

　도시경영을 효율적으로 이루기 위해 도시경영자는 여러 가지 과학적 방법

표 8-5	경영관리 이론과 스킬에 대한 개관
경영개념에 내포된 사고와 이론	경영의 기본 스킬
비전과 전략적 계획 리더십 조직문화 창조적인 조직구조 변화관리 스트레스관리 목표관리: (MBO : Management by Objectives) 품질관리: 식스시그마(six sigma)	관리의사결정과 문제해결 커뮤니케이션(communication) 벤치마킹(benchmarking) 스토리텔링(storytelling) 창의적인 회의 방식: 브레인스토밍(Brainstorming) 협상전략 도시마케팅

자료: 필자 작성.

과 도구를 사용할 필요가 있다. 여기에는 경제이론과 사회과학적 접근 등 여러 가지가 있을 수 있으나 중요한 것은 경영과학에 기초한 것이다(표 8-5).

경영관리에 내포된 이론은 민간관리 부문과 공적관리 부문 모두에서 시행될 수 있다. 기존의 행정적 틀을 벗어나 새로운 공공관리(NPM: New Public Management)를 위한 이론과 스킬은 공적 부문을 위해 개발되었지만 민간 부문에서도 그대로 적용된다.

(1) 비전과 전략적 계획

도시경쟁력을 키워가기 위해서 관련 시민들이 참여하는 계획안이나 전략적 계획을 수립한다. 전략적 계획은 수익이 비용을 초과해야 한다는 비즈니스계획에 기반을 둔다. 성공적인 도시개발계획에는 전략적인 도시확장계획, 주요투자 유도계획, 직업, 주거, 교통을 위한 입지확보계획 등을 필요로 한다. 미래도시계획에는 창의적인 비전이 포함되어야 한다.

(2) 리더십

리더십을 한마디로 요약하면 주변사람에게 미치는 영향력이다. 남아프리카 대통령을 지낸 넬슨 만델라는 27년간 감옥에 있었기 때문에 세상과는 완전히 단절된 삶을 살아왔다. 그러나 그가 출옥했을 때 세상의 어느 누구보다도 영향력 있는 사람으로 남아 있었다. 영향력은 인간관계나 가시적인 행동보다는 사람들의 내면에서 우러나오는 신뢰감에서 생긴다. 도시경영자는 구성원들로부터 신뢰감을 쌓는 데 주력해야 한다.

(3) 조직문화

조직문화는 조직구성원의 행동방식에 영향을 미치는 공유된 가치·원칙·전통·일처리방식 등을 말한다. 도시구성원들은 조직에서 각자 보고, 듣고, 경험한 것을 바탕으로 유사하게 인식하며 살아간다. 같은 도시에서 서로 다른 배경과 지식수준을 가진 사람들이 어울려 일하다 보면 자신이 소속된 도시문화에 대해 비슷한 용어를 사용하게 된다.[10]

(4) 창조적인 조직구조

피터 드러커는 미래조직은 오케스트라구조를 가질 것이라고 예측했다. 기존의 기업조직이 최고경영자를 정점으로 피라미드구조인 데 비해 오케스트라구조는 지휘자와 각 파트별 재능을 가진 단원으로 구성되어 있다. 미래도시사회의 특징은 지식노동자가 주도하는 사회가 될 것이다. 따라서 미래도시는 도시경영자와 모든 지식노동자인 시민들로 구성되는 조직형태를 가진다. 모든 지식노동자는 직급에 관계없이 도시를 위해 창의적인 아이디어로 공헌할 수 있다.

(5) 변화관리

세계화 시대에 자본주의의 두드러진 특징을 슘페터는 '창조적 파괴(Creative destruction)'로 표현하고 있다. 효율성과 효과성 측면에서 최상의 자리를 차지하고 있는 제품과 서비스는 언제든지 정상의 자리를 비켜줄 준비가 되어 있어야 한다. 지속적인 기술혁신으로 낡고 덜 효율적인 제품과 서비스가 파괴되며, 새롭고 더 효율적인 것들을 채택하려는 계속적인 시도가 자본주의의 핵심이라는 것이다. 또한 비전없는 비즈니스에 투자되었던 자금은 더 혁신적인 사업으로 빠르게 이동하는 현상이 도처에서 일어나고 있다. 도시경영자는 이런 사실을 자각하고 좀 더 유연하게 도시정책과 투자관리에 임할 필요가 있다.

(6) 스트레스관리

여키스-도슨 법칙에 의하면 스트레스는 너무 적거나 너무 많아도 최상의 결과를 가져올 수 없다(그림 8-3). 예를 들어 이혼위기나 부도위기에 직면한 사람은 극심한 스트레스로 인해 자신의 일상 업무에서 최상의 업적을 이룰 수 없다. 그러나 100미터 달리기시합에서 라이벌과 함께 달리는 스트레스는 부담은 되지만 최고기록을 갱신할 가능성이 높다. 따라서 스트레스를 관리하는 방법은 스트레스를 최소화하는 것이 아니라 최적화하는 것이다. 도시경영자는 많은 구성원과의 회의나 전략 등 업무에서 스트레스 최적화에 신경을 써야 할 것이다.

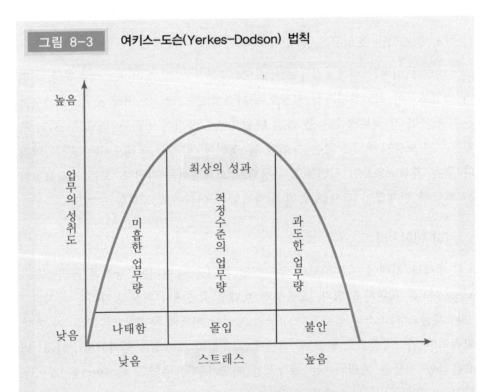

그림 8-3   여키스-도슨(Yerkes-Dodson) 법칙

여키스-도슨 법칙: 스트레스가 너무 적거나 너무 많아도 최상의 결과를 가져올 수 없다.
스트레스는 최소화하는 것이 아니라 최적화하는 것이다.

자료: http://primalstrengthcamp.com/are-you-properly-aroused/에서 수정 재편집.

(7) 목표관리(MBO: Management by Objectives)

경영학은 측정가능한 것을 연구하는 학문이다. 측정할 수 없는 것은 관리될 수 없으며 경영자가 책임경영을 할 수 있는 기반을 무너뜨린다. 목표관리(MBO)의 첫 단계는 마감기한이 정해진 측정가능한 구체적인 목표를 세우는 일이다. 도시경영자는 도시의 구성원들이 참여하여 측정가능한 목표를 세우고 목표의 평가방법을 숙지함으로써 동기부여와 업무성과를 가져오도록 한다.

(8) 품질관리: 식스시그마

식스시그마 이론의 목표는 기업이 생산하는 제품 가운데 불량품의 비율을 100만분의 3내지 4이하로 낮춤으로써 초일류기업을 지향하는 데 있다. 시그마는 정규분포의 모양에서 표준편차를 표시하기 위하여 통계학자들이 사용하는 기호다. 잭 웰치는 6시그마기준을 경영혁신도구로 삼아 기업 전반에 적용한 결과 GE(General Electric)를 초일류기업으로 만들었다. 도시경영자는 식스시그마 이론을 도시정책과정에서 활용하여 초일류도시를 만드는 데 도움을 받을 수 있을 것이다.

(9) 관리의사결정과 문제해결

어떤 사업이나 과제를 수행할 때 경영관리측면에서 조직의 목표를 성공적으로 달성하기 위해 요구되는 네 가지 경영활동은 계획(planning), 조직(organizing), 지휘(leading), 통제(controlling)이다. 도시경영자는 먼저 계획에서 조직의 목표를 세우고 이를 달성하기 위한 최선의 전략과 전술을 결정한다. 조직 활동에서는 수립된 계획을 성공적으로 시행하기 위해 어떠한 형태로 조직을 구성할 것인가를 결정하고, 인적·물적자본, 정보, 지식 등을 배분하고 조정한다. 그리고 지휘에서는 요구되는 업무를 잘 수행하도록 구성원들의 동기를 유발하고 이끄는 활동이 필요하다. 마지막 통제단계에서는 구성원이 수행하는 업무가 제대로 추진되고 있는가를 확인하고 문제가 있을 때 피드백하여 수정한다.

(10) 커뮤니케이션

마크트웨인은 '옳은 말과 거의 옳은 말의 차이는 번개와 반딧불의 차이와 같다'고 했다. 말의 의미를 분명히 전달하는 것과 모호하게 전하는 것은 큰 차이를 나타낸다. 커뮤니케이션은 송신자와 수신자 간에 정보와 의미가 전달되고 교류되는 과정이다. 도시경영자의 일과는 커뮤니케이션 과정의 연속이라고 볼 수 있으며, 일상 활동 중 가장 많은 시간을 커뮤니케이션 활동에 사용한다. 효과적인 커뮤니케이션은 리더십의 중요한 기능이다. 리더는 커뮤니케이션을 통해 조직구성원들이 전체 목표를 향해 정진할 수 있도록 한다. 그러나 커뮤니케이션은 항상 왜곡되고 오류가 발생할 가능성이 있다. 아무리 훌륭한 비전과 아이디어가 있어도 그것이 전달되는 과정에서 왜곡되면 의미가 없다. 그러므로 도시경영자는 수신자가 자신의 메시지를 정확히 이해하였는지를 확인하고, 사전에 정확한 내용을 전달하기 위한 준비와 세심한 주의가 필요하다.

(11) 벤치마킹(benchmarking)

벤치마킹의 정의는 "남보다 우수한 경영성과를 달성하고자 하는 목적으로 외부의 현저히 우수한 실무를 끊임없이 찾아내어 조직에 도입·활용하는 프로세스"를 말한다. 즉, 벤치마킹은 최고의 성과를 얻기 위하여 최고의 실제사례를 찾는 과정이다. 벤치마킹을 통하여 자기 조직의 비효율성의 원천을 찾을 수 있다. 도시경영자는 경쟁도시의 강점을 집중적으로 연구하여 이를 도시 실정에 맞게 수정 발전시키는 일종의 창조적 모방전략을 시행하는 것이 필요하다.

(12) 스토리텔링(storytelling)

오늘날 스토리텔링(storytelling)은 조직의 경영목표를 달성하기 위한 하나의 도구로 여겨지고 있다. 조직에서 스토리텔링의 역할은 새롭고 생소한 아이디어를 쉽고 자연스럽게 전달하여 구성원에게 동기를 부여하고, 헌신적으로 조직을 위해 행동을 하도록 격려하는 것이다. 경영전략이나 기법은 일시적으로 생겨났다가 사라지지만 스토리텔링은 그 역사가 가장 오래되며, 리더십효과를 한층 높일 수 있는 윤활제 역할을 한다. 예컨대 2,500여년의 역사를 가진 이솝우화는 오늘날에도 생동감 넘치는 스토리로 우리에게 교훈을 준다. 아인슈타인은 상상력이 지식보다 더 중요하다고 말했다. 지식정보화 시대가 지나면 다음 시대는 상상력의 원천인 스토리텔링이 주도하는 사회가 될 것이다. 도시경영자가 아무리 좋은 비전과 아이디어를 가졌더라도 구성원에게 이를 설득력 있게 전달하지 못한다면 그 효과는 반감될 것이다.

(13) 창의적인 회의: 브레인스토밍(Brainstorming)

일정한 주제에 관하여 회의를 하는 경우 누구나 아무런 제약 없이 자유롭게 떠오른 생각과 아이디어를 제시하고, 그 가운데 해결책을 찾아내는 회의방식을 브레인스토밍이라고 한다. 오늘날 이 회의방식은 지방자치단체·기업·관공서·정부 등에서 대부분 채택하고 있다. 이 회의에 참석하기 전 구성원들이 해야 할 일은 폭넓은 독서를 통하여 주제에 관한 많은 지식을 갖는 것이다. 새로운 아이디어는 무에서 얻어지지 않으며, 기존 지식이 존재할 때 스파크를 일으키며 얻어진다.

(14) 협상전략

도시경영자는 공적 부문과 민간 부문에서 시민들이 직면하는 주요문제를 조정하고 통합하는 일을 계속 수행해야 한다. 한정된 자원을 갖고 도시 내의 다양한 이해관계자들과 이해조정을 통해 성과를 이루어야 하는 도시경영자의 입장에서 협상은 매우 중요한 전략이다. 협상과정에서 주관적인 판단과 편견을 배제하고, 누구나 공감할 수 있는 객관적인 기준과 원칙에 따라 해결안을 도출한다. 다양한 이해당사자들의 상충된 이해관계를 조정하고 통합하여 상호이익(Win-win)이 되는 방향으로 문제를 해결한다.

(15) 도시마케팅

도시마케팅을 위해서는 다음과 같은 도시정보를 필요로 한다.
- 도시의 중요한 생산물은 무엇인가?
- 생산자는 누구인가?
- 어느 시장을 목표로 하는가?

- 도시의 이미지는 무엇인가?
- 촉진전략이 있는가?
- 도시마케팅 전략의 주된 목표는 무엇인가?
- 촉진전략[11]이 민간 부문과 공공 부문 파트너와 협의하에 설계되었는가?

제2절 도시경영을 위한 이론적 틀

Understanding the City

01 최적도시규모

대개 도시규모가 커지면 인구집중과 환경악화 등으로 인해 시민들이 누리는 편익은 줄어들고 부담해야 하는 각종 비용은 늘어나므로 삶의 질을 떨어뜨린다. 그러나 반드시 그렇지 않다. 예를 들어 호주의 시드니는 스페인의 마드리드보다 규모가 큰 도시지만 삶의 질이 마드리드보다 더 높다.

도시규모가 커지더라도 도시당국이 제공하는 도시서비스와 인프라의 질적수준이 높으면 시민들이 느끼는 만족감은 커진다. 이 관계를 규명하기 위하여 도시비용과 도시편익 간의 관계를 살펴본다. 일반적으로 도시규모가 커지면 도시시민이 누리는 편익은 줄어들고, 비용은 상승한다. 설상가상으로 도시비용은 인구집중이 클수록 더 많은 외부비용을 고려해야 하기 때문에 기하급수적으로 상승한다. 이를 한계개념으로 말하면 도시규모가 커질수록 우하향하는 한계편익곡선, B(S)가 존재하며, 우상향하는 한계비용곡선, C(S)가 존재한다.[12] 도시규모

| 그림 8-4 | 호주 도시규모 |

자료: http://kr.forwallpaper.com/wallpaper/house−opera−sydney−australia−desktop−wallpaper−
　　　wallpapers−733615.html

가 S^0인 경우 한계편익이 한계비용보다 높게 나타난다. 한계편익이 한계비용을
초과하는 한 도시규모가 증가하더라도 시민들은 쾌적함과 높은 삶의 질을 유지
하게 된다. 결국 한계편익과 한계비용이 일치하는 규모까지 도시는 성장하게 될
것이고, 그 점에서 최적도시규모, S^*가 존재한다.[13] 만일 도시규모가 S^*를 넘어
서서 S^1으로 커지게 되면 한계비용이 한계편익을 초과하여 이전보다 삶의 질이
떨어지게 된다. 그렇다면 도시규모가 최적규모수준을 넘어서서 커지더라도 최적
도시규모를 유지하려면 어떻게 해야 하는가? 도시경영자가 새로운 공공관리
(NPM)원칙에 따라 경영함으로써 한계편익을 더 증가시키고 한계비용을 감소시킨
다면 규모의 증가에도 최적규모수준을 유지하게 될 것이다. 바람직한 도시경영
의 결과로 한계비용곡선은 C1(S)로 낮아지고, 한계편익비용곡선은 B1(S)로 높아
진다. 이 두 곡선의 접점은 새로운 최적 규모인 S_1^*가 되고, 최초의 접점 S^*의 오
른쪽에 위치한다(그림 8-5). 따라서 도시경영의 성공은 도시의 최적규모를 증가시
킨다(그림 8-4). 세계에서 가장 규모가 큰 도시 중 하나인 뉴욕은 합리적으로 잘

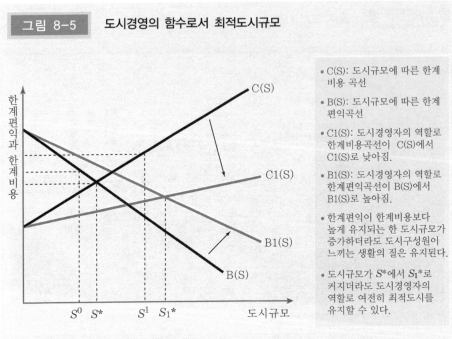

그림 8-5　도시경영의 함수로서 최적도시규모

- C(S): 도시규모에 따른 한계 비용 곡선
- B(S): 도시규모에 따른 한계 편익곡선
- C1(S): 도시경영자의 역할로 한계비용곡선이 C(S)에서 C1(S)로 낮아짐.
- B1(S): 도시경영자의 역할로 한계편익곡선이 B(S)에서 B1(S)로 높아짐.
- 한계편익이 한계비용보다 높게 유지되는 한 도시규모가 증가하더라도 도시구성원이 느끼는 생활의 질은 유지된다.
- 도시규모가 S^*에서 S_1^*로 커지더라도 도시경영자의 역할로 여전히 최적도시를 유지할 수 있다.

자료: Baclija, I., 2014, *A Reconceptualisation of Urban Management*, Mellen Press에서 수정 재편집.

관리되기 때문에 여전히 최적도시로 분류된다. 반대로 세계의 많은 지역에서 20만 명 미만의 인구를 가진 소도시의 경우 도시경영관리가 잘되지 않는다면 이 도시들의 삶의 질은 크게 하락하게 될 것이다. 즉, 도시규모가 커지더라도 도시경영자가 관리를 잘한다면 도시는 최적규모의 상태를 유지하지만 규모가 작더라도 도시경영이 잘 되지 않는다면 살기 좋은 도시로 남지 못한다.

02 　도시경쟁력이론

포터(Porter, 1990)는 기업 성과의 측정기준으로 경쟁력을 도입했다. 경쟁력척도는 기업에만 적용되는 것이 아니라 도시·지역·국가 등에서 광범위하게 사용될 수 있다. 기업수준에서의 경쟁우위는 제품의 시장점유율을 유지하거나 확대

표 8-6 ▶ 비교우위와 경쟁우위

비교우위	경쟁우위
한 국가의 비교우위는 세금, 노동, 에너지, 토지 또는 원재료 등과 같은 생산요소비용의 차이에서 나타난다. 비교우위는 정적이며, 기본적으로 주어진 것을 대상으로 한다. 비교우위에서 경쟁우위로의 변화는 정적인 접근에서 동태적인 접근으로의 변화를 의미한다.	경쟁력은 기업, 기업집단, 도시, 지역, 또는 국가의 성과를 나타낼 때 사용된다. 경쟁우위는 동태적이고 인위적으로 만들어진다. 경쟁우위의 원천은 조직혁신과 관리혁신과 같은 기술진보에 있다.

자료: Dijk, M. P. van, 2006a, *Can China Remain Competitive? The Role of Innovation Systems for an Emerging IT Cluster*, Rotterdam: EUR, Book Forthcoming에서 수정 재편집.

함으로써 경쟁기업에 대해서 갖는 우위를 말한다(Visser, 1996).

크레슬과 가퍼트(Kresl and Gappert, 1996)에 의하면 도시수준에서의 경쟁우위는 기관의 유연성, 효과적인 지방정부, 그리고 공·사 파트너십을 잘 조정하는 능력 등에서 나타난다.

경쟁우위와 비교우위 사이의 차이점은 위의 표에서 설명되고 있다(표 8-6). 생산성은 한 국가의 비교우위는 다른 국가에 비해 주어진 자원을 값싸고 효율적으로 생산할 수 있을 때 발생한다. 효율성의 지표로서 원래 노동생산성과 자본생산성을 측정하는 지표로 사용되었다. 경쟁력은 비교우위와는 다르며 생산성보다 더 넓은 의미를 가진다.

비교우위에서 경쟁우위로 바뀐다는 것은 토지 또는 기후 등과 같은 본질적

표 8-7 ▶ SWOT에 의한 도시 경쟁력분석

내부요인 외부요인	강점(Strength) [도시의 강점]	약점(Weakness) [도시의 약점]
기회(opportunity) [경쟁도시의 약점]	경쟁도시 약점을 기회로 삼아 강점을 최대한 활용: 성장전략	둘 다 약점인 상황에서 자신의 약점을 보완하는 전략: 우회전략
위협(Threat) [경쟁도시의 강점]	상대도시의 경쟁우위 극복을 위해 자신의 강점을 사용: 역량극대화 전략	상대도시의 경쟁우위 극복을 위해 대안을 모색하는 상황: 대안모색전략

자료: 필자 작성.

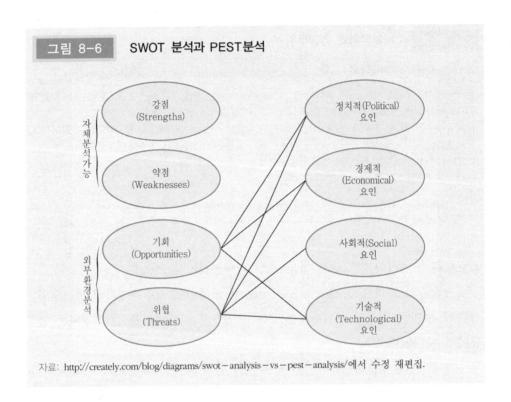

그림 8-6   SWOT 분석과 PEST분석

자료: http://creately.com/blog/diagrams/swot−analysis−vs−pest−analysis/에서 수정 재편집.

인 환경 우위에서 벗어나 동태적인 경쟁적 환경에서의 우위를 의미한다. 예를 들어 미얀마나 캄보디아 등 동남아국가들은 더 이상 저개발국가로 각인되는 나라가 아니다. 오늘날 생산비용을 줄여서 경쟁우위에 서기 위해 기업들은 아웃소싱[14]기법을 즐겨 사용한다. 이로 인해 기업의 이익은 개선되지만 선진국 국민들의 일자리는 저개발국가로 이전된다. 이러한 시장환경의 변화로 인해 경쟁상대는 세계 모든 나라의 국민들로 확대된다. 글로벌화된 세상에서 가난한 나라는 더 이상 동정의 대상이 아니라 경쟁의 상대로 부각된다.

도시경쟁력우위를 확보하기 위해 사용되는 도구는 SWOT분석이다(표 8-7). SWOT분석은 자신의 강점(Strength)과 기회(Opportunity)요인을 적극적으로 활용하고, 상대방의 약점(Weakness)과 위협(Threat)요인을 최대한 회피 내지 극복함으로써 전략적 우위를 확보하고자 하는 전략이다.

기업의 경영전략인 SWOT분석은 도시경영에서도 유용하게 사용될 수 있다. 특히 직업·주거·교통 등의 문제에 있어서 경쟁도시를 대상으로 하여 SWOT분석을 하는 경우 경쟁우위를 확보할 수 있는 전략을 수립할 수 있다. 자신의 강점과 약점은 스스로 분석이 가능하지만 외부환경과 상대방에 대한 기회와 위협 요인을 분석하기 위해서는 PEST분석이 첨가되어야 한다. PEST분석은 정치적 (Political), 경제적(Economic), 사회적(Social), 기술적(Technological)요인과 같은 환경분석을 의미한다.

03 도시경영과 도시 거버넌스(Urban Governance)

1) 도시거버넌스와 새로운 공공관리(NPM: New Public Management)

도시 거버넌스는 사회가 지배되는 새로운 방법으로서 변화된 규정 상태 또는 새로운 지배과정을 의미한다. 거버넌스는 여러 자치단체와 사회조직이 어떻게 상호작용하고, 서로 간 미치는 영향은 어떠하며, 의사결정은 어떻게 받아들여지고, 시민들과는 어떤 관계를 가지는가를 규정하는 것이다. 거버넌스는 독재주의·계급주의·전문가주의와는 반대개념으로 공공단체·민간단체·자발적 단체 등 서로 다른 주체들이 함께 공공정책입안과 시행을 논의할 수 있는 네트워크를 강조한다. 거버넌스 조직은 집합적인 의사결정을 통하여 관계의 개선을 가져오는 새로운 형태의 조직으로서 기관들 간의 관계뿐만 아니라 기관과 시민 간의 관계를 중시한다. 이러한 거버넌스의 원리를 달성하기 위해서는 새로운 공공관리(NPM) 및 행정방식이 필요하다(표 8-8).

새로운 공공관리(NPM)는 규범적인 접근을 지향하는 전통적인 공공 행정과 도구적 접근을 강조하는 비즈니스관리의 융합이다. 이 둘은 적용가능한 관리적인 작업방식과 시장 메커니즘의 도입으로 달성될 수 있다. 전통적인 원리인 적법성·형평성·자율성 등이 신 관리개념인 사용자 지향성·효과성·효율성·경제성·투명성 등과 결합된다.

NPM의 기본적인 특징은 경쟁논리를 도입하여 조직의 생산성 향상을 가져오며, 거대한 관료조직을 깨뜨리고, 적절한 조정과 감독체계를 갖추는 것이다. NPM의 목표는 민영화, 공·사 간 파트너십 등의 방법으로 효율성을 높이고, 비용

표 8-8	전통적인 관리와 새로운 공공관리(NPM: New Public Management)

전통적인 관리	새로운 공공관리(NPM)
규정	결과
법적절차	효율성
환경적 기대	환경적 적응
책임	결과 지향적
형식주의	혁신주의
투입 관리	투입과 산출관리
적법성	효과성
전문주의·충성심	사적 이익의 충족
공공의 관심: 정치가·전문가	공공의 수악: 시민중심

자료: Lane, J. E., 1994, "Will Public Management Drive Out Public Administration?" *Asian Journal of Public Administration*, 16(2): 139−151.

을 절감하는 비즈니스를 실현하는 것이다. 그 결과 구성원의 자발적인 동기유발을 가져오며, 조직은 투명하고 유연한 조직으로 바뀌게 된다. 이러한 NPM 패러다임은 전통적인 관리방법과 확연히 다른 구조를 가진다. 전통적인 관리방식에서 NPM방식으로 바뀌게 된 가장 큰 원인은 세계화와 신자유주의[15]에 기인한다. 도시와 세계화는 상호관련성이 매우 높다. 세계화의 특징은 사람들 간의 이동성과 연결성을 높이는 것이다. 이러한 현상이 가장 활발하게 나타나는 곳은 바로 도시다. 도시는 아이디어가 서로 교환되고 새로운 아이디어가 계속 돌출하는 곳이므로 세계화를 끊임없이 진작시킨다. 세계도시의 부상은 민족국가에 대한 관심은 감소시키고 새로운 국제질서를 만들어 나간다.

도시는 글로벌 도시시장에서 서로 간 경쟁하는 혁신적인 주체이다. 도시경쟁력을 키우기 위해 도시정부는 투자자를 유치하기 위한 노력을 경주해야 한다. 이를 위해 인프라와 서비스 등 환경을 조성해야 한다는 많은 압력에 직면하게 된다. 투자자욕구를 이해하기 위해서 도시정부는 정책결정과정에서 투자자를 새로운 관리주체로 등장시켜야한다. 이것은 지방도시로서 직면하는 위협요소를 줄이고 정책결정의 투명성과 예측가능성을 증가시킨다.

새로운 공공관리(NPM)는 경영마인드(business mind)에 기초하고 있다. 경영마인드는 현실에 도전하여 효과적(effective)인 아이디어를 개발하고, 이를 효율적(efficient)으로 관리함으로써 자원의 활용정도를 극대화하는 것이다. 피터 드러커에 의하면 효과성은 "옳은 일을 하는 것(Doing the right things)"이고 효율성은 "일을 잘하는 것(Doing things right)"이다.

효율성은 투입과 산출, 또는 비용과 수익의 관계로 측정된다. 도시경영자가 효율성을 높이기 위해서는 같은 투입량(또는 비용)으로 산출량(또는 수익)을 크게 하거나, 정해진 산출량(또는 수익)을 적은 투입량(또는 비용)으로 생산한다. 한편 효과성은 경영과정보다 경영결과에 초점을 둔다. 따라서 효과성은 도시경영자가 궁극적으로 달성하고자 하는 바람직한 목표나 결과를 얼마만큼 달성하는가와 관련된 문제이다. 효과성의 목표에는 시민신뢰도·삶의 질·시민만족도 등이 포함된

그림 8-7　지속가능한 도시경영을 위한 거버넌스 요소

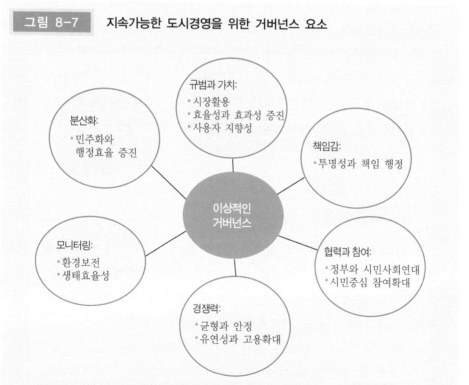

자료: Dijk, M. P. van, 2006a, *Can China Remain Competitive? The Role of Innovation Systems for an Emerging IT Cluster*, Rotterdam: EUR, Book Forthcoming에서 수정 재편집.

다. 도시경영자가 경영을 잘하려면 일하는 과정에서의 효율성(Efficiency)과 일의 결과에서의 효과성(Effectiveness)을 동시에 높이는 것이 필요하다.

경제학에서 '공유자산의 비극(tragedy of commons)'이론이 있다. 어느 누구의 소유도 아닌 공동의 소유물은 언젠가 황폐해지고 만다는 것이다. 어느 도시에 시민 전체의 소유로 되어있는 아름다운 공원이 있다고 가정하자. 이 공원은 시민 모두의 소유물이기 때문에 어느 누구도 관리책임을 지지 않게 된다. 시민들은 공원의 꽃과 나무를 훼손하고 오물을 방치하게 된다. 그 결과 공원은 더러워지고 아름다운 자연은 황폐하게 된다. 이러한 비극을 막기 위해서 관리주체를 임명하고 환경 보전을 위한 규정을 만들어야 한다. 그리고 모든 시민이 감시하고 모니터링 할 필요가 있다.

도시경영자와 가장 관련을 가지는 경제이론은 경쟁력이론이다. 글로벌 경제에서 중요한 것은 경쟁력을 가지고 도시의 거버넌스를 개선해 나가는 것이다. 지속가능한 도시경영을 유지하기 위해 도시 거버넌스를 면밀히 분석하고 규범과 가치, 책임감, 협력과 참여, 경쟁력, 모니터링, 분산화 등에서 문제점을 찾고 이를 개선해 나가야 한다(그림 8-7). 도시경영자는 이상적인 도시 거버넌스를 달성하는데 목표를 두고 이를 바람직하게 이루기 위해서 NPM 원리를 활용하게 된다. 따라서 도시경영은 도시 거버넌스, 그리고 NPM과 함께 삼중구조를 가지며 밀접하게 상호 연관되어 있다.

2) 도시경영과 도시 거버넌스의 차이

1980년대 중반 지방정부의 영향력이 불완전하고 미미함에 따라 이를 극복하기 위해 도시 거버넌스라는 용어가 유행하게 되었다. 지방정부가 겪는 변화에는 경제의 국제화·공적인 의사결정분야에 민간부문의 참여증가·관료체제에 새로운 공공관리가 가미되어 신 관료체제로의 이행 등이 포함된다.

도시경영과 도시거버넌스의 원천을 보면 주요한 차이가 있다. 도시경영은 서비스와 규정 등 정책을 잘 시행하는 것과 관련이 있고, 도시 거버넌스는 개인과 기관, 공공부문과 민간부문 등 두 주체가 공평하게 의사결정에 참여하는 것에 치중한다. 도시는 지배되고 동시에 관리된다. 거버넌스는 관리가 아닌 지배의 변화된 형태다. 도시 거버넌스가 지배자와 피지배자 간의 관계라고 한다면 도시경영은 서비스를 제공하는 자와 서비스를 받는 자의 관계이다. 거버넌스의 책임과 도시경영의 책임에는 차이가 있다. 거버넌스의 책임은 도시경영을 맡길 수 있는 적임자를 선택하고 계획과 의무를 위탁한 후 성과를 평가하는 일이다. 한편 도시경영의 책임은 전반적인 조직의 성과를 관리하고 고양시키는 데 있다. 결국 도시경영은 도시 거버넌스 시스템을 시행하는 책임을 갖는다.

제3절 도시경영 사례

Understanding the City

01 도시경영의 중국사례

중국에서 도시고용의 상당 부분은 중소기업에서 이루어진다. 여기서 중소기업은 5명 미만의 고용자[16]를 가진 경제활동을 의미한다. 도시고용을 촉진하기 위해서는 중소기업의 발전을 진작시키는 일이 필요하다. 정부가 무시하거나 대수롭지 않게 여기는 자들의 활동에 대해서 도시경영자는 능동적인 태도를 가질 필요가 있다. 중소기업은 가난한 국민과 이민자들의 소득창출과 고용의 관점에서 매우 중요한 의미를 가진다. 중국 도시에서 많은 경제활동은 비공식적인 중소기업의 범주에 속해 있다. 이들은 법적 보호를 받지 못하고 지하경제의 영역에 속해 있다. 노동자들은 법적인 최저임금을 받지 못하고 근대적 의미의 사회보장 혜택도 누리지 못한다. 중국도시에서는 실업·낮은 기술수준·도시의 불법행위

그리고 가난 등의 문제가 항상 존재한다. 지방정부는 이 문제들을 해결하고 경쟁력 있는 도시를 만들기 위한 해결책을 개발해야 한다.

중국은 1978년 이후 2012년까지 평균소득이 약 56배 상승하였고, 연평균 10%에 이르는 경제성장률을 달성하였다. 높은 경제성장률 덕분에 제조업에서의 일자리 수는 급속도로 증가하고 있지만 막상 고용성장률은 크게 증가하지 않았다. 수억 명의 노동자들이 일자리를 찾기 위해 농촌 지역에서 도시로 이주하게 되자 도시는 일자리를 구하기 위한 노동자들로 가득차게 되었다. 공급과잉상태에서 일자리를 찾지 못한 사람들은 노점상이나 비공식 근로를 하며 살아간다. 중국 정부는 이러한 활동에 대한 데이터를 파악하지 않기 때문에 비공식 부문에 대해서는 거의 알려진 바가 없다.

국민들의 비공식 활동 수가 크게 증가한 것은 1976년 마오쩌둥의 죽음 이후 자본주의에 대한 개방성이 진전되고, 경제적 자유화가 시작된 이후부터이다. 중국정부는 소규모기업들의 활동이 중요하다는 점을 인식하고, 이들 활동을 허용하게 되었다. 즉, 소규모 경제 활동을 용인하고 유지함으로써 세계화 추세에서 피할 수 없는 두 가지 이슈인 실업과 고비용 문제를 해결하게 되었다. 도시의 비공식 경제활동분야로 실업자를 흡수하고, 노동자에게는 낮은 임금을 지불함으로써 저비용국가를 유지하는 것이 가능하게 되었으며, 이를 통해 국가와 도시의 경쟁력은 향상되었다.

중국에서 생산되는 제품의 품질은 두 가지로 분류된다. 아프리카, 라틴 아메리카, 그리고 중국 내 시장을 위한 제품은 값이 싸고 품질이 낮다. 그러나 중국 수출의 약 3분의 1에 해당하는 제품은 미국, 유럽, 그리고 동아시아 지역으로 수출되며, 품질이 우수하고 비싸다.

중국 내에서 자본주의 경제가 정착함에 따라 기업소유권은 정부에서 민간부문으로 이전되고, 노동관계는 더 자본주의적이 되었으며, 생산되는 상품과 서비스는 세계시장을 석권하게 되었다. 덩샤오핑의 개방 정책은 중국의 세계 경제 참여의 시발점이 되었고, 중국은 인구가 많음에도 인도보다 더 높은 소득수준을 가지게 되었다(van Dijk, 2005b).

02 네덜란드 도시환경관리

　　네덜란드의 환경문제에 관한 관심은 1973년부터 시작된 유럽 환경정책 프로그램에서 시작되었다(그림 8-8). 동유럽 국가에서 산업공해를 일으키는 원인은 수질 오염·대기오염·유해 쓰레기 매립·하수도 문제와 과도한 소음 등이다.

　　네덜란드의 국립환경정책플랜에 의하면 환경오염의 원인은 네 가지로 구분된다. 첫째, 기본적으로 지역에서 발생하는 환경문제로서 소음, 냄새, 공기오염, 수질 오염, 가정쓰레기 등이다. 둘째, 세계적인 규모로 인류가 직면하는 이산화탄소의 배출이다. 이로 인해 기후 변화와 오존층의 파괴를 경험한다. 셋째, 대륙적 규모로 환경을 오염시키는 산성화와 위험한 물질의 확산을 들 수 있다. 넷째, 강과 하천에서 환경을 오염시키는 위험한 물질의 누적, 오물로 가득한 개천 등이 있다.

| 그림 8-8 | 네덜란드 도시환경 |

자료: http://theappl.com/bbs/board.php?bo_table=theme_image&wr_id=24802

환경문제는 도시경영자가 가장 관심을 가져야 할 부문이며, 정부나 지방자치단체, 또는 어느 한 기관만으로는 이 문제를 해결할 수 없다. 환경정책은 외국자본의 투자유입을 억제하기 때문에 개발도상국가들은 산업화과정에서 발생하는 환경적 영향을 간과하는 경향이 있다. 그러나 환경공해를 가장 많이 일으키는 개발도상국가들이 환경정책을 외면한다면 지구환경의 오염속도는 가속화될 것이다. 지구를 살리기 위해 선진국들이 그린산업 보호주의를 강화한다면 개발도상국의 수출은 줄어들 것이다. 그러나 이러한 정책방향은 지구를 위해 바람직하다. 선진국을 중심으로 세계 모든 국가들은 지구온난화와 온실가스를 줄이기 위한 노력으로 기후협약을 통해 온실가스배출거래세를 시행하고 있다.

네덜란드에서는 화학 산업이 중요하다. 공장들이 대체적으로 군집되어 있고, 이 산업부문에 거액의 환경적 투자를 해왔다. 화학 산업부문은 환경보호라는 틀 안에서 정부와 함께 생산에 대한 협의를 하고 있다.

- 염소의 사용량을 줄이거나 완전히 통제할 수 있는 방안을 연구한다.
- 새로운 상품을 개발할 때는 반드시 환경적 영향을 분석한다.
- 유럽 화학 산업이 지속 가능한 개발의 방향으로 나아가기 위한 국제회의를 개최한다.

도시경영자는 산업 부문의 지속적 성장을 위해서 환경적 규정을 마련해야 한다. 산업공해를 줄이기 위한 공동 노력은 산업이 군집되어 있는 경우 더 쉽게 달성될 수 있다. 왜냐하면 사업체들 간 연락이 쉽고 비용을 적게 부담할 수 있기 때문이다.

이와 같이 네덜란드는 환경문제에 대한 세밀한 관심과 성공적인 정책수행으로 세계에서 가장 쾌적한 도시환경을 유지하고 있다.

제4절 도시경영의 도전과 과제들

Understanding the City

세계화의 시각에서 본다면 도시성장은 앞으로도 계속될 것이며, 세계의 도시인구는 획기적인 속도로 증가하리라고 기대된다. 이러한 급속한 도시성장은 도시 지도자와 도시경영자들에게 주요 도전과제를 제공한다. 도시는 인류의 가장 위대한 발명품이다. 도시화의 성공은 인간에게 풍요로움과 행복을 선사한다. 도시경영자는 시민들이 더 나은 삶을 누릴 수 있도록 해야 한다. 도시 문제들은 서로 관련되어 있으므로 종합적인 시각에서 분석하고 전략을 수립한 후 통합된 해결책을 제시해야 한다. 도시경영자가 실천해야할 과제는 다음과 같다.

01 통합된 해결책 제시

① 도시경영자는 통합된 해결책을 제시하기 위해 NPM(새로운 공공관리) 원칙에 따라 경영이론과 기법 등을 문제해결 도구로 사용한다.

② 민간 부문·지역 언론·비정부기관·관련 공공부서, 그리고 지역사회의 대표자들이 단일 행위자 접근법에서 다자 행위자 접근법으로 문제를 해결한다.

③ 메트로폴리탄[17]거버넌스 구조를 만든다.

02   소요재정 조달방안

금융은 도시 개발의 연료 역할을 한다. 도시경영에 필요한 자금규모는 날로 늘어갈 것이므로 도시 기반시설의 확충 등에 필요한 자금을 민간 부문에서 조달하는 것이 매우 중요하다. 도시경영자는 민간 부문을 개입시킬 기회를 찾는 것과 어떤 기구와 법적 형식이 이 용도에 가장 적절한지 연구해야 한다. 이를 위해 경제적, 금융적으로 가능한 프로젝트를 필요로 하며, 중재 기관을 필요로 한다. 또한 다른 도시의 성공적인 경험에서 배우는 것도 매우 중요하다.

03   IT 기술 활용

도시경영을 위해 IT 기술을 지금보다 더 잘 활용하는 것은 갈수록 중요해질 것이다. 이를 위해 도시 데이터셋을 지리정보시스템과 연결하는 것이 중요하다. 선진국과 개발도상국의 도시경영자들이 사용하는 첨단 IT 기술과 통신 수단은 도시 경제의 패러다임과 도시경영의 기능을 개선시킨다. 또한 IT 기술을 잘 활용하면 사람들이 지방정부와 소통하며, 공무원과 주민들이 상호 협력하는 방법에 큰 도움을 준다. 컴퓨터와 정보 시스템의 사용은 분명히 도시경영을 개선하는 데 도움을 준다. 데이터에 대한 접근을 투명하게 관리함으로써 더 많은 주민과 도시행위자들이 의사결정에 참여할 수 있도록 한다.

주요
개념

공·사 파트너십(public-private partnership)

경영마인드(business mind)

경쟁우위(competitive advantage)

나비효과(butterfly effect)

도시거버넌스(urban governance)

도시경영(urban management)

도시경영자(urban manager)

도시경쟁력분석(urban SWOT analysis)

도시경쟁력이론(urban competitive principle)

도시마케팅(urban marketing)

도시화(urbanization)

목표관리(MBO: management by objective)

벤치마킹(benchmarking)

브레인스토밍(brainstorming)

비교우위(comparative advantage)

새로운 공공관리(NPM: New Public Management)

스토리텔링(storytelling)

식스시그마(six sigma)

최적도시규모(optimal city size)

효과성(effectiveness)

효율성(efficiency)

미주

ENDNOTE

1) 피터 홀·울리히 파이퍼 지음, 임창호 구자훈 옮김, 2005, 미래의 도시, 한울 아카데미, 14, 68, 113.

2) 에드워드 글레이져 지음, 이진원 옮김, 2011, 도시의 승리, 해냄, pp. 13 – 14.

3) 상게서, pp. 96 – 97.

4) 앨빈 토플러 지음, 원창엽 옮김, 2013, 제3의 물결, 홍신문화사, pp. 76 – 77.

5) 도시의 승리, 전게서, pp. 56 – 58.

6) 상게서, 394, 400.

7) 규모의 경제는 각종 생산요소를 투입하는 양을 증가시킴으로써 발생하는 이익이 증가되는 현상이다. 일반적으로는 대량생산을 통해 단위당 들어가는 비용을 절감하여 이익을 늘리는 것을 목적으로 한다. 예를 들어 행정중심복합도시 건설로 인해 수도권인구분산, 환경비용절감 등의 경제효과를 가져온다.[네이버 지식백과]

8) 어떤 경제 활동과 관련해 당사자가 아닌 다른 사람에게 의도하지 않은 혜택(편익)이나 손해(비용)를 발생시키는 것을 말한다. 예를 들어 도시계획의 변경, 공업단지의 지정, 그린벨트의 지정이나 해제, 우량농지의 지정, 부동산세제의 강화, 개별공시지가의 고시, 토지거래허가제 지역지정 등과 같이 토지제도나 이용규제, 부동산세제 등의 변화에 따라서 토지의 가격이나 이용에 영향이 있는 것을 말한다. [네이버 지식백과]

9) 이에 관한 설명은 '최적도시규모'절을 참조할 것.

10) Ronbins & Coulter 지음, 이종우 외 옮김, 2012, 경영학원론, 성진미디어, pp. 59 – 60. [네이버 지식백과]

11) 촉진전략은 해당생산물이 경쟁도시의 생산물보다 더 가치가 있다는 것을 실제 고객이나 잠재고객을 대상으로 효과적으로 정보를 제공하거나 설득하는 활동을 말한다. 예를 들어 제주도가 청정도시임을 앞세워 중국 등 주변 나라와 도시들에게 마케팅활동을 하는 것을 말한다. 촉진전략에는 광고, 홍보, 판매촉진, 인적 판매의 4가지가 있다.

12) 도시규모 한 단위가 증가하면 도시구성원이 느끼는 편익(benefit)은 점점 줄어들고 도시구성원이 느끼는 비용(cost)은 점점 늘어난다.

13) 만일 한계비용이 한계편익보다 크다면 규모의 증가가 순 도시비용을 상승시켜 최적규모

의 도시가 되지 못한다.

14) 기업이 생산 유통 포장 용역 등 업무의 일부분을 기업외부에서 조달하는 것이다. 조직의
    비핵심 업무를 외부전문기관에 위탁 수행하게 하고 자사의 자원을 전략적으로 가장 경
    쟁력있는 핵심역량에 집중시킴으로써 최고의 경쟁력을 가진 기업을 구축하기 위한 경영
    전략이다.

15) 국가권력의 시장개입을 비판하고 시장의 기능과 민간의 자유로운 활동을 중시하는 이론
    으로 자유시장과 규제완화, 재산권을 중시한다. [네이버 지식백과]

16) 우리나라의 중소기업은 300명 미만의 종업원을 가진 기업을 의미한다.

17) 어떤 대도시가 중·소도시와 그 밖의 지역에 지배적인 영향을 끼쳐 통합의 중심을 이루
    었을 때, 그 대도시와 주변 지역 전체를 메트로폴리탄이라고 한다.

마티아스 호르크스, 배진아 옮김, 2014, 메가 트렌드 2045, 한국경제신문.

마크 기로워드, 민유기 옮김, 2009, 도시와 인간, 책과 함께.

매일경제 원아시아 도시 선언 프로젝트팀, 2013, 도시를 깨워야 나라가 비상한다, 매일경제 신문사.

에드워드 글레이저, 이진원 옮김, 2011, 도시의 승리, 해냄.

존 리더, 김명남 옮김, 2006, 도시 인류최후의 고향, 지호.

피터 홀·올리히 파이퍼, 임창호외 옮김, 2005, 미래의 도시, 한울 아카데미.

Baclija, I., 2014, *A Reconceptualisation of Urban Management*, Mellen Press.

Blair, T. L., 1985, *Strengthening Urban Management International Perspectives and Issues*, Springer.

Chakrabarty, B. K., 2001, "Urban Management: Concepts, Principles, Techniques, and Education," *Cities*, 18(5): 331−345.

Dijk, M. P. van, 2000, "Summer in the City, Decentralization provides New Opportunities for Urban Management in Emerging Economies, Inaugural Addess," *Rotterdam: IHS*(English version), 15 June, 1−36.

_____, 2005, *India−China, a Battle of Two New ICT Giants*, In: Saith and Vijayabaskar(eds, 2005), 440−460.

Dijk, M. P. van, 2006a, *Can China Remain Competitive? The Role of Innovation Systems for an Emerging IT Cluster*, Rotterdam: EUR, Book Forthcoming.

Dijk, M. P. van, 2006b, *Managing Cities in Developing Countries*, Edward Elgar.

Ewalt, J. A., 2001, "Theories of Governance and New Public Management: Links to Understanding Welfare Policy Implementation, Newark: NJ. Governance: Planning and Land Management in Maputo," *Environment and Urbanisation*, 12(1): 137−152.

Jenkins, P., 2000, "Urban management, urban poverty and urban governance: planning and land management in Maputo," *Environment and Urbanisation*, 12(1): 137−152.

Kresl, P. K. and G. Gappert, 1996, "North American Cities and the Global Economy:

Challenges and Opportunities," *In*: *Urban Affairs Annual Review*, 44, 1－17.

Lane, J. E., 1994, "Will Public Management Drive Out Public Administration?" *Asian Journal of Public Administration*, 16(2): 139－151.

Porter, M. P., 1990, *The Competitiveness of Nations*, London: MacMillan.

Florida, R., 2004, *The Rise of the Creative Class*, New York: Basic Books.

_____, 2005, *Cities and The Creative Class*, New York: Basic Books.

UNCHS, 2004, *The State of the World's Cities*, Nairobi: UN Habitat.

Visser, E. J., 1996, "Local Sources of Competitiveness, Spatial Clustering and Organizational Dynamics in Small－Scale Clothing in Lima," Amsterdam, Ph. D.

Widner, R. R., 1992, "Divided Cities in a global economy," *Report on the European－North American 'State－of－the－Cities'*.

도시와 교통 혼잡

01 도시의 숙제, 교통 혼잡

2011년 10월 31일은 유엔인구기금(UNFPA)이 공식적으로 지구인구 70억을 공표한 날이다. 지구적 재앙을 불러오는 기후변화가 인간 활동에 기인한다는 유엔기후변화패널(IPCC)의 지적을 감안하면 인구 증가가 축복만은 아닌 것 같다. 인간 활동 중 특히 교통 활동은 생활수준이 높아질수록 자동차 소유와 이용이 늘어나면서 교통혼잡과 인류의 미래를 위협하는 온실가스를 더욱 많이 뿜어낸다는 사실을 감안하면, 중국과 인도를 비롯한 개발도상국들의 지속적 성장은 현재의 문제를 더욱 극한 상황으로 몰고 갈 것이 분명하다. 세계는 뉴욕타임즈 명컬럼니스트 토마스 프리드만의 책 제목처럼 점점 더 "Hot, Flat and Crowded" 해지는 것 같다.

2010년 한국의 차량대수는 서울과 부산을 제외한 전국의 주요도시에서 가구당 2010년 현재 1대를 초과했고(그림 9-1), 2014년 10월 전체 차량대수가 2천만대를 돌파했으며, 이웃나라 중국은 2010년 차량대수 7,800만대로 1년 사이에 무려 1,680만대, 27.5%라는 폭발적 성장을 보이고 있다. 화석연료 의존도가 높은 전 세계 차량수는 미국 캘리포니아대 다니엘 스펠링(Daniel Sperling) 교수의 저서 제목대로 현 세기 안에 "Two Billion Cars" 시대를 앞두고 있다.

2011년 발표된 국가교통DB센타 여객통행수단분담률 자료에 따르면 2000년부터 2010년까지 10년 동안 승용차는 2.9% 늘어난 28.8%인 반면 대중교통은 7.2% 감소한 30.8%로 나타났다(그림 9-2). 한편, 또 다른 조사에서 버스의 경우 출근

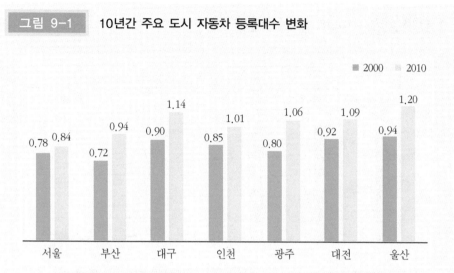

그림 9-1 **10년간 주요 도시 자동차 등록대수 변화**

■ 2000 ■ 2010

자료: 한국교통연구원 국가교통DB센터, 2011, 우리나라 국민 10년 동안 어떻게 통행했나?

시 수단분담률이 2000년 23.2%에서 2010년 14.8%로 8.4% 급락했는데 상당히 주목해야 할 내용이다. 지속적인 대도시 지하철 건설, 버스 BRT, 환승할인제 시행에도 불구하고 이렇게 대중교통 이용률이 떨어졌다는 사실을 볼 때 앞으로 건설될 도시 대중교통시설의 사업타당성 확보가 대단히 어렵고, 더 나아가 대중교통시설 투자 중심의 교통 혼잡 해소 및 온실가스 감축 노력은 한계에 직면할 것으로 예상된다. 이런 와중에 국가적 교통 혼잡 비용은 2012년 30조 원에 육박하고 매년 1조 원씩 증가하고 있다고 한다(한국교통연구원, 2014).

　늘어나는 교통혼잡과 그에 따른 온실가스 배출 문제에 대응하기 위해 정부는 2020년까지 교통부문 온실가스를 2005년 대비 34.3%(3,450만 톤) 감축하는 계획을 추진하고 있지만, 혼잡통행료나 중국 북경에서 실시하고 있는 차량쿼터제, 강제부제와 같은 강력한 교통량 감축 정책은 현실성 떨어지는 대안임이 분명하다. 어떤 정책들도 지속적인 혼잡 개선의 효과를 보이지 못하는 가운데 지친 시민들은 혼잡에 적응해 사는 법을 배우고 있는 실정이고, 최근 들어 세계적으로 인기를 얻고 있는 공공자전거, 카 셰어링 같은 대안도 서울시 등에서 시도가 되고 있지만 승용차의 폐해를 줄이는 데는 한계가 있다는 것이 전문가들의 중론이다.

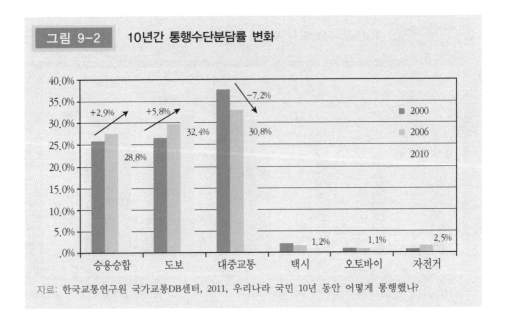

그림 9-2 10년간 통행수단분담률 변화

자료: 한국교통연구원 국가교통DB센터, 2011, 우리나라 국민 10년 동안 어떻게 통행했나?

도시교통 혼잡에 대한 분명한 해법을 못 찾고 있는 가운데 승용차는 각종 첨단기술이 더해지면서 더욱 대안 수단들에 비해 경쟁력이 높아지고 있다. 실시간 내비게이션, 사고경고메시지, 자동주차, 졸음운전방지 등과 같은 스마트카 기술이 도입되면서 차량은 더 안전하고 빨라지고 있으며, 각종 전자기기와 앱 등이 차량내부에 장착된 Connected Car가 생산되면서 점점 더 경제적이고 흥미롭게 차량을 이용할 수 있다. 더 나아가 차량과 인프라 곳곳에 스마트 센서가 부착되어 서로 통신을 하면서 차량의 효율적 운행을 돕는 Fully Networked Car(FNC)의 개발이 본격적으로 진행되고 있고, 구글 등에서는 무인운전을 가능하게 하는 자동운전차량 기술을 개발하여 2017년까지는 상용화하는 계획을 추진하고 있다.

많은 정책적 노력과 투자에도 불구하고 대도시에서 교통 혼잡은 해결할 수 없는 문제인가? 본 글에서는 도시교통 문제의 핵심인 교통혼잡의 근본적인 원인을 파악해 보고, 문제 해소를 위해 시도되었거나 되고 있는 다양한 혼잡관리 정책의 효과를 검토해 보고, 미래지향적인 차세대 정책 대안을 소개하고자 한다.

02 교통혼잡세 이론 및 혼잡관리정책의 발전

1) 교통혼잡세 이론

대부분의 사람들은 차량을 자기 편의에 따라 마음껏 이용하지만 그로 인해 발생하는 사회적 비용은 전혀 고려하지 않는다. 기본적으로 개인들은 사용자최적상태(user optimum)를 구현하기 위해 개인한계비용에 따라 교통수단을 선택(아래 그림의 균형점 E) 하지만 교통체계상에 실질적으로 부과되는 비용은 그보다 높은 사회적 한계비용(균형점 S)이다. 따라서 교통 혼잡은 사회적 한계비용이 한계편익을 초과하여 사회적 효용수준이 하락하는 상태이므로 정부의 간섭을 통해 혼잡통행료(SR만큼의 비용부담)를 부과함으로써 체계의 최적화(system optimum)를 지향하는 것이 사회적 순손실을 극소화할 수 있다. 혼잡통행료 부과 제도는 20세기 초 경제학자

그림 9-3 **혼잡통행료 이론**

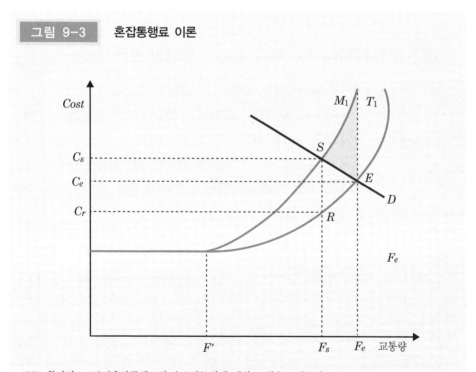

자료: 황기연, 1996, "혼잡통행료의 수요가능성에 대한 고찰," 도시문제, 326: 75-87.

피구(Pigue)의 한계비용개념과 공통공학의 교통류 이론이 결합되어 탄생했으며, 통행료가 부과되면 기존도로의 이용자들은 전보다 많은 비용을 지불하게 되고 균형교통량은 수요곡선과 한계비용곡선이 만나는 점에서 결정된다. 결국 혼잡통행료의 부과로 수요곡선상에서 균형점이 좌측으로 이동되어 사회적 효용의 손실(색칠된 부분)을 막을 수 있다(그림 9-3).

통행료의 징수를 통해 경제적으로 효용성이 높은 통행이 도로의 주이용자가 되게 만드는 것이 최선의 혼잡해소 방법이라는 주장은 1920년대의 피구(Pigou)를 거쳐 최근 들어서는 통행료방안의 당위성을 인정한 가운데 실행상 문제점을 극복하기 위한 노력이 엘스(Else), 내쉬(Nash), 하우(Hau), 베르호프(Verhoef) 등의 학자들에 의해 계속되고 있다(황기연, 1996). 혼잡통행료는 이론적으로 차량을 운전함에 따라 운전자 자신에게 발생하는 평균비용과 도로상의 다른 운전자에게 추가적으로 부담시키는 한계비용의 차이에 의해 결정되며, 실제로는 단순히 통행료 징수뿐 아니라 차량이용규제, 대중교통보조금 등 다양한 정책적 수단이 활용된다.

2) 혼잡관리(Congestion Management) 정책의 발전

대도시에서 항상 골머리를 앓는 교통 혼잡 문제를 해소하기 위해서 도로건설, 대중교통 시설 공급 등 다양한 시설 공급적 대안들이 초기 혼잡관리 정책으로 시도되었지만, 가시적인 성과를 거두지는 못했다(엄진기 외, 1999). 특히 도로시설을 늘리면 혼잡 문제가 해소될 것으로 단순히 생각하지만 혼잡 현상은 복합적인 요인에 의해 움직이기 때문에 때론 다음에 요약된 것처럼 혼잡이 더욱 악화되는 역설적 상황도 생길 수 있다 .

피구-나이트-다운스 역설로도 알려진 다운스-톰슨 역설(Downs-Thomson paradox)은, 도로 네트워크 상에서 자동차의 평균 속력이 동일한 거리를 대중교통 수단으로 이동할 때의 평균 속력에 의해 결정된다는 주장이다. 이 주장에 따르면 도로를 늘리는 것은 전체적으로 교통 상황을 더 악화시킬 수 있다는 결론이 나온다. 도로가 늘어나면 교통 수단을 대중교통에서 자동차로 바꾸는 사람들이 늘어나고, 이는 대중교통 수단의 운행의 감소나 운임의 상승을 일으키며, 따라서 대중교통 이용객은 더 줄어든다. 이러한 악순환이 계속되어 결국 도로가 늘어나기 전보다 교통 상황은 더 나빠지게 된다. 만일 이 주장이 참이라면 교통 체증에 대한 해결책으로 도로를 늘리는 것은 효과적이지 않을 뿐만 아니라, 상황을 더 나쁘게 만든다는 결론이 나온다. 이것은 루이스-모그리지 명제(Lewis-Mogridge Position)로도 알려져 있다. 마틴 모그리지는 이것을 그의 저서 『Travel in towns: jam yesterday, jam today and jam tomorrow?』에서 런던의 사례 연구를 통해 광범위하게 정리하였다.

　　현재 루르 대학의 수학부에 있는, 디트리히 브라에스의 1968년 논문에서 이미 이러한 비직관적인 현상이 네트워크상에서 나타난다는 점은 언급되었다. 브라에스의 역설은 네트워크 상에서 움직이는 개체들이 이기적으로 그들의 경로를 선택할 때, 네트워크의 크기를 늘리는 것은 때때로 전체적인 효율의 감소를 일으킬 수 있다는 주장이다. 도로 교통 네트워크뿐만 아니라 컴퓨터 네트워크에서도 비슷한 현상이 일어날 수 있기 때문에, 이 현상에 대한 연구는 최근 관심을 받고 있다. 네트워크의 크기를 늘리는 것은 도로 교통 네트워크의 통행자와 비슷한, 서로 독립적으로 출발점과 도착점 사이의 최적의 경로를 선택하는 사용자들의 행동으로 특징 지을 수 있다. 이는 유도된 수요 이론의 확장이며 또한 다운스의 삼중의 융합 이론과도 일치한다. 다운스는 이 이론으로 고속도로의 러시아워를 해소하는 것의 어려움을 설명하였다. 도로의 증가는 세 가지 즉각적인 효과를 나타나게 한다. 다른 경로를 이용하던 운전자는 확장된 도로를 쓰기 시작하고, 이전에 혼잡하지 않은 시간대에 통행하던 사람들이 혼잡한 시간에 이동하게 되며, 대중교통 이용객들은 자동차를 타기 시작한다.

자료: https://ko.wikipedia.org/wiki/다운스-톰슨의_역설

　　공급 중심의 혼잡관리가 도로 공급으로 발생하는 각종 역설적 현상 및 시설투자에 드는 막대한 비용과 시간으로 인해 한계에 이르면서 단기적으로 저비용을 들여 가시적 효과를 볼 수 있는 새로운 혼잡관리 정책에 대한 관심이 1990년 초부터 고조되었다. 가장 먼저 결실을 본 사업은 1995년부터 서울시의 주택가 이면도로에서 실시한 거주자우선주차제도라 하겠다. 이 제도는 이면도로에서 무질서한 외부인 불법주차를 근절시키기 위해 거주자에게 매월 일정 금액을 징수하는 대신 이면도로상 지정된 공간에서의 주차를 합법화시켜주었다. 이어서 기업체교통수요관리 제도가 시행되었다. 일정 규모 이상의 건물에서는 획일적으로 건물 면적에 기반한 교통유발부담금을 내야 했는데, 이 제도의 도입으로 교통량 감축 조치를 시행하는 건물은 부담금을 감면받을 수 있게 되었다. 1996년 10월에는 서울시에서 우리나라 최초로 혼잡통행료를 징수하기 시작했다. 시범사업의

이름으로 남산 1, 3호 터널에서 진출입 차량에 대해 2천원씩 통행료를 부과했다. 혼잡통행료 징수에 이어 서울시는 지방주행세를 신설하기 위해 노력했고, 그 결과 제도화되었지만 획기적인 유류비 인상이 수반되지 않아 자동차 수요를 억제하는 데 큰 기여를 하지는 못했다. 초기 혼잡관리의 특징은 주로 가격 메커니즘을 중심으로 한 각종 규제에 집중되었고, 교통량 감축 효과는 검증되었지만 물가인상과 시민부담 가중이라는 부정적인 측면이 제기되면서 영국 런던의 혼잡통행료와 같은 대규모 교통수요관리 정책으로 발전하지 못했다.

가격규제 중심의 혼잡관리가 그 한계를 보이면서 근본적으로 자동차 이용을 줄이기 위해서는 토지이용과의 연계가 필수적이라는 시각이 등장했다. 직장과 주택이 하나의 단지 내에 결합되고, 근린상업, 농업을 포함한 모든 인간 활동이 보행권 범위 내에 입지하며, 도시 간 연계활동은 통신으로 대체되는 컴팩트시티의 건설이 대안으로 제시되었다. 한편, 서울시에서는 내부순환도로 개통, 2기 지하철 개통 등으로 교통인프라가 개선되었지만 경기가 회복되면서 교통문제는 다시 심각해졌고, 특히 대기오염 등으로 인한 환경 비용에 대한 인식이 싹트기 시작했다. 2003년에 시작된 청계천복원 사업과 시청 앞 광장 사업 등 도로 용량을 축소시키는 방식의 새로운 혼잡관리 정책이 시도되었다. 도로를 철거하거나 용도를 보행자 광장으로 전환했지만 교통소통에는 큰 영향을 주지 않았고(조용학·황기연, 2002), 이 사업이 성공적으로 진행된 뒤에는 도로의 용량을 줄이는 고가도로 철거, 광화문 보행 광장 건설, 주요 교차로의 보행건널목 설치, 자전거 도로 건설 등의 사업이 줄을 이었다.

2008년 세계적인 경제위기는 시장경제에 대한 의구심을 갖게 하였고, 공유경제라는 새로운 경제시스템에 대한 관심을 높였다. 이러한 변화는 2008년 애플의 아이폰이 등장하면서 공유경제와 첨단정보통신기술이 결합된 카 셰어링이라는 기술 기반 공유교통시스템을 탄생시켰다. 최근 들어서는 첨단 IT 기술과 자동차공학 기술이 접목되어 초소형의 미래형 개인교통수단인 퍼스널모빌리티(Personal Mobility)가 본격적으로 개발되고 있다. 초소형이고 전기동력에 의해 움직이기 때문에 혼잡에 대한 영향이 적고 환경적으로도 우수한 장점을 갖고 있다. 다만 최고속도가 낮기 때문에 고속도로 운행이 규제되는 등 다양한 교통안전 관련 규제가 존재하여 시장을 확대하는 데 어려움을 겪고 있다. 2020년은 지구상에서 최초

로 로봇이 운전하는 무인차량이 시내를 주행할 것으로 예상된다. 첨단기술이 초
융합되어 만들어지고 있는 이 차량은 벌써부터 구글, 애플, 테슬라모터스와 같은
세계 첨단 IT회사 등이 제작에 참여함으로써 많은 사람들의 관심을 끌고 있다.
로봇이 운전하기 때문에 법규준수율이 높고, 졸음운전으로 인한 사고도 없어지
며 운행 중 차간거리가 최소화되면서 기존 도로의 용량을 최대한 효율적으로 활
용할 수 있는 차량이다.

제2절
규제 중심의 1세대 교통 혼잡관리

Understanding the City

01 자가용 승용차 부제 운행

　서울시는 성수대교 붕괴 이후 교통대란을 방지하기 위해 「자동차관리법」
제24조에 근거하여, 지방경찰청장과 협의를 거치고 국무회의의 의결을 거쳐
1995년 2월 3일부터 4개월간 강제적 승용차 10부제를 시행하였다. 시행결과
98.7%의 높은 참여율을 나타내었으며, 교통량은 시행전후 6.95% 감소하였고, 운
행속도는 13.7% 증가한 것으로 나타났다. 그러나 시행과정에서 지나친 규제, 기
회비용과다, 단속비용 등의 이유로 많은 시민들과 전문가들의 반대가 있어서 항
구적인 대책으로 정착되지는 못했다. 다만 2002년 월드컵 대규모 국제회의 등과
같이 특별한 교통통제가 필요한 경우 등에 한시적으로 적용할 경우에는 효과도
크고 시민들의 반대도 적은 것으로 나타나 중국 북경에서는 북경올림픽 때 가장

효율적인 교통대책으로 승용차 부제 운행을 활용했다.

02 기업체 교통수요관리

기업체에서 자율적으로 승용차교통량을 감축시키면 교통유발부담금을 감면
시켜 주는 방안이 1995년 7월부터 서울시에서 시행되고 있다. 적용대상은 서울
시에 소재하고 있는 연상면적 3,000㎡ 이상의 건물주이고 감면내용은 기업체교
통수요관리 참여 여부에 따라 10−90%까지 경감해주고 있다(승용차5부제(20%), 주차
장전면유료화(20%), 통근버스운영(30%), 종사자승용차이용제한(20%))(표 9−1).

시행 5년 만인 2000년 참여건물은 총 349개로 약 745백만 원을 감면받고 있
으며, 이는 전년도 감액건수 5개소 111백만 원에 비해 현격하게 증가한 것이다.
이와 같은 획기적 변화는 1999년 기업체교통수요관리에 관한 서울시 조례의 변

표 9−1 서울시 기업체교통수요관리 프로그램

구 분	프로그램	이행기준	경감비율
의무 감축 방안	주차장 유료화	• 시간: 영업시작시간부터 종료시간까지 • 주차요금: 인근 공영노외주차장요금의 100% 이상 • 징수대상: 직원 및 이용자 차량 모두 • 금지사항: 무료주차권 배부, 주차비 보조, 매출액에 따른 무료주차 인정, 시간제 무료주차 인정	교통유발부담금의 50%
추가 감축 방안	승용차10부제	• 승용차번호 끝번호와 일력의 끝숫자가 일치하는 날에 시 설물의 부지 및 부설주차장으로 승용차 진·출입 금지	교통유발부담금의 10%
	승용차5부제	• 10부제 기준과 병행 승용차번호 끝번호에 5를 더한 숫자 와 일치하는 날에 시설물의 부지 및 부설주차장으로 승 용차 진·출입 금지	교통유발부담금의 20%
	승용차2부제	• 승용차번호 끝번호와 일력의 끝숫자가 짝수이면 짝수날 에 홀수이면 홀수날에 시설물의 부지 및 부설주차장으로 승용차 진·출입 금지	교통유발부담금의 30%
	소속종사자자가용 승용차이용제한	• 출·퇴근 시 등에 소속종사자에 대한 자가용 이용을 강제 제한(방침수립, 교육 및 주차장 출입 제한)	95%이상 제한 시: 교통유발부담금의 10%

자료: https://s−tdms.seoul.go.kr/index.do.

경으로 감면조건이 완화되었으며, 2000년부터 공공시설물도 부과대상에 포함되었기 때문이다. 그러나 현재까지 교통유발부담금의 수입은 기업체교통수요관리 활성화를 위한 투자에 전혀 사용되지 못하고 있다. 좀 더 기업체 자율적 수요관리를 촉진시키기 위해서는 참여 기업 종사원들에게 대중교통 이용장려금 등으로 교통유발부담금 납입액을 감면받을 수 있는 실질적 지원책이 필요하다.

03 혼잡통행료와 유가인상

도시교통정비촉진법시행령에 근거해서 서울시는 혼잡료 시행조례를 작성하였으며 이에 근거하여 남산 1, 3호 터널에서 1996년 11월7일부터 월요일~금요일 7 : 00－21 : 00까지, 토요일 7 : 00－15 : 00까지, 양방향에 대해 2,000원의 혼잡료를 징수하고 있다. 시범실시 1년 후 남산 1, 3호 터널의 교통량은 1년 후 13.6% 감소하고 통행속도는 38.0% 빨라졌고, 첨두 시의 승용차 교통량은 29.6% 감소하였으며 2인 이하 탑승의 유료승용차는 40.2% 감소되었다. 우회도로에서도 교통량이 5.7% 증가하였음에도 불구하고 통행속도는 15.5% 개선되었다. 그러나 1998년 2월 중순 이후 경기회복으로 징수시간대 통행량이 늘고 있으며 1999년 11월 조사에는 교통량이 시행 전에 비해 2.8%만 감소한 것으로 나타났다. 다행히 통행속도는

표 9-2 혼잡통행료 징수효과의 변화

구 분		96. 11 (시행전)	96. 12 (시행1개월)	97. 11 (시행1년)	98. 11 (시행2년)	99. 11 (시행3년)
남산 1 · 3 호 터 널	징수시간대 통행량	90,404	67,912 (-24.9%)	78,078 (-13.6%)	80,784 (-10.6%)	87,886 (-2.8%)
	첨두 시 승용차교통량	18,628	11,874 (-36.3%)	13,068 (-29.8%)	12,260 (-34.2%)	11,949 (-35.9%)
	첨두 시 징수대상 승용차	17,571	9,082 (-48.4%)	10,470 (-40.4%)	9,671 (-45.0%)	9,798 (-44.2%)
	평균통행속도 (km/h)	21.6	33.6 (+55.9%)	29.8 (+38.1%)	31.9 (+47.7%)	30.6 (+42.0%)

자료: 서울시, 1999, 혼잡통행료 시행 3주년 평가 및 효과분석.

교통량에 관계없이 일정 수준을 유지하고 있어서 기존에 비해 도로이용효율은 상당히 개선된 것으로 판단된다. 우회도로의 경우도 교통량은 증가하였으나 속도 개선폭은 시행 초반기와 큰 변화 없이 유지되고 있다(표 9-2).

　　한편, IMF 경제위기 이후 급격한 원화가치의 하락으로 유류도입 가격은 급상승했으나 유류 관련 세금은 줄지 않아서 유류소비자 가격이 급상승했다. 그 결과 교통량의 경우 1998년 서울시조사(3.24~3.26)에 따르면 서울시 주요구간의 교통량이 전년도 경찰조사 결과에 비해, 5.1% 감소한 것으로 나타났고, 특히 도심의 경우 9.5% 감소한 것으로 나타났다(서울시, 1998)(표 9-3).

표 9-3　유가인상에 따른 속도변화

구 분	97. 5	97. 12. 12	98. 1. 13	3차인상후 증감률
도심 통행속도	18.6km/h	18.9km/h	21.5km/h	+15.9%
외곽 통행속도	21.7km/h	23.5km/h	27.5km/h	+26.7%

자료: 서울시, 1998, 혼잡통행료 시행 3주년 평가 및 효과분석.
주: 11개 구간 123.08km에서 시험차량 주행법으로 조사함.

　　교통수단별 유가인상효과를 보면 유가 4차 인상 후(1218원) 남산 1·3호터널 교통량은 2.1% 감소하였고 이중 징수대상 승용차는 21.8% 감소하였으며, 유가 3차인상후 공영주차장 이용차량은 12.8% 감소했다. 유류가격의 2차 인하 후(1047원) 지하철이용인구 2.0%, 버스이용인구 6.7%증가(통학의 영향)한 것으로 조사되었다(표 9-4).

　　혼잡통행료와 유가인상이 교통에 미치는 영향을 보면 혼잡통행료와 같이 지속적으로 금전적 부담을 부과하는 방안을 효과가 지속되지만 유가와 같이 항상 유동적인 경우는 혼잡완화에 지속적인 효과를 주지는 못하는 단점이 있다.

제9장 · 도시와 교통 혼잡 383

표 9-4	유가인상에 따른 효과

구 분	인상전 97. 11. 21 ~ 11. 27	1차인상후 97. 11. 28 ~ 12. 18	2차인상후 97. 12. 19 ~ 98. 1. 8	3차인상후 98. 1. 9 ~ 1. 17	4차인상후 98. 1. 18 ~ 2. 14	1차인하후 98. 2. 15 ~ 2. 28	2차인하후 98. 3. 1 ~ 3. 31
휘발유(원)	839	923 (10.0%)	1083 (29.1%)	1135 (35.3%)	1218 (45.2%)	1166 (39.0%)	1047 (24.8%)
경유(원)	374	457 (22.2%)	618 (65.2%)	665 (77.8%)	755 (101.9%)	688 (84.0%)	583 (55.9%)
남산 1, 3호 교통량(대)	77,989	79,019 (1.3%)	77,881 (-0.1%)	76,593 (-1.8%)	76,381 (-2.1%)	77,872 (-0.2%)	77,093 (-1.1%)
통행료징수 승용차(대)	30,894	29,601 (-4.2%)	26,898 (-12.9%)	24,471 (-20.8%)	24,167 (-21.8%)	24,394 (-21.0%)	25,012 (-19.0%)
지하철 이용인구(명)	4,010,800	3,992,875 (-0.4%)	4,140,623 (3.2%)	4,112,466 (2.5%)	4,037,257 (0.7%)	4,065,561 (1.4%)	4,091,374 (2.0%)
버스 이용인구(명)	100,088	99,688 (-0.4%)	96,784 (-3.3%)	95,851 (-4.2%)	97,236 (-2.8%)	98,440 (-1.6%)	106,769 (6.7%)
올림픽대로 교통량(대)	165,426	164,594 (-0.5%)	173,649 (5.0%)	160,987 (-2.7%)	169,152 (2.3%)	176,721 (6.8%)	181,959 (10.0%)
공영주차장 이용차량(대)	12,799	12,014 (-6.1%)	11,983 (-6.4%)	11,157 (-12.8%)			

자료: 서울시, 1998, 교통현황 결과보고서(Ⅱ).
주: 버스이용인구는 서울시에서 운행하는 10개 노선을 대상으로 표본조사한 것임.

제3절
토지이용 – 교통 결합형 2세대 교통 혼잡관리

Understanding the City

01 도로용량 축소를 통한 하천복원: 청계천복원[1]

2003년 7월 1일 서울시는 청계고가 및 하천을 덮고 있는 도로를 걷어내고 청계천을 복원하기 위한 공사에 착공했다. 개발연대 도로건설은 곧, 경제성장을 의미했기 때문에 하천을 복원하기 위해 도로를 철거한다는 것은 완전히 새로운 발상을 요구하는 혁명적인 시도였다. 많은 사람들이 도시교통혼잡은 걷잡을 수

표 9-5 복원사업 시행 전후 서울시 통행속도변화

구 분		7/8일 (km/h)	7. 7(월)대비		7. 1(화)대비		2003년 6월대비	
			증감량 (km/h)	증감율 (%)	증감량 (km/h)	증감율 (%)	증감량 (km/h)	증감율 (%)
속 도	서울시 전체	22.8	1.6	7.3	2.7	13.2	1.1	4.8
	도 심	20.5	−0.2	−1.0	1.3	6.6	−0.3	−1.2
	진입/우회도로	26.8	2.2	8.9	0.2	0.6	−0.2	−0.6
10km/h이하 구간비율	도시고속도로[1]	45.1	2.8	6.6	−6.1	−11.8	−5.7	−11.3
	도심	3.8%	3.2%		3.3%		14.3%	
	진입/우회도로	11.0%	18.3%		10.3%		17.5%	

자료: 서울시, 2003, 청계천 복원 대비 교통처리종합대책.
주: 1) 도시고속도로(양방향) 대표구간: 내부순환로(홍제 – 길음), 올림픽대로(반포 – 영동), 강변북로(한강 – 성수), 북부간선도로(전구간), 동부간선도로(월릉 – 군자)

없이 악화될 것이고, 도심경제에 심대한 부정적 효과가 있을 것으로 우려했다. 그 시행효과는 아래와 같다.

2003년 7월 1일 공사착공 후 1주일간 청계고가를 폐쇄하고 청계천로 차로를 편도 각각 2차로씩 축소시킨 효과를 측정하기 위해 ROTIS를 이용해 오전첨두시 속도변화 상황을 모니터링하였다. 우선 서울시 평균속도는 22.8km/h로 일주일 전인 7월 1일(화)보다 2.7km/h 높으며, 2003년 6월 평균속도(21.7km/h)보다 높아진 것으로 나타났다. 그러나 공사에 직접적인 영향을 받는 도심의 평균속도는 20.5km/h로 7월 1일(화)보다는 1.3km/h 증가되었으나 2003년 6월 평균속도(20.8km/h)보다 낮아진 것으로 측정되었다(서울시, 2003)(표 9-5).

도심 진출입 교통량에 대한 조사는 도심 10개의 지점에서 시행되었다. 전후 비교조사결과 조사지점 대부분에서 진출입 교통량이 감소된 것으로 나타났다(표 9-6). 특히 낮 시간대 감소폭이 가장 크게 나타났는데 이는 공사로 인해 낮 시간대 주로 승용차의존도가 높은 업무통행이 도심 진입을 피했기 때문으로 판단된다.

표 9-6 교통량 변화

	공사 전		공사 후	
	유입	유출	유입	유출
오전첨두	49,846	31,983	48,754(-2.24%)	30,558(-4.66%)
낮	39,030	37,480	36,487(-6.97%)	33,715(-11.17%)
오후첨두	35,289	41,175	35,314(+0.07%)	37,747(-9.08%)

자료: 서울시, 2003, 청계천 복원 대비 교통처리종합대책.

한편, 지하철통행자수의 경우 공사착공 전 주에 비해 공사가 착공된 7월 1일이 포함된 주의 지하철통행자수가 서울시 전체적으로 1.65% 증가했고, 실제 도로용량의 축소에 직접적인 영향을 받은 도심의 경우 감소폭이 서울시 전체에 비해 2배 가까이 되는 것으로 나타났다(표 9-7). 3주째도 2주째보다 더욱 지하철통행자수가 늘어난 것으로 나타났다. 따라서 위에서 조사된 도로교통량 감소가 지하철통행자수 증가와 서로 밀접한 관계가 있는 것으로 파악된다.

| 표 9-7 | 지하철이용자수 변화 | | | | | | |

	6. 23(월)	6. 24(화)	6. 25(수)	6. 26(목)	6. 27(금)	합 계	첫주대비
서울시	9,231,514	9,426,058	9,752,527	9,894,974	9,340,174	47,645,247	-
도심	1,428,509	1,508,021	1,580,588	1,581,229	1,491,199	7,589,546	-
	6. 30(월)	7. 1(화)	7. 2(수)	7. 3(목)	7. 4(금)		
서울시	9,637,282	9,557,062	9,825,129	9,533,505	9,881,950	48,434,928	+1.65%
도심	1,508,577	1,521,601	1,613,891	1,563,475	1,628,271	7,835,815	+3.2%
	7. 7(월)	7. 8(화)	7. 9(수)	7. 10(목)	7. 11(금)		
서울시	9,801,913	9,749,006	9,213,308	9,873,988	9,982,886	48,621,101	+2.05%
도심	1,594,532	1,597,105	1,494,556	1,624,922	1,650,281	7,961,396	+4.89%

자료: 서울시, 2003, 청계천 복원 대비 교통처리종합대책.

버스 이용객수는 월별로 집계되는 교통카드 이용자분 정산액을 통해서만 파악할 수 있기 때문에 월별 자료 외에는 구할 수가 없어 엄밀한 비교분석이 어려웠다. 그러나 대체적으로 도로환경의 악화로 이용수요는 감소한 것으로 조사되었다(표 9-8).

| 표 9-8 | 버스이용자수 변화 | | | | | | |

	03년 6월	7월	8월	9월	10월	11월	12월
교통카드 이용객수 (천인/일)	3,381	3,272	3,110	3,439	3,429	3,375	3,207
6월대비 증감률(%)	-	-3.22	-8.01	1.71	1.41	-0.18	-5.16

자료: 서울시, 2003, 청계천 복원 대비 교통처리종합대책.

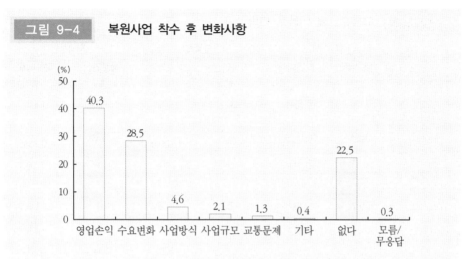

그림 9-4 복원사업 착수 후 변화사항

자료: 황기연·손기민, 2004, "청계천 복원사업 착공전후 교통영향 및 통행행태분석," 대한토목학회지, 24(D).

　　서울시민이 청계천복원 공사에 어떠한 영향을 받는지를 파악하기 위해 총 응답자 1,500인을 대상으로 조사를 실시했다. 중복응답으로 조사한 결과 복원공 사로 가장 불편한 사항은 교통정체가 80%로 가장 많았고, 이중 거주민들이 83% 로 통근자들의 78%에 비해 다소 높게 나타났다. 다음으로 불편한 사항은 불편한 대중교통으로 37%를 기록했고 특히 거주민들은 46%로 높게 나타났다. 그러나 응답자의 77%가 현재 공사 진행 상황을 긍정적으로 보고 있다고 답변했고, 92% 가 민원을 제기한 경험이 없었으며, 사업체 조사에서도 나타났듯이 복원사업 후 주요한 변화요인으로 교통문제에 대한 지적이 1.3%에 불과하여(그림 9-4), 착공 후 가장 불편한 사항이 교통문제임에도 불구하고, 교통문제가 공사로 인한 대규 모 도로용량축소에 의해 새로이 발생했다고 보기는 어렵다(한국갤럽, 2004).

　　수단별 변화분석결과 자가용이용자와 버스이용자가 도로용량축소로 인해 각각 공사 시작 전에 비해 2.5%와 1.6% 감소했고, 반면에 도로교통상황에 영향을 적게 받는 지하철이용자는 3.6% 증가되었다(표 9-9). 통근자와 거주민을 구분해 서 보면 통근자의 경우 승용차 이용 감소폭이 3.2%로 거주민의 1% 감소에 비해 3배 이상 크게 나타났다. 대규모 도로시설이 없어짐에 따라 내부승용차통행은 영향을 적게 받은 반면, 외부유입통행은 영향이 큰 것으로 나타났다. 통근자의

<table>
<thead>
<tr><th colspan="2">표 9-9 교통수단별 이용률 변화</th></tr>
</thead>
</table>

	전 체		사업체		지역주민	
	착공이전 %	착공이후 %	착공이전 %	착공이후 %	착공이전 %	착공이후 %
도 보	16.5	16.6	13.0	12.8	23.6	24.2
자가용	19.9	17.4 (0.008)	21.7	18.5 (0.004)	16.2	15.2 (0.284)
지하철	32.0	35.6 (0.001)	36.4	40.4 (0.004)	23.2	26.0 (0.101)
버 스	19.7	18.1	22.8	21.6	13.6	11.0
기타	11.9	12.3	6.1	6.7	23.4	23.6
계	100	100	100	100	100	100

자료: 황기연·손기민, 2004, "청계천 복원사업 착공전후 교통영향 및 통행행태분석," 대한토목학회지, 24(D).
주: ( ) 모비율 검정력을 표시.

경우 지하철로의 전환율이 4%로 거주민에 비해 높게 나타나 장거리 이동의 대체수단으로 정시성이 높은 지하철이 버스에 비해 선호도가 높게 나타났다.

02 대중교통중심개발(TOD)

1) TOD 이론

대중교통중심개발(TOD, Transit-Oriented Development)은 토지이용과 교통의 연관성을 강조하면서, 대중교통중심의 고밀의 복합적 토지이용과 보행친화적인 교통체계환경을 유도하고자 하는 것이다. 이러한 TOD는 도시계획적인 측면에서 고밀의 복합적 토지이용을 통해 무분별한 도시의 외연적 확산을 억제하고, 승용차 중심의 통행패턴을 대중교통 및 녹색교통 위주의 통행패턴으로 변화시켜 교통혼잡을 적절히 관리할 수 있는 기법으로 인식되고 있다.

대중교통지향형도시개발(TOD)의 개념은 피터 캘솝(Peter Calthope, 1993)의 저서 『The Next American Metropolis』에서 처음 정립되었다(그림 9-5). TOD는 전철역

| 그림 9-5 | TOD의 개념도 |

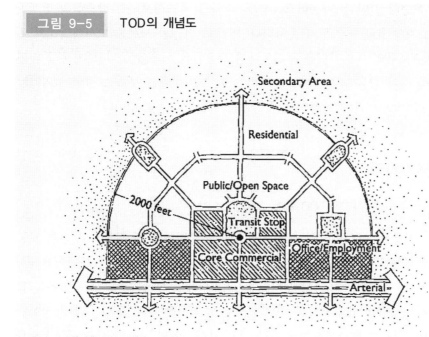

자료: Calthorpe, P., 1993, *The Next American Metropolis: Ecology, Community, and the American Dream*, New York: Priceton Architectural Press.

으로부터 반경 2,000ft(600m)의 거리 내에 상업 및 고용 중심지를 형성하고, 그 주변에 공공시설과 주택을 배치하여 대중교통 및 보행중심으로 도시를 개발하는 것이다.

켈솝이 제시한 TOD의 도시설계 원칙을 살펴보면, (1) 대중교통 서비스를 제공할 수 있는 수준으로 고밀을 유지할 것; (2) 역으로부터 보행거리 내에 주거, 상업, 직장, 공원, 공공시설 등을 배치할 것; (3) 보행친화적인 가로망을 구성할 것; (4) 주택의 유형, 밀도, 비용을 혼합 배치할 것; (5) 양질의 자연환경과 오픈스페이스를 제공할 것; (6) 공공공간을 건물배치 및 근린생활의 중심지로 조성할 것; (7) 근린지구 내에 대중교통 노선을 따라 재개발을 촉진할 것 등이다. 요약하면, 철도역을 중심으로 보행거리 내에 주거, 상업, 업무, 공공시설, 공원 등을 배치하여 대중교통, 자전거, 보행 등으로 도시활동을 영위할 수 있도록 설계한 것이다.

그동안 대중교통 중심으로 교통체계를 개편하기 위해 지하철역 주변에 주차장 등 환승시설 설치, 마을버스노선 투입 등을 시도했으나 차량중심의 정책만으로는 소기의 효과를 거두지 못하였다. 앞에서 언급된 새로운 도시개발계획 및 설계기법으로서의 TOD사업을 추진한다면 승용차의 이용을 줄이고, 자동차 매연 등에 의한 대기 질을 개선할 수 있으며, 또한 고밀개발을 통해 도시의 외역적인 확산을 방지함으로써 자연환경 훼손을 최소화할 수 있을 것이다.

2) 시행사례

(1) 미국 포틀랜드의 TOD 프로그램[2]

미국 서북부 오레곤 주의 포틀랜드 시는 무분별한 도시 확산으로 인한 교통혼잡을 억제하기 위해 1979년 메트로(Metro)라는 기구를 설치하여 토지이용계획과 교통계획을 수립·관리하고 있다. 역세권지역에서 대중교통과 보행이용을 활성화, 도심생활권역 대부분에서 개별 건물이 주차장을 갖지 못하는 대신 집합건물주차장을 건설하여 주차장 진출입에 따른 보행자와의 상충 현상을 근본적으로 차단하였다. 또한 도심의 블록규모를 소규모화 하여 전면도로의 폭원이 최대 편도 3차로를 넘지 않도록 설계하여 보행자들의 보행이 신호등에 의해 규제받지 않도록 하였다(이수민 외, 2007). 나아가 도심 전체를 대중교통무료권역(Fareless Square)으로 지정하고, 대중교통 전용가로를 설치하여 대중교통의 신속하고 정시성 있

그림 9-6 Portland Streetcar, TriMet bus, MAX Light Rail(왼쪽부터)

자료: 황기연, 2007, "TOD형 생활도로체계의 정비방향," 도시문제, 42(468): 38-48.

그림 9-7	TOD시행에 따른 시가지 모습의 변화(단핵도심구조 및 대중교통전용가로)

자료: 황기연, 2007, "TOD형 생활도로체계의 정비방향," 도시문제, 42(468): 38–48.

는 통행을 확보하고 있다(그림 9-6).

　이러한 노력으로 인해 포틀랜드에서는 TOD 시행 후 (1) 복합개발로 인해 도심지의 고용이 73% 증가하였고, (2) 단핵형으로 도시구조가 강화되었다. (3) 지역 전체에 걸친 혼합적 토지이용 개발이 확산되었고, (4) 대중교통의 이용이 증대되었으며, (5) 도심 내 통행량이 감소하는 등의 효과를 거두었다(그림 9-7).

(2) 브라질 꾸리찌바의 TOD[3]

　꾸리찌바 시는 도시계획의 기본 개념인 인간중심의 자연친화적 도시개발을 위한 전략으로 토지이용과 교통계획의 조화를 추구하였다. 그 결과 대중교통지향적인 도시개발을 실현할 수 있었다. 꾸리찌바 시는 외곽도시로 향하는 간선도로축에 버스전용차로(BRT)를 설치하여 버스우선권을 확보하고, 버스 서비스수준을 제고하였다. 또한, 광역망직통서비스를 제공하여 출퇴근 통행시간을 절약하고, 지선버스를 확보하여 지역 간 버스 이용수요를 증대시키며, 다양한 소매점과 오락시설을 구비한 환승시설을 갖추고, 환승요금을 무료로 하여 대중교통이용을 유도하였다. 도시개발을 대중교통중심으로 유도하기 위해 개발 용적률을 BRT 노선 접근성에 따라 차등화하여 고밀개발이 대중교통축 중심으로 모이도록 하였

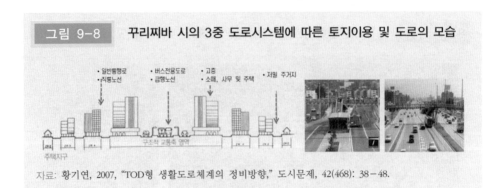

그림 9-8 **꾸리찌바 시의 3중 도로시스템에 따른 토지이용 및 도로의 모습**

자료: 황기연, 2007, "TOD형 생활도로체계의 정비방향," 도시문제, 42(468): 38-48.

고, 이면의 생활가로는 개발용량과 폭원을 동시에 제약하여 교통량을 줄이고 보행이 편안하도록 하였다(그림 9-8).

꾸리찌바 시의 이러한 노력의 결과 BRT 축을 따라 선형으로 고밀화된 개발이 일어나고 그 외의 지역은 개발밀도가 낮아서 대중교통이용자들의 보행거리가 최소화되는 도시구조를 갖게 되었다(그림 9-9). 꾸리찌바 시의 사례를 통해 대중교통지향 도시개발은 도시철도뿐만 아니라 버스(BRT)축을 따라 추진할 수 있다는 것을 알 수 있다.

그림 9-9 **꾸리찌바 시의 TOD시행에 따른 시가지 모습의 변화(버스가로중심의 고밀개발)**

자료: 황기연, 2007, "TOD형 생활도로체계의 정비방향," 도시문제, 42(468): 38-48.

(3) 홍콩의 고밀친화형 역세권 단지설계

아래의 [그림 9-10]은 홍콩의 입체 복합적 고밀형 역세권의 단지설계 모델을 보여주고 있다. 지하철 역사 바로 위에 입체적으로 업무기능과 주거기능이 복합된 초고층 단지를 입주시키고, 바로 인접해서 환승을 위한 대중교통접근로를 제외하고는 차량을 위한 도로가 없는 고밀의 혼합토지이용 건물들이 입주하고, 보행로축은 역사의 정중앙을 가로지는 중심축과 주변토지이용으로 분산되는 4개의 방사축으로 구성된다. 다음으로 오픈스페이스와 저밀도 토지이용이 입지하고, 차량소통을 위한 주간선도로는 역세권에서 최소한 500m 이상 떨어진 곳에 위치하도록 하여 고밀화된 역세권으로 차량접근을 근본적으로 차단하고 있다.

입체복합형 단지설계의 특징은 역세권에 인접한 자동차가로를 최소화하는 대신 보행중심의 평면적 이동체계를 구축하고, 대용량의 버스, 지하철 등 대중교통은 지하화하여 가능한 지상의 보행체계와 마찰이 없도록 배려했다는 점이다. 다시 말해, 많은 교통수요가 몰리는 고밀의 역세권공간에서 자가용승용차를 거

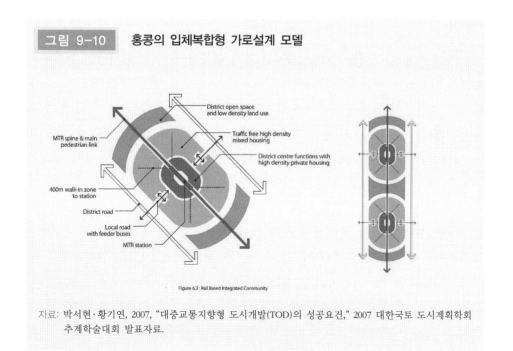

그림 9-10　홍콩의 입체복합형 가로설계 모델

자료: 박서현·황기연, 2007, "대중교통지향형 도시개발(TOD)의 성공요건," 2007 대한국토 도시계획학회
　　　추계학술대회 발표자료.

의 완벽하게 배제하여 개발에 따른 도로교통 혼잡을 근원적으로 차단할 수 있다는 장점이 있다.

제 4 절
첨단기술 혼합형 3세대 교통 혼잡관리

Understanding the City

01 공유기반 교통 혼잡관리

최근 세계의 경제는 2008년 급격한 경기 침체를 경험한 뒤 다양한 분야에서 새로운 변화의 바람을 맞이하고 있다. 이러한 변화가 오게 된 중요한 이유 중 하나는 신자유주의 경제체제로 비롯된 대량생산, 대량소비 중심의 경제운용이 과다한 자원의 낭비와 그로 인한 기후온난화, 국가 간, 소득계층 간 격차 심화 등의 부작용을 낳으면서 세계 경제 및 인류 미래의 지속가능성에 심각한 위협을 가져온다는 사실에 대한 공감이 있었기 때문이다.

최근 변화의 한 기류로 공유경제에 대한 논의가 활발하게 진행되고 있고, 공유라는 협력적 소비 원리에 기초한 전력, 차량, 집, 책 등을 공유하는 새로운 경제행위들이 급속하게 확산되고 있다. 공유경제의 특징은 기존 신자유주의 경제의 생산, 소유, 및 이용이라는 경제 활동 과정이 생산, 공유, 이용이라는 과정으로 변환한 데 있다. 생산된 제품에 대해 돈을 지불하고 구매해 소유해야만 이용할 수 있다는 기존 관념에서 탈피해 이미 생산된 제품을 소유한 사람 또는 기업들과 제품에 대한 이용을 원하는 사람들이 실물 또는 가상의 시장에서 거래를 통해 각자가 필요할 때 함께 사용함으로써 불요불급한 과잉 생산을 줄이고 자원의 효율적 이용을 도모할 수 있다는 것이다.

공유경제체제를 논의하면서 인터넷, 스마트폰과 같은 정보통신 인프라의 역할은 아무리 강조해도 지나치지 않는다. 제레미 리프킨(Jerimy Rifikin)은 그의 최근 저서 '한계비용제로사회'에서 사물인터넷(Wireless Internet of Things)이 확산되면 언제 어디서나 원하는 물품이 있으면 즉시 공유해 사용할 수 있고, 이를 통해 공유경제가 신속하게 자본주의를 대체할 것으로 예측하고 있다. 레이첼 보츠만(Rachel Botsman)과 루 로저스(Roo Rogers)가 쓴 "내것이 네것"(What's Mine is Your)에서도 정보통신망은 개인과 개인, 가정과 가정을 연결해 공유경제를 작동하게 하는 필수 인프라로 규정하고 있다.

아래에서는 공유중심의 교통혼잡관리 방안에 대해 카 셰어링과 주차공유로 나누어 설명한다.

1) 카 셰어링[4]

공유중심의 교통서비스는 IT 기술을 활용해 자동차를 실제 소유하지 않고도 필요할 때 저렴하게 실시간으로 이용할 수 있다는 점에서 개인교통수단, 대중교통과 차별화되는 제3의 교통시스템이다. 공유시장경제의 실용성에 대한 가장 큰 실험은 문제 많은 자동차를 나누어 타는 카 셰어링이다. 카 셰어링은 유럽에서 시작해서 미국으로 전파된 후 스마트폰이 본격적으로 판매되고 미국 경제위기가 닥쳐온 2008년부터 급속하게 확산되고 있다. 집카(Zipcar)라는 회사는 설립 10년 후인 2010년 미국 전역에서 60만 명을 넘는 회원들이 9천 대가 넘는 차를 이용하고 있으며, 시간단위로 요금을 부과하되 요금에는 기름값, 보험료가 포함되어 있다. 카 셰어링은 회사 보유의 차를 공유해서 타는 B2C(business–to–consumer) 방식의 1세대 카 셰어링, 개인소유의 차량을 카 셰어링 회사의 운영시스템을 통해 공유하는 2세대 카 셰어링인 P2P(peer–to–peer) 등으로 구분된다. 최근 미국에서는 구글과 GM 자동차의 지원을 받는 Relayrides라는 P2P 회사가 급속하게 회원수를 늘리고 있다. 프랑스 파리에서는 세계최초로 공공의 주도로 전기차 공유제도를 올해부터 시행하고 있다. 최근의 카 셰어링은 초기의 어려움을 딛고 꾸준한 성장

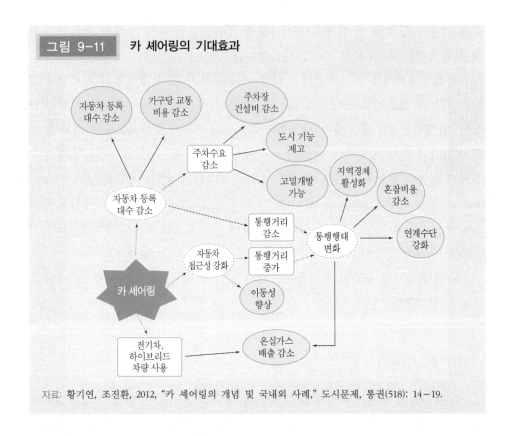

그림 9-11　**카 셰어링의 기대효과**

자료: 황기연, 조진환, 2012, "카 셰어링의 개념 및 국내외 사례," 도시문제, 통권(518): 14-19.

세를 보이고 있다. 특히 2008년 고유가로 인한 경제위기 이후 북미, 서유럽을 중심으로 연평균 40%에 달하는 성장률을 보임에 따라 다시 한번 높은 관심을 받게 되었다(박준영, 2011). 2010년 현재 글로벌 카 셰어링 이용자 수는 100만 명을 넘어선 것으로 파악되고 있다.

카 셰어링은 자동차의 소유와 이용을 줄여 교통혼잡문제를 완화시키고 가계의 부담을 줄여 주며 승용차 소유가 힘든 저소득 가구에게 이동성을 향상시켜 준다는 점에서 큰 의미가 있다. 또한 배출가스를 줄임으로써 환경적인 이득도 얻을 수 있다(그림 9-11).

특히, 자동차 소유 감소 효과는 두 가지 측면에서 살펴볼 수 있다. 자신이 가지고 있는 차를 판매하거나 향후 구입할 차를 포기하는 것이다. 대부분의 연구에서 차량소유가 감소하는 것으로 나타났다(표 9-10). 소유 대수 감소에 대한 선행연구를 보면 기존차를 파는 경우는 최대 35%에 이르고 신차를 사지 않는 경우

표 9-10	국외 카 셰어링 도입 후 차량소유 행태 변화 연구			
	조사 장소	조사 시점	차량 이용	차량소유
Cervero 2003	San Francisco	9개월후	증가	변함없음
Cervero 2004	San Francisco	2년후	감소	감소
Cervero 2006	San Francisco	4년후	감소	감소
Lane	Philadelp-hia	1년후	감소	감소
Katzev	Portland	1년후	증가	감소
Frank Douma	Minnesota	3년후	-	감소

자료: TCRP, 2005, "Car sharing: where and How It Succeeds," *TRB*, pp. 4-8.

는 최대 70% 넘는 것으로 조사되어 있다(TCRP, 2005).

한편, 카 셰어링의 또 다른 장점은 비용에 있다. Cevero, Tsai(2003)의 연구에서는 이용시간과 임차시간을 고려했을 때 아래의 [그림 9-12]와 같이 한 시간

그림 9-12	한 시간 차량 이용 각 수단의 이동거리-비용 결과

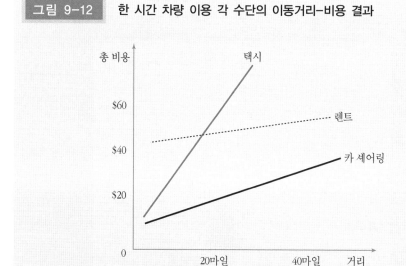

자료: Cervero, R. and Y. Tsai, 2004, "City CarShare in San Francisco, California: Second-YearTravel Demand and Car Ownership Impacts," *Transportation Research Record: Journal of the Transportation Research Board*, 1887: 117-127.

정도 차량을 임차하는 경우 카 셰어링이 비용측면에서 가장 효율적인 것으로 나타났으며, 가격정책과 영업환경 그리고 공공지원 등에 따라 이용자가 대폭 늘어날 수 있다.

아래의 [표 9-11]은 카 셰어링으로 인한 주행거리 감소효과에 대한 선행연구 결과이다. 감소폭이 유럽이 미국에 비해 상대적으로 크고 유럽의 승용차보유자는 최대 62%까지 주행거리 감소 효과가 있는 것으로 조사되었고 미국은 43%에 이르는 것으로 조사되었다. 따라서 크지는 않지만 카 셰어링이 확산되면 혼잡감소효과를 기대할 수 있을 것으로 예상된다.

표 9-11 자동차 등록 감소 효과에 따른 통행거리 감소 효과

조사지역	연구자	연 도	통행거리 감소효과	
오스트리아	Steininger 외 다수	1996	승용차 보유자	62% 감소
			승용차 미 보유자	118% 증가
네덜란드	Meijkamp & Theunissen	1997	승용차 보유자	37% 감소
			승용차 미 보유자	29% 증가
영국	Ledbury	2004	승용차 보유자	26% 감소
			승용차 미 보유자	473마일/년 증가
독일, 브레멘	Ryden & Morin	2005	전체 평균 45% 감소	
벨기에	Ryden & Morin	2005	전체 평균 28% 감소	
미국, 포틀랜드	Katzev 외 다수[5]	1999	18% 감소	
미국, 포틀랜드	Cooper 외 다수	2000	7.5% 감소	
미국, 버지니아	Price & Hamilton	2005	43% 감소	

자료: 황기연 · 전효정, 2014, "교통부문에서 공유경제의 실행: 카 셰어링을 중심으로," 교통연구, 21(1): 36-49.

2) 주차장공유[6]

주차장이 공유되면 주차장을 찾기 위해 배회하면서 발생하는 교통혼잡을 줄일 수 있는 장점이 있다. 주차장공유시스템에 대한 이용은 물리적 공유와 정보공유의 측면에서의 접근이 가능하다. 물리적 공유는 말 그대로 각자가 소유한 주

차장을 공유하는 것이고, 정보공유는 이용 가능한 주차장에 대한 정보를 공유하는 것이다. 최근에는 두 방식 모두 지리 데이터 및 주차장 위치 데이터와 주차장에 대한 기본 데이터에 기반한 어플리케이션과 같은 비즈니스 플랫폼의 활용을 통하여 실시간으로 이용이 가능하다.

　물리적 공유의 대표적인 예로는 첫째 현재 미국에서 운영되고 있는 'Park circa'를 들 수 있다. 'Park circa'는 2010년 샌프란시스코에서 설립되었다. 설립자인 오미드(Omid)와 챠드(Chad)는 지역 내에 고질적인 문제였던 주차 문제를 해결하기 위해 논의하던 중, 이웃 간 공유방식인 P2P(peer-to-peer)방식을 활용한 주차 공간 공유 비즈니스를 고안하였다. 이를 위해 인터넷 기반 비즈니스 플랫폼을 개발하여 지역 주민들에게 제공하기 시작하면서 물리적인 공유주차시스템을 시행하였다. 스마트폰이 등장하면서 'Park circa'의 P2P방식은 주차를 하고자 하는 사람과 주차 공간을 가진 사람들을 어플리케이션을 통해 실시간으로 매칭시켜 줌으로써 이용이 보다 편리하게 되었다. 여분의 주차 공간을 가진 사람들이 어플리케이션에 이용 가능한 시간과 적정 금액을 제시하면 주차를 원하는 사람들이 어플리케이션을 통하여 자신이 원하는 목적지 주변에 비어 있는 주차장들 중에 비용, 접근거리 및 주차면 크기 등 여러 가지 요인들을 고려하여 선택하고, 어플상에서 요금을 지불하고 바로 이용하게 하는 방식으로 고안되었다. 이는 주거지역과 일부 상업지역의 주차장들이 특정한 시간대를 제외하고는 텅 빈 채로 있기 때문에 이에 대한 비효율을 줄일 수 있으며 주차를 하고자 하는 사람들의 목적통행시간을 줄이는 효과를 볼 수 있다. 동시에 주차장 소유자에게는 노는 주차장을 활용해 수입을 얻을 수 있고, 이용자들에게는 보다 저렴한 요금으로 목적지에 가까운 주차장을 활용하게 한다는 이점이 있다.

　정보공유의 예시로는 첫 번째로 '모두의 주차장'을 들 수 있다. '모두의 주차장'은 '공유도시 서울' 촉진 사업의 일환으로 추진되는 사업으로 서울시에 위치한 이용 가능한 주차공간에 대한 정보를 제공하고 있다. 이 사업은 궁극적으로 공영·민영·부설 주차장의 주차공간을 필요로 하는 사람들이 실시간으로 공유하는 것을 목적으로 하며 이를 위해 주차 정보를 인터넷 홈페이지와 스마트폰 어플을 기반으로 제공하고 있다(그림 9-13).

　'모두의 주차장'은 차량 이용자의 현재 위치 정보를 이용하여 가장 가까운

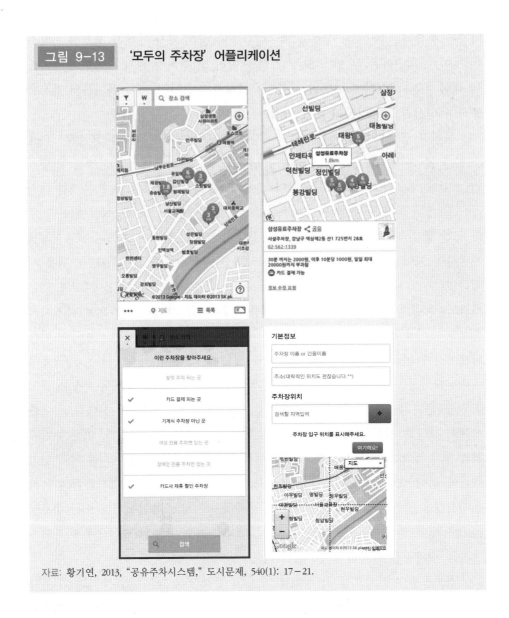

그림 9-13 '모두의 주차장' 어플리케이션

자료: 황기연, 2013, "공유주차시스템," 도시문제, 540(1): 17-21.

곳에 있는 주차장들의 위치와 거리 및 요금 정보를 실시간으로 제공하고 있지만 실제 어플상에서 특정 주차면을 예약을 하고 요금을 결제할 수는 없다. 한편, '모두의 주차장'은 현재 서울시 주차장 정보에 국한하고 있지만 그 대상을 수도권의 공영·민영·노상 주차장에 대한 정보로 확대하거나, 아파트 단지나 개인 주차장 소유자들이 수입을 창출할 수 있는 P2P서비스로 확대하는 방안도 고민해야 할 것으로 판단된다. 이를 위해서는 시민들의 적극적 참여와 피드백을 통하여 부족한 주차정보를 확충하고 공유주차 플랫폼 기능도 개선해야 할 과제를 갖고 있다.

정보기반 시스템의 두 번째 사례로는 '주차프라이스' 어플리케이션이다. 이 어플리케이션은 GPS를 이용하여 서울시내에 있는 공영 · 민영 · 노상 주차장의 위치, 금액, 거리 정보를 제공하고 있다. 상세한 정보와 정확한 위치를 제공하여 사람들이 편리하게 이용할 수 있도록 데이터를 구축하였으며 각각의 주차장에 대한 만차 정보와 주변 상황에 대해 이용자들 간 Social Network Service(SNS) 시스템을 통하여 실시간으로 주차장에 대한 정보를 공유할 수 있도록 서비스를 제공하고 있다.

02 초소형 퍼스널모빌리티(PM: Personal Mobility)

PM은 개인의 이동성 향상을 위한 신개념 이동수단으로써 인간 중심적이며 이동 수단의 질적 향상과 이동성에 대한 중요성을 내포하고 있다. 기존의 일반 차량과 구분되는 큰 차별성은 재차인원과 차량 제원의 축소를 들 수 있다. 기존의 일반 차량의 재차인원은 4~9인이나 PM의 재차인원은 2인 이하이며 기존의 경차 사양보다 낮은 사양을 가진다. 또한 차량의 길이가 짧고 접이가 가능하기 때문에 도심 및 도로 내 공간 점유를 최소화한다는 장점을 가지고 있다. 기존 차량보다 적은 제원이기 때문에 도심 내 이동이 용이하여 보다 실생활과 밀접하게 연관되어 개개인의 통행의 편리성과 노인 · 장애인과 같은 교통 약자의 통행을 뒷받침하여 복지교통을 실현할 수 있다는 장점을 가진다(Mitchell et al., 2010). 특히, 대중교통이 닿지 않는 교통의 사각지대에서도 운행이 가능하고 개인의 이동성을 높일 수 있다. 도로에서 구현 가능한 속도는 최대 70km/h이며, 한 번 충전 시 최대 40km까지 이동이 가능하여 통행 거리가 짧은 도심 내 운행에 효과적이다. 또한 친환경 동력원인 전기 동력을 사용하여 구동되기 때문에 보다 미래 지향적인 이동수단이라고 할 수 있다(Mitchell et al., 2010).

공유형 PM의 대표적인 예로 MIT 미디어랩의 'City Car'가 있다(그림 9-14). 가

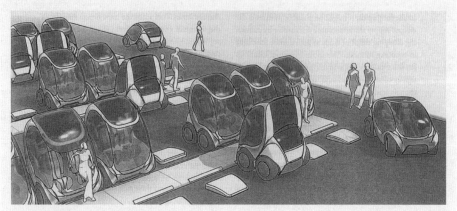

> **그림 9-14** City car의 Inductive charging service 모식도(2)
>
> 자료: Mitchell, W., Borroni-Bird, C., and L. Burns, 2010, *Reinventing the Automobile: Personal Urban Mobility for the 21st Century*, The MIT Press.

장 큰 특징은 최근 개발되고 있는 첨단자동차 기술을 최대한 활용하되, 획기적 디자인 기술의 개발로 차량의 길이를 기존 차량의 절반 이하로 줄여 도로 교통 혼잡을 줄이고 주차공간 크기를 줄여 도시의 부족한 녹색공간과 추가적 보행자 공간 확보가 가능토록 했다는 것이다. 화석연료 대신 전기배터리를 추진체로 써서 배출가스를 없게 하였으며 분산형 스마트그리드를 통해 여유 전력을 최대한 사용하여 도시 전체의 전력수요 부담도 크게 줄였다. 또한, PM은 공유를 기본으로 하여 저소득층이나 몸이 불편한 사람들의 필수적 개인교통수단 이용수요를 지원하고, 빌린 곳으로 차를 되돌려 놓지 않아도 되는 One-way System을 적용해 이용자의 편의를 높이고자 연구되고 있다.

현재 통용되고 있는 PM은 직립형 이동수단과 전기 자전거, 전기 이륜차, 전기 구동 휠체어, Micro-Mobility로 구분할 수 있다. 직립형 이동수단의 경우 Segway를 예로 들 수 있는데, 주로 도심 내 관광, 순찰 및 실제 출퇴근 용도로 이용되고 있다. 전기 자전거는 기존의 자전거에 전기 동력 모터를 부착해 먼 거리를 쉽게 이동할 수 있도록 고안되었으며 출퇴근 및 레저 용도로 이용되고 있다. 전기 이륜차는 전기 자전거와 같이 기존의 이륜차량에 전기 모터를 부착하여 기존의 이륜차와 달리 친환경적인 교통수단으로 각광받고 있다. 전기 구동 휠체어는 고령 또는 몸이 불편한 교통 약자들을 위한 특별한 이동수단으로써, 교통 약자의 이동의 편리성을 높이고 있다. Micro−Mobility는 기존의 자동차의 크기를 축소하고 전기 동력을 사용한 친환경적인 이동 수단으로, 유럽과 미국 등 주요 국가에서는 실제 판매되어 도로에서 운행되고 있다.

03　자율주행차량(AV: Autonomous Vehicle)[7]

교통사고의 심각성, 도로교통 혼잡 등에 대한 대처방안으로 자율주행차량(AV)이 세계 각국에서 경쟁적으로 개발되고 있다. 구글이 2012년 5월 미국의 네바다 주에서 세계 최초로 AV로 시험주행 운전면허를 획득하면서 인간의 상상으로나 가능했던 인간의 운전도움 없이 움직이는 자율주행차량이 가시화되기 시작했다. 더불어 2013년 1월에는 세계에서 두 번째이자 자동차 메이커로서는 처음으로 AUDI가 네바다주 시험주행 운전면허를 획득하기도 하는 등 지속적으로 AV 기술이 발

표 9-12 **해외자동차 업체 기술개발 동향** [8]

업 체	주요센서 및 요소 기술	주요 기능	비 고
Google (Prius)	Radar, Camera, DGPS, 정밀맵, Laser scanner	데이터가 확보된 미국 서부지역 고속도로 및 시내도로 자율주행	2012년 5월 Self−Driving Car 미국 네바다주 시험 주행면허 획득
VW (Passat)	Radar, Camera, Ultrasonic, Laser scanner	ACC with Stop & Go, Lane Keeping, 최고시속 130km/h	HAVEit project Temporary Auto Pilot
BMW (5series)	Radar, Camera, Ultrasonic, DGPS/INS, Laser scanner	최고시속 130km/h, 자동차량 추월 기능	Connected Drive
Audi (A7, TTS)	Radar, Camera, DGPS, V2X	A7: 스마트폰, V2X, Map 기술 연동 자동 발렛파킹 TTS: GPS 기반 Pikes Peak 무인 자율주행	A7: 2013년 CES Connect TTS: Stanford 산학 2013년 1월 네바다주 시험주행면허 획득
GM (Cadillac SRX)	Radar, Camera, Stereo−Camera, Ultrasonic, DGPS, 정밀맵	Lane Keeping Support, ACC, 자동차선 변경	2015년 Super Cruise 출시예정

Toyota Prius, Lexus	Radar, Camera, Stereo-Camera, GPS/INS, Laser scanner	경로추종 자율주행 및 장애물 회피, 스마트폰 연동기술(차량호출, 주행개시, 자동주차)	42회 도쿄모터쇼
Volvo XC60, V60, S60	Radar, Camera, Laser scanner, V2V 통신이용	군집자율주행, 최고시속 85km/h	SARTRE 프로젝트
BENZ E Class	Radar, Ultrasonic, Stereo-Camera, Infra-red Camera	차선유지제어, 차간거리제어	Distronic Plus with Steer Assit

자료: 황기연, 2014, "무인차량시대의 개막과 교통부문의 대응과제," 도시문제, 542(1): 27-32.

전하게 되면서 AV가 더 이상 상상 속에만 머무르지 않게 되었다. [표 9-12]는 세계 주요자동차 업계의 AV개발동향을 나타내고 있다.

현재 개발되고 있는 AV는 기술수준 및 운영방식 등의 기준에 의해 유형화될 수 있으며, 미국 도로청 NHTSA에서는 운전자의 탑승 유무와 무인운전 유무에 따라 다음과 같이 5단계 유형으로 분류하였고(그림 9-15), 4단계는 운전자가 전혀 필요 없는 무인차량이다.

AV에 적용되는 기술은 크게 자율주행보조시스템(ADAS: Autonomous Driving Assitance System)과 커넥티드카, 그리고 현재 시험운전면허를 획득한 구글자동차 기술로 구분하였으며, 그 특징은 다음과 같다. ADAS 기술의 첫 번째는 예방안전 기술로 사고 위험성을 미리 감지하여 운전자에게 정보를 제공하거나 경고하는

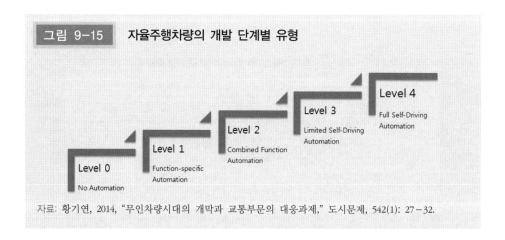

그림 9-15 자율주행차량의 개발 단계별 유형

Level 0
No Automation

Level 1
Function-specific
Automation

Level 2
Combined Function
Automation

Level 3
Limited Self-Driving
Automation

Level 4
Full Self-Driving
Automation

자료: 황기연, 2014, "무인차량시대의 개막과 교통부문의 대응과제," 도시문제, 542(1): 27-32.

표 9-13 ▾ **예방안전기술 개요**

기술명	기술내용
UWS (Ultrasonic Warning System)	초음파 센서를 이용하여 사방 근거리의 물체를 감지하고 경고하는 시스템
SOWS (Side Obstacle Warning System)	차선 변경시 접근 차량 유무를 경고하는 시스템
LDWS (Lane Departure Warning System)	전방 영상으로 차량의 차선 이탈 여부를 판단하여 이탈 시 이를 운전자에게 경고하는 시스템
졸음운전방지 시스템 (Drowsiness Warning System)	핸들조작 및 차량운행 상태 등에서 변동을 파악하여 음성이나 향기, 진동 등으로 경고하는 시스템
차량위험상태 모니터 시스템	타이어의 공기압 부족이나 엔진 룸 화재 발생 등 주행중 차량의 이상 상태를 감지하여 경고하는 시스템
양호한 운전 시계의 확보 시스템 (Vision enhancement System)	악천후 시나 야간에 운전 시계를 양호하게 확보하여 인지도를 높여 사고를 예방하는 시스템

자료: 황기연, 2014, "무인차량시대의 개막과 교통부문의 대응과제," 도시문제, 542(1): 27-32.

기술이다. ABS시스템이나 충돌예방시스템 등이 그 예로, 기술개요는 [표 9-13]과 같다.

둘째는 사고회피기술로 능동적으로 사고를 회피하도록 제어하는 기술로 ACC, PCS 등이 있으며, 기술개요는 [표 9-14]와 같다. ACC는 Cruise Control이

표 9-14 ▾ **사고회피기술 개요**

기술명	기술내용
PCS (Pre-Crash Safety)	영상장치나 감지장치를 이용해 전후방 교통 상황을 판단하여 사고 위험을 운전자에게 경고하거나 에어백, 시트 등이 자동으로 제어되는 능동적인 대처를 하는 시스템
LKS (Lane Keeping Support)	LDWS와 유사한 개념이나 경고에서 그치지 않고 능동적으로 주행차선을 유지하는 시스템
CAS (Collision Avoidance System)	차량 주변의 레이더나 카메라를 통해 주변 차량의 상태나 교통상황을 감지하고 능동적으로 충돌을 회피하는 시스템
ACC (Advanced Cruise Control)	차량 전방의 레이더를 이용하여 차량의 속도를 일정하게 유지하고 긴급상황 시 비상제동이 자동으로 가능하게 하는 시스템

자료: 황기연, 2014, "무인차량시대의 개막과 교통부문의 대응과제," 도시문제, 542(1): 27-32.

확장된 개념으로 Advanced-Adaptive Cruise Control은 거리탐지 센서 등을 이용하여 가속페달과 브레이크 조작 없이 전방차량과의 일정 거리를 유지하거나, 일정 속도를 유지하는 기술을 말한다.

셋째, 편의성 향상기술은 운전자의 편의성을 향상시켜주는 기술로서 주차보조시스템(Smart Parking Assist System)이나 자동차의 전후방, 양 측면에 비전카메라를 설치하여 운전 및 주차의 편의성을 높여주는 SOWS, 비전카메라를 이용하여 운전자의 얼굴을 모니터링하고, 운전자의 전방주시 상태를 판단하여 운전자에게 경고하는 시스템인 Eye-Monitoring System 등이 있으며 기술 개요는 [표 9-15]와 같다.

표 9-15 ▶ 편의성향상기술 개요

기술명	기술내용
Eye-Monitoring System	비전카메라를 이용하여 운전자의 얼굴을 모니터링하고, 운전자의 전방 주시 상태를 판단하여 운전자에게 경고해주는 시스템
주차보조시스템 (Smart Parking Assist System)	주차에 어려움을 느끼는 운전자의 편의를 위해 비전카메라와 초음파 센서 등을 이용하여 주차를 보조해주는 시스템
HUD (Head-Up Display unit)	자동차 주행정보, 상태정보 등을 윈드실드 글라스에 투영해주는 기술
SOWS (Side Obstacle Warning System)	자동차의 전후좌우에 비전카메라를 설치하여 주차 및 차선 변경 시 안전성 확보기술

자료: 황기연, 2014, "무인차량시대의 개막과 교통부문의 대응과제," 도시문제, 542(1): 27-32.

그러나 이러한 지능형자동차 기술들은 연구의 편의를 위해 기존연구의 기준에 따라 구분하였을 뿐 실질적으로는 큰 의미가 없는 것으로 판단되며, 모든 기술이 예방안전기술이며 사고회피기술이고 편의성향상기술로 볼 수 있다.

구글의 자율주행차량 기술은 Lidar와 Radar, Video Camera, Position Estimator 등으로 구성되며 기술의 개략적인 설명은 [그림 9-16]과 같다. 구글의 무인자동차 기술 중 Lidar laser는 차량 천장에 탑재된 레이저가 '거리와 이동'을 감지하는 시스템으로, 경찰차의 스피드건과 유사한 원리로 초당 10회 회전하면서 70m 내의 물체의 이동을 감지하는 기술이다. 레이더와 동일한 원리로 사물에 대한 직접적인 접촉 없이 원하는 정보를 취득하는 원격탐사의 한 종류에 해당하는 기술이

| 그림 9-16 | 구글의 Self-Driving Car |

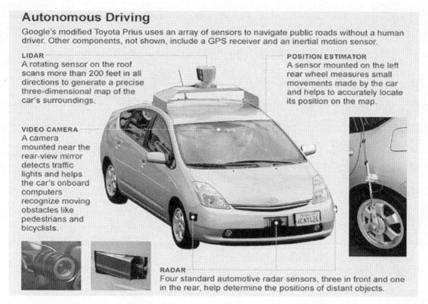

자료: http://www.global-autonews.com/board

다. 현재까지 개발된 기술은 자동차 전방 약 8m 영역을 밝히도록 레이저를 사용하고, 가까이에 있는 자동차나 보행자와 같은 장애물로부터 반사된 빛으로 거리를 측정한다.

거리가 가까운 경우 자동 브레이크가 작동되며 향후 빛이 1나노초 동안 30cm 거리를 이동하는 것을 감안하면, 매우 빠른 속도 측정 기술이 필요할 것으로 보인다. 레이더 기술은 차량의 전면, 측면, 후면부에 장착된 레이더를 활용하여 주위 장애물이나 사람을 감지하거나, 주변 차량의 이동상황 등을 감지하는 기술을 말하며, 위치센서란 뒷바퀴 축에 장착된 센서를 통해 주행 차량의 운동 상태를 감지하고, 운전조작 정보를 처리하게 하는 기술을 말한다. 실내에 설치된 비디오카메라는 실내 후사경에 장착되어 교통신호기의 변화 등을 감지하고, 수동 조작 전환 장치는 비상 상황에서 빨간색 버튼을 눌러 수동 조작이 가능하도록 하는 기술이다.

주요
개념

공유경제

교통혼잡

교통혼잡세 이론

규제적 1세대 혼잡관리

기업체교통수요관리

도로용량 축소

부제 운행

브라이스 역설

시청 앞 광장

역세권 중심 개발

유발수요

자율주행차량

주행세

첨단기술 기반 3세대 혼잡관리

청계천복원

카 셰어링

토지이용–교통 결합형 2세대 혼잡관리

퍼스널 모빌리티

혼잡관리 정책

혼잡통행료

1) 해당 본문은 황기연, 손기민(2004) 연구 결과를 인용했음.

2) 해당 본문은 황기연(2007)의 연구 결과를 인용했음.

3) 해당 본문은 황기연(2007)의 연구 결과를 인용했음.

4) 해당 본문은 황기연, 조진환(2012)의 연구 결과를 인용했음.

5) 1회 이용 시 이동거리 감소에 대해 조사하였으며 승용차 미보유자의 경우 1회 개인교통 이용 시 0.3마일에서 24.9마일로 증가함

6) 해당 본문은 황기연(2013)의 연구 결과를 인용했음.

7) 해당 본문은 황기연(2014)의 연구 결과를 인용했음.

8) 해당 본문은 황기연(2014)의 연구 결과를 인용했음.

박서현·황기연, 2007, "대중교통지향형 도시개발 (TOD)의 성공요건," 2007 대한국토도시계 획학회 추계학술대회 발표자료.

박준영, 2011, "최근 카 셰어링 시장 동향과 완성차업체의 전략," 한국자동차산업연구소.

서울시 교통관리실, 1998, 교통현황 조사결과보고(Ⅱ).

서울시, 1999, 혼잡통행료 시행3주년 평가 및 효과분석.

서울시 교통관리실, 2003, 청계천복원 대비 교통처리종합대책.

엄진기·황기연·김익기, 1999, "브라이스역설의 실증적 검증: 남산2호터널의 폐쇄사례를 중 심으로," 대한교통학회지, 17(3): 61~70.

이수민·강준모·황기연, 2007, "보행친화적 블록규모 산정에 관한 연구," 대한토목학회지, 27(2D): 179－187.

조용학·황기연, 2002, "청계천 복원에 따른 교통영향분석," 서울시정연구 봄호.

한국교통연구원, 2014, 2011, 2012년 전국 교통혼잡비용 추정과 추이 분석.

한국교통연구원 국가교통DB센터, 2011, 우리나라 국민 10년 동안 어떻게 통행했나?.

황기연, 1996, "혼잡통행료의 수용가능성에 대한 고찰," 도시문제, 326: 75－87.

황기연·손기민, 2004, "청계천복원사업 착공전후 교통영향 및 통행행태 분석," 대한토목학 회지, 24(2D).

황기연, 2007, "TOD형 생활도로체계의 정비방향," 도시문제, 42(468): 38－48.

황기연·조진환, 2012, "카 셰어링의 개념 및 국내외 사례," 도시문제, 통권(518): 14－19.

황기연, 2013, "공유주차시스템," 도시문제, 540(1): 17－21.

황기연·전효정, 2014, "교통부문에서 공유경제의 실험: 카 셰어링을 중심으로," 교통연구, 21(1): 36－49.

황기연, 2014, "무인차량시대의 개막과 교통부문의 대응과제," 도시문제, 542(1): 27－32.

Calthorpe, P., 1993, *The Next American Metropolis: Ecology, Community, and the American Dream*, New York: Priceton Architectural Press.

Cervero, R. and Y. Tsai, 2004, "City CarShare in San Francisco, California: Second－ YearTravel Demand and Car Ownership Impacts," *Transportation Research Record: Journal of the Transportation Research Board*, 1887: 117-127.

Mitchell, W., Borroni－Bird, C., and L. Burns, 2010, *Reinventing the Automobile:*

Personal Urban Mobility for the 21st Century, The MIT Press.

TCRP REPORT 108, 2005, "Car sharing: Where and How It Succeeds," *TRB*, pp. 4−8.

[홈페이지]

https://ko.wikipedia.org/wiki/다운스−톰슨의_역설

https://s−tdms.seoul.go.kr/index.do

http://www.global−autonews.com/board

정보도시와 정보통신산업 제10장

01 정보의 개념

사전적 개념에 의하면, 정보(Informatiom)는 측정, 관찰, 조사 등을 통하여 수집된 자료(Data)를 특정 목적에 맞게 정리한 지식(Knowledge)이다. 이러한 정보의 개념에서 가장 핵심적인 용어는 특정 목적이라는 용어이다. 자료라도 특정 목적과 문제해결에 도움이 된다면 자료도 정보이며, 정보는 또 다른 목적을 위하여 자료로 사용되기도 한다. 특정 목적의 정보는 역사를 통해서 축적되면서 지식 수준으로 발전된다. 특정 시점 특정 목적에 맞게 정리된 자료의 집합이 정보라면, 정보가 지속적으로 축적된 정보의 집합을 지식이라고 할 수 있다. 정보는 소비해도 없어지지 않는 비소비성과 이전해도 원소유자에게서 없어지지 않는 비이전성, 그리고 누적에 따라 효과가 증대되는 누적효과성이 있다(대한국토도시계획학회편저, 2010).

정보화 사회가 진행되면서 사전적 의미의 정보는 디지털 정보라는 기술적 개념으로 변화하고 있다. 「국가정보화 기본법」 제3조에 의하면 정보는 자연인 또는 법인이 특정 목적을 위하여 전자적 방식으로 처리하여 부호, 문자, 음성, 음향, 영상 등으로 표현되는 모든 종류의 자료 또는 지식을 말한다. 디지털 정보는 행정정보, 공간정보, 센서정보로 유형화된다. 행정정보는 행정기관에서 행정정보 데이터베이스 표준화지침 제2조 2항에 근거하여 수집 및 보관하고 있는 인적정보, 물적정보, 업무용정보이다. 공간정보는 국가공간정보에 관한 법률 제2조 1항에 제시된 지상·지하·수상·수중 등 공간상에 존재하는 자연적 또는 인공적인 객체에 대한 위치정보 및 이와 관련된 공간적 인지 및 의사결정에 필요한 정보이다. 센서정보는 소리, 빛, 온도, 압력 등 여러 가지 물리량 또는 (생)화학량을 검출하는 센서(Sensor)로부터 획득하는 데이터 또는 정보를 의미한다. 유비쿼터스 도시계획수립지침에 의하면, 행정정보, 공간정보, 센서정보 등이 융·복합된 정보를 유비쿼터스도시정보로 정의하고 있다.

정보통신기술(Informaion Communication Technologies, 이하 ICT기술)이 발전하면서 정보의 개념이 단일 정보에서 정보 간 연계에 의한 융복합 정보의 개념으로 발전되고 있다. 또한 정보의 수신과 발신 그리고 가공과 활용과정에서 실시간 정보의 개념이 중요해지고 있으며, 이를 위한 다양한 기술과 기반시설 그리고 정보의 수집과 저장 분석을 위한 소프트웨어, 하드웨어, 법제도, 인력과 조직 등을 포함하는 정보시스템(Information System)이 등장하게 되었다.

02 정보기술의 개념

ICT 기술이 발전하면서 정보의 생산기술, 상황인지(Awareness)기술, 광역정보취득(Topography)기술, 위치정보취득(Location)기술 등 센싱기술이 사용된다. 정보수집은 생산된 정보(공간정보, 행정정보, 센서정보) 등을 모으는 과정으로, 광대역 통합망(BcN, Broadband convergence Network), WiFi(Wireless Fidelity), USN(Ubiquitous Sensor Network), IPv6(Internet Protocol Version 6) 등과 같은 네트워크 기술을 통하여 정보가 전달되고 수집된다(표 10−1).

정보 가공은 생산 또는 수집된 정보를 특정 목적에 적합하도록 정보를 만드는 일련의 과정으로, 프로세싱 S/W, 미들웨어 등의 프로세싱기술이 사용된다. 이 과정에서 정보 간 연계나 지식이 사용된다. 정보 활용은 생산, 수집, 가공된 정보를 특정 목적에 맞게 사용하는 것이며, 정보 유통은 정보의 공동 활용 측면에서 유통망 등을 통해서 생산, 수집, 가공된 정보를 유·무상으로 제공하는 것을 의미한다. 이 과정에서는 네트워크 기술, 인터페이스 기술(MPEG 등과 같은 코덱 기술, LCD, OLED 등의 디스플레이 기술), 그리고 보안기술(공통/기반 보안기술)이 사용된다. ICT 기술은 발전에 발전을 거듭하여 정보의 생산·수집·가공·활용 및 유통 등을 견인하며, 빠르게 정보도시를 구축하는 기반이 되고 있다.

표 10-1	정보통신기술(Information and Communication Technologies, ICT)

기술구분	요소 기술 항목	ICT
센싱기술	정보수집기술	RFID(Radio frequency identification) Wireless Tag GPS(Global Positioning System) 상황인지(Context awareness)기술
네트워크기술	정보연계기술	BCN(Broadband convergence Network) WiFi(Wireless Fidelity) USN(Ubiquitous Sensor Network) IPv6(Internet Protocol Version 6)
프로세싱기술	정보가공기술	Embedded S/W Embedded S/W 플랫폼 USN middleware Control middleware
인터페이스기술	정보전달기술	MPEG/LCD, OLED 음성인식/생체인식기술 증강현실(Augmented Reality)기술 HCI(Human-Computer Interaction)
보안기술	정보보호기술	암호/인증기술 정보관리기술 해킹/바이러스 대응기술 보안관리기술

자료: 이상호·임윤택, 2010, "유비쿼터스도시 전략로드맵 모델 개발," 국토계획, 45(6): 179-190을 수정 재편집.

03 정보도시의 개념과 아키텍처

산업혁명 이후에 산업도시가 탄생하고 성장했듯이, 정보혁명이 진행되면서 정보도시가 대두되었다. 정보도시는 다양한 용어로 묘사되고 있다. Martin의 Virtual City(1978), Hepworth의 Information City(1987), Dutton 등의 Wired City(1987), Knight의 Knowledge Based City(1989), Fathy의 Telecity(1991), Latterasse의 Intelligent City(1992), Batten의 Network City(1993), Won Schuber의 Cyberville(1994),

Mitchell의 City of Bit(1995), Mark Weiser의 Ubiquitous Computing(1996), 그리고 한국의 Ubiquitous City(2003) 등으로 제시되었다.

정보와 지식(Information City, Knowledge Based City, Intelligent City 등) 등 사회경제적인 변화에 초점을 둔 정의가 있는가 하면, 정보기술과 정보의 생산과 유통(Wired City, Network City City of Bit) 등 기술적인 측면에 강조점을 두기도 하였다. 최근에는 사회경제적, 기술적, 공간적인 융합(Ubiquitous City)을 시도하고 있다. 그러나 분명한 것은 정보도시에서는 생활양식과 생산방식에서 정보가 차지하는 비중이 증대되고 있다. 디자드(Dizad)의 농업사회, 산업사회, 정보사회의 분류는 정보도시의 위상을 간명하게 보여준다(대한국토도시계획학회편저, 2009).

정보도시에 관한 가장 최근의 연구에 의하면, 정보도시는 ICT 기술이 융합된 정보의 수·발신이 자유로운 지능화된 공간으로 정의될 수 있다(이상호, 2008). 정보도시의 특징으로는 모든 컴퓨터가 서로 연결되어야 하고(Seamlessly Inter-connected), 이용자 눈에 보이지 않아야 하고(Invisible, Disappearing), 언제 어디서나 사용가능해야 하며(Any Time, Any Where, Any Device, Any Network, Any Service), 현실 세계의 사물과 환경 속으로 스며들어(Natually Calming) 일상생활에 통합되어야 한다. 정보도시의 환경은 빠른 접속(Fast), 상시접속(Always On), 모든 곳에서 접속(Everywhere), 쉽고 편리한 접속(Easy and Convenient), 온오프라인 연계서비스(On-Off Line Connection), 지능화된 서비스(Intelligent Service), 자연스럽고 일상적인 서비스(Natural Service)를 지향한다(이상호, 2007).

정보도시는 서비스·기술·인프라·관리 등 아키텍쳐(Architecture)를 통하여, "언제 어디서 원하는 서비스를 누구에게나 제공할 수 있다"(Anyone can get any services anywhere anytime through any device and infrastructure)(그림 10-1). 서비스는 홈뱅킹서비스, 원격의료서비스, 원격근무서비스 등 생활, 일, 놀이 그리고 이동에 필요한 정보서비스를 말한다. 기술은 ICT 기술을 의미하며, 인프라는 고정형인프라(Built Ubiquitous Computing Infrastructure, BUCI)와 이동형인프라(Movable Ubiquitous Computing Infrastructure, MUCI)이다. 고정형인프라는 지능형건물, 지능형시설 및 정보통합센터와 유무선네트워크, 아티팩트(Artifact), 디바이스(Devices) 등이며, 이동형인프라는 스마트폰, 자동차나 로봇 등 움직이는 지능형 객체이다. 관리는 수집된 정보(정보시스템)관리, 인프라시설 관리, 행·재정관리, 시민참여 등을 의미한다.

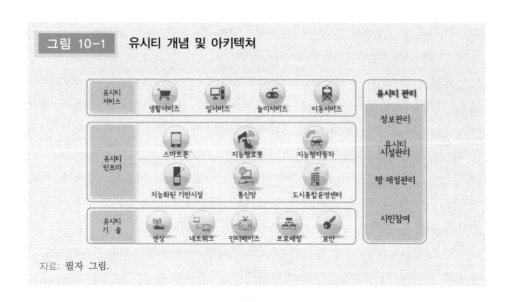

그림 10-1   유시티 개념 및 아키텍처

자료: 필자 그림.

제2절

Understanding the City

정보도시의 진화와 이슈, 그리고 미래상

01   정보도시의 진화

정보도시는 정보화도시, ICT 중심 유시티, 장소중심적 유시티, 다층형 유시티(Multilayered U-City) 등으로 진화되었다(표 10-2). 1990년대 후반에 시작된 정보화 도시의 개념은 일반적으로 행정정보화나 지역정보화 등 정보시스템을 통한 관리의 특성이 강화된 형태이다. 정보화도시의 다음 단계인 ICT 중심의 유시티는 마크와이저(Mark Weiser, 1988)의 '사라지는 컴퓨팅'이란 개념을 통하여 구체화된 개념으로(Mark Weiser, 1991), 유시티 서비스와 ICT, BcN 유선네트워크의 구축 등 정보통신기술의 개발에 초점을 둔 단계이다.

서비스 중심적 유시티의 개념은 ICT를 이용한 서비스의 개발을 중시하는 단계로, 서비스와 ICT의 융합(Sang Ho Lee, Jung Hoon Han, Yoon Taik Leem and Tan Yigitcanlar, 2008) 등으로 확대되었다. 다층형 유시티 개념은 서비스 – ICT – 인프라 – 관리가 공간에 통합되는 시스템으로서의 지능형 공간과 서비스 간 연계를 중시하는 단계이다. 정보도시는 관리에서 기술과 서비스, 그리고 지능형 공간과 서비스연계 그리고 인프라 구축으로 강조점이 변화하였다. 서비스는 공공행정서비스에서 시작하여 생활, 기업, 공공행정, 도시관리 전반의 서비스로 확대되었다. ICT 기술은 원천기술 개발에서 응용기술 개발로 변화하였으며, 인프라는 네트워크 중심에서 시설과 건물 그리고 공간단위로 확대되었다. 관리는 정보시스템의 구축에서 단일 기능의 통제를 중심으로 한 관제시스템으로 변화하고, 궁극적으로는 서비스의 연계와 통합 시스템으로 고도화되고 있다(Sang Ho Lee, 2009).

표 10-2 ▶ **정보도시의 진화**

구 분			정보화도시	유시티		
				ICT 중심 유시티	장소 중심 유시티	Multi Layered 유시티
서비스			○	○	○	○
ICT기술			X	○	△	○
인프라	BUCI	시설	X	X	△	○
		네트워크	○	○	○	○
		공간	X	X	△	○
	MUCI		X	△	X	○
관 리			○	○	○	○

구분: 관련도 및 수준 없음(×), 낮음(△), 높음(○)
자료: 이상호·임윤택, 2008, "유시티 계획특성 분석," 국토계획, 43(5): 37-45.

02 정보도시의 이슈와 특징

정보도시의 진화 과정에서 몇 가지의 이슈와 특징이 제기되었다. 첫째 가상
도시와 유시티는 같은 개념인가?라는 이슈가 제기되었다. 존재 및 형태적으로 유
시티와 가상도시는 정반대의 특징이 있다. 실제도시를 컴퓨터에 이식시킨 '실제
로 존재하지 않는 도시'가 가상도시이고, 컴퓨터를 실제 도시에 이식시킨 것이
유시티이다(그림 10-2).

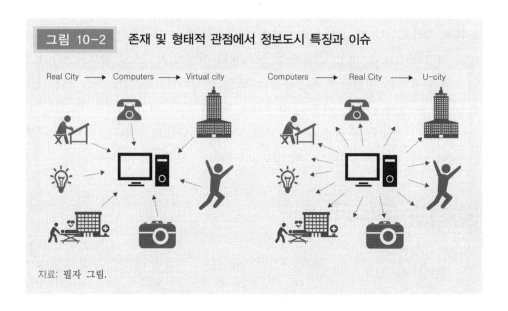

그림 10-2 존재 및 형태적 관점에서 정보도시 특징과 이슈

자료: 필자 그림.

둘째, 정보화도시와 유시티가 어떻게 다르냐?는 이슈가 제기되었다(그림 10-3).
컴퓨터의 발전단계를 보면, 유시티는 정보화도시의 진화된 형태라는 특징이 있
다. 컴퓨터의 역사를 보면, ① Many Persons, One Computer → ② Few Persons,
One Computer → ③ One Person, One Computer, 정보화도시 → ④ One Person,
Few Computers → ⑤ One Person, Many Computers, 유시티로 발전해 왔다. 이런
면에서 유시티는 1990년대 말부터 2000년 초반에 정부가 진행해왔던 '현실 세계
를 컴퓨터에 이식하여 도시관리의 효율화를 시도'했던 정보화사업과 차별화 되
며, 정보화 사업이 진화된 새로운 차원의 개념이라 할 수 있다(이상호·임윤택, 2007).

그럼에도 불구하고 정보도시에서는 가상도시와 유시티가 혼재되고 있으며, 정보
도시의 구축과 관리를 위한 주체와 역할 분담이 주요한 논쟁으로 자리잡고 있다.

그림 10-3　컴퓨터 발전 단계에서 정보도시 이슈

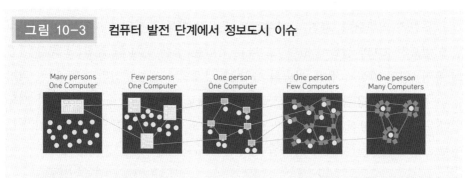

자료: Sang Ho Lee, Jung Hoon Han, Yoon Taik Leem and Tan Yigitcanlar, 2008, 수정 재편집.

셋째, 기능적 관점에서 물리공간과 가상공간의 대체·보완·연계의 체감적
이해의 어려움에 관한 이슈이다(그림 10-4). 정보도시에서는 화상회의를 통하여
통행이 대체되고, 행정정보와 공간정보를 연계·제공하여 대민서비스가 보완되
며, 상수도관에 센서를 이식하여 상수도 누수를 체크하는 등 현실세계와 가상
공간이 연계된다. 가상도시는 실제 도시를 보완 대체 혹은 최적 연계되면서 물
리공간의 시·공간적 한계를 극복한다. 시민은 가상공간과 실제공간이 상호 연결
된 공간에 거주하고 활동한다. 시민이 체감하는 참조모델이 무엇이며, 어떻게 제

그림 10-4　기능적 관점에서의 정보도시 이슈

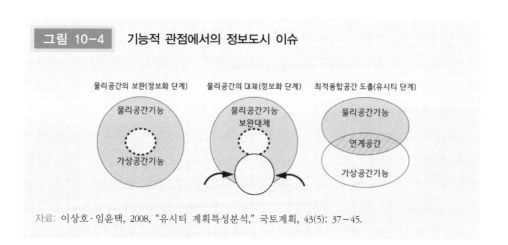

자료: 이상호·임윤택, 2008, "유시티 계획특성분석," 국토계획, 43(5): 37-45.

공할 것인가?에 관한 논의가 진행중이다.

네 번째 이슈는 유시티의 개념적 특성인 융합의 애매모호함에서 발생하는 이슈이다. 융합이란 무엇인가?에 관한 질문이다. 융합의 형태로는 ICT 기술과 공간의 융합을 의미한다. 융합의 지향점은 공간적 활동의 지원과 공간과 공간의 소통에 필요한 ICT의 결합에 있다. 또 다른 융합은 정부 부처 간 융합, 공공과 민간의 융합, 원천 기술과 응용 기술의 융합, 도시계획과 정보통신의 융합 등의 의미를 가지고 있다. 융합은 물리적으로 결합될 때도 있고, 화학적으로 결합될 때도 있다. 융합의 개념적 정의가 동의된다 하더라도 어떻게 융합으로 갈 것인가?는 정보도시가 완성될 때까지 지속될 중요한 이슈이다.

03 정보도시의 현재와 미래상

많은 도시학자들은 정보도시가 기존의 도시와는 다른 모습을 보이며, 다양한 변화를 수반할 것으로 예측한다. 먼저, ① 정보도시의 생활양식에 일대 변혁을 예상하며, ② 거리 중심의 접근성이 단절없는(속도, 질, 거리) 접근성의 개념으로 대체되고, ③ 중심지체계가 파괴되고 네트워크체계로 변하며, ④ 단일용도가 복합용도로, 고정용도가 변환용도로, 새로운 용도의 공간 출현과 토지이용 원단위 변화를 예측한다. 또한 ⑤ 일극 중심의 도시 공간구조가 분산된 고밀개발(Decentralized Concentration) 등의 다양한 공간구조로, ⑥ 대도시권 도시 공간구조가 네트워크형 거점도시와 세계도시 등으로 변화될 것으로 예측하였다.

정보도시의 생활양식은 홈쇼핑, 인터넷뱅킹, 원격의료, 사이버교육, 전자무역과 증권거래, 재택근무, 화상회의, 스마트워크(Smart Work), 사이버잡지, 인터넷 동호회, 주문형 영상매체 등과 같은 형태로 변화될 것으로 예상하였으며(Castell, M. 1996), 이미 현실화되고 있다. 전체 생활에서 인터넷을 이용하는 비율은 전체 업무 중에서 인터넷정보 취득이 56.0%, 은행업무 중 인터넷 뱅킹이 49.0%, 문화활동 중 인터넷 문화가 34.3%, 쇼핑중에서는 인터넷 쇼핑이 24.6%를 차지하고 있었다. 업무(83.5%), 쇼핑과 모임(75.3%), 은행업무(63.8%) 부문에서 정보화가 빠르게 진행되고 있었지만, 재택근무(7.2%), 의료(38.5%), 교육(33.6%) 부문은 정보화가 늦은 것으로 분석되었다(김현식·진영효, 2003).

정보도시에서는 전자공간의 영향력이 크게 될 것이므로, 접근성의 개념도 기존 도시에서 중요시 되었던 거리 중심에서, 전자적 소통에 용이한 정보의 질 (quality)과 시간의 개념으로 변화할 것이다. 따라서 "도심에서 가까운 곳"이 경쟁력이 있다는 단순한 거리 경쟁력은 "빠르고 단절 없는(Seamless) 정보도시 인프라가 갖춰진 공간"이 경쟁력이 있을 것으로 예측한다(이상호, 2007).

도시체계는 중심지체계가 파괴되고 네트워크체계로 전환될 것이다(Capello, R. 2000, Batten, D. F., 1995). 정보도시에서는 '모든 객체가 컴퓨터화'되고, '컴퓨터화된 모든 객체가 네트워크로 연결될 것이다. 거리에 따른 마찰이 줄어들기 때문에, 경쟁력이 강한 대규모 시설들은 소규모 시설들을 흡수 합병하며, 지배력의 범위를 넓혀 갈 것이다. 이렇게 되면 업무상업중심지(CBD), 지구, 근린, 구역 등으로 분류되던 수직적 중심지 공간 체계가 정보도시에서는 2−3단계의 위계를 갖는 네트워크형의 공간체계로 축소될 가능성이 크다(이상호, 2007).

정보도시의 토지이용은 접근성의 개념이 바뀌면서 큰 변화를 예고하며, 이에 따라 기존의 용도지역제(Zoning System)의 수정도 불가피하다. 정보도시에서는 집에서 시청이나 백화점에 가지 않아도 서비스를 이용할 수 있으며, 직장에 나가지 않아도 업무를 볼 수 있다. 따라서 단일용도가 입체복합용도로 변한다. 즉, 한 토지에는 하나의 용도만 지정되는 것이 아니라, 여러 가지의 다양한 복합용도가 입체적으로 지정될 수 있다. 현재 논의 중인 복합용도지역과 컴팩트(Compact)한 토지이용이 가능하도록 용도지역제의 변화를 촉진시킬 것이다(이상호, 2007).

지정용도지역제에서 변환용도지역제로의 변화도 필요하다. 정보도시에서는 프로그램 가능한(Programmable) 가상공간의 출현으로, 추가적인 토지 공급 없이 새로운 토지의 수요를 기존의 토지나 건물에 적용할 수 있다. 건물 벽면이 광고와 정보 소통, 그리고 갤러리 조성 등으로 융통성 있게 사용될 수 있다. 변환용도지역제를 통하여 정보도시는 토지절약적인 토지이용과 환경친화적인 개발을 유도할 것이다(Sang Ho Lee, 2009).

새로운 용도의 공간 출현과 더불어, 토지이용 원단위 변화가 수반될 것이다. 주거공간은 직·녹·주 용도복합의 중심지구로 부상함과 동시에 규모가 확대될 가능성이 크며, 상대적으로 업무공간과 쇼핑공간은 상당 부분 유시티 기술로 대체가 가능하므로 축소가 예상된다. 반면에 녹지공간의 수요는 레저활동의 증가와 함께 점차적으로 증가될 것이며, 주거공간의 어메니티 공간으로서 녹지공간의 수요도 증대될 것으로 예상된다(김현식, 진영효, 2003).

　　정보도시의 공간구조는 분산론(Deconcentration School)과 재구조화론(Restructuring School)으로 구분된다. 분산론은 "네트워크 체계는 자족적 도시 간에 상호 인접하지 않고도 집적경제의 이익을 향유할 수 있으므로, 도시의 중심이 약화되고 분산의 가능성은 더욱 높아질 것"이라는 주장이다(Audirac, I., 2002). 분산론에서는 정보기술의 발달에 따른 '지리적 한계의 제거'가 강조되거나(Negroponte, 1995), 도시의 소멸이 주장된다(최병두, 2005, Gilder, 1995). 반면에 재구조화론은 정보도시에서는 오히려 대면접촉의 중요성이 중시된다는 주장이다. 직접 생산 기능은 분산되지만, 기업의 주요 의사결정이나 사무활동 및 관련 서비스 활동은 도심 재개발 등을 통하여 재집중되는 경향이 있다. 또한 재집중화 과정에서 도심은 초국적 기업들의 본사와 지역 거점이 입주하면서 세계적 규모로 재편된다(최병두, 2002). 정보도시의 분산론과 재구조화론은 중심지구의 재구조화와 컴팩트 도시(Compcat City)화, 주변도시(Edge City)의 전문화된 다핵 공간의 분산을 촉진시킬 것이라는 견해로 이어진다(Garreau, 1991). 결국 정보도시는 일극 중심의 도시 공간구조가 분산된 고밀개발(Decentralized Concentration) 등의 공간구조로 진화될 것이다(이상호, 2007).

제3절
정보경제와 정보통신산업
Understanding the City

01 정보경제

　　산업혁명 전까지 대부분의 인구는 농업에 종사하며 농촌의 부(Wealth)와 가

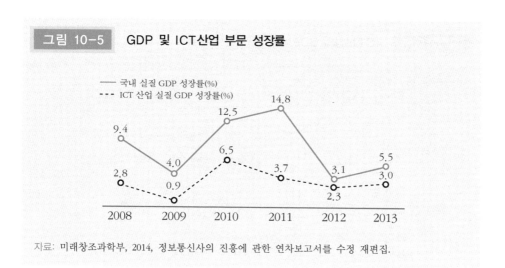

| 그림 10-5 | GDP 및 ICT산업 부문 성장률 |

─── 국내 실질 GDP 성장률(%)
----- ICT 산업 실질 GDP 성장률(%)

자료: 미래창조과학부, 2014, 정보통신사의 진흥에 관한 연차보고서를 수정 재편집.

치(Value)를 생산하였다. 농업의 생산함수는 Q=f(L, LD; 노동, 토지)로서 토지에 노동이 결합되어 농산물을 생산하였다. 농경사회의 도시에는 농경에 필요한 댐과 물을 운반하는 수로 등의 기반시설이 만들어졌다. 1760년 산업혁명이 시작되면서, 대부분의 노동자는 도시로 이주하여 제조업에 종사하였다. 산업도시의 생산함수는 Q=f(L, LD, K; 노동, 토지, 자본)으로, 자본이 중요한 생산요소로 등장되었다. 산업도시에는 대량생산에 적합한 기계와 공장 그리고 제품을 운반하기 위한 도로, 철도 공항, 항만 등의 기반시설과 주거시설 및 상하수도 등이 집적되었다(그림 10-5).

정보혁명 후 정보사회의 주요 산업은 정보통신산업(ICT산업)으로, 생산함수는 Q=f(L, LD, K, I; 노동, 토지, 자본, 정보)이다. 정보가 도시의 부와 가치를 생산하는 데 중요한 역할을 하고, 지식과 정보를 나르기 위한 정보통신기반시설이 건설되고, 지식과 클라우드와 같은 정보저장고가 추가되고 있다. 정보도시의 건설을 리딩하고 있는 우리나라의 경우, 정보통신산업이 국가총생산(GDP) 성장률을 상회하고 있으며, 국가총생산에서 정보통신산업이 차지하는 비중이 2008년 7.9%에서 2013년 9.9%로 날로 증가하고 있다(미래창조과학부, 2014)(그림 10-6).

미래창조과학부(2014)에 의하며, 세계 ICT시장은 글로벌 경기 침체에도 불구하고 지속적으로 성장하고 있다. 우리나라의 경우, 2013년 ICT산업은 전 산업 수출 비중이 33.3%에 이르는 등 사상 최대 수출 및 무역수지 흑자를 기록하며, 우

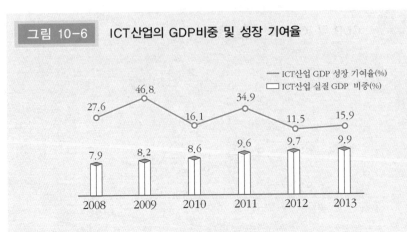

그림 10-6 ICT산업의 GDP비중 및 성장 기여율

자료: 미래창조과학부, 2014, 정보통신사의 진흥에 관한 연차보고서를 수정 재편집.

리나라의 경제를 이끌고 있다(그림 10-7). 또한 세계 최고 수준의 ICT수준을 보이고 있다. ITU가 발표한 우리나라의 ICT발전지수는 2010년부터 연속 4회 1위를 차지하였으며, 전자정부도 세계 1위를 놓치지 않고 있다(그림 10-8).

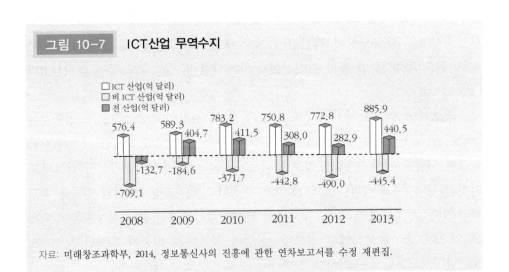

그림 10-7 ICT산업 무역수지

자료: 미래창조과학부, 2014, 정보통신사의 진흥에 관한 연차보고서를 수정 재편집.

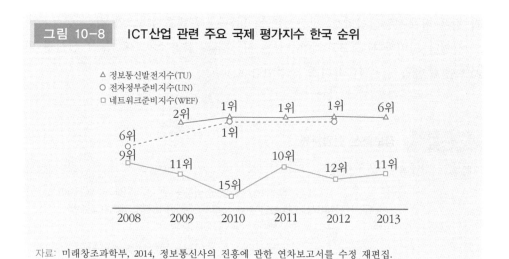

그림 10-8   ICT산업 관련 주요 국제 평가지수 한국 순위

자료: 미래창조과학부, 2014, 정보통신사의 진흥에 관한 연차보고서를 수정 재편집.

02 정보통신산업

1939년 아타나소프 베리 컴퓨터(Atanasoff-Berry Computer)라는 세계 최초의 완전한 전자식 컴퓨터, 1969년 아르파넷(ARPAnet)이라는 이름으로 탄생된 인터넷 그리고 2000년대 스마트폰으로부터 시작된 모바일시장이 급속도로 정보통신산업을 확장하고 있다. 정보도시의 인프라와 정보 지식을 만드는 유무선 고속통신망 등 인프라가 고도화되고, 스마트폰과 태블릿PC 등 모바일 디바이스의 사용이 일반화되며, USN/RFID, IoT(Inter of Thing)/M2M(Machine to Machine) 등 단말 및 센서가 도시의 모든 부분에 투입되면서, 정보도시의 부가가치를 만들고 정보경제를 이끄는 정보통신산업은 급속도로 진화하고 있다.

정보통신산업은 정보의 생산과 연결, 분석가공, 전달 보호 등에 필요한 소프트웨어나 하드웨어로서, 정보통신기기, 정보통신서비스, 소프트웨어 산업 등으로 대분류된다. 정보통신기기산업은 주로 HW(Hardware)를 만드는 산업으로, 유무선 통신기기, 방송기기, 컴퓨터 및 주변장치 등의 정보기기, 가정용 사무용 의료용 기기와 제어계측기기 등과 같은 정보통신응용기반기기, 반도체와 같은 전자부품 등의 제품군을 포함한다. 정보통신 서비스산업은 전화나 모바일 그리고 인터넷과 같은 유무선통신서비스, 방송서비스, IPTV나 콘텐츠서비스와 같은 응용서비스 산업을 의미한다. 소프트웨어산업은 시스템 및 응용소프트웨어, IT 컨설팅 및 시스템 통합과 같은 IT 서비스 산업이다(표 10-3).

표 10-3 정보통신 산업분류

대분류	중분류	소분류	세분류
정보 통신 서비스	통신서비스	유선통신서비스	전화서비스, 유무선 설비접속 서비스 및 인터넷 백본서비스, 전용회선서비스, 초고속망 서비스, 부가 네트워크서비스, 전선, 전보서비스, 기타 유선통신서비스
		무선통신서비스	이동통신서비스, 무선초고속인터넷서비스, 주파수공용통신(TRS), 무선데이터통신, 무선호출 및 메시징 서비스, 위성통신서비스, 기타 이동통신 서비스
		회선설비임대 재판매 및 통신 서비스 모집 중개서비스	회선설비임대 재판매, 통신서비스 모집, 중개서비스, 기타
		부가통신서비스	인터넷 관리 및 지원서비스, 부가통신 응용 및 중개 서비스, 기타 부가통신서비스
	방송서비스	지상파방송서비스	라디오방송, TV방송, 지상파 DMB
		유료방송서비스	종합유선방송, 중계유선방송 및 음악유선방송, 위성방송서비스
		프로그램 제작공급	방송채널사용사업(PP), 프로그램 제작업
		기타방송서비스	
	융합서비스	IPTV서비스	수신료, 기타(시설설치 등)
		유무선콘텐츠	음성콘텐츠제공 서비스, 온라인콘텐츠제공 서비스, 인터넷 광고 서비스, 기타 콘텐츠제공 서비스
정보 통신 기기	정보통신응용기반기기		가정용기기, 사무용기기, 의료용기기, 계측·제어·분석기기, 전기장비
	통신기기	유선통신기기	유선전화기, 교환기, 전송기기, 유선전신기기, 전선 및 광섬유케이블, 네트워크장비, 유선통신기기 부분품, 기타 유선통신기기
		무선통신기기	무선통신단말기, 무선통신시스템, 무선통신송수신기기, 무선통신기기 부분품, 기타무선통신기기
	방송기기	방송용기기	방송용송수신기, 방송국용기기, 셋톱박스, 방송용기기부분품

	방송용가전	DTV, 아날로그TV, 모바일TV(DMB)
	기타방송기기	
정보기기	컴퓨터	소형컴퓨터, 중대형컴퓨터, 기타컴퓨터, 컴퓨터 관련부품
	주변기기	디스플레이장치, 프린터, 보조기억장치, 저장매체, 기타주변기기
	멀티미디어카드	
	기록매체복제물	
전자부품	반도체	전자집적회로, 개별소자반도체, 광전자, 실리콘웨이퍼, 반도체부분품
	디스플레이패널	LCD패널, 기타평판디스플레이 패널, 평판디스플레이 부품
	기타 전자제품	센서, 전자판, 수동부품, 접속부품, 기타
SW	패키지 SW	시스템 SW, 응용 SW
	IT 서비스	IT컨설팅 및 시스템 통합, IT시스템 관리 및 지원서비스, 기타 IT 서비스

자료: 미래창조과학부, 2014, 정보통신사의 진흥에 관한 연차보고서를 수정 재편집.

03 정보통신산업의 미래

정보통신산업은 진화하고 있다. 게임, 영화, 음악, 방송 등 엔터테인먼트 분야와 광고, 결제, 커머스 등 상업분야에서도 모바일화가 확대일로에 있다. 기업 비즈니스도 BYOD(Bring Your Own Device)환경에서 CYOD(Choose Your Own Device)환경으로 전환되면서, 보안 등의 문제에서 자유로워지며 언제어디서나 비즈니스 환경을 활용할 수 있게 되었다. 공간적으로는 스마트워크센터(Smart Work Centre) 등이 속속 등장하고 있다.

스마트폰으로 시작된 사람과 사람의 연결은 사람과 사물 그리고 사물과 사람이 인터넷에 연결되는 초연결사회로 진입시키면서 정보통신산업은 이를 확대 지원하고 있다. 시스코에 따르면 2008년에서 2009년 사이에 인터넷에 연결된 단말기(컴퓨터 등)의 수가 이미 세계 인구를 초월하여 IoT의 시대에 접어든 것으로

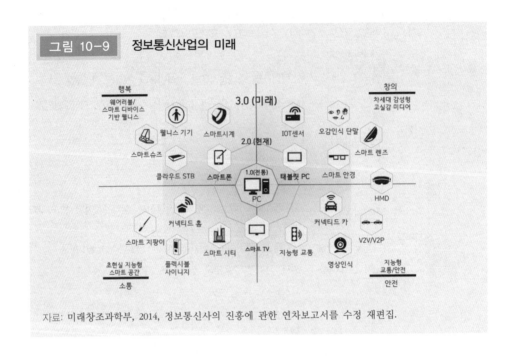

그림 10-9 정보통신산업의 미래

자료: 미래창조과학부, 2014, 정보통신사의 진흥에 관한 연차보고서를 수정 재편집.

보고하고 있다(미래창조과학부, 2014).

스마트폰으로 시작된 정보통신산업은 웨어러블 플렉시블 기기(Wearable and Flexible Device), 4K/8K UHD 디지털홀로그래피 등의 기술에 기반한 3D 이후의 실감형·몰입형 서비스, 3D 프린터, 커넥티드 카, 디지털 사이니지 등 Post 스마트폰 시대에 이은 차세대 디바이스로 진화되고 있다(그림 10-9). 이를 선도하는 기업 또한 끊임없는 진화를 거듭하면서 세계 기업의 판도를 바꾸고 있다. 2014년 브랜드가치 기준으로 애플이 약 140백만 달러로 2013년에 이어 1위를 지키고 있으며, 삼성이 78백만 달러로 2위를 기록하고 있다(표 10-4).

| 표 10-4 | 세계 브랜드 가치 10대 기업 |

순 위		기업명	국 가	브랜드 가치(백만 달러)	
2014년	2013년			2014년	2013년
1	1	Apple	미국	140,680	87,304
2	2	Samsung Group	대한민국	78,752	58,771
3	3	Google	미국	68,620	52,132
4	4	Microsoft	미국	62,783	45,535
5	10	Verizon	미국	53,488	30,729
6	7	GE	미국	52,533	37,161
7	11	AT&T	미국	45,410	30,408
8	8	Amazon.com	미국	45,147	36,788
9	5	Walmart	미국	44,779	42,303
10	6	IBM	미국	41,514	37,721

자료: 미래창조과학부, 2014, 정보통신사의 진흥에 관한 연차보고서를 수정 재편집.

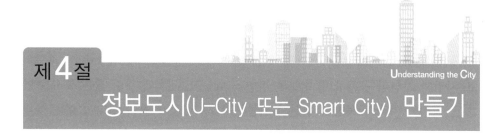

제4절
정보도시(U-City 또는 Smart City) 만들기
Understanding the City

01 정보도시 만들기 철학과 비전, 그리고 원칙

세계적인 백과사전 위키피디아(Wikipedia)는 우리나라의 정보도시 브랜드인 유시티를 다음과 같이 설명하고 있다. "A ubiquitous city or U-city is a city or region with ubiquitous information technology … The concept has received most attention in South Korea, …" (http://www.wikipedia.org/ June 10th, 2009). 정보도시는 이미 한국의 고유 브랜드임과 동시에 세계적인 브랜드로서의 잠재력을 가지고 있다 이를 위하여 국토해양부는 유시티를 도시의 새로운 패러다임으로 제시하며, 2013년까지 정보도시 구축을 위한 국가 R&D 사업을 수행하고 있다(이상호, 2009).

R&D 연구 결과인 유시티 미래비전 및 중장기 전략에서는 정보도시를 "왜? 어떻게?" 건설해야 하는지에 대한 지침으로서 3·6·6 철학과 비전 그리고 원칙 등 시대정신을 담은 담론을 제시하고 있다. 정보도시는 Korea World Best Brand, U-Eco City를 정책 모토로, 소통(Communication), 나눔(Share), 균형(Balance)을 철학으로 제시하였다. 사람이 자연과 정보와 소통함으로써 시너지 효과를 누리며, 나누어 씀으로써 용량을 확장시키고, 균형을 통하여 지속가능한 발전을 이루는 가치이다. 또한 정보도시의 비전은 편리한 도시, 안전한 도시, 쾌적한 도시, 문화적 도시, 생산적 도시, 참여적 도시로 제시되고 있다. 정보도시가 완성되면 시민에겐 삶의 질을 높이고, 기업에겐 일하기 좋은 환경을 제공하고, 시장과 시민이 참여하는 것이 정보도시의 미래상이다(국토해양부, 한국건설교통기술평가원, U-Eco City 사업단, 2008).

정보도시를 만드는 원칙은 사람, 정보, 자연, 그리고 세계에 열린 도시 공간(Open City to Human, Information, Nature, and Globe)의 구축이다. 사람과 사람이 소통하고, 사람과 자연이 공존하며, 정보와 자연을 나누고, 세계에 열린 좋은 도시를 만드는 것이다. 기술과 성장이 우선시 되는 도시가 아닌, 사람이 살고 숨쉬는 에너지 부하가 적은 지속가능한 발전이 있는 도시를 만드는 것이 원칙이다. 구체적으로 정보도시를 만들기 위하여 인간지향성, 시장지향성, 평등지향성, 공존지향성, 미래지향성, 절약지향성 등 6개의 원칙을 제시하고 있다. 6개의 원칙 중에서 가장 중요한 원칙으로 인간지향성과 미래지향성으로 평가되었다(국토해양부, 한국건설교통기술평가원, U-Eco City 사업단, 2008)(그림 10-10).

그림 10-10 정보도시 철학, 비전 그리고 원칙

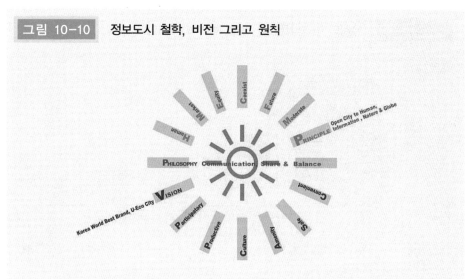

자료: 국토교통부, 2008, 한국건설교통기술평가원 U-Eco City 사업단, U-City 미래비젼과 중장기전략 1차년도 최종보고서.

02 정보도시 계획과 공간 만들기

전통적인 도시 계획이 인구계획, 토지이용계획, 교통계획, 시설계획, 경관계획 등의 부문계획으로 이루어지듯이 정보도시 계획도 서비스계획, 기술계획, 인프라계획, 관리계획 등의 부문계획으로 구성되고, 최종적으로 공간에 매핑(Mapping)되어 완성된다. 따라서 정보도시 만들기는 ① 서비스계획, ② 기술과 인프라계획, ③ 관리운영계획, ④ 집행계획의 절차로 이행된다. 서비스는 도시의 특성과 도시의 문제 그리고 미래 도시의 발전 방향과 부합하도록 설정되며, 일반적으로 도시 공통 서비스와 도시 특화 서비스가 계획된다. 기술 인프라계획은 정보통신기술 등을 건물의 벽체와 천장, 가로의 바닥과 시설 그리고 도시의 내·외부공간 등에 융합시키는 계획이다. 관리운영계획은 정보관리와 인프라관리계획이 주요 내용이다. 4개의 부문별 계획은 단계별 추진계획, 역할분담 및 조직체계, 그리고 재원조달을 포함하는 집행계획을 통하여 완성된다.

정보도시 계획은 정보도시 마스터플랜, 건물, 가로, 시설, 그리고 아티팩트 및

그림 10-11 유시티 마스터플랜과 건물 계획 및 디자인

자료: 국토교통부, 2008, 한국건설교통기술평가원 U-Eco City 사업단, U-City 미래비전과 중장기전략 1차년도 최종보고서.

아이콘 계획 등의 세부계획으로 표현될 수 있다. 정보도시 마스터플랜은 도시 전체 공간에 제공되는 서비스와 이에 필요한 기술과 인프라를 배치하는 것이다. 정보도시 건물계획은 건물의 내부공간(바닥, 내벽, 천장)과 외부공간(외벽) 그리고 사잇공간(출입구 등) 등에 다양한 정보시스템이 계획·장착되는 계획이다(그림 10-11, 그림 10-12).

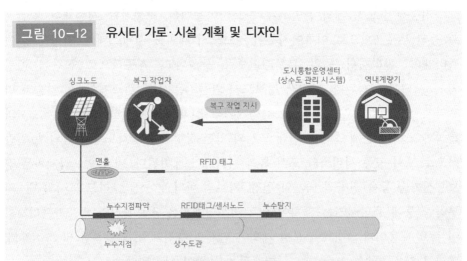

그림 10-12 유시티 가로·시설 계획 및 디자인

자료: 이상호, 2007, "도시계획 및 제도에 관한 유시티 방향설정," 유시티(U-City) 건설을 위한 도시정책방향 설정 연구, 건설교통부·토지공사를 수정 재편집.

정보도시의 가로 및 시설계획은 기존의 가로 및 시설에 보고, 듣고, 냄새 맡고, 느낄 수 있도록 센서(Sensors)를 부착하고, 이들끼리 대화할 수 있도록 센서네트워크를 만들며, 의사결정 단계에 이르는 지능화까지의 계획을 의미한다(그림 10-13). 천정에는 Sky-Board; 외벽에는 Info-Board 및 미디어파사드; 바닥에는 Info-Line 및 첨단횡단보도; 가로공간에는 첨단 버스 정류장 등과 같은 아티팩트(Artifact)와 정보 서비스를 알리기 위한 아이콘이나 QR코드 등이 필요하다. 다양한 정보를 연계 통합하는 정보통합운영센터(Information Integrated Management Center)는 정보도시의 핵심 시설이다.

그림 10-13 유시티 가로·시설 계획 및 디자인

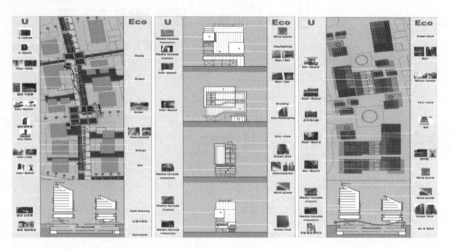

자료: 국토교통부, 2009, 한국건설교통기술평가원 U-Eco City 사업단, U-City 미래비전과 중장기전략 제1차년도 최종보고서.

> **그림 10-14   유시티 아이콘 및 아티팩트 계획 및 디자인**

자료: 국토교통부, 2008, 한국건설교통기술평가원 U-Eco City 사업단, U-City 미래비젼과 중장기전략 제1차년도 최종보고서.

03   정보도시 만들기 전략과 정책

세계 각국의 도시들은 국가의 성장 동력이며 도시의 경쟁력을 향상시키기 위하여 정보도시 구축 전략을 수립하고 있다(이상호 외, 2009). 우리나라의 Cyber Korea(1999), e-Korea(2002), u-Korea(2006), 일본의 e-Japan(2001), u-Japan(2005), xICT(2008), 싱가폴의 Infocomm21(2000), Connected Singapore(2003), iN2015(2006), 대만의 e-Taiwan(2003), M-Taiwan(2005), 미국의 Cooltown(1994), Easyliving(1997), Pervasive Computing(1998), Aware Home(1998), Smart Dust(2001), 유럽의 Euro IntelCity (2003) 등이 대표적인 정보도시 구축 전략이다. 이러한 정보도시 전략은 정부주도 형의 아시아 국가 전략과 기업 및 연구소 중심의 EU 및 미국의 전략으로 특징화 된다. 우리나라는 공간중심의 패키지형 개발을, 일본은 문제 해결형의 전략을, 그리고 미국과 유럽은 ICT기술과 부분적인 응용개발에 중점을 두고 있다. 각국의 정보도시는 생산적 도시, 편리한 도시, 안전한 도시를 지향하고 있으며, "유무선 네트워크 등 유시티 인프라 구축과 기술개발-인프라 고도화와 정보 격차해소-정부, 산업, 생활 분야로의 유시티 서비스 확대-기후변화와 지구온난화 등 글로벌 이슈의 정보화 접목" 등으로 진화되고 있다. 한국과 일본이 정보도시 전략에서 앞서 나가고 있었으며, 한국은 특히 공간 중심의 정보도시 개념에 선도적이었고, 일본은 ICT 중심 유시티에서 두각을 나타내고 있었다(이상호 외, 2009)(표 10-5).

표 10-5 ▼ 세계 각국의 유시티 전략

구 분	정보도시 전략
한국	Cyber Korea(1999), e-Korea(2002), u-Korea(2006)
일본	e-Japan(2001), U-Japan(2005), xICT(2008)
싱가폴	Infocomm21(2000), Connected Singapore (2003), iN2015(2006)
대만	e-Taiwan(2003), M-Taiwan(2005)
미국	Cooltown(1994), Easyliving(1997), Pervasive Computing(1998), Aware Home(1998), Smart Dust(2001), IBM Smarter Planet(2013), CISCO Internet of Everything(2014)
유럽	Euro IntelCity(2003), Barcellona City Protocol(2012)

자료: 이상호, 2009, "유시티 전략의 경향, 철학, 비젼, 개념특성에 관한 비교 연구," 국토계획, 44(2): 247-258.

정보도시를 효율적으로 구축하고 운영하기 위한 다양한 제도가 속속 만들어지고 있다. 정보도시와 관련된 법률은 「공공기관의 개인정보보호에 관한 법률」(1994), 「국가지리정보의 구축 및 활용에 관한 법률」(2000), 「정보통신망 이용촉진 및 정보보호에 관한 법률」(2001), 「전자정부법」(2001), 「유비쿼터스 도시(u-City)의 건설 등에 관한 법률」(이하 「유시티법」, 2008), 「국가정보화기본법」(2009), 「국가공간정보에 관한 법률」(2009), 「공간정보산업진흥법」(2009) 등이다. 「유시티법」이 정보도시의 구축과 관련된 하드웨어 측면의 법률이라면 그 외의 법은 정보의 구축과 운영 등 소프트웨어적인 법률이다. 그러므로 「유시티법」이 공간과 관련하여 정보도시의 건설과기술개발을 촉진시키기 위한 도시계획과 가장 밀접한 법률이다.

「유시티법」에서는 유시티의 지속적인 발전과 건설을 위한 유시티 기반 구축(개념 정립, 국가의 종합계획수립, 유시티 기반시설의 구축, 인적, 지적 인프라 구축), 유시티 건설 촉진을 위한 절차(유시티 건설절차, 투자재원 및 인력 확보, 유시티 추진상 협의채널, 유시티의 운영관리에 대한 사항 규정) 마련과 역기능(개인 사생활 침해, 유비쿼터스 불평등)을 방

| 표 10-6 | 유시티 법률의 주요 내용 |

법의 구성	기본 내용
제1장 총칙	제1조: 목적
	제2조: 정의
	제3조: 적용대상
제2장 유비쿼터스도시종합계획의 수립 등	제4조: 유비쿼터스도시종합계획의 수립 등
	제5조: 공청회의 개최
	제6조: 종합계획의 확정
	제7조: 종합계획의 변경
	제8조: 유비쿼터스도시계획의 수립 등
	제9조: 유비쿼터스도시계획의 수립을 위한 공청회의 개최
	제10조: 유비쿼터스도시계획의 승인
	제11조: 유비쿼터스도시계획의 변경

법(안)의 구성	기본 내용
제3장 유비쿼터스도시건설사업의 시행 등	제12조: 사업시행자
	제13조: 유비쿼터스도시건설사업계획
	제14조: 유비쿼터스도시건설사업 실시계획
	제15조: 다른 법률에 의한 인·허가 등의 의제
	제16조: 준공검사
	제17조: 사업계획승인 등의 특례
	제18조: 공공시설의 귀속
	제19조: 유비쿼터스도시기반시설의 관리·운영 등
제3장의2 유비쿼터스도시서비스의 활성화	제19조2: 유비쿼터스도시서비스 관련 정보의 유통활성화
	제19조3: 유비쿼터스도시기반시설의 활용 등
	제19조4: 유비쿼터스도시서비스 지원기관의 지정
제4장 유비쿼터스도시기술의 기준 및 정보보호 등	제20조: 융합기술의 기준
	제21조: 개인정보 보호
	제22조: 유비쿼터스도시기반시설의 보호
제5장 유비쿼터스도시위원회 등	제23조: 유비쿼터스도시위원회
	제24조: 유비쿼터스도시사업협의회
	제25조: 보조 또는 융자
	제26조: 연구·개발 등
	제27조: 전문인력의 양성
	제28조: 유비쿼터스시범도시의 지정

자료: 필자 직접 정리.

지하기 위하여 제정되었다. 「유시티법」의 주요 내용은 제1장 총칙, 제2장 유시티 건설 종합계획의 수립 등, 제3장 유시티 건설사업의 시행 등, 제4장 유시티 표준화 및 정보보호 등, 제5장 유비쿼터스 도시위원회 등과 특례, 경과규정 등을 규정하는 부칙으로 구체화되었다(표 10-6).

 「유시티법」의 후속 조치로서 정부는 유비쿼터스 도시 종합계획과 유시티 도시계획 수립 지침 그리고 운영방안을 마련하였다. 유시티 인력양성을 위하여 거점 대학을 선정하여 석·박사과정을 신설하였고, 유시티 협회를 통하여 산업인력을 양성하고 있다. 지방자치단체를 대상으로 유시티 시범도시를 선정하여 재정적 지원을 하고 있다. 정부는 「유시티법」의 제정과 함께 유시티 기술을 개발하기 위하여 U-Eco City R&D 사업을 시행하고 있다. 사업의 특징은 유시티의 개념에 세계적인 관심이 증가되고 있는 환경(Eco)의 개념을 융합한 U-Eco City를 표방하는 차별화를 시도하고 있다는 점이다(문태헌, 이상호, 임윤택, 2009). U-Eco City R&D사업은 유시티 비전 및 중장기 전략, 「유시티법」 제도 및 지원정책, 유시티 인프라구현기술, 통합운영센터 관련 기술과 유시티 인프라구현기술을 연구하고 있다. 「유시티법」과 R&D 사업 이외에도 정부는 우리나라에서 추진하고 있는 유시티를 세계적인 브랜드로 육성시키기 위하여 U-City World Forum과 전략적 글로벌 마케팅 등을 추진하고 있다.

주요
개념

가상도시

공간정보

관리

관리계획

기술

기술계획

네트워크기술

다층형 유시티

보안기술

분산된 고밀개발

분산론

서비스

서비스계획

센서정보

센싱기술

스마트워크센터

유비쿼터스 종합계획

유비쿼터스 도시의 건설 등에 관한 법률

인터페이스기술

인프라

인프라계획

재구조화론

정보

정보도시마스터플랜

정보통신기술

정보통신산업

지식

프로세싱기술

행정정보

참고
문헌

REFERENCES

국토교통부, 2008, 한국건설교통기술평가원 U-Eco City 사업단, U-City 미래비젼과 중장기전략 제1차년도 최종보고서.

_____, 2009, 한국건설교통기술평가원 U-Eco City 사업단, U-City 미래비젼과 중장기전략 제1차년도 최종보고서.

_____, 2010, 한국건설교통기술평가원 U-Eco City 사업단, U-City 미래비젼과 중장기전략 제1단계 최종보고서.

김현식·진영효, 2003, "정보화시대 도시공간 변화에 관한 연구," 국토연구 36: 59-76.

대한국토도시계획학회편저, 2010, 공간정보활용 GIS, 보성각.

문태헌·이상호·임윤택, 2009, "U-City 추진현황과 발전전략," 대한지적공사 학술지 지적, 39(1): 13-27.

미래창조과학과, 2014, 정보통신사의 진흥에 관한 연차보고서.

이상호, 2007, "도시계획 및 제도에 관한 유시티 방향 설정," 유시티(u-City) 건설을 위한 도시정책방향 설정 연구, 건설교통부·토지공사.

이상호·임윤택, 2008, "유시티 계획특성 분석," 국토계획, 43(5): 37-45.

이상호, 2009, "유시티 전략의 경향, 철학, 비젼, 개념특성에 관한 비교 연구," 국토계획, 44(2): 247-258.

이상호·진경일, 2009, "유시티 수요조사 및 분석," 국토계획, 44(5): 219-233.

이상호, 2010, "유시티 공간정책 이슈," 도시정책연구, 1(1): 19-36.

이상호·임윤택, 2010, "유비쿼터스도시 전략로드맵 모델 개발," 국토계획, 45(6): 179-190.

이상호, 2014, "유비쿼터스 기반 실험시뮬레이션 시스템 개발에 관한 연구," 국토계획, 49(5): 3-10.

최병두, 2002, 정보자본주의와 새로운 도시공간, 월간국토.

_____, 2005, 지식정보시대와 공간 환경의 패러다임 전환, 정보통신정책연구원.

Audirac, I., 2002, "Information Technology and Urban Form," *Journal of Planning Literature*, 17(2), 212-226.

Batten, D. F., 1995, "Network Cities: Creative Urban Agglomeration for the 21st Century," *Urban Studies*, 32(2): 313-327.

Capello, R. 2000, "The City Network Paradigm, Measuring Urban Network Externalities,"

Urban Studies, 37(11): 1925−1945.

Castell, M. 1996, *The Rise of the Network Society_The Information Age: Economy, Society, and Culture*, Volume 1, Blackwel: 394−398.

Garreau, J. 1991, *Edge City: Life on the New Frontier, Doubleday*, New York.

Graham, S. and S. Marvin, 1996, "Telecommunication and the City: Electronic Spaces," *Urban Places*, Routledge, London.

Jung Hoon Lee, Robert Phaal, Sang Ho Lee, 2013, "An integrated service−device−technology roadmap for smart city development," *Technological Forecasting & Social Change.*

Jung Hoon Han, Jonathan Corcoran and Sang Ho Lee, 2010, "Neighbourhood Environment and Its Association with Placebased Ubiquitous Technologies: A case study of Queensland, Austrailia," *Journal of Korea Spatial Information Society*, 18(2): 45−55.

Jung Hoon Han and Sang Ho Lee, 2013, "Planning Ubiquitous Cities for Social Inclusion," *International Journal of Knowledge Based Development*, 4(2): 157−172.

Negroponte, N. 1995, *Being Digital, Knopf* (Paperback Edition 1996, Vintage Books).

Sang Ho Lee, Tan Yigitcanlar, Jung Hoon Han, and Youn Taik Leem, 2008, "Ubiquitous urban infrastructure: Infrastructure planning and development in Korea," *Innovation:Management, Policy & Practice*, 10: 282−292.

Sang Ho Lee, Jung Hoon Han, Yoon Taik Leem and Tan Yigitcanlar, 2008, *Towards ubiquitous city: concept, planning, and experiences in the Republic of Korea*, In Tan Yigitcanlar, T and Baum, S. (Eds), *Knowledge−based urban development: planning and applications in the information era*, IDEA GROUP Publishing, Hershey PA, USA.

Sang Ho Lee, 2009, *Introduction to Ubiquitous City*, Hanbat National University Press.

Sang Ho Lee and Jung Hoon Han, 2013, "Technology Convergence, People and Place in Ubiquitous Cities," *International Journal of Knowledge Based Development*, 4(2): 105−108.

Sang Ho Lee, Youn Taik Leem, Jung Hoon Han, 2014, "Impact of ubiquitous computing technologies on changing travel and land use patterns," *International Journal of Environmental Science and Technology.*

Sang Ho Lee, Tan Yigitcanlar, Johnny Wong, 2010, *Ubiquitous and smart system approaches to infrastructure planning: learnings from Korea, Japan and Hong Kong*, In Tan Yigitcanlar (Eds), *Sustainable Urban and Regional Infrastructure Development:*

Technologies, Applications and Management, IGI Publishing, Hershey, PA, USA.

Tan Yigitcanlar, Jung Hoon Han and Sang Ho Lee, 2008, *Online Environmental Information Systems*, In Frederic, A (Eds), *Encyclopedia of Decision Making and Decision Support Techniques*, IGI Publishing, Hershey, PA, USA.

Tan Yigitcanlar and Sang Ho Lee, 2014, "Ubiquitous eco−city: A smart−sustainable urban form or a branding hoax?," *Technological Forecasting & Social Change*, 89: 100−114.

창조도시와 창조경제 제11장

01 창조성과 도시

도시의 성장에는 여러 가지 요인들이 영향을 준다. 그 중 특히 도시의 발전에 중요한 역할을 한 것이 기술이다. 근대 이전에도 도시가 존재하긴 했지만 현대적 의미에서의 본격적인 도시화가 일어나기 시작한 것은 획기적인 생산기술이 도입된 산업혁명의 시기부터였고 이후 20세기의 도시는 제조업 중심의 도시로 성장하여 왔다. 20세기 후반에 이르러 교통과 정보통신기술의 발달은 세계화 과정을 가속화시키면서 도시의 성장을 새로운 궤도에 올려놓게 된다. 이러한 기술발전은 모든 지역에서 비슷한 수준으로 일어나는 것이 아니라 공간적인 불균등성을 가진다. 공간적인 불균등성을 야기하는 요인은 지역의 여건 차이에 있다. 지역의 여건은 환경적 여건과 인적 자원으로 구분해 볼 수 있으며 기술의 수준이 높아질수록 가능론에 좀 더 무게중심이 옮겨지면서 환경적 여건보다는 인적자원이 보다 더 중요한 도시성장 잠재력으로 인식되기 시작했다.

인적 자원의 중요성은 도시발전사를 통틀어 꾸준하게 강조되어 왔지만 최근에는 이들의 창조성이라는 부분에 대한 관심이 증대되고 있다. 창조성은 새로운 생각과 아이디어를 만들어내는 능력을 말하여 새로운 기술혁신의 기반이 된다. 인적 자원의 측면에서 보면 창조성이 있는 인력과 그렇지 못한 인력이 있게되고 기술혁신을 통한 도시성장을 달성하기 위해서는 창조성을 가진 인력이 많아야 한다. 한편 환경적 여건의 측면에서 본다면 사람들의 창조성을 좀 더 끌어내도록 유도하는 환경과 그렇지 못한 환경이 있다. 같은 구성을 가진 인적 자원이라면 전자의 경우에 좀 더 창조성이 발현될 수 있다. 더 나아가 전자와 같은 환경을 가진 지역으로는 창조성을 가진 사람들이 더 많이 모여들기도 한다.

창조성을 가진 사람들이 많은 도시의 환경은 공통적인 특성들을 가지고 있다(Landry, 2000). 먼저, 여기서는 사람들에게서 개방성, 즉, 편견이 없는 열린 마음을 볼 수 있다. 흔히 새로운 혁신은 처음에는 아주 엉뚱하고 상식을 넘어서는 아이디어로부터 출발하게 되므로 열린 마음으로 이를 받아들이지 않는 도시에서는 혁신이 싹트기 어렵다. 또한 이들 도시에서는 모험을 두려워하지 않는다. 발전을 이루기 위해서는 수차에 걸친 시행착오가 반복될 수밖에 없기 때문에 실패를 두려워하는 정서를 가진 도시들은 새로운 시도를 피하게 되고 그에 따라 성장을 달성하기 어렵다. 아울러서 이들 도시들은 지역의 고유성을 효과적으로 활용한다. 지역이 지닌 인문자연적인 유산으로서의 환경은 절대가치 기준에 따라 쓸 만한 것과 쓸모없는 것으로 구분되는 것이 아니라 오히려 주어진 자산을 어떻게 이용하느냐에 따라 강점이 될 수도 있고 반대로 약점이 되기도 한다. 이들 도시들에 공통적인 또 다른 특성으로는 관용성이 있다. 이는 자신과 의견이 다른 사람들의 의견에도 경청하며 필요하다면 배우려고 하는 마음자세이다. 이러한 문화여건이 갖추어진 도시를 통상적으로 창조성이 풍부한 도시라고 할 수 있으며 최근 눈에 띄는 성장을 보이는 도시들 중 제법 많은 도시들이 이 범주에 해당한다.

현대의 많은 도시들은 도시성장전략의 핵심으로 창조성이 충만한 도시를 만들고자 하는 정책들을 앞다투어 도입하고 있다. 이를 위한 다양한 정책들과 전략들이 개발되어 적용되고 있는 실정이지만 궁극적으로 이러한 정책들이 성공하기 위해서는 새로운 사고가 필요하다. 랜드리(Landry)는 새로운 사고의 특징의 몇몇 예로서 이분법적인 사고를 넘어서는 통합적 접근, 도시를 기계로 바라보는 기계적인 인식 틀로부터 유기체로 바라보는 유연한 인식 틀로의 전환, 풍부한 커뮤니케이션, 협력이 이루어질 수 있는 공간의 창출, 성공과 실패에 대한 지속적이고 심층적인 평가 및 재평가 등을 들고 있다(Landry, 2000).

02   역사 속의 창조도시들

창조도시라는 용어는 비교적 최근 들어 사용하기 시작한 용어이지만 창조도시 그 자체는 이보다 훨씬 더 오랜 역사를 가지고 있다. 홀(Hall)은 그의 저서 『Cities in Civilization』(Hall, 1998)에서 문화적·예술적 창조성이 발현된 대표적인 도시들로 아테네, 피렌체, 런던, 비엔나, 파리, 베를린의 여섯 도시들을 들었다 (그림 11-1).

그림 11-1   **유럽 역사상의 창조도시들**

자료: Hall, 2000의 정보를 이용하여 필자가 지도화.

이들 도시들은 각각의 시대를 거치면서 문화와 예술 창조의 중심지로서 뿐만 아니라 각 시대별로 경제적으로도 가장 번성하였던 도시들이라고 할 수 있다. 이들을 면밀히 비교 관찰해 보면 이들 도시에서 어떤 메커니즘을 통해서 창조성이 발현되고 그 결과 창조도시가 만들어지는지에 대해서 좀 더 명확하게 이해할 수 있다. 홀은 이들 여섯 도시들의 공통적인 특징을 다음과 같이 몇 가지로 정리한다(Hall, 2000).

첫째, 이들 도시들은 당 시대를 기준으로 볼 때 전반적으로 거대도시였으며 또한 다른 도시들에 비해 중요한 역할을 하는 도시들이었다. 이는 창조성이 충만함에 따른 결과로서의 번성을 보여주는 것으로 생각할 수도 있지만 역으로 당 시대에서 중요한 역할을 하는 번성하는 도시여건이 창조성이 발현되는 여건과 상통한다는 것으로도 해석할 수 있다.

둘째, 이들 도시들은 적어도 현대의 물질적인 기준으로 보자면 안락하지는 않은 장소들이다. 당시 상류층의 생활수준도 오늘날 미국이나 유럽의 평균적인 소득수준을 가지는 가구의 생활수준을 기준으로 볼 때에는 매우 비참한 삶이었을 것이다. 삶이 안락하지 않다는 것은 한편으로는 좀 더 편안한 삶을 추구하기 위한 새로운 변화들을 계속적으로 시도해볼 것이라는 의미에서 창조적 활동들의 모태가 될 수 있다.

셋째, 이들 도시들은 대부분 급격한 경제적·사회적 전환기에 있었던 도시들이다. 예를 들어, 피렌체, 런던, 비엔나, 파리 등의 도시들은 자본주의 도시들이기는 하나 한편으로는 길드나 아틀리에 등과 같은 전자본주의적인 요소들을 동시에 가지고 있었다. 이와 같은 전환기에는 사회적으로 안정성이 부족할 수 있지만 새로운 변화를 추구한다는 점에서 보면 기회로 작용하기도 한다.

넷째, 이들은 모두 무역의 중심지였다. 무역을 통해 새로운 경제체제가 도입되고 이를 통해 새로운 생산양식이 자리 잡을 수 있게 된다. 무역의 특성상 항구나 수도 등과 같은 지리적 위치가 이들 도시들이 무역중심지로 성장하는 데 중요한 역할을 한다. 무역도시들은 네트워크상에서 흐름이 모이는 곳으로 다양한 물자와 함께 다양한 인적 자원이 모이는 다양성을 추구할 수 있는 장소이다.

다섯째, 이들이 반드시 유럽 최상위급 세계도시는 아니었지만 적어도 이들이 속한 각 국가별로는 가장 큰 도시였다. 국가 안에서 가장 큰 도시는 많은 사람들, 그중에서도 특히 인재들을 끌어들일 뿐만 아니라 그런 인재들을 고용하여 활용할 수 있는 부를 창출할 수 있는 여건을 갖추고 있다.

여섯째, 이들 도시들은 대부분 각 시대별로 가장 부유한 도시들이었다. 이러한 부는 종종 소수의 지배집단에게 편중되어 있었으며 이들이 형성하는 커뮤니티가 문화를 꽃피우는 데 중요한 역할을 해 왔다. 문화는 창조성이 발현될 수 있는 중요한 자산이다.

일곱째, 이들 도시들은 대중문화가 아닌 선도적 소수 엘리트들을 위한 고급문화가 번성한 도시들이다. 이러한 고급문화의 소비를 위해서는 재력이 필요하므로 고급문화의 도시는 재력을 감당할 수 있는 부르주아 계급들이 많이 모여 있는 도시이다. 그러나 모든 부르주아 도시가 창조적이지는 않다는 점에서 부가 중요하긴 하지만 충분조건이 되지는 않았다.

여덟째, 이들 창조도시들은 대부분 국제도시들이다. 유럽의 각지에 흩어져 있는 다수의 인재들은 이들 국제도시로 몰려든다. 이들 도시들은 인재들을 끌어들일 수 있는 다양한 여건들을 구비하고 있으며 인재들의 증가는 이러한 여건을 더욱 강화시키는 선순환을 일으킨다.

아홉째, 이들 창조도시들은 사회적으로나 지적인 측면으로나 혼돈기에 있는 장소들로서 안정적이지 않다. 즉, 매우 보수적이거나 매우 안정적인 사회 환경을 가진 도시는 창조도시가 될 수 없으나 동시에 모든 질서가 무너진 극도로 무질서한 사회도 또한 창조도시가 되기는 어렵다. 창조적 환경의 도시가 만들어지기 위해서는 어느 한쪽으로 치우치지 않고 변혁을 위한 긴장과 불안정이 적절한 수준으로 유지되는 여건을 조성해야 한다.

03 현대 창조도시의 등장

인류 문명의 역사를 거치면서 각 시대를 풍미하던 창조도시들이 존재하기는 했지만 보다 현대적 의미에서의 창조도시는 대량생산을 중심으로 하는 제조업 위주의 경제활동이 성장 동력을 점점 잃어가는 시점인 20세기 후반부에 형성되었다고 볼 수 있다. 이 시기는 산업혁명 이래로 성장가도를 달려오던 제조업 중심의 세계경제구조가 세계화 및 지방화의 과정과 맞물리면서 새로운 변화를 요구하는 시점으로 새로운 유형의 도시성장전략에 대한 관심이 높아져 가는 시기이기도 하다. 현대적인 창조도시론은 크게 두 가지의 계보가 있다(佐佐木雅幸, 2001).

그 중 첫 번째는 『Cities and the Wealth of Nations』(Jacobs, 1985)를 집필한 제인 제이콥스(Jane Jacobs)의 창조도시에 대한 설명이론이다. 제이콥스는 국민경제의 성장을 위해서는 창조적인 도시경제가 바탕이 되어야 한다는 점을 강조하고 있다. 따라서 도시가 기존에 보유하고 있는 인구나 경제규모, 산업구성 등 양적 측면에서의 성과들보다는 오히려 잠재력과 성장가능성이 중요하고 이러한 부분은 도시의 경제가 어느 정도 창조성이 강한지에 따라 달려 있다는 것이다. 이러한 기준으로 보면 제이콥스가 관심을 가지는 창조도시는 뉴욕이나 도쿄와 같은 경제규모가 큰 세계도시들이 아니라 이탈리아의 중소도시들인 볼로냐와 피렌체이다. 이들 도시들은 공통적으로 특화된 분야의 중소기업들이 밀집하여 입지하고 있고 이들 기업들에 종사하는 노동력은 다양한 유형의 업무들을 수행할 수 있는 유연성을 가지고 있으며 생산시스템 또한 대량생산방식과는 다른 특성을 가지고 있다. 제이콥스는 이들 경제의 특성을 수입대체에 의한 자전적 발전과 혁신 및 임기응변을 통해 자기수정이 가능한 경제라고 보았다. 수입대체는 단순히 생산이 불가능하기 때문에 수입에 의존하는 상품을 자체적으로 생산하는 차원을 넘어 선진기술을 다른 지역으로부터 배워서 흡수하고 스스로의 기술체계로 체화시키면서 타 산업과의 연계를 유지하여 내수시장을 발전시키는 방식이다. 이 과정에서 혁신은 모방, 즉, 선진기술의 체화과정에서 발생할 수 있는 창조물이다. 한편 임기응변은 정해진 틀에 따라 도식적으로 움직이는 것이 아니라 위기 혹은 기회의 상황이 예고 없이 찾아 왔을 때에도 이에 대해 즉흥적으로 적절한 대응을 할 수 있는 능력이다. 이는 경제시스템과 노동력이 유연하지 않고는 가지기 어려운 능력이다. 결국 제이콥스의 창조도시는 탈 대량생산시대의 유연성과 혁신적인 자기수정 능력이 있는 도시경제시스템을 갖춘 도시라고 할 수 있다.

두 번째는 일군의 유럽 연구자들을 중심으로 한 창조도시론 연구로 여기에는 유럽창조도시연구그룹의 『The Creative City』(Landry and Bianchini, 1995), 랜드리의 『The Creative City』(Landry, 2000), 홀의 『Cities in Civilization』(Hall, 1998) 등이 포함된다. 이들 집단이 창조도시를 연구하게 된 배경은 유럽에서의 제조업 쇠퇴에 따른 청년층 실업문제의 대두와 재정위기에 따른 복지국가시스템의 축소이다. 이러한 경제 환경의 변화에 따라 도시들 사이에서는 국가의 재정적인 지원과 독립적으로 성장을 위한 돌파구를 어떻게 찾을 수 있을 것인가라는 문제의식이 제기된다. 이들이 특히 주목한 것은 문화 분야로 이 분야에서의 창조활동이 경제를 포함한 다른 부문에서의 창조성을 발현시키는 씨앗의 역할을 하는 것으로 이해하였다. 따라서 이를 위한 문화 활동과 문화적 인프라가 도시의 창조적 여건 중 중요한 요소로서 자리 잡게 된다. 결국 이들 집단이 바라보는 창조성은 상상보다는 더 실천적이며 지성과 혁신의 중간에 있는 것으로 문화와 경제를 연결해 주는 매개체이다. 특히 문화와 경제 간의 연결은 문화여건이 좋은 도시들에서 창조성이 충만하고 이러한 부분이 경제활동에서의 혁신과 이를 통한 발전에 영향을 미친다는 간접적인 의미뿐만 아니라, 정보통신이나 멀티미디어산업 등과 같은 창조산업들이 도시경제의 성장 자체를 주도해 갈 수도 있다는 직접적인 연관관계도 가지고 있다.

이러한 두 가지의 흐름을 고려하면서 창조도시를 정의한다면 인간이 자유롭게 창조적 활동을 함으로써 문화와 산업의 창조성이 풍부하며 동시에 탈 대량생산의 혁신적으로 유연한 도시경제시스템을 갖춘 도시라고 정의할 수 있다(佐佐木雅幸, 2001).

04 창조도시의 여건

창조도시를 만들기 위해서는 도시 안에서 창조적인 환경이 만들어져야 한다. 창조환경이 가지고 있는 특성으로 네 가지가 있는데 이는 사람들 간에 주고받는 정보, 이들 정보가 축적되어 만들어지는 지식, 외부로부터 요구되는 활동을 해낼 수 있는 역량, 이들 세 가지 활동들의 시너지 효과를 통해 뭔가 새로운 것을 만들어 낼 수 있는 창조성 등이다(Törnqvist, 1983). 이 네 가지 중 가장 기초가 되는 것이 정보이다. 사람들 간에 정보의 흐름이 원활하기 위해서는 커뮤니케이션 혹은 의사소통이 원활하게 이루어져야 하고 의사소통의 연결망이라고 할 수 있는 사회 네트워크가 잘 구축되어 있어야 한다. 소통된 정보들이 모두 유용하거나 의미 있는 것은 아니다. 따라서 소통과정이 반복되면서 쓸모가 없거나 의미가 없는 정보들은 소멸되며 유용하고 유의미한 정보들은 지성의 틀 안에서 누적된다. 바로 지식은 이러한 유의미하고 유용한 정보들이 체계적으로 정리된 시스템이다. 정보가 지식으로 전화되기 위해서는 사회의 집합적 지성이 정보선별력을 가져야 하며 아울러 새로운 정보가 지식으로 쉽게 전화될 수 있는 유연하고 개방적인 지식체계를 가져야 한다. 특정 도시에서의 지식체계는 그 도시의 환경적 요인과 인적 자원의 특성을 반영하면서 일정한 방식으로 특화되기 마련이다. 이는 전문성과 연결되며 대외적으로 경쟁력을 가지는 분야가 된다. 궁극적으로 창조성이라고 하는 것은 이들 정보, 지식, 역량이 유기적으로 작동한 결과, 혹은 그 과정 속에서 싹틀 수 있는 것이다.

안데르손(Andersson)은 창조적 환경이 만들어지기 위한 전제조건으로 여섯 가지를 고려해야 한다고 말한다(Andersson, 1985). 여기에 해당하는 전제조건은 지나친 규제가 없으면서 재정적으로는 건전한 기반, 독창적인 지식과 역량, 사회적으로 느끼는 필요와 이를 해소할 수 있는 실제적인 기회 간의 부조화, 다양성을 가진 환경, 내부 및 외부적으로 원활한 개인적 통행과 의사소통 기회, 구조적 불안정성, 즉, 현재의 지식수준으로 볼 때 느껴지는 미래에 대한 불확실성 등이다. 지나친 규제는 행동과 사고를 속박하게 되고 그 결과 새로운 시도를 담은 생각이나 행동이 자유롭게 나오기 어렵다. 재정적인 건전성은 앞서 홀이 언급한 부(Hall, 2000)에 해당하는 개념으로 창조성을 가진 인재들을 도시로 끌어들이는 데 유용한 자산이다. 독창적인 지식과 역량은 창조환경이 가지는 네 가지 특성들(Törnqvist, 1983)과 일맥상통하는 개념으로 창조성이 내재되어 있는 지식과 역량을 의미한다. 사회적으로 느끼는 필요와 이를 해소할 수 있는 기회 간의 부조화는 새로운 변화의 기회를 제공한다. 예를 들어, 사회적으로 느끼는 필요에 대해서 이를 바로 해결할 수 있는 수단과 방법들이 이미 잘 알려져 있고 이용가능하다면 굳이 위험을 감수하면서까지 불확실한 변화를 추구할 필요를 느끼지 못하게 된다. 다양성은 창조성의 중요한 전제 중의 하나로 다양한 사람들 사이에서 다양한 생각과 아이디어들이 나오게 되고 이러한 아이디어들 가운데에서 때로는 엉뚱하기도 하지만 때로는 기발한 혁신이 만들어지게 된다. 다양성의 효과가 배가되기 위해서는 흐름, 즉, 왕래와 소통이 자유로워야 한다. 다양한 유형의 사람들이 각자 고립된 생각에 갇혀서 독립적으로 사는 방식보다는 서로 간의 소통과 왕래를 통해 의견을 교환하고 사회 네트워크를 구축하는 것이 다양성이 확산되는 기반이 된다. 아울러 안정된 사회는 현재에 안주하려는 경향이 있고 변화의 동기가 제공되지 않는다. 반대로 역동적으로 움직이는 사회, 빠르게 변화하는 사회는 불안정성은 높아지는 반면에 새로운 시도를 통한 혁신이 만들어지기 쉬운 사회이다.

홀에 따르면 이들을 종합해 볼 때, 새로운 혁신이나 창조가 나타날 가능성이 높은 도시들은 끊임없는 사회적·경제적 변화의 한가운데에 있는 도시, 젊은 사람들 그리고 신선한 사고를 가진 사람들이 많이 모여드는 도시, 그리고 새로운 사회로의 전환기에 있는 도시들이다(Hall, 2000). 이에 비해 랜드리는 좀 더 명시적으로 창조도시의 전제조건(Landry, 2000)이 무엇인지를 밝히고 있다. 랜드리가 제시한 전제조건은 크게 일곱 가지로 이들은 무형적인 요소들과 유형적인 요소들을 두루 포괄한다.

랜드리가 주목한 첫째 전제조건은 개인의 자질이다. 창의적인 사람이 없는데 창의적인 사회가 만들어질 수 없고 창의적인 사회가 없는데 창의적인 도시가 만들어질 수 없다. 창의적인 개인은 생각의 다양성, 개방성, 유연성을 가지고 있는 사람이며 모험을 즐기는 사람이다. 이들은 지속적으로 새로운 시각과 관점을 추구한다. 도시에 사는 모든 사람이 창의적인 사람이 될 필요는 없지만 비록 소수라고 하더라도 이들 창의적인 사람들이 도시 내에서 적재적소에 배치되어 그들의 창의성을 십분 발휘할 수 있는지가 창조도시가 성공할 수 있는지를 결정하는 요인이 된다. 그러나 이러한 기준에 의거하여 창조적이지 않은 사람들이라고 해서 가치를 폄하해서는 안 된다. 창조성은 새로운 아이디어를 만드는 것을 의미하기도 하지만 만들어진 아이디어를 실행하는 새로운 방식을 의미할 수도 있기 때문이다.

둘째는 의지와 리더십이다. 창조도시에서는 창조성이 중요하나 창조성만으로는 구체적인 성과가 이루어지기 어렵다. 창조적 변화의 요구를 수용할 수 있는 그리고 올바른 방향성을 가진 의지는 창조성이 아이디어에서 구체화된 수준의 활동으로 전환되는 데 필요한 동력이다. 의지를 가지고 창조도시를 추진하는 사람의 리더십도 중요하다. 창조도시를 지향하는 도시에서 리더는 창조도시의 상과 이를 달성하기 위한 전략에 대한 비전이 있어야 한다. 이는 리더의 독자적인 의지나 리더십만으로 형성되기보다는 도시민들과의 지속적인 의사소통과 교류 과정을 통해서 변경되고 다듬어지는 열린 비전이다.

셋째는 다양한 인적 자원, 그 중에서도 인재에의 접근이다. 다양성이 확보되어 있는 사회는 튼튼하다. 문제가 발생했을 때 동질적인 사고를 하는 사회는 기존의 사고틀 안에서 해결할 수 있는 문제가 아닌 경우에는 심각한 위기상황으로 연결될 수 있다. 반대로 다양성이 확보되어 있는 사회에서는 다양한 유형의 문제들에 대한 다양한 해결책들이 다양한 사고 가운데에서 도출될 가능성이 높다. 종종 이러한 다양성의 증대에 영향을 주는 대상이 다른 지역 혹은 다른 나라들로부터의 이민자들이다. 따라서 이들의 참신한 지식과 기존 거주자들의 체계적이고 심층적인 지식 간에 어떤 조화가 이루어지는지가 성공적인 창조도시의 기반으로 중요하다.

넷째는 조직문화이다. 창조도시적인 조직문화는 조직의 위계성이 약하고 조직 내 부서 간의 단절성이 적다. 이와 같은 수평적인 관계에서의 업무연계 및 협조의 수준이 높아지기 위해서는 상호작용과 교류가 중요한 역할을 한다. 또한 위계성을 약화시키기 위해서는 권한과 임무의 분권화를 추진할 필요가 있다. 조직이 유연한 조직인지 혹은 규정과 제약이 많아 활동에 있어 자율성의 폭이 좁은 조직인지의 여부도 창조도시적인 조직문화를 가지고 있는지를 판단하는 데에 중요한 요인이다. 유연한 조직은 실패를 경험하더라도 더욱 성장할 수 있는 계기로 이를 활용할 수 있는 역량이 있다. 아울러서 유연한 조직은 개방적인 시스템을 추구한다는 의미에서 학습의 중요성을 강조한다.

다섯째는 지역 정체성 혹은 지역성의 육성이다. 지역의 정체성은 도시민들에게 지역에 대한 자부심을 심어주며 이들 사이의 연대감을 형성시켜 도시 커뮤니티를 구성할 수 있도록 해 준다. 지역의 정체성을 만드는 데 핵심적인 요소는 지역문화 정체성이다. 문화는 오랜 시간에 걸쳐 그 지역을 다른 지역과 차별화되는 고유한 특성을 가진 지역으로 인식할 수 있도록 만들어주는 요소들로, 역사성이 고유한 지역문화를 통한 지역성의 형성에 영향을 주기도 하지만 한편으로 과거의 번영에만 매몰되는 퇴행적 지역성이나 문화의 우월성에 기초한 배타적, 차별적 지역성은 창조도시적 여건을 파괴할 수 있다.

여섯째는 도시의 공간과 시설이다. 물리적인 공간과 시설은 창조도시에서의 활동들이 원활하게 일어날 수 있도록 하거나 활동들을 더욱 촉진시키는 역할을 한다. 도시에서의 공공 공간은 사람들 사이의 의사소통이 보다 활발하게 일어날 수 있는 장소이다. 도심지역도 교외지역과 비교하면 보다 이질적이고 다양한 사람들과 기능들로 구성되어 있어 창조적인 아이디어가 쉽게 나올 수 있는 지역이다. 시설적인 측면에서 창조도시의 공공시설에는 지식활동을 발전시켜 나가는 데 기초가 되는 교육과 연구기능들이 포함되어야 하고 아울러서 정보와 지식이 확산되고 교류될 수 있는 매체의 기능도 있어야 한다. 문화시설의 경우는 도시민들에게 활력을 넣어줄 뿐만 아니라 상상력과 창의력을 제고시킬 수 있는 영향인자이며 삶의 질을 향상시킴으로써 인재들을 유인할 수 있는 매력적인 요소이다.

　마지막으로 일곱 번째는 네트워킹이다. 이는 의사소통과 교류의 통로라고 할 수 있다. 다양한 방식의 그리고 다양한 규모에서의 네트워크가 형성되어 있고 이들 네트워크가 다층적인 구조를 가지고 얽혀 있는 곳이 창조도시가 된다. 네트워크는 도시 내의 특정 조직에 속한 사람들이 공유하는 소규모의 네트워크부터 경제의 세계화 속에서 다른 국가에 위치한 경제 파트너들 간의 범세계적 네트워크에 이르기까지 다양한 규모와 유형이 있다. 특히 창조도시에서의 네트워크는 피상적이고 형식적인 네트워크보다는 실질적인 성과를 가져올 수 있는 네트워크로, 이러한 네트워크는 단기간에 이루어지기보다는 도시 내에서 비교적 긴 시간에 걸쳐 착근될 때 형성될 수 있는 유형의 네트워크이다.

제**2**절

창조경제와 창조도시

Understanding the City

01 도시와 창조경제

창조경제라는 개념은 변화하는 경제의 특성을 보다 정확히 이해하고자 하는 시도의 일환으로 1998년에 영국의 문화·미디어·체육부(Department of Culture, Media and Sport: DCMS)가 도입한 개념이다(Sanchez-Moral 외, 2014). 21세기에 접어들어서는 호킨스의 저서 『The Creative Economy: How People make Money from Ideas』(Howkins, 2001)의 출간을 통해 창조경제가 학문적으로도 본격적인 조명을 받기 시작했으며 이 시기에 케이브스(Caves, 2000), 랜드리(Landry, 2000), 플로리다(Florida, 2002), 사사키(佐佐木雅幸, 2001) 등 여러 연구자들에 의해 창조경제가 다양한 방식으로 다루어졌다(최병두, 2013).

20세말부터 창조경제가 등장한 배경은 크게 세 가지로 볼 수 있다(차두원, 2013). 첫째, 후발산업국들의 역량강화 속에서 경쟁이 치열해 지면서 기존 산업의 틀만으로는 더 이상 경제 선진국들이 비교우위를 가지지 못하게 되면서 새로운 성장동력을 창출할 필요성이 대두되어 왔다는 점이다. 둘째, 생산성과 효율성의 향상에 따라 경제가 성장해 감에도 불구하고 일자리는 줄어드는 상황에서 고용 창출을 위한 새로운 수단의 확보가 화두로 등장하게 되었다는 점이다. 셋째, 인간의 삶과 가치 등에 관심이 증대되고 인간의 창의성에 높은 가치를 부여하는 인간중심적인 경제 패러다임이 중요해졌다는 점이다. 창조경제이론에 대한 관심이 증대된 좀 더 직접적인 배경은 경제활동에서 문화부문의 중요성이 증대되어 왔다는 사실과 연결된다. 경제와 문화의 연결은 단순히 문화산업 내 경제활동의 확대뿐만 아니라 혁신을 창출하기 위한 문화적 환경의 추구까지도 포함하는 광범위한 개념이다(최병두, 2013).

창조경제를 바라보는 시각은 두 갈래로 나뉘는데, 한편에서는 창조성을 기업적 자산으로 보는 반면 다른 쪽에서는 이를 자격을 갖춘 수준 높은 노동력으로 간주한다. 이들은 각각 창조산업과 창조계급에 대한 연구들로 분화가 이루어져 왔다(Pratt, 2011; Sanchez−Moral 외, 2014). 이러한 차이에도 불구하고 이들이 가지는 공통점은 창조성이 창조경제의 핵심요소라는 것이다(최병두, 2013). 창조성은 창조경제의 다양한 구성요소들의 선순환과정을 만들어주는 출발점이 된다(그림 11−2). 창조성이 충분히 발휘될 수 있는 여건이 창조환경이 된다면 이러한 환경을 갖추고 있는 도시가 창조도시이다. 창조도시는 창조계급과 창조산업이 선호하는 여러 가지 여건들을 잘 갖추고 있는 도시로 이들을 지속적으로 끌어들일 수 있는 유인력을 가지게 되며 창조계급의 성장은 이들이 종사하게 되는 창조산업의 성장을, 그리고 창조산업의 성장은 이들 부문에 고용을 추구하는 창조계급의 성장을 동반하게 된다. 이들 두 부문의 동반성장은 창조도시의 창조환경을 더욱 강화하는 선순환과정을 이끌게 된다.

어떤 산업들이 창조경제에 속하는지에 대해서는 다양한 견해들이 있으며 국가별 특성에 따라서도 차이를 나타내고 있으나 통상적으로 문화, 예술, 미디

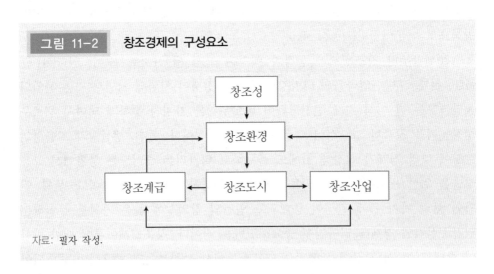

그림 11-2 **창조경제의 구성요소**

자료: 필자 작성.

어, 출판, 컴퓨터 등을 핵심 분야로 포함하고 있다. 그러나 실질적으로 보다 많은 수의 창조인력은 창조산업으로 분류되는 업종 이외의 업종에 종사하고 있다는 점에서(Higgs 외, 2008), 창조산업의 선정은 기존 산업분류의 틀 속에서 보다는 새로운 차원에서 이루어지는 것이 바람직하다. 기존 산업군의 분류를 통한 특성화의 수준을 넘어 창조경제활동의 특성을 즉, 다룬 프래트와 허튼에 따르면, 창조경제는 조직차원에서 두 가지 상이한 구조, 소수의 매우 큰 기업과 1인 기업을 포함한 수많은 소기업들로 이루어져 있다. 이들이 다루는 상품은 무형(intangible)이거나 가상적(virtual)인 경우가 많고 활동이 국제적이어서 소유, 규제, 통제 등에 어려움이 있다. 조직은 프로젝트에 기반을 두어 매우 유연한 방식으로 구성되며 성공률이 매우 낮은 특성을 지닌다. 공간적으로는 강한 클러스터링의 양상을 보여, 이 활동이 성격상 도시지향적임을 드러내고 있다(Pratt and Hutton, 2013).

이와 같은 도시지향성에도 불구하고 도시와 창조경제 간 관계에 대한 논의는 이들 간 관계에 대한 개념화의 미흡과 창조경제 개념의 불명확성 등으로 인하여 최근까지는 활발하지 못했다(Pratt and Hutton, 2013). 하지만 최근 들어 창조경제에 도시가 왜 중요한 장소인지에 대한 이유들이 여러 학자들의 관심을 받고 있다(Rantisi 외, 2006; Pratt and Hutton, 2013; 이원호, 2014). 이들에 따르면, 도시는 창조성의 네트워크에 중요한 창조관련 인프라와 활동 집적에 따른 혜택을 공유할 수 있고, 수요공급자 간 뿐만 아니라 다른 창조인력과의 매칭이 원활하며, 정보에의 접근성이 양호하고, 상호학습이 가능하며, 상호작용과 실험이 활발하게 일어나는 장소이다.

이러한 점에서 도시는 창조경제가 성장할 수 있는 기반을 제공하지만 한편으로 창조경제의 성장은 도시를 더욱 성장시키는 선순환을 발생시킨다(이원호, 2014). 여기에는 창조경제활동이 활발하게 나타나는 도시는 상대적으로 규모가 큰 도시라는 의미가 담겨 있다. 하지만 웨이트와 깁슨은 창조경제에 대한 다수의 연구들에서 창조성의 핵이 대도시인 것으로 가정하는 경향을 지적하며 실제로 많은 수의 창조산업 종사자들은 소도시에 터전을 두고 있음을 강조하고 있다. 그들에 따르면 단순한 도시인구규모 자체는 의미가 없으며 도시 창조경제의 본질적 특성들이 이해되어야 한다고 말하고 있다(Waitt and Gibson, 2009).

02 창조계급과 창조산업

도시에서의 창조성을 어디에 중심을 두고 볼 것인가라는 측면에서 창조계급에 대한 관심과 창조산업에 대한 관심이 구분된다(이희연, 2008). 물론 창조계급이 창조산업이라 불리는 업종들을 중심으로 포진하여 창조성을 발휘하는 과정이 잘 이루어지는 도시가 창조도시라는 점에서 이들 두 대상이 독립적으로 떨어질 수는 없다. 다만 이러한 관점의 차이는 창조도시로 가기 위한 과정에서 어느 부분이 좀 더 결정적인 계기를 마련해 주느냐를 반영하는 것이라고 볼 수 있다.

창조성을 창조계급의 관점에서 바라볼 것을 요구하는 사람은 리처드 플로리다(Richard Florida)이다. 그는 그의 저서 『The Rise of Creative Class』(Florida, 2002)와 『Cities and the Creative Class』(Florida, 2005)를 통해서 창조도시적인 특성을 강하게 보이면서 경제적인 성장을 달성한 도시들에서 공통적으로 보이는 현상으로 인재들의 집중에 주목하였다. 인재들은 새로운 아이디어와 창의적인 사고를 가지고 기술의 혁신을 이루어낸다. 그리고 이러한 기술혁신의 결과는 도시가 가지고 있는 산업의 경쟁력을 제고시켜 주고 궁극적으로 도시의 경제성장을 이끌어 주게 되는 것이다. 플로리다의 창조계급은 바로 이들 인재 집단이다. 인재들은 공간적으로 볼 때 불균등한 분포를 보이게 되는데 이는 인재들이 살고 싶어 하는 거주환경이 지역별로 차이가 나기 때문이다. 따라서 창조도시가 되기 위해서는 인재들을 보다 많이 끌어들일 수 있는, 그들이 선호하는 도시환경을 마련하는 것이 중요하다. 이러한 환경은 통상적으로 문화 활동이 활발하고 삶의 질이 높은 수준을 유지하는 도시환경이다. 창조도시에서의 창조계급에 대한 플로리다의 설명은 이 절의 후반부에서 보다 자세하게 다루고 있다.

한편 창조성을 창조산업의 관점에서 바라본 대표적인 학자는 리처드 케이브스(Richard Caves)이다. 원래 창조산업에 대한 관심은 정책부문에서 우선적으로 시작되었는데 그 관심의 배경에는 이들 일군의 산업들이 보여주는 높은 부가가치의 창출과 성장유발효과가 있었다. 영국의 문화 · 미디어 · 체육부는 창조산업을 "개인의 창조성, 기술, 재능 등을 이용해 지적재산권을 설정하고, 이것을 활용함으로써 부와 고용을 창출할 수 있는 잠재능력을 갖고 있는 산업"으로 정의하고 있다(임상오, 2008: 18). 여기에는 광고, 건축, 예술작품 및 골동품시장, 공예, 디자인, 디자이너패션, 영화, 양방향 여가용 소프트웨어, 음악, 공연예술, 출판, 소프트웨어, 텔레비전 및 라디오의 13개 부문이 망라되어 있으며 1998년 기준으로 영국에서 이들의 매출액 규모는 570억 파운드를 상회하고 고용규모도 1백만 명에 육박하고 있다(Hall, 2000). 창조산업은 종종 문화산업과 같은 의미로 이용되기도 하지만 엄밀한 의미에서 창조산업은 문화산업과는 차이가 있다. 케이브스는 그의 저서 『Creative Industries』(Caves, 2000)에서 창조산업을 "비영리적인 창조활동(창조적인 노동)과 단조롭고 일상적인 영리활동(상업적 비즈니스)과의 계약에 의한 네트워크"로 보았다(임상오, 2008: 18).

케이브스에 의하면 창조산업의 특성은 재화로서의 특성과 산업으로서의 특성을 구분하여 파악해볼 수 있다(임상오, 2008). 재화로서의 특성으로는 첫째, 창조산업의 경우 창조적인 활동에 대한 수요가 불확실하다는 점을 고려해야 한다. 이는 고부가가치를 창출할 수 있는 산업이기는 하지만 동시에 위험부담도 크다는 것을 의미한다. 둘째, 창조적 생산물을 제작하는 창조인력은 제작 이후에도 자신의 창조물에 대한 지속적인 관심을 가진다. 이러한 창조물들은 통상 예술작품과 같이 가치가 높거나 영화, 책과 같이 사회적 영향력이 큰 창조물들이다. 셋째, 창조물은 다양한 사람들과 이들의 기술들이 결합되어야 한다. 이는 공연을 위한 스태프들이 얼마나 다양하고 많은지를 생각해보면 쉽게 알 수 있다. 넷째, 창조물은 수직적인 차별화뿐만 아니라 수평적인 차별화도 있다. 예술작품의 경우 품질이 좋고 나쁘고의 차이(저명 화가의 작품과 견습생의 작품)가 있을 수도 있지만 품질의 차이가 구분되기 어려우면서도 취향에 따라 차별화가 이루어지기도 한다. 다섯째, 창조물의 제작에 종사하는 사람들의 재능과 기술은 수직적으로 차별화되어 있다. 창조물의 제작에는 핵심적인 창조성을 투여하는 사람도 있지만 매우 일상적인 작업을 투여하는 사람들도 필요하다는 의미이다. 여섯째, 시간이 중요하다. 이는 외부상황의 변화에 따른 유연하고 신속한 대응이라는 측면과 시기적 적절성 혹은 타이밍 등의 시간적 개념을 포함하는 특성이다. 마지막으로, 창조물은 상당 기간 동안 가치가 존속된다. 저작권이나 특허권 등의 지적재산권이 그러한 예이다.

한편 산업으로서 창조산업의 특징을 보면 첫째로 창조산업은 고부가가치의 산업이다. 이는 그만큼 창조산업이 다른 산업과의 연관효과가 큰 핵심 산업임을 의미하지만 동시에 성공의 확률이 비교적 낮은 모험산업이라는 특성도 가지고 있음을 의미하기도 하는 것이다. 둘째로 창조산업은 대기업과 소기업들이 모두 특성화되는 부문이다. 즉, 소수의 대기업들이 시장을 지배하면서도 동시에 다수의 소규모 기업들이 그들 간의 네트워크를 바탕으로 하여 프로젝트를 기반으로 이합집산을 하면서 창조산업부문을 끌어가고 있다. 셋째, 창조산업의 인력은 고유한 특성을 가진다. 이들은 자발성이 강하며 대체가 어렵다. 넷째, 창조산업은 지리적으로 집중하는 경향을 가지고 있다. 이는 통상적으로 경제활동의 집중을 언급할 때 이유로 꼽는 집적 경제뿐만 아니라 이들 산업 내 종사인력 간의 대면 접촉을 통한 네트워킹 및 이를 통한 시너지작용이 가능하기 때문이다.

창조도시에서 창조산업이 중요한 이유는 창조산업과 도시가 유기적으로 상호작용하기 때문이다(이희연, 2008). 즉, 창조산업은 도시에 경제성장을 통한 부를 가져다주는 동시에 창조산업 그 자체가 제공하는 상품을 통해 보다 삶의 질이 높고 다양성이 풍부한 도시를 만들어 준다. 한편 도시는 창조산업이 필요로 하는 창조인력을 원활하게 공급할 수 있는 기반이면서 동시에 자립성이 약한 기업들의 창조산업 활동이 사업지원 서비스와 기반시설 등을 통해 도움을 받을 수 있는 인큐베이터이기도 하다.

03 창조계급과 창조도시

도시의 성장에 있어 인적 자본의 중요성은 이미 오래 전부터 강조되어 왔다. 하지만 이전의 이론들에서 인적 자본은 다른 여러 가지 요인들과 더불어 경제성장에 영향을 미치는 한 가지 요소였다면 창조도시론에서의 인적 자본은 다른 성장 요소들에 영향을 미칠 수 있는 핵심적이고 기본적인 요소이다. 다른 한편으로 인적 자본이론에서 교육수준 등으로 대변되는 노동력의 질이 중요한 요소라면 창조도시론에서는 교육이라는 제도적인 틀과는 관계없이 사람들에게 창조성이 얼마나 있느냐가 중요한 요소가 된다. 플로리다는 창조계급의 존재에 주목하면서 이들이 창조도시의 성립과 도시의 성장에 가장 핵심적인 요소라고 주장한다(Florida, 2002, 2005).

리처드 플로리다(Richard Florida, 1957-, 미국)

리처드 플로리다는 미국 럿거스 대학교(뉴저지 주립대학교)를 졸업한 후 1986년 컬럼비아 대학교에서 박사 학위를 받았다. 박사학위 후 그는 1987년부터 2005년까지 카네기멜론 대학교의 교수로 재직하였으며 2005년에 워싱턴으로 자리를 옮겨 조지메이슨 대학교에서 2년간 교수생활을 하였다. 이 때 카네기멜론 대학교가 있는 피츠버그에서 워싱턴으로 이사를 한 것이 그의 창조도시론 비판론자에 의해 그 스스로도 창조도시의 이론에 따라 창조계급이 선호하는 도시환경을 가진 곳으로 떠나갔다고 다소 희화화되기도 하였다. 현재에는 토론토에 거주하면서 토론토 대학교 로트만 경영대학원의 경영학 교수이자 Martin Prosperity Institute 소장이며 동시에 Creative Class Group이라는 민간 컨설팅 회사를 경영하고 있다. 창조도시론의 발표 이전

자료: 위키피디아(http://en.wikipedia.org/wiki/File:Richard_Florida_-_2006_Out_%26_Equal.jpg#file)

플로리다는 일본의 토요타와 같은 자동차 제조업 내에서의 혁신과 이들의 입지적 특성들에 대해 주로 연구를 수행하였다. 플로리다는 그의 저서 중 전 세계적인 베스트셀러인 『The Rise of the Creative Class』(2002)로 일약 세계적인 명사가 되었다. 미국을 비롯한 세계 여러 나라의 지방자치단체장들은 플로리다의 창조도시 개념을 이용한 도시발전정책을 앞 다투어 수립하고 실행하려 하고 있으며 플로리다는 이들 지방정부들이 섭외하고자 하는 초청강연자 1순위이다. 하지만 이와 같은 엄청난 인기만큼이나 그의 창조도시론에 대한 다양한 비판이 제기되고 있다. 방법론적인 측면에서의 비판과 이론 자체의 타당성에 대한 비판이 고루 제기되었으며 이에 대해 플로리다는 『Cities and the Creative Class』(2005)를 출간하여 그의 연구 성과들을 뒷받침하는 자료들을 심층적으로 제시하면서 이들 비판들에 대해 적극적으로 대응하였다. 그는 이후에도 『The Flight of the Creative Class』(2005), 『Who's Your City?』(2008) 등을 연속해서 출간하면서 창조도시론에 대한 주장을 계속 펼쳐 나갔다. 특히 2008년에 출간된 책 또한 이전의 저서들과 같이 베스트셀러로 미국 인터넷 서점 아마존닷컴에서 이 달의 도서의 영예를 차지하기도 했다.

플로리다는 경제발전을 위한 세 가지 T를 제안한다. 이들은 기술(Technology), 인재(Talent), 관용(Tolerance)이다. 이들 세 가지 요소들이 모두 있으면서 서로 간에 조화를 이루고 있는 지역이 창조도시이다. 이 중 기술은 혁신이나 첨단산업의

정도를 나타내는 개념이고 관용은 개방성, 포용성과 모든 민족, 인종, 라이프스타일에 대한 다양성이다. 그리고 인재는 창조도시에서의 창조계급이라고 할 수 있다.

플로리다에 의하면 창조계급은 뭔가 의미 있는 새로운 것을 만드는 기능을 가진 일에 종사하는 사람들이다. 뭔가 의미 있는 새로운 것은 사회 전체적으로 볼 때 널리 적용되어 전파되고 이용될 수 있는 종류의 것들이다. 창조계급의 핵심집단은 과학자, 엔지니어, 대학교수, 시인, 소설가, 예술가, 연예인, 연기자, 디자이너, 건축가 등과 이들과 함께 현대사회의 여론을 형성하고 끌어가는 데 영향을 미치는 리더집단들이다. 그러나 창조계급에는 이러한 핵심집단 이외에도 첨단산업 부문, 금융서비스, 법률 및 보건 관련 직종, 비즈니스 경영과 같이 광의적인 의미에서 지식 집약적 산업에 종사하는 창조적 전문직 종사자들도 포함된다. 이들은 비록 창조적인 뭔가를 만들어내는 것은 아니지만 업무처리과정에서 문제가 발생할 경우 해결책을 스스로 창조적인 방식으로 강구하여 적용하는 능력을 소유한 사람들이다.

이들 창조계급은 공간적 이동성이 매우 높은 계층임에도 불구하고 지리적으로 균등하게 퍼져 있지 않다. 플로리다에 의하면 창조계급은 그가 창조적 거점이라고 부르는 장소들로 모여들고 있다. 이들 창조적 거점은 경제적으로 볼 때 매우 번성하는 지역이며 따라서 인구와 고용의 증가가 활발한 지역이기도 하다. 이들 지역에서는 혁신이나 첨단산업의 성장 등과 같이 창조경제의 성과들이 가시화된다. 이들 거점들이 번영하는 이유는 전통적인 경제지리학적 입지요인(예를 들면, 자원입지, 교통요지 등)이나 정책적인 지원(지방정부의 세제혜택 등) 때문이 아니라 창조적인 사람들이 살고 있기 때문이다. 즉, 이들이 창조적인 활동을 통해서 창조경제를 일으키고 이를 통해 성장과 번영을 주도하는 것이다. 창조적인 사람들이 이들 거점들에 살고자 하는 이유는 풍부한 경험을 할 수 있고 여러 가지 종류의 다양성에 대한 개방적 태도를 느낄 수 있으며 창조적 인간으로서 자신의 정체성을 인정받는 기회가 제공되기 때문이다.

그렇다면 좀 더 구체적으로 창조계급 혹은 인재가 입지를 결정하는 데 중요한 요인들은 무엇인가? 물론 전통적인 입지요인들, 예를 들면 일자리를 제공해 줄 수 있는 지역, 보다 높은 보수를 보장해 주는 지역 등 경제적인 요인들은 여전히 중요하다. 하지만 플로리다에 따르면 다른 사람들에 비해 인재들이 특히 중요하게 고려하는 것은 이 이외에도 환경, 어메니티, 라이프스타일 등 장소기반적 요인들이다. 환경의 경우 과거에는 산업성장과 서로 상충하는 개념으로 산업성장을 통한 경제성장이 이루어지는 지역의 환경은 열악한 경우가 많았으나 최근에는 여러 가지 친환경 기술들과 지속가능한 발전이라는 개발철학이 자리를 잡게 되면서 이들 두 마리 토끼를 동시에 잡을 수 있게 되었다. 인재들은 삶의 질을 중요시하는 사람들이기 때문에 환경적인 쾌적성을 중요하게 고려한다. 깨끗하고 쾌적한 환경이 보다 창의적이고 독창적인 사고를 가능케 한다. 많은 수의 첨단기업이나 기업의 연구시설들이 환경여건이 좋은 곳에 입지하는 이유도 여기에 있다.

어메니티는 경제적 요인들에 비해 비교적 최근에 그 중요성이 부각되기 시작한 인구유인요인이다. 특히 인재들은 어메니티의 수준이 높은 장소를 선호하는 경향이 있다. 그러나 종래의 산업경제하에서의 어메니티와 창조경제하에서의 어메니티는 명확하게 구분이 된다. 예를 들면, 산업경제하에서는 프로스포츠, 예술(오페라, 클래식 음악, 극장 등), 문화시설(박물관, 예술전시회 등)과 같은 비용이 많이 드는 어메니티를 강조하고 있다. 한편 창조경제하에서는 야외 레크리에이션 활동과 라이프스타일 어메니티를 강조한다. 이 두 가지를 비교해 보면 후자의 경우에 보다 참여적이고 개방적이며 상대적으로 소규모적이고 덜 권위적인 활동에 대한 선호가 있음을 알 수 있다.

라이프스타일 어메니티의 한 흥미로운 예로서, 도시가 종합적으로 얼마나 쿨(cool)한지를 나타내는 쿨니스 지수를 통해 도시의 여가활동 기회를 파악하는 것을 들 수 있다. 쿨니스 지수는 밤시간대에 할 수 있는 여가활동의 다양성, 바, 레스토랑 등을 측정한다. 실제로 플로리다가 창조계급에 해당하는 포커스집단을 선정하여 조사해 본 결과 다음과 같은 어메니티 특성들이 중요한 것으로 파악되었다(Florida, 2005).

- 가시적으로 활동적인 젊은 사람들이 많아야 한다.
- 다양한 야외 레크리에이션 활동에 쉽게 접근할 수 있어야 한다.
- 다양한 라이브 음악 기회를 가진 음악 및 공연활동이 활발해야 한다.
- 술이 아닌 다양한 선택권이 있는 나이트라이프 경험을 할 수 있어야 한다.
- 젊은 층에 친화적이고 다양성을 추구하는 라이프스타일이 존재해야 한다.

통상적으로 인재들의 업무는 매우 유연한 일정을 가지고 있어서 여가를 즐기는 방식도 시간적으로 자유롭다. 따라서 이러한 활동들을 그들이 원하는 시간대(예를 들면, 주중의 점심시간)에 즐길 수 있는 접근성도 매우 중요하다. 또한 이들이 대부분 가족이나 친분관계가 없는 곳에 직장을 얻는 경우가 많다는 점에서 보다 쉽게 정착할 수 있고 동료나 친구들을 잘 사귈 수 있는 우호적인 환경을 가진 장소를 선호하는 것도 중요한 특징이다.

04 관용과 도시성장

관용은 창조계급, 즉, 인재들이 모여들기 위한 여러 가지 전제조건들을 관통하는 가장 핵심적인 요소이다. 관용이 충만한 도시의 대표적인 특성은 두 가지가 있다. 첫째는 개방성이다. 관용적인 사회에서는 외부로부터의 유입이 자유롭다. 아니 자유롭다기 보다 이들은 이러한 유입을 적극 장려하는 분위기를 가지고 있다. 유입되는 대상은 새로운 아이디어나 정보, 지식 등 무형의 대상과 문물, 사람 등 유형의 대상을 모두 포함한다. 이와 같이 새롭게 외부로부터 들어오는 사람들과 사고들은 도시에 새로운 활력을 주게 되고 도시가 지속적으로 발전할 수 있는 기반을 형성하게 된다. 또 한 가지 특성은 다양성이다. 다양성 측면에서의 관용은 나와 생각이 다른 사람, 취향이 다른 사람, 나와는 다른 삶을 살고 있는 사람들에 대한 존재와 이들의 가치를 인정하는 태도이다. 이러한 사회적 분위기는 사회적으로 소수자들이 생활에 편안함을 느끼고 자유롭게 의견을 개진할 수 있는 환경을 조성한다. 역사적으로 인류의 진보를 이룩한 혁신적인 사고들은 대부분 처음에는 매우 엉뚱한 상상에서부터 시작되는 경우가 많고 이러한 엉뚱한 아이디어들을 배제하지 않고 오히려 독려해주는 사회는 혁신을 통한 발전을 성취할 가능성이 높다.

플로리다는 도시별로 관용의 정도를 측정하는 다양한 지표들을 개발하여 이용하였다. 이들은 기존의 인적자본론의 관점에서 바라 본 경제적 유인이나 어메니티 같은 비교적 전통적인 유인요소들과 비교하면 매우 획기적이고 흥미로운 지표들이다.

첫 번째 지표는 보헤미안 지수이다. 보헤미아는 동유럽의 체코에 위치한 지역으로 이 지역 출신의 사람들이 보헤미안이다. 사전적인 의미로는 중세에 프랑스 사람들이 집시를 부를 때 쓰던 말이기도 하고 좀 더 일반적인 의미로는 규율이나 관습, 제도 등을 무시하고 제멋대로 사는 사람을 의미하기도 한다. 이는 제도와 규율을 만들어내고 유지하고 관리하는 쪽의 입장에서 보면 부정적인 뉘앙스를 풍기는 대상으로 이해될 수도 있으나 정해진 틀에 속박을 받지 않고 자유롭게 생각하고 행동하는 사람들이라는 의미에서 보면 창조력을 발휘할 수 있는 개방성을 가진 사람들, 그리고 틀에 박히지 않는 상태에서 새로운 것들을 쉽게 받아들여 다양성을 추구할 수 있는 사람들로 이해될 수 있다. 전통적으로 보헤미안인 집시들이 예술을 좋아하는 민족이라는 배경에서 보헤미안 지수는 도시별로 예술가들의 수를 측정한다. 좀 더 정확히 보헤미안 지수의 측정에 포함된 직업은 작가, 디자이너, 음악가, 작곡가, 연기자, 감독, 공예가, 화가, 조각가, 아트프린터, 사진작가, 무용가, 기타 예술가, 행위예술가, 기타 관련 종사자 등을 들 수 있다. 보헤미안 지수는 입지계수의 형식으로 계산한다. 즉, 이 지수는 전국 보헤미안 인구에 대한 특정 도시 보헤미안 인구의 비중을 전국 인구에 대한 특정 도시 인구의 비중으로 나누어준 값이다. 따라서 이 수치가 1보다 크게 되면 전국대비 인구비율에 비해 보헤미안들이 많이 집중되어 있는 도시로 판단할 수 있다. 보헤미안 지수가 특히 의미 있는 이유는 다른 측정값들의 경우 소비자의 입장에서 느껴지는 어메니티의 수준, 즉, 문화 어메니티나 라이프스타일 어메니티 등을 측정하는 데 비해 이 경우는 문화자산이나 창조적 자산 등 어메니티의 생산자를 직접 측정한다는 것 때문이다.

두 번째 지수는 게이 지수이다. 동성애자들은 성적 소수자로 그들이 속한 사회가 어떤 성격을 가진 사회이냐에 따라 이들이 삶에서 느끼는 편안함의 수준은 큰 차이를 보인다. 전통적이고 보수적인 사회, 정해진 제도나 규율, 오랫동안 고착화된 관습이 강한 사회에서 이들은 차별대우를 받기 쉽다. 반대로 사람들의 취향이 다양하고 개방적이며 격식과 틀에 얽매임 없이 자유로운 사고를 할 수 있는 사회의 경우에는 나와 다른 생각을 하는, 혹은 입장이 다른 사람이라고 할지라도 인정해 주고 사회의 일원으로 받아들이고자 하는 분위기를 가진다. 이런 사회 속에서 소수자들은 좀 더 안정적이고 안락한 생활을 할 수 있다. 여러 가지

사회적 소수자의 유형들 중에서 특히 성적 소수자인 동성애자를 이용한 게이 지수를 쓰는 이유는 동성애가 현대 사회에서 다양성의 최후의 보루이며 이들을 받아들일 수 있는 사회는 모든 종류의 사람들을 받아들일 수 있다는 인식에서 비롯되었다. 게이 지수는 세대주와 미혼동거인 모두 남성인 가구의 비율로 측정되었다. 보헤미안 지수와 같이 게이 지수도 입지계수의 형태를 띠어 이 값이 1보다 클 경우는 전국대비 인구비율에 비해 해당 도시에서 게이인구의 비율이 상대적으로 높은 도시임을 나타낸다.

세 번째 지수는 용광로 지수이다. 이는 다양성과 개방성의 척도로서 외국인들이 어느 정도 들어와 살고 있는지를 측정하는 지수이다. 이민자들이 많다는 것은 한편으로는 해당 도시가 이방인들에 대해서 개방적이고 수용적인 사회와 문화를 가지고 있다는 증거가 될 뿐만 아니라 다른 한편으로는 부를 창출할 수 있는 여러 가지 활동들이 활성화되어 있어 다른 지역, 더 나아가 다른 나라의 인재들을 유인해 올 수 있는 경제적 여건이 갖추어져 있음을 보여주는 지표가 된다. 여기에서는 각 도시별로 인구 천 명당 외국인 인구비율을 계산하여 이용하였다.

플로리다는 이들 세 지수의 값이 높은 도시들과 첨단산업을 통한 경제성장을 활발하게 이루고 있는 도시들 간에 매우 높은 유사성이 있음을 보여주었다. 비록 이러한 관계가 게이 혹은 보헤미안의 많고 적음이 첨단산업의 발달에 직접적인 원인이 되는 것을 의미하지는 않지만 적어도 그러한 분야에 종사하는 사람들은 관용으로 대변되는 개방성과 다양성이 충만한 도시로 이끌린다는 것이 플로리다의 주장이다. 이러한 논의의 결론으로 관용, 인재, 기술 등 세 가지 T 사이

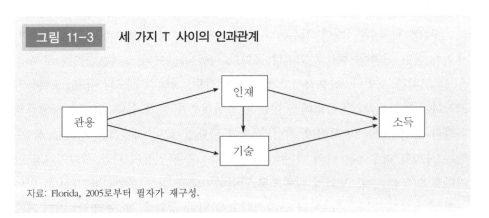

그림 11-3 **세 가지 T 사이의 인과관계**

자료: Florida, 2005로부터 필자가 재구성.

의 관계에 대해 플로리다가 정리한 내용은 [그림 11-3]으로 요약될 수 있다.

그림에서의 인과관계에 따르면 궁극적인 지역발전의 기저에는 다양성과 개방성으로 나타나는 관용이 자리하고 있다. 관용을 가진 도시로 창조계급에 해당하는 인재들이 몰려들게 된다. 이들 인재들은 다양하고 개방적인 사고가 가능한 관용의 사회적 분위기 속에서 혁신을 통해 새로운 기술을 개발할 수 있게 된다. 개발된 기술은 도시의 소득을 증대시키며 도시의 부의 성장은 이들 업무를 담당하고 있는 인재들의 소득 또한 증대시킴으로써 도시 전체적으로 부의 증가를 유발하는 것이다.

제3절
창조도시전략과 적용

Understanding the City

01 창조도시를 위한 계획 및 정책

랜드리에 따르면 창조도시가 제대로 된 창조도시인지를 평가하기 위해서는 새로운 지표들이 필요하다(Landry, 2000). 이는 창조도시라는 것이 학습과 이에 따른 변화가 계속적으로 이어지는 속성을 가지고 있어서 평가 자체도 특정 시점의 결과에 대한 단선적인 평가가 아니라 학습과정과 변화라는 과정 자체에 대한 평가여야 하기 때문이다. 더 나아가면 평가과정 또한 지속적인 학습을 통해 변화되고 보다 진전된 형태로 이루어질 수 있는 유연성을 가지고 있는 대상이다.

창조도시 평가를 위한 지표를 선정하기 위해서는 창의성 추구를 통한 궁극적인 목적이 무엇인지가 명확히 정의되어야 하고 아울러서 성공적인 창조도시들의 공통적인 특성이 무엇이고 어떤 여건과 결합하고 있는지가 정리되어야 한다. 이러한 전제하에서 지표화 되는 평가의 대상으로는 도시의 혁신능력, 교육·정책·학습·혁신 사이의 연계 및 이에 대한 전략, 혁신과 창의성을 지원하는 정책육성을 위한 재정구조의 적절성, 도시의 발전단계에 맞는 정책 및 전략 여부, 도시정책의 창조도시적 성격, 창조도시를 위한 도시의 조직역량, 다양성의 확산과정에 필요한 시간 정도 등이 있다.

랜드리는 이들 중 창조도시를 위한 다양한 전제조건을 측정할 것과 창조도시의 생명력과 활력을 측정할 것, 이 두 가지를 중요한 부분으로 강조하였다(Landry, 2000). 먼저 첫 번째 부분에서 창조도시를 위한 전제조건들은 매우 다양하다. 예를 들어, 위기 또는 도전의 의식 여부는 전략적 계획의 존재, 일반에 공개되어 있는 장기 시계열 동향자료 및 이의 분석 등을 통해 측정할 수 있다. 조직역량과 거버넌스 등은 포괄적인 비전 설정 절차의 존재 여부, 성공적인 파트너십 네트워크의 수와 다양성, 공공의사결정에 있어 시민참여의 유형과 정도, 공공과 민간의 책임분담 등으로 검증할 수 있다. 커뮤니케이션과 네트워크의 개방성은 커뮤니케이션 밀도를 통해서 확인해 볼 수 있다. 커뮤니케이션 밀도는 카페, 바, 레스토랑의 수로 측정될 수 있다. 다른 분야의 인재가 활용되는 정도는 중요한 정책결정자 중에 다른 분야로부터 온 사람이 어느 정도인지의 비율, 대규모 조직의 사업 가운데 다양한 부문과 소속을 가진 사람들이 모여 형성하는 프로젝트형 사업의 계약이 어느 정도인지의 비율, 그러한 프로젝트가 가지는 중요도의 정도 등으로 측정 가능하다. 도시학습의 질은 평생교육의 제안범위로 평가할 수 있다. 그 밖에도 창조도시를 위한 전제조건으로서 점검해 보아야 할 항목들로 랜드리는 권한위임의 정도, 기존 규칙과 절차의 타파능력, 모험과 실패를 감수하는 태도, 승인과 인정의 기회, 지역민주주의의 활성화 정도, 공공 및 민간부문의 조사역량, 창조활동을 위한 장소의 적정가격공급규모, 여건에 맞는 최선의 전략도입 여부 등을 꼽고 있다.

두 번째로 중요한 부분은 창조도시로서의 생명력과 활력을 지표화(Bianchini and Landry, 1995)하는 것이다. 생명력은 도시의 원초적인 힘이고 에너지가 되며 활력은 장기적인 자족, 지속가능성, 적응성, 자기재생 등과 관련된다. 생명력의 초점은 활력을 얻는 데 맞추어져야 하며 활력을 얻기 위해서는 생명력을 촉진시킬 필요가 있다. 창의적 과정에서 활용될 필요가 있는 생명력과 활력은 경제적 활력, 사회적 활력, 환경관련 활력, 문화적 활력 등 다양한 유형의 활력이 있다. 이들 각 유형별로 특정 도시가 어느 정도 활력과 생명력이 있는지, 그리고 그 결과로 어느 정도 창의성을 가지고 있는지는 임계치, 다양성, 접근성, 안전과 치안, 아이텐티티와 독자성, 혁신성, 협조와 시너지효과, 경쟁력, 조직역량 등 아홉 가지 기준에 의해서 판단해 볼 수 있다.

한편, 임상오(2008)는 창조성이 발휘될 수 있는 환경, 좀 더 구체적으로 창조산업을 육성하기 위한 환경을 만들기 위해서 필요한 전략으로 종래의 제조업과 다른 방식으로 해당 지역의 고유가치에 기반하여 창조산업을 위한 전략이 장기적 시각에서 수립되고 집행될 필요가 있고, 다양한 형태의 창조성이 뿌리를 내리고 번성할 수 있는 광범위한 창조적 생태계를 제공하여야 함을 제안하였다. 아울러 그에 따르면 정부나 시장뿐만 아니라 제3부문과 함께 창조성을 지원하고 관리할 수 있는 거버넌스 체계를 구축하여야 하고 마지막으로 창조산업 분야의 생

표 11-1 ▼ **문화도시와 창조도시의 비교**

구 분	문화도시	창조도시
제안자	멜리나 메리쿠리	찰스 랜드리 리처드 플로리다
제안시기	1980년대 (유럽의 도시재생 프로젝트 추진기)	1990~2000년대 (첨단산업 등 신산업으로의 전환기)
적용국가	유럽 (제조업도시 재생 프로젝트로 활용)	범세계적 적용 (첨단산업의 도시개발 프로젝트로 활용)
개념	문화적인 도시환경 창출	문화를 포함하여 창조계급을 유인하고 창조성을 발휘할 수 있는 환경 조성
주요정책	문화적인 도시기반환경 정비 역사의 보존 도시환경의 미관화 예술 활동의 활성화	도시매력의 창출 오락, 여가, 예술 활동의 강조 도시 내 다양성의 증대 도시의 창조성 향상
산업육성	도시의 문화재생 문화산업단지 조성	창조산업 유치 첨단산업 육성

자료: 강효숙 외, 2007, 만화콘텐츠와 미디어믹스, p. 175로부터 저자가 부분적으로 내용 편집 후 인용.

산과 소비를 동시에 진흥할 수 있는 균형잡힌 정책수단을 마련할 필요가 있다.

창조도시전략에 있어서 문화는 매우 중요한 부분을 차지한다. 한편으로는 문화적인 어메니티가 창조계급을 끌어들이는 역할을 하기도 하지만 동시에 문화는 이미 하나의 독립적인 창조산업으로서도 도시경제 전체에서 상당한 비중을 차지하면서 경제적인 부를 창출하는 분야로 성장하고 있다. 이런 배경에서 종종 창조도시에 대한 논의에서 문화도시에 대한 언급이 빠지지 않는 경우가 많고 경우에 따라서는 이들 두 가지 개념이 혼재되어 이용되기도 한다. 하지만 이들 두 개념은 서로 다른 기원과 전략 목표를 가지고 있는데 [표 11-1]은 이들 두 개념의 핵심적인 차이를 구분하여 정리하고 있다.

02 창조도시의 사례

창조도시전략을 실제 정책과 계획에 적용하여 비교적 성공적인 결과를 얻을 수 있었던 사례는 유럽을 중심으로 여러 곳이 보고되고 있다. 랜드리는 이들의 성공사례를 정리하고 있는데 여기에는 영국 하더스필드의 창조마을정책(Creative Town Initiative), 핀란드 헬싱키의 창조적 잠재력 극대화 프로그램(Helsinki Maximizing Creative Potential Programme), 독일 루르의 엠셔 파크(Emscher Park), 유럽연합의 도시 파일럿 프로젝트 프로그램(Urban Pilot Project Programme) 등이 포함된다(Landry, 2000). 이들 지역은 공통적으로 도시정책의 틀이 창의성과 혁신을 촉진하고 도시의 조직문화가 이들을 담을 수 있는 역량이 있으며 도시의 다양한 여건들이 이들을 뒷받침해주고 도시에서의 정책들이 새로운 기능을 도시로 유인하며 외적 및 내적 창의성 간의 균형이 적절한 수준으로 유지되어 있다는 공통점을 보이고 있다.

이탈리아의 볼로냐와 일본의 가나자와시도 창조도시의 대표적인 예로 거론된다(佐佐木雅幸, 2001). 볼로냐는 1990년대에 이탈리아가 재정적으로 어려움을 겪던 시절에 국가적 위기극복을 위한 역할모델이 되었던 도시로 산업, 문화, 복지 등의 분야에서 공공부문과 다양한 이해당사자들 간의 연계를 통해 도시민의 자발성과 창조성을 이끌어낸 성공적인 사례로 알려져 있다. 일본의 가나자와시는 제2차 세계대전 이후 인구 45만에 불과했던 조그만 도시가 내발적 발전이라는 독특한 과정을 거쳐 경제성장과 문화적 발전을 이룬 창조도시의 예이다. 내발적 발전은 해당 지역에서 이루어진 경제발전과 성장이 외부로 유출되는 대신에 내부에서 순환됨으로써 발전의 성과와 혜택이 추가적인 성장의 밑거름이 되는 발전유형이다. 이 밖에도 1998년 북방의 천사(Angel of North) 설치 이후 2001년 밀레니엄 브리지, 2002년 발틱 현대미술관, 2003년 세이지 음악당 등 일련의 공공미술 프로젝트를 진행함으로써 기존의 탄광, 중화학 공업중심의 도시에서 문화중심의 도시재생을 통해 2002년 뉴스위크 9월호에 소개된 영국의 게이츠헤드도 성공적인 창조도시의 예이다(그림 11-4)(오민근, 2008).

미국의 경우는 플로리다가 창조도시론에서 제안한 여러 가지 창조도시성의 정도를 나타내는 지표를 기준으로 창조도시의 대표적 예에 해당하는 도시들이

그림 11-4 **영국 게이츠헤드의 북방의 천사**

자료: 필자가 직접 촬영(2012).

확인되고 있다(Florida, 2005). 먼저 전통적으로 첨단산업의 메카인 실리콘밸리 주변의 샌프란시스코가 창조계급을 유인할 수 있는 매력적인 도시환경을 가지고 있는 것으로 알려져 있다. 샌프란시스코 이외에도 보스턴, 시애틀, 워싱턴 등도 관용을 나타내는 다양성 지수들에서 높은 값을 보이고 동시에 첨단산업을 중심으로 한 경제성장의 측면에서도 높은 값을 보여 성공적인 창조도시의 면모를 보여주고 있었다. 로스앤젤레스와 뉴욕 또한 앞의 도시들만큼 두드러지지는 않았지만 비교적 두 가지 속성이 잘 구비되어 있는 도시들로 창조도시의 좋은 예로 볼 수 있다.

우리나라의 경우 문화가 도시의 주요 키워드로 자리 잡게 되면서 서울, 경기도, 부산, 인천, 대구, 대전, 광주, 전주 등 여러 지방자치단체들이 앞을 다투어 문화도시 추진정책을 발표·시행하고 있으며 창조도시를 핵심적인 요소로 인식하고 있는 듯 하다. 박은실(2008)은 이들 중 특히 창조도시 추진의 대표적인 국내 사례로서 서울, 전주, 대전을 지목한다. 서울의 경우는 우리나라의 창조도시 관련 논의와 정책 측면에 있어 가장 앞서가는 도시이다. 서울 내에서 특히 대표적인 창조도시 사업들로는 기존에 준공업지역으로 묶여 낙후되었던 서남권 지역에 대한 도시재생프로젝트인 서남권 르네상스 계획, 중소 철공소들이 밀집해 있던 문래동에 예술가들이 이주해 오면서 형성된 문래동 예술창작스튜디오 지구 등이 있고 그 밖에도 도시 전체적으로 인사동, 대학로, 홍대 등 3대 거점지역들과 삼청동 등 9대 문화자원 밀집지역을 지원하는 창의문화도시 마스터플랜 등도 있었다. 전주의 경우는 전주전통문화중심도시 육성사업에 기초하여 가장 한국적인 전통문화도시를 비전으로 삼고 있다. 이와 같은 전통산업 중심의 창조도시발전 모형은 이탈리아의 볼로냐와 같은 오랜 역사를 지닌 유럽도시들이 전통문화자원을 21세기형 창조산업으로 전환함으로써 성공을 이룬 사례들을 본보기로 삼고 있다. 한편 대전의 경우는 위의 두 도시에 비해 좀 더 플로리다형의 창조도시에 가깝다고 볼 수 있다. 대전은 교통과 물류의 중심이라는 입지적 특성과 세종시 등과의 연계를 통한 지식창조도시이자 대덕의 과학 및 연구개발기능들을 중심으로 한 국제과학비즈니스벨트의 거점으로서 지식기반 창조산업 발전 모형을 지향하고 있다. 특히 대전이 가지는 도시경쟁력이나 인재보유의 측면으로 볼 때 이 지역은 창조적 환경의 조성을 통한 인재의 유입과 이들에 의한 첨단산업 중심의 기술혁신으로 성장을 가져온다는 미국형 창조도시론을 적용하기에 적합한 지역이다.

2013년 박근혜 정부가 출범하면서는 창조경제가 경제정책의 핵심 키워드로 전면에 등장하게 되었다. 여기서는 창조경제의 핵심동력으로서 인재를 강조하며 이들 인재들이 활동할 수 있는 일자리 중심의 성장을 견인할 수 있는 창조경제를 지향하고 있다. 이는 한국적 성장과 발전정책의 패러다임이 산업화에서 정보화를 거쳐 21세기에는 창조화로 변화·전개되어 나가고 있음을 반영하는 결과라고 볼 수 있다(이병민, 2013).

창조도시의 논리를 우리나라에 성공적으로 적용하기 위해서는 우리나라의 여건에 맞는 정책을 전개해 나갈 필요가 있다(이희연, 2008). 먼저 창조도시란 것이 인위적으로 만들어지는 것이 아니라는 점에서 각 도시가 가지는 고유한 특성을 파악하고 이를 살리는 전략이 필요하다. 아울러서 창조계급－창조산업－창조환경이 서로 원만하게 상호작용하면서 발전을 이룰 수 있는 전제조건들이 파악되어야 한다. 이러한 전제조건들은 일반적인 조건들도 있지만 각 도시별로 고유한 필요조건들이 무엇인가에 대한 부분이 특히 중요하게 고려되어야 한다. 마지막으로 우리나라의 경우에 특히 결여되어 있는 창조도시의 요소가 관용이다. 이를 위한 다양성과 개방성을 어떻게 사회와 문화 속에서 개선해 나갈지가 성공적인 한국형 창조도시의 첫걸음이 되어야 할 것이다.

03 창조도시론에 대한 비판

창조도시론, 특히 플로리다의 창조도시론은 범세계적으로 지방정부들의 지역성장정책에 영향력이 컸던 만큼 많은 반향을 불러 일으켰다. 이에 대한 주요 비판으로는 먼저 창조도시론에서 핵심적인 요소로 고려하는 관용적 환경, 창조계급과 혁신, 성장과의 관계가 도시성장의 단편적 설명요인에 불과하다는 것이다(Scott, 2006). 이러한 비판을 수용한다면 창조도시론은 생산네트워크, 노동시장, 지역학습혁신과정 등을 포괄하는 경제(생산), 문화, 장소의 유기적인 결합체인 창조적 장(creative field)을 고려할 필요가 있다. 한편으로 창조계급은 그다지 동질성

이 높지 않은 모호한 집단이며 창조계급의 핵심인 예술가집단의 경우 플로리다
가 생각하는 것처럼 실질적으로 성장에 중요한 집단은 아니라는 비판도 제기되
었다(Markusen, 2006). 즉, 도시 내에서 보헤미안으로 대표되는 예술가들의 존재가
창조적인 환경을 만들고 인재들을 유인하는 효과가 실제로는 두드러지지 않는다
는 것이다.

특히 펙(Peck)은 창조도시론에 대한 비판의 강도를 매우 높이고 있다(Peck, 2005).
그는 첫째로 플로리다가 포커스집단을 대상으로 그들이 선호한다고 밝혔던 어메
니티들이 그들의 삶의 방식이나 가치관에 대한 근본적인 요인들이라기보다는 문
화쾌락주의나 과시적 여가활동을 반영하는 것일 수 있다고 지적하였다. 둘째는
창조계급의 형성과 이들이 다른 집단에게 가지는 차별화로 인해 창조도시 내에
서의 경제적 및 사회적 양극화는 심화되어 구성원들 모두가 만족하는 창조도시
가 만들어지지는 않을 것이라는 점이다. 셋째는, 창조도시전략에 의해 형성되는
창조환경은 다분히 패스트푸드적 정책을 통해 문화하부구조를 인위적으로 구축
하는 것으로 장소적 진정성이 중요한 창조도시환경에서 이러한 정책이 효과가
있을지 의문이라는 점이다. 그리고 넷째로는 신자유주의하에서 창조도시정책이
범세계적으로 확산되는 과정에서 선택과 집중에 의한 기업가주의적 도시 간 선
별적 성장을 통해 불균등발전이 심화될 것이라는 점이다.

프래트(Pratt)는 도시성장의 핵심적 요소로서 문화산업의 중요성을 강조하면
서 플로리다의 창조계급 개념이 이에 대한 이해에 별로 도움을 주지 못하며 따
라서 정책입안을 위한 바람직한 틀이 되지 못한다고 지적하였다(Pratt, 2008). 그에
따르면 플로리다의 창조계급에 대한 논의는 생산과 소비를 결합시켜 이해하지
못했고, 창조계급이 특정 직업군으로 단순 치환되면서 노동력의 기술수준이 직
업으로 단순화되었으며, 이로 인해 노동력이 산업 및 생산, 소비와 함께 형성하
는 관계를 분리하여 개별화시킴으로써 본질적으로 복잡하고 이질적인 현상을 특
징으로 가지는 문화산업에 대한 정확한 이해를 하지 못함으로 인해 문화경제와
도시, 그리고 성장 간의 관계를 잘못 이해하고 있다. 그러한 점에서 최근에 급성
장하고 있는 문화생산부문은 창조성에 의한 도시성장 및 그 정책에 대한 논의에
서 중요한 부분으로 인식될 필요가 있다. 이는 특히 현대 도시들에서 문화부문의
비중이 도시전체의 경제에서 차지하는 비중이 증가되는 추세 속에서 더욱 그러

하다.

　이 외에도 분석 방법론적인 측면에서도 문제들이 제기되고 있는데 한 예를 들면 문화적 여건의 진전과 경제성장이 창조도시론에서 주장하는 바와 같은 인과관계를 가지는지 혹은 오히려 경제성장이 문화혁신과 문화소비의 증대를 유발하는지가 불확실하다. 하지만 이러한 비판들은 대부분 창조도시정책을 도시의 부의 창출 및 경제성장과 명시적으로 연결 짓고자 했던 플로리다의 창조도시론에 집중해 있는 반론들이며, 이러한 비판들이 본원적 의미에서 창조도시론이 제안하는 바에 대한 일방적 가치폄하로 연결되는 것은 또 다른 위험한 발상이라고 할 수 있다. 왜냐하면 21세기 도시가 지식기반 경제활동이 중심이 되는 경제 환경 속에서 개인의 창조성과 창의력이 자유롭게 십분 발휘될 수 있는 도시환경을 필요로 하고 있다는 것은 부인할 수 없는 사실이기 때문이다.

주요
개념

KEY CONCEPTS

개방성

게이(gay) 지수

관용

기술

네트워크(network)

다양성

도시성장

문화

문화도시

보헤미안(Bohemian) 지수

세 가지 T(Three T's)

어메니티(amenity)

예술

용광로 지수

인재

인적 자본

지역성

지역정체성

창조경제

창조계급

창조도시

창조산업

창조성

창조적 거점

창조환경

쿨니스(coolness) 지수

강효숙·채지영·박창석·박성식·손기영, 2007, 만화콘텐츠와 미디어믹스, 북코리아.

박은실, 2008, "국내 창조도시 추진현황 및 향후과제," 국토, 322: 45 – 55.

오민근, 2008, "해외 창조도시 사례 및 시사점," 국토, 322: 36 – 44.

이병민, 2013, 창조경제시대 창조적 환경과 지역발전의 의미: 창조도시를 중심으로, 문화콘텐츠연구, 3: 7 – 31.

이원호, 2014, 도시와 경제, 권용우 외, 우리 국토 좋은 국토: 국토관리의 패러다임, 사회평론.

이희연, 2008, "창조도시: 개념과 전략," 국토, 322: 6 – 15.

임상오, 2008, "창조도시 진흥을 위한 창조산업 활성화 전략," 국토, 322: 16 – 23.

차두원, 2013, "창조경제 개념과 산업 활성화 방안," 국토, 380: 6 – 13.

최병두, 2013, "창조경제, 창조성, 창조산업: 개념적 논제들과 비판," 공간과 사회, 23(3): 90 – 130.

Andersson, Å. E., 1985, "Creativity and regional development," *Papers of the Regional Science Association*, 56, 5 – 20.

Bianchini, F. and Landry, C., 1995, *Assessing Urban Vitality and Viability*, Comedia, Bournes Green.

Caves, R., 2000, *Creative Industries: Contracts between Art and Commerce*, Harvard University Press. Cambridge.

Florida, R. L., 2002, *The Rise of the Creative Class: and How It's Transforming Work, Leisure, Community and Everyday Life*, Basic Books, New York.

Florida, R. L., 2005, *Cities and the Creative Class*, Routledge, New York(이원호·이종호·서민철 역, 2008, 도시와 창조계급, 푸른길).

Hall, P., 1998, *Cities in Civilization: Culture, Technology and Urban Order*, Weidenfeld and Nicolson, London.

_____, 2000, "Creative cities and economic development," *Urban Studies*, 37(4): 639 – 649.

Higgs, P., Cunningham, S. and Bakhshi, H., 2008, *Beyond the Creative Industries: Mapping the Creative Economy in the United Kingdom*, Technical Report, NESTA, London.

Howkins, J., 2001, *Creative Economy*, Penguin Press, New York.

Jacobs, J., 1985, *Cities and the Wealth of Nations: Principles of Economic Life*, Vintage Books, New York.

Landry, C., 2000, *The Creative City: A Toolkit for Urban Innovators*, Earthscan Publications, London(임상오 역, 2005, 창조도시, 해남).

Landry, C. and Bianchini, F., 1995, *The Creative City*, Comedia, London.

Markusen, A., 2006, "Urban development and politics of a creative class: evidence from a study of artists," *Environment and Planning A*, 38(10): 1921−1940.

Peck, J., 2005, "Struggling with the creative class," *International Journal of Urban and Regional Research*, 29(4): 740−770.

Pratt, A. C., 2008, "Creative cities: the cultural industries and the creative class," *Geografiska Annaler B*, 90(2): 107−117.

_____, 2011, "The cultural contradictions of the creative city," *City, Culture and Society*, 2(3): 123−130.

Pratt, A. C. and Hutton, T. A., 2013, "Reconceptualising the relationship between the creative economy and the city: learning from the financial crisis," *Cities*, 33: 86−95.

Rantisi, N. M., Leslie, D. and Christopherson, S., 2006, "Placing the creative economy: scale, politics and the material," *Environment and Planning A*, 38(10): 1789−1797.

Sánchez−Moral, S., Méndez, R. and Arellano, A., 2014, "Creative economy and employ−ment quality in large urban areas in Spain," *Urban Geography*, 35(2): 264−289.

Scott, A. J., 2006, "Creative cities: conceptual issues and policy questions," *Journal of Urban Affairs*, 28(1): 1−17.

Törnqvist, G., 1983, "Creativity and the renewal of regional life," in Buttimer. A. (ed.), *Creativity and Context: A Seminar Report*, Gleerup, Lund 91−112.

Waitt, G. and Gibson, C., 2009, "Creative small cities: rethinking the creative economy in place," *Urban Studies*, 46(5−6): 1223−1246.

佐佐木雅幸, 2001, 創造都市への挑戰: 産業と文化の息づく街へ, 岩波書店, 東京(정원창 역, 2004, 창조하는 도시: 사람·문화·산업의 미래, 소화).

제4부

도시 관리

도시계획과 도시재생

제1절

도시계획 개념과 제도

01 도시계획의 개념과 의의

1) 도시계획의 개념

도시는 일반적으로 많은 인구와 높은 인구밀도를 보이며, 경제·문화·정치·교육의 중심이 되는 지역을 말한다. 도시계획은 인간이 도시 생활에서 필요한 교통, 주택, 위생, 행정, 안전 등 다양한 분야에 대해 도시가 원활히 기능하고 발전할 수 있도록 계획하고 실천하는 것을 의미한다. 또한 미래의 도시목표를 정하여 도시에 살고 있는 시민들이 사회, 경제, 문화·여가, 환경 등 다양한 활동을 함에 있어서 쾌적하고 안전한 생활을 영위할 수 있도록 하는 창조적이고 종합적인 계획이다. 우리의 삶터인 주거지역을 비롯해 경제적 활동이 주로 일어나는 상업지역, 일터인 업무지역과 공업지역, 쉼터인 공원·녹지 공간 등에 대해 평면적, 때로는 입체적으로 조정하고 배치하는 계획이며, 공공의 복리를 증진하기 위해 가장 적절한 대안을 이끌어 내는 과정이기도 하다.

도시계획의 주요 목적 중 하나는 토지이용을 규제하고 관리하는 것이며, 실제 도시계획이 처음으로 제도화된 것도 산업화시대 비위생적인 생활환경과 무분별한 토지이용으로 인한 도시문제를 해결하기 위함이었다. 이후 새로운 도시·주거환경에 대한 관심과 요구가 증대되어 에베네저 하워드의 '전원도시'와 같은 신시가지 개발이 도시계획에 포함되었고, 과학의 발달에 따라 체계적이고 과학적인 조사·분석에 의해 도시계획이 수립되었으며, 점차 도시전역에 대한 장기발

구 분	관련 사례	우리나라 법·제도 관련
표 12-1	**도시계획의 주요 개념 변화**	
토지이용 규제·관리	• 1848년 「공중위생법(Public Health Act)」 제정 – 비위생적 생활환경, 공해 등의 도시문제 해결을 위해 건축물 규제, 기초시설 확충 내용 포함	• 용도지역·지구·구역제 등을 통해 토지이용 규제·관리 • 도시계획시설사업계획 등
신시가지 계획	• 전원도시 이론의 적용 – 레치워스, 웰윈 신도시에 실제 적용하면서 도시계획 영역 확장	• 도시개발사업 및 정비사업 계획 등의 도시관리계획 반영
과학적·체계적 계획	• 패트릭 게데스의 『진화하는 도시(Cities in Revolution)』 – 인구와 고용, 생활 등을 조사·분석하여 과학적인 계획 수립 주장	• 계획수립 시 과학적·체계적 현황 분석 등 – 장래인구 등 사회적 지표의 체계적 분석 – 지형 등 공간정보시스템을 통한 과학적 분석
도시전체의 장기계획	• 1932년 영국의 「도시 및 농촌계획법(Town and Country Planning Act)」 – 지자체 행정구역 전역을 대상으로 공간계획 수립	• 행정구역 단위의 20년 장기계획 수립 – 도시기본계획, 도시관리계획 제도 등
공동체·참여적 계획	• 런던, 뉴욕, 도쿄, 베를린 등 도시계획 수립 및 운영과정에서 다양하고 지속적인 시민참여 장 마련	• 법·제도적 근거는 없으나 지자체에서 시민참여 계획수립 시도 – 수원시, 서울시, 인천시 등

자료: 대한국토·도시계획학회, 2008, 도시계획론, 보성각을 참고하여 재정리.

전계획으로 확대되었다(표 12-1).

　최근의 도시계획은 개인의 토지이용, 건축행위 등을 제한하는 데서 그치지 않고, 사회공동체, 즉, 지역과 시민들의 바람직한 미래 도시를 계획하는 일로 발전되고 있다. 런던, 뉴욕, 도쿄, 베를린 등 선진 대도시에서는 도시계획 수립 및 운영과정에서 다양하고 지속적인 시민참여의 장을 마련하여 시민들과 소통하고 합의하는 계획을 수립하고 있다. 또한 우리나라에서도 2012년 수원시를 시작으로 서울시, 인천시 등에서 도시기본계획 및 장기비전계획 등의 계획수립과정에 시민들이 참여하여 도시계획을 수립하는 경우가 점차 늘고 있다.

2) 도시계획의 의의

도시계획은 지역사회의 공공의 이익을 증진시키는 것을 목적으로 바람직한 미래상을 정립하고 이를 시행하는 일련의 과정으로서 다양한 규제와 유도정책, 정비수단을 통해 도시를 건전하고 적정하게 관리해 나가는 도구이다. 도시계획 수립을 통해 일관성 있는 정책을 지속적으로 수행할 수 있으며, 정책 추진의 합리성과 타당성을 높일 수 있게 된다.

도시계획의 출발은 인구의 집중, 무질서한 도시개발과 확장으로 인해 도시환경의 질(質)이 악화되면서 이를 바로잡으려는 노력이었다. 영국의 산업화 과정과 마찬가지로 우리나라 역시 급속한 산업화와 도시화가 진행되면서 경제성장은 이루어졌지만, 이로 인한 주택부족 문제, 주거환경의 열악, 난개발과 자연환경의 훼손 등 다양한 사회·경제적 도시문제가 발생하게 되었다.

도시계획은 이러한 도시문제를 완화하거나 해소시키고, 미래에 일어날 수 있는 문제들을 예방하기 위해 합리적인 토지이용, 교통, 위생, 산업, 문화, 국방, 보안 등에 관한 종합적인 계획을 세우는 것이다. 도시에 거주하는 사람들을 위해 필요한 주거, 상업, 공업, 문화·여가, 공공시설을 적절하게 배치하고 안심하고 생활할 수 있는 도시공간을 만들기 위해 조정, 유도, 규제하는 수단이자 과정, 시스템이라고 할 수 있다.

02 도시계획의 제도와 체계

1) 우리나라 도시계획 제도 변화

우리나라 최초로 근대적 도시계획 체계가 마련된 것은 1934년 일제에 의해 제정된 「조선시가지계획령」을 통해서다. 일본이 함경북도 나진에 만주 진출을 위한 병참기지로서 신시가지를 계획적으로 건설하기 위한 목적으로 만들어진 이 법은, 교통·위생·보안·경제 관련 시설 계획과 주거·상업·공업·녹지·혼합지역의 용도지역, 풍치·미관·방화·풍기지구 등의 용도지구, 토지구획정리사업 등에 대한 내용을 포함하고 있다.

1962년에는 현대적 도시계획 체계를 마련하기 위해 「도시계획법」이 제정되었다.[1] 이 법은 일제의 잔재를 걷어내고 새롭게 우리나라의 도시계획적 틀을 만들었다는 데 큰 의의가 있다. 도시계획구역 안에 주거·상업·공업·녹지지역, 풍치·미관·방화·교육·위생 및 공업지구를 지정하고, 중앙도시계획위원회 신설과 함께 주차장·학교·도서관·유원지 등의 도시시설을 추가하였다.

「도시계획법」은 제정된 이후에 시대적 상황에 맞게 지속적으로 변화해 왔다. 1971년에는 산업화와 도시화의 진전으로 나타나는 도시문제에 효과적으로 대처하기 위해 전문개정 되었다. 고도·업무·임항·공지·보존·주차장정비 등 새로운 지구가 추가되었고, 특정시설제한구역·개발제한구역·도시개발예정구역이 도입되었다. 1981년에는 장기적 안목을 가지고 도시계획을 마련할 수 있는 도시기본계획수립과 도시계획시설에 대한 연차별 집행계획수립을 제도화하였다. 또한 도시기본계획 수립 및 입안 시 지역주민의 의견을 청취하도록 하였다. 1991년에는 도시가 점차 광역화·지방화 되고 있는 시대적 여건을 반영하여 광역계획제도와 도시계획권한의 지방위임, 상세계획 제도 등이 도입되었다.

2000년 전면개정 된 「도시계획법」에서는 개발제한구역의 효율적 관리를 위해 별도의 법으로 규정하고, 도시계획시설 매수청구제도 및 일몰제 도입으로 장기미집행으로 인한 주민불편을 해소하고자 하였다. 또한 연접한 2개 이상의 도시에 대한 광역도시권 지정 및 광역도시계획 수립, 「도시계획법」의 상세계획과 「건축법」의 도시설계제도를 통합한 지구단위계획제도의 도입을 통해 도시계획제도에 대한 개편이 이루어졌다.

2002년에는 「국토의 계획 및 이용에 관한 법률」이 제정됨으로써 도시계획 틀에 새로운 변화가 이루어졌다. 도시지역은 「도시계획법」으로, 비도시지역은 「국토이용관리법」으로 각각 관리·운영해 오던 것을 통합하여 일원화하였으며, 국토의 계획적·체계적 이용으로 난개발 방지 및 환경친화적 국토이용체계를 구축하고자 하였다. 이를 위해 용도지역 축소 및 관리지역 세분화, 비도시지역의 도시기본계획 및 도시관리계획 수립(선계획–후개발), 개발행위허가제도 실시지역의 전국적 확대, 개발밀도관리구역제도 및 기반시설부담구역제도 도입 등이 이루어졌다.

2002년 이후 현재까지 「국토의 계획 및 이용에 관한 법률」은 여러 번의 일부개정을 통해 도시계획제도를 조금씩 보완하고 있는데, 주로 지방화에 따른 행정권한 이양, 체계적·효율적·복합적 국토·도시관리, 기후변화에 따른 재해예방·관리 측면에서 개정이 이루어졌다. 다음 [표 12-2]는 우리나라 도시계획제도의 주요 변화를 정리한 것으로서 주요 제·개정 내용을 살펴볼 수 있다.

표 12-2 우리나라 도시계획제도의 주요 변화

구 분		목적 및 의의	주요 제·개정 내용
조선시가지 계획령	1934년	• 일본이 함경북도 나진을 만주 진출을 위한 병참기지로서 신시가지의 계획적 건설	• 교통, 위생, 보안, 경제 등 중요시설 계획 • 주거지역 등 용도지역과 풍치지구 등의 지구 지정, 토지구획정리사업 등
도시계획법	1962년 신규제정	• 일제의 잔재를 걷어내고 새롭게 우리나라의 도시계획적 틀 구성 • 조선시가지계획령을 도시계획법과 건축법으로 나누어 규정	• 도시계획구역 내에서 주거·상업·공업·녹지지역 지정 • 풍치·미관·방화·교육·위생 및 공업지구 설정 • 토지구획정리사업 절차 규정 • 중앙도시계획위원회 설치 등
	1971년 전부개정	• 산업화 및 도시화에 따른 문제에 효과적으로 대처 • 재개발사업 및 부도심·신도시 계획 촉진	• 고도·업무·임항·공지·보존·주차장 정비 등 새로운 지구 추가 • 특정시설제한구역·개발제한구역·도시개발예정구역 도입 • 공동구 신설, 재개발사업 집행절차 규정 신설 • 지방도시계획위원회 신설 등
	1977년 일부개정	−	• 재개발사업 관련 사항을 독립법인 도시재개발법으로 제정
	1981년 일부개정	• 장기적 지침인 도시기본계획과 집행적 성격의 도시(관리)계획, 연차별 집행계획 규정으로 계획체계 확립	• 장기적인 안목에서 도시기본계획제도 도입 • 도시계획시설에 대한 연차적 집행계획 제도화 • 도시기본계획 수립 및 입안 시 주민의견 청취 • 지방도시계획위원회에 도시계획상임기획단 설치 등
	1991년 일부개정	• 광역적인 정비체계가 필요한 시설의 효율적 관리	• 도시기본계획 승인 전 지방의회 의견 청취 • 상세계획제도 도입

		• 토지이용 합리화 및 도시미관 증진	• 광역계획구역 지정 및 광역계획수립 등
	2000년 전부개정	• 개발제한구역의 효율적 관리 • 도시계획사업의 장기미집행으로 　인한 주민불편 해소 • 지방화·광역화 등의 여건변화에 　따른 도시계획제도 전면 개편	• 연접한 2개 이상의 도시를 광역도시권으 　로 지정하여 광역도시계획 수립 • 개발제한구역 관리 사항을 별도 법률로 　정함 • 도시계획시설 매수청구제도 • 도시계획시설 결정의 일몰제 • 지구단위계획제도 도입(상세계획+도시 　설계)
국토의 계획 및 이용에 관한 법률	2002년 제정	• 도시계획법과 국토이용관리법 통합 • 비도시지역에도 도시계획기법 도입 • 국토의 계획적·체계적 이용으로 　난개발 방지 및 환경친화적 국토 　이용체계 구축	• 용도지역 축소 및 관리지역의 세분화 • 비도시지역의 도시기본계획 및 도시관리 　계획 수립(선계획–후개발) • 개발행위허가제도의 실시지역을 전 국토로 　확대 • 개발밀도관리구역제도, 기반시설부담구역 　제도 도입
	2005년~ 현재	• 지방화에 따른 행정권한 이양	• 도시기본계획 승인사무를 건설교통부장관 　에서 도지사로 이양(2005) • 도시관리계획 입안 시 지방의회 의견청취 　(2007) • 대도시 시장이 직접 도시관리계획 결정 　(2008) • 특별시·광역시 도시기본계획의 국토해양 　부장관 승인권 폐지(2009) • 일부 도시관리계획 결정 등 행정권한 이양 　(2014)
		• 체계적·효율적· 국토·도시 관리	• 도시자연공원구역 지정·관리(2005) • 국가계획수립근거 마련(2007) • 일정 규모 이상 공동구 설치 의무화(2010) • 지구단위계획 형식적 구분 폐지/지정대상 　확대(2012)
		• 복합적·창의적 도시공간 조성	• 입지규제최소구역 설치
		• 기후변화에 따른 재해예방·관리	• 방재지구 지정 의무화(2014) • 도시기본계획 및 도시관리계획 기초조사 　에 재해취약성분석 추가(2015)

자료: 법제처 국가법령정보센터 홈페이지 및 대한국토·도시계획학회, 2008, 도시계획론, 보성각 등을 참고하
　　여 재정리.

2) 우리나라 국토·도시계획 체계

「국토기본법」에 의한 우리나라의 국토계획 체제는 계획대상에 따라 국토 전역을 대상으로 장기적인 발전 방향을 제시하는 국토종합계획, 도 또는 특별자 치도의 관할구역을 대상으로 하는 도종합계획, 특별시·광역시·시 또는 군의 관 할구역을 대상으로 하는 시·군종합계획, 그리고 지역계획, 부문별 계획으로 구 성되어 있다. 지역계획은 특정 지역을 대상으로 특별한 정책목적을 달성하기 위 해 수립하는 계획으로 수도권 인구와 산업의 분산 및 적정배치를 유도하는 수도 권발전계획과 낙후지역 및 그 인근지역을 종합적·체계적으로 발전시키기 위한 지역개발계획 등이 포함된다. 부문별계획은 국토 전역을 대상으로 특정 부문에 대한 장기적인 발전 방향을 제시하는 계획으로 중앙행정기관의 장이 소관 업무 에 관한 부문별 계획을 수립할 수 있다.

국토·도시계획체계 중 도시계획에 해당되는 것은 「국토의 계획 및 이용에 관한 법률」에 의한 "광역도시계획 – 도시기본계획 – 도시관리계획" 세 가지라 할 수 있다. 광역도시계획은 둘 이상의 행정구역에 대해 공간구조 및 기능을 상호 연계시키고 환경보전 및 광역시설을 체계적으로 정비하기 위해 지정된 광역계획 권의 장기발전방향을 제시하는 계획이다. 도시기본계획은 관할 구역에 대해 기 본적인 공간구조와 미래 발전방향을 제시하는 종합계획이며, 도시관리계획은 이 러한 미래 발전방향을 도시공간에 구체화하고 실현시키는 계획이자 법적인 구속 력을 가진 계획을 말한다.

이 외에도 「도시개발법」, 「도시 및 주거환경 정비법」, 「주택법」, 「택지개발 촉진법」에 의한 다양한 사업계획과 「도시재정비 촉진을 위한 특별법」 등에 의한 지원계획, 최근의 「도시재생활성화 및 지원에 관한 특별법」에 의한 전략계획과 활성화계획 등이 우리나라의 국토·도시 공간 계획에 밀접하게 관계된다.

| 그림 12-1 | 우리나라 도시 · 공간 관련 계획 체계 |

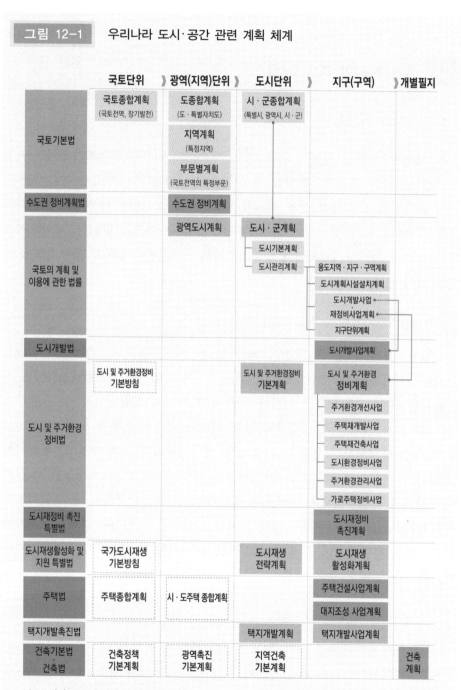

	국토단위	광역(지역)단위	도시단위	지구(구역)	개별필지
국토기본법	국토종합계획 (국토전역, 장기발전)	도종합계획 (도 · 특별자치도)	시 · 군종합계획 (특별시, 광역시, 시 · 군)		
		지역계획 (특정지역)			
		부문별계획 (국토전역의 특정부문)			
수도권 정비계획법		수도권 정비계획			
국토의 계획 및 이용에 관한 법률		광역도시계획	도시 · 군계획		
			도시기본계획		
			도시관리계획	용도지역 · 지구 · 구역계획	
				도시계획시설설치계획	
				도시개발사업	
				재정비사업계획	
				지구단위계획	
도시개발법				도시개발사업계획	
도시 및 주거환경 정비법	도시 및 주거환경정비 기본방침		도시 및 주거환경정비 기본계획	도시 및 주거환경 정비계획	
				주거환경개선사업	
				주택재개발사업	
				주택재건축사업	
				도시환경정비사업	
				주거환경관리사업	
				가로주택정비사업	
도시재정비 촉진 특별법				도시재정비 촉진계획	
도시재생활성화 및 지원 특별법	국가도시재생 기본방침		도시재생 전략계획	도시재생 활성화계획	
주택법	주택종합계획	시 · 도주택 종합계획		주택건설사업계획	
				대지조성 사업계획	
택지개발촉진법			택지개발계획	택지개발사업계획	
건축기본법 · 건축법	건축정책 기본계획	광역촉진 기본계획	지역건축 기본계획		건축 계획

자료: 대한국토 · 도시계획학회, 2008, 도시계획론, 보성각을 내용을 바탕으로 재구성.

03 도시계획의 주요 내용

1) 광역도시계획

「국토의 계획 및 이용에 관한 법률」 제10조에 의하면 광역도시계획은 지정된 광역계획권의 장기발전방향을 제시하는 계획을 말하며, 인접한 2개 이상 도시의 공간구조 및 기능을 상호 연계시키고 환경을 보전하며 광역시설을 체계적으로 정비하기 위해 장기적인 발전방향을 제시하는 계획을 말한다. 광역도시계획은 20년 단위의 장기계획이며 도시기본계획과 도시관리계획 등 하위계획에 대한 지침이 된다.

(1) 광역도시계획의 주요 내용

광역도시계획에는 ① 공간구조와 기능 분담사항, ② 녹지관리체계와 환경보전, ③ 광역시설의 배치·규모·설치, ④ 경관계획 등의 사항 중 광역계획권의 지정목적을 이루는 데 필요한 사항에 대한 정책 방향이 포함된다.

광역도시계획은 국토종합계획 등과 서로 연계되어야 하며 도시 간 기능분담, 도시의 무질서한 확산방지, 환경보전, 광역시설의 합리적 배치 등 현안사항이 되고 있는 특정부문 위주로 수립된다. 여건변화에 탄력적으로 대응할 수 있도록 포괄적이고 개략적으로 수립하되, 특정부문 위주로 수립하는 경우에는 도시기본계획이나 도시관리계획에 명확한 지침을 제시할 수 있어야 한다. 또한 자연환경과 역사 문화환경 등을 충분히 고려하여야 하며, 시·군·구 안전관리계획과 풍수해저감종합계획 등을 충분히 고려하여 수립해야 한다.

(2) 광역도시계획의 수립절차

광역도시계획이 같은 도에 속한 경우는 관할 시장 또는 군수가 공동으로 수립하며, 둘 이상의 시·도 관할 구역에 걸쳐 있는 경우에는 관할 시·도지사가 공동으로 수립한다. 또한 국가계획과 관련된 광역도시계획의 수립이 필요한 경우 국토교통부장관이 수립한다. 필요한 경우 국토교통부장관은 시·도지사와 공동으로, 도지사는 시장·군수와 공동으로 광역도시계획을 수립할 수 있다(표 12-3).

광역도시계획을 수립하거나 변경하려면 미리 인구, 경제, 사회, 문화, 토지 이용, 환경, 교통, 주택 등 광역도시계획 수립 또는 변경에 필요한 사항을 조사하거나 측량하여야 한다. 또한 미리 공청회를 열어 주민과 관계 전문가 등으로부터 의견을 들어야 하며, 관계 시·도 또는 시·군 의회와 시장(군수)의 의견을 들어야 한다.

시·도지사가 광역도시계획을 수립하거나 변경하려면 국토교통부장관의 승인을 받아야 하며, 국토교통부장관은 관계 중앙행정기관과 협의한 후 중앙도시계획위원회의 심의를 거쳐야 한다. 시장 또는 군수가 광역도시계획을 수립하거나 변경하려면 도지사의 승인을 받아야 하며, 도지사는 국토교통부장관을 포함한 행정기관의 장과 협의한 후 지방도시계획위원회 심의를 거쳐야 한다.

표 12-3 광역도시계획 수립 및 절차

구 분	광역도시계획	
계획목표	광역권의 장기발전 방향 제시	기초조사 및 입안 (시장·군수 공동)
계획내용	공간적 계층형성 및 연계	공청회 개최
법적 구속대상	시장·군수	의견청취 (주민 및 시·군 의회)
계획기간	20년	
입안권자	시장·군수(시·도지사)	승인신청 (시장·군수 공동)
승인권자	도지사(국토교통부장관)	
계획범위	인접한 2개 이상 행정구역	관계기관 협의
주민참여 형태	공청회	심의 (도시계획위원회)
표현방식	공간구조, 생활권 설정	계획 승인 (도지사)

자료: 「국토의 계획 및 이용에 관한 법률」 제2장 광역도시계획 내용 참고.

2) 도시기본계획

도시기본계획은 국토의 한정된 자원을 효율적이고 합리적으로 활용하여 주민 삶의 질 향상을 목적으로 한다. 도시를 환경적으로 건전하고 지속가능하게 발전시킬 수 있는 정책방향을 제시하며, 장기적으로 시·군이 공간적으로 발전하여야 할 구조적 틀을 제시하는 종합계획으로서 도시관리계획 수립의 지침이 되는 계획이다.

(1) 도시기본계획의 주요 내용

「국토의 계획 및 이용에 관한 법률」 제19조에서는 도시기본계획에 ① 지역적 특성 및 계획의 방향·목표, ② 공간구조, 생활권 설정 및 인구 배분, ③ 토지이용 및 개발, ④ 토지용도별 수요 및 공급, ⑤ 환경보전 및 관리, ⑥ 기반시설, ⑦ 공원·녹지, ⑧ 경관, ⑨ 기후변화 대응 및 에너지 절약, ⑩ 방재 및 안전에 관련된 사항에 대해 정책 방향이 포함되어야 한다고 명시하고 있다.

도시기본계획은 도시의 공간구조와 장기발전방향을 제시하는 토지이용·교통·환경 등에 관한 종합계획이 되어야 하며, 여건변화에 탄력적으로 대응할 수 있도록 포괄적이고 개략적으로 수립되어야 한다. 도시기본계획을 정비할 때는 계획의 연속성이 유지되어야 하며, 도시·농어촌·산촌 지역의 인구밀도와 토지이용, 주변 환경 등을 종합적으로 고려하고, 기반시설 배치계획 및 토지용도가 서로 연계되도록 해야 한다. 개발 가능지는 단계별로 시차를 두어 개발하도록 하며, 자연환경과 역사 문화환경을 충분히 고려하여 수립해야 한다.

(2) 도시기본계획의 수립절차

도시기본계획을 수립하거나 변경하려면 미리 인구, 경제, 사회, 문화, 토지이용, 환경, 교통, 주택 등 도시기본계획 수립 또는 변경에 필요한 사항을 조사하거나 측량하여야 하며, 기초조사 내용에는 토지적성평가와 재해취약성 분석이 포함되어야 한다(표 12-4).[2] 또한 공청회를 열어 주민과 관계 전문가 등으로부터 의견을 들어야 하며, 지방의회의 의견도 청취해야 한다.

특별시·광역시·특별자치시·특별자치도지사는 도시기본계획을 수립하거나 변경하려면 국토교통부장관을 포함한 관계 행정기관의 장과 협의한 후 지방도시계획위원회 심의를 거쳐야 하며, 수립하거나 변경한 경우 관계 행정기관의 장에게 관계 서류를 송부하고, 그 계획을 공고하여 일반인이 열람할 수 있도록 해야 한다.

　시장·군수의 경우는 도지사의 승인을 받아야 한다. 도지사는 관계 행정기관의 장과 협의한 후 지방도시계획위원회 심의를 통해 승인해야 한다. 도지사는 도시기본계획을 승인하면 관계 행정기관의 장과 시장·군수에게 관계 서류를 송부하여야 하며, 시장·군수는 계획을 공고하고 일반인이 열람할 수 있도록 해야 한다.

　도시기본계획은 5년마다 타당성 여부를 재검토하여 정비하여야 하며, 광역도시계획 및 국가계획의 내용을 도시기본계획에 반영하여야 한다.

표 12-4　도시기본계획 수립 및 절차

구 분	도시기본계획
계획목표	도시개발 방향, 미래상 제시
계획내용	물적·비물적 종합계획
법적 구속대상	시장·군수(특별시장, 광역시장)
계획기간	20년
입안권자	시장·군수(특별시장, 광역시장)
승인권자	도지사(국토교통부장관)
계획범위	관할행정구역
주민참여 형태	공청회
표현방식	개념적·계획적 표현

기초조사 및 입안(시장·군수)
▼
공청회 개최(시장·군수)
▼
의견청취(주민 및 시·군 의회)
▼
승인신청(시장·군수)
▼
관계기관 협의(도지사)
▼
심의(도 도시계획위원회)
▼
계획 승인(도지사)

자료: 「국토의 계획 및 이용에 관한 법률」 제3장 도시·군기본계획 내용 참고.

3) 도시관리계획

　도시관리계획은 주민들의 사적 토지이용 즉, 건축행위 시 건폐율, 용적률, 층수 등에 대한 구속력을 가지는 법정계획으로서 광역도시계획 및 도시기본계획에서 제시된 내용을 구체화하고 실현하는 계획이다. 토지를 이용하는 행위의 종류나 그 강도를 일정 범위로 제한하는 기능으로 엄격히 말하자면 토지이용을 관리하는 제도적 수단으로 볼 수 있다.

(1) 도시관리계획의 주요 내용

「국토의 계획 및 이용에 관한 법률」 제2조에 의하면 도시관리계획은 도시의 개발·정비 및 보전을 위하여 수립하는 토지이용·교통·환경·경관·산업·안전·보건·후생·정보통신·안보·문화 등에 관한 ① 용도지역·용도지구의 지정 또는 변경에 관한 계획, ② 개발제한구역·시가화조정구역·수산자원보호구역·도시자연공원구역의 지정 또는 변경에 관한 계획, ③ 기반시설의 설치·정비 또는 개량에 관한 계획, ④ 도시개발사업 또는 정비사업에 관한 계획, ⑤ 지구단위계획구역의 지정 또는 변경에 관한 계획과 지구단위계획, ⑥ 입지규제최소구역의 지정 또는 변경에 관한 계획과 입지규제최소구역계획 등의 내용을 다루는 계획이다 (표 12-5). 그러므로 각 개별 토지는 해당 토지에 결정된 도시관리계획이 허용하는 범위 내에서만 이용 가능하며, 이를 벗어난 형태의 토지이용을 하려면 원칙적으로 도시관리계획에 대한 변경이 먼저 이루어져야 한다.

도시관리계획은 5년마다 관할구역의 도시관리계획에 대하여 그 타당성 여부를 전반적으로 재검토하여 이를 정비하고, 결정 고시일부터 10년 이내에 당해 사업이 시행되지 아니한 때에는 타당성을 검토하여 그 결과를 도시관리계획 입

표 12-5 도시관리계획의 주요 방법 및 집행

구 분	주요 내용
용도지역/지구/구역 지정 및 변경 계획	• 용도지역·용도지구의 지정 또는 변경에 관한 계획 • 개발제한구역·시가화조정구역·수산자원보호구역·도시자연공원구역의 지정 또는 변경에 관한 계획 • 입지규제최소구역의 지정 또는 변경에 관한 계획과 입지규제최소구역계획
도시계획시설 사업계획	• 기반시설의 설치·정비 또는 개량에 관한 계획
도시개발사업 및 정비사업계획	• 도시개발사업 또는 정비사업에 관한 계획
지구단위계획	• 지구단위계획구역의 지정 또는 변경에 관한 계획과 지구단위계획

자료: 「국토의 계획 및 이용에 관한 법률」 제2조 및 제4장 도시·군관리계획 내용 참고.

안에 반영해야 한다.

(2) 도시관리계획의 수립절차

① 도시관리계획의 입안

도시관리계획의 입안권자는 일부 국토교통부장관이 직접 입안하는 경우를 제외하고는 기본적으로 특별시장·광역시장·특별자치시장·특별자치도지사·시장·군수가 행하는 것으로 되어 있다. 국가계획과 관련되거나 둘 이상의 시·도에 걸쳐 지정되는 용도지역·지구·구역과 사업계획 중 도시관리계획으로 결정해야 할 사항이 있는 경우에는 국토교통부장관이 직접 또는 관계 중앙행정기관 장의 요청에 의하여 도시관리계획을 입안할 수 있다.

도시관리계획은 광역도시계획과 도시기본계획에 부합되어야 하며 도시관리계획을 입안할 때에는 도시관리계획도서(계획도와 계획조서)와 기초조사결과·재원조달방안 및 경관계획 등을 포함하는 계획설명서를 작성해야 한다. 이해관계자를 포함한 주민은 기반시설의 설치·정비 또는 개량에 관한 사항과 지구단위계획구역 지정 및 변경, 지구단위계획의 수립 및 변경에 관한 사항에 대해 도시관리계획의 입안을 제안할 수 있다.

도시관리계획을 수립하거나 변경하기 위해서는 기초조사를 해야 하며, 기초조사에는 도시관리계획이 환경에 미치는 영향 등에 대한 환경성 검토, 토지적성평가, 재해취약성 분석을 포함하여야 한다. 도시관리계획을 입안할 때에는 국방 및 국가 안전보장상 기밀을 지켜야 하는 경우를 제외하고 주민의 의견과 지방의회의 의견을 들어야 한다.

② 도시관리계획의 결정

도시관리계획은 시·도지사가 직접 또는 시장·군수의 신청에 따라 결정한다. 다만 50만 이상의 대도시의 경우 시장이 직접 결정하고, 시장·군수가 입안한 지구단위계획구역의 지정·변경, 지구단위계획 수립·변경에 관한 도시관리계획은 해당 시장·군수가 직접 결정한다. 그러나 개발제한구역, 국가계획과 관련된 시가화조정구역, 입지규제최소구역 지정 및 변경에 관한 사항은 국토교통부장관이, 수산자원보호구역 지정 및 변경에 관한 도시관리계획은 해양수산부장관이 결정한다(표 12-6).

　　시·도지사는 도시관리계획을 결정하려면 관계 행정기관의 장과 미리 협의해야 하며,[3] 시·도 도시계획위원회 심의를 거쳐야 한다. 다만, 시·도지사가 지구단위계획을 결정하려면 시·도 건축위원회와 도시계획위원회가 공동으로 하는 심의를 거쳐야 한다. 국토교통부장관이 도시관리계획을 결정하려면 관계 중앙행정기관의 장과 미리 협의해야 하며, 중앙도시계획위원회의 심의를 거쳐야 한다. 국토교통부장관이나 시·도지사는 도시관리계획을 결정하면 그 결정을 고시하고 관계 서류를 관계 특별시장·광역시장·특별자치시장·특별자치도지사·시장 또는 군수에게 송부하여 일반이 열람할 수 있도록 하여야 하며, 특별시장·광역시장·특별자치시장·특별자치도지사는 관계 서류를 일반이 열람할 수 있도록 하여야 한다.

표 12-6 ▼ 도시관리계획 수립 및 절차

구 분	도시관리계획
계획목표	구체적 개발절차 및 지침 제시
계획내용	물적 계획
법적 구속대상	개별시민
계획기간	10년
입안권자	시장·군수
승인권자	시·도지사
계획범위	관할행정구역
주민참여 형태	의견청취(공청회) 주민제안 등
표현방식	구체적 표현

기초조사 및 입안
(시장·군수)
▼
계획안 작성
(시장·군수)
▼
주민 의견청취
▼
시·군 의회 의견청취
▼
결정 신청
(시장·군수)
▼
관계 행정기관 협의
▼
심의
(시·도 도시계획위원회)
▼
계획 결정·고시
(시·도지사)
▼
열 람

- 자연적 여건
- 인문사회환경 분석
- 기반시설 현황, 전망
- 토지적성평가, 환경성 검토
- 도시관리계획도서
- 기초조사 결과:
  각종 영향검토서
- 일간신문, 홈페이지
  14일 이상 공고

- 사전환경성 검토
- 교통영향분석·개선대책 등

자료: 「국토의 계획 및 이용에 관한 법률」 제4장 도시·군관리계획 내용 참고.

　　시장·군수가 도시관리계획을 결정하려면 관계 행정기관의 장과 미리 협의해야 하며, 시·군도시계획위원회 심의를 거쳐야 한다. 지구단위계획을 결정하려면 건축위원회와 도시계획위원회의 공동심의를 거쳐야 한다. 도시관리계획을 결정하면 그 결정을 고시하고 관계 서류를 일반이 열람할 수 있도록 해야 한다.

제2절
도시재생 개념과 제도

Understanding the City

01　도시재생과 도시쇠퇴

1) 도시재생의 개념

　　1960년대 이후 급속한 경제성장으로 인한 도시화과정은 미개발지 위주의 개발로 진행되어 왔다. 개발에서 소외된 기존 시가지는 자연스럽게 물리적 환경이 노후화 되었고, 지역의 노후화는 인구와 산업, 서비스 투자의 감소로 이어졌고 쇠퇴했다. 이러한 구시가지 문제를 해결하기 위한 방안으로 '재개발', '재건축', '도시환경정비사업' 등의 제도적 장치가 활용되었다. 전면철거 재개발 방식의 재개발·재건축 사업은 더불어 살아가는 공동체 의식의 붕괴와 역사·문화적 맥락 파괴, 획일적인 도시경관 형성 등에 대한 비판이 있었지만 경제적 효용성 때문에 지금까지도 추진되고 있다.

　　하지만 부동산 경기침체와 저성장 시대에 돌입하면서 시장 논리에 의한 재

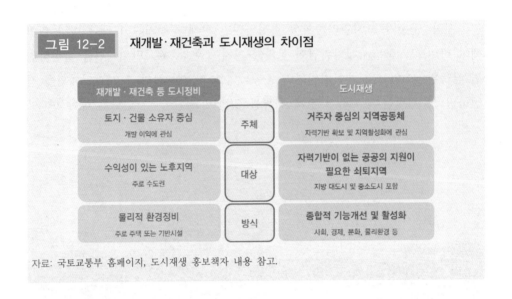

그림 12-2 재개발·재건축과 도시재생의 차이점

재개발 · 재건축 등 도시정비		도시재생
토지 · 건물 소유자 중심 개발 이익에 관심	주체	거주자 중심의 지역공동체 자력기반 확보 및 지역활성화에 관심
수익성이 있는 노후지역 주로 수도권	대상	자력기반이 없는 공공의 지원이 필요한 쇠퇴지역 지방 대도시 및 중소도시 포함
물리적 환경정비 주로 주택 또는 기반시설	방식	종합적 기능개선 및 활성화 사회, 경제, 문화, 물리환경 등

자료: 국토교통부 홈페이지, 도시재생 홍보책자 내용 참고.

개발·재건축 사업이 주춤해지고, '도시재생'이라는 이름으로 지역공동체와 사회, 경제, 문화, 물리적 환경 등의 종합적인 개선을 도모하려는 노력들이 이루어지고 있다(그림 12-2). 2011년「도시재정비 및 주거환경정비법」개정은 기존의 재개발 사업에서 벗어나 주거환경관리사업, 가로구역정비사업 등 지역공동체 중심의 소 규모 주거정비사업이 새로운 도시재생 패러다임을 반영하였고, 2013년에는 물리 적 정비에 초점이 맞춰져 있는 기존 한계를 극복하고 종합적 재생을 도모하기 위해「도시재생 활성화 및 지원에 관한 특별법」이 제정되어 매년 쇠퇴한 대상지 를 선정해 지원하고 있다.

「도시재생 활성화 및 지원에 관한 특별법」제2조에서는 도시재생을 "인구의 감소, 산업구조의 변화, 도시의 무분별한 확장, 주거환경의 노후화 등으로 쇠퇴 하는 도시를 지역역량의 강화, 새로운 기능의 도입·창출 및 지역자원의 활용을 통하여 경제적·사회적·물리적·환경적으로 활성화시키는 것을 말한다."고 정의 하고 있다.

2) 도시의 생애주기 단계와 도시재생

클라센과 펠린크(Klaseen & Paelinck, 1979)를 비롯한 많은 학자들은 도시도 하나의 생명체와 같이 도시화 → 교외화 → 역도시화 → 재도시화 과정을 경험한다고 설명하고 있다. 우리나라 도시들도 1960년대 이후 급속한 경제성장으로 인구와 산업이 도시로 집중되는 '도시화(urbanization)'과정이 이루어졌다. 급격한 도시화 과정으로 교통과 환경, 주택 등의 도시환경의 질이 악화되자 도심의 주요기능과 주거기능이 주변지역으로 확산되는 '교외화(suburbanization)'가 이루어졌고, 기존의 내부시가지는 쇠퇴되는 현상이 발생하고 있다.

'역도시화(counter-urbanization)'는 사람들이 삶의 질에 대해 관심이 높아지면서, 친환경 주거환경에 대한 수요가 증가하는 등 대도시권 인구가 전체적으로 감소하는 현상이다. 최근 서울시의 인구 감소와 경기도 인구의 증가, 그리고 용인, 남양주, 파주 등 자연환경이 우수하고 주거환경 기반이 비교적 잘 갖추어져 있는 지역을 중심으로 새로운 유형의 단독주택지가 들어서는 현상들은 '역도시화'의 일부 사례라 할 수 있다.

'재도시화(reurbanization)'는 도심부에 인구와 산업, 서비스가 다시 증가하는 도시회생단계를 말하며, 국가와 지방정부의 강력한 도시재생정책을 동반하게 된다. 현재 국가에서 추진하고 있는 「도시재생 활성화 및 지원에 관한 특별법」에 의한 종합적인 도시재생 추진과 지방정부의 다양한 지원정책 추진은 우리 도시가 '재도시화' 단계에 들어섰음을 알 수 있다.

3) 도시쇠퇴의 원인

우리나라 대부분의 도시에서는 쇠퇴한 지역이 나타나고 있는데, 주로 1960년대 이전에 형성된 오래된 시가지에서 쇠퇴현상을 볼 수 있다. 또한 1970~1980년대 토지구획정리사업을 통해 조성된 지역에서도 건물이나 주변 거주환경의 노후 현상이 보이고 있다. 도시쇠퇴는 건축물과 같은 물리적인 환경의 쇠퇴, 인구 감소와 같은 사회적 측면의 쇠퇴, 산업·경제 활동의 쇠퇴 등의 현상을 통해 진단할 수 있다. 도시쇠퇴는 이러한 물리적, 사회적, 경제적인 요인들이 밀접하게 연관성을 갖고 상호 간에 영향을 주면서 나타나는 다차원적인 결과이며 도시재생사업단(2010)에서는 도시쇠퇴 실태조사를 통해 다음과 같이 일곱 가지로 도시쇠퇴의 원인을 유형화 하였다(표 12-7).

| 표 12-7 | 도시쇠퇴의 원인 유형화(도시재생사업단, 2010) |

구 분	주요 내용
거시적 경제여건의 변화에 따른 쇠퇴	• 산업구조의 변화, 무역개방 등 거시적 경제여건의 변화에 따른 쇠퇴 • 유통구조의 변화에 따른 전통재래시장의 쇠퇴 등
자원의 고갈 및 경제적 상실에 의한 쇠퇴	• 석탄, 석회석 등 지하광물자원을 채취하여 번성했던 도시가 자원의 고갈 이나 경제성을 갖지 못해 쇠퇴한 경우 • 문경시 및 태백시, 삼척시 등의 폐광도시
지역산업 및 고용기반의 붕괴 및 이전에 의한 쇠퇴	• 공장이나 기업이 다른 지역으로 이전하는 경우, 지역의 고용 및 연관 산업 에 영향을 미쳐 쇠퇴를 초래 • 부산, 대구 등 신발, 섬유 제조업의 중국 이전 등
교외화, 신시가지 개발로 인한 쇠퇴	• 역도시화, 교외화 현상은 중산층의 도심이탈, 도심부의 슬럼화, 기업의 이 전 등 사회경제적 문제와 결부 • 교외화에 따른 구도심 쇠퇴는 우리나라 도시에서 보편적으로 나타남
형성 초기부터 부실한 개발로 인한 쇠퇴	• 필지, 도로, 건물 등 도시의 물리적 조건이 부실하게 형성되어 사회경제적 수요에 대응하지 못한 경우 • 해방전후부터 60~70년대 자연발생적 또는 토지구획정리사업을 통해 형 성된 시가지 등
환경수준의 상대적 낙후로 인한 쇠퇴	• 교육, 의료, 문화, 여가시설 등 생활여건이 부실한 경우, 상위계층 및 젊은 계층이 지역으로부터 이탈 • 지방도시의 경우, 인구 규모가 적을수록 이러한 쇠퇴현상을 보임
정치적 환경변화 및 과학기술 발전에 따른 쇠퇴	• 새로운 교통수단의 발달, 통신의 발달에 따라 중심지가 쇠퇴하는 경우 • 김천, 나주, 충주, 공주, 여수시 등

자료: 도시재생사업단, 2010, 도시 쇠퇴 실태자료 구축 및 종합시스템구축.

02 도시재생 관련 제도와 체계

1) 우리나라 도시재생 제도 변화

(1) 도시재생 관련 제도의 출발

우리나라에서 가장 처음으로 도시재생에 대해 언급한 것은 1962년 「도시계

획법」이다. 「도시계획법」을 처음 제정하면서 불량지구 개량에 관한 시설을 도시
계획으로 결정하여 시행할 수 있도록 하였다. 1965년에는 「도시계획법 시행령」
개정으로 '불량지구개량사업을 촉진하기 위하여 필요할 때에 재개발 지구를 설
정할 수 있다.'라는 근거 조항이 신설되었다. 1971년에는 「도시계획법」이 전면
개정되면서 재개발사업이라는 명칭이 공식적으로 사용되었으며, 재개발사업에
대한 도시계획 결정부터 실시계획, 토지 등의 수용, 분양신청, 관리처분계획, 준
공, 청산절차 등에 관한 구체적인 절차와 근거가 마련되었다.

1972년에는 「특정지구 개발촉진에 관한 임시조치법」이 제정되어 도심지 재
개발사업을 촉진시키기 위한 재개발촉진지구 지정, 조세 면제, 자금지원 등의 내
용이 마련되었으며, 1973년에는 주택개량을 촉진하기 위해 도시계획법에 의한
재개발사업에 관한 특례를 규정하는 「주택개량 촉진에 관한 임시조치법」이 제정
되었다. 재개발 구역의 지정과 요건, 재개발사업의 시행 등이 규정되었으며, 이
법의 제정 이후로 재개발사업이 본격화되기 시작했다.

1976년에는 「도시계획법」으로부터 분리되어 「도시재개발법」이 제정됨으로서
재개발사업에 관한 사항이 독립적·체계적으로 정비되었다. 1982년에는 한시적
법으로서 효력을 상실한 「주택개량촉진에 관한 임시조치법」이 「도시재개발법」
으로 편입되었다. 「주택개량촉진에 관한 임시조치법」에 의한 불량주택에 대한
재개발사업이 「도시재개발법」으로 들어오면서 재개발사업이 도심지재개발사업
과 주택개량재개발사업으로 구분되었다.

「도시재개발법」의 재개발사업 이외에 재건축과 주거환경개선사업의 근거도
마련되었다. 1984년 「집합건물의 소유 및 관리에 관한 법률」에서는 재건축을 할
수 있는 요건과 결의, 재건축에 관한 합의 등의 내용이 마련되었고, 1987년 「주택
건설촉진법」의 개정에서는 노후·불량한 주택에 대해 재건축조합을 결성하여 사
업을 추진할 수 있는 근거가 마련되었다. 또한 1989년에는 「도시저소득주민의
주거환경개선을 위한 임시조치법」 제정으로 주거환경개선사업의 근거가 마련되
었다.

(2) 도시 및 주거환경 정비법, 그리고 도시재정비 촉진을 위한 특별법의 등장

우리나라 노후불량주택의 재정비는 「도시재개발법」에 의한 재개발, 「주택

건설촉진법」에 의한 재건축, 「도시저소득주민의 주거환경개선을 위한 임시조치법」에 의한 주거환경개선사업의 도입으로 제도적 틀이 갖춰졌다. 하지만 유사한 성격의 정비제도가 각각의 개별 법령으로 추진되어 사업 간 연관성이 부족하였다. 주거환경개선사업의 경우 각종 특례 규정으로 오히려 주거환경이나 도시경관이 악화되었고, 사업성 위주, 소유자 중심의 재정비 사업은 난개발과 투기 활성화, 세입자에 대한 대책 부족 등의 문제를 낳았다. 또한 사업시행 과정에서의 비리와 분쟁으로 사업 추진이 어려워지는 등 구조적인 문제점이 나타났다.

2002년 12월에 제정된 「도시 및 주거환경정비법」은 기존의 「도시재개발법」, 「주택건설촉진법」, 「도시저소득주민의 주거환경개선을 위한 임시조치법」을 통합하여 제도적 변화를 시도하였다. 도시·주거환경정비기본계획 수립 및 정비구역 지정을 통해 계획적 관리를 도모하였고, 사업시행의 투명성 강화와 저소득주민의 주거환경개선 지원 확대, 사업추진절차 개선을 통한 분쟁 방지 등의 제도적 방안을 마련하였다.

2005년 12월에는 도시정비사업을 광역적 계획과 체계적·효율적 추진으로 도시의 균형발전을 도모하는 「도시재정비 촉진을 위한 특별법」이 제정되었다. 재개발, 재건축, 주거환경개선사업 등이 소규모적이고 독자적으로 추진되어 주변지역의 부족한 기반시설을 마련하는 것에 대한 한계를 극복하고자 도입된 법으로서, 2002년부터 서울시가 독자적으로 추진한 강북지역 뉴타운 사업의 근거가 되었다.[4] 이 법은 기존 정비사업의 원활한 추진을 위해 재정비촉진지구로 지정하여 각종 특례를 규정하여 지원함으로써 사업을 촉진하는 것이 주된 목적이었다.

2011년에는 뉴타운과 재개발, 재건축, 주거환경개선사업 등이 부동산 경기 침체로 인한 사업성 저하와 진척되지 못하는 사업으로 인해 주민갈등이 심해지자 「도시 및 주거환경 정비법」과 「도시재정비 촉진을 위한 특별법」을 일부 개정하였다. 주요 개정 내용에는 일몰제 등의 출구전략과 대안적 정비방식 도입, 주민들의 알 권리 및 투명성 강화 등이 담겨졌다. 특히 정비구역 해제와 더불어 주거환경정비사업의 대안 방식으로 주거환경관리사업, 가로주택정비사업 등 소규모의 새로운 정비사업 유형 제시 등 새로운 도시재생 패러다임을 고려한 내용이 포함되었다.

(3) 도시재생 활성화 및 지원에 관한 특별법의 제정

2013년 6월에 제정된 「도시재생 활성화 및 지원에 관한 특별법」 제정은 그동안 철거재개발사업 방식의 물리적 환경 중심에서 지역공동체와 경제·사회적 재생을 포함하는 종합적 '도시재생'으로의 패러다임이 변화하는 계기를 마련했다. 이 법은 경제적·사회적·문화적 활력 회복을 위하여 공공의 역할과 지원을 강화하여 도시의 자생적 성장기반을 확충하고 도시경쟁력을 제고하며 지역 공동체를 회복하는 것이 목적이다. 이를 위해 주민 공동체 참여를 기반으로 지자체가 도시재생계획을 입안하는 '주민참여 중심'의 도시재생, 도시재생활성화지역을 중심으로 경제, 사회, 문화 등 다양한 분야의 물리적, 프로그램 사업을 아우르는 '장소중심의 융합적' 도시재생, 칸막이 행정에서 벗어나 부처 간 협업에 의한 '종합적 지원'을 위한 기반을 마련하였다. 「도시재생 특별법」은 기존의 민간주도의 물리적인 정비사업 지원과는 다르게 도시재생사업에 대한 국가와 지방정부의 역할, 계획수립 체계, 각종 지원체계에 중점을 두고 있다(박소영, 2014).

2) 우리나라 도시재생 관련 계획체계

우리나라 도시재생 관련 계획은 크게 「도시재생 활성화 및 지원에 관한 특별법」에 의한 도시재생전략계획과 도시재생활성화계획, 「도시 및 주거환경 정비법」에 의한 기본계획과 정비계획, 「도시재정비 촉진을 위한 특별법」에 의한 재정비 촉진계획으로 구분되며, 각각의 법에 의한 계획의 종류와 지위·성격은 다음과 같다(표 12-8, 그림 12-3).

표 12-8 **우리나라 도시재생 관련 계획의 종류**

관련 법	계획의 종류	공간적 범위	지위와 성격
도시재생 활성화 및 지원에 관한 특별법	도시재생 전략계획	도시전체/ 일부	• 국토의 계획 및 이용에 관한 법률에 따른 도시기본계획의 내용과 부합해야 함 • 각종 도시재생 관련 계획, 사업, 프로그램, 유형·무형의 지역자산 등이 우선적으로 연계·집중됨으로써 효과적인 도시재생을 도모하는 계획
	도시재생 활성화계획	도시재생 활성화 지역	• 지방자치단체, 공공기관 및 지역주민 등이 지역발전과 도시재생을 위하여 추진하는 다양한 도시재생사업을 연계하여 종합적으로 수립하는 실행계획 • 도시경제기반형 활성화계획과 근린재생형 활성화계획으로 유형 구분
도시 및 주거환경 정비법	도시 및 주거환경 정비 기본계획	도시	• 도시기본계획의 하위계획으로 도시기본계획상의 토지이용계획과 부문별 계획 중 도시주거환경의 정비에 관한 내용을 반영하며, 기본계획의 내용은 도시정비계획 등 하위계획 및 관련 토지이용계획에 반영되어야 함 • 정비계획의 상위계획으로 유형별 정비구역 지정대상과 정비방향을 설정하고, 정비기반시설 기준, 개발밀도 기준, 정비방법 등 정비사업의 기본원칙 및 개발지침을 제시
	도시 및 주거환경 정비계획	정비구역	• 도시기본계획 및 도시주거환경정비기본계획 등 상위계획의 범위 안에서 해당 구역과 주변지역이 상호 유기적이며 효율적으로 정비될 수 있는 체계를 확립하고, 정비구역의 토지이용 및 기반시설의 설치, 개발밀도 설정 등에 관한 사항을 구체화하는 법정계획 • 도시의 지속가능한 발전에 기여할 수 있도록 하기 위한 실천계획 • 지구단위계획 및 지구단위계획구역과 동일한 효력
도시재정비 촉진을 위한 특별법	재정비 촉진계획	재정비촉진 지구	• 촉진지구를 광역적으로 계획하며 각종 촉진사업이 상호 유기적이며 효율적으로 정비될 수 있는 체계를 확립하고 촉진지구의 토지이용 및 기반시설의 설치 등에 관한 계획을 구체화하는 법정계획 • 촉진지구 내에서 다른 법률에 의해 수립된 계획에 우선 • 촉진지구 전체의 정비 방향과 기본골격을 설정하는 기본계획 성격을 가짐과 동시에, 촉진구역별 개별 촉진사업에 대한 세부사항을 제시하는 계획 • 촉진구역의 사업방식을 결정하고, 기반시설의 설치규모 및 비용분담, 개발밀도 등을 설정하여 구체적으로 집행할 수 있도록 물적으로 표현하는 계획

자료: 법제처 홈페이지(www.moleg.go.kr) 도시재생 관련 법 내용을 바탕으로 정리.

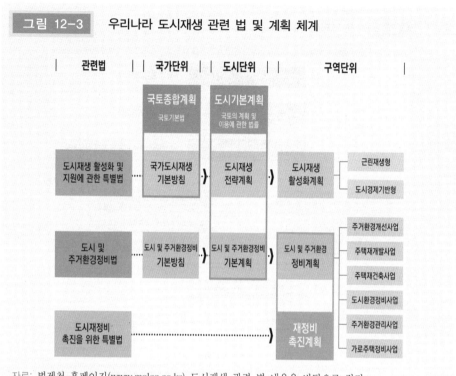

그림 12-3 우리나라 도시재생 관련 법 및 계획 체계

자료: 법제처 홈페이지(www.moleg.go.kr) 도시재생 관련 법 내용을 바탕으로 정리.

03 도시재생의 주요 내용

1) 도시재생 활성화 및 지원에 관한 특별법에 의한 도시재생

(1) 도시재생 계획체계

도시재생 계획체계는 국가가 수립하는 국가도시재생기본방침과 지자체가
수립하는 도시재생전략계획, 도시재생활성화계획으로 구성된다(그림 12-4).

국가도시재생기본방침은 도시재생을 종합적·계획적·효율적으로 추진하기
위하여 수립하는 국가 도시재생전략이다. 국토교통부장관은 도시재생 활성화를
위한 국가도시재생기본방침을 10년마다 수립하여야 하며, 필요한 경우 5년마다

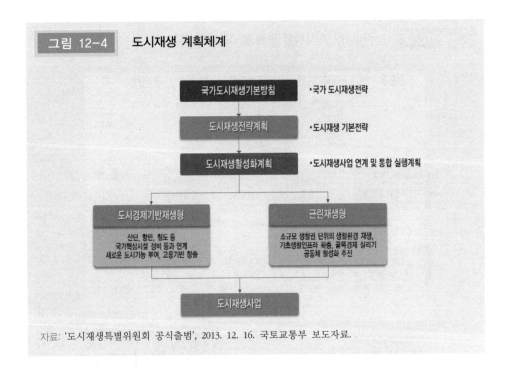

그림 12-4   도시재생 계획체계

- 국가도시재생기본방침 → •국가 도시재생전략
- 도시재생전략계획 → •도시재생 기본전략
- 도시재생활성화계획 → •도시재생사업 연계 및 통합 실행계획

도시경제기반재생형
산단, 항만, 철도 등
국가핵심시설 정비 등과 연계
새로운 도시기능 부여, 고용기반 창출

근린재생형
소규모 생활권 단위의 생활환경 재생,
기초생활인프라 확충, 골목경제 살리기
공동체 활성화 추진

도시재생사업

자료: '도시재생특별위원회 공식출범', 2013. 12. 16. 국토교통부 보도자료..

내용을 재검토하여 정비한다. 국가도시재생기본방침은 「국토기본법」에 따른 국토종합계획의 내용에 부합하여야 하며, 도시재생의 의의 및 목표, 중점적으로 시행하여야 할 도시재생 시책, 도시재생전략계획 및 도시재생 활성화 계획 작성에 관한 기본 방향 및 원칙, 도시재생 선도지역 지정기준, 도시 쇠퇴 및 진단기준 등이 포함되어야 한다.[5]

국토교통부장관은 국가도시재생기본방침을 수립하거나 변경하려면 관계 중앙행정기관의 장과 협의하고 해당 지방자치단체의 장의 의견을 수렴한 후 도시재생특별위원회와 국무회의의 심의를 거쳐 대통령의 승인을 받아야 한다.

지자체는 주민과 함께 「국가도시재생 기본 방침」에 맞게 도시재생전략계획(기본구상)과 도시재생 활성화 계획(실행계획)을 수립한다(표 12-9). 도시재생전략계획은 도시 전체 또는 일부 지역, 필요한 경우 둘 이상의 도시에 대하여 도시재생과 관련한 각종 계획, 사업, 프로그램, 유·무형 지역자산 등을 조사·발굴하고, 쇠퇴도시에 대해 도시재생사업을 추진하기 위한 전략적 대상지인 도시재생 활성화 지역을 지정한다.

　　도시재생 활성화 계획은 도시재생 활성화 지역에 대하여 국가, 지방자치단체, 공공기관 및 지역주민 등이 지역발전과 도시재생을 위하여 추진하는 다양한 도시재생사업을 연계하여 종합적으로 수립하는 실행계획을 말하며, 주요 목적과 성격에 따라 도시경제 기반형 활성화계획과 근린재생형 활성화계획으로 유형을 구분한다.

표 12-9　도시재생전략계획과 도시재생활성화계획 수립 내용

구 분	도시재생전략계획	도시재생활성화계획
수립·정비	10년 단위 수립, 필요 시 5년 단위로 정비	–
내 용	• 계획의 목표 및 범위 • 목표 달성을 위한 방안 • 쇠퇴진단 및 물리적·사회적·경제적·문화적 여건 분석 • 도시재생활성화지역 지정, 변경 • 도시재생활성화지역별 우선순위 및 지역 간 연계방안 • 도시재생지원센터, 주민협의체 등 실행 주체 구성 방안 • 중앙·지방 정부 재정 지원 및 민간투자유치 등 재원조달 계획 • 지원조례, 협정지침 등 지방자치단체 차원의 지원제도 발굴 • 도시재생기반시설의 설치·정비 또는 개량에 관한 계획 • 기초생활인프라 최저기준 달성을 위한 계획 • 도시재생활성화계획의 성과관리 방법 및 기준 등	• 계획의 목표 • 도시재생사업의 계획 및 파급효과 • 도시재생기반시설의 설치·정비 계획 • 공공 및 민간재원 조달계획 • 예산집행 계획 • 도시재생사업 평가 및 점검계획 • 행위제한이 적용되는 지역 등

자료: 「도시재생 활성화 및 지원에 관한 법률」 제13조 및 제19조.

(2) 도시재생 추진체계

　　도시재생은 쇠퇴한 지역의 사회·경제·환경 등 종합적인 재생전략에 의한 지속적인 투자와 활동이 필요하다. 이를 위해 「도시재생 활성화 및 지원에 관한 특별법」에서는 중앙정부와 지방정부의 기능별 조직 근거와 역할을 명확히 규정

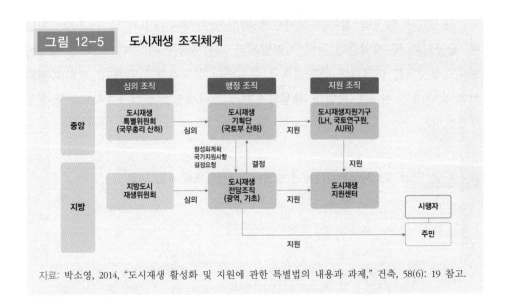

그림 12-5 도시재생 조직체계

자료: 박소영, 2014, "도시재생 활성화 및 지원에 관한 특별법의 내용과 과제," 건축, 58(6): 19 참고.

하고 있다(그림 12-5).

심의조정기구로는 중앙에 도시재생특별위원회와 지방에 지방도시재생위원회를 두도록 하였으며, 행정조직으로는 중앙에 국토교통부 산하의 도시재생기획단과 지방에 도시재생전담조직을, 또한 지원조직으로 중앙에 도시재생지원기구와 지방에 도시재생지원센터를 두도록 하고 있다.

도시재생사업의 시행자는 다른 법률에서 별도로 규정하지 아니한 경우 지방자치단체, 공공기관, 지방공기업, 도시 재생활성화 지역 내 토지 소유자, 마을기업 등의 주민단체 중에서 지정할 수 있다.

(3) 도시재생 활성화를 위한 지원

지자체의 도시재생 계획수립비와 조사·연구비를 비롯하여, 공원·주차장·문화시설 등의 기초생활 인프라 설치비, 주택 개·보수 및 정비 등의 하드웨어 사업비, 마을기업 창업지원·상권활성화 등의 소프트웨어 사업비 등을 보조 또는 융자 지원할 수 있도록 하였다. 또한 도시재생사업의 촉진·지원을 위해 '도시재생특별회계'를 설치하여 지자체에서 스스로 도시재생을 위한 비용을 마련할 수 있도록 하였으며, 도시재생 활성화를 위해 국·공유재산을 매각·임대·양여하거

표 12-10 도시재생 활성화를 위한 지원

구 분		내 용
비용보조 등	비용 보조 또는 융자	• 비용의 전부 또는 일부를 보조하거나 융자 – 계획 수립비, 조사·연구비, 건축물 개·보수 및 정비 비용, 전문가 파 견·자문비 및 기술지원비, 도시재생지원기구 및 도시재생지원센터 운영비, 문화유산 보존 비용, 지역활성화사업 사전기획비 및 운영비, 도시재생사업에 필요한 비용 등
	도시재생특별 회계 설치·운용	• 도시재생 활성화 및 도시재생사업의 촉진·지원을 위해 설치·운용 가능 – 재산세, 개발부담금, 재건축부담금, 과밀부담금, 일반회계 전입금, 정부 보조금, 차입금 등
도시재생 지원 특례	국공유재산 처분	• 국·공유재산을 도시재생 활성화 목적으로 사용하려는 경우 관리청과 협의하여 매각·임대·양여 가능
	조세·부담금 감면	• 도시재생사업 시행자에게 법인세·소득세·취득세·등록면허세 및 재산 세 등의 조세와 개발부담금 등 각종 부담금 감면
	건축규제 완화	• 건폐율 및 용적률, 최고높이 제한 등 완화 가능

자료: 「도시재생 활성화 및 지원에 관한 특별법」 제27조~제32조 참고.

나, 각종 조세와 부담금 감면, 건폐율 및 용적률, 최대높이 규제 완화 등의 다양한 특례를 주도록 하였다(표 12-10).

(4) 도시재생 선도지역

도시재생 선도지역은 도시재생을 긴급하고 효과적으로 실시하여야 할 필요가 있고 주변지역에 대한 파급효과가 큰 지역으로, 국가와 지방자치단체의 시책을 중점 시행함으로써 도시재생 활성화를 도모하는 지역을 말한다. 도시재생이 시급하거나 파급효과가 큰 지역을 국토부장관이 직접 지정하거나 지자체 요청에 따라 선도지역으로 지정할 수 있다. 도시재생 선도지역에서 도시재생활성화계획을 수립하거나 변경하려면 지방위원회 심의를 거쳐 국토교통부장관에게 승인을 요청해야 하며, 국토교통부장관은 특별위원회의 심의를 거쳐 승인하도록 하고 있다. 도시재생 선도지역에 대해서는 예산 및 인력 등을 우선 지원할 수 있으며, 기반시설 등에 대해서 설치비용의 전부 또는 일부를 국가에서 부담할 수 있도록 근거를 마련하였다.

2) 도시 및 주거환경 정비법에 의한 계획·사업

(1) 도시정비사업의 개요

「도시 및 주거환경 정비법」에 의한 정비사업은 법에서 정한 절차에 따라 도

표 12-11 정비사업의 유형 및 주요 내용

구 분	주요내용	시행방법
주거환경 개선사업	• 도시저소득주민이 집단으로 거주하는 지역으로서 정비기반시설이 극히 열악하고 노후·불량건축물이 과도하게 밀집한 지역에서 주거환경을 개선하기 위해 시행하는 사업	• 정비기반시설을 설치 및 확대하고 토지등소유자가 스스로 주택 개량 • 정비구역 전부 및 일부를 수용하여 주택 건설 후 토지등소유자에게 우선 공급 • 환지로 공급 • 관리처분계획에 따라 주택 및 부대시설·복리시설을 건설하여 공급
주택재개발 사업	• 정비기반시설이 열악하고 노후·불량건축물이 밀집한 지역에서 주거환경을 개선하기 위하여 시행하는 사업	
주택재건축 사업	• 정비기반시설은 양호하나 노후·불량건축물이 밀집한 지역에서 주거환경을 개선하기 위하여 시행하는 사업	• 관리처분계획에 따라 주택 및 부대시설·복리시설을 건설하여 공급 • 환지로 공급(주택재건축사업은 제외)
도시환경 정비사업	• 상업지역, 공업지역 등으로서 토지의 효율적 이용과 도심 또는 부도심 등 도시기능의 회복이나 상권활성화 등이 필요한 지역에서 도시환경을 개선하기 위하여 시행하는 사업	
주거환경 관리사업	• 단독주택 및 다세대주택 등이 밀집한 지역에서 정비기반시설과 공동이용시설의 확충을 통하여 주거환경을 보전·정비·개량하기 위하여 시행하는 사업	• 정비기반시설 및 공동이용시설 설치 및 확대하고 토지등소유자가 스스로 주택 보전·정비 또는 개량
가로주택 정비사업	• 노후·불량건축물이 밀집한 가로구역에서 종전의 가로를 유지하면서 소규모로 주거환경을 개선하기 위하여 시행하는 사업	• 관리처분계획에 따라 주택 등을 건설하여 공급하거나 보전 또는 개량

자료: 「도시 및 주거환경 정비법」 제2조 및 제6조 참고.

시기능을 회복하기 위하여 정비구역 또는 가로구역에서 정비기반시설을 정비하거나 주택 등 건축물을 개량하거나 건설하는 주거환경개선사업, 주택재개발사업, 주택재건축사업, 도시환경정비사업, 주거환경관리사업, 가로주택정비사업의 여섯 가지 사업을 말하며, 주요 내용과 시행방법은 다음과 같다(표 12-11).

(2) 도시정비사업 추진절차 및 주요 내용

① 도시 · 주거환경 정비기본계획수립

특별시장 · 광역시장 · 특별자치시장 · 특별자치도지사 또는 시장은 도시 · 주거환경정비기본계획을 10년 단위로 수립해야 한다, 다만 인구 50만 명 이상의 대도시는 의무적으로 수립하여야 하며, 인구 50만 명 미만의 시는 도지사가 필요하다고 인정한 경우 수립한다.

기본계획에는 정비사업 기본방향과 계획기간, 인구 · 건축물 · 토지이용 등의 현황, 녹지 · 조경 · 에너지 · 폐기물 등의 환경계획, 기반시설 설치계획, 세입자 주거안정대책 등이 포함되어야 하며, 5년마다 타당성을 검토하여 기본계획에 반영해야 한다. 기본계획을 수립 · 변경할 때에는 14일 이상 주민에게 공람하고 지방의회 의견청취, 관계 행정기관의 장과 협의 후 지방도시계획위원회 심의를 거쳐야 한다.

② 정비계획 수립 및 정비구역 지정

시장 · 군수 · 구청장(자치구)은 기본계획에 적합한 범위 안에서 노후 · 불량건축물이 밀집하는 등의 정비 요건에 해당하는 구역에 대하여 정비계획을 수립하여 특별시장 · 광역시장 · 도지사에게 정비구역 지정을 신청해야 한다. 정비계획 수립 내용에는 정비사업 명칭, 정비구역 면적, 도시계획시설 설치계획, 공동이용시설 설치계획, 건축물에 관한 계획, 환경보전 및 재난방지 계획 등이 포함되어야 한다.

정비구역 지정을 신청할 때에는 정비계획을 수립한 후 주민에게 서면으로 통보한 후 주민설명회를 하고 30일 이상 주민에게 공람하며, 지방의회의 의견을 들어야 한다. 시 · 도지사 또는 대도시 시장은 정비구역을 지정하고자 하는 경우 지방도시계획위원회 심의를 거쳐야 한다.

③ 추진위원회의 구성 및 조합설립

시장·군수 또는 주택공사가 아닌 사람이 정비사업을 시행하고자 할 경우 토지소유자로 구성된 조합을 설립하여야 한다. 다만 도시환경 정비사업을 토지등소유자가 시행하고자 하는 경우에는 조합을 설립하지 않아도 된다. 조합을 설립하려면 토지등소유자 과반수의 동의를 받아 조합설립을 위한 추진위원회를 구성하여 시장·군수의 승인을 받아야 한다.

④ 사업시행인가

사업시행자(시장·군수인 경우 제외)는 정비사업을 시행하고자 하는 경우에 사업시행계획서와 정관 등을 시장·군수에게 제출하고 사업시행인가를 받아야 한다. 계획서에는 건축물배치계획을 포함한 토지이용계획, 정비기반시설 및 공동이용시설 설치계획, 주민이주대책, 세입자 주거대책, 건축계획, 폐기물 처리계획 등을 포함하여야 한다. 시장·군수는 사업시행인가를 하거나 사업시행계획서를 작성하고자 할 경우 관계서류의 사본을 14일 이상 일반인에게 공람해야 한다.

⑤ 관리처분계획 인가

사업시행자는 사업시행고시가 있은 날로부터 60일 이내에 개략적인 부담금 내역 및 분양신청기간 등에 대해 통지하고, 분양대상이 되는 대지와 건축물 내역 등에 대해 지역 일간신문에 공고해야 한다. 분양받고자 하는 토지등소유자는 사업시행자에게 대지 또는 건축물에 대한 분양신청을 해야 한다.

사업시행자는(주거환경개선사업 및 주거환경관리사업 시행자는 제외) 분양신청기간이 종료된 때에는 분양신청 현황을 기초로 관리처분계획을 수립하여 시장·군수의 인가를 받아야 한다. 관리처분계획의 인가를 신청하기 전에 관계서류 사본을 30일 이상 토지등소유자에게 공람하고 의견을 들어야 한다. 시장·군수는 사업시행자의 관리처분계획의 인가신청 후 30일 이내에 인가 여부를 결정하여 사업시행자에게 통보해야 한다.

⑥ 준공인가 및 이전고시

사업시행자(시장·군수 제외)는 정비사업이 완료되면 시장·군수의 준공인가를 받아야 하며, 준공인가신청을 받은 시장·군수는 지체 없이 준공검사를 실시해야 한다. 준공검사 실시결과 인가받은 사업시행계획대로 완료되었다고 인정되면 준공인가를 하고 공사완료를 지방자치단체 공보에 고시해야 한다.

준공인가가 되면 사업시행자는 대지확정측량을 하고 토지 분할절차를 거쳐 관리처분계획에 정한 사항을 분양받을 자에게 통지하고 대지 또는 건축물 소유권을 이전해야 한다. 건축물의 소유권을 이전할 때에는 그 내용을 지방자치단체 공보에 고시한 후 시장·군수에게 보고해야 한다.

3) 도시재정비 촉진을 위한 특별법에 의한 계획 · 사업

「도시재정비 촉진을 위한 특별법」은 도시의 낙후된 지역에 대한 주거환경 개선, 기반시설 확충, 도시기능 회복을 위해 광역적(생활권 단위)으로 계획하고 체계적이고 효율적으로 사업을 추진하는 것을 목적으로 제정되었으며, 재정비촉진지구 내에서는 다른 법률에 우선한다.

(1) 재정비촉진지구와 재정비촉진사업

재정비촉진지구는 도시의 낙후된 지역에 대한 주거환경의 개선, 기반시설의 확충 및 도시기능의 회복을 광역적으로 계획하고 체계적·효율적으로 추진하기 위해 지정하는 지구(地區)를 말한다(그림 12-6).

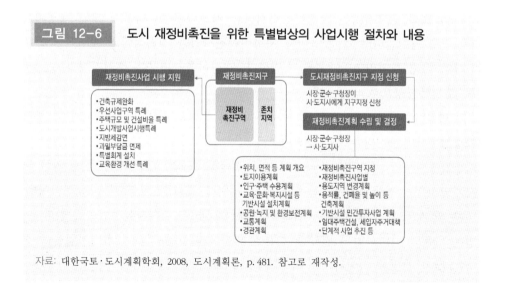

그림 12-6 도시 재정비촉진을 위한 특별법상의 사업시행 절차와 내용

자료: 대한국토·도시계획학회, 2008, 도시계획론, p. 481. 참고로 재작성.

| 표 12-12 | 재정비촉진지구와 재정비촉진사업 |

구 분		내 용	
재정비 촉진지구	주거지형	• 노후·불량 주택과 건축물이 밀집한 지역으로서 주로 주거환경의 개선과 기반시설의 정비가 필요한 지구	50만㎡ 이상
	중심지형	• 상업지역, 공업지역 등으로서 토지의 효율적 이용과 도심 또는 부도심 등의 도시기능의 회복이 필요한 지구	20만㎡ 이상
	고밀복합형	• 주요 역세권, 간선도로의 교차지 등 양호한 기반시설을 갖추고 있어 대중교통 이용이 용이한 지역으로서 도심 내 소형주택의 공급 확대, 토지의 고도이용과 건축물의 복합개발이 필요한 지구	10만㎡ 이상
재정비 촉진사업	도시 및 주거환경정비법	• 주거환경개선사업 • 주택재개발사업 • 주택재건축사업	• 도시환경정비사업 • 주거환경관리사업 • 가로주택정비사업
	도시개발법	• 도시개발사업	
	전통시장 및 상점가 육성을 위한 특별법	• 시장정비사업	
	국토의 계획 및 이용에 관한 법률	• 도시·군계획시설사업	

자료: 「도시재정비 촉진을 위한 특별법」 제2조 참고.

이 법의 주요절차는 재정비촉진지구를 지정하여 이 지구에 대해 재정비촉진사업을 시행한다(표 12-12). 이때 재정비촉진사업을 계획적이고 체계적으로 추진하기 위해 재정비촉진계획을 수립한다. 재정비촉진지구는 주거지형과 중심지형, 고밀복합형으로 나눠진다.

재정비촉진사업은 재정비촉진지구에서 시행되는 사업으로서 「도시 및 주거환경정비사업」에 의한 주거환경개선사업, 주택재개발사업, 주택재건축사업, 도시환경정비사업, 주거환경관리사업, 가로주택정비사업, 「도시개발법」에 의한 도시개발사업, 「전통시장 및 상점가 육성을 위한 특별법」에 의한 시장정비사업, 「국토의 계획 및 이용에 관한 법률」에 의한 도시·군 계획시설사업을 말한다. 이 법은 기존의 정비사업의 원활한 추진을 위한 특례를 규정하여 정비사업을 촉진하는 것이 주된 목적이다.

(2) 재정비촉진지구의 지정

시장[6] · 군수 · 구청장(자치구)은 특별시장 · 광역시장 또는 도지사에게 재정비촉진지구의 지정을 신청할 수 있다. 신청할 때에는 재정비촉진지구의 명칭 · 위치 및 면적, 지정목적, 인구 등의 현황, 개발 방향, 재정비촉진사업 현황, 개략적인 기반시설 설치 사항, 부동산 투기 대책 등을 첨부하여야 한다. 재정비촉진지구 지정을 신청하려는 경우 주민설명회를 열고 그 내용을 14일 이상 주민에게 공람하여야 하며, 지방의회 의견을 들은 후 그 의견을 첨부하여야 한다.

그림 12-7 재정비촉진계획 수립절차

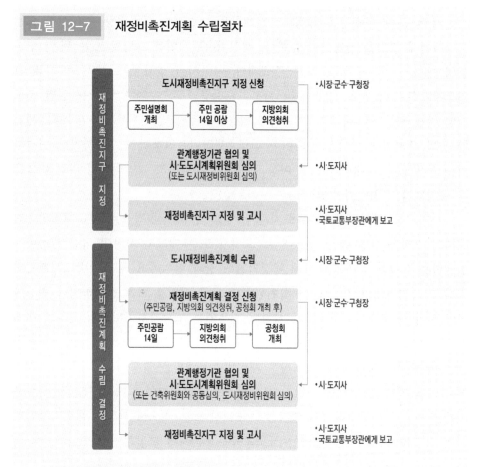

자료: 「도시재정비 촉진을 위한 특별법」 제4조~제13조 참고.

특별시장·광역시장 또는 도지사는 재정비촉진지구의 지정 신청을 받은 경우 관계 행정기관의 장과 협의를 거쳐 지방도시계획위원회 또는 도시재정비위원회의 심의를 통해 재정비촉진지구를 지정한다. 특별자치시장, 특별자치도지사, 대도시 시장7)은 직접 재정비촉진지구를 지정하거나 변경할 수 있다.

재정비촉진지구를 지정하면 그 내용을 지체 없이 해당 지방자치단체의 공보에 고시하여야 하며, 시·도지사 또는 대도시 시장이 재정비촉진지구를 지정하면 국토교통부장관에게 보고하여야 한다(그림 12-7).

(3) 재정비촉진계획 수립 및 결정

시장·군수·구청장은 재정비촉진계획을 수립하여 특별시장·광역시장 또는 도지사에게 결정을 신청하여야 한다. 재정비촉진계획을 수립할 때는 위치, 면적 등의 개요, 토지이용계획, 인구·주택계획, 기반시설 설치계획, 공원·녹지 및 환경보전계획, 교통계획, 경관계획, 재정비촉진구역 지정, 재정비촉진사업별 용도지역 변경계획 및 건축계획, 기반시설 비용분담계획 및 민간투자사업 계획, 세입자 등의 주거대책 등이 포함되어야 한다. 재정비촉진계획을 수립하거나 변경하려는 경우에는 그 내용을 14일 이상 주민에게 공람하고 지방의회의 의견을 들은 후 공청회를 개최하여야 한다.

특별시장·광역시장 또는 도지사가 시장·군수·구청장으로부터 재정비촉진계획의 결정을 신청 받은 경우나 시·도지사 또는 대도시 시장이 직접 재정비촉진계획을 수립한 경우에는 관계 행정기관의 장과 협의하고 해당 지방도시계획위원회, 건축위원회와 지방도시계획위원회의 공동 심의를 거쳐 결정하거나 변경하여야 한다. 도시재정비위원회가 설치된 경우에는 도시재정비위원회 심의로 대체할 수 있다.

시·도지사 또는 대도시 시장은 재정비촉진계획을 결정 또는 변경하는 경우에는 이를 지체 없이 해당 지방자치단체 공보에 고시하여야 하고, 대도시 시장은 이를 도지사에게 통보하여야 한다. 시·도지사 또는 대도시 시장이 재정비촉진계획의 결정을 고시하였을 때에는 국토교통부장관에게 보고하여야 한다.

(4) 재정비촉진사업 지원

재정비촉진사업을 시행할 경우 건축규제 완화, 주택규모 및 건설비율 특례, 도시개발사업 시행에 관한 특례, 지방세 감면, 과밀부담금 면제 등의 다양한 지원을 받을 수 있다(표 12-13).

표 12-13 **재정비촉진사업의 시행을 위한 지원**

구 분	내 용
건축규제 완화 등	• 용도지역의 변경 • 용도지역 및 용도지구에서의 건축물 건축 제한 등 예외 • 건폐율 및 용적률 최대한도의 예외 • 학교 시설기준 완화 및 주차장설치기준 완화(중심지형 및 고밀복합형) • 가로구역별 건축물의 최고 높이, 높이제한 완화(고밀복합형) 등
우선사업구역 특례	• 우선사업구역에 대해 재정비촉진계획을 별도로 수립하여 결정을 신청하거나, 결정·고시 가능
주택규모 및 건설비율 특례	• 「도시 및 주거환경정비법」 및 「도시개발법」 규정에도 불구하고 주택 규모 및 건설비율을 달리 정할 수 있음
도시개발사업 시행에 관한 특례	• 주택 등 건축물을 소유하고 있는 자 또는 토지소유자를 대상으로 입체환지계획 수립 가능 • 입체환지계획은 체비지 등이 아닌 토지를 대상으로 수립 가능
지방세 감면	• 문화시설, 종합병원 등 병원, 학원, 대규모 점포, 회사의 본점 또는 주사무소 건물 등에 대한 취득세, 등록면허세 등 지방세 감면
과밀부담금 면제	• 「수도권정비계획법」에 따라 부과하는 과밀부담금 미부과
특별회계 설치 등	• 재정비사업 촉진 및 기반시설 설치 지원 등을 위해 지방자치단체에 재정비촉진 특별회계 설치 가능
교육환경 개선을 위한 특례	• 재정비촉진계획에 학교설치계획 포함 • 지자체 소유 재산은 사립학교에 수의계약으로 사용·수익 또는 대부, 매각 가능 • 소유 토지 등을 임대하거나 매각하는 경우 토지 등의 임대료 및 매각대금을 감면하거나 분할납부 가능

자료: 「도시재정비 촉진을 위한 촉진법」 제19조~제25조 참고.

제3절
시민참여 도시계획과 도시재생

01 시민참여의 개념과 의미

1960년대 이후 '참여적 민주주의(participatory democracy)'의 강조와 더불어 본격적으로 정립된 시민참여는, 민선자치시대인 오늘날 우리 한국에서 그 중요성을 더해 가고 있다. 시민참여는 풀뿌리 민주주의적인 형태와 기능에서부터 극히 전문적인 것에 이르기까지 다의적인 개념이지만, 통상적으로는 시민이 행정기관이나 관료들의 정책결정과정에 주체의식을 갖고 참여하여 기능을 수행하는 행위를 의미한다.

이처럼 시민참여 도시는 현세대는 물론 미래세대를 위하여 개발과 환경을 동시에 고려하는 개념으로 그 추진과정에서 자연스럽게 시민들의 참여와 협력이 요구된다. 이 같은 측면에서 볼 때 시민참여 도시는 다양한 시민 구성원들의 참여와 협력을 통하여 수립되는 새로운 도시계획이라고 할 수 있다. 또한 시민참여 도시는 지속가능한 발전을 추구하는 시민환경운동, '시민참여 도시정책 수립과 관리계획'의 가장 실천적인 수단, 지역활성화 수단으로서 시민 스스로 참여의 과정을 통해 친환경적인 지역공동체를 만들어 가는 중요한 의미를 지닌다.

특히 최근의 물리적인 시설개선 중심에서 사회·경제적, 공동체 중심의 도시재생으로의 패러다임 전환으로 주민들의 참여와 관심이 매우 중요해졌다. 정부에서도 도시재생이 성공하려면 주민과 지방자치단체, 민간투자자와 기업, 중앙정부 등 각 주체 간의 연계와 협력, 소통이 필수적이라고 설명하고 있다. 이제

시민참여는 도시계획 및 도시재생에 있어서 선택적 과정이 아니라 필수적인 과정으로 조금씩 바뀌고 있다.

02 시민참여 관련 제도

도시개발과정에서 시민참여 방법은 크게 입안, 결정, 시행단계 등의 3단계로 구분하여 볼 수 있다. 먼저 입안단계는 지자체와 의회 의견청취, 전문가와 시민이 참여할 수 있는 공청회가 있으며, 광역도시계획의 경우 광역도시계획협의회를 구성할 수 있다. 또한 결정단계에서는 도시계획심의위원회 심의와 공람·공

표 12-14 시민참여 도시관련 제도 변화

구 분		도시관련 제도	시민참여	비 고
행정주도	일제강점기	• 도시계획시설의 확충 및 시가지 정리 • 가로계획과 토지구획정리사업 • 조선시가지계획령(1934)	• 민간의 권익 무시로 시민참여가 불가능	–
	1960년대	• 건축법(1961) • 도시계획법(1962) • 국토건설종합계획법(1963)	• 울산도시계획안의 현상공모를 통해 원시적 시민참여	
	1970년대	• 개발제한구역 도입과 토지구획 정리사업 진행 • 도시계획법 전문재정 • 개발제한구역과 도시개발 예정지구 신설	• 도시계획법 개정되었으나 시민참여 제도가 도입되지 않음	
시민참여	1980년대	• 제2차 국토종합개발계획 확정 • 성장거점도시 육성	• 공청회 개최와 도시계획 입안 시 공람과 의견서 제출 가능	
	1990년대	• 제3차 국토종합개발계획 확정 • 수도권견제기능의 강화 및 중소도시의 경쟁력 제고	• 시민에게 도시계획입안의 제안권이 부여되며 도시계획초안에 대해 공람 가능	도입기
	2000년대 이후	• 제4차 국토종합계획 확정 • 수도권 분산과 계획적 정비 • 지역특성에 맞는 개발전략의 추진 • 국토의 계획 및 이용에 관한 법률 제정	• 지구단위계획의 지정·변경, 수립에 시민제안제도 도입 • 도시관리계획 수립 시 시민의견 청취 • 조례 제정 시 시민발의를 통해 참여 • 시민투표를 통한 시민의견 수렴	정비기

자료: 이재준, 2008, "도시계획수립과정에서의 주민참여방안," 제21차 경기도시정책 포럼 자료집.

고가 있으며, 시행단계에서는 경우에 따라 소유주 동의 등이 필요하다.

그러나 참여주체 측면에서 결정력 있는 참여주체라고 할 수 있는 도시계획
위원회, 소유주 동의, 지자체 인허가 등을 제외하고는 지역전문가 또는 지역 내
기업이 직접 참여할 수 있는 제도적 장치는 없는 실정이다. 뿐만 아니라 소유주
이외 일반시민은 공람·공고, 공청회 정도를 제외하고는 실질적 참여방법이 거의
없기 때문에 실효성 있는 참여방법은 없다고 볼 수 있다. 또한 참여방법 측면에
서 공람·공고, 공청회가 의무화되어 '정보제공'은 제도적 수준이 높은 편이나, 양
방향 참여방법이나 지속적 참여방법은 거의 없다고 볼 수 있다.

최근 제정된 「도시재생 활성화 및 지원에 관한 특별법」에서는 공청회를 통
한 주민 및 전문가 의견수렴 등의 기존의 참여방식 뿐 아니라 주민이 직접 도시
재생 활성화 지역의 지정 또는 변경을 제안할 수 있도록 했다. 또한 마을기업,
사회적 기업, 사회적 협동조합 등 지역 주민단체가 직접 도시재생사업의 시행자
가 될 수 있도록 하는 등 도시재생사업 추진을 위한 주민참여 범위가 점차 확대
되고 있다(표 12-15).

표 12-15 도시재생에서의 주민참여 지원제도

구 분	주요 내용	비 고
공청회 개최	• 도시재생전략계획(기본구상), 도시재생활성화계획(실행계획) 수립 전 공청회를 통한 주민 및 전문가 의견 수렴	법 제15조 법 제20조
	• 도시재생선도지역의 지정 요청 전 공청회 개최를 통해 주민과 관계 전문가 등의 의견 수렴	시행령 제40조
주민제안	• 주민이 직접 도시재생활성화지역의 지정 또는 변경 제안 가능	법 제18조
주민단체 사업시행	• 마을기업, 사회적기업, 사회적협동조합 등 지역 주민단체가 직접 도시재생사업 시행 가능	법 제26조
교육 및 전문가 파견 지원 등	• 도시재생지원기구 및 도시재생지원센터 설치 - 주민교육 프로그램 개발 및 교육 - 도시재생전문가 양성 및 파견 지원 - 주민 아이디어 구현 등 계획수립 지원 - 마을기업 창업 및 운영 컨설팅 등	법 제10·11조 시행령 제15조 국가도시재생 기본방침

자료: 「도시재생활성화 및 지원에 관한 특별법」 및 시행령, 국토교통부(2013) 국가도시재생기본방침 참고.

03 시민참여 도시계획 · 도시재생 사례

1) 시민참여 도시계획

도시계획에서 시민들이 실질적으로 참여할 수 있는 기회는 매우 제한적이지만, 최근 일부 광역 · 기초자치단체에서는 시민들의 성숙한 토론과 참여로 집단

표 12-16 국내 시민참여 도시계획 사례

추진 시기	도시	계획 명칭	시민참여단 명칭	참여인원	계획 유형		
					도시 기본 계획	도시 관리 계획	장기 비전 계획
2012년	수원시	2030 수원 도시기본계획	도시계획 시민계획단	시민 130명 청소년 100명	■		
	안산시	2025 안산비전장기발전계획	시민비전추진단	시민 90여명			■
	서울특별시	2030 서울플랜 도시기본계획	서울플랜 시민참여단	시민 100명 청소년 16명	■		
	제천시	제천비전 2025 장기발전계획	시민계획단	시민 80명			■
2013년	시흥시	시화지구 지구단위계획 재정비	시민계획단	시민 등 27명		■	
	부천시	2030 부천 도시기본계획	시민계획단	시민 100명 청소년 100명	■		
	청주시	2030 청주 · 청원 도시기본계획	주민돋보기단	시민 200명 (청주 100, 청원 100)	■		
		2020 청주 도시관리계획	주민돋보기단	43개 읍면동 주민대표		■	
	아산시	2030 아산 도시기본계획	시민계획단	시민 및 전문가 33명	■		
	논산시	2023 논산시 미래발전 종합계획	시민행복계획단	시민 46명			■
2014년	인천광역시	2030 인천 도시기본계획	시민계획단	시민 100명	■		
	순천시	2030 순천 도시기본계획	시민계획단	시민 100명	■		
2015년	경기도	경기비전 2040	도민참여단	시민 200명			■
	제주도	제주 미래비전	도민계획단	시민 100명			■

자료: 인터넷 언론검색(2015. 8. 현재).

지성을 활용하려는 사례가 나타나고 있다. '시민(도민)계획단', '시민(도민)참여단', '시민비전추진단', '주민돌보기단' 등의 이름으로 많게는 100명이 넘는 시민들이 도시기본계획, 도시관리계획, 장기발전계획 등에서 시민참여 도시계획을 실현하고 있다(표 12-16).

2012년 최초로 수원시가 일반시민 130명과 청소년 100명을 시민계획단으로 위촉하여 2030 도시기본계획을 함께 수립하였으며, 서울시의 시민참여단, 안산시 시민비전추진단, 제천시 시민계획단이 이어서 시민참여 도시계획을 추진하였다. 2013년에는 시흥시, 부천시, 청주시, 아산시, 논산시 등으로 확대되었으며, 2014년에는 인천광역시와 순천시가 '2030 도시기본계획 수립에 시민계획단'을 모집해 참여계획을 수립하였다. 최근에는 경기도와 제주도가 도민참여단·도민계획단이라는 이름으로 장기비전계획을 수립 중이다.

2) 주민참여 도시재생

최근 국토교통부는 상향식 도시재생의 취지를 살려 도시재생 선도 지역을 공모방식으로 진행하였다. 서면 및 현장평가, 도시재생특별위원회 심의 등을 거쳐 도시경제기반형 선도 지역으로 부산과 청주 2곳이 지정되었고, 근린재생형 선도 지역은 11곳이 지정되었다. 특히 근린재생형은 지역의 도시재생 지원센터 등을 통해 주민교육과 컨설팅을 지원하여 주민 스스로 지역자산을 활용한 실행력 있는 계획을 수립할 수 있도록 지원하고 있다. 주민들이 함께 참여하는 근린재생형 도시재생사업에는 2017년까지 4년간 1개 지역별로 소규모 100억 원(국비 60억), 일반규모 200억 원(국비 100억)이 지원될 예정이다. 또한 2016년부터는 일반 지역으로 지원을 단계적으로 확대해 나갈 예정이다.

수원시의 경우 생태교통과 연계한 구도심 도시재생의 새로운 모델을 모색함으로서 큰 의의를 남겼다. 수원시가 ICLEI, UN-HABITAT[8]와 공동으로 추진한 '생태교통수원 2013'은 기존 원도심인 행궁동을 대상으로 한 달 동안 개인의 차량을 대상지 밖으로 빼놓고, 무동력 교통수단과 대중교통만을 활용하는 방식으로 생활해 앞으로 직면하게 될 기후변화에 능동적으로 대응하기 위한 역발상의 축제이다.

이러한 축제에 더해 ① 주차장, 마을상담소, 문화커뮤니티, 소공원 등 주거권이 보장되는 생활기반시설 확충, ② 주택관리 개보수, 주택에너지 효율개선, 담장 및 옥상녹화 등 주민 스스로 가꾸는 주택개량 및 정비, ③ 전선지중화 사업 및 도로포장사업, 간판정비사업 등의 시설기반조성사업, ④ 역사·문화자원 활용, 옛길과 골목길 개선, ⑤ 지역커뮤니티 강화, 주민협의체 구성, 주거복지 상담 등 이웃과 함께하는 주민공동체 활성화와 도시기반 정비를 도모하였다.

특히 주민이 참여하고 만들어가는 '생태교통수원 2013' 추진을 위해 1,200여 명으로 구성된 주민추진단은 생태교통, 거리가꾸기, 마을경제, 마을축제, 녹색생활, 골목아카데미, 청소년 등 7개 분과에서 생태교통 축제 기획과 제작에 참여하여 마을 거버넌스를 실현했다. 이 과정에서 마을의 문제점에 대해 함께 고민하고 주민 요구를 반영한 발전방안을 모색하여 누구나 살고 싶은 마을을 만들어 가는 데 앞장서면서 때로는 '생태교통수원 2013' 사업의 지지자로서 주민활동을 응원하고 홍보하는 역할을 담당했다.

주요
개념

광역도시계획

도시계획

도시계획제도

도시공간계획체계

도시관리계획

도시기본계획

도시쇠퇴

도시재생

도시재생선도지역

도시재생전략계획

도시재생활성화계획

도시재정비

도시정비사업

시민참여 도시계획

시민참여 제도

재정비촉진계획

재정비촉진사업

재정비촉진지구

주민참여 도시재생

1) 조선시가지계획령에 포함되어 있던 내용 중 건축사항은 「건축법」으로, 도시계획과 토지구획정리사업은 「도시계획법」으로 나누어 법체계를 마련하였다.

2) 도시기본계획 입안일부터 5년 이내에 토지적성평가를 실시한 경우에는 제외.

3) 국토교통부장관이 입안하여 결정한 도시관리계획을 변경하는 등의 경우에는 국토교통부장관과 협의해야 한다.

4) 서울시는 "서울시 균형발전지원에 관한 조례"에 의해 뉴타운 사업을 진행해 왔으나, 관련 근거 법의 미흡으로 지원의 한계가 있었다.

5) 국가도시재생기본방침은 「도시재생 활성화 및 지원에 관한 특별법」 시행령 제6조에 따라 2013년 12월 31일에 공고되었다.

6) 「지방자치법」 제175조에 따른 서울특별시·광역시 및 특별자치시를 제외한 인구 50만 명 이상 대도시의 시장(이하 "대도시 시장"이라 한다)에 대하여는 재정비촉진사업이 필요하다고 인정되는 지역이 그 관할지역 및 다른 시·군·구에 걸쳐 있는 경우로 한정한다.

7) 다만, 재정비촉진사업이 필요하다고 인정되는 지역이 그 관할지역에 있고 다른 시·군·구에 걸쳐 있지 아니하는 경우에 한정한다.

8) 이클레이(ICLEI)는 지속가능성을 추구하는 세계지방정부를 말하며, 전 세계 86개국 1,000여 개 지방정부가 참여하는 세계최대 지방정부 네트워크이다. 유엔 해비타트(UN−HABITAT)는 슬럼퇴치 등 주거환경 개선과 도시문제 해결을 목적으로 활동하는 UN산하기구이다.

참고
문헌

REFERENCES

국토교통부, 「국토의 계획 및 이용에 관한 법률」.

_____, 「도시 및 주거환경정비법」.

_____, 「도시재정비 촉진을 위한 특별법」.

_____, 「도시재생 활성화 및 지원에 관한 특별법」.

_____, 2013, 국가도시재생기본방침.

_____, 2013, "도시재생특별위원회 공식출범" 2013년 12월 16일자 보도자료.

_____, 2014, 도시·군관리계획수립지침.

_____, 2014, 도시·군기본계획수립지침.

국토해양부, 2010, 도시계획제도 길라잡이.

권영덕, 2002, 「도시및주거환경정비법」적용을 위한 연구, 서울시정연구원.

김진경·민범기·이재준, 2013, "수원시 마을만들기 시민교육 프로그램의 특성," 한국도시설
　　　계학회지, 14(2).

대한국토·도시계획학회, 2008, 도시개발론, 보성각.

_____, 2008, 도시계획론, 보성각.

도시재생사업단, 2010, 도시쇠퇴 실태 자료 구축 및 종합시스템 구축.

_____, 2012, 새로운 도시재생의 구상, 한울.

박소영, 2014, "도시재생 활성화 및 지원에 관한 특별법의 내용과 과제," 건축, 58(6).

수원시, 2014, 생태교통수원 2013 시민백서.

양재섭·이재수, 2013, 도시재생특별법 제정에 따른 서울의 대응과제와 방향, 서울연구원.

이재준, 2008, "도시계획수립과정에서의 주민참여방안," 제21차 경기도시정책 포럼 자료집.

이재준 외, 2009, "시민참여 스튜디오형 도시대학 운영을 통한 교육프로그램 개발방안," 국토
　　　계획, 44(3).

_____, 2009, 도시경쟁력 제고를 위한 살고싶은 도시정책의 발전방안 연구, 국토해양부.

이재준·김도영, 2012, "시민참여형 도시계획모델 개발에 관한 연구," 서울대학교 환경논총,
　　　51.

최석환, 2013, 수원시 구시가지 쇠퇴현황 및 도시재생 정책 대응방안, 수원시정연구원.

최석환 외, 2014, 생애주기를 고려한 도시계획 및 시설 서비스 도입방안 연구, 수원시.

최석환·김도영, 2015, 도시계획 시민계획단 운영 및 사례분석, 수원시.

OECD, 2001, *Citizens as Partners: Information*, Consultation and Public Participation in Policy—Making.

Mahdavinejad, M. and Amini, M., 2011, "Public Participation for Sustainable Urban Planning in Case of Iran," *Procedia engineering*, 21.

도시와 도시행정

01 도시행정의 개념

도시행정은 도시민의 삶터인 도시를 행복한 삶의 공간으로 만들고 관리해 나가는 지방자치단체의 제반 활동을 총칭하는 것이라고 할 수 있다. 도시정부의 활동인 도시행정은 시민들의 바람직하지 못한 행동을 규제하는 활동과 더불어 도시활동을 바람직한 방향으로 유도하는 일 그리고 시민생활에 필요하나 시장에서는 구할 수 없는 공공서비스를 생산하여 공급하는 일을 담당한다. 한마디로 도시행정은 도시문제 해결을 위한 공공부문의 활동을 의미한다.

우리는 흔히 도시행정이라는 용어를 도시계획 또는 지방행정이라는 용어와 혼돈하여 사용하곤 한다. 도시정부의 사전예방적인 행정행위인 도시계획과 사후대응적인 성격을 갖는 도시정책을 포괄하여 도시행정으로 이해하면 된다.

이러한 도시행정은 도시발달 단계나 사회발전 정도에 따라 패러다임이 다르게 전개된다. 급격한 도시화와 산업화 단계에서 도시행정은 양적 성장의 문제에 대응하여 과학적 분석과 합리적 규제 그리고 물리적 환경 조성을 통해 도시문제를 해결해 나가는 경향이 있다. 그러나 도시화가 안정되고 경제 저성장기의 도시행정에서는 도시문제의 질적 관리와 더불어 감성과 설득을 통한 갈등조정이 보다 강조된다.

지금까지는 이른바 도시과학이라는 이름으로 인공적인 환경과 시민들이 어우러져 빚어내는 도시문제를 과학적으로 설명하고 예측하며 해결책을 제시하기 위해 전문가적인 노력이 필요했다. 그러나, 이제는 여기에 더해 현장 중심의 문제해결능력과 의사소통적 합리성(communicative rationality)[1] 제고를 위한 소통과 공감 능력이 필요하다.

02 도시행정이 추구하는 이념

　　도시행정의 이념은 도시행정이 추구하는 궁극적이고 기본적이며 최고의 가치라 할 수 있으며, 행정윤리 또는 행정철학과 밀접한 관련이 있다. 이는 도시정부가 정책을 결정하고 집행할 때 일반적으로 따라야 할 기준이나 원칙을 의미한다. 이와 같은 행정이념은 시대에 따라 다르게 설정되는 경향이 있으며, 심지어는 도시적 맥락에서 다르게 해석되기도 한다.

　　행정학에서는 합법성, 능률성, 민주성, 형평성 등을 행정이념으로 들고 있는데, 도시행정의 이념도 기본적으로 이를 준용할 수 있을 것이다(김일태, 2004: 2-3). 합법성은 행정과정이 합법적이어야 함을 의미하고 능률성은 최소의 비용으로 최대한 효과적으로 공공서비스를 공급해야 함을 의미한다. 민주성은 행정과정에 시민들이 참여해야 함을 의미하며, 형평성은 행정의 산물인 사회적 가치배분이 공정해야 함을 의미한다. 합법성은 19세기 후반 법치주의를 강조하는 자유민주주의 국가체제에서 강조된 이념인 반면에, 능률성은 20세기 행정국가가 등장하여 정치와 행정이 분리되면서 강조된 이념이다. 능률성이 기계적·기능적 능률이라 한다면, 민주성은 사회적 능률에 해당하는 이념이라 할 수 있다. 행정이 단순한 정책 집행이 아니라 정책결정과정까지 관심을 가지고 누구를 위한 행정인가에 답을 해야 한다는 것과 무관하지 않다. 민주성은 대의민주제하에서 시민들의 참여욕구를 활성화하는 것과 직결된 이념으로서 도시행정에서 가장 중요하게 여기는 이념에 속한다.

　　그런가 하면 도시행정의 이념을 행정이념과 분리하여 제시하기도 한다(대한국토도시계획학회, 2006: 347-348). 여기에서는 도시행정의 이념을 도시계획적 관점에서 다섯 가지 요소로 제시하고 있는 것이 특징이다. 즉, 안정성, 건강성, 쾌적성, 편리성, 능률성을 들고 있다. 이 가운데 능률성을 제외한 안정성, 건강성, 쾌적성, 편리성은 도시민의 활동에 기반한 공익요소들이다. 이러한 견해의 이면에는 바람직한 도시상을 구현하는 것이 도시정부가 추구해야 할 최고의 가치이며, 도시행정의 궁극적인 목표라는 주장이 깔려 있다.

2015년 UN 산하 경제사회국(DESA)이 제출하여 UN총회에서 채택된 지속가능발전목표(Sustainable Development Goals: SDGs) 보고서에 따르면, 2030년까지 향후 15년 동안 전개될 개발협력의 기본방향과 핵심의제는 도시부문에도 큰 영향을 미칠 것으로 보인다. 지속가능발전목표에는 포용적(inclusive)이고 안전(safe)하며 회복력(resilient) 있고 지속가능한(sustainable) 도시와 정주환경 조성이라는 목표가 제시되어 있다(목표 11).[2] 이와 같은 도시부문의 지속가능발전목표는 세계 각국의 도시정부에 의해 도시적 맥락에서 재해석되고 자국 실정에 맞게 추진될 것으로 보인다.

제2절
도시행정의 범위와 기능

Understanding the City

01 도시의 성장과 도시행정수요의 증가

일반적으로 도시가 성장하면 여러 가지 도시문제를 겪게 된다. 불량주택 정비와 기반시설의 확충문제, 도시의 무분별한 팽창에 따른 토지이용상의 문제, 교통혼잡문제, 대기 질 악화와 같은 환경문제 등이 바로 그 예다. 그런가 하면 도시민의 요구도 급증하게 된다. 과학기술의 발달과 교통통신의 발달은 도시사회를 구조적으로 다원화시키고 기능적으로 복잡화·전문화시켜 새로운 행정수요를 쏟아낸다.

환경변화에 따라 새롭게 등장하는 행정수요는 다음과 같은 특성을 갖고 있다. 첫째, 과학기술과 정보통신기술의 발달은 사회의 다양성과 복잡성을 증가시킴으로써 이에 상응하는 행정수요를 끊임없이 쏟아내고 있다. 특히 소셜 네트워크 서비스(Social Network Services: SNS)[3]는 새로운 행정수요를 파악하는 새로운 방식으로 학계는 물론 실무계의 관심을 끌고 있다. 도시민의 일상생활에서부터 교육, 복지, 사회보장에 이르기까지 시민생활의 모든 영역에서 다양하고 복잡한 요구가 행정수요의 형태로 발생하고 있다.

둘째, 도시정부가 행정수요를 처리하기 위해서는 고도의 기술과 전문적 지식이 요구된다는 점이다. 하나의 행정수요를 해결하기 위해서는 중앙과 지방, 지방정부 상호 간, 그리고 여러 행정기관이 서로 협력해야 하는 일이 많아지고 있다. 교통행정, 환경행정, 상하수도 행정, 청소행정과 쓰레기 처리 등 도시생활에 없어서는 안 될 기초생활서비스 시설의 수요가 그러하다. 교통통신의 발달과 함께 도시가 광역화 될수록 광역적인 도시행정 수요도 계속 늘어날 것이다.

또한 현대 도시사회에서 발생하는 행정수요는 다양하고 복잡한 만큼이나 많은 재정지출을 수반한다. 날로 확대되고 있는 복지수요에 대응하는 것과 더불어 지하철과 경전철의 건설, 공원 조성, 낙후지역의 재생, 건강이나 재난과 관련된 새로운 공공서비스의 공급은 모두 많은 재원을 필요로 한다.

02 도시행정사무와 기능

지방자치단체가 처리하는 기능은 일반적으로 자치사무, 기관위임사무, 단체위임사무로 구분된다. 자치사무는 지방자치단체의 존립목적과 직결되는 본래의 사무로서, 자치단체 존립·유지에 관한 사무와 지역주민의 복리 증진을 위한 사무가 있다. 자치입법, 자치재정, 자치조직에 관한 사무가 전자의 예이며, 도로건설, 쓰레기 처리, 도시계획, 소방, 도서관 설치 등에 관한 사무가 후자의 예이다. 기관위임사무는 국가 등으로부터 위임받아 처리하는 사무를 말한다. 이때 필요경비의 일부를 국가가 부담한다. 예방접종, 보건소 운영, 재해구호사업, 국도 유지 및 수선사업, 조세 등 공과금 징수 등이 그 예에 해당한다. 단체위임사무는 전국적 이해관계가 큰 사무로서 국가 등으로부터 지방자치단체의 집행기관에 위임된 사무를 말한다. 이때 수임주체가 지방자치단체가 아니라 집행기관이기 때문에 지방의회는 원칙적으로 그 사무처리에 관여할 수 없다. 이 사무처리에 필요한 경비는 원칙적으로 전액 국고에서 부담해야 한다.

그러나 이러한 사무 구분은 실제로는 명확히 구분되지 않는 경우가 많으며 시민의 입장에서도 큰 의미가 없다. 지방자치단체 행정기능은 크게 산업경제기능, 지역개발기능, 사회복지기능, 교육문화기능, 재난·재해방지기능, 행정관리기능으로 나누어 볼 수 있다. 산업경제기능은 시민의 경제적 수준 향상과 일자리 창출을 위해 시민들의 경제활동을 촉진 또는 규제하는 기능으로 상공행정, 관광행정을 예로 들 수 있다. 지역개발기능은 지역의 개발·정비를 통해 시민생활의 질을 향상시키고자 시민에게 적절한 서비스를 제공하는 공익 사업적 기능으로 상수도와 지하철 운영사업, 교육·문화시설 및 하수도 처리사업이 그 예에 해당한다. 사회복지기능은 시민의 복리증진을 위한 지방자치단체의 핵심기능으로서 보건·의료행정, 위생행정, 생활행정 등이 있다. 교육문화기능은 도시민의 삶의 질 향상을 위한 행정기능으로서 문화, 예술, 체육, 관광, 레저, 사회교육이 이에 해당한다. 재난·재해방지기능은 시민의 생명과 재산을 보호하기 위한 사무로서 소방행정, 경찰행정이 마지막으로 행정관리기능은 지방자치단체가 제반 기능을 원활하게 수행할 수 있도록 보조해주는 사무로서 기획관리, 서무관리, 재무관리 등의 사무가 이에 속한다. 지방자치단체 행정기능은 도시규모에 따라 또는 지방자치단체의 특성에 따라 다소의 차이가 있다. 이러한 점들은 우리나라 도시의 행정조직도에 잘 나타나 있다.

참고로 1000만 대도시인 서울특별시와 60만 도시인 전주시의 행정조직도는 다음과 같다(그림 13-1). 국제도시인 서울시와 도청소재지인 전주시의 행정조직이 도시인구규모면에서나 기능면에서 비교할 수 없을 것이다. 특이한 점이 있다면 인구규모의 현저한 차이에도 불구하고 조직구성이 대동소이하다는 점이다. 국단위 기준으로 차이를 보면, 서울시의 경우 도시특성상 도시관리와 주택 그리고 안전 및 방재기능이 추가되고 있음을 알 수 있다.

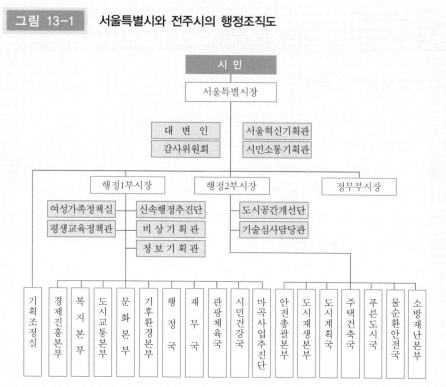

그림 13-1   서울특별시와 전주시의 행정조직도

자료: 서울시청 홈페이지(www.seoul.go.kr).

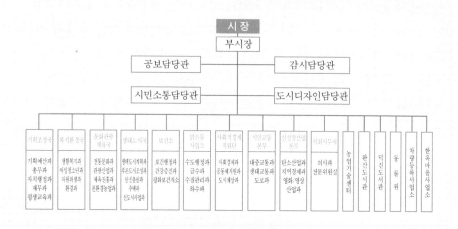

자료: 전주시청 홈페이지(www.jeonju.go.kr).

03 도시정부의 유형과 통치구조

1) 도시정부의 유형

도시정부의 유형은 각국이 처한 역사적, 사회적, 정치적 영향에 따라 정부형태가 다르게 나타난다. 도시정부의 형태는 중앙정부와 지방정부 사이의 정부 간 관계나 집행기구인 지방정부와 의결기구인 지방의회와의 관계 속에서 유형화가 결정된다. 중앙정부와 지방정부 사이의 정부 간 관계를 기준으로 한 도시정부의 형태는 기준에 따라 다양한 구분이 가능하다. 그러나 의사결정 권한 수행방식에 따라 집권형인지 분권형인지를 구분하는 방식이 보다 이해하기 쉽다. 한편 집행기구인 지방정부와 의결기구인 지방의회와의 관계를 기준으로 한 도시정부의 형태는 양자 가운데 누구의 권한이 강한가에 따라 시장과 시의회의 형태가 구분되기도 한다.

2) 행정계층

행정계층이란 일정한 지역에 지위를 달리하는 행정단위나 통치관할권이 설정된 형태를 말하는데, 지방자치단체 계층으로는 단층제 또는 중층제가 있다. 단층제라 함은 행정구역 내 사무를 직접 처리하는 지방자치단체가 국가와 바로 연결되는 경우를 말하고, 중층제라 함은 지방자치단체와 국가 사이에 다른 층의 지방자치단체가 존재하는 경우를 말한다. 일반적으로 지방자치제가 발달한 중층제 중에서도 2층제 구조를 많이 채택하고 있다. 우리나라의 경우도 기초자치단체인 시·군·구청과 광역자치단체인 시·도 형태를 띠고 있어 2층제에 속한다고 할 수 있다.

지방자치단체의 계층구조별 장·단점을 간단히 살펴보면, 이때 중층제의 장점은 단층제의 단점이 되고, 중층제의 단점은 단층제의 장점이 된다(표 13-1). 먼저 중층제의 경우 광역자치단체가 있음으로 해서 시·군의 범위를 넘어서는 광역적인 사무 처리에 보다 능률적이며, 기초자치단체의 관리 감독 및 국가와의 갈등

| 표 13-1 | 지방자치단체의 계층구조별 장·단점 |

중층제(double-tier system) 장점	단층제(single-tier system) 장점
• 광역적인 사무 처리에 능률적임 • 기초자치단체 관리·감독 및 기능 보완 • 국가와 기초자치단체 간 중재 역할 수행	• 도시행정의 경제성 및 효율성 증진 • 자치단체의 특수성 반영 • 공공서비스 재정의 형평성 제고

자료: 박병식 외, 2009, 현대도시와 행정, p. 202에서 수정·보완.

시 중재 역할을 수행할 수 있다는 점에서 장점이 있다. 한편 단층제는 국가의 정책이 광역자치단체를 통하지 않고 시·군에 직접 전달됨으로 인해 자치행정의 경제성과 효율성을 제고할 수 있고, 서로 다른 성격의 기초자치단체의 특수성을 반영할 수 있으며 공공서비스 재정의 형평성도 제고할 수 있다는 장점이 있다(임승빈, 2005: 63-64).

3) 도시정부의 통치구조

도시정부는 의결기관인 의회와 집행기관인 자치단체장으로 구성되는 것이 일반적이나, 그 구성방법이나 형태는 나라마다 다르다. 각기 역사적 전통이나 지역적 특성에 따라 다르게 나타나고 있는 것이다. 이 가운데 가장 일반적으로 채택되고 있는 도시정부의 통치구조는 기관통합형과 기관대립형이다. 전자는 도시정부의 의사결정기능과 집행기능을 하나의 기관에 귀속시키는 경우이고 후자는 각각 분담시키는 경우에 해당한다. 기관통합형은 의원내각제로 불리며 대표적인 예로는 영국의 의회형을 들 수 있다. 영국의 의회형은 지방의회가 의결기관인 동시에 집행기관이기 때문에 우리의 경우처럼 지방의회가 집행기관인 자치단체장과 대립하는 경우가 없다.

이에 비해 기관대립형은 권력분립의 원칙에 따라 지방자치단체의 정책결정기능을 담당하는 지방의회와 자치단체장을 분리시킨 형태이다. 이는 상호 견제와 균형의 원리에 입각하여 도시행정을 운영하는 방식이라 할 수 있다. 이른바 시장-의회형은 미국의 많은 도시정부가 채택하고 있는 가장 보편적인 형태로서 의결기관과 집행기관 간의 상호관계 및 권한에 따라 여러 형태로 구분된다. 우리나라도 여기에 해당한다.

대표적인 도시정부의 통치구조로서 기관통합형과 기관대립형은 각기 장단점을 갖고 있다. 기관통합형은 책임있는 도시행정의 구현과 의결기관과 집행기관 간 갈등과 대립이 없다는 점에서 강점을 가지고 있는 반면에, 견제와 균형이 결여되어 권력 남용의 우려가 있고 도시행정에 대한 전문지식과 경험 부족으로 인해 도시행정의 전문성이 떨어지는 문제가 있다. 이에 비해 기관통합형은 기관대립형과 반대되는 장단점을 갖고 있다(박병식 외, 2009: 204-206).

최근에는 다양한 사회조직이나 구성원 간의 협력적 운영방식을 강조하는 이른바 거버넌스(governance)를 중심으로 한 도시정부 형태가 많은 관심을 받고 있다. 통치에서 거버넌스로의 변화는 현대 사회의 특성을 그대로 반영하고 있는 것으로서, 도시정부의 형태는 정치, 경제, 사회문화적 여건변화의 영향을 받고 있음을 의미한다.

4) 도시행정 조직의 기능

도시행정 조직은 중앙정부와 마찬가지로 두 가지 기능을 수행한다. 하나는 재화와 용역을 제공하는 서비스 기능이고, 다른 하나는 관할구역 내에서 발생하는 갈등을 조정하고 해결하는 일종의 정치적 기능이다(박종화 외, 2007: 110-111). 이처럼, 도시정부는 경찰, 소방, 상하수도, 쓰레기 수거 등과 같이 시장에서 제공되기 어려운 성질의 재화와 용역을 시민의 요구에 맞게 제공하는 한편, 지역사회 공동체 이익과 지역주민의 이익을 상호 조정하는 역할도 수행해야 한다.

이러한 도시정부의 기능은 능률성과 효과성, 대응성, 공정성과 형평성에 의해 평가된다. 능률성과 효과성은 공공서비스를 공급할 때 가장 중요하게 다루어지는 평가 기준이라 할 수 있다. 시민의 요구에 반응하는 정도를 의미하는 대응성과 다양한 계층에 공정하게 배분하는 공정성과 형평성도 도시정부 기능을 평가하는 중요한 척도가 된다.

제3절
도시행정의 이론적 접근

Understanding the City

　도시행정의 원리는 끊임없이 변화하고 있다. 20세기 중반까지는 행정이 도시발전의 주요 방향을 제시하고 시민을 이끌고 가던 역할에서 최근에는 도시의 다양한 집단 간에 수평적, 협력적 관계를 형성하는 매개역할을 수행하고 있다.

01　베버의 관료제 모형

　중앙정부의 행정이나 지방자치단체의 행정을 설명하는 전통적인 이론은 베버(Weber)의 관료제 모형이다. 1900년대 초에 독일의 사회학자 베버는 정부를 운영하는 이상적인 모형으로 관료제를 제시했다. 그가 제시한 관료제는 정부와 같은 대규모 조직체를 운영하기 위한 효율적인 원리와 합리적 모형으로 받아들여져 행정을 수행하는 주요 방식으로 작용했다. 관료제의 원리로는 법령과 규칙에 의한 조직 운영, 분업화, 공식적 계층구조, 능력에 의한 임용제도, 직무에 따른 봉급체계, 문서주의를 들 수 있다(김천권 2014: 100).

　베버가 제시한 관료제는 합리성을 바탕으로 조직운영의 원리를 제공하며, 자격을 가진 전문가가 직무를 수행하는 합리적이고 안정적인 계층구조를 갖는 조직체를 의미한다. 그러나 베버의 관료제는 조직의 목표보다 개인의 역할과 책임을 중심으로 조직을 운영하기 때문에 직무 수행과정에서 다양한 병리현상과 한계를 보여 왔다. 급변하는 환경에 적절히 대응치 못하는 경직성과 법규에 지나치게 집착하는 형식주의, 자신의 부서와 직무만을 고집하는 배타적인 할거주의 등이 주요 병리현상에 해당한다.

02 공공선택론

두 번째 이론은 1950년대 등장한 공공선택론이다. 공공선택론은 시민들이 시장에서 구매활동을 하는 원리를 공공서비스 수요와 같은 집단행동의 원리를 분석·응용하여 설명하고 있다. 마치 시장에서 구매자들이 이기심의 동기에 의해 행동하듯이, 정치인, 유권자, 관료와 같은 정치시장(political market)의 주요 행위자들도 공익보다는 사익에 의해 움직인다고 공공선택론자들은 주장한다. 따라서 정부의 운영도 공공의 이익 추구라는 이상적 개념이 아닌 개인적 혹은 특수집단의 이익 추구에 의해 작동한다고 보고 있다. 사실 이전까지는 시장에서의 독점과 같은 시장실패를 해결하기 위해 정부개입이 필요하다고 주장해 왔고 또 실제로 많은 개입을 해왔다. 그러나 이들은 또한 정부실패로 인해 정부개입이 바람직한 효과를 가져다주지 않는다고 주장한다. 아파트 최저분양가제도, 의약분업제도 등에서 볼 수 있는 것처럼, 시민의 이익보다는 특정 집단의 이익을 반영하고 있는 사례를 우리 주변에서 흔히 볼 수 있다.

올슨(Olson)은 정치인, 관료, 이익단체의 담합행위를 정치시장의 사익추구 논리로 보는 것이 아니라 이익집단에 의한 집단행동의 논리(logic of collective action)로 설명하고 있다. 이 문제 해소를 위한 대안으로 작은 정부 운영과 공공서비스 공급방식에 경쟁원리를 도입할 것으로 제안하고 있다. 이러한 공공선택론의 주장은 공공서비스의 민영화, 분권화, 중앙정부의 권한 이양 등 현대 도시행정에 많은 영향을 주고 있다.

03 신 공공관리론

세 번째는 신 공공관리론(New Publuc Management)이다. 신 공공관리론은 1980년대 행정학의 새로운 패러다임으로 등장하여 1990년대 전 세계로 확산되기 시

작했다. 신 공공관리론이 강조하는 것은 상대적으로 효율적인 민간부문의 조직
운영기법을 고비용 저효율 구조의 공공부문에 도입하여 조직운영의 효율을 제고
하고 고객 지향적 행정을 추구하는 것에 있다. 신 공공관리론은 전통적인 관료조
직의 해체 및 분권화, 시장원리의 도입, 고객 지향적 공공서비스 등을 강조했다.
이러한 정부혁신운동은 1980년대 영국의 대처 내각에서 시작됐으며 1990년대 초
미국의 클린턴 정부에서 강력하게 추진됐다. 이후 경제개발협력기구(OECD), 세계
은행(World Bank), 국제통화기금(IMF) 등 국제기구의 지원하에 많은 국가들이 정부
혁신운동에 동참했다.

우리나라에서도 2000년대 초반 김대중 정부 시절에 신 공공관리론에 입각한
공공부문의 혁신이 시도된 바 있다. 그러나 동시에 신 공공관리론은 행정의 이론
과 현실에서 많은 비판을 받고 있기도 하다. 무엇보다도 정부활동이 추구하는 가
치에 대한 이해가 부족하다는 점이다. 행정의 민주적 과정은 서비스 전달보다 복
잡하며 가치의 전달개념을 포함하는 것이기 때문이다. 또한 시민은 고객이 아니
며 정부 또한 기업이 아니라는 점도 신 공공관리론이 비판받는 이유다. 그동안의
논의와 경험을 토대로 보면, 신 공공관리론은 도시정부의 혁신을 위한 유용한 원
리를 제공했지만, 정부혁신을 위한 충분조건을 만족시키지는 못했다는 주장에
많은 사람들이 공감한다. 이는 그만큼 관료제가 행정에 뿌리 깊게 자리하고 있음
을 의미한다.

04 거버넌스론

마지막으로 도시정부의 거버넌스(governance)적 접근이다. 거버넌스는 국민국
가 체제하에서는 정부와 동일한 의미로 이해되었으나, 정부 주도의 조정이나 갈
등관리에 한계가 노정되면서 새로운 형태의 지배양식으로 제시된 개념이다. 거
버넌스에 대한 학계와 실무계의 관심은 사회통합과 민간과 정부 간 협력관계를
강조하면서 새로운 민관(民官)관계의 모형으로 나타났다. 정부가 정책과정을 독
점하는 과거방식에서 벗어나 다양한 이해관계자를 정책결정에 참여시켜 상호작
용하도록 하는 대안적인 통치 및 관리체계로 부각되었다(안성호·이성주, 2004: 348).

거버넌스 개념은 학문 분야에 따라 학자에 따라 다르게 정의되고 있으나, "도시문제를 해결하기 위한 광범위한 이해관계자 간 상호작용 및 문제해결과정"으로 이해되거나 "도시정부, 도시민, 사회단체가 상호 수평적이고 협력적인 방식으로 네트워크를 형성하고 이를 통해 시정을 운영하는 것"으로 정의할 수 있다. 다시 말해 도시 거버넌스는 통치권력에 기반한 도시지배가 아니라 지방정부, 지역기업, 지역사회조직, 지역주민들과 공식적, 비공식적 네트워크를 통해 상호 협력적인 관계를 형성하여 당면한 지역사회 문제를 해결하는 과정을 의미한다. 그러나 우리사회는 서구와는 다른 정치, 사회문화적인 환경으로 인해 민주적, 협력적 도시 거버넌스 형성에 많은 어려움이 따르고 있다. 아직도 우리사회는 정부와 관료가 사회문제 해결을 주도하는 발전국가 유산이 강하게 남아 있기 때문이다.

제4절
도시행정의 변천

Understanding the City

우리나라의 경제성장과 도시화는 세계적으로도 유례없을 만큼 급속하게 진행되었다. 우리나라 인구의 90% 이상이 살고 있는 도시는 한국 근대화의 산실이자 산업화의 현장이었고 세계화의 창구였으며 지방화의 시험대 역할을 담당했다. 해방 이후 지난 70년간의 도시성장과 발달의 한 축을 담당해온 도시행정을 역사적으로 재조명해 보는 것은 우리나라 도시행정의 정체성을 정립하는 데 매우 의미 있는 일이 아닐 수 없다. 1960년 이후 시작된 폭발적인 도시화와 경제성장 과정에서 우리의 도시행정이 어떻게 대응해 왔는지를 간단히 살펴보고자 한다.

| 표 13-2 | 시대별 주요 지표 | | | | | | |

구 분	1950년	1960년	1970년	1980년	1990년	2000년	2010년
인구(천만)	20,189	25,012	31,466	37,436	43,411	46,790	49,680
도시화율(%)	18.4	28.3	43.3	70.3	81.9	90.0	93.0
1인당 국민소득($)	67	80	257	1,686	6,505	11,865	22,169
도시 수(개)	14	27	35	40	73	79	82

자료: 한국은행 경제통계시스템, 한국도시연감.

01 1950-1960년대

6.25 전쟁 직후 우리나라의 도시는 모든 것이 파괴되었다. 관공서는 물론이고 학교, 병원, 교량 등 온전한 것은 찾아보기 어려울 정도였다. 이승만 정부는 전쟁의 피해를 복구하고 경제를 재건하는 데 주력했다. 1950년 우리나라 인구는 2000만 명이었고 도시화율은 20%, 1인당 국민소득은 80달러 정도였다. 1950년대 도시화는 국지적이었고 시급 이상 도시인구는 18.4%에 불과했다. 이 시기의 도시화는 남북분단으로 인한 월남인구의 도시 정착, 제대 장병, 대학교육 보편화로 인해 농촌에서 밀려나와 도시로 이동한 압출요인(pushing factor)에 의한 도시화(최상철, 2015: 4)의 성격을 띠고 있었다.

서울의 인구는 1951년 64만 명에서 1955년 150만 명, 1960년 244만 명으로 5년마다 인구가 두 배 이상 폭증했다. 판자촌 등과 같은 불량주택의 정비, 상하수도 설치 등 당시 도시행정은 당면하고 있는 현안 해결에 급급한 실정이었다. 도시계획을 위한 법과 제도가 부재하여 임시방편으로「시가지계획령」에 의거하여 전후복구를 위한 도시계획을 수립하고 추진할 수밖에 없었다. 그나마 재원도 부족하여 사업추진이 제대로 이루어지지 못했다.

그림 13-2   1957년 도동판자촌

자료: 서울역사박물관.

그림 13-3   1970년 청계천 판자촌

자료: 서울역사박물관.

1960년대는 경제개발 5개년 계획의 수립과 추진으로 우리나라 도시화는 새로운 국면을 맞이했다. 서울을 비롯한 대도시에 입지한 노동집약적 경공업을 기반으로 수출이 활발해지자 대도시로의 인구집중현상이 초래되었다. 이 시기의 우리나라 인구는 2500만 명이었고 도시화율은 28%, 1인당 국민소득은 200달러 정도였다. 1960년 서울의 인구는 이미 250만에 육박했고 전체 주택에서 판잣집

그림 13-4 1970년 서울도심 교통 혼잡상황

자료: 서울역사박물관.

을 포함한 불량주택이 절반을 넘어섰다(그림 13-2, 그림 13-3). 슬럼화된 주택가는 화재, 홍수, 질병에 취약했고, 5㎞ 남짓되는 서울거리를 출퇴근하는데 2시간이 넘게 걸렸다(그림 13-4). 이 모든 문제를 해결하기에는 당시 서울시 예산과 인력으로는 역부족이었다.

　　1960년 부산이 서울에 이어 인구 100만의 도시로 성장하였고, 대구가 50만의 도시로, 광주와 대전이 20만의 도시로, 전주와 마산이 10만의 도시로 새롭게 성장하였다. 도시인구의 증가는 결과적으로 시급 도시의 증가로 이어졌는데, 1960년에는 27개로 증가하였다. 이 시기의 도시화는 산업화 과정에서 나타나는 전형적인 흡인요인(pulling factor)에 의한 도시화의 성격을 띠었다. 기존 도시의 시가지화에 대한 대응책이었다. 당시 정부는 대도시로의 인구집중에 따른 주택, 도로, 상하수도 등 도시기반시설의 부족 문제를 해결하기 위한 법제도적 기반을 마련했다. 공익사업에 필요한 토지의 수용과 사용을 위해 「토지수용법」을 제정하였다. 도시의 건설·정비·개량 등을 위한 도시계획의 입안·결정·집행절차를 정한 「도시계획법」을 제정하였으며, 건물의 용도·구조·시설을 정한 「건축법」을 제정하였다. 특히 「토지구획정리사업법」을 제정하여 토지구획정리사업의 절차·

방법 및 비용배분을 정함으로써 재정이 부족한 상황에서 지방자치단체가 기반시설을 확충하면서 시가지 개발이 가능하도록 했다.

1970-1980년대

1970년대 들어 공업화·도시화는 더욱 가파르게 진행되었다. 1960년대와 차이가 있다면, 1960년대의 도시화와 도시계획의 확산은 기존 도시와 읍면의 시가지화에 대한 대응이었고, 1970년대의 도시화는 신도시 건설이 주도적인 역할을 했다는 점이다(그림 13-5). 이때 신도시개발은 70년대 추진되었던 중화학공업정책에 따른 것이었다. 철강의 포항과 광양, 기계의 창원, 전자산업의 구미와 수원, 석유화학의 여천, 자동차의 울산 등 산업기지 개발이 이루어지자 배후도시 성격의 신도시 건설이 필요했기 때문이다. 1975년을 기점으로 도시화율이 50%를 기록하여 우리나라 인구의 절반 이상이 도시에 살게 된 것이다. 경제성장도 지속되어 100억불 수출을 달성하고 1인당 국민소득도 1,000달러를 넘었다.

이와 같은 당시 상황이 주택 부족 문제 해결을 위한 법적 기틀 마련과 더불어 정책적 노력을 가능케 했다고 할 수 있다. 1970년대까지도 서울의 폭발적인 인구증가가 판자촌의 확산이 이어지자, 서울시는 판자촌의 해체를 통한 도시공간의 재편성에 모든 역량을 집중하게 된다. 공권력을 동원한 강제철거와 주민들의 경제력에 기초한 주택재개발정책이 1970년대 들어서 등장했다. 당시 주택재개발이 활성화될 수 있었던 이유는 1975년 AID차관[4]의 도입으로 공공투자 조성지가 조성되었기 때문이다. 즉, 주민은 융자로 국·공유지를 구입하여 주택개량비용과 자기비용으로 주택을 개량하거나 개축하고, 서울시는 차관으로 공공시설설치비용을 충당하는 방식이었다. 당시 정부는 주택재개발을 위한 주택개량촉진에 관한 임시조치법(1973년)을 제정하여 이를 법제도적으로 뒷받침했다.

| 그림 13-5 | 한강 맨션아파트와 영동2지구 시영아파트 |

자료: 서울역사박물관, 동아일보.

　　1980년대 우리나라는 정치적인 혼란에도 불구하고 경제적으로는 지속적인 성장을 거듭했다. 1980년대 말에 도시화율이 80%에 이르고 1인당 국민소득도 5,000달러를 넘어섰다. 이 무렵 서울의 인구는 이미 1000만 명을 넘어섰다. 이는 과잉도시화와 이촌향도 그리고 제조업 기반의 고도 경제성장이 압축적 도시화로 이어졌음을 의미한다. 이러한 여건을 감안하여 70년대 말부터 서울시는 재개발 사업방식을 정부 주도에서 민영화 방식으로 변화시켰다. 이른바 합동재개발방식 이다. 이 방식은 땅을 제공하는 주민과 사업비 일체를 부담하는 건설회사가 함께 판자촌을 전면 철거하여 재개발하는 방식이다. 이를 통해 서울시는 최소한의 재 정과 행정력만으로 판자촌을 정비하는 최대한의 효과를 얻을 수 있게 되었다.

　　한편 중앙정부는 종래의 도시계획제도를 대폭으로 개선하는 동시에 제2차 국토종합개발계획(1982-1991년)의 수립을 통해 도시개발의 기본적인 정책방향을 마련하였다. 특기할 만한 것은 도시기본계획의 제도화로서 그 이전까지 일원화 되어 있던 도시계획을 도시기본계획과 도시계획으로 이원화시킴으로써 도시를 체계적으로 관리할 수 있게 한 점이다. 그럼에도 불구하고 이전과 마찬가지로 수 도권으로의 인구집중은 계속되었고, 대도시의 주택부족 문제는 여전히 지속되었다. 이에 당시 정부는 수도권 집중을 억제하기 위하여 「수도권정비계획법(1982년)」

을 제정하는 한편, 대도시의 주택부족과 이에 따른 부동산 가격 폭등문제를 해결하기 위해 주택 200만호 건설계획(1988년)을 발표하고, 분당, 일산, 산본, 중동, 평촌 등 5개 신도시 개발을 추진했다.

03 1990-2000년대

1990년대 우리나라는 정치적으로는 민주화를 일구어 냈다. 1991년 지방자치제 실시가 대표적인 예이다. 경제적으로는 90년대 중반 외환위기를 겪긴 했으나, 1인당 국민소득도 1만 달러를 넘을 만큼 안정적인 성장을 거듭했다. 1990년대 말에 도시화율이 90%에 육박했다. 1990년 이후 우리나라의 도시화는 도시화의 성숙기라 할 수 있다. 이는 60년대 산업화 이후 지속되었던 이촌향도의 도시화가 한계에 다다르면서 발생한 자연스런 현상으로 볼 수 있다. 교통망의 확충으로 도시와 농촌 간 인구이동보다는 도시와 도시 간 인구이동의 비중이 커지고 있는데 기인한다. 80년대까지는 압축적 도시화의 특징으로서 수도권으로의 인구이동이 전체 인구이동을 주도한 반면, 90년대 이후에는 수도권 전입인구가 줄어들면서 수도권의 인구증가율이 감소되기 시작했다는 점이다.

여기에 90년대 초반에 불어 닥친 경제의 세계화 열풍은 지방자치제 실시와 더불어 도시정부의 행정에 많은 영향을 미쳤다. 광역화에 따른 광역도시계획제도의 도입, 도시계획 권한의 지방정부로의 위임 등이 이 시기에 이루어졌다. 또한 이 시기에는 도시경제 활성화를 위해 경쟁적으로 외국 자본을 유치해야 했고, 민자 유치를 통해 시민들이 필요로 하는 공공시설을 확충해야 했다.

2000년대는 총인구 5천만 명, 경제의 저성장, 저출산·고령화, 도시화율의 정체, 1인당 국민소득이 3만 달러에 육박하는 상황을 맞이하고 있다. 인구구조의 변화와 더불어 90년대 이후 시작된 수도권 전입인구가 지속적으로 감소하여 2011년부터는 아예 수도권 순 전입인구가 마이너스를 기록하고 있다. 이는 베이비부머 은퇴의 시작으로 귀농과 귀촌이 가시화되고, 수도권 공공기관 이전으로 인한 영향에 기인한다고 할 수 있다. 그런가 하면, 경제 활성화를 위한 지속적인 토지이용규제의 완화로 인한 난개발과 수도권 중심의 개발로 인해 지역 불균형이 심화되고 있다. 이에 정부는 「도시계획법」과 「국토이용관리법」을 통합한 「국토의 계획 및 이용에 관한 법률」을 제정함으로써 국토공간의 효율적 이용과 난개발 방지를 위한 법률적 기틀을 마련하고자 하였다. 제2종 지구단위계획제도의 도입, 개발밀도관리구역 및 기반시설부담구역의 신설, 개발행위허가제도의 확대 등이 이 시기에 도입된 제도이다. 이렇게 되자, 도시정부는 난개발 방지와 지역경제 활성화라는 이중의 부담을 안게 되었다.

여기에 기후변화에 따른 지원환경의 위기는 국가와 도시정부에게 새로운 과제를 안겨주고 있다. 특히, 2009년에는 저탄소 녹색도시 조성을 위한 도시계획 수립 지침을 마련하여 시행하고 있다. 이때, 녹색도시란 압축형 도시공간구조, 복합토지이용, 대중교통 중심의 교통체계, 신재생에너지 활용 및 물자원 순환구조 등의 환경오염과 온실가스 배출을 최소화한 녹색성장의 요소를 갖춘 도시를 말한다.

제5절
환경변화와 도시행정의 과제

Understanding the City

01 민주화와 도시행정

지방자치를 전제로 하는 도시행정이 추구하는 최고의 가치는 민주성이다. 선거를 통해 자치단체장과 지방의원을 선출하는 우리나라는 민주적 절차나 주민의 사를 반영하지 않은 정책결정의 경우 정당성을 갖는 데 한계가 있다. 이때 민주성이란 도시공동체에 살고 있는 도시민의 의사를 반영하면서 도시행정을 펼쳐가는 것이다. 도시행정의 민주성을 확보하기 위해서는 분권화, 도시정책 결정과정에서의 시민참여 보장 등이 전제되어야 한다.

먼저 분권화란 중앙정부와 지방정부의 수직적 관계에서 의사결정 권한이 지방정부에 배분되어 자치단체의 자주성이 높은 상태를 말한다. 이른바 자치행정은 전형적인 지방분권의 예라 할 수 있다. 자치행정으로서 도시행정은 지역의 실정에 맞게 정책을 개발하고 집행할 수 있으며 시민과 가까운 곳에서 행정을 펼침으로써 도시정치와 행정에 대한 시민의 통제를 강화할 수 있게 된다. 또한 시민참여와 협력을 통해 참신한 아이디어와 정책의 개발이 가능하다. 반면에 국가적 위기상황이나 광역적인 행정수요에 효과적으로 대응하는 데 한계가 있으며, 규모의 경제를 이루지 못해 행정의 능률성도 떨어지게 된다는 단점이 있다.

그 다음 시민참여 보장은 도시정부와 시민과의 수평적 관계 속에서 이루어진다. 인터넷 보급의 확산과 스마트한 정보환경의 조성은 시민참여의 폭발현상을 가속화시키고 있다. 그동안 대의제 민주주의체제에서 보여주었던 시민참여와는 방식과 대상뿐만 아니라 양과 질에 있어서 획기적인 변화를 보여주고 있다. 과거에는 공청회나 위원회 같은 공식적 참여가 중심을 이루었으나, 최근에는 누리꾼을 포함한 시민 다수의 비공식적 의견도 정책결정에 커다란 영향을 미친다. 또한 일찍이 아른슈타인(Arnstein, 1969)이 주창했던 시민참여 단계5)의 관점에서 보면, 정보통신기술의 발달로 참여를 통해 시민과 시민사회가 권력을 행사하는 단계에까지 이르렀다고 할 수 있다. 도시정부의 일방적인 지배에서 벗어나 정책 협력, 권한 위양, 시민통제의 형식으로 도시민의 일상과 밀착된 공공서비스의 생산과 공급의 전 과정에 참여하는 것은 물론 도시공동체가 직면한 공동의 문제에 대해서도 상당한 영향력을 행사하고 있다. 우리나라의 경우 시민의 행정참여 경로가 다양하게 나타나고 있다. 공청회 참여, 의견제출, 청원, 창안, 시민발안, 시민감사청구, 주민소환, 주민투표 등이 그 예다. 참고로 박원순 시장이 이끄는 서울시정을 보면, 많은 영역에서 다양한 형태로 시민단체가 시정부에 참여하여 당면한 지역의 문제를 협력적으로 해결하는 사례가 늘고 있다. 여기에 시민이 자기가 살고 있는 지역사회의 이슈나 프로젝트를 위해 예산편성에 참여하고 사업을 추진하는 이른바 시민참여예산제도도 시행되고 있다.

02 효율화와 도시행정

도시정부의 기본적인 책무는 시민들이 풍요로운 시민생활을 영위할 수 있도록 필요한 공공서비스를 시민의 욕구에 부합하도록 양적, 질적으로 충분히 제공해주는 데 있다. 그런데 공공서비스는 공공재의 특성인 비배제성과 비경합성으로 인해 시장기제를 통해 서비스 생산과 공급을 기대할 수 없어 부득이하게 도시정부가 나서게 된다. 이러한 공공서비스에는 시민의 생존과 관련된 기초적이고 필수적인 기능으로 재난·재해 방지, 환경 및 위생, 사회복지서비스 등이 있다. 또한 주민들의 일상생활에 필요한 도로, 교통, 상하수도 등의 도시기반시설과 공원·녹지 및 위락시설 등이 있다. 그밖에 산업지원, 사회통합, 문화지원, 체육·레저·관광기능을 지원하는 서비스도 있다.

그러나 오늘날 도시정부가 처한 현실은 시민이 만족할 만한 공공서비스를 다양하게 충분히 제공하는 데 많은 어려움이 존재한다. 우선 중앙정부와 지방정부 간 기능배분이 적절히 이루어지지 않아 지방정부가 충분히 자율성을 발휘할 수 있는 여건이 조성되지 못하고 있는 실정이다. 그런가 하면 주민 복지수요 증가와 국가의 재정지원의 축소는 도시정부의 공공서비스 공급능력을 더욱 약화시키고 있다. 여기에 시민들의 소득수준이 높아지고 고령화가 빠른 속도로 진전되면서 시민들이 필요와 요구가 다양하게 표출되고 있다. 치안, 보건, 건강, 문화 등 이른바 휴먼케어사업에 대한 수요는 날로 증가하고 있다.

이러한 상황에서 도시정부가 도시생활에 필요한 공공서비스를 도시민에게 적은 비용으로 제공할 수 있다면, 그것은 모든 지방정부의 과제이자 바람일 것이다. 이러한 문제의식은 두 가지 방향으로 해결방안을 모색하고 있는 것으로 보여진다. 하나는 도시정부가 제공하는 공공서비스를 특성별로 분류하여 공급 주체를 달리하는 방안이고, 다른 하나는 공공서비스 전달체계를 공급의 효율성을 제고하는 방안이다. 전자는 서비스의 공익성 정도와 시민생활에 반드시 필요한지 여부에 따라 누가 공급하고 어떤 방식으로 비용을 부담시킬 것인지를 판단하는 방안이다. 다시 말해, 공익적이고 필수적 서비스일수록 정부가 직영하고 조세로 부담하며, 사익 추구적이고 선택적일수록 시장기제를 통해 민간이 공급하고 개인이 부담하는 방안이라 할 수 있다.

반면에 후자는 공공서비스를 생산·공급하는 것에 대한 체계로서, 누가 공급하고 어떻게 전달하는가에 따라 유형이 구분된다. 공급 주체에 따라서는 공공에 의한 공급과 민간에 의한 공급 그리고 공동으로 공급하는 합동공급으로 나뉜다. 서비스 전달방법에는 도시정부가 직접 전달하는 방식, 정부 판매를 통한 서비스 전달, 민간기업과 계약을 통한 서비스 전달, 보조금 지급을 통한 서비스 전달, 시장에 의한 서비스 전달 등이 있다. 공공서비스 전달체계의 개선을 위해서는 행정의 전문화와 혁신적이고 성과중심의 조직구조 개편이 무엇보다 중요하다.

03 정보화와 도시행정

정보통신기술의 발달이 도시공간에 미치는 파급효과는 매우 크다. 정보통신기술의 혁신은 공간과 거리개념에 영향을 주어 도시구조와 기능의 혁신을 초래하고 있다. 그동안 지리적 위치에 따라 생산과 소비의 차이, 정보에 대한 접근의 차이, 관리와 통제의 차이를 보여 왔으나, 정보통신기술의 발달은 그 차이를 감소시켰고 활동공간의 범위를 더욱 더 확대시키고 있다. 이와 같은 상황은 도시행정에 있어서도 새로운 접근을 요구하고 있다. 이제 도시정부는 국경을 넘어서는 도시 간 무한경쟁을 해야 하고 도시 경쟁력을 확보하기 위해서는 다른 도시와 구별되는 차별성과 독창성을 보여줘야 한다.

또한 정보통신기술의 발달은 도시행정 분야에서 공공서비스 전달체계 변화와 거버넌스 방식에 획기적인 변화를 가져왔다. 근대 도시행정은 실제 공간인 물리적 공간을 중심으로 행정을 펴 왔으나, 컴퓨터 보급의 확대와 원격 통신기술의 발달은 사이버 공간을 중심으로 도시민의 활동이 집중되고 있다. 이에 따라 도시정부의 정책결정은 물론이고 공공서비스의 전달방식에도 많은 변화가 불가피하다. 정보통신기술의 발달로 네티즌 문화가 형성되면서 시민들이 사이버 공간을 통해 자신들의 의견을 표출하고 대안을 모색하며 공동으로 대처할 수 있게 되었다. 다시 말해 시민들이 도시행정에 직접적으로 영향을 미칠 수 있는 기회가 확대되고 있는 것이다. 정보화 시대 도시행정은 시민들에게 도시성장에 동참할 것을 요구하거나 목표지향적인 행정을 수행하는 데 중점을 두는 것이 아니라 시민의 다양한 의견을 조율하고 소통하는 장을 조성하는 데 중점을 두어야 한다. 도시정부의 공무원들은 시민들과 밀접한 관계를 유지하며 시민과 지역사회에 필요한 공공서비스를 제공해야 한다. 보편적이고 획일적인 처리방식에 얽매이지 않고 수평적인 관계에서 개별적으로 처리해야 한다.

04 저출산·고령화와 도시행정

우리나라는 최근 저출산으로 인한 생산가능인구의 급격한 감소와 함께, 급격한 인구고령화 현상을 겪고 있다. 출산율은 1.22명으로 전 세계 출산율 2.57명의 절반수준에 불과하다. 그런가 하면, 2000년 노인인구가 전체인구의 7%로 이미 고령화 사회에 진입하였고 2018년에는 14.3%로 고령사회, 2026년에는 20.8%로 초고령 사회로 도달할 것으로 전망된다(통계청, 2015).

저출산·고령사회가 되면 생산가능인구의 감소로 경제활동이 둔화되고, 도시개발 수요가 감소하며, 소득감소로 이어져 소비자의 구매력이 줄어들게 된다. 도시행정 또한 고령사회의 특성에 맞추어 노인친화적 도시행정이 펼쳐질 것이다. 고령인구 증가에 따른 실버서비스와 의료서비스 등으로 지출의 증가가 예상된다. 또한 실버산업이 번성하고 실버세대들의 욕구와 관련된 행정서비스 수요가 증가할 것으로 보인다. 여기에 저출산 고령사회가 가져올 또 하나의 사회적 변화는 도시 활력의 감소문제이다(김현호, 2010). 저출산 고령화로 인한 사회적 파장은 경제성장률의 저하뿐만 아니라 지역격차, 의료, 교육, 문화 서비스 공급 등의 문제까지 망라되는 것으로 알려지고 있다.

현재 저출산 고령화 문제를 가장 심각하게 겪고 있는 나라는 일본이다. 일본은 저출산 고령화 현상이 인구구조나 가족의 형태는 물론, 사회복지체계, 교육환경, 기반시설이나 공공시설의 이용 등 다양한 부분에 막대한 영향을 끼치고 있다. 일본정부가 전망한 고령화의 사회적 영향은 생산연령인구의 감소로 인한 경제성장률 하락, 고령자 비율 증가에 따른 저축률 저하, 건강관련 상품과 고령자 서비스의 소비 확대와 같은 소비패턴의 변화, 사회보장 분야(예컨대, 연금, 의료, 복지 등)에서 청장년 세대의 부담 증가로 나타났다(차학봉, 2006). 특히 저출산 고령화에 따른 초·중·고 및 대학생 수의 감소, 테마파크의 파산, 의료시설의 유휴화, 빈 집 급증 등 사회문제화가 된 지 오래다.[6] 일본 국토 그랜드 디자인 2050에 따르면, 2050년에는 60% 이상의 지역인구가 현재 수준의 절반 이하로 줄어들고, 그 가운데 20%는 무거주화, 도시소멸의 위기를 겪게 될 것으로 내다보고 있다(차미숙 외, 2014).

그렇다면, 저출산·고령화에 따른 인구구조의 급격한 변화가 도시와 도시행정에 미치는 영향은 가히 전방위적이며 위력 또한 메가톤급이라 할 수 있을 것이다. 우리도 일본의 예상과 같이 일부 대도시를 제외하고 국토 전반에 걸쳐 진행되는 인구 저밀도화와 지역적 편재가 동시에 진행된다면, 도시정부는 어떻게 대응해야 할까? 이 문제는 단순하게 도시의 쇠퇴문제 정도로 인식할 문제가 아니라 총체적인 도시의 위기요, 도시행정의 위기다. 급격한 도시화와 산업화 과정에서 구축되었던 우리의 도시시스템에 대한 전반적인 재검토와 더불어 급격한 변화에 효과적이고 유연하게 대응하는 새로운 시스템 구축과 인식전환이 필요한 시점이다.

05 경제의 저성장과 도시행정

우리나라는 1960년대 초반부터 1980년 후반까지 괄목할만한 고도 경제성장을 달성했다. 고도 경제성장은 급격한 도시화에 따른 주택부족, 교통혼잡, 물 부족, 하수처리 등과 같은 도시문제를 수반했고, 도시정부는 이 문제를 해결하는 데 모든 역량을 집중했다. 그 결과 증가하는 도시인구에 필요한 주택, 대중교통, 상하수도 등 양적인 부족문제는 어느 정도 해결할 수 있게 되었다. 그러나 1990년대 들어서서 둔화되기 시작한 경제 성장세는 2000년대 들어 급격히 둔화되었다. 지난 40여 년간 평균 경제성장률의 추이를 보면, 1970년대와 1980년대는 9.0% 이상이었으나, 1990년대 6.6%, 2000년대는 3.9%로 나타나고 있어 한국 경제가 점차 저성장 단계에 접어들었음을 알 수 있다.

이와 같은 한국경제의 저성장 기조는 단지 세계경제의 위기에서 비롯되는 변화로 이해하기보다는 선진국이 경험하였던 고도성장 이후의 성숙단계로 이행하는 과정에서 나타나는 자연스런 현상으로 이해할 필요가 있다. 문제는 경제의 저성장이나 침체가 도시에 미치는 영향이다. 경제 저성장기에 있는 선진국에서는 제조업에서 서비스업으로의 산업구조 전환과 맞물려 대량실업과 도시쇠퇴로 이어지는 사례가 많았다.

최근 한국사회가 겪고 있는 주택구매수요 감소에 따른 분양시장의 침체와 기존 주택의 거래절벽 그리고 일자리 감소에 따른 실업의 증가 등은 한국경제의 저성장과 무관하지 않다. 뿐만 아니라 경제의 저성장은 도시정부의 재정수입의 감소와 부채증가로 이어지는 경향이 있어 도시행정 부문에서도 저성장을 기조로 하는 정책의 변화가 있어야 할 것이다.

해방 이후 지난 70년간 한국 경제는 지구상에 유래를 찾아보기 힘들 정도로 빠른 성장을 이루었다. 한국경제는 제1차 경제개발계획을 수립하여 추진한 1962년부터 1991년까지 30년간 연평균 9.7%라는 경이로운 경제성장을 했다. 그러나 1990년대 들어서 성장세는 점차 떨어지기 시작하여 2000년대에는 급격히 둔화되었다. 한국은행 발표에 따르면, 평균 경제성장률에 있어 1981~1990년이 9.8%, 1991~2000년이 6.6%임에 반해 2001~2012년 평균 경제성장률은 3.9%로 나타나 한국경제가 점차 저성장 단계에 접어들었음을 보여준다. 또한, 국제기구나 국내기관의 2015년 경제 전망치도 연초 전망보다 낮게 수정하고 있는 실정이다. 그렇다고 장기적인 전망이 밝은 것도 아니다. 국책연구기관인 KDI는 우리나라가 초고령 사회에 진입하면서 생산가능인구가 축소되어 잠재성장률이 2020년대에 3% 미만, 2030년대에 이후에는 1% 수준으로 하락할 것이라는 전망을 내놓은 바 있다. 민간연구기간의 전망은 더 어둡다. LG경제연구원은 한국의 잠재성장률이 2020년에 1%대, 2030년대에 이르면 0%대로 추락할 것으로 내다보고 있다. 이렇게 볼 때, 한국경제는 고도 성장기를 거쳐 이미 저성장기에 접어들고 있다고 할 수 있다.

경제의 저성장은 저출산 고령화와 더불어 우리 경제를 더욱 어렵게 할 것으로 보인다. 이대로 가다간 우리의 평균 경제 성장률이 갈수록 떨어지는 것은 물론이고 고도 성장기부터 시작된 계층 간 소득분배의 불평등도는 더욱 커질 것이다. 대기업 중심의 경제력 집중도 또한 더욱 심화될 전망이다. 이 모든 것이 양극화 문제로 귀결될 것이다. 지난 300년간 주요 선진국의 소득과 부의 자료를 통해 불평등의 수준을 실증적으로 분석한 결과, 자본주의가 발달할수록 자본이 소수의 부유계층에 집중되어 분배구조의 불평등이 더욱 악화됐다는 토마 피케티의 주장을 새삼 재론할 필요도 없어 보인다. 우리의 지난 경험을 돌이켜보면, 경제가 어려워질수록 대체로 부유층보다 저소득층의 삶이 힘들어졌다. 이는 지난 90년대 후반에 있었던 IMF위기 때 겪은바 있다. 성장은 크고 작은 배를 띄울 수 있는 밀물과 같은 것이라면, 저성장 혹은 침체는 기회가 점점 줄어드는 썰물과 같다는 피케티 말이 가슴에 와 닿는다. 분명한 것은 미래에는 복지수요와 재정지출은 증가하고 중앙과 지방정부의 재정은 더욱 악화된다는 점이다.

그렇다면 어떻게 할 것인가? 먼저 한국경제의 저성장 기조가 단지 세계경제의 위기에서 비롯되는 결과로 이해하기보다는, 선진국이 경험했듯이, 고도 성장 이후의 성숙단계로 이행하는 과정에서 나타나는 자연스런 현상으로 이해할 필요가 있다. 우리가 경계하고 준비해야 하는 것은 경제의 저성장이나 침체가 도시와 시민의 삶의 질에 미치는 부정적 영향에 대한 대응이다. 경제 저성장기에 선진국에서는 제조업에서 서비스업으로의 산업구조 전환과 맞물려 대량실업과 도시쇠퇴로 이어지는 사례가 많았다. 최근 한국사회가 겪고 있는 청년실업의 증가 등은 우리경제의 저성장과 무관하지 않다. 뿐만 아니라 경제의 저성장은 도시정부의 재정수입의 감소와 부채증가로 이어지는 경향을 수반한다. 따라서 도시행정 부문에서도 저성장을 기조로 하는 정책의 변화가 있어야 할 것이다. 축소지향적 도시경영이 불가피한 이유다.

그리고 피케티의 주장처럼 경제의 저성장과 인구감소가 자본소득의 증가와 불평등의 심화로 이어진다면, 우리는 자본과 자본의 세습에 대한 민주적 통제를 더욱 강화해야 할 것이다. 불평등이 커지고 세습자본의 영향력이 커진다면 우리 청년세대에게는 미래가 없기 때문이다. 자본과 부의 불평등은 소득양극화의 또 다른 표현이다. 이에 대응하는 개념은 경제민주화다. 지난 대선 당시 경제민주화가 국민과 여론의 주목을 받았으나 정권 출범 이후 실종해버린 쓰라린 경험이 있다. 경제민주화가 가장 먼저 해야 하는 일은 바로 자본과 자본의 세습에 대한 민주적 통제를 강화하는 일이다.

또한 급격한 도시화에 대응하는 도시정책의 패러다임에서 안정된 도시화에 대응하는 패러다임으로 전환이 요구되고 있어 이에 대한 총체적 대응이 필요하다. 가히 전환기의 키워드는 이른바 회복력으로 표현되는 도시 리질리언스(urban resilience)라 할 수 있다. 회복력은 오늘날 우리나라 도시가 안고 있는 구조적인 문제를 극복하는 사회적 기술로 볼 수 있다. 우리 사회에 다가오는 미래 위험과 구조적 변화에 대비하여 국가와 사회의 회복력 강화만이 전환기의 위기를 극복할 수 있기 때문이다. 이를 위해서는 다양성과 상호연결성을 확대하여 도시의 회복력을 증대하고 도시관리의 패러다임 전환이 요구된다. 도시정부는 각각의 고유한 특성을 살린 회복력 강화 전략을 모색할 필요가 있다. 이런 관점에서 볼 때, 도시 수준에서 회복력은 미래 도시행정의 핵심 키워드가 되어야 할 것이다.

06 미래 도시행정가의 역할

도시의 미래는 그 전망이 그리 밝지 않다. 미래가 주는 불확실성과 더불어 우리 도시가 안고 있는 특수한 경로의존성이 우리 도시의 미래를 어둡게 하고 있는 것이다. 고령화와 저출산에 따른 인구구조의 변화, 경제의 저성장과 양극화의 심화, 가치관의 다양화와 사회갈등의 심화, 기후변화와 자원고갈, 정보통신기술의 발달과 정보 격차 심화 등의 문제는 하나같이 세대 간, 계층 간, 개인 간, 정보 간 격차와 갈등을 내재하고 있기 때문이다. 미래의 도시행정가는 이와 같은 거대한 변화를 관리하고 도전해야 하는 숙명을 안고 있다.

국내 한 연구자는 오라녜(Oranje)의 전망을 수용한 아홉 가지의 미래지향적인 도시를 전망한 바 있다(김흥순, 2006). 정의로운 도시, 다양한 도시, 차이의 도시, 민주적 도시, 정보도시, 친환경도시, 개방적이고 유연한 도시, 분산된 도시, 시장과 동행하는 도시가 그것이다. 여기에서는 도시전망을 토대로 미래의 도시행정가가 담당해야 할 역할에 대해 간단히 서술하고자 한다.

첫째, 도시행정가는 공정한 비용과 편익의 분배가 전제되는 이른바 정의로운 도시를 지향해야 할 것이다. 정의로운 도시는 다양한 계층이 더불어 살아가기 위한 기본 토대로서 소득불평등과 공간불평등 그리고 정보불평등의 완화를 지향하는 도시를 의미한다. 이는 경제의 저성장과 양극화 그리고 정보격차 문제를 염두에 둔 것이다. 이때, 공공이 나서서 자원을 배분하는 것은 또 다른 형태의 불평등을 초래할 수 있다는 오라녜의 주장에 주목할 필요가 있다.

둘째, 도시행정가는 다양성이 허용되고 차이가 인정되는 도시를 만들어가야 할 것이다. 이때 다양성은 근대 도시의 핵심개념인 공익에 의해 거부되는 것이 아니라 다양성이 실현될 수 있는 기회를 모든 도시민에게 제공하는 것을 의미하며, 차이는 서로 배제하는 의미가 아니라 포용하는 의미로서의 차이를 말한다. 이는 미래사회의 가치관 다양화와 이에 따른 사회갈등의 심화를 염두에 둔 것이다.

셋째, 미래 도시행정가는 지속가능성의 개념에 기반한 친환경도시를 지향해야 할 것이다. 지속가능한 도시란 현 세대의 이익만을 고려해서 모든 자원을 남용하지 않고 현재의 환경 수준이 앞으로도 유지될 수 있도록 배려하는 도시다. 이는 기후변화와 자원고갈을 염두에 둔 것으로서 기존 도시공간의 환경파괴, 주거공간 부족, 부익부 빈익빈 등의 각종 부정적 요소들을 줄여나가며 지속가능성의 원칙에 맞춰 재창조하는 것을 의미한다. 또한, 경제적 효율성, 생태적 안정성 및 사회적 형평성의 상호의존적 상생관계를 중시하는 통합적 발전을 의미한다.

넷째, 미래 도시행정가는 중·소도시 간 기능분담과 연계를 촉진시켜야 할 것이다. 이는 일부 대도시를 제외하고 국토 전반에 걸쳐 진행되는 인구 저밀도화와 지역적 편재가 동시에 진행되는 상황을 고려한 것이다. 중소도시의 인구 급감에 따른 공공서비스와 생활 인프라 공급을 재조정하고 도시기능을 분담하고 연계하는 고차원의 지방도시연합이 필요하기 때문이다.

다섯째, 미래 도시행정가는 정보화를 통해 민주적 도시의 이상을 실현시키는 정보도시를 만들어야 할 것이다. 의사소통의 공론장인 사이버 공간을 통해 주민들의 적극적인 참여의 기회를 제공해야 한다. 동시에 도시정보체계 기반 서비스 중심의 지능형 도시와 중·소도시 간 협력 네트워크 구축을 통해 정보 공유와 서비스 전달에 집중해야 할 것이다.

마지막으로 미래 도시행정가는 변화에 유연하게 대응하는 이른바 회복탄력성(resilience)이 큰 도시를 지향해야 할 것이다. 이는 위에서 말한 다섯 가지 트렌드 이외에도 급격한 도시성장기에 구축되었던 우리의 도시시스템에 대한 재검토와 더불어 새로운 문제 인식과 변화에 효과적이고 유연하게 대응하는 패러다임을 구축하는 것과 맞물려 있다. 이런 의미에서 도시의 회복탄력성(urban resilience)은 향후 도시정책의 핵심 키워드가 될 것이다.

　　도시행정가가 이와 같은 역할을 효과적으로 수행하기 위해서는 도시를 물리적으로 개량하고 시민에게 공공서비스를 효율적으로 전달하는 기능주의적 인식과 제도에만 머물러서는 아니된다. 하향적, 기술관료적 방식도 더더욱 아니다. 장소나 공간의 생산과 소비를 둘러싼 다양한 주체들의 정체성 차이와 해석의 과정이 허용되고 수렴되어야 한다. 동시에 시민과 지역사회의 적극적인 참여와 환경변화를 적극적으로 수용하는 유연한 자세가 요구된다. 의사소통적 합리성이 실현될 수 있도록 계획수립의 절차와 관행을 바꾸는 일과 관련된다. 이를 위해서는 연역적인 기준과 잣대가 아닌 담론을 통해 접점을 찾을 수 있도록 귀납적인 사고와 유연성이 필요하다. 도시행정의 영향을 받는 모든 이해관계인과 함께 협의하고 소통하는 방식의 의사결정에 익숙해야 한다. 다행히 최근 우리나라 도시 현장에서 협력적 거버넌스 사례들이 등장하고 있어 우리에게 희망을 주고 있다. 작은 실천과 성공이 지속적으로 이루어질 때, 비로소 우리 사회 전반에 협력적 거버넌스 실현이 가능하게 될 것이다.

주요
개념

KEY CONCEPTS

UN 지속가능발전목표(SDGs)

경제의 저성장과 양극화

공공서비스 생산과 공급

도시 회복탄력성

도시행정 조직운영 원리로서 관료제 모형

도시행정사무

도시행정수요

도시행정의 민주화

도시행정의 효율화

도시행정이념으로서 능률성

도시행정이념으로서 민주성

도시화와 도시행정의 관계

배타적 할거주의

신공공관리론과 정부혁신

아른슈타인의 시민참여단계

의사소통적 합리성

저출산 고령화와 도시행정

정보통신기술의 발달과 도시행정

집단행동의 논리

축소지향적 도시행정

협력적 도시거버넌스

1) 의사소통적 합리성이란 20세기 현대사회이론의 대표적인 저자인 하버마스의 의사소통행위이론에서 제시된 용어이다. 여기에서 의사소통행위란 상호 이해와 동의에 기초한 행위를 말한다. 의사소통적 합리성 역시 같은 맥락에서 이해할 수 있는 개념이다. 즉, 생활세계의 합리성은 다른 데 있는 것이 아니라 토론을 통한 상호 이해와 동의에 기초하고 있다. 하버마스의 이론에 따르면, 현대사회의 정당성의 근거는 합리적 소통에 있으며, 소통이 이루어지지 않거나 소통의 합리적 절차가 이루어지지 않을 경우 정당성이 상실되고 사회적 갈등이 발생한다고 보고 있다.

2) 국내에도 이와 관련된 논의가 시민단체를 중심으로 활발하게 이루어지고 있다. 지구촌빈곤퇴치시민네트워크, 2015. 9. UN 지속가능발전목표(SDGs)의 국내적용방안 모색을 위한 간담회, 기후행동 2015·서울특별시·녹색서울시민위원회, 2015. 10. 지속가능발전목표(SDGs)와 기후변화 등이 그 예다.

3) 웹사이트라는 온라인 공간에서 공통의 관심사나 활동을 지향하는 일정한 수의 사람들이 공개적으로 또는 비공개적으로 정보교환을 수행함으로써 네트워킹, 커뮤니케이션, 미디어 플랫폼 기능을 수행하는 소셜 소프트웨어로 정의된다.

4) AID차관은 개발도상국의 경제개발을 위해 미국이 제공하는 장기 융자 형태의 차관이다.

5) 아른슈타인(Arnstein)은 시민참여를 시민통제를 시민이 권력을 행사하는 정도에 따라 3단계로 구분하는데, 시민이 적극적으로 참여하여 권력을 행사하는 단계와 형식적으로 참여하는 단계 그리고 참여하지 않는 단계가 바로 그것이다. 시민이 적극적으로 참여하여 권력을 행사하는 단계는 다시 시민통제(citizen control), 권한위양(delegated power), 파트너십(partnership)으로 나뉜다. 형식적으로 참여하는 단계는 회유(placation), 상담(consulting), 정보제공(informing)으로 나뉘고, 참여하지 않는 단계는 임시치료(therapy)와 조작(manipulation)으로 나뉜다.

6) 조선일보. 2011. 7. 11일자, '저출산 20년, 일본이 비어간다'.

참고
문헌

REFERENCES

권용우 외, 2015, 도시와 환경, 박영사.

기후행동 2015·서울특별시·녹색서울시민위원회, 2015. 10. 지속가능발전목표(SDGs)와 기후변화, 환경재단.

김현호, 201, 미래 환경변화에 대응한 지역발전전략 연구, 한국지방행정연구원.

김흥순, 2006, "포스트모던니즘의 도전과 대안적 계획이론의 모색," 국토연구, 50.

노춘희·김일태, 2010, 도시학개론, 형설출판사.

김천권, 2014, 현대 도시행정, 대영문화사.

박병식·이시경·이창기·최준호, 2009, 현대도시와 행정, 대영문화사.

박종화 외, 2007, 도시행정론, 대영문화사

서순탁, 2015, "새로운 도시의 비전과 희망," 도시계획의 위기와 새로운 도전, 보성각.

서순탁, 2015, "저성장시대 도시정책의 과제," 도시문제, 562, 행정공제회.

_____, 2014, 2030 서울도시기본계획.

서울시립대학교 도시행정학과, 2014, 도시행정론, 박영사.

지구촌빈곤퇴치시민네트워크, 2015. 9. UN 지속가능발전목표(SDGs)의 국내적용방안 모색을 위한 간담회 자료, 국회의원회관.

차미숙 외, 2014, 미래 국토발전 전략 수립방안 연구(중간보고서), 국토연구원.

차학봉, 2006, 일본에서 배우는 고령화 시대의 국토·주택정책, 삼성경제연구소.

최상철, 2015, "우리나라 도시화와 도시계획," 도시정보 8월호, 대한국토·도시계획학회.

토마 피케티 저, 장경덕 역, 2015, 21세기 자본, 글항아리.

건강도시와 건강도시 만들기 제**14**장

건강도시란

01 건강과 삶의 질

최근 인구구조의 고령화 진전에 따라 사회 전반적으로 고령화 사회에 대한 대비가 강조되고 있으며, 인구구조의 변화에 따라 삶의 질 제고에 대한 관심이 더욱 고조되고 있다. 특히 고령화 추세는 세계적으로 빠르게 진행되고 있으며 '질병없이 건강하게 오래살기'가 중요한 사회적 관심으로 대두하고 있다.

전 세계적으로 도시의 무질서한 개발과 확산에 따른 자동차 중심의 비활동적 생활방식(sedentary lifestyle)이 확대되고 보행 등 신체활동이 저하되면서 비만, 당뇨, 심장질환 등이 지속적으로 증가하고 있다. 이에 대한 공중보건 대책으로 전통적인 인구·사회·생물학적 시책 외에 도시의 물리적 환경의 개선정책에 대한 관심도 고조되고 있다. 따라서 이와 관련된 학술적 연구가 증가하고 세계 여러 도시에서 관련 도시환경정책이 시도되고 있다.

이에 반해, 우리나라는 해방 후 비약적 경제성장과 급속한 도시화에 따라 도시기능의 양적 성장은 지속적으로 이루어져 왔으나, 도시민의 삶의 질 제고를 위한 도시환경 조성은 상대적으로 소홀하게 취급되어 왔으며 이러한 경향은 지금도 지속되고 있다. 도시환경 측면에서 인구의 도심 집중현상으로 대도시 인구는 빠르게 증가하고 있으나 신체활동을 촉진하는 도시공원 규모는 제자리걸음을 하고 있는 실정이다. 정책측면에서도 급격한 산업화에 따른 도시정책이 주거·산업·상업공간 공급위주로 진행되어 도시민의 건강증진장소로서 녹지공간의 부족을 노정하였다.[1]

건강측면에서도 우리나라 성인 비만인구 비율은 지난 10여 년간 꾸준히 증가하고 있으며 비만으로 인한 각종 성인병의 발병율도 동반상승하고 있다. 또한 2005년 기준 우리 국민의 건강수명은 68.6세로 추정되어 평균수명(78.6세) 중 10년은 일상생활에 제약을 받는 것으로 조사되었다.2) 이에 따라 국민의료비 규모가 지속적으로 확대되고 있으며, 특히 노인의료비는 급격한 증가를 보이고 있다.3)

이러한 여건을 반영하여, 건강 100세 시대에 국민의 삶의 질 제고를 위해 우리가 살아가는 도시의 제반 환경이 중요하다는 인식이 높아져 가고 있다. 그러나 우리나라에서의 건강한 도시환경 만들기는 주로 예방의학, 보건복지 차원에서 논의되고 있는 실정이다. 선진국에서는 이미 오래전부터 '삶의 질 제고'를 도시정책의 가장 중요한 대상으로 다루고 있으며, 최근에는 건강(Health)과 고령친화(Age-friendly)와 같은 개념이 도시정책의 중심으로 부각되고 있다.

우리나라에서도 국민의 90%가 도시에 거주하는 도시의 시대에 접어들었다. 도시에서 삶의 질을 규정하는 기본적인 요소의 하나는 건강하고 활기차게 생활할 수 있는 도시환경이라 할 수 있다. 건강한 국민의 삶을 뒷받침 할 수 있도록 국민건강을 도시환경적 측면에서도 접근할 필요성이 점차 커지고 있다.

도시화율과 도시의 고령화 추이

고령화 사회의 진전은 도시의 고령화와 그 맥을 같이 한다. 특히 인구증가가 둔화 추세에 접어듦에도 도시에서의 고령화는 빠르게 진전되고 있다. 2010년 현재 우리나라의 도시화율이 91%임을 감안했을 때 공간적인 관점에서 고령화 사회의 진전은 곧, '도시의 고령화' 현상으로 진단할 수 있다.

고령화의 지역적 차이(도시의 고령화 추이)를 파악하기 위해 전국 165개 시·군을 대상으로 65세 인구비중에 따라 고령화 도시(7-14%), 고령 도시(14-20%), 초고령 도시로(20%이상) 구분하여 살펴보면 고령인구(65세 이상)가 7% 이상의 비중을 차지하는 고령화 도시 이상의 수는 1995년 113개에서 2010년 159개로 늘어났다. 특히 이 중에는 고령 도시 및 초고령 도시의 변화가 두드러지는데, 1995년 37개 시·군에서 2010년 106개 시·군으로 3배 이상 증가하였다. 이를 통해 도시인구의 고령화 현상이 빠르게 진전되고 있음을 확인할 수 있다.

고령화의 지역적 차이를 살펴보면 2010년 현재 고령인구 비중이 7% 미만인 시·군은 6개에 불과하였으며, 53개 시·군이 고령화 도시, 26개 시·군이 고령 도시, 나머지 80개 시·군은 초고령

도시의 범주에 포함되었다. 창원·구미·안산 등 제조업 비중이 높은 특성을 보이는 시·군의 경우 고령인구 비중이 낮았으나, 서울 및 6대 광역시를 포함한 다수의 도시지역은 고령화 도시의 단계에 놓여 있는 것으로 파악되었다. 또한, 대체적으로 생산연령층의 유출이 두드러지고 인구규모가 작은 지방의 중·소도시 및 농촌지역은 이미 고령 또는 초고령 도시의 단계에 이른 것으로 드러났다.

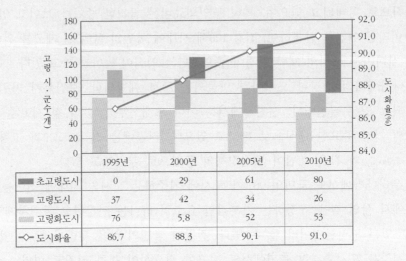

	1995년	2000년	2005년	2010년
■ 초고령도시	0	29	61	80
▨ 고령도시	37	42	34	26
▥ 고령화도시	76	5.8	52	53
◇ 도시화율	86.7	88.3	90.1	91.0

자료: 통계청, 2011, 장래인구추계; 김태환 외, 2011, 건강장수도시의 현황과 과제, 국토연구원, p. 23에서 재인용.

삶의 질 차원에서 건강의 중요성은 특히 선진국에서 많은 논의가 이루어지고 있다. 최근 OECD(2011)의 조사에 의하면, 삶의 질 결정요소로서 경제지표 이외에 다른 요소들이 중요하게 작용하고 있다는 것을 밝혔다. 선진 여러 나라에서는 이미 삶의 만족도와 소득과의 관련성이 크게 나타나지 않는다는 연구결과들이 제시되고 있다. 오랫동안 국민의 삶의 질을 판단하는 근거로 사용되었던 경제지표(GDP)가 현재와 미래의 삶의 질을 설명하는 데 한계를 보이고 있으며 국민의 삶의 질을 규정하는 데 부분적인 역할만 한다는 인식이 커지고 있다.

이러한 현실에서 삶의 질 결정요소로서 건강의 중요성이 부각되고 있다는 것이다. 주관적 삶의 질에 영향을 미치는 다른 여러 요소들과 함께 '건강' 변수가 삶의 질과 관련성이 높은 것으로 밝혀지고 있다. 보아리니(Boarini, 2012) 등의 연구는 34개의 OECD 국가를 대상으로 하여 삶에 대한 만족도를 종속변수로 두었을

| 표 14-1 | | OECD국가 비교를 통한 우리나라의 삶의 질 현황 | | | | |

	목 록	OECD평균	한국	순위	지수
주거	1인당 방수(rooms)	1.6	1.4	23	5.7
	주거비용(%)	22	16	2	
	기본설비(%)	97.75	95.84	29	
일자리	고용률(%)	66	63	23	5.1
	개인소득($)	34,033	31,733	23	
	직업안정성(%)	10.07	25.80	36	
	장기실업률(%)	3.04	0.01	1	
소득	가구소득($)	22,387	16,570	27	2.5
	가구재산($)	36,238	23,715	20	
교육	교육수료(%)	74	80	18	7.8
	교육기간(years)	17.3	17.2	20	
	학생수준(scores)	497	541	2	
커뮤니티	사회적 네트워크(%)	91	81	35	4.1
환경	수질(%)	85	82	25	6.3
	대기질(mg)	22	31	31	
시민참여	시민참여 법제화(index)	7.3	10.4	6	5.9
	투표참여율(%)	73	63	29	
건강	기대수명(years)	79.8	80.7	16	4.8
	자가건강도(%)	70	38	34	
안전	자살률(homicides)	2.1	2.8	29	9.0
	폭행비율(%)	3.98	2.09	6	
일과 생활 균형	장시간노동(%)	9.47	22.48	33	5.0
	자아실현시간(hours)	14.76	14.63	21	
삶의 만족도	삶의 만족도(rate)	6.7	6.9	16	7.0

자료: http://www.oecdbetterlifeindex.org/countries/korea/; 김태환 외(2012)에서 재인용.
주: 국가별로 지표에 따라 2008~2011년 기준연도이며, 총 36개국을 비교한 자료임.

때 세 가지 타입의 독립변수 군을 포함하여 변수 간의 상관성을 살펴보았다. 결론적으로 소득수준, 학력 등의 사회경제적 요소의 영향과 함께, 건강수준도 개인의 삶의 만족도(행복수준)에 유의미하게 영향을 미치고 있음을 입증하였다.

OECD의 삶의 질 지수(better life index)[4]에서도 개인의 행복에 영향을 미치는 요인으로 건강과 보건의 중요성이 부각되고 있다. 소득증대로 인해 더 나은 삶(better life)과 건강한 삶에 대한 관심은 지속적으로 증가하고 있고, 삶의 만족도에서 건강이 큰 비중을 차지하고 있는 것이다. 이 조사에서 건강은 일자리와 더불어 삶에 있어서 가장 가치 있는 것으로 조사되었다. 건강은 사람들로 하여금 교육과 훈련 그리고 노동시장에 참여할 수 있는 기회를 증가시킬 뿐 아니라 좋은 사회적 관계를 맺는 기회를 넓히는 수단적 가치도 지닌다. 결국, 건강한 국가일수록 평균 소득, 고용률, 정치활동 참가율, 삶의 만족도에서 높은 수치를 나타내는 것이다(표 14-1).

02 도시환경과 건강의 관련성[5]

개인의 건강[6]에 영향을 미치는 결정요소는 다양하다. 1974년 캐나다 보건부에서는 국민건강은 생활습관(lifestyle), 유전(gene), 의료서비스(health care service), 환경(environment)의 4대 요인에 의해 결정된다고 밝혔는데(Lalonde M., 1974), 이는 건강증진의 개념을 개인적 차원에서 커뮤니티 차원으로 전환하는 계기가 되었다(Lalonde M., 1974). 이의 연장선상에서 한 연구결과에 의하면 4대 건강 결정요인의 영향정도는 생활습관 52%, 환경 20%, 유전 20%, 의료서비스 8%라고 밝히기도 하였다(O' Donnel, M., 1988). 특히 환경요인으로는 자연환경과 물리적 도시환경 등을 포함하고 있다.

[그림 14-1]은 달그렌(Dahlgren, 1995)이 제시한 건강 결정요인을 각각의 특성과 연관성에 따라 계층으로 구분하여 설명한 것이다. 개인은 성, 연령, 유전 등 각각 생물학적 특성을 가지고 중심에 위치한다. 이때 건강 결정요인은 이를 둘러싼 계층으로 설명되는데, 첫 번째 층은 개인의 행태와 생활양식이고, 두 번째 층은 지역사회 내의 지원, 사회와 지역사회 네트워크이며, 세 번째 층은 생활 및 근로조건, 주택 및 서비스에 대한 접근성이고, 네 번째 층은 생활수준이나 노동시장과 같은 경제적, 문화적, 그리고 환경적 조건으로 구분하였다.

그림 14-1	건강 결정요인

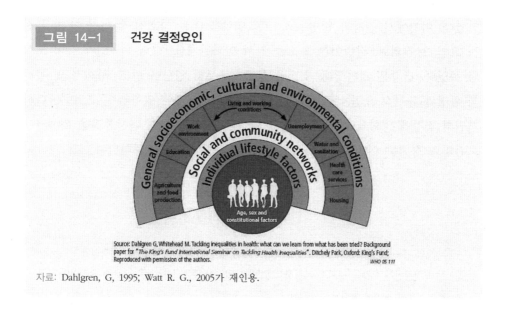

자료: Dahlgren, G, 1995; Watt R. G., 2005가 재인용.

다양한 건강 결정요인 간의 관계에 대한 인식 틀은 에반스와 스토다트(Evans and Stoddart, 1990)의 연구에서 잘 찾아볼 수 있다. 이 연구에서는 건강 결정요인에 대한 다양한 요인들에 대한 관심뿐 아니라 개별 요인 간의 복잡한 관계에 주목

그림 14-2	도시환경과 건강

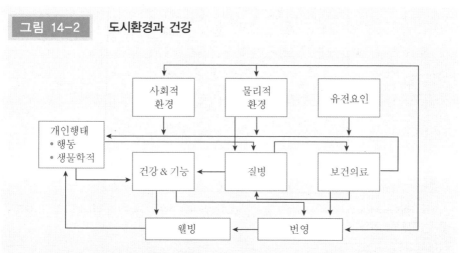

자료: Evans R. G. and Stoddart G. L., 1990, "Producing health, consuming health care," *Soc Sci Med*, 31(12): 1347−63, 1359.

하였다. 여기에서 건강과 웰빙(삶의 질)에 영향을 주는 사회적·물리적 환경, 유전적 요인, 보건의료, 질병이환 요소들 간의 인과관계를 [그림 14−2]와 같이 도식화 하였다. 건강은 개인행태, 질병유무 등으로부터 영향을 받고, 사회적 및 물리적 환경과 유전적 요인, 보건의료 환경 등은 개인행태에 영향을 주고, 이는 다시 개인의 건강에 영향을 미치는 관계가 형성된다. 이를 통해 건강증진을 위해서는 보건의료 정책뿐 아니라 그 이상의 공공정책의 역할을 강조하였다.

건강(공중보건)과 건조환경의 접합

현재의 공중보건은 17세기와 18세기 도시의 빠른 성장과 더불어 태동하기 시작하였다. 당시의 도시는 보건차원에서 많은 문제를 내포하고 있었다. 열악한 주거시설, 노출된 오수 구덩이와 불결한 상수, 오염된 공기로 둘러싸인 주거환경, 심각한 토양오염 등에 노출된 도시민들은 여러 가지 질병에 시달리고 전염병은 주기적으로 창궐하였다.

▌1854년 영국 Soho 지역에서 발생한 역사적인 콜레라 전염 발생지 도면 ▌

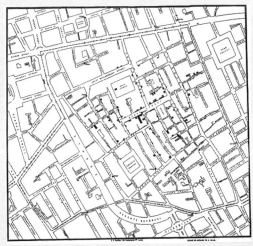

자료: http://commons.wikimedia.org/wiki/File:Snow−cholera−map−1.jpg; 김태환·김은정 외 옮김, 2014, p. 31에서 재인용.

1954년 영국 런던에서는 콜레라가 창궐하여 수많은 사람들이 희생되었다. 소호(Soho)지역에서만 8월 31일에서 9월 10일까지 500여 명의 사망자가 발생하였다. 내과의사였던 존 스노우(John

Snow)는 그림에서 보는 것과 같이 브로드 스트리스(Broad Street)에 있는 상수펌프를 이용하거나 그 주변에 있는 사람의 발병률이 확연히 높게 나타났다는 것을 보여줌으로써 건조환경과 질병발생의 관련성을 밝힌 것으로 평가된다.

1848년 영국에서 제정된 「공중보건법」은 이러한 도시의 유해한 환경에 대한 노출이 심각한 보건문제를 일으킨다는 문제의식에 기초하고 있다. 이후 공중위생과 건조환경의 관계에 대한 인식에 기초하여 도시계획 차원의 처방이 발전하기 시작하였다.

그림 14-3   건강에 미치는 요인과 건강의 영향

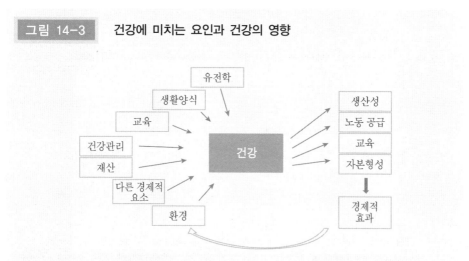

자료: Andress, L. 2009, *Healthy Urban Planning: The Concept*, Tools and Application, p. 19.

앤드레스(Andress, 2009)의 연구에서는 건강에 영향을 주는 다양한 요인들과 건강증진의 효과 및 그로 인한 환경에의 피드백 영향을 [그림 14-3]과 같이 도식화하였다. 건강에 영향을 미치는 요소로는 유전, 생활양식, 교육여건, 건강관리 정도, 재산(경제력), 환경 등이 있고, 반대로 건강은 생산성, 노동력, 교육, 자본형성 등에 파급효과를 주어, 결국 경제적 효과를 발생시킨다. 또한 새로 생성된 경제적 효과는 다시 환경에 영향을 줌으로써 새로운 피드백 구조를 형성하는 것이다. 즉, 환경은 건강 결정요인으로서 역할도 하지만, 건강증진을 통한 경제적 파급효과를 통해 또 다시 환경에 영향을 미치는 상호 영향을 주고받는 중요한 요소이다.

노쓰리지, 스클래어와 비스워스(Northridge, Sclar & Biswas, 2003)는 건강의 사회

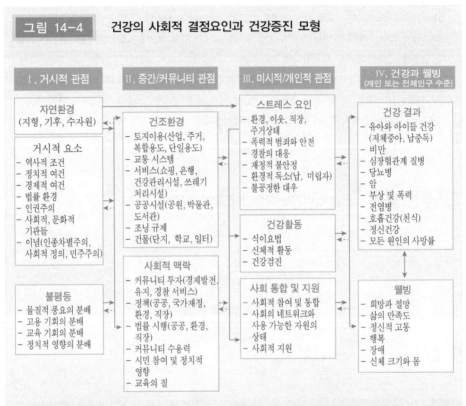

그림 14-4 건강의 사회적 결정요인과 건강증진 모형

자료: Northridge, M., Sclar E. & Biswas, P., 2003, "Sorting our the connections between the built environment and health: a conceptual framework for navigating pathways and planning healthy cities," *Journal of Urban Health*, 80(4): 559(김태환 외, 2012, p. 32에서 재인용).

적 결정요인과 건강증진 모형을 보다 체계적으로 보여주고 있다(그림 14-4). 개인의 건강과 웰빙은 거시적 관점에서의 자연환경, 역사·정치·경제 등 사회적 요소, 사회 불평등 요소들에 1차적으로 좌우되고 중간/커뮤니티 관점은 미시적/개인적 관점에 상호 영향을 미치며 다양한 인과 관계를 형성하고 있다. 이는 결국 개인이나 전체인구의 건강결과로 나타나며, 삶의 질을 결정하게 된다. 이 연구에서는 거시적 관점에서의 자연환경, 역사·정치·경제, 사회 불평등성 뿐 아니라 도시의 건조환경, 개인의 행태적 요소나 심리적 건강수준, 사회참여 등의 미시적 요소들과 밀접한 관계에 있으며 이것이 개인의 건강수준과 웰빙에 영향을 미치는 요소로 작용하고 있음을 강조하고 있다.

| 그림 14-5 | 신체적 건강에 영향을 미치는 건조환경에 대한 잠재적 경로 |

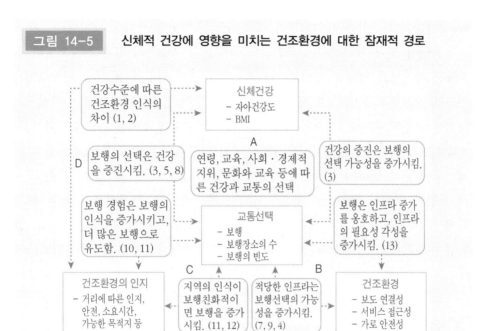

자료: Calson, C., Aytur, S., Gardner, K. & Rogers, S., 2012, "Complexity in built environment, health, and destination walking: a neighborhood–scale analysis," *Journal of Urban Health*, 89(2).

　　공간계획 및 도시정책의 차원에서는 물리적 환경과 건강과의 관계에 초점을 둔다. [그림 14-5]에서 보는 바와 같이 물리적 환경이 건강에 미치는 영향에 대해서도 다양한 경로가 존재한다. 칼슨 외(Calson et al., 2012)는 자가건강도와 신체질량지수(body mass index)로 대변되는 개인의 건강수준에 영향을 미치는 경로로 교통수단(보행통행), 건조환경 수준, 건조환경에 대한 인지 등이 있으며, 특히 보도의 연결성, 서비스 접근성, 가로 안전성 등의 물리적 환경 여건은 보행통행을 촉진시킴으로써 개인의 건강에 영향을 주는 것으로 분석했다. 즉, 물리적 환경의 요소들이 건강에 미치는 영향에 대해서도 단일의 경로가 있는 것이 아니라 다양한 경로들이 존재한다는 것이다.

　　여기서 주목할 만한 것은, 도시계획의 입장에서 중요한 물리적 도시환경(예를 들면 풍부한 녹지공간, 자전거도로 및 보행자도로환경, 대중교통서비스 등)은 개인의 여가 및 통근수단으로서 걷기 및 자전거 타기 등을 촉진시키고 결국 개인의 생활습관을 변화시키는 역할을 할 수 있다. 즉, 물리적 도시환경은 직·간접적으로 개인의 건강을 결정하는 요인으로서 매우 중요한 역할을 한다는 것이다.

최근의 여러 연구에서 건조환경의 특성은 신체활동의 양과 환경오염의 정도에 일차적으로 영향을 미치고 결과적으로 시민의 건강에 대한 중요한 영향요인으로 밝혀지고 있다. 보다 구체적으로 외국의 여러 연구에서 보행 친화적이고 안전한 가로와 혼합된 토지이용, 고밀도의 지역일수록 신체활동이 증가하고 체질량지수가 낮은 것이 밝혀지고 있다. 제임스 샐리스(2001) 등은 건조환경이 신체활동에 관한 연구에서 활동적 이동과 활동적 여가에 미치는 건조환경을 거시적 차원과 미시적 차원으로 구분하고 거시적 차원으로 토지이용의 형태, 도로 연계성, 주거밀도, 미시적 차원으로는 보행기반시설, 심미적 경관, 통로 또는 골목길, 여가접근성 등이 개인의 활동에 중요한 영향을 미친다고 주장하였다(표 14-2).

표 14-2 건조환경과 육체적 활동 관계 요약

	능동적 이동	활동적 여가
거시적 차원		
복합토지이용	+	+
도로 연계성*	+	0
주거 밀도	+	0
미시적 차원		
보행 기반시설	+	+
심미적 경관	0	+
통로 또는 골목길	0	+
(여가시설) 접근성	0	+
사회적 환경		
범죄	−	0
무례함	−	−

자료: 김태환·김은정 외 옮김, 2014, 시민을 위한 건강한 도시만들기. p. 63.
주: +는 양의 상관관계, −는 음의 상관관계를 의미하며, 0은 무관하거나 관계 규명이 모호함을 의미.
  *도로연계성은 청소년의 육체적 여가활동에 한정해서는 음(−)의 관련성을 가질 수 있음.

건조환경과 신체활동의 연관성

- 신체활동은 신체와 정신의 건강을 유지하도록 돕지만, 대부분의 미국인은 권장수준의 신체활동을 하지 않는다.
- 건조환경의 몇 가지 특성은 신체활동 촉진과 상관관계가 있다.
- 복합용도지역에 거주하는 어린이, 성인, 노인들은 주거전용지역에 거주하는 사람들보다 활발한 신체활동을 보인다.
- 환경 변화와 교육 등에 대한 포괄적인 조정 노력을 통해 도시 내 자전거 이용과 동적인 통학 이동체계를 늘릴 수 있다.
- 공원, 길, 여가시설과 근접할수록 시설의 이용이 잦고, 신체활동이 활발하다.
- 여가시설의 설비를 늘리고 향상시키는 것만으로 사람들의 이용을 증가시킬 수는 없다. 신체활동 촉진 프로그램과 마케팅이 수반되어야 한다.
- 소득수준이 낮고 인종·민족적 소수집단이 많이 거주하는 지역일수록 여가시설로의 접근성이 열악하고, 안전하고 질 높은 보행시설이나 심미적 배려가 부족하다.

자료: 김태환·김은정 외 옮김, 2014, 시민을 위한 건강한 도시만들기, p. 52.

03 건강도시의 개념

건강도시의 효시는 1984년 캐나다 토론토에서 'Healthy Toronto 2000'이라는 워크샵을 개최한 것으로부터 비롯되는데, 이것은 도시가 인구 집단에 가장 가까운 관리 형태로서 건강에 미치는 요인에 가장 큰 영향을 줄 수 있다는 개념에 기초한 것이다(안건혁 외, 2007). 건강도시는 '질병없음을 넘어선 완전한 신체적, 사회적, 정신적 웰빙의 상태'인 건강의 개념과 '모든 인류에게 건강을(Health for All)' 원칙에 기초하고 있다. Hancock and Duhl(1998)은 '물리적·사회적 환경을 개선하고 지역사회 모든 구성원이 상호 협력하여 시민의 건강과 삶의 질을 향상시키기 위해 지속적으로 노력해 가는 도시'로 정의하였고, 이 개념은 세계보건기구(WHO)도 준용하고 있다. 세계보건기구에서는 건강도시를 "물리적·사회적 환경을 지속적으로 개선하고 창출하며, 시민들이 개인의 능력을 충분히 발휘하게 하고 잠재 능력을 최대한 개발할 수 있도록 지역사회의 자원을 증대시켜 나가는 도시"로 정의하고 있다. 즉, 건강도시는 현재 건강인프라가 어떠한가보다는 도시 환경을 향상시키려는 노력에 필요한 정치·경제·사회적 연대를 이루어 내려는 의지에 의존한다고 볼 수 있다.

건강도시는 도시환경이 총체적으로 인간의 건강에 영향을 미친다는 인식에서 출발하였다. 세계보건기구에 의해 주도되어진 건강도시 운동은 건강위해요인(risk factors)에 대한 종합적 대처(whole system)의 한 방법으로 접근(healthy settings)되고 있다. 즉, 도시라는 사람들이 살아가는 구체적 장소에서 다양한 활동의 총체적인 노력을 통해 건강증진을 목적으로 하는 것이다. 건강도시 접근법에서는 지역사회의 참여, 파트너십, 권한이양, 형평성 등이 주요한 키워드로서 강조되고 있다.

이러한 접근은 오타와헌장[7](Ottawa Charter for Health Promotion)에서 밝혀진 바와 같이 세계보건기구(WHO)의 모든 인류를 위한 건강전략(Health for All Strategy)에 근거하고 있다. 즉, 건강도시는 '모든 인류에게 건강을(Health for all)'이라는 이념의 실현을 위한 실행방안으로 고안되었다. 건강은 일상의 삶 즉, 배우고, 일하고 여

표 14-3   WHO에서 제시한 건강도시의 11가지 특성

건강도시 특징
1. 물리적인 환경이 깨끗하고 안전한 도시
2. 안정적이며 지속가능한 생태계를 보전하는 도시
3. 상호 협력이 잘 이루어지며, 자연자원을 절약하는 도시
4. 정책에 대한 시민들의 참여와 통제기능이 원활한 도시
5. 모든 시민에게 의식주를 비롯한 기본적인 욕구가 충족되는 도시
6. 건강과 관련된 자원, 경험, 서비스에 대한 접근의 기회가 공평한 도시
7. 다양하고 활기 넘치는 혁신적 경제구조를 가진 도시
8. 역사적, 문화적 유산이 보존되는 도시
9. 건강도시의 제반조건을 충족할 수 있는 행정체계가 갖추어진 도시
10. 모든 시민에게 공중보건과 의료서비스가 공평하게 보장되는 도시
11. 시민의 건강수준이 높은 도시

자료: WHO, 2008, Health Economic Assessment tool for Cycling. www.euro.who.int/transport/policg/20070503_1/

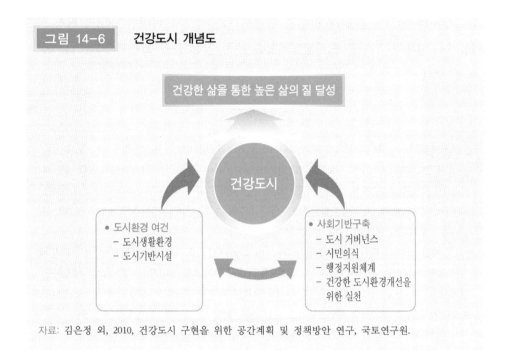

그림 14-6 건강도시 개념도

건강한 삶을 통한 높은 삶의 질 달성

건강도시

● 도시환경 여건
 − 도시생활환경
 − 도시기반시설

● 사회기반구축
 − 도시 거버넌스
 − 시민의식
 − 행정지원체계
 − 건강한 도시환경개선을
  위한 실천

자료: 김은정 외, 2010, 건강도시 구현을 위한 공간계획 및 정책방안 연구, 국토연구원.

가활동을 하고 서로 도와주는 공간 내에서 만들어지고 키워진다("Healthy is created and lived by people within the settings of their everyday life: where they learn, work, play, and love")는 명제를 실현하기 위한 실천수단으로서 실행되고 있다. 건강도시는 이러한 차원에서 1986년 세계보건기구에 의해 주창된 이래 매우 빠르게 전 세계적으로 확산되고 있으며 '건강'의 가치를 도시 내에서 정책결정자의 어젠다로 자리잡도록 하는 것을 목적으로 하고 있다.

결국 건강도시 운동의 목표는 시민의 건강과 안녕과 관련된 도시의 제 측면에 대한 관심을 촉발시키고 지방정부와 지역사회의 참여를 유도하여 궁극적으로 '모든 인류에게 건강을(Health for All)'이라는 어젠다를 달성하는 것이라 할 수 있다. 세계보건기구는(WHO) 위의 이념적 건강도시 운동을 실천으로 추진하기 위해 [표 14-3]에 나타난 바와 같은 건강도시의 특징적인 모습을 제시하고 있다.

이러한 측면에서 건강도시는 크게 도시환경적 여건과 사회기반의 구축이란 두 가지 틀에서 구현될 수 있다. 도시환경여건이란 일상생활의 영위하는 데 기초가 되는 도시기반시설과 같은 도시의 물리적 환경을 포괄적으로 포함한다. 사회기

반 구축이란 건강한 물리적 환경을 만들어나가는 도시 거버넌스, 시민의식, 행·
재정적 지원체계, 건강환 도시환경개선을 위한 실천 등을 포함한다(그림 14-6).

고령친화도시

도시 내 인구구조의 고령화에 따라 고령자들을 배려한 도시정책의 추진에 많은 관심을 갖게 되
었다. 세계보건기구(WHO)에 따르면 고령친화도시(Age-friendly Cities: AFC)는 노년의 삶의 질을 향
상시키기 위해 건강, 참여 및 안전에 대한 기회를 최적화하여 활기찬 노년(active aging)을 촉진하는
도시로 정의하고 있다. 즉, 고령친화도시는 다양한 욕구와 능력을 지닌 고령자를 포용하고 이들이 접
근가능하게 도시의 구조와 서비스를 맞추어 가는 도시이다.

고령친화도시는 특히 도시에서 활기차게 나이 듦을 지향하고 있다. 이를 위해 노인들이 가지고
있는 다양한 능력과 자원을 인식하고, 노령자들의 요구와 선호를 예상하고 탄력적으로 대응하는
것이 중요하다. 또한 노령자들의 결정과 라이프스타일의 선택을 존중하고 특히 가장 취약한 집단이
보호될 수 있도록 배려하고 주민생활의 모든 분야에 참여하여 기여할 수 있도록 권장한다.

활기차게 나이 듦은 고령자뿐만 아니라 전 생애에 걸쳐 중요하게 고려되어야 하는 점을 인식
할 때 고령친화도시는 단지 고령자들만을 위한 것이 아님을 강조한다. 즉, 고령자들을 배려한 도시
는 전 세대의 건강한 나이 듦에 기여하게 된다. 예를 들어, 무장애 건물 및 거리는 고령자뿐만 아니
라 아이들과 장애우들의 이동성 및 독립성을 강화시키며, 안전한 지역 환경은 아이들, 젊은 여성들
및 고령자들이 여가 활동 및 사회적 활동에 참여하는 것을 장려하게 된다. 고령친화도시를 통해 고
령자들은 필요로 하는 서비스를 받을 수 있고, 자원봉사나 경제활동 등 사회활동에 참여하거나 소
비자로서의 지역경제에 기여하는 등 커뮤니티 전체가 활력을 얻게 된다.

▌고령친화도시 기본구성 ▌

자료: WHO, 2007, Global Age-friendly Cities: A Guide, p. 9.

WHO는 고령친화도시의 주요 구성요소로서 노인 건강과 삶의 질에 영향을 미치는 8대 분야를 제시하고 있다. 8대 분야로는 외부공간 및 건축물, 교통, 주택, 사회참여, 존중과 사회적 수용, 시민참여 및 고용, 소통 및 정보교환, 지역사회기반 및 보건서비스로 구성된다. 각 분야별로 세부 체크리스트를 제시하여 도시의 노인친화성을 제고할 수 있는 가이드라인으로 활용할 수 있다.

제2절
건강도시 실태 및 조성사례
Understanding the City

01　우리나라 건강도시 실태[8]

　　건강의 관점에서 우리나라 도시의 현황을 파악하기 위해 분석틀을 마련하였다. 도시환경의 건강도는 건강도시의 제반환경으로서 '제도기반', '물리환경', '시민실천', '사회환경' 등 4대 부문 요소로 구성되는 것으로 정의하였다. 첫째, '제도기반'은 유럽의 건강도시 사례에서도 보듯이, 지자체의 관련 제도의 유무 및 관심정도는 건강도시를 추진하는 데 중요한 여건으로 작용하기 때문이다. 둘째, '물리환경'은 다양한 이론 및 실증분석에서 나타난 바와 같이 건강결정요소로서 환경의 중요성이 점점 높아지고 있다는 점을 반영하였다. 셋째, '시민실천'은 미시적/개인적 관점에서 건강검진이나 실천 등의 활동이 개인의 건강과 웰빙에 영향을 미치는 것으로 다양하게 보고되고 있기 때문에 포함되었다. 넷째, '사회환경'은 사회적 결정요인 이론에서 살펴본 바와 같이, 개인건강에 일차적으로

| 표 14-4 | 4대 부문별 핵심/보조지표 구분

과 제		핵심지표	보조지표
제도기반	재원	• 일반회계중 보건복지 예산비중	
물리환경	자연환경	• 대기오염	• 자연환경 수준
	물리적 환경	• 십만인당 공공체육시설수 • 1인당 도시공원면적 • 대중교통 여건	• 토지이용혼합도 • 단독주택비율/아파트비율 • 최저주거기준 미달가구비율 • 생활환경 수준 • 지역사회 내 운동시설 접근율 • 단위면적당 도로연장 • 단위면적당 자전거도로 연장 • 인구천인당 교통사고 발생건수 • 도보분담률 • 자전거분담률 • 대중교통분담률
	보건의료 환경	• 인구 천인당 병원수 • 65세 인구 천인당 재가노인복지시설수 • 의료서비스 여건	• 인구 천인당 병상수 • 인구 천인당 재가노인복지시설 이용 인구 비율 • 보건기관 서비스 만족률 • 보건기관 질병 홍보 및 교육 경험률
시민실천	건강관리	• 최근 2년간 암검진율	• 최근 2년간 건강검진율 • 영양교육 및 상담 수혜율
	건강실천	• 지역사회 내 운동프로그램 참여율	
	사회환경	• 이웃상호 신뢰감 • 안전수준 • 친목활동 참여율	• 기초생활수급비율 • 상호부조 • 종교활동 참여율 • 여가/레저활동 참여율 • 자선단체활동 참여율

자료: 김태환 외, 2012, 삶의 질 향상을 위한 지역별 건강장수도시 실태진단 연구, 국토연구원.

영향을 미치는 요소로 사회참여, 형평성, 안전 등의 사회환경 요소가 중요하므로 구성요소에 포함한다.

　도시환경의 건강도를 구성하는 4대 부문별 주요 고려요소를 살펴보면 다음과 같다. 우선 제도기반은 관련 전담 조직, 조례, 재원, 계획 등이 포함될 수 있다. 둘째, 물리환경에서는 대기질 및 수질, 소음정도, 운동체육시설, 도심공원,

보건의료시설 등이 포함될 수 있다. 셋째, 시민실천에서는 시민의 건강관리(건강검진율 등) 및 건강실천 현황(운동실천율, 체육프로그램참가율 등) 등이 포함될 수 있다. 넷째, 사회환경에서는 안전, 사회참여, 형평성 등의 지표들을 포함시킬 수 있다. [표 14-4]는 통계분석을 위해 각 부문을 대표하는 지표를 도출하여 정리한 것이다.

도시건강도의 4대 부문에 대한 통계적 실태파악을 위해 전국 지자체를 대상으로 설문조사를 실시하였다.[9] [표 14-5]에서 보여주듯이 설문조사는 제도개선, 중앙정부 지원사항 등 4대 부문별로 통계자료를 보완하여 도시의 건강도 실태파악을 위해 시행되었다.

통계자료를 활용한 도시환경의 건강도 실태를 살펴보면, 우선 4대 부문 간

표 14-5   도시환경의 건강도 4대 부문별 설문문항

구 분	영 역		설문문항
제반 환경 현황	추진동향		서태평양건강도시연맹 가입 여부, 대민민국건강도시협의회 가입 여부, 가입 시 관련 추진계획 수립 여부, 시정운영에 건강이 차지하는 우선순위 정도
	제도기반		조직구성(주관식), 보건소/건강관련 예산 증감 여부, 관련조례 제정 여부, 타 부서와의 협력 필요성, 협력이 필요한 주요부서(주관식), 조직 및 인력의 필요성 부서 간 협력 추진사례(주관식)
	물리환경	자연 및 생활환경	자연 및 생활환경 수준, 건강장수 자원(주관식)
		물리적 기반	물리적 기반 개선 필요성, 신체활동 촉진 시설의 정도, 대중교통 접근성, 공원녹지 접근성, 보행안전 실태, 시설환경 개선 사항(주관식), 물리적 환경 개선 사례(주관식)
		보건의료환경	보건의료환경 접근성, 차별적인 공공보건의료 서비스 제공 여부, 공공보건 의료서비스 제공 사례(주관식)
	시민실천		자체예산활용 주민 건강검진 지원 여부, 시민건강 증진을 위한 지지체 주관행사 사례(주관식), 건강실천을 위한 공공프로그램 운영 여부, 건강강좌 제공 여부, 건강강좌 시 주민들의 참여도, 지지체 지원 건강활동 조직수
	사회환경		범죄로부터의 안전성, 노인의 사회참여 프로그램 제공 여부, 건강형평성 프로그램 사례(주관식), 취약지역 건강환경 개선 사업 사례(주관식)
	지원사항		제도개선사항(주관식), 중앙정부 지원사항(주관식)

자료: 김태환 외, 2012, 삶의 질 향상을 위한 지역별 건강장수도시 실태진단 연구, 국토연구원.

비교에서 제도기반 부문과 사회환경에 비해 물리환경 부문과 시민실천 측면에서 지역 간 격차가 더 크게 나타났다. 도시환경의 실태를 권역별로 살펴보면 광주호남권이 4대 부문별 부문 지표를 종합한 지표값에서 제도부문에서는 낮은 수준이지만 나머지 3박자 지표에서는 모두 월등히 높아 종합부문의 수준이 타 지역보다 높았다. 수도권은 시민실천과 사회환경 부문의 지표값이 상대적으로 매우 미흡하였는데, 이는 대도시 및 주변지역 주민들의 건강에 대한 관심 및 관리, 사회적 유대감 등이 낮은 현실을 반영한 것으로 해석된다. 인구규모별로는 대도시형과 농촌형이 엇비슷하며, 중소도시형의 건강도 수준이 현저하게 낮은 것으로 나타났다. 대도시는 제도기반 부문에서는 양호하나 시민실천과 사회환경 부문의 지표값이 저조하며, 반대로 농촌형의 경우는 제도기반 부문은 평균 이하이나 시민실천과 사회환경 부문이 높은 것으로 나타났다. 특히 대도시 권역의 중소도시의 경우, 전체적으로 전국수준을 미달하는 경향을 보여, 도시환경의 건강도 측면에서 열악한 여건임을 보여준다.

부문별 도시환경의 건강도 특성에 따라 유사한 성격의 유형을 구분한 결과, 5개의 대표적 지역 유형군(대도시중심도시형, 지방도시 주변 농촌형, 호남권 농촌형, 경상권 중소도시·농촌형, 대도시 주변 중소도시형)이 도출되었다(그림 14-7). 대도시권 중심도시형의 제도기반 부문은 양호하고, 물리환경 부문에서는 전체적으로 전국평균보다는 높았다. 지방도시 주변 농촌형의 경우, 제도기반 부문과 물리환경 부문의 지표는 낮고, 시민실천과 사회환경 부문의 지표수준은 양호하였다. 호남권 농촌형의 경우는 제도기반과 병원수를 제외한 모든 지표에서 전국평균을 상회하는 수준으로서 대체적으로 도시환경의 건강도가 양호하였다. 경상권 중소도시·농촌형은 사회환경 부문을 제외한 제도기반, 물리환경, 시민실천 부문의 모든 지표수준이 평균이하 수준이었다. 특히, 대도시권 주변 중소도시형은 13개 지표 모두에서 전국평균 이하 수준으로 나타났다.

전국 지자체를 대상으로 한 설문조사 결과 '주민의 건강'에 대한 관심이 높아지고 있다는 점 등에서 건강도시 조성을 추진해야 하는 필요성이 강조되었다. 제도적 측면에서 타부서와의 협력의 필요성, 전담조직 및 인력의 필요성 등 건강증진을 위한 제도의 필요성에 대해 대부분 동의하는 것으로 나타났다. 건강증진을 위해 물리적 기반의 개선 필요성에도 87%의 지자체가 찬성하는 것으로 나타

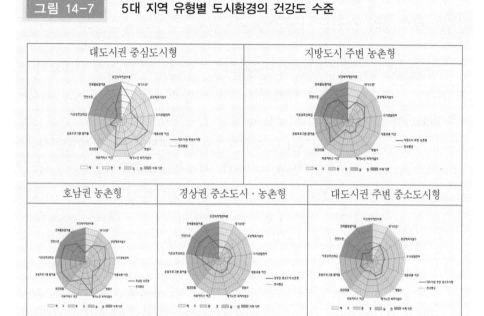

| 그림 14-7 | 5대 지역 유형별 도시환경의 건강도 수준 |

자료: 김태환 외, 2012, 삶의 질 향상을 위한 지역별 건강장수도시 실태진단 연구, 국토연구원.

나 건강도시를 본격적으로 논의할 시기라는 것이 다시금 확인되었다. 설문조사에 의한 도시환경의 건강도의 수준에서도 지역 간 격차가 확인되었다. 인구규모가 클수록(대도시>중소도시>농촌형) 대중교통 접근성과 보건의료환경은 양호하고, 인구규모가 작을수록(농촌형>중소도시>대도시) 자연 및 생활환경 수준, 범죄로부터의 안전성, 노인 사회참여 프로그램 제공 여건이 양호한 것으로 나타났다. 설문조사 결과에서도 앞서 구분한 도시환경의 건강도에 따른 지역 유형별로 격차가 확인되었는데, 호남권 농촌형의 경우는 대부분의 지표에서 건강장수도 수준이 전국평균을 상회하였으나, 대도시권 주변 중소도시형은 모든 지표에서 전국평균보다 낮았다.

02 우리나라 건강도시 조성노력

우리나라에서도 지방자치단체를 중심으로 건강한 도시환경을 조성하기 위한 "건강도시 만들기" 정책이 확산되고 있다.10) 우리나라에 건강도시가 소개된 것은 1986년이고, 실질적으로 건강도시 사업이 추진되어 확산된 계기는 2004년 서울시, 부산진구, 원주시, 창원시 등 4개 지자체가 서태평양 건강도시연맹(Alliance for Healthy Cities, AFHC)에 가입하면서 부터이다. 서태평양 건강도시연맹은 중국, 일본, 호주 및 동남아시아 등의 160여개 국가가 참여하고 있으며, 우리나라도 연맹의 주요 참여 국가로 활동하고 사업을 추진 중이다.

우리나라의 건강도시 운동은 짧은 기간 동안에 괄목할 만한 양적 성장을 보여 왔다. 2004년도에 4개 지방자치단체가 서태평양 건강도시연맹에 가입한 이래 회원 수가 늘기 시작하였고, 이후 계속적인 회원 수가 증가하여 2011년에는 63개의 지자체가 AFHC 건강도시 회원으로 등록되어 있다. 한편 대한민국 건강도시 협의회(Korea Healthy Cities Partnership, KHCP)는 지자체가 AFHC 건강도시 가입을 독려하고 정보를 제공하는 국내조직으로 2006년 9월 발족되었다. 협의회는 서태평양 건강도시연맹에서 한국 지부로 등록되어 우리나라 건강도시를 공식적으로 대표한다.

우리나라 건강도시 추진 동향과 특성은 다음과 같이 정리될 수 있다. 첫째, 지자체를 중심으로 자발적으로 시작하여 점점 더 많은 관련 기관들이 참여하는 형태로 진화하고 있다. 우리나라 건강도시는 2004년 4개 지자체에서부터 2011년 12월 현재 63개의 지자체로 급증하였다. 참여 지자체들은 대한민국 건강도시 협의회라는 자체적인 협력조직을 구성하여 상호 추진 경험을 교류하는 한편, 건강도시 발전을 위해 대안을 모색하는 활동을 하고 있다. 국내에서 지자체들의 건강도시 활동이 활발해지면서, 보건복지부도 관심을 가지고 꾸준히 주시해 오면서 정책적인 지원 방향을 고려하고 있다. 보건복지부 소관 건강증진재단에서는 건강도시 현황 파악과 실무자 교육 등의 활동을 추진하고 있으며, 한국보건사회연구원에서는 건강영향평가와 관련하여 건강도시 추진 지자체들을 중심으로 시범사업과 연구를 추진하고 있다.

지자체들이 중심이 되어 체계적인 형태를 갖추기 전에 많은 지자체들이 건강도시를 추진하게 되면서 건강도시 추진 가이드라인에 대한 필요성이 크게 대두하였다. 즉, 지자체들에게 건강도시 추진과 발전성과를 측정할 수 있는 모니터링 체계가 필요하며, 단계별로 건강도시 추진 상황에 대한 가이드라인이 필요하다는 요구이다. 보건복지부는 2012년부터 건강도시 모니터링 및 평가 체계를 운영할 계획으로 연구사업을 추진 중에 있다.

둘째, 지자체에서 추진하는 건강도시는 정책적인 변화보다는 사업 위주, 그중에서도 보건 관련 사업 위주로 추진되고 있다. 건강도시의 추진 내용을 기준으로 분류했을 때, 건강한 생활터 만들기 사업이 대표 사업으로 추진되고 있다. 건강한 생활터란, 학교·직장·시장·병원·아파트·마을 등 '생활터'를 단위로 하여 건강한 생활공간을 만들어 나가기 위한 사업이다. 이 외에도 기존의 보건소 건강생활실천 사업을 통합하거나 확장하는 등의 사업이 있으며, 건강도시연맹 가입이나 지역사회 진단과 중점추진과제 수립 등 건강도시 기반 조성을 위한 활동을 지자체에서 추진하고 있다.

이러한 추진 경향을 반영하여 보건복지부에서는 건강생활실천, 건강한 생활터, 건강환경, 건강형평성 등의 부문에 대해 건강친화형 지자체의 우수한 사례를 시상하고 있다. 대부분의 지자체에서는 보건소의 전통적 역할을 여전히 고수하고 있는 가운데, 건강도시 추진을 위한 담당자나 담당부서는 코디네이터의 역할을 하기보다는 직접 서비스를 전달하고자 하는 데 그치고 있다.

셋째, 대외적인 네트워크를 중심으로 추진한다. 국내 건강도시는 세계보건기구(WHO)에서 지원하는 건강도시연맹(AFHC)에의 가입을 출발점으로 삼아 건강도시를 시작하고 있다. 그 과정에서 주로 대학에서 학술적인 지원을 받고 있으며, 대한민국 건강도시 협의회에 소속된 지자체들과의 교류를 통해 실무적인 정보 교류를 하고 있다. 건강도시 관련 국내외 모임에 참여하여 다른 도시에서의 추진사례를 보고 배우면서 건강도시 사업을 개발하고 발전시키고 있는 형태로 국내 건강도시를 추진한다.

뿐만 아니라, 국내 지자체들은 내부적으로도 건강도시 추진을 위한 협력체를 구성하는 데 노력하고 있다. 건강도시 운영위원회는 지자체의 건강 관련 정책과 사업을 개발하고 심의·검토하는 기관이 되며, 다양한 직능단체와 지역사회 생활터와 협력관계를 맺고 건강도시를 추진해 가면서 상향식의 정책 개발을 시도하고 있다.

넷째, 4~5년 이상 지속적으로 추진해온 도시들은 최근 건강도시 발전을 위한 도약을 시도하고 있으며, 국내 실정에 적합한 건강도시 추진 전략이 개발되고 있다. 처음 건강도시가 국내에 소개되었던 2004~2005년에 시작한 초기의 건강도시 추진 지자체들은 경험이나 사례가 없는 상태에서 건강도시 접근법의 이론을 바탕으로 건강도시 사업을 개발해 오면서 많은 시행착오를 경험했고, 대내외에서 많은 비판을 받았다. 그러나 이제 6~7년 이상 추진 경험이 축적되면서 기술과 전문성이 생겼고, 지속적으로 참여해 온 지자체에서는 내부적으로도 지지기반을 많이 확보할 수 있게 되었다. 대외적으로도 건강도시 추진을 위한 정책적 지원이 확대되었다. 건강도시 접근법의 이론적인 내용들을 효과적으로 실행할 수 있게 되었다.

원주시나 강남구의 경우에도 최근 건강도시 발전을 위한 종합적인 계획을 새로 개발하고 있으며, 이는 2004~2005년에 개발하였던 계획에 비추어 보았을 때, 계획 수립 과정에서의 참여와 협력 등의 발전 정도는 비교할 수 없을 정도로 발전하였다. 꾸준히 오랜 기간 건강도시 핵심 운영진들의 노력과 시행착오를 거쳐 오면서 쌓인 기술과 전문성의 괄목할만한 성과라고 볼 수 있다.

03 해외의 건강도시 조성노력

1) 유럽의 건강도시 네트워크

유럽의 건강도시 네트워크(WHO European Healthy Cities Network)는 시민의 건강을 위한 도시환경조성 및 지속가능한 발전을 목적으로 1988년에 창설되었다. 유럽 건강도시 네트워크는 5년 단위의 사업을 추진하고 있는데, 1987년 시범사업에 11개 도시가 선도적으로 참여하였고, 1기(1988~1992) 네트워크가 시작될 당시 회원도시가 35개에서 제6기(2014~2018) 현재는 100여 개에 가까운 도시로 확대되었다. 유럽 건강도시 네트워크에서는 건강의 다양한 결정요인에 대한 인식을 바탕으로 공공 및 민간, 다양한 커뮤니티 조직의 협력의 필요성을 강조하고 있다.

또한 지역민의 참여와 의사결정을 중요시하고 있으며 이를 위해 정치결정자의 적극적 참여, 협력을 위한 조직적 대응이 중요함을 역설하고 있다.

유럽 건강도시 네트워크는 6가지 전략적 목표를 상정하고 있는데, 첫째, 건강의 결정요인에 대한 인식제고, 취약인구의 삶의 질, 개별지역 단위에서부터 범유럽지역에 이르기까지 건강과 지속가능한 발전을 촉진하기 위한 정책과 실행을 촉진한다. 둘째, 건강증진, 공중보건 및 도시재생부에서 국가와 지방의 협력을 바탕으로 건강도시 운동에서 국가차원의 동참을 강화한다. 셋째, 모든 지역에서 건강증진을 위해 활용될 수 있는 우수정책 개발 실천사례, 경험적 증거, 지식과 방법론 축적 등을 장려한다. 넷째, 유럽 건강도시 네트워크와 건강도시 운동에 참여하고 있는 도시나 네트워크와의 협력과 연대를 강화하고 공동의 노력을 촉진한다. 다섯째, 유럽 또는 지구적 차원에서 도시이슈 조직이나 도시정부 네트워크와의 파트너십을 강화하여 유럽은 물론 세계적 차원에서 건강증진을 위한 활동적인 역할을 수행한다. 마지막으로 세계보건기구 유럽 네트워크를 유럽지역의 모든 국가로 확산시키는 노력을 한다.

유럽의 건강도시 네트워크는 5년 단위의 각 단계별로 핵심적 우선추진 주제

표 14-6 ▼ WHO 유럽 건강도시 네트워크 발전 흐름

구 분	주요 내용
제1기 (1988~1992)	• 도시계획과정에서 도시민의 건강요소를 고려할 수 있도록 통합적 접근을 최초로 도입
제2기 (1993~1997)	• 실천 지향적이고 포괄적인 도시건강계획(comprehensive healthy city planning) 주창
제3기 (1998~2002)	• 형평성, 지속가능한 발전과 사회개발, 건강증진을 위한 통합계획에 초점
제4기 (2003~2008)	• 건강형평성, 건강결정요인에 대한 대응, 지속가능한 개발, 참여적 거버넌스를 중점적으로 추진
제5기 (2009~2013)	• 모든 정책에서 건강증진과 건강형평성 제고를 목표
제6기 (2014~2018)	• 모든 도시와 건강관련 지도자, 도시에 살고 있는 모든 사람들이 보다 건강하고 지속가능한 미래를 위한 노력에 동참할 것을 촉구

자료: http://www.euro.who.int/en/health−topics/environment−and−health/urban−health/activities healthy−cities/ who−european−healthy−cities−network

를 선정하여 이를 공식적으로 선언하며 전략적 목표를 제시하고 있다(표 14-6). 유럽 건강도시 네트워크의 주제는 건강도시 정책을 추진하면서 주안점이 계속 옮겨가고 있으며 보다 포괄적인 목표로 나아가고 있다. 각 단계별 우선추진 주제 는 단계가 진행되면서 건강도시 운동이 어떻게 진전되고 있는지를 확인할 수 있 는 단서가 되고 있으며, 건강도시를 추진하고자 하는 많은 도시들이 참고할 수 있는 과제로 이해되고 있다.

2) 미국의 건강도시계획

도시의 외연적 확산, 자동차 통행의 급격한 증가 등은 지역주민의 건강이나 웰빙에 나쁜 영향을 미쳤고, 이에 2000년대 들어오면서 미국의 도시계획학계에 서는 건강한 도시계획에 대한 관심이 증가하기 시작하였다. 도시계획가와 보건 학자가 따로 분리된 것이 아니라, 협력하여 대기질과 수질, 교통안전, 신체활동 성, 심리건강, 사회적 유대, 브라운필드로부터의 노출 등에 연관되어 있는 토지 이용, 커뮤니티 디자인, 교통 등의 정책결정에 함께 해야 한다고 생각하기 시작 하면서 건강한 도시계획에 대한 관심이 증가하였다.

이러한 배경하에 건강한 도시계획 수립에 대한 미국 도시계획협회(American Planning Association)의 역할과 책임이 증가하기 시작하였다(Ricklin, A., et al. 2012). APA에서는 Planning and Community Healthy Research Center(PCH)를 만들어, 계 획가, 보건학자, 시민들이 건강한 환경을 조성하는 데 일조하고자 하였다. PCH 뿐 아니라 Sustaining Places Task Force in 2010을 만들었는데, 이 조직의 8대 원칙 중 3개(Livable Built Environment, Interwoven Equity, Healthy Community)가 건강과 관련된 것들로 구성되어 있다.

APA는 2012년 미국 내 도시들의 도시계획 중에서 건강을 고려한 '건강한 도 시계획' 수립 및 시행의 정도를 파악하는 프로젝트를 실시하였다. 이는 18개의 종합계획(comprehensive plans)과 4개의 지속가능성 계획(sustainability plans)에서 건강 과 관련된 목표, 정책, 시행 메커니즘의 포함 여부를 평가하는 것이었다(표 14-7). PCH는 2010년 전국 도시에서 실제 도시계획을 다루는 디렉터들에게 그들의 계 획들이 얼마나 시민건강을 고려하는지에 대한 설문조사를 실시하였는데, 그 결

| 표 14-7 | 종합계획과 지속가능 계획에서 중요하게 다루고 있는 건강관련 주제들 |

종합계획에서 많이 거론되는 10대 건강관련 주제			지속가능 계획에서 많이 거론되는 10대 건강관련 주제		
주제	응답수	백분율	주제	응답수	백분율
레크리에이션(Recreation)	183	75.3%	액티브 교통(Active Transportation)	23	85.2%
안전(Public Safety)	168	69.1%	깨끗한 공기(Clear Air)	22	81.5%
깨끗한 물(Clean Water)	165	67.9%	깨끗한 물(Clean Water)	21	77.8%
액티브 교통(Active Transportation)	161	66.3%	기후변화(Climate Change)	17	63.0%
깨끗한 공기(Clear Air)	140	57.6%	액티브 리빙(Active Living)	16	59.3%
응급상황에 대한 준비 (Emergency Preparedness)	111	45.7%	신체 활동(Physical Activity)	16	59.3%
액티브 리빙(Active Living)	107	44.0%	레크리에이션(Recreation)	16	59.3%
신체 활동(Physical Activity)	104	42.8%	환경적 노출 (Environmental Exposure)	13	48.1%
환경적 노출 (Environmental Exposure)	95	39.1%	식품 접근성(Food Access)	12	44.4%
에이징(Aging)	82	33.7%	안전(Public Safety)	10	37.0%

자료: 김태환 외, 2013, 웰빙사회를 선도하는 건강도시조성방안 연구(1), 국토연구원.

과 27%가 종합계획에서 건강을 고려하였고, 단 3%만이 지속가능성 계획에서 건강을 고려하는 것으로 나타났다. 종합계획 및 지속가능 계획에서 가장 많이 거론되는 10대 건강관련 주제는 신체활동 및 교통관련 주제와 대기질, 수질 및 환경관련 내용, 안전성, 응급관련 대비 등의 내용을 포함하고 있었다.

도시단위에서 건강개념을 반영한 계획으로 캘리포니아 사례(ChangeLab Solutions. 2012)를 들 수 있다. 미국의 캘리포니아주의 많은 카운티와 도시들이 건강의 개념을 일반 도시계획상에 명시적 또는 암시적으로 포함하여 수립하고 정책을 추진하고 있다. 일반적으로 도시계획에서 다루는 토지이용, 교통, 신체활동, 환경의 질 등의 주제에서는 세부 주제별로 명시적으로 또한 암시적으로 건강개념을 골고루 포함하고 있다. 이와 함께 일반 도시계획에서 새롭게 거론되는 주제(innovative topics)들은 명시적으로 분명히 건강의 개념을 계획서상에 포함하여 정책을 추진하고 있다.

표 14-8 캘리포니아 주의 지역별 주제별 건강한 도시계획관련 정책들

	Anderson	Azusa	Chula Vista	Marin	Oakland	Paso	Richmond	Riverside	Sacrament	San	Santa Rosa	Solano	Sonoma	Union City	Ventura	Walnut	Watsonville
토지이용																	
이용혼합 및 근린주구의 완결	■	●	■	●	●	●	●	■	●				■	●		●	
도심 개발	■			■				●	●				●		●		
교통																	
교통 접근성							■	■	●	●	●						
대중교통 중심개발	■			●				■					●			●	●
교통 억제								■					■				■
교통 안전								■				■					
신체활동																	
자전거 시설	■	●	●	■	■	●	■	●					●			■	■
보행자 시설	■	●	●	■	■	●	■	●					●				■
공원 및 레크리이션 시설	■						●	●					●			■	
혼합 용도							■	■					●				
환경의 질																	
오염			■	■				■					■		■		
브라운필드 정화				■									●		■		
공중보건의 관심도 증대																	
건강 요소	■						■	■					■				
건강 안내 원칙					■												
건강의 정당성	■		■	■	■			■					■			■	
계획과정상의 건강개념 포함								●									
헬스케어와 예방																	
헬스서비스를 위한 재정적 지원								●					■		■	■	
헬스케어 및 서비스 접근성				■			■	■		■			■		■	■	
음주, 마약, 흡연				■									■				
심리건강				■				■					■				
영양과 신체활동에 대한 교육				■													■
건강한 식품 접근성																	
농업 보호/유지				■				■					■				■
로컬푸드				■				■									
도시농업								■			■	●					■
파머스 마켓			■	■				■									■
건강한 식품 소매				■			■	■				●					■
비상 식품 및 식량 원조				■				■									■
형평성																	
기회와 위험의 형평성				■			■	■			■						
취약계층				■			■	■	●		■	■			■		
환경																	
기후변화				■				●					●				
그린빌딩 및 개발								■					●				

■ 건강이 분명히 언급된 경우(Health Explicit)　　● 건강이 암시/내포된 경우(Health Implicit)

자료: ChangeLab Solutions, 2012, *Healthy Planning Policies: a compendium from California general plans*, p. XI.

[표 14-8]은 도시별로 전통적인 주제 및 혁신적인 주제에서 건강의 개념을 다루고 있는 현황을 보여주고 있다. 전통적 주제에서는 용도혼합 및 근린주구의 완결, 자전거·보행자 시설, 공원 및 레크리에이션 시설에 대해서 많이 다루고 있다. 혁신적 주제는 공중보건의 관심도 증대, 헬스케어와 예방, 건강한 식품 접근성, 형평성, 환경 등의 항목에서 접근하고 있다.

3) 영국의 국가 도시계획지침(National Planning Policy Framework)

영국은 2012년 3월 국가 최상위 도시계획지침에서 "건강한 커뮤니티 조성(Promoting healthy communities)"을 한 부문으로 추가함으로써, 건강과 도시계획의 연결고리를 정립하였다(표 14-9).

'건강한 커뮤니티 조성(Promoting healthy communities)' 부문에서는 도시민의 건강을 위해 도시계획의 모든 부분이 참여하고, 같이 노력할 필요를 강조하고 있다. 세부 구성요소는 다음과 같다. 첫째, 교류와 접촉증진을 위한 공간적 기회를

표 14-9 ▼ 영국의 도시계획지침(National Planning Policy Framework)의 13대 부문

	영국의 도시계획지침(National Planning Policy Framework)
1	경쟁력 있는 경제기반 조성(Building a strong, competitive economy)
2	도심 활성화(Ensuring the vitality of town centres)
3	교외지역의 경제적 번영(Supporting a prosperous rural economy)
4	지속가능한 교통(Promoting sustainable transport)
5	고품질·고성능의 통신인프라 조성(Supporting high quality communications infrastructure)
6	고품질 주택의 폭넓은 선택(Delivering a wide choice of high quality homes)
7	좋은 디자인(Requiring good design)
8	건강한 커뮤니티 조성(Promoting healthy communities)
9	그린벨트 보호(Protecting Green Belt land)
10	기후변화, 홍수, 해안의 변화 등에 대한 준비(Meeting the challenge of climate change, flooding and coastal change)
11	자연환경의 보호(Conserving ad enhancing the natural environment)
12	역사자원 및 환경의 보호(Conserving ad enhancing the historic environment)
13	광물자원의 지속가능한 활용(Facilitating the sustainable use of minerals)

자료: Department for communities and local environment 2012, national planning policy framwork. www.communities.gov.nk

강화한다. 이를 위해 혼합용도 개발/중심성 있는 근린센터/활동적인 거리조성/커뮤니티의 통합과 범죄로부터의 안전을 위한 환경 조성/활동촉진을 위한 보행환경 제고 및 양질의 공공공간 확보 등을 위해 노력한다. 둘째, 커뮤니티의 필요에 부응한다. 이를 위해 커뮤니티 시설 및 공공이 이용하는 공간에 대한 적극적인 계획 및 관리 강화, 주거와 일자리 입지 및 공공시설의 공급을 통합적으로 관리한다. 셋째, 개발계획의 협력적 접근을 강조한다. 개발계획이 제출되기 전에 커뮤니티와의 협의를 강화하도록 하는 제안을 하고 있다. 넷째, 충분하고 다양한 학교부지의 선택기회를 제공한다. 학교설립, 확장, 개선 등을 위한 공간을 제공하기 위해 노력한다.

다섯째, 스포츠, 레크리에이션을 위한 질 높은 공간이나 기회의 접근을 보장한다. 도시별로 필요성에 대한 평가에 바탕하여 오픈스페이스, 스포츠, 레크리에이션 등 특정목적의 공공공간의 양적, 질적 개선을 도모한다. 여섯째, 기존의 오픈스페이스, 스포츠나 레크리에이션 시설이나 부지의 감소를 방지한다. 이를 위해 대체하거나 새로운 시설공급이 더 초과하는 경우만 예외적으로 허용한다. 일곱째, 공공의 보행권을 강화하고 접근 개선을 위해 노력한다. 여덟째, 보전을 위한 지방녹지공간(Local Green space)의 지정과 새로운 개발을 제한한다. 아홉째, 지방녹지공간은 커뮤니티와의 근접성, 특정 커뮤니티와의 관련성(역사성, 경관미, 여가 공간으로서의 가치, 야생동물의 보고 등)에 한정하여 지정한다. 마지막으로 아홉째, 지방녹지공간은 그린벨트정책과 일관성을 유지한다.

미국 질병통제관리센터(Centers for Disease Control and Prevention)의 건강한 커뮤니티 건강디자인 체크리스트(Healthy Community Design Checklist)

미국 질병통제관리센터(Centers for Disease Control and Prevention)에서는 어떠한 환경에 사는가가 건강을 결정한다는 모토아래 건강한 도시환경을 만들기 위한 체크리스트를 제시하고 있다.

체크리스트에는 토지이용, 먹거리, 교통, 안전, 교류 등 다양한 측면의 환경요소를 고려하고 있다. 구체적으로는 보행 및 자전거도로환경, 공원 및 녹지, 식품판매소 접근성, 패스트푸드점과의 거리, 대중교통 접근성, 가로등 시설 등을 포함하고 있다. 이 체크리스트는 매일 거주하고, 일하고, 배우고, 여가활동을 하는 등 일상생활을 하는 장소의 질이 건강에 중요하다는 인식을 심어주고 건강한 장소의 중요성을 일깨운다. 또한 개개인이 자기가 살고 있는 도시환경을 점검하고 보다 도시환경 개선을 위해 보다 적극적으로 행동에 옮기라고 조언하고 있다.

자료: www.cdc.gov/healthyplaces

제3절
건강도시 만들기 정책

01   건강도시 만들기를 위한 정책적 대응

1) 건강영향평가(Health Impact Assessment, HIA)

건강영향평가 제도는 가장 보편적으로 활용되고 있는 건강도시 접근법이다. 건강영향평가(Health Impact Assessment, HIA)란 계획 단계에 있는 정책, 프로그램 및 사업 등에 영향을 미치는 긍정적, 부정적 건강결정요인들을 평가하는 도구이다. 세계보건기구는 건강영향평가를 "정책, 프로그램 또는 프로젝트가 어떤 특정한 인구집단의 건강에 미치는 잠재적 효과와 그 인구집단 내에서 영향의 분포를 판단하게 하는 절차, 방법, 그리고 도구들의 조합"이라고 정의하고 있다(WHO, 1999).

건강영향평가는 1990년대 후반부터 정확한 개념과 다양한 시행방법이 제시되어 새로운 정책도구로서 환경영향평가 내의 건강영향평가 혹은 환경문제에 기반을 둔 건강의 영향평가 위주로 시행되었다. 2000년도는 광범위한 분야 내의 건강영향평가가 이루어지면서 단순한 환경문제를 떠나 농업, 교통, 문화, 관광, 건강 불평등과 사회복지 문제로까지 그 범위를 넓혀갔다. 한국은 2008년 「환경영향평가법」이 제정되면서 환경영향평가의 대상이 되는 계획, 사업에 대해 이로 인해 발생하는 환경유해인자의 국민건강에 미치는 영향을 추가하여 평가할 수 있도록 하였고, 2010년부터는 기존에 실시되던 환경영향평가 내에서 건강영향 항목을 포함하여 평가하였다.

2) 건강도시계획(Healthy urban planning)

건강한 도시계획(healthy urban planning)이란 주요 목표에 시민의 건강을 두는 도시계획으로서 2000년대 초반부터 나타난 개념이다. 건강도시계획 수립의 목표는 도시계획의 수립과정, 프로그램 개발, 프로젝트 발굴에 건강의 개념을 연계하는 것이다.

미국에서 뉴어바니즘이 나타나기 시작했을 때, 보건학계에서는 모든 이에게 건강을(Health for All) 개념과 건강도시(Healthy Cities) 운동에 영향을 받아 어떻게 사회 및 경제 환경이 우리의 건강에 영향을 주는지에 대한 관심이 높아지기 시작했다. 1980년대부터 시작했던 건강도시 운동(Healthy Cities Movement)이 보건분야의 다양한 혁신을 가져오긴 했으나, 실제로 사람들이 거주하는 도시환경의 변화를 이루어내기에는 한계가 있었다. 도시환경이 시민의 신체활동과 사회통합의 기회, 심리적 건강과 웰빙에 주는 영향 등의 관심이 뉴어바니즘 계획가들과 신공중보건학자들의 새로운 관심사로 대두되었고, 이들은 공중보건과 도시계획의 연계 및 통합을 주장하게 되었다.

유럽을 중심으로 시작된 건강도시 운동은 1980년대 후반부터 도시계획가들이 동참하기 시작했고, 특히 제3기 WHO 건강도시 네트워크(1998~2002)로부터 본격적으로 나타나게 되었다. 1998년에 WHO는 도시계획가들과 다양한 방법으로 협업을 시작했고, 그 첫 번째 노력으로 2000년도에 『건강한 도시계획』(Healthy Urban Planning, Barton and Tsourou 저술)이 WHO의 도움으로 출판되기에 이르렀다. 이 책에서는 도시계획 및 정책의 기본 목표로 건강증진을 제시하고, 건강의 사회·경제·환경적 요인을 다루는 데 도시계획가들의 역할이 큼을 강조하고 있다.

3) 건강도시디자인(Healthy Urban Design)

건강도시디자인이란 적절한 육체활동과 건강한 식습관을 증진시키는 데 건축 및 도시 디자인 전략이 큰 영향을 끼칠 수 있다는 연구 결과가 늘어남에 따라 도시 환경의 디자인 측면을 개선하여 지역민의 건강을 증진시키기 위한 정책이다.

해외의 건강도시디자인 사례를 살펴보면, 지역민의 신체활동을 증진시킬 수 있는 물리적 환경의 조성방안에 대한 건축 및 도시환경 분야의 디자인 가이드라인이 중요하다.

해외의 건강도시 디자인 가이드라인 사례로 미국, 뉴욕의 Active Design Guideline, 호주의 Healthy Active by Design, 영국의 Active Design 등이 있으며 주로 신체활동을 증진시키는 도시환경을 조성하기 위해 토지이용계획의 혼합, 자전거도로 및 보행로디자인, 오픈스페이스와 커뮤니티 시설의 접근성 등에 대한 디자인 가이드라인을 제시하고 있다.

4) 건강한 공공정책(Health in all Policies)

'건강한 공공정책'(모든 정책에서 건강개념 도입, Health in All Policies: HiAP) 접근은 공중보건과 건강형평성을 향상시키기 위해서 정책(의사)결정이 보다 체계적으로 건강과의 관련성을 검토하도록 하고, 이들 정책 간의 시너지를 추구하며, 건강에 유해한 영향을 미리 방지하도록 하는 다부문을 포괄하는 공공정책에 대한 접근법이다. 건강의 사회적 결정요인(social determinants of health) 논제(WHO, 2008)에 근거하여 건강의 형평성을 일궈내기 위한 연관된 정책 간의 통합적 정책대응 전략이다. 정부 내 여러 기관들이 건강을 고려하도록 횡적으로 의사결정 과정을 체계화하고 통합하는 등 다양한 전략들을 사용하는 접근방법의 하나이다. 이러한 측면에서 HiAP는 건강을 위한 다부문 간 실행전략(inter-sectoral action for health)이며, 건강에 유익한 공공정책(healthy public policy) 및 범정부적 접근(whole-of-government approach)이라 할 수 있다.[11]

HiAP는 2006년 유럽에서 처음으로 제안된 이후 2010년 세계보건기구의 애델레이드 선언(Adelaide Statement)에서 모든 정부정책에서 건강과 웰빙을 고려할 것을 전 세계적으로 촉구하였다. 유럽연합에서는 HiAP의 실행을 유럽연합 조약에 명문화하여 유럽연합 차원 및 개별국가 차원에서도 보건정책에 있어 다부문접근을 우선시 하도록 하고 있다(Ståhl, T., Wismar, M., Ollila, E., Lahtinen, E., & Leppo, K. Eds., 2006). HiAP의 이념적 지향점은 먼저 인간의 건강권(Health-related rights), 특히 인구집단 전체의 건강과 건강 형평의 개선을 목표로 한다. 둘째, 정책결정의 모든 수준에서 건강영향에 대한 정책결정자의 책임성을 제고하고자 한다. 다음으로 보건시스템, 건강결정요인, 웰빙에 대해 공공정책의 효과를 강조한다. 마지막으로 지속가능한 발전에 기여한다.

HiAP가 정책적으로 추진되게 된 배경은 무엇보다도 건강을 결정하는 많은 요인이 보건부문(Health sector)의 외부에 존재한다는 인식이 보편화되었고 이에 적극적으로 대처하려는 움직임이라 볼 수 있다. 또한 이 접근은 각 정부가 모든 부문에서 공중보건의 향상을 공통으로 공유되는 목표로 채택하도록 좀 더 포괄적인 접근을 취하도록 독려하고자 하는 노력의 일환이다. 즉, HiAP는 건강의 사회적 결정요인(social determinants of health)을 부문 간 정책 혹은 정부전체의 정책이나 거버넌스를 통해 해결하고자 하는 일종의 수단으로서 자리하고 있다. 따라서 보건부문 이외의 정부부문 정책이 건강에 미치는 잠재적 영향을 평가하고 이에 적극 대응하고자 하는 것이다.

이 전략의 특징을 요약하면 다음과 같다. 먼저 보건과 다른 정책 간의 연계를 강화(Inter-sectoral action)하고자 하는 것이 가장 큰 특징이다. 다음으로 건강의 사회적 결정요인모델(Dahlgren and Whitehead, 1991)에 의해 개념화된 것과 같이 건강은 사회·경제·환경적 요인에 의해 영향을 받으므로 다양한 건강결정요인(정책)에 대한 개입을 통해 건강증진을 목적으로 한다. 또한 건강의 사회적 결정요인들 간에도 서로 영향을 미치는 것에 주목한다. 예를 들어 주거환경이 물리적 활동과 같은 개개인의 생활습관에 영향을 미치는 것을 들 수 있다. 따라서 교통이나, 주거, 환경, 교육, 재정, 세제, 경제정책 등 모든 정책을 대상으로 하며 다양한 정부레벨(범국가단위, 국가단위, 지역단위, 지구단위 등)에서의 정책과 전략을 통해 접근될 수 있도록 강조한다.

5) 건강도시를 위한 정책적 접근방법의 시사점

앞에서 살펴본 건강한 도시환경 조성과 관련된 기존 정책적 접근 방법들의 특징을 요약하면 [표 14-10]과 같다. 각각의 정책적 접근 방법들은 모든 인구집단의 건강이라는 궁극적 목적에 달성하기 위하여 서로 다른 측면에서 접근하고 따라서 서로 다른 효과를 낳는다. 따라서 이들 개별 접근방법의 유용성은 서로 다른 조건이나 정책적 환경하에서 판단되어야 한다. 어떠한 접근방법들이 가장 효율적이고 가장 적합할 것인가는 현재 어떠한 환경에 처해 있는가 하는 측면이 고려되어야 한다. 이런 점에서 앞에서 살펴본 기존 건강도시 조성과 관련한 정책적 접근을 평가하고 현재 우리나라에서의 건강도시 조성을 위한 시사점을 정리하면 다음과 같다. 먼저 전 세계적으로 광범위하게 시행되고 있는 건강영향평가(Health Impact Assessments)제도는 우리나라에서도 부분적으로 시행되고 있다. 건강영향평가는 포괄적으로 정책, 계획, 프로그램, 사업들이 주민의 건강에 미치는 영향이나 이들의 잠재적 효과를 파악하는 절차와 방법 등을 말한다.[12] 그러나 우리나라의 건강영향평가 제도는 환경영향평가제도의 일부분으로 시행[13]되고 있으며 산업단지, 발전소, 폐기물 처리시설 등 몇몇 시설의 개발 사업에 한정하여 건강영향을 평가하고 있는 실정이다.

표 14-10 **건강도시를 위한 기존 정책 수단의 특징 및 시사점**

구 분	특 징	시사점
① 건강영향평가 (Health Impact Assessments)	• 정책, 전략, 정책프로그램 등이 사람들의 건강에 미치는 잠재적 효과를 평가 • 건강의 사회적 결정요인에 근거하여 다양한 분야의 정책이 건강에 미치는 부정적 효과를 제한하려는 수단	• 포괄적으로 도시계획이나 도시개발 시 건강이란 관점에서 고려해야 할 가이드라인 형태의 접근법 필요
② 건강도시계획 (Healthy Urban Planning)	• 물리적 환경측면에서 도시환경을 건강에 유익하게 변화시키기 위한 적극적 노력의 일환 • 도시계획부문에 건강증진이라는 목표를 명확히 하고 실천전략 및 실행수단 등을 명시	• 개별도시의 건강도시계획 수립에 대한 프레임워크를 제시하고 건강과 관련하여 도시환경에서 고려해야 할 내용구성의 틀을 제시할 수 있는 건강도시 가이드라인 필요
③ 건강도시디자인 (Healthy Urban Design)	• 보다 직접적으로 도시의 물리적 환경을 설계하거나 건설할 때의 기준으로 제시 • 건강과 관련된 특정 장소나 시설에 대한 계획·설계 지침	• 보다 상위개념의 공통적인 지침으로서 건강도시 가이드라인의 수립이 필요
④ 건강한 공공정책 (Health in All Policies)	• 건강도시의 구현을 모든 정책의 참여를 통해 실현 • 도시의 건강문제 해결을 위해 다양한 정부 정책의 개입 필요 • 정부부처 간의 거버넌스와 유관 정책 간의 공조를 강조	• 모든 정책에 건강가치를 반영하는 정책의 전단계로서 통합된 관점이 실현되는 도구로서 건강도시 가이드라인 필요

자료: 김태환 외, 2013, 웰빙사회를 선도하는 건강도시조성방안 연구(1), 국토연구원.

02 건강도시 조성을 위한 가이드라인[14]

1) 건강도시 가이드라인의 필요성

시민들의 건강한 삶을 통해 높은 삶의 질을 뒷받침하는 '건강한 도시'를 만들어 나가는 데 있어 일종의 가이드라인이 필요한 이유는 도시환경과 건강과의 관련성에 기초하고 있다. 개인이나 커뮤니티(지역사회)의 건강은 여러 가지 요인들의 다양한 조합에 의해 영향을 받는다. 특히 어떤 인구집단이 얼마나 건강한가 하는 것은 그 인구집단이 처하고 있는 환경에 의해 많은 영향을 받고 있으며, 환경의 영향은 유전적인 요인 못지않게 중요하게 인식되고 있다는 점이다. 여기에서 환경의 영향은 '건강의 사회적 결정요인(1974)'에 관한 이론에서도 제시하는 바와 같이 물리적·사회적·행태적, 기타 다른 요소를 포괄하는 외부환경을 포괄적으로 일컫는다.

앞서 건강의 사회적 결정요인에 의해 비보건적 부문의 효과가 인식되고 있는 가운데 특히 도시의 물리적(건조) 환경이 건강에 미치는 영향에 대해 체계적인 대응이 필요하게 되었음을 밝혔다. 즉, 건강증진을 위해 도시환경의 개선을 위한 지침으로서 기능할 수 있는 일종의 안내서가 필요한 것이다. 그런데 도시민의 건강과 관련된 도시환경의 많은 부분은 도시정책 또는 도시계획과 관련을 가진다. 물리적 환경의 생성과 변화는 토지이용, 주거, 교통, 공원·녹지 등 도시계획 부문과 깊은 관련을 가진다. 따라서 건강에 유익한 도시환경을 조성하기 위해 도시계획적 접근이 필요함을 알 수 있다.

최근의 도시계획적 흐름은 광범위하게 보다 건강한 도시를 만드려는 노력으로 볼 수 있다(Barton & Tsourou, 2000). 뉴어바니즘(new urbanism), 스마트성장(smart growth), 대중교통지향개발(transit and pedestrian oriented development), 녹색도시(green city) 등은 도시환경의 건강성과 관련이 높다. 세계보건기구(WHO) 건강도시운동(Healthy City Movement)에서도 시민의 건강증진을 위해 건강도시계획에 강조점을 두고 있다.

선진국의 경우 도시의 물리적 환경이 시민의 건강과 밀접한 관련이 있다는 인식이 점차 확산되고 있으며 이에 따라 도시정책적 차원에서 이에 대한 대응이 활발하게 진행되고 있다. 이처럼 건강과 관련하여 도시계획 및 정책의 중요성에 대한 인식이 높아지고 있으나 우리나라에서는 아직 이에 대한 인식이 미약할 뿐 아니라 공공의 대응도 아직 보건의료 중심으로 협소하게 진행되고 있는 실정이다.[15]

　　최근 선진국에서는 도시의 물리적(건조)환경은 많은 측면이 건강행태 및 건강한 라이프스타일과 관련이 깊다는 사실에 기초하여 도시계획·정책의 적극적인 역할이 강조되고 있고, 도시계획 수립이나 도시정책의 실행에서 시민의 건강이나 공중보건을 향상시킬 수 있도록 추진하고 있다. [그림 14-8]은 WHO에서 제시하는 건강목표와 도시계획적 대응이 어떻게 연관되는지를 보여준다. 즉, 도

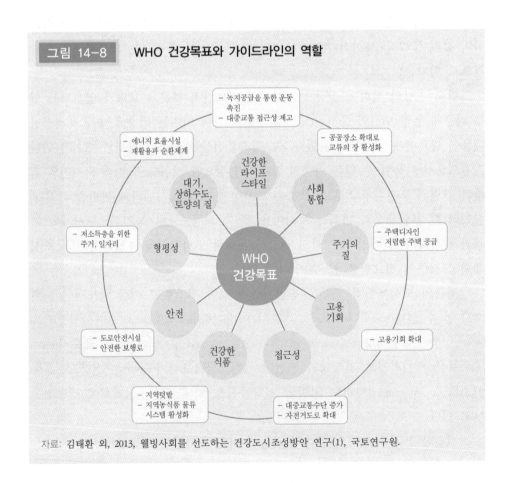

그림 14-8　WHO 건강목표와 가이드라인의 역할

자료: 김태환 외, 2013, 웰빙사회를 선도하는 건강도시조성방안 연구(1), 국토연구원.

시계획의 각 부문은 건강의 목표 달성과 밀접한 관련을 가진다. 우리나라에서는 시민의 건강증진을 위한 도시계획·정책 차원의 실행수단이 부재한 현실을 고려할 때 시민의 건강증진을 위한 도시계획·정책의 방향성을 제시하며 이에 따른 정책수단의 주요항목을 도출하고 계획수립·집행의 지침이 될 수 있는 가이드라인의 역할이 매우 중요하다고 하겠다.

　이상에서 논의한 것을 토대로 '건강도시 가이드라인'의 역할을 정리하면 먼저 삶의 질 향상과 직결되는 시민의 건강증진에 도시환경이 밀접한 관련을 가진다는 인식을 제고시킨다. 둘째, 이러한 인식의 확산을 바탕으로 도시정책을 추진하는 데 있어 건강의 가치를 주요 목표로 고려할 수 있도록 권장한다. 셋째, 구체적으로 시민의 건강수준 향상을 위한 도시환경 개선의 방향과 과제를 제시하여 건강도시 만들기의 지침역할을 할 수 있다. 마지막으로 실천적 측면에서 시민의 건강증진을 위한 도시정책적 실천노력을 유도할 수 있다.

2) 건강도시 가이드라인의 기본방향

　건강도시 조성을 위한 가이드라인의 기본방향은 우선 도시의 물리적 환경 개선을 통해 시민의 건강증진이 구현될 수 있는 건강도시를 지향한다. [그림 14-9]에 보는 바와 같이 '공원 녹지', '공공공간', '주거환경', '교통환경' 등 다양한 도시의 물리적 환경은 행태, 생활양식, 사회적 유대, 환경오염 등의 건강요인을 통해 도시민의 건강에 영향을 미친다. 건강과 직접적 관련을 가지는 또 다른 요인인 유전적 요인이나 의료서비스 요인은 물리적 환경의 변화를 통해 개선되는 사항이 아니다. 따라서 여기서 다루는 건강도시 가이드라인은 건강결정요인의 하나로서 도시의 물리적 환경을 주된 대상으로 한다.

　건강도시 가이드라인에서 다루는 활동적 도시환경과 관련한 주요 건강 이슈는 다음과 같다. 첫째, 활동성을 제약하거나 촉진하지 못하는 도시환경의 개선에 대응하여야 한다. 우리 도시환경의 많은 부분이 활동적인 생활을 촉진하는데 불충분하고, 더욱이 신체적 활동을 제약하는 요소들이 상존하고 있는 것으로 판단된다. 걷기 실천율은 오히려 퇴보하고 있으며, 권장수준의 중증도의 신체활동을 실천하고 있는 사람은 일부에 불과한 실정이다.[16)]

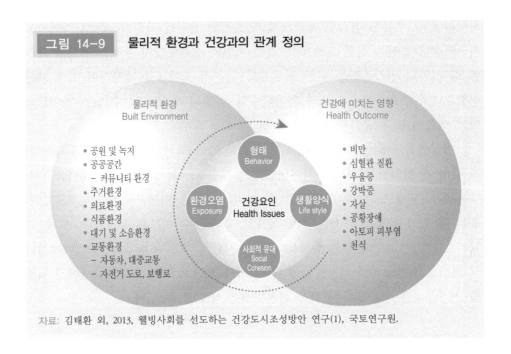

그림 14-9 물리적 환경과 건강과의 관계 정의

자료: 김태환 외, 2013, 웰빙사회를 선도하는 건강도시조성방안 연구(1), 국토연구원.

둘째, 사회적 격리와 소외감을 극복하고 교류를 촉진할 수 있는 도시환경에 관심을 가진다. 공공공간의 공급이나 사회적 교류를 촉진할 수 있는 도시디자인은 사회적 고립을 감소시키고 사회적 소속감을 증진시키는 기능을 할 수 있다. 도시에서의 스트레스 인지율이 농촌에 비해 높은 현실, 노인인구의 증가, 아파트 문화의 보편화, 자살율의 증가 등의 여건변화에 적극 대응할 필요가 있다.

셋째, 자연이 주는 신체적, 정신적, 심리적 건강효과를 극대화하는 도시환경을 조성하여야 한다. 자연 속에서 거니는 것은 스트레스를 해소하고 기분을 북돋으며, 일상생활에 활기와 생기를 불어넣어 준다. 자연을 접할 수 있는 공원이나 녹지, 수변 등 오픈스페이스의 질적수준을 높이고 충분한 휴양시설을 공급하여 이용을 활성화하는 것이 필요하다. 또한 오픈스페이스에 쉽게, 다양한 수단에 의해 접근할 수 있도록 하는 것은 운동이나 여가활동을 증가시켜 건강증진 효과를 기대할 수 있다. 여전히 도시에서 자연과의 접촉기회는 제한되어 있고, 공원녹지 등 오픈스페이스의 확충은 답보상태에 있다.

이러한 측면에서 건강도시의 방향성을 일차적으로 활동친화도시(Active City)에 두고 부차적으로 유대강화도시(Interactive City)와 자연친화도시(Green City)로 정리한다. 다시 말해 건강도시 가이드라인이 지향하는 방향성으로 도시에서 시민들의 활동성을 촉진하는 도시환경에 초점을 두고 도시의 물리적 환경측면에서 건강증진과 관련이 깊은 사회적 상호작용 촉진환경, 도시의 자연친화적 환경을 포괄하는 것으로 제시하고자 한다.

건강도시 가이드라인 7대 구성부문의 정의 및 의미

1. 토지이용계획

토지이용이란 계획구역 내의 토지를 어떻게 이용할 것인가를 결정하는 계획을 말하며, 도시공간 속에서 이루어지는 제반 활동들의 양적 수요를 예측하고 그것을 합리적으로 배치하기 위한 계획 작업을 말한다. 토지이용계획은 건강도시 조성에 있어 가장 큰 뼈대가 되는 계획 요소이며, 특히 복합 도시이용, 도로의 연결성, 주거 밀집도 등은 신체활동량과 연관성이 높다고 추정되는 건조환경이다.

2. 오픈스페이스

오픈스페이스는 사람들에게 여가나 운동 같이 신체 활동 목적이나 마음의 편안함을 줄 목적으로 설치한 공원, 녹지, 수변공간, 산책로, 등산로 등을 뜻한다. 오픈스페이스는 공기와 물, 개방감과 아름다운 경관요소들을 확보하여 쾌적성을 제공하고, 공기정화로 순환통로 기능을 하며, 자유로운 옥외 레크리에이션 활동을 위한 장소를 제공하는 등 도시민의 건강 향상에 중요한 기여를 한다.

3. 주거 및 근린환경

주거환경은 주생활(住生活)과 밀접한 관계가 있는 장소이며, 근린환경은 주택가와 인접해 주민들의 생활 편의를 도울 수 있는 시설 및 장소를 뜻한다. 주거 및 근린환경은 개개인에게 의미가 있는 장소이며, 문화적인 정체성의 원천이 되고, 안전한 안식처이자 가족생활을 위한 안락한 공간이므로 좋은 주거 및 근린환경은 여러 측면에서 건강과 웰빙을 증진시킨다.

4. 건강교통

건강교통이란 다양한 일상 활동을 위한 걷기, 타기, 대중교통 이용을 장려하고, 여가시간을 이용한 신체활동을 유발하는 교통환경을 뜻한다. 건강교통 수단의 활성화는 신체활동을 증진시켜 비만율, 심장질환, 당뇨병을 감소시키고, 자동차 통행을 감소시켜 대기오염이 감소하고, 호흡기질환 및 심장질환의 감소에도 영향을 미친다.

5. 지역 보건의료환경

지역 보건의료환경은 치료 뿐 아니라 건강증진 및 질병예방을 위해 1차적으로 생활권 내에 지역 주민이 안심하고 신속하게 보건의료서비스를 이용할 수 있는 여건을 말한다. 주민의 건강증진을 위해서는 병원과 같이 급성기 진료서비스를 담당하는 기관의 접근성도 중요하지만 의원이나 보건소와 같은 1차 의료기관에 대한 접근성을 높이는 것이 우선적으로 중요하다.

6. 식품환경

식품환경은 지역민에게 개방된 장터, 식료품 가게, 편의점 등과 같이 식품을 구할 수 있는 장소로 규정한다. 음식 접근성은 개인 건강에 매우 중요한 역할을 하며 신선한 음식을 파는 슈퍼마켓의 접근성이 좋을수록, 패스트푸드점이나 인스턴트 음식을 많이 취급하는 편의점 접근성이 낮을수록 비만율이 낮은 것으로 나타난다.

7. 생활환경관리

생활환경관리는 대기, 수자원, 소음, 기타 기후변화 및 재해로부터 건강한 생활을 보장하는 것을 뜻한다. 도시 내 대기오염은 도시 거주자들의 건강을 해치는 것으로 널리 인식되고 있으며, 안전한 수자원은 건조환경의 가장 오래된 해결과제 중 하나이다. 소음은 정신적인 건강 및 심혈관질환과 관련이 있다. 이외에도 기후변화에 따른 자연재해 및 건강에 유해한 환경에 대한 관리가 필요하다.

3) 건강도시 가이드라인 구성요소 및 세부 가이드라인

건강도시 가이드라인은 앞서 가이드라인 수립의 기본방향에 맞추어 토지이용계획, 오픈스페이스, 주거 및 근린환경, 건강교통, 지역 보건의료환경, 식품환경, 생활환경관리 등 7개 부문으로 정하고 각 부문별 기본원칙(총 23개)과 세부 가이드라인(총 96개)을 제시한다. 각 부문별 가이드라인은 다음과 같다.

① 토지이용계획

토지이용계획은 건강도시 조성에 있어 가장 큰 뼈대가 되는 계획 요소이다. 특히 복합토지이용, 도로의 연결성, 주거 밀집도 등은 신체활동량과 연관성이 높다고 추정되는 건조환경이다. 복합토지이용은 지역민들 간의 일상적인 교류의 기회를 제공하고, 이 기회는 이웃 간의 보다 깊은 친근감, 신뢰감, 연결성 등으로 이어진다. 또한 복합용도지역에는 공원, 소매 상권 등과 같은 사회 교류가 활발한 장소가 많아 도심지역 근린주구의 이웃 교류와 인과성이 있다는 연구결과를 볼 수 있다(Lund 2003). 하지만 용도 혼재로 인해 소음, 공해 등이 발생하여 주거생활의 쾌적성을 침해할 수 있으므로 주거지에 유해한 영향을 끼칠 수 있는 용도는 충분히 분리시키는 계획이 수반되어야 할 것이다.

이에 근거하여 신체활동 촉진 및 건강증진을 위한 토지이용을 세우기 위해 2가지의 기본원칙과 5가지의 세부 가이드라인을 제시하도록 한다.

기본원칙	세부 가이드라인	비고
1. 신체활동 촉진을 위하여 토지이용을 혼합하고, 도로 연결성을 강화한다.	주거지 근처에 사무실, 학교, 소매점, 문화시설, 레크리에이션시설 등을 함께 배치하여 토지이용 혼합을 유도하고, 보행 및 자전거 통행을 활성화 한다.	필수
	보행 활성화를 위해 보행로의 연결성을 높이고, 안전한 보행환경을 확보한다.	
	대중교통 결절지점에 대한 접근성을 높이고, 대중교통 수단 간 연계성을 강화한다.	권장
2. 건강 유해 환경을 최소화 하는 토지이용을 계획한다.	소음, 공기오염, 악취 등 주거지에 유해한 영향을 끼칠 수 있는 용도는 충분히 이격시켜 배치한다.	권장
	복잡과밀 환경으로 경관, 조망, 일조 등이 침해되지 않도록 건물의 높이 및 밀도를 조절한다.	

② 오픈스페이스

오픈스페이스는 사람들에게 여가나 운동과 같이 신체 활동 목적이나 마음의 편안함을 줄 목적으로 설치한 공원, 녹지, 수변공간, 산책로, 등산로 등을 뜻한다. 공원, 공원까지의 거리가 가까울수록 걷기 실천율 및 신체활동 실천율이 높으며, 접근성이 좋을수록 공원 이용횟수가 증가하는 것으로 나타난다. 이외에도 공원 근접성과 공원 사용, 여가 활동량의 상관성은 많은 연구에서 보고되고 있다. 오픈스페이스의 질적, 미적 상태도 신체활동에 기여하는 중요한 요소이다. 산책로와 공원은 깨끗하고 안전하며 유지보수 상태가 좋을 뿐 아니라, 편의시설이 잘 구비된 경우 더 많이 이용하여 신체활동량 향상에 도움이 된다(Kaczynski and Henderson, 2007; Reynolds et al., 2007). 오픈스페이스의 안전성도 신체활동과 연관성을 보이는데, 휴게 및 놀이공간이 안전할수록 신체활동률이 높다(Bauman & Bal. 2007; Lovasi et al. 2009). 저소득층에 대한 오픈스페이스의 소외 문제는 중요한 쟁점 중 하나이다. 저소득 지역일수록 오픈스페이스의 접근성이 낮으며 이로 인해 신체활동 수준이 낮아 이에 대한 대책마련이 필요하다.

이에 근거하여 오픈스페이스에 대한 5가지의 기본원칙과 21가지의 세부 가이드라인을 정립한다.

기본원칙	세부 가이드라인	비고
1. 어디서나 가깝고, 누구나 편리하게 접근할 수 있는 곳에 오픈스페이스를 계획하여 도시민의 신체활동을 증진시킨다.	공원, 녹지, 수변공간 및 산책로는 주거공간과 업무공간으로부터 보행 및 자전거 접근이 가능하도록 계획하여 물리적, 심리적 접근성을 향상시킨다.	필수
	오픈스페이스 간의 연결 동선이 단절되지 않도록 하기 위해 공원, 녹지, 산지, 소하천, 강변 등의 공간을 보행 및 자전거 네트워크와 통합적으로 연결한다.	
	접근성 향상을 위해 공원조성계획 수립시 주변 주거단지 및 업무단지의 출입구, 정류장, 보행로, 보행 교차로 등과 연결 될 수 있는 곳에 공원 출입구를 계획한다.	권장
	오픈스페이스 접근로의 도로경사 및 시설물 등은 노약자나 장애우의 이동이 편리하도록 디자인한다.	
	오픈스페이스를 연결하는 보행 네트워크는 자연지형을 고려하여 계획한다.	참조
2. 다양한 기능과 목적을 수용하는 오픈스페이스를 계획하여 건강을 증진시킬 수 있는 공간으로 개편한다.	오픈스페이스는 운동, 산책, 휴양 등 다양한 활동을 지원하고, 개인 및 단체(혹은 가족단위)가 모두 이용할 수 있는 공간 및 시설을 제공한다.	필수
	다양한 계층(연령, 성별, 기호 등) 간 활발한 교류와 참여의 장으로 기능할 수 있도록 오픈스페이스를 계획한다.	권장
	오픈스페이스는 문화적 정체성, 장소성, 지역성을 갖춘 특색있는 공간으로 조성하여 지역 주민의 이용과 활동을 촉진한다.	
	혹서, 혹한, 우천 시 등 계절과 날씨 조건을 고려하여 사용에 지장이 없도록 관리하고, 지원시설을 공급한다.	참조
3. 안전한 오픈스페이스를 계획하여 안심하고 활동할 수 있는 환경을 조성한다.	오픈스페이스는 사각지대가 생기지 않도록 시설물을 계획하고, 충분한 시야가 확보될 수 있도록 개방적이고 밝은 분위기로 조성한다.	필수
	야간에도 안전하게 이용할 수 있도록 상대방의 얼굴을 식별할 수 있을 정도의 적절한 조도와 간격으로 조명시설을 설치한다.	
	오픈스페이스에서의 범죄를 예방하기 위해 인적이 드문 지역에 대해서는 CCTV 배치를 확충한다.	권장
	공원시설에는 안전하게 활동할 수 있도록 필요 시설을 충분히 계획한다(안전펜스 설치, 장애물 제거 등).	
	공원까지 안전한 접근을 위해 충분한 보도 폭을 확보하고, 보행 장애물을 제거한다.	

4. 휴식 및 신체 활동을 촉진할 수 있는 오픈스페이스를 고루 배분하여 소외지역이 없도록 계획한다.	어디에 살더라도 오픈스페이스가 공평하게 배분되도록 접근성 및 서비스권(catchment area), 지역별 인구규모 등을 고려하여 계획한다.	필수
	저소득층, 노약자 밀집지역 등에 오픈스페이스 공급이 소외되지 않도록 우선적으로 공원 및 녹지를 확충한다.	권장
	녹지가 부족하고, 배치 기준에 부합되지 않는 기성시가지 지역은 도시재생과 연계하여 오픈스페이스를 확충하고, 유휴공간을 공공공간으로 유도한다.	참조
5. 자연친화적인 설계와 지속가능한 유지관리 계획을 수립하여 쾌적한 공간을 조성한다.	이용도가 높은 매력적인 공원을 조성하기 위해 산책로의 그늘 확보, 운동시설 및 휴식시설의 적정배치 등 이용자 편의시설을 충분히 확보한다.	필수
	오픈스페이스가 건강에 유익하고, 유해하지 않도록 조성되기 위해 자연서식지를 재생, 보전, 보호하며, 자생식물을 적극적으로 활용하는 계획을 마련한다.	권장
	공원 및 녹지 주변에서는 일조 및 바람길을 고려하여 고층건물 입지를 제한하고, 충분한 식재, 다양한 수종을 조화롭게 배식한다.	
	오픈스페이스의 효율적이고 지속적인 유지관리를 위해 NGO 및 주민이 계획 및 유지·관리에 적극적으로 참여할 수 있도록 운영계획을 수립한다.	참조

③ 주거 및 근린환경

주거 및 근린환경은 개개인에게 의미가 있는 장소이며 문화적인 정체성의 원천이 되고, 안전한 안식처이자 가족생활을 위한 안락한 공간이다(Rybczynski 1987; Marcus 1997). 따라서 좋은 주거 및 근린환경은 여러 측면에서 건강과 웰빙을 증진시키게 된다. 연구에 따르면 주거지 인근의 가로 연결성이 높을수록 보행 통행률이 많아지고, 보행시간도 길어진다(Frank et al. 2005; 이경환 외. 2007). 주거 및 근린환경의 안전성은 중요한 계획요소 중 하나로 커뮤니티가 안전하고, 범죄율이 낮은 지역일수록 거주민의 신체활동률이 높다(Lovasi et al. 2009; Doyle et al. 2006).

주거 및 근린환경은 정신건강과도 깊은 연관성이 있다. 낮은 일조량은 우울증을 일으키며(Bauchemin & Hays. 1996) 슬럼화된 주택에 사는 아이들이 상대적으로 정신적 스트레스가 높은 것으로 나타난다(Gifford & Lacombe. 2006). 또한 주민들 간의 교류를 촉진하는 공원, 상점, 거리 등은 사회적 유대감 및 공동체 의식을 높여 심리적, 사회적인 소속감을 느끼게 한다(Lund. 2003; Kim and Kaplan. 2004).

이에 근거하여 주거 및 근린환경에 대해 5개 기본원칙과 23개 세부 가이드라인을 제시한다.

기본원칙	세부 가이드라인	비고
1. 주거지역은 보행 및 자전거, 대중교통 접근이 편리하도록 계획하고, 근린시설은 보행권 내에 효율적으로 배치, 연결한다.	주거지에서 부대시설 및 복리시설, 오픈스페이스, 교육시설 등으로의 접근이 용이하도록 보행, 자전거, 대중교통으로 연결되도록 한다.	필수
	건강친화적인 주거단지를 위해 보행자 우선도로를 조성하여 단지 내 시설이 연계되도록 하며, 단지 외부의 보행로와 연결한다.	
	놀이터, 커뮤니티 공간, 체육시설, 공원 등 시민의 건강증진을 위한 시설, 공간은 보행결절지점이나 근린의 중심부에 집적시켜 시설 간 이용의 편리성 및 접근성을 증대시킨다.	권장
	생활권 내에 배드민턴, 탁구장, 농구장, 운동장 등 주민들이 복합적으로 이용할 수 있는 생활체육공간을 일정 규모 이상 계획한다.	
	학교, 종교시설, 행정시설의 옥외공간 및 운동시설 등이 주민들의 체육 및 여가공간으로 기능할 수 있도록 활용도를 제고하고, 다목적 활용방안을 마련한다.	참조
2. 심리적 안정과 신체적 활동을 보장하는 안전한 지역사회를 조성한다.	주거지 내에서는 교통사고 발생을 예방하기 위한 각종 안전시설을 강화하여 교통 안전성을 제고한다.	필수
	거주지역이 범죄에 안전하도록 범죄예방 환경설계(CPTED)기법을 적용한 주거 및 근린환경을 조성한다.	
	방범 취약지역은 야간 가시거리를 확보하여 범죄를 예방하도록 적절한 조도와 간격으로 조명을 설치하고, 필요한 곳에는 CCTV를 보강한다.	권장
	어린이 놀이공간은 후미진 자투리 공간을 피하고, 보행자 도로와 연결하여 주거지 중심에 노인정, 주민공동이용시설 등과 함께 설치한다.	
3. 건강한 생활 기반을 위한 깨끗하고 조용한 주거 및 근린환경을 조성한다.	차량의 매연, 소음 피해를 줄이기 위해 주거지를 간선도로로부터 이격하고, 주거단지 내부도로는 차량속도 저감시설을 설치한다.	필수
	생활쓰레기의 안전한 처리, 악취·불쾌감을 유발하는 장소의 최소화 및 이격화, 진동·오수의 관리대책 등을 통해 깨끗하고 쾌적한 주거환경을 조성한다.	
	건강한 생활환경 조성에 필요한 일조량과 조망권 확보 기준을 마련한다.	
	정신건강, 심리적 안정을 위해 층간소음을 최소화 할 수 있도록 건축기준을 강화·준수한다.	권장
	주거시설과 인접한 곳에 수면을 방해하는 불필요한 조명시설(네온사인)을 설치하거나, 소음을 유발하는 행위를 억제한다.	
4. 고령사회에 대응하고, 건강취약 계층을 배려한 주거	고령층과 건강취약 계층이 응급상황에 신속히 대응할 수 있도록 응급 및 위급상황 알림서비스 등 대처방안을 마련한다.	필수
	어린이, 장애우, 노약자 등을 위한 유니버설 디자인(universal design)의 적용을 확대하고, 주거지원시설을 공급한다.	

및 근린환경을 조성한다.	고령층 및 건강취약계층에게 다양한 신체활동이 가능한 환경을 제공하기 위해 기존의 체육시설을 재점검하고, 시설물 계획을 정비한다.	
	저소득 계층 및 서민 주택 밀집지역에는 대중교통 접근이 용이하도록 한다.	
	향거장수(鄕居長壽, aging in place) 할 수 있도록 생애주기를 고려한 주택을 공급하여 모든 생애주기 가구가 한 마을에서 지속적으로 거주할 수 있도록 한다.	권장
	마을 단위로 독거노인들을 위한 공동생활 홈 등 다양한 가족형태가 서로 보완될 수 있는 코하우징 보급을 확대한다.	
5. 심리적 사회적으로 소속감을 느끼도록 편안하고 기분 좋은 환경을 조성한다.	정서적 교감과 사회적 유대감을 형성하고, 주민들 간의 만남과 교류를 촉진할 수 있는 시설 및 공간을 확충한다(근린공원, 생활가로 정비, 주민센터, 광장, 커피숍, 담장을 대신한 벤치가 있는 마당 등).	필수
	주기적으로 주민 공동 활동 및 행사, 지역 축제를 개최하여 심리적 소속감과 공동체 의식을 함양한다(마을의 날 지정).	권장
	커뮤니티 환경의 계획 및 유지 관리에 주민 참여를 유도하여 공동체의식을 제고한다.	참조

④ 건강교통

건강교통이란 다양한 일상 활동을 위한 걷기, 자전거 타기, 대중교통 이용을 장려하고, 여가 시간을 이용한 신체활동을 유발하는 교통환경을 뜻한다. 연구에 따르면 단위면적당 자전거도로 연장이 길수록 비만인구비율이 낮으며(김은정외, 2010), 보행자도로연장이 길수록 보행 및 자전거이용 시간도 높다(Troped et al. 2003). 이처럼 건강교통 수단의 활성화는 신체활동을 증진시켜 비만율, 심장질환, 당뇨병을 감소시킨다. 또한 자동차 통행을 감소시켜 대기오염이 감소하고, 호흡기질환 및 심장질환의 감소에도 영향을 미친다. 보행 및 자전거 이용의 증가에 따른 안전성 강화도 건강한 교통환경을 조성하는 데 중요한 계획요소이다. 보차구분과 각종 교통안전시설의 설치는 보행자 사고와 사망률을 낮춘다.

이러한 실증분석 및 문헌연구에 근거하여 건강교통 환경을 실현하기 위한 3가지의 기본원칙과 17가지의 세부 가이드라인을 제시한다.

기본원칙	세부 가이드라인	비고
1. 보행·자전거·대중교통 중심의 개	통근, 통학, 쇼핑 등 일상생활에서 보행 및 자전거 이용이 활성화 될 수 있도록 보행로와 자전거 도로를 충분히 공급한다.	필수

발을 통해 건강교통 네트워크를 실현한다.	보행로와 자전거 도로가 차량 통행에 의해 단절되지 않도록 하고, 수퍼블럭이나 대규모 건축물의 경우 보행통로를 확보한다.	권장
	철도역, 전철역 등 대중교통 결절지점은 보행자를 가장 우선적으로 고려하고, 자전거, 대중교통, 자동차 이용자 순으로 우선순위를 부여하여 설계한다.	
	중심 상업지역에서의 자동차 통행을 줄이기 위해 주차수요 관리와 대중교통 접근을 강화한다.	
	보행로는 보행자 편의를 고려하여 보행 장애물의 설치를 제한하고, 자전거 램프, 자전거 주차장, 안전시설과 같은 건강한 통행을 위한 지원시설을 보강한다.	
2. 건강한 생활을 위해 누구나 안전하게 통행할 수 있도록 한다.	어린이 보호구역과 같이 안전한 속도를 유지해야 하는 속도제한지구에서는 과속카메라 설치기준을 강화하고, 다양한 유형의 교통 정온화 시설을 도입한다.	필수
	차로, 자전거도로, 보행로를 명확히 분리하여 차량 및 소음·매연으로부터 안전한 환경을 조성한다.	권장
	유모차 및 어린이, 노인 등의 안전한 보행을 위하여 보행로의 노면상태(단차, 표면 등)를 고르게 정비한다.	
	교통약자들의 이동성 확대를 위하여 저상버스 확대, 시력 약자를 위한 표지판 설치, 전용 주차공간 확보 등 다양하고 적극적인 방안을 마련한다.	
	주요 보행자전용도로 및 녹지 네트워크 축을 중심으로 보행연동신호시스템 및 자전거 전용 신호체계를 도입한다.	필수
	보행자의 인지성을 높이기 위해 보행과 자전거를 위한 길 찾기 표지판을 설치한다.	
3. 외부 활동을 활성화할 수 있는 건강한 가로환경을 조성한다.	미세먼지 및 대기오염에 대한 보행자 노출도를 저감시키기 위해 친환경 대중교통 시설을 도입하고, 이산화탄소 배출 기준을 강화한다.	필수
	활기찬 거리가 되도록 외부 카페시설과 같은 보행유발시설을 늘리고, 집적화하여 배치한다.	권장
	다세대, 다가구, 단독 주택 지역 등의 안전한 생활교통을 위해 공공주차공간을 확충하고, 차로부터 안전한 환경을 조성한다.	
	유동인구가 많은 가로는 적정 폭원의 보행로를 확보하고, 커브 익스텐션(curb extension)을 설치하는 등 보행자 중심의 가로환경을 조성한다.	
	보행자의 시각범위를 고려한 1~2층 높이의 건물 입면 디자인, 가로수의 식재, 광고물(간판) 관리를 위한 지침을 마련하여 양질의 가로 경관을 조성한다.	
	소음 배출이 심한 중형 트럭 등의 노선을 주거지역 및 유동인구 밀집지역 외곽으로 계획하거나 소음기준을 강화한다.	참조

⑤ 지역 보건의료환경

지역 보건의료환경은 치료 뿐 아니라 건강증진 및 질병예방을 위해 1차적으로 생활권 내에 지역 주민이 안심하고 신속하게 보건의료서비스를 이용할 수 있는 여건을 말한다. 주민의 건강증진을 위해서는 병원과 같이 급성기 진료서비스를 담당하는 기관의 접근성도 중요하지만 의원이나 보건소와 같은 1차 의료기관에 대한 접근성을 높이는 것이 우선적으로 중요하다. 또한 2013년 보건복지부와 소방방재청의 보고에 따르면 3대 중증응급환자의 골든타임 내 최종 치료기관 도착비율이 48.6% 수준으로 접근성 개선 및 생활권별 응급체계 마련이 시급한 실정이다. 이외에도 의료환경이 낙후되거나 소외된 지역에 대한 의료 접근성 개선 대책이 필요하다.

이러한 우리나라 의료환경 현황에 근거하여 지역 보건의료환경과 관련한 2가지의 기본원칙과 6가지의 세부 가이드라인을 제시한다.

기본원칙	세부 가이드라인	비고
1. 보건 및 의료환경의 교통 접근성을 강화하고, 생활권별 응급체계를 구축한다.	보건 및 의료시설은 교통 접근이 용이한 곳에 입지하도록 유도하고, 대중교통 정류장과 연계한 통행 수단(셔틀버스 운영 등)에 대한 계획을 마련한다.	권장
	뇌졸중 등 치명적 질환을 기준으로 응급환자 이송을 위한 시간, 거리기준(골든타임)에 따라 생활권별로 의료시설 입지를 계획한다.	
	공공보건시설은 행정구역 기준으로 설치하기보다는 지역 내 이용계층의 특징을 고려하여 배치한다.	참조
2. 의료 취약지역에 대한 우선적인 공공의료시설 지원체계 마련과 생활권별 생애주기를 고려한 다양한 의료과목을 배치한다.	의료 환경이 낙후되거나 소외된 지역에 우선적으로 공공의료시설을 지원하고, 특히 의료서비스가 소외된 지역에 지역순회형 의료서비스(의료차량 및 의료진)가 제공될 수 있도록 한다.	필수
	1차 의료기관은 생활권별로 골고루 배치될 수 있도록 하고, 커뮤니티 생애주기를 고려한 다양한 분야의 의료시설을 확보할 수 있도록 공공의료보건시설을 확충한다.	권장
	이동제약이 있는 장애인 및 노인 등 사회적 약자를 위한 의료 및 돌봄 서비스를 확대한다.	참조

⑥ 식품환경

식품환경은 지역민에게 개방된 장터, 식료품 가게, 편의점, 음식점 등과 같이 식품을 먹거나 구할 수 있는 장소로 규정한다. 연구에 따르면 건강한 음식 접근성은 개인 건강에 매우 중요한 역할을 하며 신선한 음식을 파는 슈퍼마켓의 접근성이 좋을수록, 패스트푸드점이나 인스턴트 음식을 많이 취급하는 편의점 접근성이 낮을수록 비만율이 낮은 것으로 나타난다(Lovasi et al. 2009; Sallis & Glanz. 2009).

이러한 실증분석 및 문헌연구에 근거하여 건강한 식품환경을 조성하기 위한 2가지의 기본원칙과 8가지의 세부 가이드라인을 제시하도록 한다.

기본원칙	세부 가이드라인	비고
1. 안전하고, 건강한 식품을 어디서나 손쉽게 접할 수 있도록 보장한다.	신선하고, 질 좋은 식품을 보행 또는 자전거로 손쉽게 접근할 수 있는 곳에서 구입할 수 있는 환경을 조성한다.	필수
	학교급식 자재 공급에 친환경 농산물이나 그 지역에서 생산되는 재료(로컬푸드)를 우선적으로 활용하도록 한다.	권장
	인근 농촌지역 농산물의 직거래 유통을 위한 도농교류를 지원하고, 도농 직거래 장터를 활성화한다.	
	주거지 인근 비가용 토지 및 유휴 공공용지를 도시농업지로 활용하여 인근 주거민의 마을 텃밭 등 지역 내 안전한 식료품을 직접 재배할 수 있는 환경을 조성한다.	참조
	노인, 저소득층 등 취약계층이 먹거리 접근의 불편(식품사막, food desert)으로 영양 부족 현상이 발생하지 않도록 푸드뱅크(food bank)를 확대한다.	
2. 친환경 식품을 장려하고, 유해식품 억제를 통한 안전한 식품환경을 조성한다.	어린이 보호구역과 같이 안전한 속도를 유지해야 하는 속도제한지구에서는 과속카메라 설치기준을 강화하고, 다양한 유형의 교통 정온화 시설을 도입한다.	필수
	음식물쓰레기를 친환경적 유기비료로 가공하기 위한 시설을 제공하고, 공동체 텃밭과 연계체계를 구축한다.	권장
	지방자치단체별 지방 특산품 및 식품생산자에 대한 정보를 일반 도시민이 공유할 수 있는 통합적인 정보시스템을 구축한다.	

⑦ 생활환경관리

생활환경관리는 대기, 수자원, 소음, 기타 기후변화 및 재해로부터 건강한 생활을 보장하는 것을 뜻한다. 도시 내 대기오염은 도시 거주자들의 건강을 해치는 것으로 널리 인식되고 있다. 특히 교통 배기가스 노출로 인한 건강에의 악영향에 대한 근거가 점점 더 많이 제기되고 있어 대기오염 노출로부터 보호하기 위한 도시계획적 관점의 방책이 시급한 실정이다. 또한 안전한 수자원은 건조환경의 가장 오래된 해결과제 중 하나이다. 수자원 보호 및 재활용 노력을 통해 깨끗한 수돗물을 공급하고, 물 부족 현상에 대비할 수 있는 대책이 마련되어야 한다. 소음은 정신적인 건강 및 심혈관 질환과 관련이 있다. 유럽연합 인구의 약 20%가 성가심이나 수면장애를 발생시킬 수 있는 소음도에 노출되어 있다(EC. 1996). 우리나라도 최근 지자체별로 소음지도 작성을 통해 소음저감 대책에 활용하고 있다. 이외에도 기후변화에 따른 자연재해 및 건강에 유해한 환경에 대한 관리도 필요하다.

이에 생활환경 관리를 위한 4가지의 기본원칙과 16가지의 세부 가이드라인을 제시하도록 한다.

기본원칙	세부 가이드라인	비고
1. 대기 및 실내공기의 질과 안전성으로 건강한 생활을 보장한다.	승용차 이용을 억제하고, 녹색교통 이용 장려를 통한 대기오염을 저감 방안을 마련한다.	필수
	실내공기의 질과 안전성을 확보하기 위해 적정 기준을 마련하고, 지속적인 모니터링을 한다.	
	생활환경 조성 시 제로에미션 주택공급, 친환경적인 신재생에너지 생산, 저공해 연료 사용 등을 장려하여 대기의 질을 향상한다.	권장
	인체에 유해한 영향을 미치는 미세먼지(PM 2.5, 주로 자동차에서 배출)에 대한 규제 및 배출 제한 관련 계획을 수립한다.	
	대기질을 고려하여 바람길 관련 건축물 가이드라인을 수립한다.	
2. 건강한 수자원 공급 및 활용을 위한 계획을 수립한다.	양질의 식수원을 확보하고, 건강한 물 공급을 위해 상수원 주변지역에 대한 토지이용을 엄격히 제한하고, 상수도의 수질 유지·점검을 강화한다.	필수
	건강에 직접적으로 영향을 미치는 수질 및 토양오염을 저감하기 위한 생활하수 및 오폐수 방지 방안을 마련한다.	
	빗물저장시설, 빗물의 투수면적 확대, 우수가 하천으로 지속적으로 유입되도록 하는 등 저영향 개발을 체계적으로 지원한다.	권장
	지하수 보존을 위해 택지개발 및 대지조성사업, 골프장, 리조트 등 개발 시 지하수 개발을 억제한다.	참조
3. 소음규제를 강화하	각 도시는 소음지도를 제작하고, 이에 근거한 소음 저감대책을 수립한다.	필수

	차량도로 인근 소음 및 공해로부터 생활환경을 보호하기 위해 일정 소음 기준 이하가 될 수 있도록 완충녹지를 확보한다.	
고, 소음지도를 작 성하여 건강한 생활 을 보장한다.	주거지역에서 외부 소음으로 인한 영향을 최소화하기 위해 저소음 바닥 포장을 시행하는 등 교통소음 관리를 보다 철저히 한다.	권장
	소음 피해를 방지하기 위한 녹지확보가 불가능한 곳에서는 벽면녹화를 활용한 방음벽 혹은 차음벽을 설치한다.	참조
4. 기후변화에 따른 자 연재해에 대응하고, 건강에 유해한 환경 을 제거한다.	기후변화에 대응하여 홍수, 가뭄, 폭염으로부터 안전한 생활환경을 확보 하기 위한 방재계획을 수립하여 시행한다.	필수
	열섬현상으로 인한 건강악화를 방지하기 위해 녹지를 보호하고, 녹지대 를 충분히 조성한다.	권장
	자외선, 오존, 방사능 등 유해물질로부터 안전하도록 대기, 토양, 수질의 안전기준을 마련한다.	참조

4) 건강도시 가이드라인 수립의 시사점

건강도시 가이드라인은 우리가 일상적으로 살아가는 생활터전으로서 도시 환경을 보다 건강하게 만들어 나가기 위한 실천적 토대(platform)를 제공하였다는 데 일차적 의의가 있다. 삶의 질이 중시되는 여건변화에 부응하여 생활공간을 건 강에 유익하고 건강증진에 기여할 수 있는 공간으로 변모해 나가기 위해 필요한 실행전략의 기초로 활용될 수 있다.

둘째, 건강도시 가이드라인은 국민의 행복과 밀접한 '건강증진'을 공간정책 의 주요 목표의 하나로 부각하고 실천방향을 제시하여 국토·도시정책의 선진화 에 기여할 수 있을 것이다. 가이드라인에 포함된 내용은 기존의 정책 방향이나 제도에도 일부는 포함되어 있는 사항이나 지금까지는 국민건강과의 관련성 측면 에서 구체적으로 명시되지 않았고 주로 원칙적인 선언이나 포괄적인 규정에 한 정되어 온 것이 사실이다.

마지막으로 도시환경이나 건조환경이 시민의 건강 및 공중보건에 미치는 영향에 대한 중요성을 더 많이 인식하게 하고, 건강한 도시환경을 실현하기 위한 실천을 유도하는 효과를 가진다. 도시의 물리적 환경의 조성과 관련된 계획·개 발·관리의 각 주체들이 건강의 관점에서 이들 활동의 관련성과 중요성을 인식하 도록 하고, 건강에 유익한 방향으로 도시환경이 조성될 수 있도록 유도할 수 있

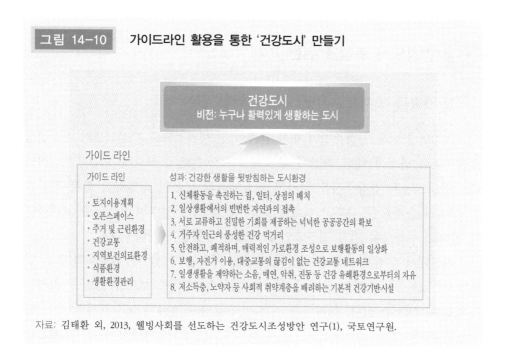

그림 14-10 가이드라인 활용을 통한 '건강도시' 만들기

건강도시
비전: 누구나 활력있게 생활하는 도시

가이드 라인

가이드 라인	성과: 건강한 생활을 뒷받침하는 도시환경
·토지이용계획 ·오픈스페이스 ·주거 및 근린환경 ·건강교통 ·지역보건의료환경 ·식품환경 ·생활환경관리	1. 신체활동을 촉진하는 집, 일터, 상점의 배치 2. 일상생활에서의 빈번한 자연과의 접촉 3. 서로 교류하고 친밀한 기회를 제공하는 넉넉한 공공공간의 확보 4. 거주자 인근의 풍성한 건강 먹거리 5. 안전하고, 쾌적하며, 매력적인 가로환경 조성으로 보행활동의 일상화 6. 보행, 자전거 이용, 대중교통의 끊김이 없는 건강교통 네트워크 7. 일생생활을 제약하는 소음, 매연, 악취, 진동 등 건강 유해환경으로부터의 자유 8. 저소득층, 노약자 등 사회적 취약계층을 배려하는 기본적 건강기반시설

자료: 김태환 외, 2013, 웰빙사회를 선도하는 건강도시조성방안 연구(1), 국토연구원.

을 것이다.

　[그림 14-10]은 가이드라인의 활용을 통해 우리의 도시가 '건강도시'로 개편된 모습을 그려본 것이다. 건강도시에서는 누구나 활력있고 건강하게 생활할 수 있도록 도시환경이 이를 뒷받침하게 될 것이다. 가이드라인에 따라 조성된 건강도시는 구체적으로 ① 신체활동을 촉진하는 집, 일터, 공원 등의 배치, ② 일상생활에서의 빈번한 자연과의 접촉, ③ 서로 교류하고 친밀한 만남을 제공하는 넉넉한 공공공간의 확보, ④ 거주지 인근의 풍성한 건강한 먹거리, ⑤ 안전하고, 쾌적하며, 매력적인 가로환경 조성으로 보행생활의 일상화, ⑥ 보행, 자전거이용, 대중교통의 끊김없는 건강교통 네트워크, ⑦ 일상생활을 제약하는 소음, 매연, 악취, 진동 등 건강유해환경에서 탈피, ⑧ 저소득층, 노약자 등 사회적 취약계층을 배려한 기본적 건강기반시설의 확보 등으로 전망할 수 있다.

03 건강도시 조성을 위한 과제

1) 건강과 도시환경의 중요성에 대한 인식 제고

1970년대 이후 건강증진에 대한 담론이 전 세계적으로 확산되면서 건강결정 요인으로서 환경에 대한 관심이 부각되었다. 1974년에 캐나다 보건부장관이던 라론드(Lalonde)는 건강증진을 위하여 의료제공과 더불어 생활양식 또는 행동요인, 환경과 공해요인, 그리고 생체적 요인 등 네 가지 영역의 요인들을 고려하여야 한다고 주장하여 건강 결정요인에 새로운 관점을 제시하였다.

이상에서 살펴본 것처럼 건강에 영향을 미치는 환경은 사회경제적 조건 및 광범위한 도시나 지역의 물리적 환경도 개인의 건강에 중요한 영향을 미치는 것으로 파악할 수 있다. 그러나 아직까지 건강의 관점에서 도시환경의 개선 필요성은 문제제기 수준에 머물고 있는 것으로 판단된다. 따라서 삶의 질 제고와 밀접한 관련이 있는 건강한 도시환경의 조성을 위한 공감대 형성이 시급하다고 하겠다.

2) 도시정책 차원의 접근 필요성

전통적으로 도시계획은 질병의 통제와 예방, 안전 등 건강에 대한 문제에 대처하여 왔으며, 또한 건강과 관련이 깊은 도시환경의 오염, 양질의 주거환경, 자연·생태환경의 보호 등에 관심을 가져왔다. 도시민의 건강을 향상시키는 데 도시정책적 접근의 필요성이 강조되는 것은 앞에서 살펴본 건강의 사회적 결정요인에 대한 인식의 증가와 관련된다. 건강도시의 개념적 접근에서 강조되는 것처럼 건강은 많은 물리적, 경제적 그리고 사회적 요소들에 의해 영향을 받으며, 보건, 의료 단독으로는 보호·증진되거나 향상시킬 수 없다는 주장이다.

도시정책 차원의 접근에 의한 건강도시 만들기의 의의는 치유보다는 오히려 예방적 건강대책을 강조하는 흐름에 부합한다. 즉, '불건강한 환경에 의해 만들어진 질병을 치료하는 것에 재정을 소비하기보다는 도시를 건강하게 만드는 것이 더 비용적인 측면에서 효과적'이라는 점을 실제로 실현한다는 특징을 가진다.

3) 한국형 건강도시 만들기의 모형 도출

WHO European Regional Office(2001)는 건강도시를 만들어가는 데 고려해야 할 필수요건을 같이 제시하고 있다. 첫째, 건강정책과 다른 도시전략과의 연계를 가지고 상호작용할 수 있는 메커니즘을 개발하는 것이다. 둘째, 도시 내 건강불평등 해소와 사회개발에 대한 관심과 지속가능개발에 특별한 노력을 강조한다. 셋째, 도시의 건강에 영향을 미치는 결정과정에 시민의 참여를 촉진한다. 넷째, 건강과 건강정책을 만들기 위한 교육을 강화하고 능력개발 프로그램을 실행한다. 다섯째, 구체적인 건강개발계획을 작성하고 실행계획을 수립한다. 여섯째, 건강개발계획과 통합된 체계적인 건강모니터링과 평가시스템을 도입하고 도시 내 다른 정책의 영향을 평가한다. 마지막으로 도시 내 최우선과제(예: 사회통합, 건강조건, 건강교통, 어린이, 노인, 안전, 가정폭력 등)에 대한 포괄적인 프로그램을 실행하고 평가한다. 이상의 건강도시를 조성하기 위한 필수요건은 도시의 특성에 따라 차이가 있을 수 있으나 건강도시 만들기를 추진하는 데 있어서 고려해야 할 방향을 제시하여 많은 참고가 될 수 있다.

이를 토대로 정책적으로 건강증진을 위한 도시환경의 개선, 고령화 추세에 대한 대응 등에 부합하는 건강도시 만들기 사업의 모형을 개발하는 것이 필요하다. 특히 시민의 건강증진을 도시경영이나 도시관리의 중요 목표로 설정하는 것이 매우 중요하고 이를 다른 도시정책과 유기적 연계하에 추진하는 것이 필요하다. 보다 장기적인 관점에서 시민들이 건강하게 생활할 수 있는 환경을 조성하기 위한 건강도시 모델이 다양하게 시도되어야 할 것이다. 단위 사업으로 추진하기보다는 유기적 연계를 통해 통합적으로 접근할 수 있도록 추진 메커니즘에 대한 더 많은 의견수렴이 있어야 할 것이다. 우리나라 도시의 건강실태 및 고령화 추세를 감안하여 도시정책의 한 부문으로서 종합적인 실행 프로그램의 도출이 필요하다. 건강도시 조성을 위한 시범사업 등을 통하여 정책메커니즘, 추진목표, 추진체계, 프로토타입형 계획수립, 모니터링 및 평가 체계까지를 포괄하는 한국형 건강도시 조성 모형에 대한 연구가 긴요하다.

4) 건강도시 조성을 위한 제도화 방안

앞에서 살펴본 것처럼 건강도시 조성이나 고령친화도시 조성의 경우 지자체 단위에서 자발적으로 추진되고 있는 실정이고 도시계획제도로의 뒷받침이 미비한 상태이다. 우선 건강도시 조성의 체계적 추진을 위한 새로운 제도적 틀로서 (가칭) 건강도시 조성 종합계획 등의 수립과 시행을 위한 제도 도입을 고려할 수 있다. 이를 통해 건강도시의 확산과 촉진을 위해 도시별 건강도시계획 수립을 유도할 수 있으며, 이는 기존도시의 건강도시화를 위한 종합계획으로서 기능할 수 있다. 여기에는 건강도시 조성 종합계획의 수립을 위한 구성요소, 수립절차, 시행 및 평가 등이 담길 수 있다.

한편 건강도시 구현을 위한 도시계획적 접근의 필요성에도 불구하고 현행 도시기본계획이나 도시관리계획 등에 삶의 질 제고 차원에서 건강에 대한 고려는 미흡하다. 따라서 계획 수립지침에서부터 건강의 개념이 고려될 수 있도록 수립지침에 대한 개선이 필요하다. 즉, 도시기본계획 및 도시관리계획, 지구단위계획 등의 수립 시 '건강' 요소를 우선적으로 고려할 수 있도록 건강도시계획을 반영하도록 권장하는 것이 필요하고 도시계획수립지침의 개선, 도시계획 수립 시 보건의료와의 통합적 접근 방안도 강구될 필요가 있다.

도시계획수립 제도 뿐 아니라 도시환경 개선을 위한 도시정비사업이나 도시재생사업 추진 시에도 도시민의 건강을 고려하여 추진할 수 있도록 기본방향의 정립 및 지침의 도입이 필요하다. 즉, 도시환경 개선과 건강도시 조성의 체계적 연계화를 위해 건강도시 개발지침을 마련하여 도시개발사업이나 택지개발사업 시행 시 반영할 수 있도록 하는 것이 바람직하다. 또한 도시 및 주거환경정비사업(도시 및 주거환경정비법), 도시재정비촉진사업(도시재정비촉진을 위한 특별법) 시행 시 건강도시를 위한 계획기준 등의 제시를 통해 건강도시 조성 기반 마련도 필요하다.

마지막으로 물리적 환경의 개선만으로 시민의 건강을 담보할 수 없다는 것은 자명한 사실이다. 또한 몇몇 도시환경 프로젝트의 실행으로 건강한 도시가 완성되는 것도 아닐 것이다. 우리의 도시가 건강하고 지속가능한 도시로 거듭 나기 위해서는 시민의 건강 가치를 의사결정의 중심에 두고 지속적으로 노력하는 것이 필요하다. 또한 시민들이 보다 활동적이고, 안전하고 건강한 삶이 보장되는 도시를 가꾸기 위해 보건정책은 물론 물리적 환경과 사회경제적 환경이 건강친화적으로 변모될 수 있도록 보다 근본적이고 총체적인 접근이 시급히 요망되는 시점이다.

주요 개념 KEY CONCEPTS

건강

건강교통(Activie Transport)

건강도시(Healthy City)

건강도시 가이드라인(Healthy City Guideline)

건강도시계획(Healthy Urban Planning)

건강도시디자인(Healthy Urban Design)

건강영향평가(Health Impact Assessment)

건강의 사회적 결정요인(Social Determinants of Health)

건강한 공공정책(Healthy in all Policy)

건조환경(Built Environment)

고령친화도시(Age-friendly city)

도시의 고령화

도시환경

물리적 환경(physical Environments)

사회적 환경(Social Environments)

삶의 질

식품환경(Food Environments)

신체활동

오픈스페이스(Open Space)

활동친화도시(Active City)

1) 2001~2009년 동안 국내총생산 규모는 651조 원에서 1,065조 원으로 1.6배 증가한 반면, 1인당 도시공원 면적은 평균 30.08㎡('05년)에서 26.5㎡('09년)로 감소하였다. 같은 기간 자동차등록대수는 1291만 대('01년)에서 1733만 대('09년)로 증가하였으나, 걷기실천율은 75.6%('01년)에서 46.1%('09년)로 급격히 감소하였다(김태환 외, 2012, 삶의 질 향상을 위한 지역별 건강장수도시 실태진단 연구, 국토연구원, p. 3).

2) 한국보건사회연구원, 2006, 국민건강영양조사 제3기 총괄편.

3) 2001~2009년 동안 우리나라 성인의 비만율(19세 이상)은 29.2%에서 31.3%로, 당뇨병(30세 이상)은 8.6%에서 9.6%로, 고콜레스테롤혈증(30세 이상)은 9.1%에서 11.5% 수준으로 증가하였다. 이에 비례하여 2001년~2009년 동안 국민의료비 규모도 32.9조 원에서 73.9조 원으로 약 2.2배 증가하였고, 고령화로 인해 65세 이상 노인의료비는 3.2조 원에서 12.0조 원으로 약 4배 증가하였다(김태환 외, 2012, 삶의 질 향상을 위한 지역별 건강장수도시 실태진단 연구, 국토연구원, p. 3).

4) OECD는 삶의 질을 개선하기 위한 정책 개발을 목적으로 사회발전을 정확하게 측정할 수 있는 지표개발 프로젝트를 진행 중이다. 각국의 웰빙수준을 비교가능한 지표를 통해 항목별 및 전체 순위를 도출하고 정책방향을 제시하려는 목적인데, 물질적 조건(소득, 부, 직업과 임금), 삶의 질(건강상태, 일과 여가생활 균형, 교육과 기술, 거버넌스, 사회적 관계, 환경의 질, 신변안전, 주관적 웰빙), 웰빙의 장기지속가능성(자연자본, 경제적 자본, 인적 자본, 사회적 자본) 등을 비교·분석하고 있다. 우리나라는 건강수준이 다른 지표에 비해 상대적으로 저조한 편이다(http://www.oecdbetterlifeindex.org 참조).

5) 김태환 외, 2012, 제2장의 내용을 중심으로 정리함.

6) 세계보건기구(WHO)에 따르면 건강이란 몸이 약하거나 질병이 없는 상태가 아니라 신체적, 정신적, 사회적으로 안녕을 누리는 상태를 말하는 것으로 포괄적으로 접근하고 있다(WHO, 1948).

7) First International Conference on Health Promotion, Ottawa, 21 November 1986에서 발표되었다.

8) 김태환 외, 2012, 제4장 내용을 중심으로 정리함.

9) 2012년 9월 7일부터 10월 6일까지(30일간) 전국 기초지자체를 대상으로 실시하였고, 232개 지자체 중 120개의 지자체(51.7%)가 응답하였다.

10) 김태환 외, 2011, 제4장의 내용을 중심으로 정리함.

11) http://www.health−inequalities.eu/HEALTHEQUITY/EN/policies/health_in_all_poli−cies/

12) 세계보건기구의 건강영향평가(HIA)의 정의는 다음을 참조: http://www.who.int/hia/about/defin/en/index.html

13) 국내 건강영향평가제도의 현황에 대해서는 박영민 외, 2011, 건강영향평가 운영실태 및 개선방안 연구(II), 한국환경정책·평가연구원 참조.

14) 김태환 외, 2013, 웰빙사회를 선도하는 건강도시 조성방안 연구(1)5장의 내용을 중심으로 정리함

15) 건강도시협의회에 가입하여 건강도시 조성을 위해 노력하고 있는 지방자치단체를 대상으로 한 실태조사에서 밝혀진 대로 물리적 환경개선에 대해서는 필요성은 높이 인식하고 있으나 이를 구현할 수 있는 수단이 부재한 실정이다(김태환 외, 2012).

16) 지역사회건강조사 결과에서 나타난 신체활동의 변화추이는 김태환 외, 2011, 건강장수도시 조성의 현황과 과제, 국토연구원, 부록 3 참조.

기획재정부, 2010, 2004년 한국의 삶의 질 결과보고서.

김태환 외, 2013, 웰빙사회를 선도하는 건강도시 조성방안 연구(1), 국토연구원.

김은정 외, 2010, 건강도시 구현을 위한 공간계획 및 정책방안 연구, 국토연구원.

김태환·김은정 외 옮김, 2014, 시민을 위한 건강한 도시 만들기, 국토연구원.

김태환 외, 2011, 건강장수도시의 현황과 과제, 국토연구원.

_____, 2012, 삶의 질 향상을 위한 지역별 건강장수도시 실태진단 연구, 국토연구원.

김형국, 2011, 녹색성장 바로알기, 나남출판사.

안건혁 외, 2007, 건강도시 평가지표 개발 및 인증제도 도입 방안에 대한 연구, 대한주택공사.

이경환·홍지학, 2008, 주민 건강을 고려한 도시재생 프로그램의 도입 및 운영 방안, 대한주택공사.

최은진, 2012, 아태지역 및 유럽지역의 건강영향평가 동향 및 과제.

통계청, 2004, 2007, 2010, 한국의 사회지표, 대전: 통계청.

한국보건사회연구원, 2006, 국민건강영양조사 제3기 총괄편.

Barton, H. & Tsourou, C., 2000, *Healthy urban planning*, Spon Press.

Lalonde, M., 1974, *A New Perspective on the Health of Canadians: A Working Document*, Ministry of Supply and Services Canada.

O'Donnel, M., 1988, Health Promotion: An Emerging Strategy for Health Enhancement and Business Cost Savings in Korea (Unpublished).

Andress, L., 2009, *Healthy Urban Planning: The Concept*, Tools and Application.

Barton, H. and Tsourou, C., 2000, *Healthy urban planning − a WHO guide to planning for people*, London, E&FN Spon.

Beauchemin, K. M. & P. Hays, 1996, "Sunny Hospital Rooms Expedite Recovery from Severe and Refractory Depressions," *Journal of Affective Disorder*, 40(1−2): 49−51.

Boarini, R., Comola, M., Smith, C., Manchin, R. and Keulenaer, D., 2012, "What Makes for a Better Life?: The Determinants of Subjective Well−Being in OECD Countries − Evidence from the Gallup World Poll," *OECD Statistics Working*

Papers, OECD Publishing.

ChangeLab Solutions, 2012, *Healthy Planning Policies: a compendium from California general plans*, ChangeLab Solutions.

Dahlgren, G. & Whitehead, M., 1991, *Policies and strategies to promote social equity in health*, Institute for Future Studies. Stockholm.

Department for communities and local environment 2012, national planning policy framwork.

Doyle et al, 2006, "Active Community Environments and Health: The Relationship of Walkable and Safe Communities to Individual Health," *JAPA*, 72(1): 19−31.

EC(European Commission), 1996, "Future Noise Policy," *Green Paper*, Commission of the European Communities, COM(96) 540 Final.

Evans, R. G. and Stoddart G. L., 1990, "Producing health, consuming health care," *Soc Sci Med*, 31(12): 1347−63.

Franzini, L., Elliott M. N., Cuccaro P., Schuster M., Gilliland M. J., Grunbaum J. A., Franklin F., Tortolero S. R., 2009, "Influences of physical and social neigh−borhood environments on children's physical activity and obesity," *American Journal of Public Health*, Feb;99(2): 271−8. doi: 10.2105/AJPH. 2007.128702. Epub 2008 Dec 4.

Gifford, R. & C. Lacombe, 2006, "Housing Quality and Children's Socioemotional Health," *Journal of Housing and the Built Environment*, 21: 177−89.

ChangeLab Solutions, 2012, *Healthy Planning Policies: a compendium from California general plans*.

Kaczynski, A. T., Wilhelm Stanis, S. A. & Besenyi, G. M., 2012, "Development and testing of a community stakeholder park audit tool," *American Journal of Preventive Medicine*, 42(3), 242−249.

Kim, J., Kaplan, R., 2004, "Physical and psychological factors in sense of communnity New Urbanist Kentlands and Nearby Orchard Village," *Environ. Behav*, 36: 313−340.

Lovasi, G. S., M. A. Hutson, M. Guerra. and K. M. Nckerman, 2009, "Built Environments and Obesity in Disadvantaged Populations," *Epidemiologic Reviews*, 31(1): 7−20.

Lund, H., 2003, "Testing the Claims of New Urbanism−Local Access, Pedestrian Travel, and Neighboring Behaviors," *Journal of the American Planning Association*, 69(4): 414−29.

Northridge, M., Sclar E. and Biswas P., 2003, "Sorting our the connections between the built environment and health: a conceptual framework for navigating pathways and planning healthy cities," *Journal of Urban Health*, 80(4).

OECD, 2011, *How's Life?: Measuring Well−being*, OECD Publishing.

Reynold, K. D., J. Wolch, J. Byrne, C. Chou, G. Feng, S. Weaver. and M. Jerrett, 2007, "Trail Characteristics as Correlates of Urban Trail Use," *Health Promotion*, 21: 335−45.

Ricklin, A., et al., 2012, "Healthy Planning: an evaluation of comprehensive and sus− tainability plans addressing public health," *American Planning Association*.

Sallis, J. F. and K. Glanz, 2009, "Physical Activity and Food Environments: Solutions to the Obesity Epidemic," *Milbank Quarterly*, 87(1): 123−54.

Ståhl, T., Wismar, M., Ollila, E., Lahtinen, E. & Leppo, K. (Eds.), 2006, *Health in All Policies: Prospects and potentials*, Finland: Ministry of Social Affairs and Health, Finland, & European Observatory on Health Systems and Policies.

Thompson, 2007, *Introducing Healthy Planning Principle and Key Resources*, Healthy Planning Workshop.

Troped, P. J., R. P., Saunders, R. R., Pate, B., Reininger. and C. L., Addy, 2003, "Correlates of Recrational and Transportation Physical Activity in a New England Community," *Preventive Medicine*, 37: 304−10.

WHO Europe, 2008, *A healthy city is an active city: a physical activity planning guide.*

WHO, 1948, *Preamble to the Constitution of the World Health Organization as adopted by the International Health Conference*, New York, 19−22 June, 1946; signed on 22 July 1946 by the representatives of 61 States (Official Records of the World Health Organization, no. 2, p. 100) and entered into force on 7 April 1948.

WHO, 1999, *Gothenberg Concensus Paper.*

WHO, 2007, *Global Age−friendly Cities: A Guide.*

WHO, 2008, *Health Economic Assessment tool for Cycling.*

WHO, 2012, *Addressing the social determinants of health: the urban dimension and the role of local government*

[홈페이지]

http://activelivingresearch.org/files/CPAT_UserGuidebook_0.pdf.

www.communities.gov.nk

www.euro.who.int/transport/policg/20070503_1/

재해 발생과 도시방재

제1절
재해 발생

01 재해의 의미

　오늘날처럼 도시가 성장한 바탕에는, 그 성격이 생산지로 바뀌고, 내부적으로 각종 기능이 분화된 것이 결정적인 역할을 하였다. 즉, 산업혁명이 가져온 공장공업은 사람들이 일상생활에 필요한 각종 물품을 도시에서 생산하게 되어, 도시의 성격이 소비지에서 생산지로 바뀌어 농촌인구를 도시로 집중시켰다. 이렇게 집중된 인구는 그 자체가 다양성을 추구하게 되어 주거로부터 여러 가지 기능이 분리되었다. 예를 들면, 주거로부터 직장이 분리되고, 소비 장소가 따로 만들어지고, 유흥·오락을 위한 공간이 생기고, 교육을 전담하는 장소가 생기게 되었다. 기능의 집중과 분리는 도시의 규모를 키웠을 뿐만 아니라, 물리적·비물리적인 구조를 복잡하게도 만들었다. 그리고 이 물리적·비물리적인 요소들은 부분들 간에 상호 연관을 갖고 돌아가는 거대한 시스템이 되어 있기에, 어느 한 부분에 이상(異常)이 생기면 이상의 크기에 따라 도시 전체 혹은 국가 전체에 악영향을 미치기도 한다.

　악영향을 미치는 것 중에서 대표적인 것으로 재해가 있다. 사회과학에서 재해라는 말을 정의한 것 중에서 가장 일반적인 것으로는 바톤(A. H. Barton)에 의한 "재해라는 것은 사회시스템의 입력에 갑자기 일어난 대규모이고 바람직하지 않은 변화이고, 집단 스트레스 상황의 한 카테고리"라고 할 수 있다. 예를 들면 여름철 시원하게 불어오는 산들바람이 아니고 초속 40~50km를 넘는 강풍은 사회시스템에 비정상적인 입력이 되어 바람직하지 않은 변화, 즉, 재해를 만들 수 있다.

우리말 사전에서 '재해'란 "재앙으로 인해 받은 피해"라고 풀이하고, '재앙'은 "뜻하지 않은 불행한 변고", '피해'란 "재산·명예·신체 따위의 손해를 입음"이라고 뜻을 풀이하고 있다. 이상으로부터 우리가 일상적으로 사용하는 '재해'란 말을 다시 정의하면 "일상적으로 존재하지 않는 힘에 의하여, 인간이 신체적·물질적으로 입은 피해"라고 할 수 있을 것이다. 즉, 평상 시에 균형을 유지하고 있는 사회시스템에, 외적 또는 내적인 요인에 의하여 손상이 주어져 사회시스템이 정상적인 기능을 하지 못하게 되는 것을 재해라고 부른다. 재해를 일으키는 요인은 다음과 같이 외적 요인과 내적 요인으로 구별할 수 있다.

- 외적 요인: 사회시스템을 구성하는 환경에 있어 바람직하지 않는 큰 변화를 일컫는 것으로 홍수, 한발, 지진, 태풍 등이 이에 속한다.
- 내적 요인: 사회 해체의 여러 형태, 즉, 불황, 인플레이션 등과 같은 경제적인 좌절이나 폭동, 게릴라, 혁명 등과 같은 정치적 붕괴도 포함한다.

재해는 재해유발충격과 재해위험요소가 있어야 발생한다. 인간생활을 구성하고 있는 물리적·비물리적 사회시스템에, 평상 시 존재하지 않는 충격이 불시에 가하여지는 경우가 있는데 이를 재해유발충격이라고 한다. 재해유발충격을 받아들인 물리적·비 물리적인 사회시스템 구성 요소 중에는 그 특성에 따라 충격을 흡수하여 감퇴시키지 못하고 사회시스템 자체를 왜곡시켜 정상적인 기능을 못하게 하는 것이 있는데 이러한 인간생활 구성요소를 재해위험요소(화재에 약한 목조주택, 진동에 약한 조적조건물 등)라고 한다.

이상으로부터 재해를 정의하면, 재해위험요소에 재해유발충격이 가해져서 사회 시스템의 일부가 피해를 받아, 정상적인 작동이 불가능하게 되거나 인명과 재산의 피해가 발생하게 되는 상태이다.

재해가 발생하는 과정을 보면, 때로는 단순히 끝날 수 있는 자연현상이 인간에 의하여 변화된 환경이나 조건에 따라 재해로 모습을 바꾸기도 한다. 즉, 재해위험요소에 가해진 재해유발충격으로 발생된 재해가 다른 재해위험요소에 연쇄작용을 하여, 제2차·제3차 재해로 확산되기도 한다.

재해는 재해유발충격이 자연 발생적인가 혹은 인간이 만든 것인가에 따라 자연재해와 인위재해로 구분한다. 우리나라는 자연재해가 외국에 비하여 극히 드물어서 살기 좋은 환경이라고 할 수 있었다. 그러나 최근에 와서는 대형 수해가 자주 일어나고 비록 피해를 일으키지는 않지만 지진의 발생 빈도도 높아져 우리를 안심하지 못하게 하고 있다.

인위재해 중에서 다음과 같은 것을 '기술적 재해'라고 부르기도 한다.

① 대규모 독극물 오염을 포함하는 것

② 스모그 및 대기오염

③ 전기, 가스 및 기타 에너지 배분시스템의 위험한 손상

④ 주요한 건물, 교량, 댐 및 기타 시설의 구조적인 파손

⑤ 석유유출, 대량수송수단의 파괴, 화재, 폭발, 방사능 누출

그러나 최근에 와서 '기술적 재해'라는 말을 잘 쓰지 않는데 그 이유는 '자연재해'란 말에 대응하는 것으로 '인위재해'가 적합하고, '인위재해' 속에는 모든 '기술적 재해'가 포함될 수 있기 때문이다. 따라서 재해는 일반적으로 '인위재해'와 '자연재해'로 구분된다고 말할 수 있다.

도시가, 이를 만든 민족의 관습·경제적·문화적·지형 및 기후 여건에 따라 각각의 특징을 보이듯이 재해가 발생하는 이유도 다음과 같이 다르다.

(1) 불가항력인 경우

생존에 좋은 조건과 재해 발생 위험이 공존하는 경우로서, 어쩔 수 없이 위험을 감수하며 살아가는 것을 말한다. 예를 들면 기후·토양·경관이 인간의 생존에 아주 좋은 조건을 갖춘 장소이지만 태풍·호우·지진·해일·눈사태·산사태 등과 같은 자연재해유발충격 발생이 잦은 곳이기도 한 경우가 해당된다. 이러한 요소들은 인간의 생명과 재산을 위협하지만, 재해유발충격을 바탕으로 인간이 생존에 필수적인 것을 해결하는 경우가 대부분에 속한다. 예를 들면 태풍이나 호우가 발생하지 않은 해에는 농사나 일상생활 혹은 공업에 필요한 물이 부족한 장소도 있고, 눈이 많이 오기 때문에 입지한 스키장 주변 휴양도시가 있다.

(2) 일상생활에 불가결한 요소가 재해발생의 요인

생활에 꼭 필요한 요소들이 재해위험요소가 되는 것이다. 예를 들면 전기·가스·각종 유류사용 등이 있는데 이러한 것들은 인간의 부주의 혹은 기술적인

문제가 재해를 유발하게 된다.

(3) 경제적인 이유

이것은 인간의 생활환경 주변에 존재하는 재해위험요소로, 위험을 인지하고 있으나 개선에 막대한 비용이 소요되므로 방치하는 경우가 해당된다. 이러한 것은 가도시화 과정을 겪은 개발도상국가에서 흔히 볼 수 있다. 여기에 해당하는 것은, 자연으로 존재하는 재해위험요소, 인간이 만든 재해위험요소 혹은 이 두 가지가 혼합된 경우가 있다. 예를 들면, 산사태 위험이 있는 장소 주변의 저소득층 주택은 두 가지 재해위험요소가 어우러진 것이고, 지진 발생 위험이 있는 장소에 지어진 조적조주택은 경제적인 이유로 만들어진 인간이 만든 재해위험요소에 해당한다.

(4) 전통 혹은 관습으로 재해위험요소를 버리지 못하는 것

전통 혹은 관습으로 인간이 친숙하게 되어 위험을 인지하고 경제적인 여유가 있음에도 불구하고 탈피하지 못하는 것이 이에 속한다. 예를 들면 일본은 역사적으로 여러 번 발생한 대형화재로 인하여 많은 인적·물적 피해를 입었기 때문에 도시건물의 불연화를 수 세기 전부터 추진하였으나, 선호하는 국민이 많기 때문에 아직도 목조주택이 밀집된 장소가 많이 있다.

재해와 비슷하게 사용하는 말로 '사고'가 있다. '사고'란 "바람직하지 않은 결과를 만들 수 있는 우발적이면서 계획되지 않은 상태에서 발생하는 일로, 위험하므로 회피할 수 있는 행동 또는 그러한 조건이 선행되어 있는 중에서 발생하는 일"이다. 이를 보다 간단히 말하면 사고는 "인간의 신체나 구조물에 가해지는 예기치 않은 물리적인 손상"이라는 의미로 사용된다. 사고는 "위험과의 예기하지 못한 만남이 가져오는 바람직하지 못한 결과"에 대한 일반적인 표현으로 과학적인 사상에 대한 표현이라고 할 수 없다. 이에 대하여 재해라는 것은 앞에서 말한바와 같이 "인간의 생활이나 행동을 유지하고 있는 사회시스템에 가해지는 파괴"라는 의미로, 단순한 "위험과의 만남"이라는 개별적인 표현을 말하는 것이 아니다.

비정상적인 상태의 발생이라는 점에서 재해와 사고의 경계는 애매하지만, 사고의 규모가 커져서 사회적으로 공포 분위기를 조성하게 되면 그 사고는 재해로 분류된다. 재해 중에서 화재는 인명을 잃고 많은 재산의 손실을 발생시킴에도 불구하고 우리 생활에서 자주 접하게 되어 일반적으로 재해가 아닌 것으로 생각하기도 하고, 태풍과 같이 재해유발충격이 매년 정기적으로 발생함에도 불구하고 재해로 구분하는 것도 있다. 그러나 화재는 구난·구급활동이 없을 경우 대규모로 확산될 수 있다는 점에서 사고가 아닌 재해로 분류하고, 태풍에 의한 피해는 비록 일정한 시기에 발생하여 예측 가능하지만 피해의 규모가 무척 크기 때문에 재해로 간주한다.

우리나라의 일부에서는 '인위재해'를 '인적재해'라고도 한다. 국어사전에서 "재해"라는 말은 "재앙에 의한 피해"이고, "인적"이란 말은 "사람에 관한(것)"으로 풀이하고 있다. 따라서 '인적재해'라고 하면 "사람에 관한 피해"가 되어 나타내고자 하는 것과 전혀 다른 말이 된다. 따라서 이 책에서는 방재를 다루는 학문에서 일반적으로 사용하는 '인위재해'라는 말을 사용하도록 한다.

02 도시재해

2013년 현재 우리나라는, 해면을 포함한 전체 국토면적 100,266㎢ 중에서 17.5%에 해당하는 17,593.3㎢가 용도지역상 도시지역으로 지정되어 있다. 도시지역 중 대지나 공공용지 등과 같이 도시적 용도로 사용되는 것은 전 국토 면적의 7.2%에 해당하는 7,183.5㎢이다.

행정구역을 기준으로 하면 우리나라에서 도시지역이라 함은 "읍 이상"을 말하는데 2014년 7월 1일 현재 전국인구 5,042만 명의 약 91.5%에 해당하는 4,684만 명이 도시지역에 거주하고 있다(2014년도 국토의 계획 및 이용에 관한 연차보고서, 국토교통부). 따라서 만약 재해가 전국적으로 고르게 발생한다면 피해자의 약 92%는 도시 거주자가 되는 것이다.

이렇게 도시지역에 인구가 편중된 상황은 우리와 비슷하게 인구 밀도가 높다고 하는 일본보다 한층 심각하다. 일본의 경우는 2005년 현재 전 국토 면적의 약 28%에 해당하는 670개 지역이 행정구역 구분상 도시로 분류되어 있는데, 인구는 전국인구의 약 72%에 상당하는 9,000만 명 정도가 거주하고 있다(참고로 2005

년 우리나라의 도시화 비율은 약 90%였음). 따라서 재해가 전국적으로 고르게 발생한다고 하면, 면적으로 봐서는 전체의 약 1/3이 도시지역이고 피해자의 약 2/3는 도시 거주자가 된다.

그러나 재해를 두고 '도시재해'라고 말할 때에는 행정구역 구분상 도시에서 발생하는 재해를 말하는 것은 아니다. '도시재해'라는 것은 재해가 발생하는 메커니즘이 도시 이외에서 일어나는 일반적인 재해와 다른 양상을 보이고 특별한 대책을 필요로 하는 것을 말한다.

도시는 생활의 편리함이 갖추어진 것만큼 자연재해뿐만 아니라 많은 위험을 내포하고 있다. 예를 들어 교통사고·화재·가스폭발·전기누전 등이 우리 인간의 일상생활과 함께하고 있다. 그리고 만약 사고나 재해가 발생하면 피해는 커다랗게 퍼져나가서 다수의 사상자가 발생하고 생활에 광범위한 악영향을 미치고 도시기능이 정상적으로 움직일 수 없게 된다.

애초부터 도시라고 하는 거주형식이 농촌사회와 본질적으로 다른 점은 도시란 그대로는 인간 거주에 적합하지 않은 자연공간을 과학기술의 힘을 빌려 개조하여 거주 가능한 공간으로 만들었다는 점이다. 따라서 개조의 영향이 미치는 범위에만 거주하게 되고, 고밀도집합체가 된다는 것이 도시거주의 특징이라고 말할 수 있다.

이러한 도시거주의 본질에 뿌리를 두어 '도시재해'라는 것은 "거주공간을 구성하고 있는 기술 혹은 기술의 집적물인 인공적 구축물이 어떠한 원인에 의하여 파괴되었을 때, 거주공간으로서의 기능을 잃어버림에 따라 피해가 나타나는 경우나 고밀도화 때문에 피해가 확대되는 경우를 총칭하는 재해 개념"이라고 정의할 수 있다. 종래에는 '도시재해'란 가스나 위험물의 폭발사고나 대규모 건축물 화재에 의해 다수의 사상자가 발생하거나 시가지의 일부가 불타는 등과 같은 도시를 구축하고 있는 기술의 취약성 혹은 '실패'에 의한 인위적인 재해를 염두에 두어서 도시거주의 위험을 경고·계몽하는 의미가 포함되어 있었다. 그런데 1978년 일본의 미야기켄(宮城県)에서 발생한 지진은 그 피해나 영향의 상황이 도시 특유의 형질을 나타낸 것이라고 할 수 있었다. 즉, 피해를 발생시키거나 악영향을 확대시킨 요인이 '기술의 실패'가 아니고 지진과 같은 자연의 힘이라도 결과로 나타나는 것은 도시재해라고 보아야 한다는 인식의 변화를 가져왔다.

참고로 일본에서 '도시재해'라는 말은 1970년 4월에 일어난 오오사까시(大阪市) 지하철 공사현장 가스폭발 사고부터 사용되어 왔다고도 하는데, 현재에도 자연재해와 대비하는 의미로 사용되는 경우가 많다. 예를 들어 히로시마시(広島市) 조례에서는 해상재해·항공기재해·철도재해·도로재해·대규모 화재·위험물에 의한 재해·방사선물질재해·Life line재해 등 8개 재해를 '도시재해'로 규정하고 있다.

그러나 피해를 유발하는 요인의 인위성에 관계없이 결과의 모양만으로 '도시재해'를 정의한다고 하여도 앞에서 말한 바와 같이 도시는 인간의 기술과 불가분하기 때문에 인위성을 배제할 수는 없다. 따라서 '도시재해'라고 하는 말에는 항상 어떠한 형태라도 '인재'의 영향이 깃들어있게 된다. 그런데 자연현상이 재해유발충격으로 작용하면 피해는 '기술의 실패'라기보다는 대부분이 '기술의 미숙'에 기인하고 있다. 이는 사전에 상상도 할 수 없었던 새로운 상황에 대하여 기술적으로 적절히 대응하지 못하였거나, 기술을 사용하는 사람이 그 기술을 제대로 받아들일 수 있는 충분한 역량이 없었던 것과 같은 '기술의 미숙'을 들 수 있다. 따라서 자연을 재해유발충격으로 하는 도시재해의 대응은 기술 그 자체를 향상시킴과 동시에 기술과 사회, 기술과 인간의 관계에 대한 이해를 우선으로 하여 문제 해결을 모색하여야 한다.

도시재해 문제 해결을 이러한 시점으로부터 출발하면 피해의 도시성을 다음과 같은 4개의 측면에서 규정할 수 있다.

1) 인공적 공간 창출과 재해 발생 시의 위험

현대도시에는 지하가, 고층빌딩, 임해 매립지 등 근대기술에 의하여 생겨난 많은 종류의 인공공간이 있다. 일본의 효고켄 남부지진(兵庫県 南部地震: 우리가 흔히 "고베 대지진"이라고 부르는 것으로, "한신·아와지(阪神·淡路) 대지진"이라고도 함)에서는 고속도로와 지하철 피해가 있었는데, 공간의 고도이용을 추구하는 것이 도시라고 하면, 이러한 인공적 공간에서 발생한 재해도 '도시재해'라고 부를 수 있다. 단, 그 피해가 인공공간을 구축하고 있는 구조물에 한정된다고 하면 도시재해라고 하는 것보다 일반적인 지진재해 범위를 벗어날 수 없기 때문에 해결은 기술적 문제로서 처리되어야 한다. 그렇지만 인공공간의 파괴 또는 기능정지에 따라 사람들이 계단에서 연쇄적으로 넘어져서 다수의 사상자가 발생하거나, 사람들이 건물 속이나 땅 속에 갇히게 되었으나 구출이 지연되어 사상자가 발생하거나, 유통이 불가능하게 되는 등 커다란 사회적·경제적 피해가 발생하면 '도시재해'라고 부를 수 있다. 이러한 피해가 기술과 인간과의 관계에 의하여 발생한 사상이어서, 이 관계를 분석하여 물리적 환경의 형상이나 구출 수단 등을 개선하는 것과 같은 종래와 다른 기술을 필요로 하게 된다.

2) 도시적 구조물에 의한 피해와 위험

효율의 추구는 도시 활동에 있어 하나의 특징이고 그 결과로 도시 특유의 다양한 구조물을 만들게 된다. 이러한 것들을 도시적 구조물이라고 할 수 있는데 지진이나 태풍과 같은 강한 재해유발충격이 발생하여 이들 구조물이 파손되고 다량의 사상자가 발생하기까지 한다면 이 피해는 '도시재해'라고 부를 수 있을 것이다. 고층빌딩의 유리벽·간판·광고탑 등도 도시적 구조물의 대표적인 것이라고 할 수 있다.

3) 도시기능 마비에 의한 파급피해

도시는 전기·가스·수도·전화 등과 같은 life line과, 수도·철도 등과 같은 공공서비스에 의하여 지탱되고 있다. 지진이나 태풍과 같은 재해유발충격에 의하여 공공서비스가 불가능하게 되면, 도시 전체의 기능 마비를 야기하게 되어 도시가 정상적인 기능을 다할 수 없게 된다. 그리고 건물이나 설비에는 아무런 피해가 없다고 하여도 엘리베이터가 움직이지 않거나 상수도가 공급되지 않는 고층아파트는 더 이상 거주공간이 될 수 없고, 전기·전화가 공급되지 않으면 기업은 생산활동이 정지되어 중장기 경제피해를 초래하게 된다. 이러한 상황은 전형적인 도시재해 형태라고 말할 수 있다.

4) 도시화에 따른 재해

인구 증가와 도시지역 확대에 수반되는 택지개발 확산, 기성시가지의 고밀도개발 등이 다음과 같은 위험을 증대시킨다.
① 급경사지까지 택지로 사용하게 됨에 따라 위험한 지반 증대
② 급경사지 아래에 택지를 개발함에 따라 토사붕괴 위험 증대
③ 건물 밀도 증가에 따른 연소(延燒: 불길이 이웃으로 확산되는 것) 위험 증대
④ 원거리 통근에 따른 귀가의 어려움과 가족이 흩어짐에서 생겨나는 위험 증대

03 도시재해의 특징

도시에 재해가 발생할 때 나타나는 피해는 물적 피해와 인적 피해로 구분할 수 있다. 물적 피해는 재산 가치의 손실과 물적 기능 피해로 구분한다. 한편 인적 피해는 사람이 생명이나 신체적 장애를 입는 것에 더하여 인적기능 피해라는 것이 있다. 즉, 도시가 물리적 기술에 의하여 그 물적 공간이 유지되고 있는 것과 같이, 인적 관계는 경제나 법 등과 같은 사회적 기술에 의하여 유지되고, 도시에 거주하고 활동하는 개개인은 각자의 역할을 가지고 있고, 사회구조를 지탱하는 기능을 가지고 있다. 따라서 사람의 생명·신체에 관한 손상은 동시에 그 사람이 사회구조 유지에 기여하고 있던 기능의 손상을 가져와서 '사람의 기능피해'가 발생하게 된다. 이 문제는 1973년 일본에서 네무로(根室)반도 지진(M7.4)이 발생하였을 때 전화교환원이 부상하여 네무로 시청의 전화가 하루종일 불통이 되어 '사람의 기능피해'라고 하는 새로운 재해 형태가 확인되었다.

재해가 발생하였을 때 그 영향을 두고 '직접파급 피해'와 '간접파급 피해'로 정의한다. '직접파급 피해'라는 것은 재해가 발생한 장소의 피해가 기능적·공간적 네트워크를 통하여 물리적으로 다른 장소 혹은 조직에 전달되는 피해를 말한다. 예를 들어 1984년 도쿄시(東京市)에서 통신케이블 화재 사건이 발생하여 미쯔비시은행의 전국 온라인 네트워크(Online Network)가 정지하였는데 이것을 직접파

급 피해의 전형으로 꼽을 수 있다. 피해의 직접적인 파급을 최소한으로 줄이는 것이 사회시스템 방재의 요건이 되는데, 이를 위한 대책으로는 각종 시스템의 지원체제·Network의 이중화·시스템 봉쇄 혹은 시스템 분할 등이 유효하다.

'간접파급 피해'라는 것은 사회경제 시스템 속에서 정보를 통하여 전달되는 피해라고 할 수 있다. 우리나라에서 발생한 간접파급 피해의 예는 2002년 태풍 루사가 강릉시에 870mm라는 폭우를 쏟아 큰 수해가 발생하였다. 이때 이재민이 고생하는 것을 생각하여 미안한 마음으로 강릉에 관광객이 가지 않아 관광업에 종사하는 사람들이 큰 손실을 보았다. 그리고 태안반도 해상유류 유출사고 후, 전체적으로 관광시설이 복구되었음에도 불구하고 관광객이 줄어 큰 손실을 입었다.

이상으로부터 '간접파급 피해'라는 것은 당해지역 또는 개인·기업자체는 직접적인 피해를 받지 않았거나 혹은 재해발생 이전의 활동을 계속할 수 있는 상태에 있는데, 시장 기능의 저하에 의해 일상적인 활동이 유지될 수 없음에 따라오는 손실을 말하는 것을 알 수 있다. 이 손실을 측정할 때에는 측정하는 시간과 공간의 경계를 명확히 정하여 둘 필요가 있다. 앞의 관광수입 감소를 예로 보면 전국적으로 보아서는 국민의 관광 지출은 감소하지 않고 단지 재해발생지 이외의 다른 장소로 이전한 것이며, 일반적으로 시간이 지나면 복구와 함께 재해발생 이전 상태로 돌아가기 때문이다.

04 도시방재 정책

어떤 국가가 경제·사회·문화적인 측면에서 발달하면 발달할수록 재해의 영향은 다양하게 되어 종래의 공학적 재해 대책만으로는 불충분하다. 즉, 재해가 '사회적인 공포상황'이라고 한다면 재해를 방지하고 발생한 재해 규모를 최소화하기 위해서는

① 발생 가능한 재해에 대비하여 사회적으로 어떠한 준비를 하였는가를 파악하여야 하고,

② 특정 재해유발충격에 의하여 발생할 수 있는 재해의 범위(공간적 범위와 예

　　상되는 이재민 수)를 파악하여야 하고,

③ 재해의 발생 및 확산 속도(돌발적, 점차적, 만성적)를 예측하여야 하며,

④ 재해가 어느 정도 오랫동안 지속할 것인가를 예측하여야 한다.

따라서 도시방재학이 다루는 범위는 재해발생을 방지하거나 피해를 줄이기 위한 사회적 준비로부터 재해발생 이후 부흥과 복구에 필요한 사회적 대응에 이르기까지 일련의 조치가 포함된다. 도시의 방재대책은 때때로 전투기나 핵무기가 없었던 고대사회의 전쟁에 비유되기도 한다. 즉, 견고한 성을 쌓고, 병력을 강화하고, 병사가 먹을 식량을 비축하고, 적을 알고 나를 알게 되면―즉, 정보를 바르게 파악하게 되면, 백번을 싸워도 위태롭지 않게 된다는 것은 방재대책에서도 통용되는 진리이다. 지진이나 홍수 등의 재해에 대해서 건축물의 내진·내화를 추진하고, 하천개수나 방조제 정비를 시행하는 것은 바로 견고한 성을 쌓는 것과 같은 것이다. 또 전쟁에서 병력은 방재의 경우 소방·경찰·군인·각종 행정기관·시민과 함께 시내에 있는 기업·고등학교·대학교 등이 해당하게 된다. 이렇게 다양한 인재는 재해가 발생하면 각자 가지고 있는 다양한 힘을 발휘하여 재해를 극복할 수 있게 된다. 병량(兵糧)을 비축하는 것은 가정에서 비상 시를 대비한 비축, 공공기관이 비축하는 식료품·물·의약품·가설화장실·가설주택 등을 의미하게 된다. 그리고 적을 안다는 것은 말할 필요도 없이 재해정보관리에 해당한다.

재해대책은 일반적으로 물리적 대책과 비물리적 대책으로 구분한다. 물리적 대책은 다른 말로 공학적 대책이라고도 하는데, 한 국가가 경제적으로 여유가 생기면서 해결하여 가는 경향을 보이지만 비물리적 대책(다른 말로 사회공학적 대책이라고도 함)은 그렇지 못한 경우가 많다. 최근에 와서 산업화사회에서 보다 효율적이고도 능동적으로 도시재해에 대처하기 위해서는 물리적 대책만으로는 극히 미흡하다는 인식이 방재관계자 간의 공통된 인식으로 되고 있다. 즉, 1990년을 시작으로 하는 20세기 최후의 10년간을 세계가 협력하여 자연재해 경감을 위해 노력하자는 UN결의가 있었다. 이 내용에서 중요한 것은 「국제방재 10년(IDNDR)」운동 실시였는데 공통의 인식으로 된 것이 "물리적 대책에는 한계가 있고, 그 이상으로 비물리적 대책이 중요하다"는 것이었다. 비물리적 대책의 중요성은 전혀 새로운 개념이 아닌 것으로, 흔히 말하는 "용병술"이 앞에서 말한바와 같이 이에 속하는 하나의 사례이고, 사회공학에 속하는 도시계획이 바탕으로 되지 않으면 공

학적 대책인 각종 건설이 제대로 기능할 수 없는 것에서도 좋은 사례를 볼 수 있다. 이와 같은 중요성을 갖는 비물리적 대책의 내용을 체계적으로 기술하면, 다음과 같은 5개의 기본적 대책으로 구성되는 종합기술인 것을 알 수 있다.

① 법이나 규제 등의 정비와 조직 체제 확립

방재관계 각종 제도와 대응 조직체계를 정비하며 각각의 역할을 명확하게 한다. 이와 함께 관계기관과 대응 협정을 체결하는 것이 주된 내용이 된다.

② 방비 체제 충실

재해가 발생한 경우에 대비하여, 미리 응급대응계획을 책정하여 두는 것과 함께, 실시를 위하여 필요한 기자재를 준비하여 두고, 음식·물·의약품 등을 비축하여 두는 것이 포함된다. 그리고 조직 간의 협력 방법에 대하여서도 검토하여 계획을 수립하여 두어야 한다.

③ 인재 육성

인재는, 연구부문·행정부문·실행부문뿐만 아니라 주민·기업종사자·학생·아동 등 모든 계층을 포함하여야 한다. 따라서 인재육성이라는 것은 이러한 개개인이 방재에 관한 지식을 쌓고 방재에 대한 의식을 높이도록 하면서 재해가 발생하였을 경우 집단으로써 어떠한 행동을 취하여야 할 것인가를 훈련하는 프로그램을 개발하고 교육하는 것을 의미한다. 또 자원봉사대의 육성과 활동도 포함한다.

④ 재해 관리기술 향상

비물리적 대책 기술은 재해가 발생하는 메커니즘에 대하여 사회경제적 요소를 포함하여 해석하는 기술이 중심이 된다. 또 Risk Finance 등을 포함하는 Risk Management에 의한 피해 경감 대책에 관해서도 연구 검토하게 된다. 또 재해 후의 부흥은 다음 재해에 대한 예방책이 되므로, 재해경험을 바탕으로 하는 토지이용계획·건축규제·시가화예정지 선정·도시기반시설 정비계획·인구배치계획·교통망 정비계획 등을 부흥계획 속에 포함시켜 종합적인 계획이 되도록 한다.

⑤ 방재정보시스템 정비

방재정보시스템을 정비하기 위하여 가장 우선되어야 하는 것은 토지이용현황·도로이용 및 관리현황·건축물정보현황 등 도시의 물리적 현황을 조사 분석하는 것과 함께 '재해위험도지도'(Hazard Map)를 작성하는 것이다. 이상과 같은 조사·분석을 바탕으로 재해의 위험성을 명확히 하고, 계획입안자에게 제공하고, 복구와 부흥을 위한 지원책이나 권리 관계 그리고 인적·물적 자원의 Database를 작성하고, 응급대응으로서는 정보 수집·처리·전달 체제를 정비하고, 조기경계 발령과 재해발생 후의 신속한 대응을 도모하고, 안부 확인 체제를 확립하는 것이 포함되도록 한다.

이상의 5개 항목은 법과 규제·조직체제의 정비를 기초로 하여 상호관련을 가지며, 각 항목의 정비는 다른 항목의 정비에 의존하고 있다. 다르게 말하면, 도시사회시스템은 이상의 5개 대책을 종합적으로 실시하는 것에 따라 하나의 강력한 대책으로 완성된다. 이러한 비물리적 대책의 중요성은 현재 개발도상국에서 방재 대책으로서 강조되고 있는데, 방재계획의 경험이 많고 체제가 잘 정비되어 있는 일본에서도 중요시하고 있다. 특히 정보시스템의 정비와 인재 육성에 대해서는 앞으로도 지속적인 중점을 두고자 하고 있다.

도시사회가 재해에 강해지기 위해서는 도시의 구성요소인 개개인의 사람, 하나하나의 건물, 각각의 공작물들이 재해에 강하여야 하지만 그것으로 충분하지는 않다. 이는 단순히 인간의 능력과 기술에 한계가 있기 때문만은 아니고 도시사회라고 하는 것이 도시를 구성하고 있는 요소가 상호 영향을 주고받으며 성립하는 이상, 요소의 강화와 동시에 상호 간을 연결하는 고리를 강화하는 것이 불가결하기 때문이다. 이때 연결 고리가 되는 것은 정보이고 제도이고 조직이다.

이러한 사실은 방재의 목적이 무엇인가 하는 의문과도 관계된다. 전통적인 가치기준에 비추어보면 방재의 목적은 바로 인명의 안전과 재산의 보전 외에는 없다. 그러나 현대사회에서는 보다 고차원의 목적, 즉, 인명의 안전과 재산의 보전에 사회시스템의 유지·보전을 더하여야 한다고 보고 있다. 물론 이러한 요소들의 중요성은 같을 수 없고, 인명 → 재산 → 사회시스템의 순서로 중요시 될 것이다. 그러나 사회시스템을 유지하고 보전하는 것이 방재의 목적 중 하나라고 인식함에 따라 방재에 대해서 종래와 다른 생각을 가져야 함에 주의하여야 한다.

제 2 절
Risk Management

도시방재계획은 가까운 장래에 일어날 수도 있다고 예상되는 재해를 인적 피해·물적 피해·도시의 기능 측면에서 미리 상정하여 이들의 피해감소를 위한 계획을 수립하는 것이다. 계획은 응급대처뿐만 아니라 재해유발충격에 취약한 점이 무엇이고, 준비되지 못한 것을 평가하여 장기적 관점에서 생각하는 것이 필요하다. 피해 상정이나 위험에 대한 평가는 그러한 대책들을 도출하면서 그 효과를 계측하기 위한 것이다. 더욱이 최근에 와서 방재계획을 Risk Management 관점에서 다루고자 하는 시도가 활발하게 진행되고 있다. 여기서는 Risk의 개념을 소개하고 이것을 계측하는 기본에 대해 설명하고자 한다.

01 Risk의 개념

재해를 일으키는 재해유발충격은 하나의 자연현상일 수 있지만, 이에 의하여 어떠한 피해가 발생할 것인가는 피재지역(被災地域)의 물리적 환경과 함께 사회·경제적 구조와도 밀접한 관계가 있다. 따라서 방재대책에는 물리적 대책뿐만 아니라 비물리적 대책 또한 중요하며, 신속한 복구가 기능 피해를 경감시키는 결정적 요소가 되며, 부흥에 의해 조성되는 견고한 사회시스템이 다음 재해의 예방책이 된다. 이를 대규모 지진 발생으로 생각하면, 지진 재해는 "평상시 → 재해 발생 → 응급대응 → 복구 → 부흥 → 평상시"라고 하는 재해사이클 속에서 표출되는 사회현상으로서 취급할 수 있다. 여기서 재해 경감을 위하여 투입되는 인적·사회적·경제적 자본을 계획론적인 입장에서 어떻게 배분할 것인가 하는 관점에서 재해 대책을 생각하는 것이 '재해관리'(Risk Management)가 지향하는 방향인데, 도시방재에 있어 비물리적 대책의 종합적 접근법으로 근래에 와서 주목을 받고 있다.

일반적인 Risk Management에는 Risk 분석, Risk 평가, Risk Management 등 3개의 분석 순서가 포함되어 있다. 재해에 관한 Risk Management의 경우에는 재해에 의한 직접피해 발생 그 자체를 경감하는 방책(Risk Control=Risk 피해의 감소)과 피해를 보험 등에 의하여 전화(轉化)하거나, 충분한 복구·부흥자금을 조달하여 피해의 파급을 최소화하는 방책(Risk Finance=Flow 피해의 감소)이 있다. 그러나 피해의 Risk를 어떻게 계측할 것인가에 대해서는 아직 정설이 없다.

Risk 개념에 관한 논의는 1950년대 미국 Risk 보험협회(ARIA)의 구성원을 중심으로 활발하게 행해졌다. Risk의 정의에 관한 이제까지의 논의 중에서 일본학자에 의해 발표된 것은 다음과 같은 것이 있다.

첫째, 다께이(武井)에 의하면
① 손실의 가능성
② 손실의 확률
③ 손실의 원인
④ 위험한 상태
⑤ 손해나 손실에 방치되어 있는 재산
⑥ 잠재적 손실
⑦ 실재의 손실과 예상한 손실의 변동
⑧ 불확실성
등과 같이 8가지의 넓은 의미로 사용된다고 한다.

다음으로 모리미야(森宮)에 의하면,
① 손실의 기회
② 손실의 불확실성
③ 손실의 변동 또는 괴리(乖離)
등으로 크게 3가지로 구분하고 있다.

여기서는 모리미야가 정리한 것을 바탕으로, 태풍과 달리 발생을 예측할 수 없는 지진의 피해가 어떻게 Risk로서 정식화될 수 있는가에 대하여 기술하도록 한다.

(1) 손실의 기회

'손실의 기회'라고 보는 것은 기회는 확률과 같은 의미라고 생각할 수 있으므로, 손실의 기회는 결국 지진의 발생확률과 지진이 발생하였다는 조건아래에서 손실이 발생하는 확률의 곱이 된다. 지진의 발생확률은 제어할 수 없기 때문에 Risk Management의 입장에서 보면 피해 발생확률을 낮추는 것을 생각하게 된다. 일반적으로 일정 기간을 정하여 두고 보면 큰 지진은 발생확률이 낮고 작은 지진은 빈번히 발생한다고 말할 수 있으므로 작은 지진에서는 피해가 발생하지 않도록 대책을 마련하였다고 하면, 결국 Risk – 다르게 말하면 손실의 기회는 대지진 발생확률에 한없이 가깝게 된다. 이러한 사실을 고려하지 않고 대책을 마련하면, Risk는 진도 4~5도에서 가장 높게 된다. 개발도상국에서 발생하는 지진 재해가 이에 속한다고 말할 수 있다.

참고로 지진의 강도를 측정하는 용어로 "규모"와 "진도"가 있다. "규모"는 지진에 의해 발생되는 에너지의 양으로 "절대적인 세기"를 표현하는 것이다. 따라서 진앙으로부터의 거리나 지진이 발생한 지역의 특성과 관계가 없다. 이에 비하여 "진도"는 일본에서 주로 사용하는 지진 강도 표현 방법으로, 진앙으로부터의 거리나 지역의 특성에 따라 지표상의 사람이나 물체에 주는 "상대적인 세기"의 크기를 나타내는 것이다. 예를 들어 규모 6의 지진이 지하 10km에서 발생하였을 때, 진앙 수직 위의 지상에서 진도는 7이나 8이 될 수 있지만 수평으로 300km 떨어진 장소의 진도는 2나 3이 될 수 있다.

본 정의에 따르면 Risk는 어디까지나 확률이기 때문에 손실의 양은 문제로 하지 않는다. 큰 피해를 가져오는 대지진보다는 경미한 피해의 중규모 지진이 확률의 곱으로 나타나는 Risk가 크기 때문에, Risk Management의 입장에서는 여기에 초점을 맞추어 대책을 수립하게 된다. 그러나 아주 경미한 손실은 간단하게 회복되므로 사전에 대책을 생각할 필요는 없다. 따라서 본 정의를 채택하는 경우에는, 손실에 대해 '일정 규모 이상의 손실'이라는 틀을 두어야 한다.

(2) 손실의 불확실성

손실의 발생은 불확실하다고 생각하는 것인데 불확실성에는 객관적 불확실성과 주관적 불확실성이 있다. 주관적 불확실성이라는 것은 단순한 정보량 부족의 문제로 모든 것이 객관적 불확실성으로 귀착될 수 있다고 하는 논의가 있는데 이에 대해서는 아직 결론에 도달하지 못하였다. 이 구별에 대해서는 더 이상 생각하지 않기로 하고 Risk를 손실의 불확실성으로 본 경우 지진 방재에 있어 어떠한 의미를 갖는가에 대해서 생각해 보자.

Risk를 손실의 기회라고 보았던 정의 (1)에서는 손실 발생확률이 1인 경우 다시 말하면 손실이 꼭 발생할 것을 알고 있는 경우에도 Risk가 있는 것이 되지만, 이것을 Risk라고 부르는 것이 확실히 맞는가 하는 것은 의문이다. 확실한 손실은 Risk가 아니라는 것이 본 정의의 의미이다.

이 정의는 지진 예지(豫知)의 효과를 생각한 경우에 유효하다. 즉, 예지에 의하여 지진 발생이 보다 확실히 된다면 불확실성은 낮아지고 Risk는 작게 된다. 다르게 말하면 손실이 감소할 것인가 말 것인가에 관계없이 예지된 것 그 자체가 Risk를 감소 즉, 제어한 것을 의미한다. 예지에 의하여 지진 발생이 확실히 되고 따라서 손실도 확실히 되면 예를 들어 어느 정도 손실이 발생한다고 하여도 이것을 Risk라고 생각하지 않는다는 것이다.

일반적으로, 확실한 손실은 Risk가 아니라고 하는 것이 타당하게 생각된다. 그러나 지진 방재의 경우 예지된 가운데서 Risk가 0가 된다고 하는 것도 납득하기 어렵다. 설령 예지되었다고 하여도 대략 1주일 전에 경계경보가 발령되고 확실하게 되는 것은 2~3일 전이라고 하여도 이 기간 동안 취할 수 있는 대책이라는 것은 한정되어 있기 때문에 피해를 완전히 면하는 것은 불가능하다.

즉 손실이 발생한다는 그 자체가 확실하다고 하여도 그것이 어느 정도가 될 것인가는 불확실한 것이어서 피재(被災) 주민은 불확실한 만큼의 Risk를 인정하고 있다고 생각하여야 한다는 것이다. 따라서 본 정의에서는 (1)처럼 손실량을 문제시하고 있지 않는 것이 방재계획상 불만을 남기는 것이 된다.

(3) 손실의 변동 또는 괴리

'손실의 변동 또는 괴리'라고 생각하는 것에는 여러 가지가 있는데 대표적인 것으로 Mehr and Hedges에 의한 정의와 모리미야의 제안을 검증하여 보도록 한다. Mehr and Hedges에 따르면 Risk라는 것은 '손실이 일상적으로 예상한 것보다 크게 되는 가능성'이라고 정의하고 있다. 다시 말하면 Risk라는 것은 가능성이라는 확률 개념이지만, 손실의 양을 고려하면서 그 위에 다시 예상과의 괴리로 정의된다는 것이 (1), (2)와 본질적으로 다른 점이다.

위와 마찬가지로 일정기간을 정하여 생각하면, 일본과 같이 지진이 자주 발생하는 나라에서 피해가 작은 지진은 거의 확률 1로 발생하지만, 커다란 피해를 가져오는 지진 발생확률은 작으므로 지진 발생 확률−손실곡선은 하향곡선을 나타내게 된다.

02 피해의 사회 · 경제적 영향 계측

재해는 당해 피재지(被災地)에 한정되는 것만 아니고 시간적 · 공간적으로 파급된다. 그리고 그 파급 형태에 따라 앞에서 말한 바와 같이 '직접 파급피해'와 '간접 파급피해'로 정의할 수 있다. 직접적이거나 혹은 간접적이거나 이러한 파급피해를 최소화하기 위한 대책을 연구한다는 것은 '도시 방재학'의 주요한 내용의 하나이다.

대규모 재해가 국가 경제성장을 좌우하는 것까지 파급되는 것은 재해에 대해 충분한 국력을 가지고 있지 않은 개발도상국 등에서는 흔히 볼 수 있다. 또 당초에는 파급피해로서 계측한 변화도 복잡한 사회경제시스템 속에서 반향(反響)을 반복하다가 시간의 경과와 함께 서서히 그 형태를 바꾸어서 부흥투자와의 상승효과에 의해서 때로는 편익으로까지 전화(轉化)되기도 한다. 그야말로 '전화위복, 즉, 화(禍)가 변해서 복(福)이 된다'라는 말이 실현되는 것이다.

따라서 파급재해에 대한 방재대책은 부(負)의 파급을 될 수 있는대로 막는 것이 아니고, 사회경제시스템 속에서 반향을 통하여 음(陰)을 양(陽)으로 바꾸는 방책이 되도록 입안되는 것이 바람직하다고 말할 수 있다. 이를 위해서 먼저 피해파급의 메커니즘을 밝힐 필요가 있다. 당초에 피해는 사회경제시스템 속에서 연속적인 반향을 통하여 그 모습을 바꾸게 되므로 오히려 피해를 따르기보다는 사회경제시스템에 주는 영향을 추적하는 것이 된다.

1) 인과(因果)메커니즘

사회경제시스템을 시민생활, 공공부문, 기업부문 등 3개 부문으로 분할하고 각각의 부문에 어떠한 영향이 생길 것인가를 또 그것들이 상호 간에 어떻게 관계하고 있는가를 생각해 보면 다음과 같다.

먼저 시민생활에 있어서는 주택·재산의 손실이 주택재건을 위한 대출금 증가를 가져와서 가계에 경제적 악영향을 주게 된다. 파괴된 주택이 아직도 주택대출금을 상환 중에 있는 것이라고 하면, 파괴된 주택을 다시 짓기 위해 또 대출을 받게 되어 가계 상황은 더욱 어려워진다. 더욱이 가족 중에서 소득원이던 사람이 피해를 입거나 기업부문에서 도산·해고가 발생한다면 생활이 궁핍하여지는 것은 보다 심각해질 것이다. 심할 경우에는 현재의 거주지로부터 떠나서 생활거점을 변경해야 하는 일도 발생할 것이다. 또 주택을 상실한 가구는 본격적인 복구사업이 완성되기까지 가설주택에 입주하든가 아니면 친척집으로 가족이 흩어지기도 할 것이다. 이러한 현상이 원인이 되어 사회적으로 보면 피재지(被災地)의 인구감소를 가져온다.

다음으로 공공부문에서는 부흥을 위하여 막대한 재정지출이 발생하는 한편, 기업의 생산저하와 인구감소에 의해 세수(稅收)가 급격히 줄어들어 지방재정이 극도로 압박받게 된다. 그 결과 장기간에 걸쳐 도시의 일반 환경정비에는 지출을 할 수 없게 되어, 전체적으로 도시환경의 황폐와 사회불안을 야기하게 되고 피재도시(被災都市)로부터 산업·인구 유출에 박차를 가하는 사태가 생길 수 있다.

3개의 부문—즉 시민생활, 공공부문, 기업부문 중에서 가장 커다란 영향을 받는 것은 기업부문이다. 예를 들어 국가경제의 중추가 집중되어 있는 지역이 결정적인 피해를 입었다고 생각하여 보면 다음과 같은 영향을 추론할 수 있다. 먼저 생산시설의 파괴는 생산성 저하를 가져오고 전국적인 생산·생산물자의 부족을 초래하게 된다. 부족한 물자는 수입하여 조달하는 것으로 되고 이는 수출입 균형에 영향을 주어 국제 수지를 악화시키게 되어 대폭적인 환율 저하를 가져온다. 이와 동시에 기업은 부흥을 위한 설비투자에 방대한 자금을 필요로 하여 보유하고 있는 국채 등의 환금 압력이 높아진다. 이에 정부가 화폐 발행으로 대처하여 통화팽창이 일어나면 이는 필연적으로 인플레이션으로 이어진다. 또 중소기업을 중심으로 하는 도산·해고는 어느 정도 피할 수 없는 것으로 실업률의 증가는 사회불안을 조성하고 가계를 궁핍으로 내몰게 된다.

사회경제적 영향의 최소화와 양(陽)으로 바꾸는 정책은 피해지역으로 중앙정부로부터의 부흥지원금이 어느 정도 투입될 것인가, 국제사회가 어떻게 대응할 것인가, 세계적인 시장 동향을 주시하는 특례적인 금융정책이 적절히 실시될 것인가 등이 관건이 된다. 이러한 것들이 도시방재의 일부인 것은 말할 필요조차 없다.

2) 영향의 계측

재해가 가져오는 사회경제적 영향의 계측에 관한 본격적인 연구는 1920년 프린스(Prince S. H.)에 의해서 처음으로 시작되었다. 그는 박사학위논문 "재해와 사회변화(Catastrophe and Social Change)"에서 1917년에 카나다의 할리프악스항구에서 군용화약을 실은 프랑스선적의 화물선과 벨기에선적의 화물선이 충돌하여 시의 절반 이상을 폐허로 만들고, 만 명 이상의 사상자를 만든 대폭발사고의 지역사회에 대한 영향을 분석하였다. 이후 미국에서는 재해 사회학이라고 부르는 분야가 확립되어 많은 연구가 행하여졌다.

실재 재해 후의 사회경제적 영향을 계측하는 것은 용이한 것은 아니다. 장기간에 걸친 관측이 필요한 것과 재해 이외 요인의 간섭을 배제하는 것이 어렵기 때문이다. 계측의 방법은 크게 국가나 도 규모의 지역(region)을 대상으로 하는 macro적인 방법과, 당해 피재지역으로 국한하는 micro적인 방법으로 구분한다.

(1) Macro적인 방법

Albala－Bertrand는 재해가 국가의 macro 경제에 미치는 영향을 통계적 수법에 의하여 밝히고자 하였다. 그는 1960년부터 1979년 사이 세계에서 일어난 29개의 큰 재해에 대해 재해 발생 전후 2년(합계 5년간)의 데이터를 바탕으로 하여, GDP와 함께 산업부문별 생산액의 성장률, 실업률, 국가의 세출입, 수출입 균형 등이 어떻게 변하였는가를 분석하였다. 여기서 적어도 GDP에 대해서는 재해에 의한 감소나, 성장률의 저하는 관측되지 않고 오히려 그 영향이 positive라고 하는 흥미로운 결과를 찾아내었다. 재해 발생 후의 사회 경제적 파급은 항상 Negative한 것은 아니다. 예를 들어 피재지역 재건을 위한 막대한 복구투자는 지역경제에 Plus 효과를 준다.

(2) Micro 방법

피재지를 대상으로 하는 micro적인 피해추정 방법으로는 가장 간단한 것으로 현지 조사를 바탕으로 하는 것이 있다. 앞에서 말한 태풍 피해 후의 관광지 관광수입 감소 등은 이러한 계측 예에 속한다. 이러한 직접조사는 조사비용 문제가 있어 계속 조사하는 것이 어렵고, 재해를 입은 후 1년간 정도인 단기적 영향을 조사하는 정도이다.

피해는 평상시 → 재해 발생 → 응급대응 → 복구 → 평상시에 이르는 과정에서 표출되는 사회현상이다. 피해경감을 위해서 인적·사회적·경제적 자본을 어떻게 배분하고 투입할 것인가를 생각하는 것은, 앞에서 말한 '재해 Risk Management'에 국한하지 않고 도시 방재대책을 다루는 기본적인 자세라고 말할 수 있다. 그 속에서 재해의 중·장기적 영향 분석은 중요한 위치를 점하고 있어 앞으로도 보다 많은 연구가 바람직하다.

제3절
재해 발생과 방재대책

01 우리나라에서 발생하는 재해

　우리나라는 좁은 국토면적에 산지가 많아 가용면적이 적고 천연자원도 극히 빈약하다는 점에서 사람이 살아가기에 불리한 점이 많지만 자연재해는 다른 나라에 비하여 발생이 아주 적다는 좋은 측면도 있다. 그러나 경제적으로 어려운 시기에 급속도로 진행된 도시화로 인위재해는 화재를 중심으로 지속적으로 발생하고 있다. 그리고 장소에 따라서는 높은 주거 밀도에 비하여 도로는 좁고, 좁은 도로에는 불법 주차된 자동차·가판대·전신주 등과 같은 각종 장애물이 점유하고 있어 조그만 재해가 크게 확산될 수 있는 위험을 내포하고 있다. 우리나라에서 발생한 재해유발충격과 재해 발생을 살펴보면 다음과 같다.

1) 재해유발충격과 발생하는 재해

(1) 태　풍

　태풍은 우리나라에서 거의 매년 발생하는 재해유발충격으로 해마다 인명피해와 재산 피해를 일으키고 있다. 우리나라에서 근대 기상 관측이 시작된 1904년 이후 2010년까지 총 327개의 태풍이 우리나라에 영향을 주어 대체로 우리나라에는 매년 3~4개의 태풍이 지나간다고 생각할 수 있다. 태풍이 우리나라에 영향을

표 15-1   인적 피해와 재산 피해를 많이 낸 태풍(1904-2014)

순위	인 명			재 산		
	발생일	태풍명	사망실종 (명)	발생일	태풍명	재산피해액 (억 원)
1	'36.08.20~28	3693호	1,232	'02.08.30~09.01	RUSA	51,479
2	'23.08.11~14	2353호	1,157	'03.09.12~09.13	MAEMI	42,225
3	'59.09.15~18	SARAH	849	'99.07.09~07.29	OLGA	10,490
4	'72.08.19~20	BETTY	550	'12.08.25~08.30	BOLAVEN & TEMBI	6,365
5	'25.07.15~18	2560호	516	'95.08.19~08.30	JANIS	4,563
6	'14.09.07~13	1428호	432	'87.07.15~07.16	THELMA	3,913
7	'33.08.03~05	3383호	415	'12.09.15~09.17	SANBA	3,657
8	'87.07.15~16	THELMA	343	'98.09.29~10.01	YANNI	2,749
9	'34.07.15~16	3486호	265	'00.08.23~09.01	PRAPIROON	2,520
10	'02.08.30~9.1	RUSA	246	'04.08.17~08.20	MEGI	2,508

자료: 소방방재청 통계자료.
  주: 1. 재산피해액은 당해 연도 가격 기준임.
     2. 1995년 태풍 재니스(JANIS), 1999년 태풍 올가(OLGA), 2000년 태풍 쁘라삐룬(PRAPIROON)의 피해액은 호우와 태풍의 중복 피해액임.
     3. 2012년 볼라벤과 덴빈은 연이어 발생하여 피해액이 중복되었음.

미치는 것은 주로 8월인데 과거 약 100년간 122개가 있었다. 월별로 보면 7월 94개, 9월 83개, 6월 18개, 10월 8개, 5월 2개의 순이었다. 대부분의 태풍은 강한 바람과 함께 호우를 동반하는데 우리나라에서 태풍에 의한 재해는 주로 호우가 원인이 된다. 호우에 의한 피해 중에서 인적피해는 [표 15-1]에서 볼 수 있는 것과 같이 최근에 와서 확연히 줄어들고 있다.

태풍은 우리나라에서 거의 해마다 인적 피해와 재산 피해를 발생시키고 있다. 그렇지만 태풍이 동반하는 호우는 쌀농사와 일상생활 및 산업 용수 확보에 더 없이 중요한 것도 사실이다. 따라서 수해를 방지하면서 물을 유효적절하게 사용할 수 있도록 하는 것은 국민의 안정적인 일상생활과 산업을 위한 기본이라고 할 수 있다.

(2) 화 재

우리나라에서 발생하는 화재는, 일상생활에서 부주의로 일어나는 인위 재해에 속한다. 지난 10년 간 우리나라에서 발생하는 화재건수를 보면, [표 15-2]에서 볼 수 있는 것과 같이 2006년까지 지속적으로 감소하는 추세를 보여왔다. 그러나 2007년부터 화재는 발생건수와 함께 인명 피해와 재산 피해도 급증하였다.

표 15-2 우리나라의 화재발생과 피해규모

연도	화재건수	인명피해(명)			재산피해 (백만 원)
		계	사망	부상	
2004	32,737	2,304	484	1,820	146,634
2005	32,340	2,342	505	1,837	171,374
2006	31,778	2,180	446	1,734	150,792
2007	47,882	2,459	424	2,035	248,425
2008	49,631	2,716	468	2,248	383,143
2009	47,318	2,441	409	2,032	251,835
2010	41,863	1,892	304	1,588	266,776
2011	43,875	1,862	263	1,599	256,548
2012	43,249	2,223	267	1,956	289,526
2013	40,932	2,184	307	1,877	434,462

자료: 소방방재청 통계자료.

(3) 지 진

태풍이나 화재와는 달리 [표 15-3]에서 볼 수 있는 것과 같이 우리나라에서 발생건수는 많으나 강도가 약하여 우리 국민이 위험하지 않게 생각하는 재해 유발충격으로 지진이 있다. 외국에서는 지진으로 많은 피해가 발생하고 있지만 우리나라에서는 역사책에 있는 지진피해를 제외하면 거의 없다. 그러나 우리나라 도시에 지진에 절대적으로 약한 조적조건물이 많은 점을 감안하면, 지진에 의한 재해 발생 가능성에 충분한 주의를 기울여야 할 것이다.

표 15-3		우리나라에서 발생한 지진					
연도	규모 3 이상	유감횟수	총 횟수	연도	규모 3 이상	유감횟수	총 횟수
2001	7	6	43	2008	10	7	46
2002	11	9	49	2009	8	10	60
2003	9	12	38	2010	5	5	42
2004	6	10	42	2011	14	7	52
2005	15	6	37	2012	9	4	56
2006	7	7	50	2013	18	15	93
2007	2	5	42	2014	8	11	49

자료: 기상청 통계자료.

02 우리나라 도시에 존재하는 재해위험요소

1) 토지이용

(1) 고지대 개발

우리나라 도시 중에서 자연적으로 발생한 도시의 대부분은 구릉지나 산지를 낀 장소에서 발달을 시작하였는데, 성장을 하는 과정에서 지형적으로 무리한 장소까지 개발하게 되었다. 특히 일부 대도시의 경우는 가도시화를 겪은 경우가 많은데, 이 시기에 고지대의 급경사지가 불법·불량주거에 의하여 점유되기도 하였다.

이렇게 무계획적으로 주거지가 된 고지대 급경사지는 위치적으로 도심에 가까운 장소라도 높은 옹벽이 있기도 하고, 도로는 아주 좁거나 계단으로 연결되는 것과 같은 열악한 환경이 많다. 계단과 좁은 도로는 재해가 발생하면 차량이 접근하기 어렵기 때문에 구난·구급 활동에 많은 어려움이 있을 것이 확실하다.

(2) 저지대 주거지

최근에 와서 새로운 시가지 개발은 논, 밭, 임야를 이용한 것인데, 논은 호우 시 빗물을 저류하는 기능을 가졌고, 밭과 임야에서는 빗물이 원활하게 지하로 스며들 수 있다. 그러나 신시가지 개발에 따라 포장된 면적이 확대되어 하천으로 흘러들어 가는 빗물의 양이 많고도 빠르게 되었다. 따라서 하천 주변을 포함하는 도시의 저지대는 과거보다 적은 강우량에도 수해발생 위험이 커지게 되었다.

2) 건축물 구조

우리나라 도시에서 방재상 가장 큰 취약점 중 하나는 많은 건축물의 구조가 조적조라는 점이다.

[표 15-4]는 일본 고베대학 연구진이 이란에서 발생한 지진을 자료로 하여 지진 규모에 따른 조적조건물의 피해율을 추정한 것이다. 여기서 보는 것과 같이 지진 규모가 5.5를 넘어서면 조적조건물의 10%가 붕괴되고, 규모가 6이 되면 약

표 15-4 ▾ 지진규모에 따른 조적조건물의 붕괴율

지진 규모	붕괴비율(%)	지진 규모	붕괴비율(%)
5.1	1.78	6.1	58.78
5.2	2.63	6.2	69.10
5.3	3.88	6.3	77.81
5.4	5.67	6.4	84.62
5.5	8.24	6.5	95.50
5.6	11.81	6.6	97.25
5.7	16.65	6.7	98.33
5.8	22.96	6.8	98.99
5.9	36.70	6.9	99.39
6.0	47.62	7.0	99.63

자료: Yasuko Kuwata, Shiro Takada, Morteza Bastami, 2005, "Building Damage and Human Casualties during the BAM-IRAN Earthguake," *Asian Journal of Civil Engineering* (*Building and Housing*), 6: 1-2.

50%의 조적조건물이 붕괴될 것으로 추정하고 있다. 참고로 2007년 1월 20일 강원도 평창군에서 발생한 지진은 규모가 4.8이어서 몇몇 건물에 금이 가는 정도였다. 지진에서 조적조건물로 인하여 많은 인적 피해가 발생하는 것은 외국의 지진재해로부터도 알 수 있다. 예를 들어 2001년 1월 26일 오전 8시 46분 인도 서부지역에 위치한 구자라트주의 카치지역에서 발생한 지진은 규모 6.9였고 사망자가 약 20,000명에 달하였다. 그리고 2008년 5월에 발생한 중국의 쓰촨성 지진에서는 그해 9월까지 사망 69,226명, 부상 374,643명, 실종 17,923명으로 집계되었는데, 여기서도 조적조건물이 피해발생의 주요한 원인이 되었다.

2015년 4월 현재 서울시 '건축물관리대장'에 등록되어 있는 건축물 수는 총 627,693동이다. '건축물관리대장'에서는 건물의 구조를 22개 유형으로 세분하고 있는데, 유사구조를 취합하여 이를 9가지로 정리한 것이 [표 15-5]이다. 여기서 볼 수 있는 것과 같이 2015년 현재 서울시 전체 건물에서 목조건물이 차지하는 비율은 8.9%에 지나지 않아, 연소(延燒) 방지를 위해서는 괄목할 만한 성과를 올

표 15-5 ▼ 서울시의 구조별 건물 동수

구 분	세 분 구 조	건 물 수
조적조	석조	236
	연와조	250,991
	시멘트벽돌조	23,691
	시멘트블록조	24,641
	혼합벽돌조	1,483
	계	301,042
철근콘크리트조	철근·철골콘크리트	262,257
	기타 철구조	8,747
	계	271,004
목조	목조	55,430
	기타 목구조	147
	계	55,577
기타		70
계		627,693

자료: 서울특별시 통계자료.

렸다고 할 수 있다. 그러나 벽돌이나 시멘트블록으로 건설된 조적조건물은 전체의 약 48%를 차지하고 있어 지진과 같이 진동을 수반하는 재해유발충격에는 무척 취약한 도시가 되었다. 이렇게 조적조로 지어진 건물이 많은 비율을 차지하고 있는 것은 비단 서울시에만 국한된 것이 아니고, 우리나라 전국을 통하여 아파트가 아닌 주거지에 공통된 문제가 되고 있다.

3) 노상불법주차

다가구·다세대주택은 지진 발생 시 붕괴 위험이 큰 조적조로 지어진 것 외에도, 부족한 주차장이 주변도로를 주차장으로 만들고 있다는 문제점이 있다.

1980년대 말부터 2000년대 초반에 걸쳐 다가구·다세대주택이 급증한 시기는 우리나라에서 자동차 대수도 급증하였다. 1985년부터 1995년 사이 우리나라의 차량대수는 연 평균 30% 이상 증가하였는데, 증가된 차량 중에는 승용차가 가장 많았다. 그러나 이 기간 우리나라 주택 건설에서 적용된 주차장 설치 기준은 무척 낮았다. 1980년대부터 현재까지 공동주택 건설에서 적용된 주차장 설치 기준을 간단히 살펴보면 다음과 같다.

(1) 1979년~1990년

- 「주차장법」을 적용하고, 건축면적 $150m^2$ 당 1대를 설치하는 것을 기준으로 하였다.

(2) 1991년~2003년

- 20호 미만의 경우: 「주차장법」을 적용하였음. 건축면적 $120m^2$당 1대 설치.
- 20호 이상의 경우: '주택건설 기준 등에 관한 규정'을 적용하였음.
  - 주택규모가 $85m^2$이하인 경우 $75m^2$당 1대 설치.
  - 주택규모가 $85m^2$이상인 경우 $65m^2$당 1대. 단 산정된 주차대수 이상으로 설치토록 하고, 1가구당 1대 이상 주차할 수 있게 함.

(3) 2004년~2009년

- '주택건설 기준 등에 관한 규정'을 따름.
- 이 규정에서는 단위 면적 당 주차장설치 기준은 앞에서 말한 것과 같고, 지하주차장 설치에 관한 기준을 정함.

다가구·다세대주택은 일반적으로 1동의 단독주택을 개축하여 짓는 것으로, 1가구당 면적은 $45~60m^2$ 정도이고, 한 번에 10호 이상을 건설하는 것이 대부분이었다. 따라서 다가구·다세대주택을 가장 많이 건설하였던 1990년대에는 「주차장법」을 적용하여 건축면적 $120m^2$당 주차장 1대를 설치하면 법적인 요건을 만족하는 것이었다. 그런데 건축면적 $120m^2$는 다가구·다세대주택 2~3가구에 해당하는 것이어서 50% 이상의 차량이 주차장이 없는 결과가 되어, 다가구·다세대주택이 밀집된 장소에서는 주변 이면도로가 불법주차장으로 변하게 되었다.

03 우리나라의 도시방재대책

앞에서 본 것과 같이 우리나라에서 발생하는 재해 중 가장 많은 것은 풍수해이다. 이에 대한 대책으로, 정부에서는 전문 7장 79조로 구성된 「자연재해 대책법」을 1995년 12월 법률 제4993호로 제정하였다. 내용은 태풍·홍수 등 자연현상으로 인한 재난으로부터 국토를 보존하고 국민의 생명·신체 및 재산과 주요기간시설을 보호하기 위하여 자연재해의 예방·복구 그 밖의 대책에 관하여 필요한 사항을 규정하고 있다. 그리고 다음과 같은 각종 개발 사업에 대해서는 '사전재해영향성검토'를 실시하여 재해 발생에 대처하고자 하고 있다.

ⅰ) 국토·지역계획 및 도시의 개발
ⅱ) 산업 및 유통단지조성
ⅲ) 에너지 개발
ⅳ) 교통시설의 건설

ⅴ) 하천의 이용 및 개발

ⅵ) 수자원 및 해양개발

ⅶ) 산지개발 및 골재채취

ⅷ) 관광단지 개발 및 체육시설

ⅸ) 그 밖에 자연재해에 영향을 미치는 계획 및 사업

「자연재해 대책법」에 의한 「사전재해영향성검토」는 단위 사업에 관한 것으로 도시라는 거대시스템을 고려하면 그 성과를 크게 기대할 수 없다는 측면이 있다.

우리나라의 법규 및 계획 체계에 따르면, 주거환경을 개발하고 개선하는 데 있어 가장 기본적인 것은 「국토의 계획 및 이용에 관한 법률」에 의해 작성되는 「군·도시기본계획」이다(이하 도시기본계획이라고 함). 도시기본계획은 계획 대상지의 기본적인 공간구조와 장기발전방향을 제시하는 종합계획이라는 점에서 어떤 도시가 현재 안고 있거나, 미래에 발생할 수 있는 문제를 종합적으로 해결할 수 있는 거의 유일한 수단이다. 국토교통부훈령 제445호인 '군·도시기본계획 수립 지침' 제3절에서는 도시기본계획의 지위를 "다른 법률에 의해 수립하는 각 부문별 계획이나 지침 등은 시·군의 가장 상위계획인 도시·군기본계획을 따라야 한다"라고 규정하고 있다.

「국토의 계획 및 이용에 관한 법률」 제19조에서는 도시기본계획에 포함되어야 하는 한 분야로 "방재 및 안전에 관한 사항"을 정하고 있다. 그리고 '도시기본계획 수립 지침서' 제4장 제10절에서는 방재 및 안전에 관한 계획의 내용을 다음과 같이 제시하고 있다.

ⅰ) 지역 주민이 항상 안심하고 생활할 수 있도록 각종 재해나 범죄의 위험으로부터 안전한 환경을 조성하고, 특히 기후변화, 고령화, 다문화, 정보화 등 도시환경의 여건변화로 인한 재해 및 범죄의 취약성에 대응할 수 있도록 한다.

ⅱ) 안전한 생활환경 조성을 위해 기성시가지에 존재하고 있는 재해위험요소와 범죄유발위험요소를 정비하고, 신규 도시개발 지역에서는 새로운 위험요소가 발생하지 않도록 하여야 한다.

ⅲ) 방수·방화·방조·방풍 등 재해방지 계획과 피해발생을 대비한 방재계획을 수립한다. 이 경우 「재난 및 안전관리 기본법」 제24조 제1항에 따른 시·도

안전관리계획 및 같은 법 제25조 제1항에 따른 시·군·구안전관리계획과 「자연재해대책법」 제16조 제1항에 따른 시·군·구 풍수해저감종합계획을 충분히 고려하여 수립하여야 한다.

ⅳ) 기반시설 및 토지이용체계는 지역방호에 능동적이고 비상 시의 피해를 극소화하도록 계획한다.

ⅴ) 상습침수지역 등 재해가 빈발하는 지역에 대하여는 가급적 개발을 억제한다.

- 상습침수지역을 개발할 때에는 집중호우에 의한 배수유역에서 충분한 우수를 저류할 수 있는 유수지를 확보하거나 충분한 녹지를 확보하여 도시 내 담수능력을 배양하도록 하는 등 재해에 대한 예방대책을 수립한다.
- 재해가 빈발하는 도시는 위의 장소에 대해서는(개발하고자 하는 상습침수지역) 재해예방대책을 구체적으로 제시하여야 한다.

ⅵ) 연안침식이 진행중이거나 우려되는 지역은 원칙적으로 시가화 예정용지 대상지역에서 제외하되, 불가피하게 시가화예정용지로 지정하고자 하는 경우에는 해수면 상승, 연안침식에 따른 영향 등을 종합적으로 고려하여 방재대책을 수립하여야 한다.

도시기본계획은 하위계획이나 공공시설의 정비계획에 대해 일정한 구속력을 가져야 하고 이를 위해서는 계획의 내용이 명확하여야 한다. 그러나 위의 내용을 보면 계획에 대한 지침이 애매한 표현이 되어 있다는 문제점이 있다. 예를 들면, 지침서에서는 "안전한 생활환경 조성을 위해 기성시가지에 존재하고 있는 재해위험요소와 범죄유발위험요소를 정비하고, 신규 도시개발 지역에서는 새로운 위험요소가 발생하지 않도록 하여야 한다"라고 하고 있지만 재해위험요소에 대한 명확한 정의를 하고 있지 않다. 그리고 전체적으로 이제까지 많이 겪어 온 수해만을 강조하고 있고 우리나라에서도 연평균 약 60회 정도 발생하고 있는 지진에 대해서는 언급조차 하지 않고 있다.

04 도시계획의 방재계획

앞에서 말한바와 같이 방재계획은 사람들의 일상생활 환경 주변에 존재하는 재해위험요소를 줄여서 재해유발충격에 대처하는 계획을 말한다. 우리나라에서 발생 가능한 재해는 수해, 화재, 진재(震災)가 있는데, 진재는 일반적으로 구조물의 붕괴와 화재에 의해 피해를 입게 되므로 수해와 진재에 강한 도시를 만들면 재해에 강한 도시가 된다.

여기에서 도시방재를 위하여 도시기본계획에서 고려하여야 할 사항을 기술하면 다음과 같다.

1) 시가화 예정용지 선정

(1) 시가화 예정용지의 입지

도시기본계획에서 시가화 예정용지를 선정함에 있어 기본적으로 중요하게 고려되어야 할 사항은 안전하고, 환경적으로 건강하며, 경제적인 시가지환경을 조성할 수 있는가 하는 데 있다. 방재관점에서 볼 때 입지선정에서 일반적으로 고려할 사항은 다음과 같다.

① 우량농경지의 개발은 가능한 한 피하도록 한다.

논은 호우 시 임시 우수 저류장이 된다. 따라서 상류의 우량농경지를 택지로 개발하면, 빗물이 일시에 하천으로 유입되기 때문에 하류에서는 홍수가 발생하기 쉽다. 따라서 논은 식량자원 확보와 함께 홍수 방지의 관점에서도 최대한 보전되어야 한다.

② 대규모 지형 변경이 수반되는 장소는 피하도록 한다.

저습지나 경사가 급한 장소를 살기 편한 시가지로 건설하기 위해서는 많은 양의 성토나 절토가 부득이 발생하게 된다. 이러한 장소는 안전성·환경성·경제성·경관 등 어떠한 측면에서나 바람직하지 못하다. 따라서 건설 부지를 정리함에 있어 과다한 절토 혹은 성토 발생이 예상되는 고지대나 급경사지, 침수위험이 있는 저지대는 개발대상지에서 제외하도록 한다.

③ 재해가 발생한 장소와 발생이 예상되는 장소는 제외하도록 한다.

과거에 침수, 산사태, 지반붕괴, 기타 재해가 발생했던 지역과 이러한 재해 발생이 예상되는 지역 및 재해위험지구로 지정되어 있는 지역은 개발대상지에서 제외하도록 한다.

(2) 지형·지세 관점에서 개발계획 수립 시 유의 사항

지형이나 지표에 변화를 주는 것은 현재의 균형 상태에 변화를 주는 것이므로, 다음과 같은 요소를 변경시킬 때에는 재해발생가능성을 고려하여야 한다.

① 지표 변경

지표 변경이란 지표를 구성하고 있는 식물이나 토양을 제거하거나 변화시키는 것을 말한다. 지표 변경은 강우에 의해 토사이동을 쉽게 만들어 산사태나 붕괴를 유발하게 되므로 경사가 급한 장소에서는 특히 유의하여야 한다.

② 지반 변경

개발 대상지를 용도에 맞게 정리하는 과정에서 발생하는 절토와 성토는 지표로부터 깊지 않은 지반의 구조를 변경시킬 수도 있다. 지반은 구조물에 결정적인 영향을 주며, 특히 성토된 토지는 구조물의 안정성에 큰 영향을 주게 된다.

③ 지표수 흐름의 변화

지표수의 흐름은 지표 변경이나 지반 변경으로부터 영향을 받는다. 지표수 흐름의 변화는 강우 유출 체계에 영향을 미쳐 홍수 발생 위험을 가중시키거나, 지하수 흐름에 변화를 주어 지반 구조 변화를 일으킨다. 그리고 변화된 지반 구조는 구조물에 악영향을 미쳐 붕괴와 사태를 일으키기도 한다.

(3) 급경사지 이용

경사가 급한 토지를 개발하는 경우에는 다음과 같은 사항을 고려하여야 한다.

① 건물의 크기를 최대한 줄일 것

경사가 급한 토지를 부분적으로 평탄화하여 대지로 사용하면 법면이 생겨 붕괴의 위험을 내포하게 된다. 따라서 경사가 급한 장소는 개발하지 않는 것이 바람직하지만 부득이 개발할 경우에는 건축물의 크기를 되도록 작게 하여 재해 발생 위험을 낮추도록 한다.

② 도로의 구배를 고려할 것

도로는 차량이 안전하게 운행하고 적절한 속도를 낼 수 있게 하기 위하여 '도로의 구조·시설 기준에 관한 규칙'에서 종단 최대경사도를 정하고 있다. 규칙에 따르면 도로에서 가장 급한 경사는 국지도로의 16%이다. 이는 도로의 길이가 짧을 때에만 가능한 것으로, 구간이 긴 도로가 급경사이면 차량 운행의 안전과 함께 운전자가 심리적으로 불안감을 느끼게 된다.

③ 도로의 폭원과 법면

도로의 구배가 급경사로 되는 것을 방지하기 위하여 도로를 등고선과 평행하게 건설하여야 경사를 완만하게 만들 수 있다. 이러한 경우 부지 조성의 경우와 마찬가지로 도로의 폭원을 넓게 하면 법면이 높아져 경관 면에서 좋지 않은 것은 물론이고 붕괴의 위험도 높아지게 된다.

2) 기성시가지 방재계획과 하위계획에 제시하는 지표

기성시가지에 대한 방재계획은, 화재 및 지진 발생 시 위험도가 높은 지역에 대해 도시정비가 가능하도록, 도시관리계획에서 정비구역이나 방재지구로 지정되어야 할 장소를 정하거나, 계획의 지표를 제시하는 것으로 한다.

(1) 정비구역으로 지정

「국토의 계획 및 이용에 관한 법률」 제2조 제4항에서는 "도시개발사업 또는 정비사업에 관한 계획"도 도시관리계획의 하나로 규정하고 있다. 정비구역은 「도시 및 주거환경 정비법 시행령」 제10조에서 정한 별표 1의 제3항에서 "재해 등이 발생할 경우 위해의 우려가 있어 신속히 정비사업을 추진할 필요가 있는 지역"에 대하여 지정할 수 있도록 하고 있다. 화재나 규모 6의 지진이 발생한 경우를 상정하여, 다음과 같은 장소를 정비구역으로 지정토록 하는 것이 보다 안전한 도시건설을 위하여 바람직하다고 생각된다. 판정은 재해발생 시 구난·구급활동과 주민의 대피가 어느 정도 원활하게 이루어질 수 있는가 하는 관점에서 결정할 수 있는데, 기준은 [표 15-6]의 일본 동경도에서 적용하고 있는 것을 사용할 수도 있을 것이다.

표 15-6 ▼ 주민대피난이도 판정기준

등급	군집 밀도(인/m^2)	평균보행속도(m/hr)
A	≤ 1.5	≥ 3,927
B	≤ 2.0	≥ 3,436
C	≤ 3.0	≥ 2,455
D	≤ 4.0	≥ 1,545
E	> 4.0	< 1,545

자료: 카지 히데끼·강양석, 2011, 도시방재학, 보성각.

① '주민대피난이도 판정기준'이 "E" 이하인 장소를 정비구역으로 지정토록 한다. 판정기준 "E"는 평균보행속도가 1,545m/hr 이하로 보통 속도의 약 1/3 이하에 해당하는 늦은 속도이다.

② 구난·구급활동 난이도를 기준으로 하는 위험도에서 '도로폐쇄'나 '유효도로 폭원 3m 미만'이 되는 장소를 정비구역으로 지정토록 한다. 도로가 폐쇄되지 않는다고 하여도 유효도로의 폭원이 3m 미만이 되면 소방차가 진입할 수 없기 때문에 구난·구급활동이 불가능하게 된다.

(2) 방재지구로 지정

「국토의 계획 및 이용에 관한 법률」 제37조에서는 "풍수해, 산사태, 지반의 붕괴 그 밖에 재해를 예방하기 위하여 필요한 지구"에 대하여 도시관리계획에 의하여 방재지구로 지정할 수 있도록 하고 있다. 방재지구로 지정하는 것은 정비구역보다 시급성은 없으나 계획적이고도 지속적인 관리를 하는 장소이므로 다소 완화된 기준을 적용할 수 있다. 화재나 규모 6 지진이 발생한 경우를 상정하여 다음과 같은 장소에 대하여 방재지구로 지정한다.

① '주민대피난이도 판정기준'이 "C" 이하인 장소를 방재지구로 지정토록 한다. 판정기준 "C"는 평균보행속도가 2,455m/hr 이하로 보통 속도의 약 1/2 이하에 해당하는 늦은 속도이다.

② 구난·구급활동 난이도를 기준으로 하는 위험도에서 '유효도로 폭원 3m 미만'이 되는 장소를 방재지구로 지정토록 한다.

Risk

Risk Management

간접파급피해

도시관리계획

도시기본계획

도시방재(학)

도시재해

손실의 기회

손실의 변동 또는 괴리

손실의 불확실성

시가화예정용지

영향의 계측

인과메커니즘

인위재해

자연재해

재해

재해위험요소

재해유발충격

조적조건축물

직접파급피해

정비구역

강양석, 1998, "기성 시가지의 재해 위험 요소," 국토계획, 통권93호.

_____, 1999, "지역별 위험도 측정을 위한 조사 항목 설정에 관한 연구," 국토계획, 34(4) (통권 103호).

강양석 외, 1999, "우리나라 중소도시에 존재하는 인위적 재해 요소," 국토계획, 통권101호.

강양석, 2001, "서울시 이면도로 평가에 기초한 방재적 관점에서 지구정비 방향," 국토계획, 36(6).

_____, 2003, "방화지구의 현황과 개선방안," 국토계획, 통권127호.

_____, 2004, "급경사지에 입지한 서울시 주거지의 방재 측면에서 평가," 국토계획, 통권 137호.

_____, 2004, "우리나라 도시의 재해위험과 대책, 위험 · 재난사회 어떻게 대응할 것인가," 아산사회복지재단, pp. 119~144.

강양석 외, 2005, "방재측면에서 본 목조건물 밀집지역의 정비," 국토계획, 통권145호.

강양석, 2007, "도시기본계획의 방재계획 부문에서 설정되어야 할 지표," 국토계획, 통권 155호.

강양석 외, 2007, 도시방재차원의 노후 · 불량주거지정비 기준 설정 및 사업대상지 확보, 대한주택공사.

_____, 2008, "방재적 차원에서 본 다세대 · 다가구주택 밀집지역의 관리방안," 국토계획, 통권161호.

_____, 2009, 안전도시 개발을 위한 방재 · 방범계획 수립지침(안) 설정 및 시범도시적용에 관한 연구, 대한토지주택공사

김현주, 2000, "지진발생시의 피해 특성에 기초한 지역별 취약성에 관한 실증적 분석," 츠쿠바대학교 박사학위논문.

국토해양부훈령 제2009-306호, 도시주거환경정비기본계획수립지침.

_____ 제2009-409호, 도시기본계획수립지침.

_____ 제2009-415호, 도시관리계획수립지침.

행정자치부 국립방재연구원, 2002, 지진에 대한 지역위험도 분석 연구.

_____, 2003, 각종 개발계획에 대한 사전방재검토 기능 강화 방안.

전정박 외, 1993, 하수도공학, 삼북출판주식회사.

최정우 외, 2002, 하수도공학, 시그마프레스.

참고 문헌

카지히데끼·강양석, 2011, 도시방재학－방재계획의 이론과 실천, 보성각.

Kuwata, Yasuko, Takada, Shiro and Bastami, Morteza, 2005, "Building damage and human casualties during the Bam－Iran earthquake," *Asian journal of civil engineering (Building and Housing)*, 6: 1－2.

秋元律郎 外, 1980, 都市と災害, 學文社.
村上處直, 都市防災計劃論, 同門書院.
日本都市計劃學會關西支部 編著, 1996, 震災復興都市づくり特別委員會, これからの安全都市づくり, 學藝出版社.
日本都市計劃學會防災·復興問題研究特別委員會編著, 1999, 安全と再生の都市づくり, 學藝出版社.
京都大學 防災研究所, 2003, 風水害論, 山海堂.
日笠端, 1993, 都市計劃(제3판). 共立出版株式會社.
東京都都市計劃局, 2000, 地震に關する地域危險度測定調査報告.
東京都防災會議, 2001, 東京における地震被害の想定に關する調査研究.

[홈페이지]
http://www.nidp.go.kr/html(국립방제연구소).
http://www.kma.go.kr/(기상청).

도시관리와 GIS

01 생활 속의 GIS

우리가 119에 긴급하게 화재사건을 신고할 때 전화로 신고한 위치가 어디인지를 설명하지 않아도 소방서의 화면에는 신고전화를 하는 위치가 지도와 함께 나타난다. 그리고 신고지점의 위치와 인접한 화재감시카메라가 주변의 영상을 보내주면서 화재현장을 찾아내고 소방차의 출동과 주변지역의 교통을 통제하는 등의 협조요청이나 필요한 명령을 내리게 된다. 예전에는 급한 상황 속에서 위치를 설명하느라 어려움을 겪었고, 때로는 잘못 알려준 주소지 때문에 소방차가 늦게 도착하여 피해를 키우는 일까지도 있었다.

차량을 운전하는 사람들은 처음 가는 도시라 하더라도 목적지 주소나 전화번호를 알고 있다면 가는 길을 크게 염려하지 않는다. 차량위치 안내시스템(Car Navigation)의 발달로 목적지만 제대로 입력하면 가장 가까운 길, 빠른 시간에 도착할 수 있는 길, 그리고 통행료 등을 지불하지 않고 도착할 수 있는 길 등을 안내해주고 운전 중에 방향지시도 친절하게 해주고 있다. 거기다 급경사지나 야생동물의 출현가능성까지 알려주는 매우 친절하고 똑똑한 안내자의 역할을 해주고 있다.

도시계획에서도 새로운 도로를 결정할 때 노선을 어떻게 결정하는가에 따라 보상비가 달라지고 환경에 대한 피해가 가장 적은 노선을 찾아갈 수 있게 되었다. 그리고 주민들이 직접 노선을 제안하고, 사업시행자는 주민들의 의견을 모아 가장 갈등이 없는 노선을 결정함으로써 도로건설에 따른 지역갈등을 미리 해소할 수 있는 주민참여형으로 도로노선의 결정이 가능해지게 되었다.

앞서 설명한 많은 일들은 나의 위치가 어디에 있고 주변의 자연지형이나 사물들의 위치가 어디에 있는가를 알아야 가능한 일들로, 이런 것을 우리는 위치정보라고 한다. 얼마 전까지 우리가 위치정보를 알기 위해서는 지도와 좌표체계 범례라는 전문적인 내용들을 이해해야 했고 지도상에 무엇을 표시할 때도 무엇을 찾을 때도 이런 어려운 용어와 복잡한 과정을 통해야 했기 때문에 지도를 제작하고 지도를 이용하는 일들은 매우 전문적인 영역에 속하는 일로 여겨졌었다. 그러나 최근에는 자신의 위치를 지구상 어디에서도 파악해주는 범지구측위시스템(GPS: Global Positioning System)이 휴대폰 속에 장착되어 내가 나의 위치를 수치적으로 설명하지 않아도 바로 위치정보로 포착되고, 지구상의 모든 요소들을 수치정보화 시켜 지구상의 사물들의 위치와 거리 면적뿐만이 아니라 인접관계, 포함관계 등의 위상관계까지 해석할 수 있는 지리정보시스템(GIS: Geographic Information System)이 등장하여 우리의 생활 여러 곳에서 활용되고 있다.

02 GIS의 등장

인간은 공간 속에서 생활하며 거리, 방향, 접근성, 주변상황, 공간감각 등 복잡한 공간인식 과정을 통하여 자신의 위치를 파악하게 된다. 특정한 공간에는 위치에 관한 내용뿐만 아니라 위치에 관련된 특성을 나타내는 정보(속성)가 결합되어 있으며, 인간은 이 두 가지를 통해 공간을 인식하게 된다. 공간인식의 대표적인 수단인 지도(map)의 경우를 살펴보면, 위치를 나타내는 정확한 좌표체계를 통해서 공간적 장소를 파악하는 것은 물론이고 지형, 지세, 수계 등의 자연적 요인, 도로, 주요 건물, 주변 상황, 기호 등을 이용해서도 공간적 위치를 파악하게 된다.

지도는 전통적인 공간관련 정보의 기록수단으로서 공간정보의 사용, 수집, 처리 및 도해 등의 결과로 나타나며 기호, 색상, 문자, 범례를 사용하여 종이나 필름에 그려진 공간적인 자료(spatial data)의 집합체라고 할 수 있다. 오래전부터 지도가 공간정보를 파악하는 데 유용한 수단이었음에도 불구하고, 20세기 후반에 접어들면서 정보량의 폭증, 신속한 공간탐색에 대한 요구, 보다 정확한 공간

자료의 필요성과 종이지도가 갖는 한계(훼손, 수축, 변형, 관리 및 해석의 어려움) 등으로 지도에 대한 신뢰성과 활용도가 낮아지고 새로운 공간정보에 대한 욕구가 분출되면서 사용자가 원하는 방식으로 공간자료를 활용할 수 있는 수단의 출현을 갈망하게 되었다. 공간정보 사용자의 이러한 요구에 부응하여 출현한 것이 GIS이다.

03 GIS의 발달과정

GIS 발달은 공간정보를 사용하는 사람들의 요구를 컴퓨터를 이용하여 해결하려는 기술발전과 활용분야의 확대로 설명할 수 있다. 1960년대 중반에 전통적인 지도자료를 수치화하여 컴퓨터에 입력하는 기술적 문제를 해결하려는 노력의 결과로 첫번째 GIS로 인정받고 있는 CGIS(Canadian Geographic Information Systems)가 개발되었다. 물론 GIS는 북아메리카, 유럽, 오스트레일리아 등지에서 비슷한 시기에 개발되었기 때문에 첫 번째 GIS에 대해서는 이견이 있을 수 있지만 CGIS가 1960년대 중반에 개발되었고, 면적 등의 간단한 측정치 산출이 개발의 원동력이 되었다는 점은 명확하다. 초기 CGIS는 캐나다 농업 지역에 대한 토지 정보 관리(CLI: Canada land inventory)의 효율성을 제고하기 위한 것이었다. 여기에서 중첩, 면적 계산 등의 기법이 처음으로 도입되었으며, 레이어(Layer) 방식으로 데이터를 관리하고 대규모 데이터베이스를 고려한 데이터 모델을 설정하였다.

1970년대에는 북미지역을 중심으로 삼림자원관리, 인구분석, 환경연구, 도시계획, 통계자료 관리, 하천자료 관리 등에 GIS가 이용되기 시작하였다. 1980년대에는 적용범위가 더욱 확대되어 정부차원이나 연구기관의 점유물에서 벗어나 민간기업이나 일반단체에서도 환경, 인구, 자원, 마케팅, 지도DB관리, 지도제작 등의 분야에 일반적으로 활용되기 시작하였다. 1990년대에는 그 이용이 대중적으로 확대될 뿐만 아니라 원격탐사, 마케팅, 토지이용, 도시계획, 자원관리, 환경관리, 지역분석, 인구조사 등의 각 응용분야에 따라 GIS가 전문화되고, 인터넷 GIS의 출현에 따라 일상생활에 밀접하게 관련되기 시작하였다.

지금까지 진행되어 온 GIS의 컴퓨팅 환경 변화 중 가장 큰 특징은 메인 프레임 기반의 중앙 집중식 컴퓨팅 환경이 인터넷 플랫폼으로 전환되면서 클라이언트와 서버의 분산 컴퓨팅 환경으로 바뀌었다는 것이다. 분산 시스템(distributed system)은 사용자, 데이터, 소프트웨어, 하드웨어 등이 물리적으로는 분산되어 있으면서 하나의 시스템으로 통합된 것을 말한다. 서버가 데이터를 저장하고 관리하며, 클라이언트는 별도의 프로그램을 통하여 서버에 데이터를 요청하고 일부 기능을 수행할 수 있다. 분산 컴퓨팅 환경 속에서 인트라넷을 통하여 조직 간 자료를 공유하기 위한 엔터프라이즈(enterprise) GIS가 등장하였다. 이 엔터프라이즈 GIS는 인터넷의 등장과 함께 더욱 분산된 컴퓨팅 환경으로의 변화를 가져왔다. 자료의 공급이나 자료 처리의 수행은 서버에서 처리되고, 분석과 응용은 개별 클라이언트 컴퓨터에서 운영하는 방식이다.

소프트웨어 측면에서는 업무의 효율성을 추구하는 컴포넌트형 소프트웨어가 개발되었으며, 인터넷이 급속히 발전하고 활용되면서 GIS 분야도 오픈 GIS로 발달하고 있다. 오픈 GIS 컨소시엄은 개방 환경에서 GIS데이터와 응용 프로그램을 효율적으로 구축하고 공유하는 것을 목적으로 1994년부터 시작되었고, 인터넷의 보급과 오픈 GIS로의 흐름은 사용자의 범위를 GIS 전문가에서 일반 사용자로 확대하는 결과를 가져오고 있다. 또한, 우리나라의 "정부 3.0"과 같은 정부의 정보 공개 정책으로 다양한 공간 데이터를 취득할 수 있게 되었다.

앞으로는 GIS의 대중화와 함께 3차원 공간 데이터 표현이나 가상현실, 증강현실 등의 분야에서도 공간정보를 체험할 수 있도록 하는 등 소프트웨어나 하드웨어상의 발달이 이루어질 것으로 보인다.

04 우리나라의 GIS 도입과 발달

우리나라에 GIS가 처음 소개된 것은 1980년대 후반이다. 당시에는 GIS를 전문으로 하는 업체도 거의 없었으며 대부분 CAD(Computer Aided Design) 부문으로 시장이 집중되어 있었다. 초기의 GIS는 공공의 영역들이 주도하고 있었으며 위성영상자료와 결합한 활용과 군사적 목적의 활용과 농업분야에서 활용하는 초기적인 성과들이 있었지만 본격적인 산업의 단계로는 발전하지 못했다.

우리나라의 GIS분야가 체계적으로 발전되기 시작한 것은 국가 주도의 국가지리정보체계(NGIS: National Geographic Information System)사업이 추진되면서부터이다. 1995년 대구지하철 공사장에서 도시가스관 파손에 의한 폭발사고로 지하에 매설된 각종 시설물에 대한 정확한 위치파악과 관리에 대한 중요성이 대두되었으며, 그 방안으로 GIS의 구축과 이용이 제시되었다. 1995년 제1차 NGIS 기본계획을 수립을 시작으로 GIS의 활용기반 마련을 위한 기본정보 구축이 중점적으로 이루어졌으며, 2차 기본계획에서는 활용기술과 서비스개발을 중점 추진했고, 3차 기본계획에서는 유비쿼터스 구현을 위한 서비스와 새로운 비즈니스 창출을 목표로 했다.

GIS의 급속한 보급으로 인해 체계적인 공간정보관리에 대한 요구가 높아짐에 따라 정부에서는 NGIS 사업은 행정업무정보화 사업과 맞물려 대시민서비스의 질적 개선을 가져왔으며, 관련 GIS사업의 발전을 이끌어왔다. 그러나 정보환경의 패러다임이 디지털에서 유비쿼터스로 전환되고 활용대상이 공급(supply) 중심에서 수요(demand)중심으로 변화하며 협력적 업무수행의 필요성이 강화됨에 따라 「국가지리정보체계의 구축 및 활용 등에 관한 법률」이 폐지되고 「국가정보에 관한 법률」이 제공, 시행(2009. 8. 7)됨에 따라 2010년을 끝으로 3단계에 걸친 NGIS 사업이 마무리가 되고 그간 구축된 성과를 바탕으로 전자지도에 지형, 건물, 도로. 지하시설물 등 모든 국토정보가 표준화되어 매핑(mapping)되는 국가공간정보인프라(NSDI: National Spatial Data Infrastructure)를 구축하고 있다.

우리나라는 제4차 국가공간정보정책 기본계획을 통해 실세계를 현실공간과 유사하게 전자화할 수 있는 3차원 기본공간정보를 정의하고, 정보시스템의 상호운용성 및 확장성을 확보할 수 있는 표준체계를 확립하고 공공기관이 운영, 관리하는 기본공간정보를 수집하고 국가, 기업, 국민 사이에 정보유통을 원활하게 하기 위해 정보를 취합하고 제공하는 서비스체계를 구축하고 있다. 이는 행정업무를 처리하는 정보관리시스템 연계를 규정하여 정보의 일치성, 현재성 등을 확보할 수 있도록 하고, 주제도의 불일치, 불부합 등의 문제를 해결하도록 기본공간정보에 필요한 자료를 추가하며, 민간의 콘텐츠 시장을 활성화하고 국민의 삶의 질을 향상시킬 수 있도록 비공간정보에 다양한 국토정보를 통합, 제공하여 누구나 공유할 수 있는 공간정보 인프라를 구축하는 것을 포함하고 있다.

　2000년대 들어서면서 GIS 산업은 단순한 데이터베이스의 구축에서 한 단계 진보하여 다양한 분야의 활용을 위한 개발을 요구하게 되었고 특히 환경분야에 대한 중요성 증대로 인해 대기질과 수질에 대한 분석, 녹지와 생태계에 적용 가능한 GIS 모델의 개발 등이 이루어졌다. 연구분야에서도 GIS를 활용한 공간분석에 셀룰러 오토마타(cellular automata), 유전자 알고리즘(genetic algorithm), 신경망 이론(neural network) 등이 적용되기도 했다. GIS가 활용된 중요한 국가정책으로는 행정수도를 포함한 각종 신도시의 최적입지를 결정하는 과정에 다양한 지표를 공간데이터로 분석하여 의사결정에 활용되었고, 2003년 제정된 국토의 계획 및 이용에 관한 법률에서 관리지역을 세분화시키기 위한 방안으로 토지적성평가를 도입하였고 여기에는 GIS를 이용한 기초자료의 분석과 공간분석을 통한 종합적성값 산정을 통한 등급부여가 중요한 과정이 되고 있다.

　우리나라에서 GIS는 사회전반에 걸쳐 높은 부가가치를 창출하면서 발전해 가고 있으며, 국내의 첨단 정보기술들이 결합되면서 지리정보사업들이 활발히 진행되고 있다. 아직 공공분야의 지리정보의 구축과 제공이 주된 사업이 되고 있지만, 도시계획, 부동산, 교통, 국방, 금융 등의 분야에서 GIS를 적용한 다양한 정보시스템이 구축되어 활용되고 있다.

　대학 등에서 지리정보학과, 지리학과, 측량학과, 지형정보공학과 등이 만들어지면서 GIS를 주된 전공으로 정하고 있으며, 지리 관련 학과, 도시계획 관련 학과, 토목 관련 학과 등에서는 GIS를 주요한 분야로 강의를 하고 있고, 그 외 도시, 조경, 건축, 토목, 환경 관련 학과에서는 세부 전공 또는 교과목의 형태로 GIS 교육이 이루어지고 있다.

　또한 1990년대부터 GIS 관련 학회들이 결성되어 GIS에 관련된 제반 학술연구, 학제 간 연구과 정보교류, 국제 간 학술연구 및 기술교류, GIS 학술사업, GIS 교육, GIS 연구프로젝트 등을 수행하고 있다.

제2절
GIS의 이해

01 GIS의 정의 및 특성

1) GIS의 정의

GIS는 정보시스템의 한 종류로 지리·공간적 자료를 바탕으로 컴퓨터 기술을 이용하여 지리정보를 입력, 처리, 저장, 분석 및 출력하는 종합적인 물적·인적 시스템을 의미한다. GIS에 대한 정의는 GIS가 지도학, 측지학, 지형학, 원격탐사, 지리학, 조경학, 전산학, 토목공학, 도시공학 등 GIS의 발전에 기여한 여러 학문 분야만큼이나 매우 다양하기 때문에 어느 측면에 비중을 두고 파악하느냐에 따라서 다양한 정의가 존재하게 된다. 자료특성, 관련 학문분야, 분석방법, 하드웨어 및 소프트웨어에 따라 다른 정의가 있을 수 있지만 여기서는 두 가지로 GIS를 정의해보고자 한다.

(1) GIS의 기능 및 활용에 따른 구분

GIS란 지리적 정보를 그들의 특성에 맞게 지정학적 위치와 관계된 정보를 획득, 저장, 편집, 가공, 표시, 출력시키기 위한 일체의 전산시스템으로 지리 및 지형 관련자료들을 이용하여 실제의 현상을 표현할 수 있는 도구를 제공하는 특수한 형태의 정보체계이다(국토개발연구원, 1983).

GIS는 복잡한 계획 및 관리 문제를 해결하기 위해 공간적으로 참조된 자료의 입력, 관리, 처리, 분석, 모델링 및 표현을 지원하도록 설계된 하드웨어, 소프트웨어 및 절차를 포함하고 있는 일체적인 시스템이다(NCGIA, 1990).

GIS의 일반적인 목적은 토지, 자원, 교통, 소매업 등 공간상에 분포하는 제 반요소들에 대한 의사결정을 보조하는 것이다(P. A. Burrough, 1988 외).

GIS는 복잡한 계획 및 관리 문제를 해결하기 위해 공간적으로 참조된 자료의 입력, 관리, 처리, 분석, 모델링 및 표현을 지원하도록 설계된 하드웨어, 소프트웨어 및 절차를 포함하고 있는 일체적인 시스템이다(NCGIA, 1990).

(2) GIS의 용어적 정의

첫 번째 정의는 GIS를 지리적 위치를 좌표체계로 나타내는 실세계의 형상인 공간자료를 수집·생성·갱신·검색·저장·변환·분석·표현하기 위해 필요한 다양한 도구를 모아 놓은 도구상자(Tool-box)로 보는 관점이다.

두 번째 정의는 GIS를 공간자료를 다루기 위한 목적으로 고안된 지리정보시스템(Geographic Information System)으로 보는 입장이다. 이는 공간자료와 다른 유형의 정보를 하나의 데이터베이스 시스템으로 통합하여 데이터를 분류하고, 질의하여 해답을 찾아 정보를 추출하는 시스템이라고 보는 관점이다.

세 번째 정의는 GIS를 지리정보과학(Geographic Information Science)으로 인식하는 것으로 지리정보를 활용하여 실세계의 다양한 측면을 이해하는 데 도움을 주는 학문분야로 인식하는 관점이다.

네 번째 정의는 GIS를 지리정보연구(Geographic Information Study)로 보는 관점으로, 지리정보의 사용이 우리의 삶을 어떻게 변화시키며 사회에 어떠한 영향을 끼치는가를 파악하고 이해하는 데 관심을 두고 있다.

2) GIS의 특성

GIS의 가장 독특하고 기본적인 특성을 정의한다면 다양한 분야의 기술과 방법이 융합되어 발전하였고, 다양한 정보들이 통합적으로 관리되고 있다는 의미에서 통합(intergration)을 들 수 있다. [그림 16-1]에서 볼 수 있듯이 GIS는 현실세계에 포함된 지구상의 모든 요소와 가상적이나 추상적인 개념을 대상으로 하고

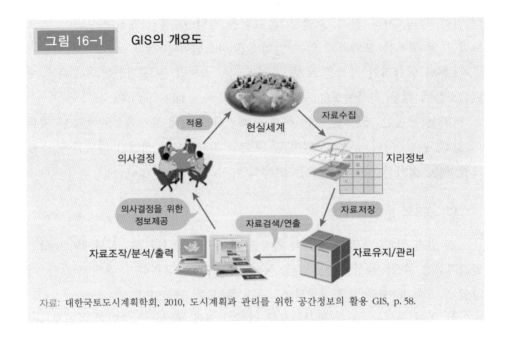

그림 16-1 GIS의 개요도

자료: 대한국토도시계획학회, 2010, 도시계획과 관리를 위한 공간정보의 활용 GIS, p. 58.

있으며, 단순한 시설물관리와 지도제작과 같은 단순한 기능의 활용에서 공간모델이나 공간분석을 통해 계획수립과 의사결정을 지원하고 있다.

GIS의 일반적인 특성으로는 다음의 네가지 항목을 들 수 있다.

첫째, GIS는 컴퓨터를 활용한 데이터베이스 관리시스템이지만 다루는 데이터가 지리적인 특성을 갖고 있기 때문에 공간의 위치와 위상관계를 정의하고 있고 공간정보와 연계된 비공간적인 정보를 구축하여 활용하고 있다.

둘째, GIS 데이터모델을 이용하여 공간적인 현상을 해석하고 모델링함으로써 실제 실세계의 공간적인 현상들을 이해하고 분석하는 데 활용되고 있다.

셋째, 지리적인 문제들을 담고 있는 종이지도에 비해서 공간상에서 나타나는 문제점들에 대한 의사결정을 지원할 수 있는 정보나 지식을 창출할 수 있다.

넷째, GIS는 공간데이터와 속성데이터 이외에도 음성이나 영상데이터와 연계되어 활용되고 3차원 모델링 기술이 발달하면서 실제 세상과 가상적으로 시현할 수 있는 단계로까지 발전하고 있다.

02 GIS 구성요소

1) 하드웨어

GIS의 하드웨어는 크게 입력, 처리 및 관리, 출력의 세 부분으로 나눌 수 있다. 자료 입력 장치로는 키보드, 마우스, 디지타이저, 래스터 데이터를 입력하기 위한 스캐너 등이 이용되는데, 실질적으로 GIS 프로그램 운영 대부분은 주로 마우스와 키보드로 이루어진다. 처리 및 관리에는 중앙 처리 장치와 RAM(random access memory), 메인 보드, 하드 디스크 등으로 구성된 컴퓨터가 활용된다.

GIS 결과의 출력은 기본적으로 컴퓨터 모니터에 나타낼 수 있으며, 종이 형태로 출력할 때에는 출력 크기에 따라 프린터나 플로터 등을 활용한다. 분석 결과물을 저장할 경우, 기존에는 CD나 하드 디스크, 외장 하드 등의 보조 저장 장치를 활용하였다. 최근에는 클라우드 등 인터넷 기반 저장소의 발달로 GIS 분석 자료의 저장뿐만 아니라 공유가 쉬운 환경이 구축되었다(그림 16-2).

2) 소프트웨어

GIS 소프트웨어의 기능은 입력, 데이터 관리, 데이터 조작, 공간 분석, 모델링 및 시뮬레이션, 디스플레이 및 출력 등으로 이루어진다. 데이터 입력 단계에서는 디지타이저나 스캐너 등을 이용하여 공간 데이터를 입력한다. 입력기기를 통하여 얻은 공간 데이터에 마우스와 키보드로 속성 데이터를 입력하며, 필요한 경우 부분적으로 구축된 도면이나 레이어를 통합하는 과정을 거친다.

데이터 관리에서는 그래픽 데이터나 속성 데이터의 오류 유무를 살피거나 업데이트 항목이 있는지 확인한다. 데이터 조작에서는 위치 관계를 통한 질의나 속성을 통한 데이터 질의를 수행할 수 있으며, 래스터 데이터의 속성을 통한 공간 분류 과정을 수행할 수 있다. 공간 질의는 좌표 체계의 정의 이후에 올바르게 수립될 수 있으므로, 기본적으로 공간 데이터에 좌표 체계를 정의하고 적용하는 과정을 거친다.

그림 16-2 GIS의 구성요소와 하드웨어의 구성

자료: 국토교통부, 2015, 공간정보의 이해, p. 74.

소프트웨어를 활용한 공간 분석 단계에서는 기본적인 공간 질의부터 복잡한 공간 분석을 통하여 최적 입지 선정, 최단 거리 산출, 가시권 분석 등의 결과가 산출되며, 분석 결과는 출력 소프트웨어를 활용하여 나타낼 수 있다. 각 공간 객체의 기호화나 적절한 색채를 사용하여 디스플레이할 수 있으며, 디스플레이 결과는 컴퓨터 소프트웨어를 활용하여 볼 수 있도록 적절한 포맷을 선택하여 저장하거나 종이지도 형태로 출력할 수 있다. 그리고 인터넷을 통하여 분석 결과를 공유할 수도 있다.

3) 데이터

GIS 데이터에서 공간 객체는 일반적으로 점, 선, 면 또는 셀 단위의 영상으로 표현되고, 이에 따른 속성은 문자나 숫자로 저장되며, GIS 분석을 위한 시스템 구축에서 가장 많은 시간과 비용을 차지하는 것이 데이터 요소이다.

GIS 자료는 도형자료(graphic data)와 속성자료(attribute data)로 크게 구분하고, 형태적 측면에서 도형자료는 다시 점(point), 선(line), 다각형(polygon)의 세 가지로 나눌 수 있다. '점' 자료에는 도로 교차점, 필지 중심점, 소화전 등 x, y좌표에 의해 단일 위치를 지니는 점적 대상체가, '선' 자료에는 도로 중심선, 필지 경계선, 하천, 상·하수도관로 등 시점(始點)과 종점(終點)을 지니는 선형 대상체가, 그리고 '다각형' 자료에는 블록(block), 필지, 지역·지구 등 다각형에 의해 둘러싸이고 면적을 지니는 대상체가 포함된다. 속성자료에는 도형자료 각각의 성질을 설명하는 내용이 담긴다.

자료구조(data structure)의 관점에서 볼 때, GIS 자료를 벡터(vector)와 래스터(raster) 형식의 두 가지로 구분할 수 있다. 벡터 자료에 의한 GIS는 필지나 수계와 같은 지리적 공간의 실제 형태를 그대로 복제해 낼 수 있는 다각형 결과물을 제공한다. 반면 래스터 자료에 의할 경우, GIS는 정방형 셀(cell)을 자료 저장과 표현의 기본 단위로 하기 때문에 격자(grid) 형태의 결과물을 생성하게 된다. 래스터 GIS에 있어서 화상의 정밀도는 주로 래스터 셀의 크기에 좌우된다.

4) 인적 자원

초기의 GIS는 특수한 목적으로 개발된 프로그램으로 인식되어 소수의 전문 프로그래머가 전담하였고, 특정 하드웨어에서만 작동하는 고가의 시스템이 대부분이었기 때문에 소수의 이용자만이 사용할 수 있었다.

1990년대 초반부터 개인용 컴퓨터의 보급이 많아지고 성능이 급격히 개선되기 시작하면서 GIS 프로그램도 Desktop에 적합하게 발전하였고 범용적인 기능을 가진 GIS 프로그램의 보급으로 사용자가 증가하였다. 아직까지는 GIS 전문가의 영역이 따로 존재하고 있지만 대부분의 전문영역은 DB 구축이나 응용시스템 개발에 한정되고 있고, GIS 이용은 일반인이 각자의 전문분야에서 요구되는 목적에 따라 자유로이 활용할 수 있게 되었다.

GIS의 활용과 정보요구에 따라 GIS 사용자는 관찰자, 일반사용자 그리고 전문가로 구분할 수 있다. 관찰자는 관련 정보에 대한 지리정보를 검색하거나 제공받는 수동적인 일반인을 의미한다. 일반사용자는 기업운영, 전문서비스 제공, 의사결정을 위해 GIS를 사용하는 능동적인 사람들로, 이들의 요구는 단순한 공간질의에서부터 시간·공간적 모델링까지 다양하게 이루어진다. 끝으로 GIS 전문가는 실질적인 GIS의 개발과 조작의 업무를 담당하는 사람들로 GIS 관리자, 데이터베이스 관리자, 응용프로그램 개발자, 시스템 분석가 그리고 프로그래머 등이 포함된다.

03 GIS 기능

GIS의 필수적인 기능으로 ① 자료의 수집, ② 예비적 처리, ③ 자료의 관리, ④ 자료의 변형 및 분석, ⑤ 결과물 표현과 결과물 제작 등의 기능을 갖추고 있고 이들 기능을 활용한 일련의 연속적인 과정을 수행함으로써 작업이 이루어진다.

자료의 수집(Data Acquisition)은 목적 또는 용도에 필요한 자료를 모으는 것으로 필요한 자료를 정의하고 자료를 얻을 수 있는 방안을 강구하는 단계로 GIS의 최종결과물의 수준을 결정하는 중요한 단계이다. 자료를 얻는 방법은 이미 구축된 자료를 이용하는 방법도 있고 직접 필요한 자료를 조사, 측량, 설문 등을 통해 획득하는 방법도 있다. 그리고 원자료를 가공하여 필요한 정보를 가공해서 사용하는 2차 자료의 활용방법도 있다. 자료의 획득단계에서 가장 중요한 것은 자료의 정확도와 최신성이 높은 정보를 활용하는 데 있지만 이를 위해 투입되어야 하는 시간과 비용 그리고 기술적인 수준이 중요한 제약요소가 되며 필요에 적합한 정도의 자료를 감당할 수 있는 수준에서 결정하는 것이 GIS 작업에서 중요한 초기 작업이 된다.

다음 단계는 예비적 처리과정(Preprocessing)으로 필요한 정보를 획득한 후 원하는 형태의 자료로 만들기 위한 추가 작업을 의미한다. 예를 들어 종이지도를 통해 수치지도를 작성하거나 현장에서 수집한 정보를 지도나 도면에 표시한 후 이를 공간정보로 구축하는 것이다. 이를 위해서는 자료를 변환하거나 스캐닝, 디지타이징 등의 작업을 통해 입력된 원자료(raw data)를 정해진 좌표체계나 투영법에 의해 정의된 위치나 위상관계 등의 공간속성을 부여하고, 필요한 데이터구조로 정의된 속성정보를 구축하고 공간정보와 연계시키는 등의 작업을 통해 GIS의 공간자료로 관리하고 질의 및 분석에 적합한 자료로 만들어가는 과정이다.

자료의 관리(Data Management)는 입력된 공간자료와 속성정보를 필요한 목적에 적합하게 활용될 수 있도록 입력된 정보를 정의(metadata)하고, 수정(modify)하고 갱신(update)시키는 과정을 통해 검색(index)하고 질의(query)할 수 있도록 한다. 최근에는 폐쇄된 환경에서만 자료를 활용하는 것이 아니라 네트워크나 인터넷을 통해 개방된 환경에서 활용이 이루어지고 있기 때문에 자료의 보안이 중요한 부분을 차지하고 있다.

자료의 변형(Manipulation) 및 분석(Analysis)은 구축된 데이터베이스를 활용하여 사용자가 원하는 새로운 정보나 결과를 도출하는 것을 말한다. 이는 GIS의 가장 핵심적인 과정으로 다양한 기능과 알고리즘 그리고 다른 S/W와 결합하여 원하는 결과물을 도출하거나 다음 분석을 위한 새로운 자료를 만들어 내기도 한다. GIS의 공간자료의 두가지 유형인 벡터 데이터와 레스터 데이터는 각각의 데이터 모델에 적합한 작업과정과 분석방법이 있고 GIS의 각종 공간분석 기능에 따라 기존의 분석방법으로는 도출할 수 없었던 다양한 결과물을 얻을 수 있고 여기에는 사용자의 공간정보와 GIS에 대한 이해도와 활용능력이 가장 중요한 요소가 된다.

결과물 표현(Presentation) 및 제작(Product Generation)은 GIS를 이용하여 최종성과물을 만들어내고 다양한 형태로 출력하는 단계이다. 주로 화면상에 표현하거나 도면 또는 보고서로 작성하거나 다양한 형식을 가진 새로운 데이터베이스로 작성되어 다른 S/W에 사용되기도 한다. 단순히 도면이나 보고서의 출력만을 목적으로 하는 GIS의 표현도 있지만 3차원 정보를 이용한 시각시뮬레이션이나 인터넷을 통한 결과물의 공급 등도 중요한 활용분야가 되고 있다.

04 GIS와 도시공간정보

1) 도시공간정보

GIS에서 다루는 모든 정보는 특정한 위치에서 무엇이 발생했는지, 특정한 현상이 어디에서 발생했는지를 설명하는 공간정보1)를 의미하고 도시공간정보는 도시라는 위치와 기능의 특성을 반영하는 공간정보이다.

공간정보는 [그림 16-3]과 같이 도형자료(graphic data)와 속성자료(attribute data)로 크게 구분된다. 도형자료는 자료의 형태에 따라 점(point), 선(line), 면(polygon)의 세 가지로 나눌 수 있으며 속성자료는 각 도형에 대한 상세정보를 담고 있다. '점'자료는 x, y 좌표에 의한 위치정보를 담고 있기 때문에 이를 이용하여 특정 범위 내에서의 '점'자료의 빈도, 점 간 거리연산 등의 분석이 가능하다. '선'자료

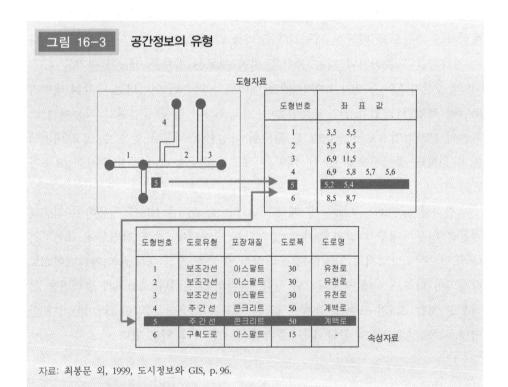

그림 16-3 공간정보의 유형

도형자료

도형번호	좌 표 값
1	3,5 5,5
2	5,5 8,5
3	6,9 11,5
4	6,9 5,8 5,7 5,6
5	5,2 5,4
6	8,5 8,7

도형번호	도로유형	포장재질	도로폭	도로명
1	보조간선	아스팔트	30	유천로
2	보조간선	아스팔트	30	유천로
3	보조간선	아스팔트	30	유천로
4	주 간 선	콘크리트	50	계백로
5	주 간 선	콘크리트	50	계백로
6	구획도로	아스팔트	15	-

속성자료

자료: 최봉문 외, 1999, 도시정보와 GIS, p. 96.

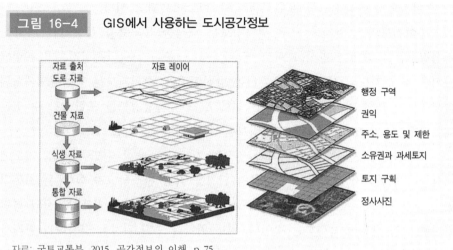

자료: 국토교통부, 2015, 공간정보의 이해, p. 75.

는 도로나 상·하수도관로와 같이 시점과 종점을 지니는 연속된 선형의 대상체로 이루어져있기 때문에 상호 교차하는 네트워크상의 선들을 순차적으로 추적하는 네트워크 분석(network analysis)이 가능하다. '면'자료의 경우 주로 도면 중첩(map overlay)에 이용된다.

공간정보 중 도시공간정보는 토지의 소유권을 구분하는 필지경계선이나 관할 행정구역 경계 또는 도시계획선 등의 비가시적인 사항을 점·선·면으로 표현하거나 도로범죄나 사고의 발생지점, 기상정보, 각종 선거에서 지지자의 분포나 최종적인 결과를 공간적으로 보여주기도 하고, 전염병의 확산패턴, 태풍의 이동경로, 군사작전상의 행군경로와 같은 선적인 정보 그리고 문화재의 분포나 동식물의 서식처 등 다양한 분야에서 중요한 위치를 차지하고 있다(그림 16-4).

2) 공간정보의 자료원

지도는 지표상에 존재하는 대상물을 일정한 비율로 축소하여 나타낸 것으로 과거 컴퓨터가 발달하기 전까지는 종이로 지도를 제작하고 이용하였다. 종이지도는 공간에 대한 정보를 담는 거의 유일한 수단이었으나, 1990년대 이후에는 컴퓨터를 이용하여 지도를 제작하고, 제작된 지도 역시 컴퓨터 환경에서 이용하는 수치지도가 공간정보를 표현하는 수단으로 이용되고 있다.

종이지도와 수치지도 모두 위치정보는 대상물의 좌표를 통해 나타내지만, 속성정보는 나타내는 방식이 서로 매우 다르다. 종이지도는 속성정보가 표현된 방식을 보고 지도의 사용자가 유추하는 방식이지만, 수치지도는 종이지도에서의 속성정보의 표현 방식과 더불어 대상물에 별도의 속성정보를 포함시킬 수 있는 데이터베이스가 있어 다양한 속성정보를 포함시킬 수 있다.

대상물의 위치정보를 파악하기 위하여 지도를 이용할 수도 있지만, 지도에 대상물이 표현되지 않았거나 대상물의 위치를 직접 관측하고자 할 때는 전통적인 측량기나 GPS(global positioning system)를 이용한다. 측량이란 지표상에서의 평면 위치나 수직 위치를 측정하는 것이다. 평면 위치나 수직 위치를 결정하기 위해서는 일반적으로 거리, 각, 높이차 등을 측정하여야 하고 이를 위하여 측량기를 사용한다. 따라서 측량기는 거리나 각, 높이차를 측정하는 기구로 분류할 수 있지만, 요즘은 토털 스테이션을 이용하여 이들을 한 번에 측정하기도 한다.

위성을 이용하여 지점의 위치정보를 취득하는 GPS 역시 측량 방식으로 분류할 수 있지만, 최근에는 측량 분야가 아닌 곳에서도 널리 사용되고 있다. 우리가 사용하는 스마트 폰에도 GPS가 내장되어 있으며, 차량이나 선박용 내비게이션, 레저용 GPS 등 실생활에 널리 사용되고 있다. 또한, 비행기, 미사일, 인공위성 등에도 GPS를 설치하여 장치의 위치정보를 파악하고 있다.

지도를 제작하기 위하여 측량기에 의존하는 방법은 현실적으로 모든 지점에 측량기를 둘 수 없으므로, 실제 지도 제작에서는 사진의 위치만으로 실제 위치를 파악할 수 있는 항공사진과 위성 영상을 지도 제작에 사용한다.

항공사진은 지도 제작을 위하여 고안된 카메라를 이용하여 촬영되는 것으로 지도 제작에 사용되는 항공사진에는 사진을 촬영할 당시의 고도, 시간 등이 기록되며, 입체 시의 원리를 이용한 지도제작을 위하여 중첩 촬영 방식을 사용한다.

위성 영상은 지상에서 400~800km 떨어진 상공의 지구 주위를 돌고 있는 위성에서 지구를 촬영한 영상으로 항공사진과 비교할 때 해상도가 떨어지는 단점은 있지만, 넓은 지역을 단시간에 촬영할 수 있으며 항공기가 촬영할 수 없는 지역의 영상을 취득할 수 있다. 또한, 최근 기술의 발달로 해상도가 개선되어 항공사진을 대체할 수 있는 영상으로 주목받고 있다.

제3절 GIS 활용

01　GIS 이용현황

　　우리의 일상생활 속에서 공간정보는 매우 다양하고 직접적으로 활용되고 있다. 매일 아침 눈을 뜨면 접하게 되는 날씨 예보에는 위성 영상을 이용하거나 태풍의 경로를 표시하는 등 다양한 공간정보가 이용되고 있다. 자동차 내비게이션은 GPS에 의하여 파악된 자동차의 위치를 수치지도 위에 표시한 것으로, 목적지 검색과 최적 경로의 계산에는 미리 구축한 데이터베이스와 실시간 교통 상황 등을 이용한다. 생활 속에서 접하는 공간정보로는 버스 정류장에서 버스가 올 시간을 미리 알려 주거나 스마트 폰에서 대중교통 이용 시스템을 이용하는 경우도 공간정보를 실생활에서 사용하는 예이다. 버스에 설치된 GPS와 통신 장비에 의해 버스의 위치가 관제 센터로 전송되고 관제 센터에서는 버스의 운행 속도와 주변 교통 상황을 고려하여 목적지까지의 소요 시간을 계산한다. 인터넷을 이용하여 주변의 맛있는 음식점을 검색하고, 아르바이트 장소를 검색하거나 여행지까지의 경로를 알아보는 것 역시 실생활에서 공간정보를 활용하는 예라고 할 수 있다. 최근 위치정보를 포함하는 공간정보에 대한 관심과 수요가 증가하고 있다. 스마트 폰의 활용이 보편화되면서 GIS 정보를 활용하는 위치 기반 서비스에 기반을 둔 다양한 애플리케이션이 개발된 것이 하나의 원인이라 할 수 있다.

　　공간정보를 중심으로 하는 GIS의 활용, 그리고 표준화와 관련하여 각 국가에서는 일련의 GIS 정책을 추진 중이다. GIS의 적용이 매우 활발하게 이루어지고 있는 미국을 중심으로 살펴볼 때, GIS활용을 위한 정책 마련뿐만 아니라 센서스 국이나 암 센터(national cancer institute) 등의 국가 기관, 내무부(US department of the interior) 등 자원 활용 관련 부처에서도 GIS 활용 웹 페이지를 구축하고 있다. 이들 웹 페이지에서는 기본적인 지도의 제공뿐만 아니라 상호적인 GIS프로그램을 통하여 사용자가 직접 지도를 축소·확대하여 원하는 지역을 클릭하여 확인할 수 있도록 하였다. 또한, 필요한 데이터를 선택하여 지도화하는 데 필요한 지도학적 요소를 사용자가 선택할 수 있도록 하였다. 예를 들어, 범례에서의 단계 구성 수, 색 조합 또는 단계 구분 방법 등을 선택할 수 있도록 함으로써 공간 데이터에 대한 흥미를 끌도록 하였다. GIS를 활용한 시각적인 지도화뿐만 아니라 지도화에 필요한 공간 데이터도 제공하고 있다.

우리나라는 인구와 활용할 수 있는 정보의 양이 많아지고 1955년 대구가스 폭발 사고가 발생하는 등 공간정보의 관리필요성에 대한 관심이 커지면서 국가 차원의 GIS 사업이 시작되었다. 국가 차원의 GIS 사업은 1995년부터 1단계 사업을 시작한 이후, 2014년 현재는 2010년부터 2015년에 해당하는 4단계 사업을 진행 중이다.

GIS는 지상의 공간정보뿐만 아니라 지하, 상공의 공간정보도 포함하여 분석하고 관리할 수 있다. 따라서 국내의 GIS 관련 사업은 상하수도 관련된 도시 인프라, 도시 계획이나 건설 등에 필요한 도시 정보, 기후나 식생 등과 관련된 자연환경, 측지 분야, 위성 영상 활용 부문 등 다양하게 구성되어 있다.

02 GIS의 이용자

1) 일반 이용자

일반 이용자(user)는 GIS를 이용하고 있다는 인식 없이 GIS의 기능이 탑재된 PC나 스마트폰 혹은 카–네비게이션 등을 활용하여 종전에 종이지도나 안내책자 등을 통해 얻을 수 있는 지리에 관한 정보를 얻고자 하는 사용자들이다. 이들은 가장 단순하고 반복된 기능을 활용하고 제한된 사용을 하고 있지만 앞으로

GIS 시장에서 가장 많은 활용을 하고 가장 많은 영향을 미치는 사용자이다. 이들은 주로 찾고자 하는 특정 가게의 위치에 관련된 정보나 원하는 목적지까지의 도달시간이나 최단경로 등을 찾는 등의 활용을 하고 요구하는 기능은 원하는 정보를 가장 쉽고 편리하게 찾아볼 수 있도록 하는 것으로, 이들의 수요를 파악하고 맞춰가는 것이 GIS의 발달에 중요한 영향을 주게 된다.

2) GIS 활용자

종전까지 GIS의 구축이나 활용은 이들을 위한 것으로, 특정한 목적을 가진 사람들(주로 공공이나 기업의 경영진)이 특정한 요구를 하고 GIS의 전문가가 이를 위해 GIS의 시스템을 개발하고 활용하는 것으로 이루어졌기 때문에 GIS의 이용자 중 가장 상위에 있으면서 이들의 결정이 GIS 산업의 흥망을 결정하는 중요한 위치에 있었다. 특히 공공분야에서는 기초데이터베이스의 구축에서 공공행정의 의사결정을 지원하기 위한 GIS의 활용에서 가장 큰 수요자가 되었고 우리나라의 경우 GIS 산업의 가장 주된 사용자이기도 하다.

이들은 GIS를 활용하여 토지이용, 교통, 자원, 기상, 문화재, 역사유적 등 공간적으로 분포하는 행정구역 내의 모든 사물이나 현상에 대한 정보를 구축하고 저장하며 처리하고 분석하거나 모델링한 결과를 바탕으로 현황을 이해하고 대안을 도출하며 각종 의사결정을 하고자 한다. 따라서 GIS 전문가들은 이들 이용자들의 요구를 기반으로 시스템을 구축하고 운영하며 최적의 결과물을 도출하여 제공함으로써 지금까지의 GIS 산업이 이끌어져 왔다고 볼 수 있다.

그러나 이들 GIS 활용자들이 GIS를 그들의 요구를 지원하는 과학적이고 효율적이지만 비용이 많이 투입되고 다루기 어려운 수단으로만 인식하고, 구축과 유지관리의 비용이나 노력을 무시한 채 늘 최신의 원하는 결과만을 요구하거나, 본인이 수행해온 기존의 방법을 대체하는 장치정도로 인식하고 있다. 이에 더 많은 활용이 가능한 고도의 기능들을 사장시킨 채 원하는 작업만 반복하게 만드는 경우가 있기도 하여, 결국 이들 활용자에 대한 인식개선과 교육·홍보가 GIS 발전에 가장 중요한 요소가 되고 있다. 특히 공공분야에서는 GIS를 어려운 기술정도로 인식하는 이용자가 많고 어느 정도 활용에 익숙해질 때 다른 부서로 이동을 하여 다시 새로운 사람이 처음부터 교육을 받아야 하는 등의 문제가 활용을 제한하는 중요한 원인이 되고 있다.

GIS 활용자들은 GIS 사용목적에 따라 필요로 하는 기능도 단순한 질의에서 고급 모델링까지 매우 다르기 때문에 사용자의 기술수준도 다양하며 원하는 정보를 얻기 위해 GIS 전문가들에게 많은 요구를 하기 때문에 능동적인 역할을 하고 무엇보다 GIS의 도입이나 운영관리를 결정하는 구매자이거나 기술수요자이기 때문에 GIS 산업에 있어서 매우 중요한 역할을 하게 된다.

3) GIS 전문가

GIS 구현을 가능하게 하는 H/W 기술자나 S/W 기술자와 같은 GIS의 직접적인 기술자를 포함하여 데이터베이스 구축 및 처리자, GIS 응용 전문가, 시스템 분석가 그리고 프로그래머 등이 포함된다. 앞의 두 이용자들에게 기술적인 도움을 제공하고 지리정보를 구축하고 활용하는 모든 분야에 관련되어 있으며 관리와 운영의 책임을 지기도 한다. 특정한 수요에 대응하여 정보를 제공하기도 하고, 스스로 지리정보를 제공하거나 각종 공간분석 결과나 모델링을 통해 도출된 결과를 제공하는 것으로 새로운 산업을 창출하고 있기도 하다. 얼마전까지는 GIS 전문가가 되기 위해서는 고가의 장비를 갖추거나 특별한 전문기술과 능력을 가져야 했다. 그러나 최근 들어 GIS와 관련된 각종 장비가 소형화되고 저가화 되어가고, 활용환경도 쉽게 이해하고 개발할 수 있도록 발전해감에 따라, 이제 일반 사용자들이 그동안 전문가들에게 의뢰하던 일들을 직접 해결할 수 있는 환경으로 바뀌어가고 있다.

03 GIS 활용분야

GIS는 토지, 도시계획, 시설물, 교통, 환경에서 재난, 재해, 건강, 복지에 이르기까지 사회 각 분야에서 널리 활용되고 있다. GIS의 활용은 GIS의 기능과 공간분석에서 자세히 설명하고 있으며 여기서는 활용주체인 공공분야와 민간분야로 나누어 설명하고자 한다.

1) 공공분야의 활용

(1) 기본정보 제공

중앙정부차원에서 GIS의 발전을 위한 가장 중요한 일은 기본적이고 통일된 공간정보와 공간통계를 구축하고 최신성을 유지하며 수요자들에게 제공하는 일이다. 이를 위해 국가에서는 국가지리정보사업(NGIS)을 추진하였고, 2010년 이후부터는 각 부처별로 추진해 온 다양한 정보시스템과 데이터베이스를 누구나 공유할 수 있도록 데이터 허브를 구축하는 사업을 추진하고 있다(그림 16-5).

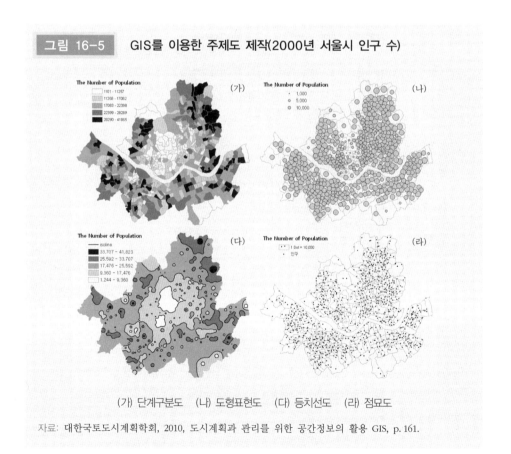

그림 16-5 GIS를 이용한 주제도 제작(2000년 서울시 인구 수)

(가) 단계구분도   (나) 도형표현도   (다) 등치선도   (라) 점묘도

자료: 대한국토도시계획학회, 2010, 도시계획과 관리를 위한 공간정보의 활용 GIS, p. 161.

(2) 국가 및 지방정부의 정책결정 지원

정부와 공공기관에서는 인구분포, 산업단지, 토지이용, 환경관리 등의 공간 정보를 이용하여 미래지향적인 국토공간계획을 수립하고 있으며 각 기관에서는 해당업무에 필요한 데이터베이스를 구축하여 관리하고 있다. 또한 지방자치단체 에서도 도시정보시스템(UIS: Urban Information System)을 구축하여 도로, 공원, 상수도 등의 도시시설물 관리업무와 개발허가 등의 업무, 쓰레기 소각장이나 발전소 등 의 입지선정 등 도시 관리를 위한 일련의 행정정책에 활용하고 있다(그림 16-6).

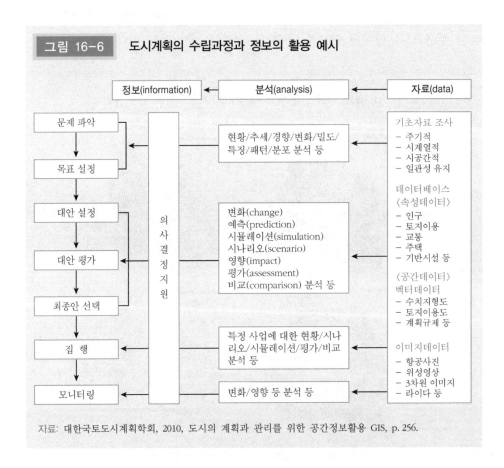

그림 16-6 도시계획의 수립과정과 정보의 활용 예시

자료: 대한국토도시계획학회, 2010, 도시의 계획과 관리를 위한 공간정보활용 GIS, p. 256.

(3) 시설물 관리

지방자치단체나 공공기관에서 관리하는 시설물들은 도로, 상·하수도, 전기, 통신, 가스, 송유관, 열난방 등으로 주민생활에 필수적이지만, 관리가 소홀하게 되면 곧바로 재난과 직결되는 안전성이 요구되는 시설물들이다. 가스관이나 상 하수도, 통신시설물, 배수관 및 케이블 매설과 같은 지하시설물들의 경우 무엇보 다도 시설물의 위치에 대한 정확한 정보가 필수적이다. GIS는 이러한 시설물 자 료를 데이터베이스화하여 시설물 관리와 복구 등에 활용하고 있으며 특히, 안전 사고의 위험이 높거나 집중관리가 필요한 시설물들에 대한 자료를 관리하고 갱 신하며, 만일 사고가 발생하는 경우 피해규모를 최소화하는 데도 GIS가 활용되 고 있다. 특히 지하시설물은 도시민의 생활에 안전을 요하는 중요한 시설물의 하 나로, 지하시설물들의 안전사고를 방지하기 위해서 지하시설물에 대한 관리가 철저히 이루어져야 한다.

지방자치단체에서는 지하에 매설된 각종 시설물(상·하수도, 전력, 통신, 가스, 송 유관, 지역 난방열관 등)의 현황을 전산화하여 시설물 관리시스템을 구축·운영함으 로써 향후 발생할 수 있는 각종 문제들을 사전에 도출하여 해결방안을 모색하기 위한 노력을 지속하고 있다.

(4) 교통과 물류 분야

최근 교통 분야에서 GIS의 활용이 크게 늘어나고 있는데, 특히 첨단교통정 보 체계와 각종 도로 관련시설물에 대한 GIS의 활용은 교통소통의 원활화 및 안전한 도로환경을 조성하는 데 크게 기여하고 있다. GIS를 교통부문에 도입한 교통지리정보시스템(GIS-T)은 교통계획, 교통운영, 교통공학을 다루는 교통정보 시스템을 GIS와 연계시킴으로써 기존의 교통정보시스템에서는 다루기 힘들었 던 네트워크 데이터의 처리 및 분석에 GIS 기능을 활용하여 교통계획, 교통관리, 도로건설, 도로관리 및 교통영향평가, 경로분석 등의 분야에서 폭넓게 응용되고 있다.

수송과 배달업체는 GIS를 이용하여 수송회사는 주어진 물품에 대한 배송이 어떻게 이루어지고 있는지 파악할 수 있으며 효율적인 배송 경로를 계획할 수 있고, 더 나아가 서비스 지역을 확대하는 데도 사용된다. 많은 회사들은 판매, 유통, 서비스로 이어지는 물류흐름을 원활하게 하기 위해 GIS를 활용한다. 주어진 배달물류를 지역별로 할당하고 차량사용 계획을 수립하는 배달계획의 수립 시에도 GIS를 활용하며, 쓰레기를 포함하는 각종 폐기물 수거를 위한 차량 배치와 수거 권역 설정 및 수거 경로를 구축하는 경우에도 GIS를 응용할 수 있다.

소방서나 경찰 당국에서는 GIS를 사용함으로써 긴급차량을 재빨리 파송할 수 있다. 이와 같이 교통지리정보시스템이 구축되면서 이동시간 계산과 경로 이동 정보를 추출하여 운전자들로 하여금 도로 장애물과 교통체증 지역을 피하고 적시에 물류의 흐름이 이루어지도록 하는 데 크게 기여할 수 있다.

(5) 토지이용계획수립과 토지적성평가 분야

토지이용계획을 수립함에 있어서 개발과 보전 여부를 판단하고, 그 경계를 정하는 일은 항상 논란의 소지가 있으며, 계획과정의 객관성과 과학성이 부족할 때 논란의 발생 가능성은 더 커진다. 토지이용계획은 용도지역의 결정 등으로 구체화되고 토지의 용도에 따라 가격이 달라지기 때문에 토지소유자의 관심이 집중될 수밖에 없다. 지속적으로 토지이용의 적정성 판단을 위한 객관적 기준과 과학적 분석방법에 대한 요구가 있어 왔으며, 이러한 요구는 GIS를 활용함으로써 어느 정도 충족되고 있다. 토지이용의 잠재력에 대한 평가기준을 객관화하고 평가절차를 과학화함으로써 토지소유자와 계획가의 자의적 판단을 최소화하게 되었다. 이를 계기로 도시의 시설관리 등에 활용되었던 GIS 정보기술을 도시계획 체계 안에 제도로서 정착하게 되었다.

토지적성평가는 토지의 이용 잠재력을 평가하는 것으로, 난개발 방지를 위한 '선 계획 후 개발'의 실천적 방안으로 제시되었다. 토지적성평가는 토지이용계획을 수립하기 전에 계획의 대상이 되는 토지의 현황과 특성에 관한 정보를 수집하고 분석하여 토지의 특성에 가장 적합한 용도를 찾아내는 분석방법이다.

토지적성평가는 「국토의 계획 및 이용에 관한 법률」의 제정과 더불어 2003년 1월부터 도시계획 기초조사의 일환으로 도입되었다. 토지적성평가는 제도적으로 「국토계획법」 제27조 제3항(도시관리계획의 입안을 위한 기초조사 등) 및 동법 시행령 제21조에 법적 근거를 두고 있으며, 구체적인 평가방법과 기준은 별도의

그림 16-7 토지적성등급 구분 예시

자료: 대한국토도시계획학회, 2010, 도시의 계획과 관리를 위한 공간정보 활용 GIS, p. 267.

'토지적성평가에 관한 지침'으로 규정하여 운용되고 있다.

토지적성평가는 토지가 가진 물리적 특성과 입지 그리고 활용가능성 등 토지의 활용 잠재력과 제약사항을 분석한 후 가능성의 정도에 따라서 등급을 구분하고 있다(그림 16-7). 과학적이고 객관적인 분석과정을 통해서 구분된 등급은 관리지역의 세분, 용도지역의 변경, 도시계획시설결정이나 지구단위계획과 같은 사업을 추진할 때 개발 여부의 결정 및 도시관리계획의 수립 여부를 판단하는 기초자료로 활용된다.

(6) 시민참여형 GIS

시민이 직접 의사결정과정에 참여할 수 있도록 구축된 GIS를 시민참여형(혹은 국민, 주민참여형) GIS라고 하여 PPGIS(Public Participation Geographic Information System)라고 한다. 시민은 도시를 구성하는 기본요소인 동시에 도시의 존재 이유이기 때문에, 시민이 주체가 되어 시민생활의 편의성 증진, 안전성의 증대, 환경여건의 개선 등을 목표로 민주적 절차에 의해 계획되어지고 성장해야 한다. 도시계획의 시민참여는 시민의 의사결정과정에서의 영향력이 증대되고, 지역의 문제 해결에 원활한 주민과의 합의를 도출할 수 있으며, 불필요한 행정력의 낭비를 사전에 방지할 수 있다는 등의 장점이 있을 것이다.

또한 GIS의 적용 분야 확대에 따라 도시계획은 물론 교통, 재해, 환경 등의 공공분야와 마케팅, 관광 등의 민간분야에서도 활발히 활용되어지고 있다. GIS는 도시계획의 필수 자료인 지도를 활용하여 공간정보와 속성정보를 작성, 분석, 저장, 관리, 유통할 수 있으므로 GIS의 기능을 활용하여 과거 일방향의 도시계획과정을 양방향으로 전환할 수 있는 수단을 제공하였다. 그리고 도시계획의 정보화를 통해 계획초기단계부터 계획결정단계는 물론 사후 모니터링 부문까지의 전 과정에 시민이 능동적으로 참여할 수 있는 장치를 마련하는 수준에 이르렀다.

최근 인터넷 사용자의 저변 확대와 사용자 중심의 인터넷 기술을 활용하여 정보제공자와 사용자 간의 상호작용에 의한 서비스 방식의 등장과 이를 통한 사용자의 적극적 참여가 가능하게 되었다. 이는 기존 정보생산자가 제공하는 일방적인 정보 및 컨텐츠의 사용에 머물렀던 한계를 극복하고 정보의 생산, 교류, 오류수정, 의견 수렴 등의 전과정에 능동적 참여가 가능하게 되었다. 이러한 정보화 패러다임의 변화와 우리나라의 도시계획관련 GIS 시스템 및 기초 데이터의 구축 확대는 시민의 참여를 중요시 여기는 도시계획 분야에서 웹 GIS를 활용하여 시민참여형 GIS의 활성화를 가져오는 계기가 되었다.

2) 민간분야의 활용

민간사업 부문에서 GIS는 소비자의 구매 패턴, 새로운 고객 확보, 판매권역 구분, 새로운 점포 입지, 배송경로 선정 등의 분석에 활용될 수 있다. 특히 고객과 경쟁자에 대한 정보를 바탕으로 하여 GIS의 다양한 분석기능과 모델링 기법을 활용하여 기업의 활용하여 기업의 시장 경쟁력과 영업 전략을 수립하는 데 GIS는 매우 효율적으로 응용될 수 있다. 상품과 서비스에 대한 소비자, 경쟁자, 공급위치, 소비지와 생산지의 거리, 시장정보 등을 지리적으로 파악하고 분석하여 상품에 대한 수요와 공급의 균형을 맞추어 최적의 입지를 선정하고자 할 때뿐만 아니라 특정 점포의 입지에 영향을 주는 요인들을 추출하여 합리적으로 점

포의 입지를 선정하거나, 잠재적인 점포입지 후보지를 추출하는 경우에도 GIS가 응용된다.[2)]

　　민간부문에서는 초기 GIS데이터 구축비용이 큰 만큼 활용이 미비하였으나 국가차원에서 공간데이터 구축된 후 구축된 데이터를 기초로 하여 입지선정과 관련된 판매권역 구분, 점포 입지, 경로 선정 등에서 활용 분야가 증대되었고, 요즈음은 여기에서 더 나아가 고객의 CRM(customer relationship management)과 관련된 구매패턴이나 고객확보 분야에까지 그 활용이 확대되었다.

(1) 시장조사 및 상권분석

　　시장경쟁이 더욱 치열해지면서 서비스업이나 소매업의 마켓팅 조사와 상권 분석, 신규 점포의 입지 선정이나 점포 간의 경쟁력 분석 시에 GIS가 널리 활용되고 있다. 특히 체인점의 신설점포의 입지 선정이나 신설점포가 기존 상점의 상권에 미치는 영향력 분석, 그리고 점포들을 병합하거나 폐쇄해야 하는 경우 해당되는 점포를 선정하는 데도 GIS가 활용되고 있다. 또한 각 점포의 상권 및 시장 잠재력 분석 등에도 널리 활용되며, 의료시설이나 공공 서비스 시설의 적정 배분에 관한 분석된 내용들을 의사결정자나 시장분석가가 쉽게 이해할 수 있도록 가시화하여 지도로 표현하는 데도 GIS가 사용된다.

(2) 금융·보험분야

　　최근에는 금융업이나 보험업에서도 GIS를 응용하여 업무를 처리하고 있다. 금융업의 경우 GIS는 잠재 고객의 추출이나, 현재의 고객과 새로운 고객을 유치하는 데 중요한 은행지점의 입지 선정, 은행 지점과 현금 인출기의 위치 결정, 그리고 대리점과의 서비스관리 계획 등에도 이용된다. 무인점포와 같이 현금 인출기의 위치에 따라서 고객 유치의 성공 여부가 결정되기 때문에 현금 인출기를 최적의 장소에 설치하기 위한 정보를 추출하여 의사결정에 필요한 정보를 제공하는데도 GIS가 활용된다.

　　각종 보험회사들과 각종 보험을 대행하는 업체, 중개인, 그리고 서비스업체들도 GIS를 응용하고 있다. 생명보험의 경우 건강과 주변 환경과의 관계, 또는 응급실과의 접근도 등에 대한 정보는 매우 중요하다. 또한 보험회사는 집에 있는 동안에 발생한 절도 사건과 직장으로 통근하는 동안에 발생 지점들의 분포를 분석하는데 GIS를 활용하기도 한다.

(3) 적지분석 및 입지분석

그 외에도 택지개발, 산업단지 조성, 쓰레기처리장, 발전소 등의 시설물의 입지는 지역 주민들의 일상생활뿐만 아니라 지역개발 측면에서도 상당한 영향을 준다. 이들 시설물들이 적정한 위치에 입지하지 않을 경우 토지이용의 효율성이 저하될 뿐만 아니라 환경오염이나 지역 불균형을 초래하기도 한다. 이들 시설물의 입지를 과학적이고 합리적으로 선정하는 데 GIS를 활용하고 있으며, 여러 대안적인 후보 지점들을 비교, 분석하여 가장 바람직한 입지를 선정하는 다기준 의사결정방법론도 GIS를 기반으로 하고 있다.

(4) 주소기반고객관리(gCRM: geographic Customer Relationship Management)

고객관리(CRM: Customer Relationship Management)는 기업이 보유하고 있는 고객 데이터를 활용하여 고객의 특성에 적합한 마케팅 활동을 계획수행, 평가, 수정하는 일련의 과정으로 gCRM은 고객정보에 거주지, 근무지, 주거형태, 주변상권 등의 지리적인 요소를 포함시켜 고객의 거주 혹은 활동지역에 따라 차별화된 서비스를 제공하는 고객서비스 전략의 한 분야이다.

고객분포, 실적데이터, 그리고 고객의 상세한 정보를 시각화하여 상권분석 및 지역마케팅(area marketing) 의사결정에 활용할 수 있도록 하는 마케팅전략 도구라 할 수 있다. gCRM을 바탕으로 지역별 특성을 찾아내어 지역별 거래고객 및 잠재고객의 성향을 분석하고, 고객충성도 제고와 영업규모의 확대를 추구하는 것이라 할 수 있다.

3) 3차원 GIS 활용

3차원 GIS(이하 3D-GIS)의 흐름[3]은 1980년대 중반부터 지형 데이터를 3차원으로 가시화를 하는 것을 시작으로 3차원 지형 분석으로부터 시작되었다. 1990년대에 들어서 3차원 가상도시의 등장으로 3차원으로 가시화 된 공간 데이터를 이용하여 3차원 공간 분석분야의 발전을 이루어져 왔지만, 아직까지 대부분의 3차원 공간 분석은 가시화를 통한 공간 분석이 대부분을 차지하고 있다.

3D-GIS의 주요 활용분야는 기존의 2차원 GIS를 통해 활용되었던 환경, 도로 교통, 도시 행정 등의 분야만이 아니라 다방면에 걸쳐 활용 가능하다. 사례로는 소음 예상 모델, 범람 모델, 공기오염 모델, 3차원 네비게이션 등이 있다.

(1) 도시 환경 분야

도시의 자연환경, 녹지 조성, 공원 계획 등의 부분에 있어 3차원 GIS를 통해 분석과 예측 등이 가능해진다. 기상에 관련된 도시환경이나 대기 수질 등의 종합적인 환경분석이 가능해지고, 지구전체적인 공간단위에서 건축물 단위의 미기후의 변화 등에 관한 분석까지 가능해지고 그 결과를 입체적인 시뮬레이션을 통해 시각적으로 확인할 수 있게 되었다.

(2) 도시 행정 분야

각종 통계나 정책을 도시공간에 표현하고 그 규모나 밀도를 가시적으로 표현하게 되어 정책의 필요성이나 성과에 대한 이해나 설득력을 높일 수 있게 되었다. 도시 시설물 관리 분야에 있어서도 실제와 동일한 가상공간 상에서의 3차원 공간 객체를 이용하여 관리자의 시각적 이해를 돕고, 시간적, 경제적 이점을 가진다.

(3) 도시 계획 분야

도로, 주거, 사업지구 등 모든 도시 계획의 입체적 수립이 가능하며, 각종 건축물이나 시설물의 경관적인 영향을 고려한 계획이 가능해진다. 또 지형과 환경 등을 실세계와 유사하게 표현하고 계획에 따라 영향받고 변화하는 결과를 현황과 함께 비교할 수 있게 됨으로써 도시 계획 정책의 효과성을 높일 수 있다. 또한 주민참여가 중요해지는 시대적인 요구에 맞춰 도시계획이나 정책의 결과를 주민들에게 설명하거나, 주민들이 직접 자신이 거주하는 지역의 현황과 문제점을 직접 확인하면서 희망하는 계획사항들을 제시할 수 있도록 하는 방안도 가능해진다.

(4) 도로 교통 분야

교통 관리 체계, 도로 시설물 관리, 교통 정책 수립 등 시설물 관리부터 의사 결정 부분까지 교통에 관련된 전 부분에 걸쳐 3차원 GIS가 활용된다(그림 16-8). 입체적 교통 관리 체계를 통하여 도로시설물의 입지와 현황 파악이 용이하며, 교통 정책에 대한 3차원 시뮬레이션을 통한 효율적인 정책 수립이 가능하다. 이와 더불어 3차원 도로 네비게이션을 통해 경로 안내에 있어서 사용자는 향

그림 16-8 **3차원 GIS의 활용예시**

 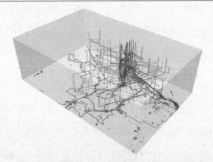

가) 3D-GIS를 이용한 도시시설물 지능화예시　　나) 3D-GIS를 이용한 시공간 경로분석

다) 3차원 GIS를 활용한 경관시뮬레이션 예시(대전광역시)

자료: 대한국토도시계획학회, 2010, 도시의 계획과 관리를 위한 공간정보 활용 GIS, 가) p. 198, 나) p. 206. 다) 저자 직접 제작.

상된 직관력과 의사결정이 가능하다.

(5) 재해 재난 분야

최근 필요성이 높아지고 있는 재해 관리, 응급의료서비스, 소방관리 등의 재해 예방을 위해 하천경보, 강우 정보 등에 대한 3차원 시뮬레이션을 통하여 취약지역을 분석하여 재난발생을 예측하거나, 재난 발생 시 긴급출동 및 대피동선 및 시설에 관한 검토 그리고 재난 발생 후 피해 예상 및 복구를 위한 계획수립 및 정책 결정에 활용이 가능하고 이미 성과를 보이고 있다.

(6) 공공서비스 분야

생활 문화 정보, 문화재관리, 관광안내 등 각종 생활 정보 서비스를 공간 객체의 3차원으로 가시화할 뿐만 아니라 관심 있는 공간에 대해 질의 처리 등을 통해 맞춤형 공공서비스가 가능하다. 도시시설의 입지 및 행정서비스의 관할 및 영향권 분석 등에도 활용이 가능하고, 각종 복지시설의 이용에 대한 편의성 개선과 접근성 향상을 위한 공간설계 및 동선계획 등에도 활용될 수 있다.

(7) 지하매설물 관리 분야

상하수도 가스 및 통신선 등의 기존의 지하매설물의 입체적인 표현과 관리를 포함하여 광산, 지하철 등의 지하 매설물과 시설물에 대해 3차원 모델링을 이용한 관리를 함으로써 유지 보수 및 개발에 있어 유용하게 활용될 수 있다.

주요
개념

KEY CONCEPTS

3D GIS

GIS

GPS

계획지원

고객관리

공간분석

공간정보

도면정보

상권분석

속성정보

시설물관리

재해예방방재안전시스템

적지분석

주민참여 GIS

미주

ENDNOTE

1) 공간정보(Spatial Information)란 특정 현상의 위치와 특성에 관한 정보로지형지물의 위치 뿐 아니라 지리적 현상을 비롯한 지표와 공간상의 모든 사건에 대한 위치, 경로, 시점 등의 모든 정보를 의미한다.

2) 이희연 외, 2013, GIS 지리정보학: 이론과 실습, pp. 30－31.

3) 대한국토도시계획학회, 2010, 도시의 계획과 관리를 위한 공간정보활용 GIS, pp. 216－217.

국토교통부, 2015, 공간정보의 이해.

국토개발연구원, 1998, GIS의 기초와 실제, 국토개발연구원.

국토해양부, 2012, 정보화사업의 도시계획 활용방안에 관한 연구, 국토해양부.

김성준 외 옮김, 2005, GIS 개념과 기법, 시그마프레스. (Lo, C.P., Albert, K. W. Yeung, 2003, *Concept and Techniques of Geographic Information Systems*, SIGMA Press).

대한국토·도시계획학회 편. 2010, 도시의 계획과 관리를 위한 공간정보 활용 GIS, 보성각.

오규식 외, 2011, GIS와 도시분석, 한울 아카데미.

이희연 외, 2011, GIS 지리정보학, 법문사.

최봉문 외, 1999, 도시정보와 GIS, 대왕사.

Goodchild, M. F., 1922, "Geographical Information Science," *International Journal of Geographical Information Systems*, 6(1)(Jan–Feb).

Burrough, P. A., 1986, *Principles of Geographical Information System for Land Resoures Assessment*, Oxford: Clarendon Press.

Star, J. and J. E. Estes, 1990, *Geographic Information Systems: An Introduction*, N. J.: Prentice Hall.

淺見泰司 外, 2015, 地理情報科學: GIS Standard, 古今書院.

공저자 약력

권 용 우

현 성신여자대학교 지리학과 명예교수
서울대학교 문리과대학 지리학과(문학사)
서울대학교 대학원 지리학과(문학석사/문학박사)
미국 Minnesota대학교, Wisconsin대학교 객원교수
국토지리학회장, 대한지리학회장, 한국도시지리학회장

강 양 석

현 홍익대학교 건설도시공학부 초빙교수
홍익대학교 공과대학 도시공학과(공학사)
Asian Institute of Technology, Human Settlement Planning 전공(공학석사)
일본 筑波(Tsukuba)대학 대학원(도시및지역계획학 전공, Ph.D.)
대한국토·도시계획학회장

김 광 익

현 국토연구원 연구위원
서울대학교 사회과학대학 지리학과(문학사)
서울대학교 대학원 지리학과(문학석사/문학박사수료)
성신여자대학교 대학원 지리학과(문학박사)

김 대 영

현 인하공업전문대학 항공지리정보과 교수
서울대학교 사회과학대학 지리학과(문학사)
서울대학교 대학원 지리학과(문학석사/문학박사)
국토지리학회 부회장

김 세 용

현 고려대학교 건축학과 교수
고려대학교 건축공학과(공학사)
서울대학교 환경대학원(조경학석사)
미국 Columbia대학교 대학원(건축학석사)
고려대학교 대학원 건축학과(공학박사)
미국 Columbia대학교 adjunct professor, 미국 Columbia대학교, 호주 Sydney대학교 객원교수,
미국 Harvard대학교 Fulbright fellow
현 한국도시설계학회 학회지『도시설계』편집위원장
현 대한국토·도시계획학회 상임이사

김 태 환

현 국토연구원 선임연구위원
서울대학교 사회과학대학 지리학과(문학사)
서울대학교 대학원 지리학과(문학석사)
영국 Newcastle대학교 대학원(지리학박사)
미국 Washington주립대학교 객원연구원
현 한국경제지리학회 부회장

박 지 희

현 성신여자대학교 지리학과/교양교육대학 강사
성신여자대학교 사회과학대학 지리학과(문학사)
성신여자대학교 대학원 지리학과(문학석사/문학박사)

서 순 탁

현 서울시립대학교 도시행정학과 교수
서울시립대학교 도시행정학과(행정학사)
서울시립대학교 대학원 도시행정학과(행정학석사)
영국 Newcastle대학교 대학원 도시계획학과(Ph.D.)
현 대한국토·도시계획학회 학회지『국토계획』편집위원장

손 정 렬

현 서울대학교 지리학과 교수
서울대학교 사회과학대학 지리학과(문학사)
서울대학교 대학원 지리학과(문학석사)
미국 Illinois대학교 대학원 지리학과(Ph.D.)

오 세 열

현 성신여자대학교 경영학과 교수
경북대학교 경제학과(경제학사)
고려대학교 대학원 경영학과(경영학석사/경영학박사)
미국 North Carolina대학교 경영학과 객원교수

우 명 동

현 성신여자대학교 경제학과 교수
고려대학교 경영학과(경영학사)
고려대학교 대학원 경제학과(경제학석사/경제학박사)
영국 London대학교(SOAS), 미국 American대학교, 네덜란드 Erasmus대학교(ISS) 객원교수
한국재정학회 감사, 한국재정정책학회 회장, 한국지방재정학회 회장

이 상 호

현 국립 한밭대학교 도시공학과 교수
연세대학교 공과대학 건축공학과(공학사)
연세대학교 대학원 건축공학과(공학석사/공학박사)
미국 Louisiana주립대학교, 호주 Queensland대학교 객원교수
한국지역학회 부회장

이 재 준

전 수원시 제2부시장
성균관대학교 공과대학 조경학과(공학사)
서울대학교 환경대학원(도시및환경계획석사/공학박사)
미국 Delaware대학교 객원교수
협성대학교 도시공학과 교수
대한국토·도시계획학회 상임이사, 한국도시설계학회 상임이사

전 경 숙

현 전남대학교 지리교육과 교수
건국대학교 문리과대학 지리학과(이학사)
건국대학교 대학원 지리학과(이학석사)
日本대학교 대학원 이공학연구과 지리전공(이학박사)
미국 Portland주립대학교 객원교수
한국도시지리학회장

전 상 인

현 서울대학교 환경대학원 교수
연세대학교 정치외교학과(정치학사)
연세대학교 대학원 정치학과(정치학석사)
미국 Brown대학 대학원 사회학과(사회학석사/박사, Ph.D.)
한림대학교 사회학과 교수
미국 Washington대학교 방문교수
한국미래학회 회장
현 한국마을학회 회장

정 수 열

현 상명대학교 지리학과 교수
서울대학교 사회과학대학 지리학과(문학사)
서울대학교 대학원 지리학과(문학석사)
미국 Ohio주립대학교 대학원 지리학과(지리학박사, Ph.D.)
현 한국경제지리학회 상임이사

최 봉 문

현 목원대학교 도시공학과 교수
한양대학교 도시공학과(공학사)
한양대학교 대학원 도시공학과(공학석사/공학박사)
일본 東京대학교 도시공학과 외국인방문연구원
현 대한국토·도시계획학회 국토도시교육원장, 현 한국지역개발학회 학회지
  『한국지역개발학회지』 편집위원장

최 석 환

현 수원시정연구원 연구위원
협성대학교 도시공학과(공학사)
협성대학교 대학원 도시공학과(공학석사)
고려대학교 대학원 건축학과(박사과정수료)

황 기 연

현 홍익대학교 도시공학과 교수
연세대학교 사회과학대학 행정학과(행정학사)
미국 Oregon대학교 대학원(도시계획학석사)
미국 Southern California대학교 대학원(도시및지역계획학박사, Ph.D.)
한국교통연구원장, 도시정책학회장, 대한교통학회 상임이사

제 5 판
도시의 이해

초판 발행	1998년 5월 10일
개정판 발행	2002년 3월 20일
제 3 판 발행	2009년 3월 10일
제 4 판 발행	2012년 3월 10일
제 5 판 발행	2016년 2월 29일
중판 발행	2023년 1월 30일

지은이	권용우 외
펴낸이	안종만·안상준
편 집	배근하
기획/마케팅	김한유
표지디자인	홍실비아
제 작	우인도·고철민
펴낸곳	(주) **박영사**
	서울특별시 금천구 가산디지털2로 53, 210호(가산동, 한라시그마밸리)
	등록 1959. 3. 11. 제300-1959-1호(倫)
전 화	02)733-6771
f a x	02)736-4818
e-mail	pys@pybook.co.kr
homepage	www.pybook.co.kr
ISBN	979-11-303-0267-6 93530

정 가   32,000원